卓越工程师教育培养计划系列教材

荣获
中国石油和化学工业
优秀教材一等奖

化工原理课程设计

付家新 ◎ 主编

第二版

化学工业出版社

·北京·

本书为高等院校化工原理课程设计教材，全书共分七章，内容包括：化工原理课程设计基础、搅拌装置、换热装置、蒸发装置、塔设备、液-液萃取装置、干燥装置的工艺设计。为强调化学工程项目设计的实用性和可操作性，本书选编了12个不同类型的化工装置设计示例，借此引导学生快速掌握化工装置的设计技巧与方法。

本书可作为化工、石油、材料、制药、生物、食品、环境等相关专业的教材，以及完成毕业设计的参考书，亦可供化工领域设计、生产与管理部门工程技术人员参考。

图书在版编目（CIP）数据

化工原理课程设计/付家新主编. —2版.—北京：化学工业出版社，2016.7（2024.9重印）
卓越工程师教育培养计划系列教材
ISBN 978-7-122-27039-9

Ⅰ.①化… Ⅱ.①付… Ⅲ.①化工原理-课程设计-高等学校-教材 Ⅳ.①TQ02-41

中国版本图书馆CIP数据核字（2016）第100074号

责任编辑：徐雅妮 杜进祥
责任校对：宋 玮　　　　装帧设计：关 飞

出版发行：化学工业出版社（北京市东城区青年湖南街13号 邮政编码100011）
印 装：河北延风印务有限公司
787mm×1092mm 1/16 印张$24\frac{3}{4}$ 字数664千字 2024年9月北京第2版第11次印刷

购书咨询：010-64518888　　售后服务：010-64518899
网 址：http://www.cip.com.cn
凡购买本书，如有缺损质量问题，本社销售中心负责调换。

定 价：59.00元

前　言

化工原理课程设计是化工原理课程实践性教学环节之一，是培养学生综合运用化工原理及有关先修课程的基本知识解决某一设计任务的一次设计性训练。通过课程设计训练使学生掌握化工设计的基本程序和基本方法，并在查阅资料、选用公式、合理选定设计参数、用简洁文字和图表表达设计结果以及工程制图能力等方面得到一次基本的训练，帮助学生树立正确的设计思想和工程观点，并在这种设计思想的指导下分析和解决工程实际问题。

化工原理课程设计的对象是化工单元操作设备的工艺设计，是化工工艺设计的主体和重要组成部分。本书第二版延续第一版的风格，增加了换热器 3D 总装图设计和 BTX 精馏分离过程的 Aspen 模拟，充分体现软件在化工设计中的重要作用。对部分内容作了适当删减，尤其是第一版附录中一些过时的或在已有教材中很容易查到的内容全部删去。除此之外还对部分例题进行了更为详细的设计计算。为了引导学生自学与总结，在每章开头增加了【本章导读指引】、每章结尾增加了【本章具体要求】。

本书第二版中装置设计示例依然为 12 个，但略有调整，分别为：(1) 釜式搅拌冷却器(夹套与蛇管同时冷却)；(2) 非标管式换热器（设计)；(3) 标准式管式换热器（选型)；(4) 立式热虹吸再沸器；(5) 循环型蒸发器；(6) 筛板塔；(7) 浮阀塔；(8) 填料塔；(9) BTX 精馏分离模拟；(10) 转盘萃取塔；(11) 喷雾干燥塔；(12) 流化床干燥器。通过这些典型实例，为学生顺利完成化工原理课程设计提供范本。

本书可作为高等院校化工、石油、材料、制药、生物、食品、环境等专业化工原理课程设计或化工单元过程与设备课程设计教材，亦可供化工领域设计、生产与管理部门工程技术人员参考。

由于编者经验不足，水平有限，书中疏漏之处在所难免，恳请读者批评指正，在此深表谢意。

编　者

2016 年 4 月

前言

第一版前言

本书根据全国化学工程与工艺专业规范化要求，充分考虑社会经济发展对化工人才培养质量的期盼，结合编者在化工企业多年的工作经验及在高校多年从事化工原理课程教学的体会，同时参考同类化工原理课程设计教材编写而成。在编写过程中，充分吸纳了已有教材的优点，突出工程实用性，力求理论与实践相结合。

化工单元操作种类繁多，对应的设备形式更是千变万化。本书不求包罗万象，但力求反映较宽领域内典型装置的工艺设计计算方法，并辅之以丰富而系统的化工装备工艺设计示例，以期读者能够全面了解设计过程中的具体细节，并充分享受设计过程中的乐趣和快感。本书选编了六类典型化工单元操作设备的工艺设计原理和工艺计算方法，充分阐述了与之配套的辅助设备的设计和选型，同时对主体设备的结构设计也进行了强化，将历年来两个原本相互依存而却彼此相互独立的化工原理课程设计与化工机械基础课程设计结合起来，使之形成一个有机的整体。这六类单元操作设备分别是：搅拌装置（夹套式和蛇管式釜式搅拌反应器）、换热装置（列管式换热器、板式换热器和热虹吸式再沸器）、蒸发装置（循环型和单程型蒸发器）、塔设备（板式塔和填料塔）、萃取装置（转盘萃取塔）、干燥装置（喷雾干燥器和流化床干燥器）。

本书精编较为完整的装置设计示例12个，过程详细，图表丰富，公式繁多，便于自学，且每章附有设计任务若干，可作为化学化工类本科化工原理课程设计或化工单元过程与设备课程设计教材，亦可供化学工程设计人员以及化工生产管理技术人员参考。

本书由长江大学付家新负责组织实施，长江大学、武汉工程大学、上海工程技术大学共同编写完成。参加本书编写的有长江大学付家新、吴洪特、秦少雄、王任芳、李赓、石东坡、侯明波，武汉工程大学王为国，上海工程技术大学肖稳发等，全书承蒙武汉工程大学王存文教授主审，提出了许多修改意见。在本书的编写过程中，得到了长江大学化学工程与工艺省级品牌专业建设团队和化学与环境工程学院相关部门的领导和同事以及梅平教授、尹先清教授的大力支持与帮助，研究生李萍萍对设计示例计算结果做了大量的复核工作，在此一并表示感谢。同时还要对本书所列参考文献的作者表示诚挚的谢意。

由于编者经验不足，水平有限，书中疏漏之处在所难免，恳请读者和同行批评指正。

编　者

2010年6月

目　录

第 1 章

化工原理课程设计基础

【本章导读指引】

本章将主要介绍：

◇ 化工设计、化工工艺设计与化工原理课程设计的内涵及他们之间的相互关系。

◇ 化工生产工艺流程图中的常见图形，几种不同形式工艺流程图的作用与图例。

◇ 主体设备工艺条件图的构成要件与图例。

◇ 混合物物性参数的估算方法。

◇ 软件在化工设计中的应用。

1.1 化工设计与化工原理课程设计概述

1.1.1 化工设计的分类与化工设计的内容

工程设计是科学技术转化为生产力的桥梁和纽带，是整个工程项目建设的灵魂，决定着工业现代化的水平，在工程建设中处于主导地位，它对工程质量、建设周期、投资效益以及投产后的经济效益和社会效益起着决定性的作用。

化工设计是工程设计领域中一个很重要的分支。从一个化工新产品（或一个化工新技术）的试验研究开始到进行工厂（或装置）的建设，整个阶段一般需要进行两大类设计：第一类是新技术开发过程中的几个重要环节，即概念设计、中试设计和基础设计等，这类设计一般由项目研究单位的工程开发部门负责；第二类是工程建设过程中的几个重要环节，它包括可行性研究、初步设计、扩初设计和施工图设计等，这类设计一般由研究单位委托设计单位组织实施。

一个较为完整的化工设计通常涉及化工工艺、土建（房屋和设备基础等）、给排水、采暖、通风、保温、冷冻、电气、自控、仪表、预（概）算等各类专业，其中工艺专业的设计决定了整个设计的概貌，是设计的核心，其他非工艺专业的设计则是以工艺设计为基础的。

因此，化工设计工作是由工艺项目与非工艺项目所组成的统一体，它需要由工艺设计人员与非工艺设计人员通力合作共同完成。

化工设计应包括以下主要内容：

① 化工工艺设计；
② 总图运输设计；
③ 土建设计；
④ 公用工程（供电、供热、给排水、采暖、照明和通风等）设计；
⑤ 自动控制设计；
⑥ 机修、电修等辅助车间设计；
⑦ 外管设计；
⑧ 工程概算与预算。

其中，化工工艺设计是化工工程设计的主体。一是任何一个化工工程项目的设计都是从工艺设计开始，并以工艺设计结束；二是在整个工程设计过程中非工艺设计要服从工艺设计，同时工艺设计又要考虑和尊重其他各专业的特点与合理要求，在整个设计过程中进行协调。因此，工艺设计关系到整个工程设计的成败与优劣。

1.1.2 化工工艺设计的主要内容

进行化工工艺设计首先要编制设计方案。为此，要对建设项目进行认真调研，全面了解建设项目的各个方面。最好对几个设计方案进行对比分析，权衡利弊，最后选用技术上先进、经济上合理、生产上安全、并对环境友好的最佳方案。

化工工艺设计一般应包括下面几项内容：

① 原料路线和技术路线的选择；
② 工艺流程设计；
③ 物料衡算；
④ 能量衡算；
⑤ 设备的工艺设计和选型；
⑥ 车间布置设计；
⑦ 化工管路设计；
⑧ 非工艺设计项目的考虑，即由工艺设计人员提出非工艺设计项目的设计条件；
⑨ 编制设计文件，包括编制设计说明书、附图和附表等。

通常，化学加工过程是将一种或几种化工原料，经过一系列物理的和化学的单元操作，最终获得产品。这一系列的单元操作必须在相应的单元设备内进行。用管道将这些单元设备连接起来，以便于物料从一个单元设备传送到另一个单元设备。为了便于对物料的控制，往往在设备和管道的相应位置安装一些测量、显示和控制元件。这些设备、连接设备的管路和相应的控制元件一起就组成了化工生产的工艺流程。

因此，在化工设计中，化工单元设备的设计是整个化工过程和装置设计的核心和基础，并贯穿于设计过程的始终。从这个意义上说，作为化工类及其相关专业的本科生乃至研究生，熟练地掌握常用化工单元设备的设计方法无疑是十分重要的。

1.1.3 化工原理课程设计的基本要求及基本内容

化工原理课程设计的对象是化工单元操作设备的工艺设计，它是化工工艺设计的主体和重要组成部分，本书作为化工原理课程设计教材，旨在加强对化工类及其相关专业学生综合应用本门课程和有关先修课程所学知识进行实践能力的培养，注重提高学生分析与解决工程实际问题的能力。同时，培养学生树立正确的设计思想和实事求是、严谨负责的工作作风。

（1）化工原理课程设计的基本要求

通过化工原理课程设计，要求学生应在下面几个方面得到较好的培养和训练。

① 培养和锻炼学生查阅资料、收集数据和选用公式的能力。通常，设计任务书给出后，有许多物料的理化参数需要设计者去查阅、收集和整理，有些物性参数特别是混合物的物性参数直接查取比较困难，常常需要估算，计算公式也要由设计者自行选用。这就要求设计者

运用各方面的知识，详细而全面地考虑后再确定。

② 培养和锻炼学生正确选择设计参数的能力。树立从技术上可行、经济上合理和生产上安全等方面考虑工程问题的观点，同时还须考虑到操作维修方便和环境保护的要求，亦即对于课程设计不仅要求计算正确，还应从工程的角度综合考虑各种因素，从总体上得到最佳结果。

③ 不仅正确而且迅速地进行工程计算。设计计算常常是一个需要反复试算的过程，计算的工作量很大，因此应反复强调“正确”与“迅速”。

④ 掌握化工原理课程设计的基本程序和方法。学会用简洁的文字和适当的图表表达自己的设计思想。

(2) 化工原理课程设计的基本内容

化工原理课程设计应包括如下基本内容。

① 设计方案简介　对给定、选定或自行组织的工艺流程、主要设备的型式进行简要的论述。

② 工艺设计计算　选定工艺参数，进行物料衡算、能量衡算和单元设备的工艺结构计算，绘制相应的工艺流程图，标出物流量、能流量及主要测控点。

③ 辅助设备设计与选型　典型辅助设备主要工艺尺寸的计算、设备型号规格的选定等。

④ 带控制点的工艺流程图　以单线图的形式绘制，标出主体设备和辅助设备的物料流向、物流量、能流量及主要测控点。

⑤ 主体设备设计工艺条件图　主体设备设计工艺条件图上应包括设备的主要工艺结构尺寸、技术特性表和接管表。

⑥ 设计说明书的编写　设计说明书的内容应包括：设计任务书，目录，设计方案简介，工艺计算及主要设备设计，工艺流程图和主要设备的工艺条件图，辅助设备的计算和选型，设计结果汇总，设计评述，参考资料等。

整个课程设计主要由文字论述、工艺计算和设计图表三部分组成。论述应该条理清晰、观点明确；计算力求方法正确，误差控制在工程设计允许的范围之内，计算公式和所用数据必须注明出处；图表应能既简明又准确地表达设计和计算的结果。

1.2 化工生产工艺流程设计

化工生产工艺流程设计各个阶段的设计成果都是用各种工艺流程图纸和表格表达出来的，按照设计阶段的不同，先后有方框流程图（block flowsheet）、工艺流程草（简）图（simplified flowsheet）、工艺物料流程图（process flow diagram，PFD）、带控制点的工艺流程图（process and control diagram，PCD）和管道仪表流程图（piping & instrument diagram，P & ID），也有用PCD来代替PID的情况。对于医药行业来说，根据其特有的生产洁净区级别要求，还有人员-物料分流图（material and personnel flow drawing，MPFD）、工艺流程及环境区域划分示意图（plant schematic and process flow diagram，PS & PFD）等。方框流程图是在工艺路线选定后对工艺流程进行概念性设计时完成的一种流程图，不编入设计文件；工艺流程草（简）图是一种半图解式的工艺流程图，它实际上只是方框流程图的一种变体或深入，只带有示意的性质，供设计计算时使用，也不列入设计文件中；工艺物料流程图（PFD）和带控制点的工艺流程图（PCD）应列入初步设计阶段的设计文件中；管道仪表流程图（PID）则应列入施工图设计阶段的设计文件中。

本节先介绍流程图的图形符号、标注方法等规定，然后介绍作为设计文件的工艺物料流程图（PFD）、带控制点的工艺流程图（PCD）和管道仪表流程图（PID）。

1.2.1 工艺流程图中常见的图形符号

1.2.1.1 常见设备图形符号

工艺流程图中，常用细实线画出设备的简略外形和内部特征。目前，很多设备的图形已有统一的规定，其图例可参见表 1-1。

表 1-1 工艺流程图中装备、机器图例摘录（HG/T 20519—2009）

类别	代号	图例
塔	T	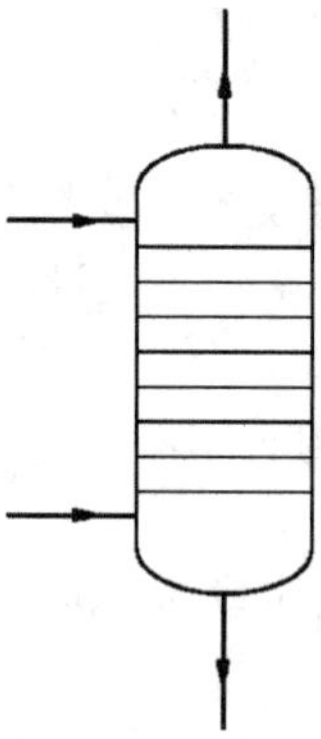 板式塔；填料塔；喷洒塔 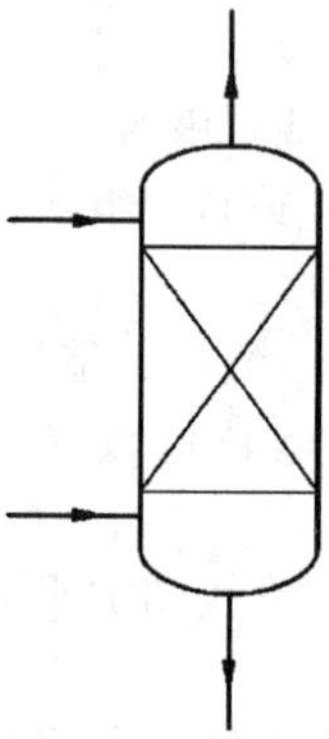 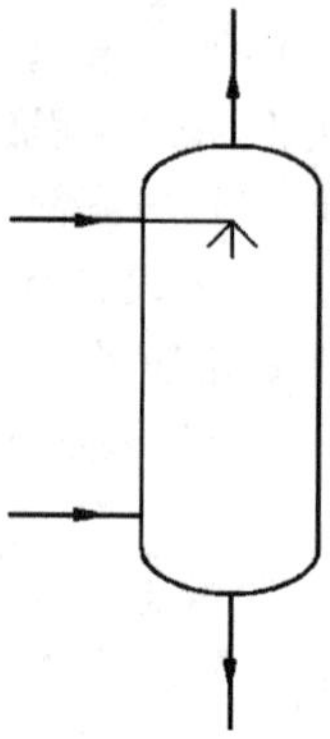
塔内件		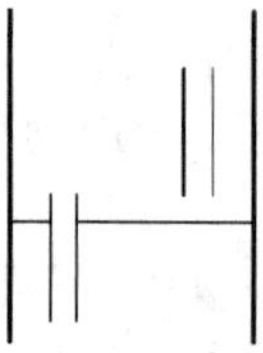 降液管；受液盘；浮阀塔塔板；泡罩塔塔板；格栅板；升气管；筛板塔塔板；湍球塔；分配(分布)器、喷淋器；(丝网)除沫层；填料除沫层 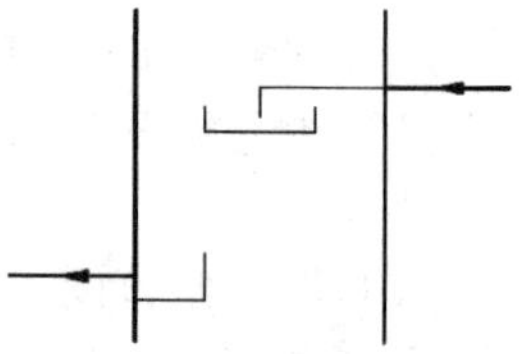 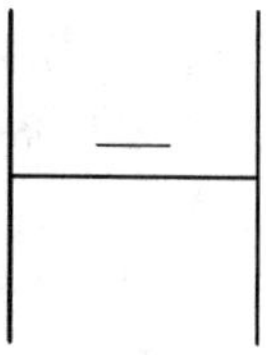 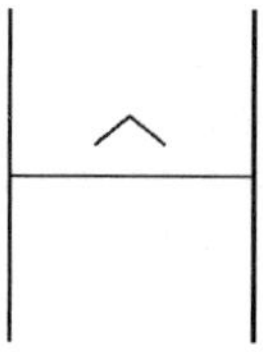 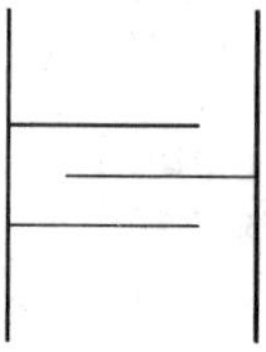 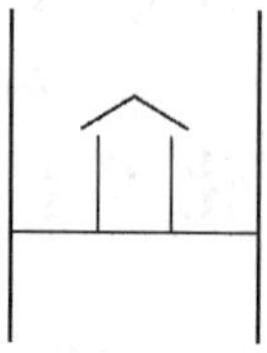 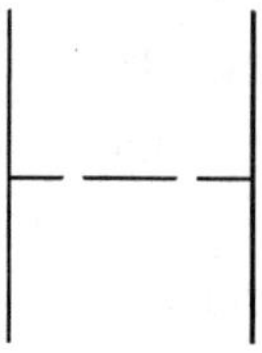 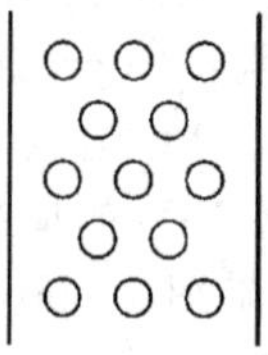  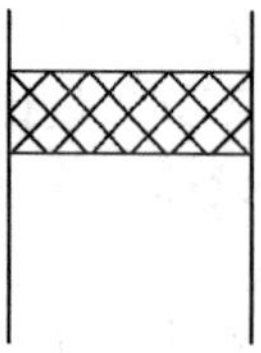 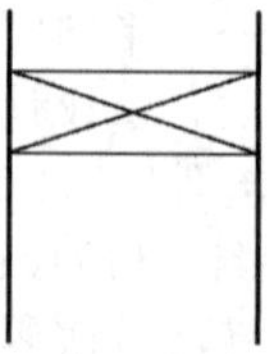

续表

类别	代号	图例
反应器	R	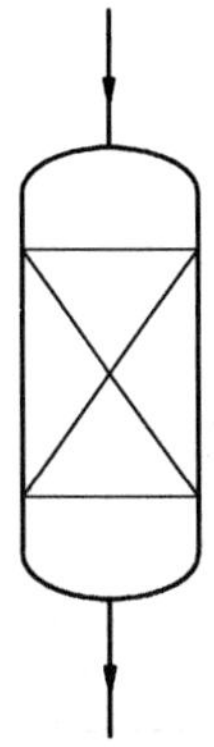 固定床反应器 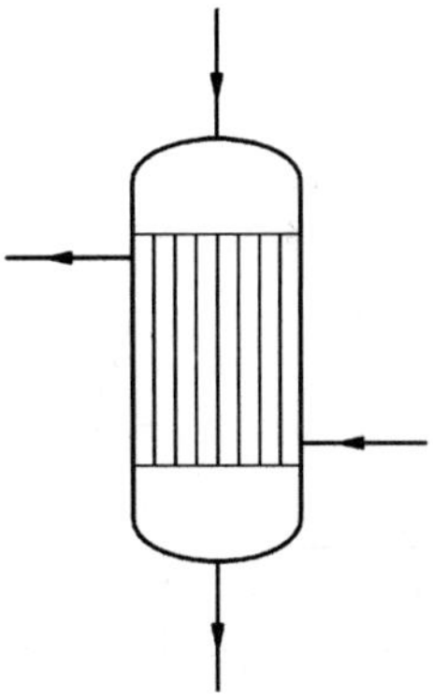　列管式反应器 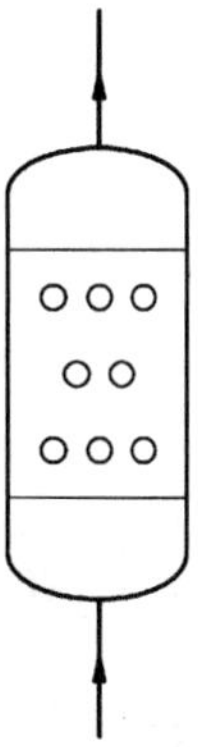　流化床反应器 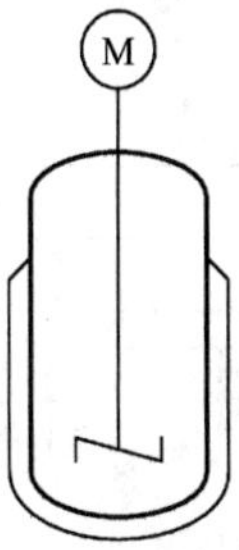反应釜(闭式、带搅拌、夹套) 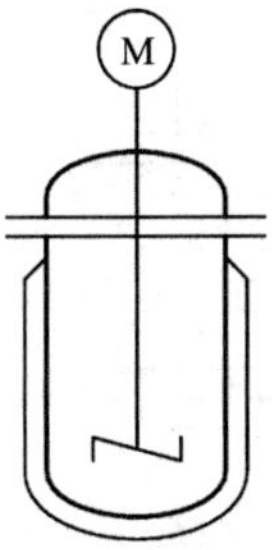　反应釜(开式、带搅拌、夹套) 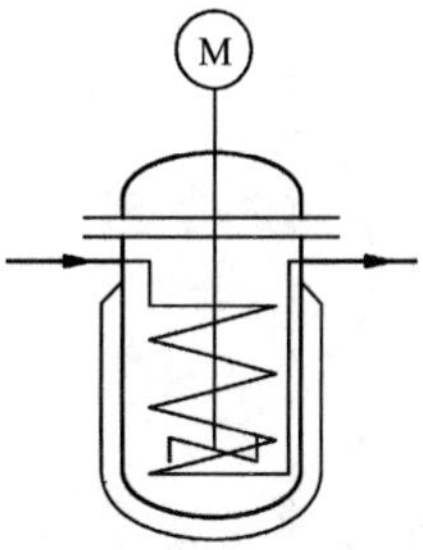　反应釜(开式、带搅拌、夹套、内盘管)
工业炉	F	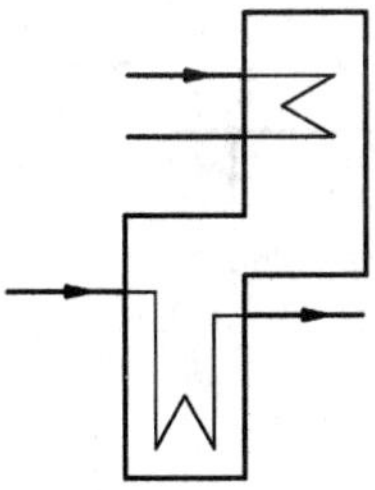 箱式炉 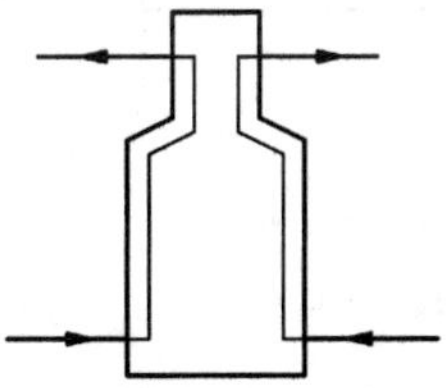　圆筒炉 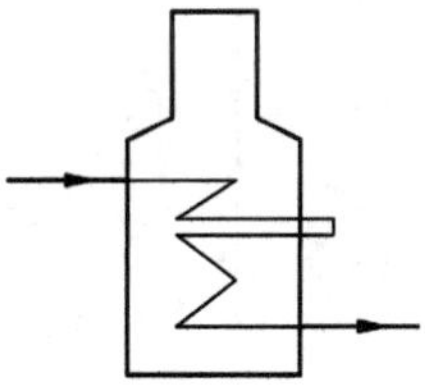　圆筒炉
火炬烟囱	S	 烟囱 　火炬

续表

类别	代号	图　　例
换热器	E	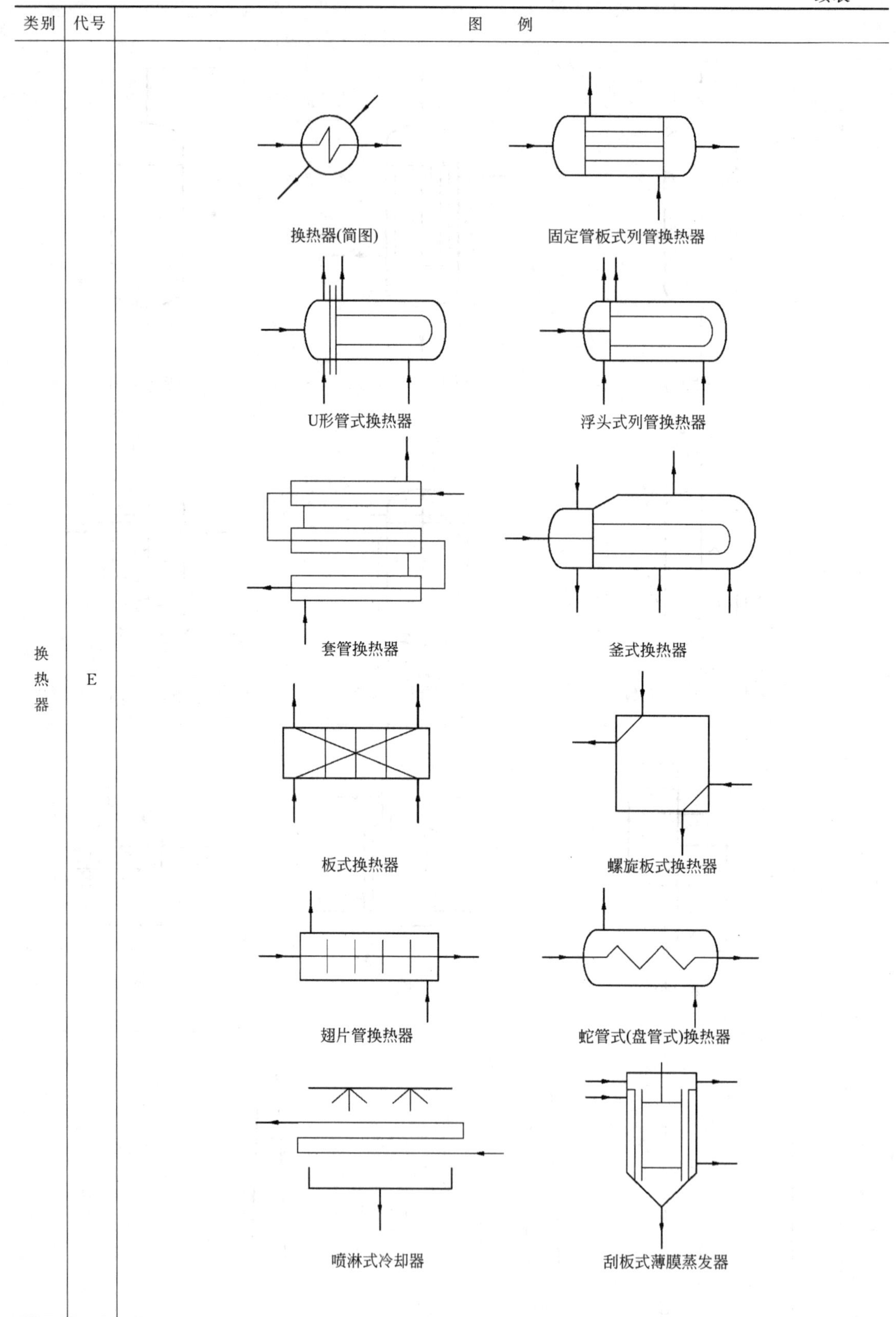

续表

类别	代号	图　例
换热器	E	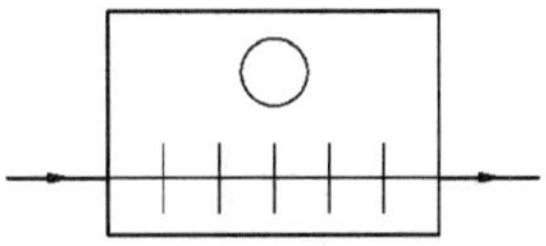 带风扇的翅片管式换热器 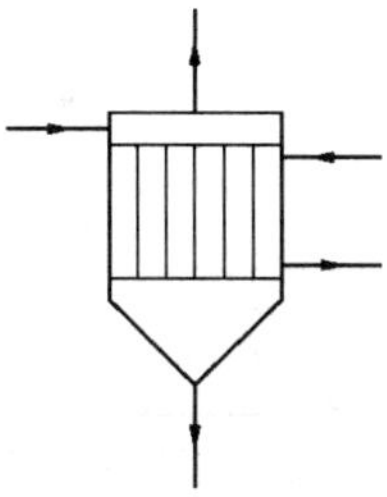　列管式薄膜蒸发器 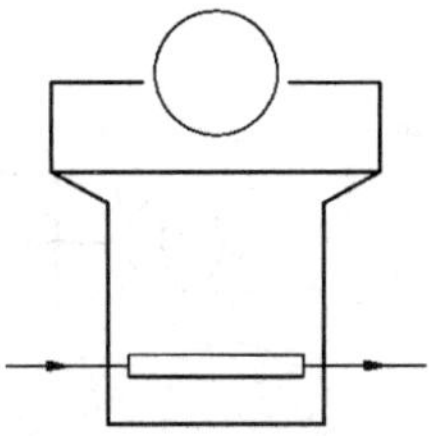 抽风式空冷器 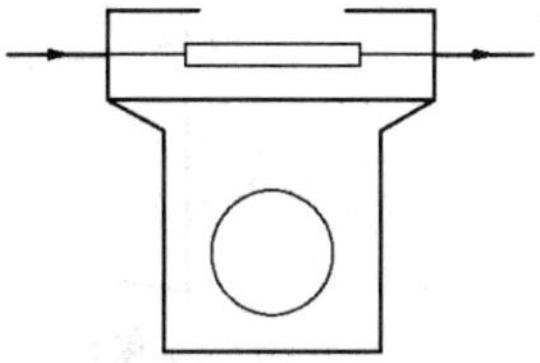　送风式空冷器
泵	P	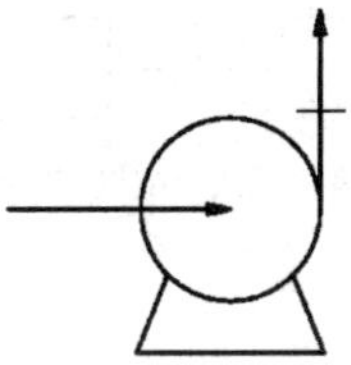 离心泵 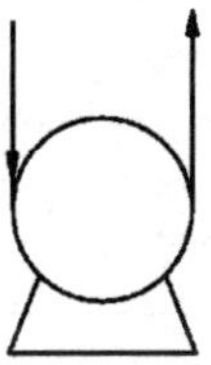　水环式真空泵 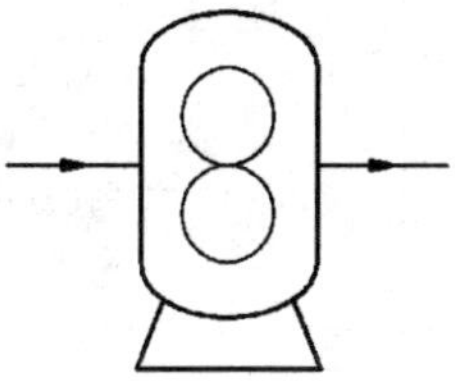　旋转泵、齿轮泵 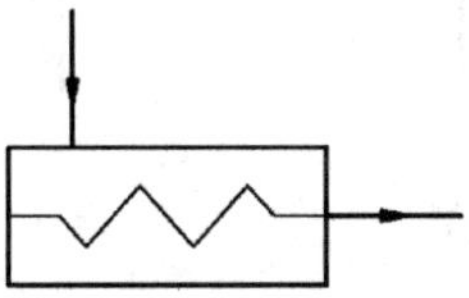 螺杆泵 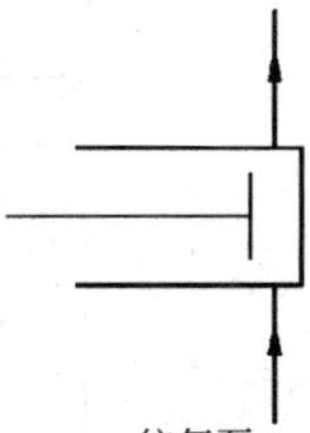　往复泵 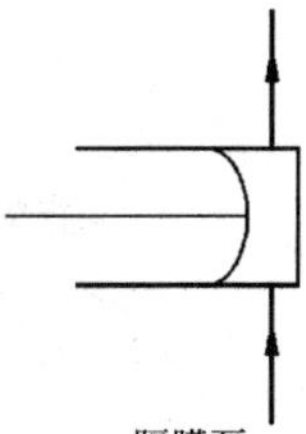　隔膜泵 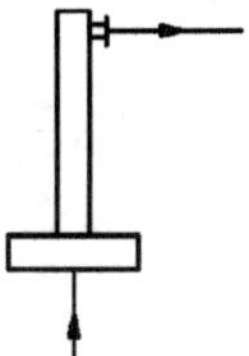 液下泵 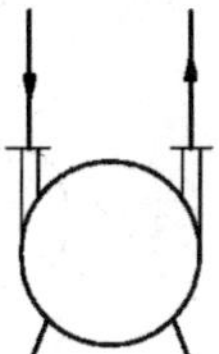　漩涡泵 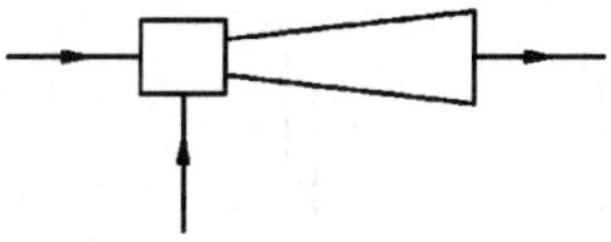　喷射泵

续表

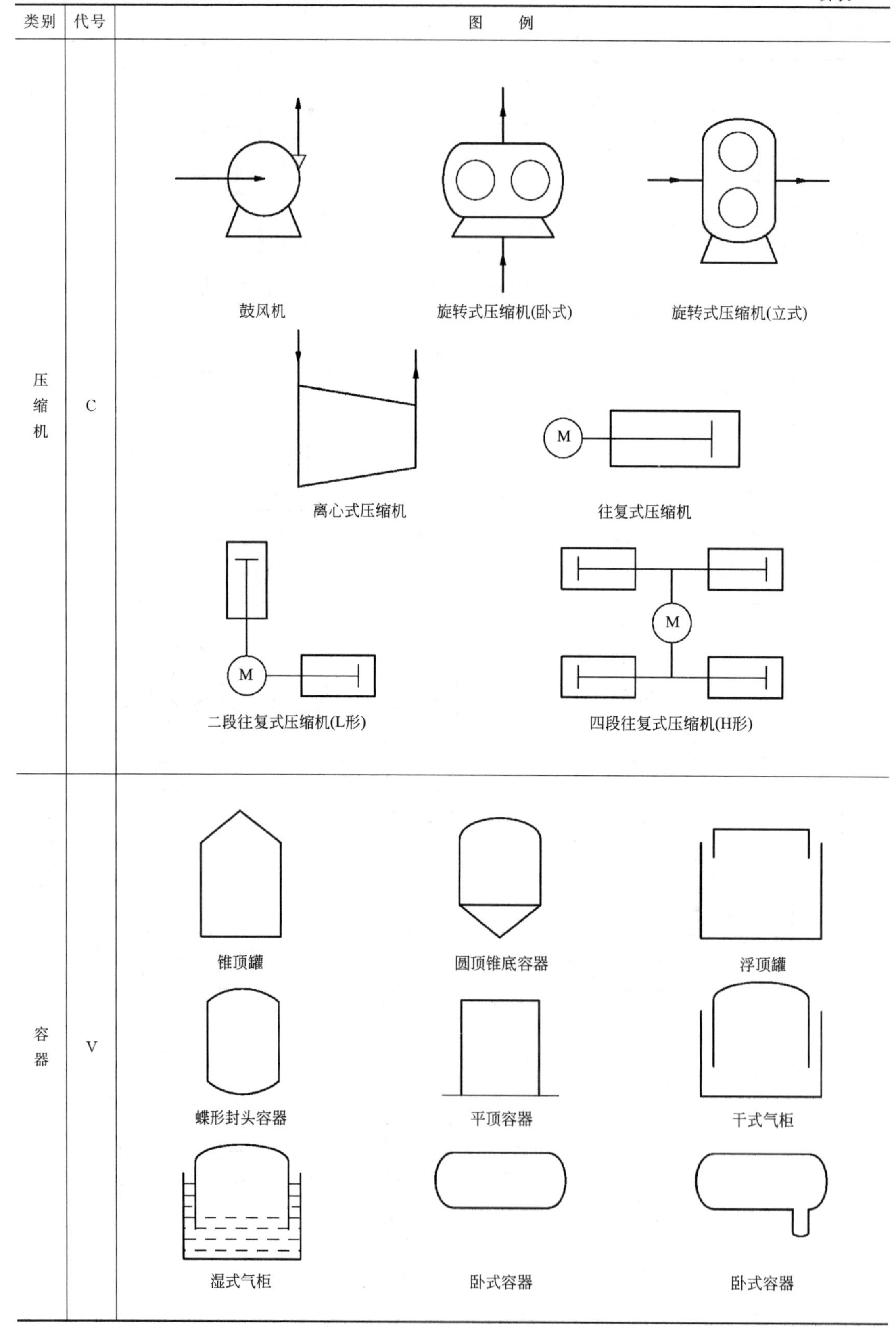

类别
代号
图　例
压缩机
C
鼓风机
旋转式压缩机(卧式)
旋转式压缩机(立式)
离心式压缩机
M
往复式压缩机
M
二段往复式压缩机(L形)
M
四段往复式压缩机(H形)
容器
V
锥顶罐
圆顶锥底容器
浮顶罐
蝶形封头容器
平顶容器
干式气柜
湿式气柜
卧式容器
卧式容器

续表

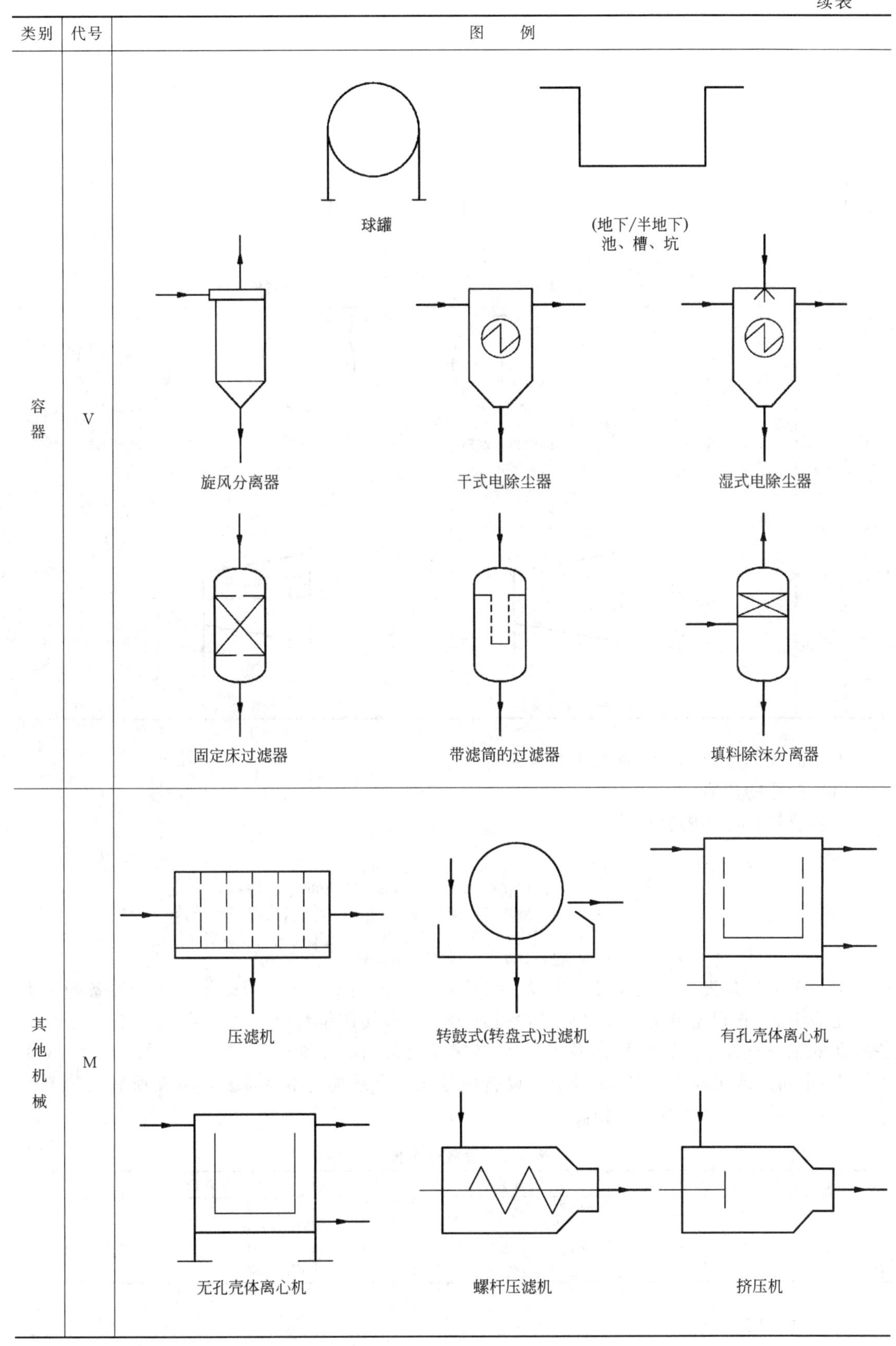
类别
代号
图例
容器
V
球罐
(地下/半地下)
池、槽、坑
旋风分离器
干式电除尘器
湿式电除尘器
固定床过滤器
带滤筒的过滤器
填料除沫分离器
其他机械
M
压滤机
转鼓式(转盘式)过滤机
有孔壳体离心机
无孔壳体离心机
螺杆压滤机
挤压机

续表

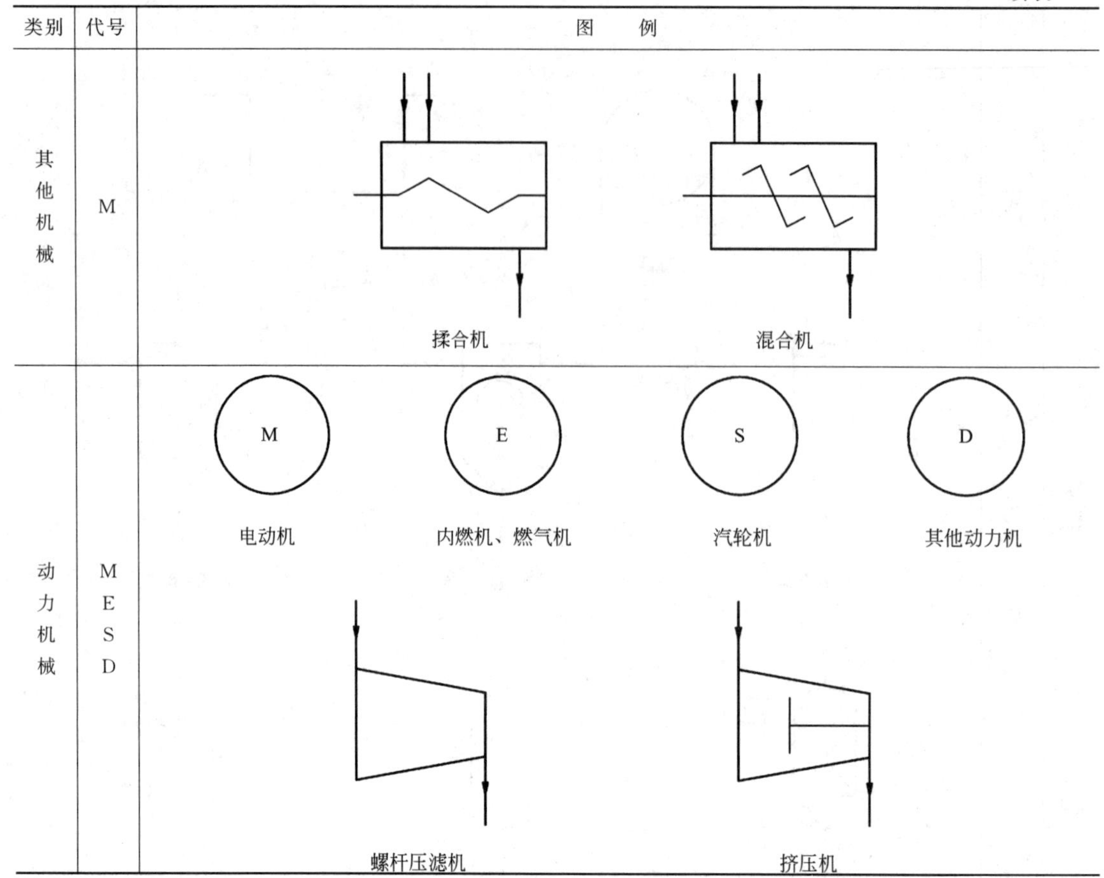

工艺流程图上应标注设备的位号及名称。

（1）标注的内容

设备位号标注的内容如下：

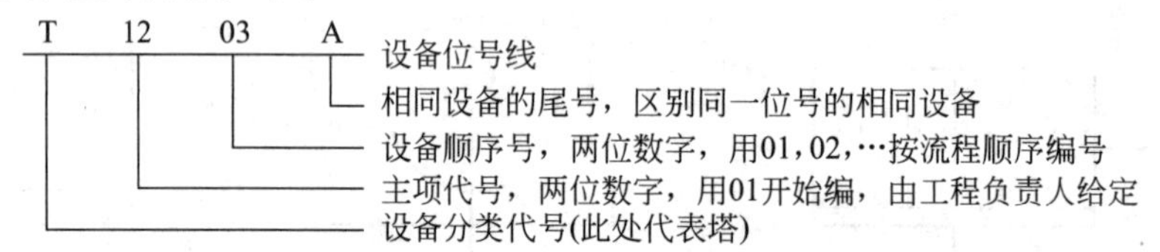

第一个字母是设备分类代号，用设备名称英文单词的第一个字母表示，各类设备的分类代号见表1-2。在设备分类代号之后是设备编号，一般用四位数字组成，第1、2位数字是设备所在的工段（或车间）代号，第3、4位数字是设备的顺序编号。例如设备位号T1218表示第12车间（或工段）的第18号塔。设备位号在整个系统内不得重复，且在所有工艺图上设备位号均需一致，如有数台相同设备，则在其后加大写英文字母，例如T1218A。

表1-2 设备分类代号

设备类别	代号	设备类别	代号	设备类别	代号
塔	T	反应器	R	起重运输设备	L
泵	P	工业炉	F	计量设备	W
压缩机、风机	C	火炬、烟囱	S	其他机械	M
换热器	E	容器（槽、罐）	V	其他设备	X

（2）标注的方法

设备位号应在两个地方进行标注：一是在图上方或下方，标注的位号排列要整齐，尽可能排在相应设备的正上方或正下方，并在设备位号线下方标注设备的名称；二是在设备内或其近旁，此处仅注位号，不注名称。但对于流程简单、设备较少的流程图，也可直接从设备上用细实线引出，标注设备号。

1.2.1.2 常用管件和阀门图形符号

常用管件和阀件图形符号分别见表1-3和表1-4。由于管件和阀件种类繁多，HG/T 20519—2009并未给出所有的图例。

表1-3 常用管件图例摘录

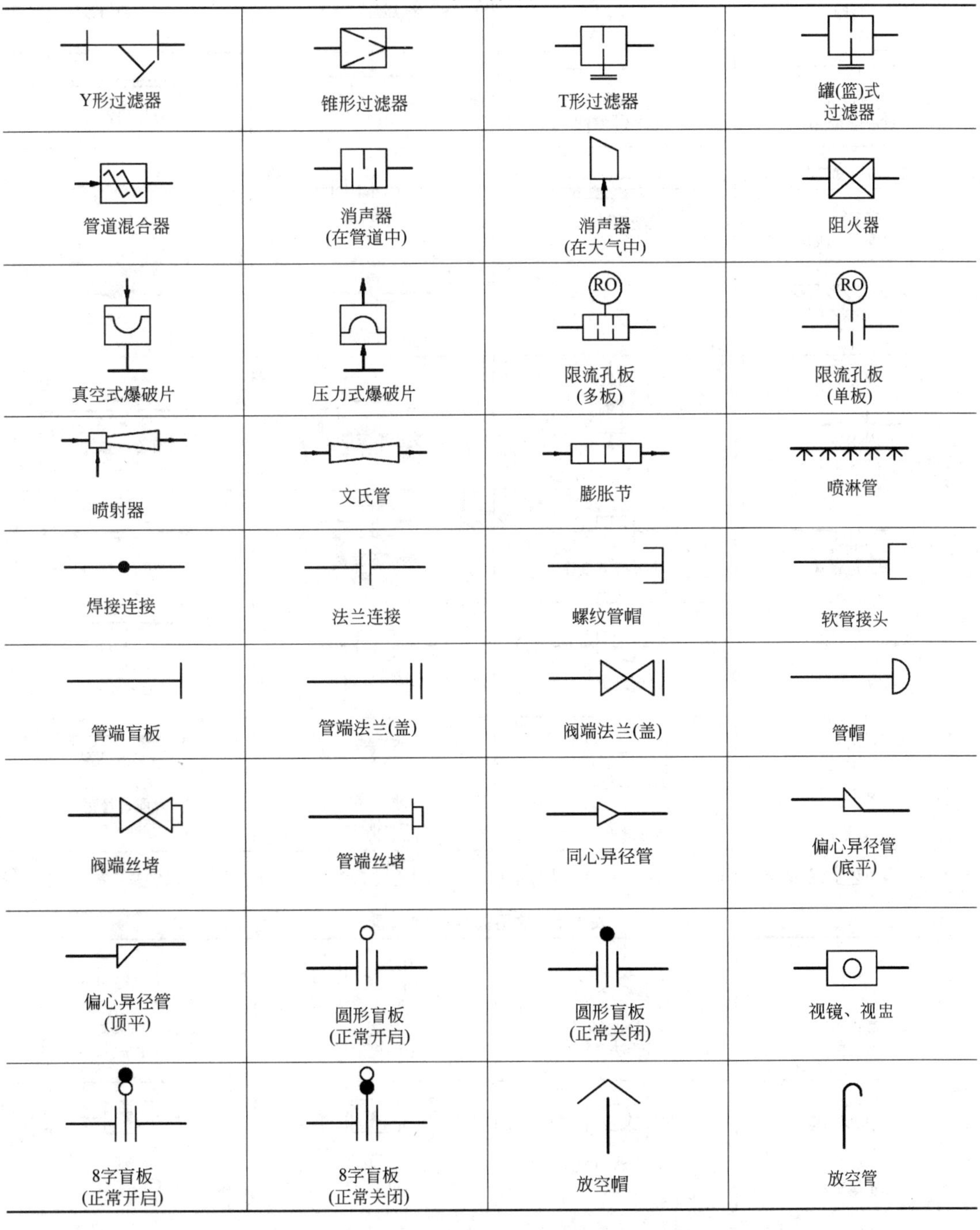

Y形过滤器	锥形过滤器	T形过滤器	罐(篮)式过滤器
管道混合器	消声器(在管道中)	消声器(在大气中)	阻火器
真空式爆破片	压力式爆破片	RO 限流孔板(多板)	RO 限流孔板(单板)
喷射器	文氏管	膨胀节	喷淋管
焊接连接	法兰连接	螺纹管帽	软管接头
管端盲板	管端法兰(盖)	阀端法兰(盖)	管帽
阀端丝堵	管端丝堵	同心异径管	偏心异径管(底平)
偏心异径管(顶平)	圆形盲板(正常开启)	圆形盲板(正常关闭)	视镜、视盅
8字盲板(正常开启)	8字盲板(正常关闭)	放空帽	放空管

续表

漏斗(敞口)	漏斗(闭口)	鹤管	安全淋浴器
洗眼器	安全淋浴洗眼器	C.S.O 未经批准不得关闭(加锁或铅封)	C.S.C 未经批准不得开启(加锁或铅封)
原有管道(原有设备轮廓线)	地下管道(地埋或地下管沟)	蒸汽伴热管道	电伴热管道
夹套管 (只表示一段)	管道绝热层	翅片管	柔性管
地面		绝缘法兰	绝缘接头
F 孔板流量计	转子流量计	文丘里流量计	电磁流量计
靶式流量计	超声波流量计	涡轮或旋翼式流量计	峡槽式流量计
CFF 质量流量计	∞ 容积式流量计	I 匀速管流量计	平管管托
立管管托	弯管管托	管件、阀件中心标高	管顶、管底标高

注：表中╱之前摘录于 HG/T 20519—2009，为标准规定画法；╱之后为公认的习惯画法，仅供参考。

表 1-4 常用阀件图例摘录

截止阀 (带法兰)	截止阀 (无法兰)	闸阀 (带法兰)	闸阀 (无法兰)
球阀 (带法兰)	球阀 (无法兰)	蝶阀 (带法兰)	蝶阀 (无法兰)

续表

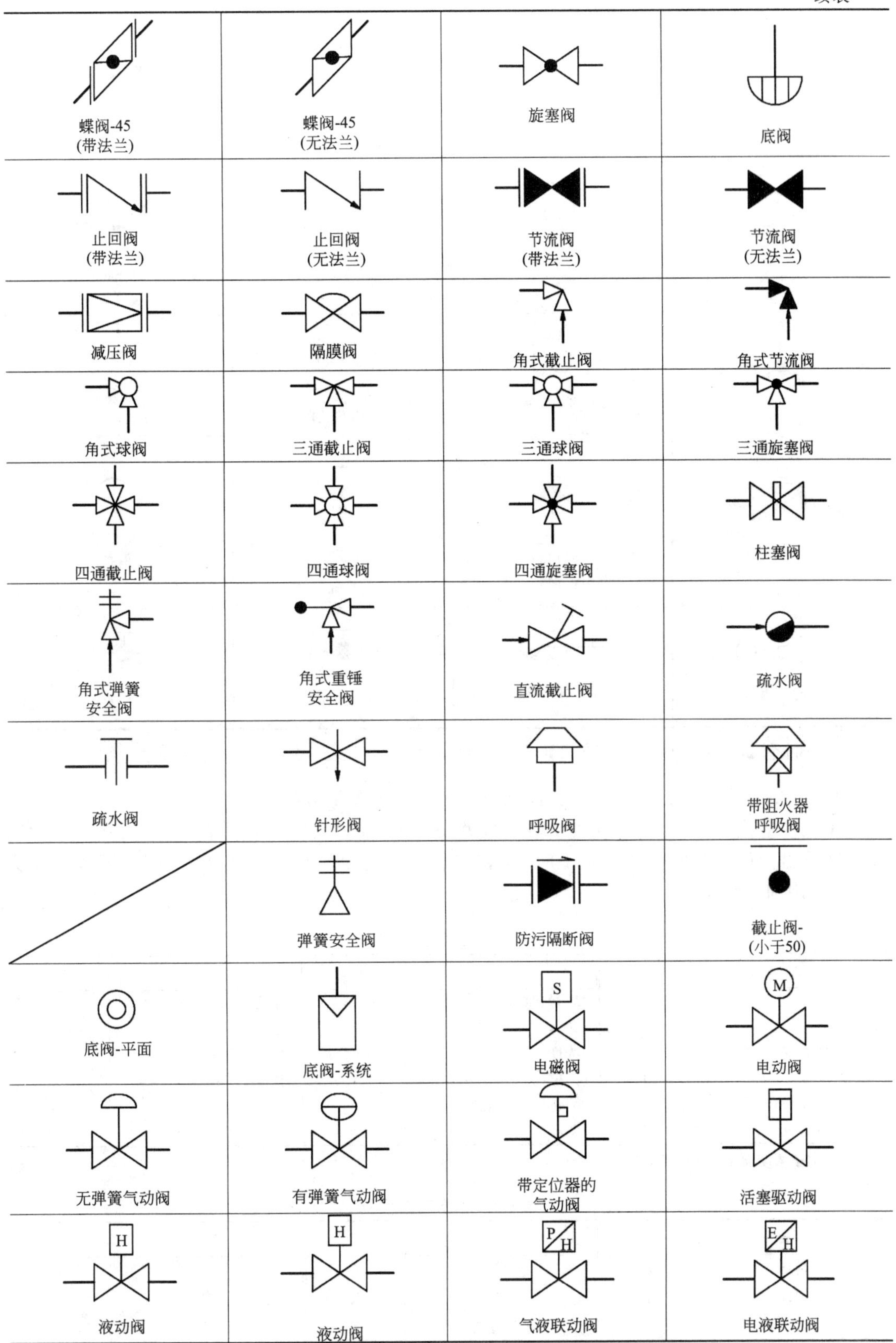

蝶阀-45 (带法兰)	蝶阀-45 (无法兰)	旋塞阀	底阀
止回阀 (带法兰)	止回阀 (无法兰)	节流阀 (带法兰)	节流阀 (无法兰)
减压阀	隔膜阀	角式截止阀	角式节流阀
角式球阀	三通截止阀	三通球阀	三通旋塞阀
四通截止阀	四通球阀	四通旋塞阀	柱塞阀
角式弹簧 安全阀	角式重锤 安全阀	直流截止阀	疏水阀
疏水阀	针形阀	呼吸阀	带阻火器 呼吸阀
	弹簧安全阀	防污隔断阀	截止阀- (小于50)
底阀-平面	底阀-系统	电磁阀	电动阀
无弹簧气动阀	有弹簧气动阀	带定位器的 气动阀	活塞驱动阀
液动阀	液动阀	气液联动阀	电液联动阀

续表

高压泄压阀	低压泄压阀	FO 控制阀 (故障自动开)	FC 控制阀 (故障自动闭)
FL 控制阀 (故障自锁)	末端测试阀- 系统	平衡锤安全阀	气闭隔膜阀
气开隔膜阀	消声止回阀	信号蝶阀 (带法兰)	信号蝶阀 (无法兰)
压力调节阀	延时自闭 冲洗阀	自动排气阀- 系统	自动排气阀- 平面
系统浮球阀	平面浮球阀	放水龙头	洒水龙头

注：表中⧄之前摘录于 HG/T 20519—2009，为标准规定画法；⧄之后为公认的习惯画法，仅供参考。

1.2.1.3 常用仪表参量代号、仪表功能代号及仪表图形符号

仪表参量代号见表 1-5，仪表功能代号见表 1-6，仪表图形符号见表 1-7，常用流量检测仪表和检出元件的图形符号见表 1-8，仪表安装位置的图形符号见表 1-9。图中圆圈直径为 10mm，用细实线绘制。

表 1-5 仪表参量代号

参量	代号	参量	代号	参量	代号
温度	T	质量(重量)	m(W)	厚度	δ
温差	ΔT	转速	N	频率	f
压力(或真空)	P	浓度	C	位移	S
压差	ΔP	密度(相对密度)	γ	长度	L
质量(或体积)流量	G	分析	A	热量	Q
液位(或料位)	H	湿度	Φ	氢离子浓度①	pH

①氢离子浓度通常以它的负对数 pH 来表示。

表 1-6 仪表功能代号

功能	代号	功能	代号	功能	代号
指示	Z	积算	S	联锁	L
记录	J	信号	X	变送	B
调节	T	手动遥控	K		

表 1-7　仪表图形代号

符号									S	M			
意义	就地安装	集中安装	通用执行机构	无弹簧气动阀	有弹簧气动阀	带定位器气动阀	活塞执行机构	电磁执行机构	电动执行机构	变送器	转子流量计	孔板流量计

表 1-8　常用流量检测仪表和检出元件的图形符号

序号	名称	图形符号	备注	序号	名称	图形符号	备注
1	孔板			4	转子流量计		圆圈内应标注仪表位号
2	文丘里管及喷嘴			5	其他嵌在管道中的检测仪表		圆圈内应标注仪表位号
3	无孔板取压接头			6	热电偶		

表 1-9　仪表安装位置的图形符号

序号	安装位置	图形符号	备注	序号	安装位置	图形符号	备注
1	就地安装仪表			3	就地仪表盘面安装仪表		
			嵌在管道中	4	集中仪表盘后安装仪表		
2	集中仪表盘面安装仪表			5	就地安装仪表盘后安装仪表		

1.2.1.4　物料代号

流程图中常见物料的代号见表 1-10。

表 1-10　常见物料代号

物料代号	物料名称	物料代号	物料名称	物料代号	物料名称	物料代号	物料名称
一	**工艺物料代号**	MS	中压蒸汽(饱和或微过热)	FL	液体燃料	RWR	冷冻盐水回水
PA	工艺空气	MUS	中压蒸汽过热蒸汽	FS	固体燃料	RWS	冷冻盐水上水
PG	工艺气体	SC	蒸汽冷凝水	NG	天然气	DR	排液、导淋
PGL	气液两相流工艺物料	TS	伴热蒸汽	D$\overline{\text{O}}$	污油	FSL	熔盐
PGS	气固两相流工艺物料	BW	锅炉给水	F$\overline{\text{O}}$	燃料油	FV	火炬排放气
PL	工艺液体	CSW	化学污水	G$\overline{\text{O}}$	填料油	H	氢
PLS	液固两相流工艺物料	CWR	循环冷却水回水	L$\overline{\text{O}}$	润滑油	H$\overline{\text{O}}$	加热油
PS	工艺固体	CWS	循环冷却水上水	R$\overline{\text{O}}$	原油	TG	惰性气
PW	工艺水	DNW	脱盐水	S$\overline{\text{O}}$	密封油	N	氮
二	**辅助公用工程代号**	DW	饮用水、生活用水	AG	气氨	$\overline{\text{O}}$	氧
AR	空气	FW	消防水	AL	液氨	SL	泥浆
CA	压缩空气	HWR	热水回水	ERG	气体乙烯或乙烷	VE	真空排放气
IA	仪表空气	HWS	热水上水	ERL	液体乙烯或乙烷	VT	放空
HS	高压蒸汽(饱和或微过热)	RW	原水、新鲜水	FRG	氟利昂气体	三	**其他**
HUS	高压过热蒸汽	SW	软水	FRL	氟利昂液体	CG	转化气
LS	低压蒸汽(饱和或微过热)	WW	生产废水	PRG	气体丙烯或丙烷	SG	合成气
LUS	低压过热蒸汽	FG	燃料气	PRL	液体丙烯或丙烷	TG	尾气

注：物料代号中如遇到英文字母“O”应写成“$\overline{\text{O}}$”，在工程设计中遇到本规定以外的物料时，可予补充代号，但不得与上列代号相同。

1.2.1.5　工艺流程图中图线宽度的规定

工艺流程图中图线宽度的规定见表 1-11。

表 1-11 工艺流程图中图线宽度的规定

类别	图形线宽/mm		
	0.9～1.2	0.5～0.7	0.15～0.3
带控制点工艺流程图	主物料管道	辅助物料管道	其他
辅助物料管道系统图	辅助物料管道总管	支管	其他

1.2.2 工艺流程设计

1.2.2.1 方框流程图和生产工艺流程草图

为便于进行物料衡算、能量衡算及有关设备的工艺计算，在设计的最初阶段，首先要绘制方框流程图（BFD），定性地标出物料由原料转化为产品的过程、流向以及所采用的各种化工过程及设备。

方框流程图和生产工艺流程草图仅供设计者使用，不列入设计文件中。

1.2.2.2 工艺物料流程图

在完成物热衡算后便可绘制工艺物料流程图（PFD），它是以图形与表格相结合的形式来表达物热衡算的结果，从而使设计流程定量化。物料流程图简称物流图（实际上包括物流与能流，因为物流本身具有能量流），它是初步设计阶段的主要设计成品，提交设计主管部门和投资决策者审查，如无变化，在施工图设计阶段则不必重新绘制。

由于物流图标注了物料衡算和热量衡算的结果数据，所以它除了为设计审查提供资料外，还可用作日后生产操作和技术改造的参考资料，因而是非常有用的设计档案资料。

因为在绘制物料流程图时尚未进行设备设计，所以物料流程图中设备的外形不必精确，常采用标准规定的设备表示方法简化绘制，有的设备甚至简化为符号形式。设备的大小不要求严格按比例绘制，但外形轮廓应尽量做到按相对比例绘出。

物料流程图中最关键的部分是物流表，它是人们读图时最为关心的内容。物流表包括物料名称、质量流量、质量分数、摩尔流量和摩尔分数，有些物流表中还列出物料的某些参数（如温度、压力、密度等）。

热量衡算的结果除了可在物流图中的物流表内列出外，通常是在相应的设备位置附近表示，如在换热器旁注明其热负荷（详见图 1-1）。

物料流程图作为初步设计阶段的主要设计成品，其作用如下：①作为下一步设计的依据；②为接受审查提供资料；③可供日后操作参考。

图 1-1 是物料流程图的一个示例。

1.2.2.3 带控制点的工艺流程图

在初步设计阶段，除了完成工艺计算、确定工艺流程外，还应确定主要工艺参数的控制方案，所以初步设计阶段在提交物料流程图的同时，还要提交带控制点的工艺流程图（PCD）。在画工艺流程图时，工艺物料管道用粗实线，辅助物料管道用中粗线，其他用细实线。图纸和表格中的所有文字均采用长仿宋体。

在带控制点的工艺流程图中，一般应画出所有工艺设备、工艺物料管线、辅助管线、阀门、管件以及工艺参数（温度、压力、流量、物位、pH 值等）的测量点，并表示出自动控制的方案。它是由工艺专业人员和自控专业人员共同合作完成的。

借助带控制点的工艺流程图，可以比较清楚地了解设计的全貌。带控制点的工艺流程图应包括如下内容。

（1）物料流程

物料流程包括：

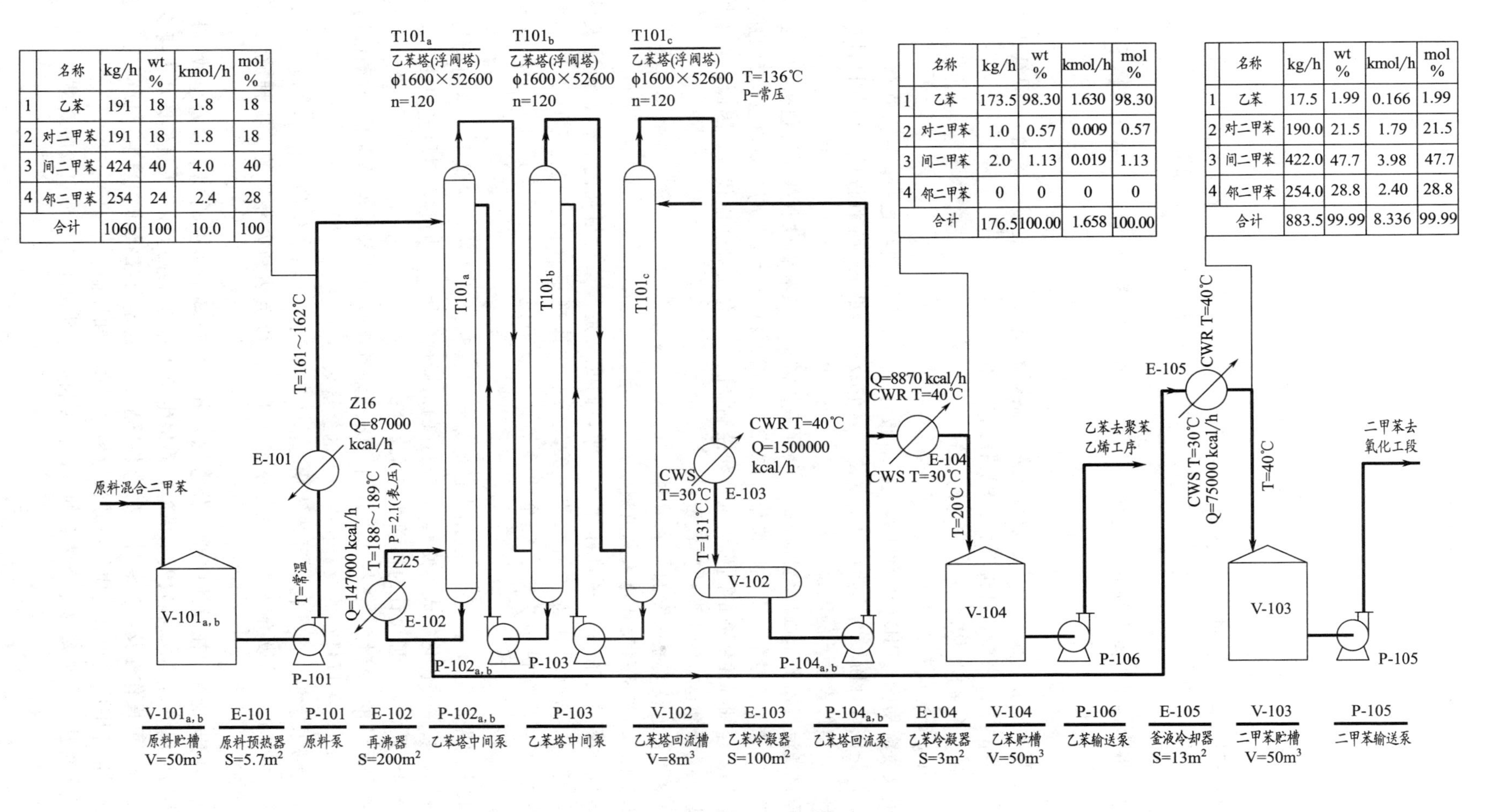

	名称	kg/h	wt %	kmol/h	mol %
1	乙苯	191	18	1.8	18
2	对二甲苯	191	18	1.8	18
3	间二甲苯	424	40	4.0	40
4	邻二甲苯	254	24	2.4	28
	合计	1060	100	10.0	100

	名称	kg/h	wt %	kmol/h	mol %
1	乙苯	173.5	98.30	1.630	98.30
2	对二甲苯	1.0	0.57	0.009	0.57
3	间二甲苯	2.0	1.13	0.019	1.13
4	邻二甲苯	0	0	0	0
	合计	176.5	100.00	1.658	100.00

	名称	kg/h	wt %	kmol/h	mol %
1	乙苯	17.5	1.99	0.166	1.99
2	对二甲苯	190.0	21.5	1.79	21.5
3	间二甲苯	422.0	47.7	3.98	47.7
4	邻二甲苯	254.0	28.8	2.40	28.8
	合计	883.5	99.99	8.336	99.99

图1-1 物料流程图示例

① 设备示意图，大致依设备外形尺寸按比例画出，标明设备的主要管口，适当考虑设备合理的相对位置；

② 设备流程号；

③ 物料与动力（水、汽、真空、压缩机、冷冻盐水等）管线及流向（用箭头线表示）；

④ 管线上的主要阀门、设备及管道的必要附件，如疏水器、管道过滤器、阻火器等；

⑤ 必要的计量、控制仪表，如流量计、液位计、压力表、真空表及其他测量仪表等；

⑥ 简要的文字注释，如冷却水、加热蒸汽来源、热水及半成品去向等。

（2）图例

图例是将物料流程图中画的有关管线、阀门、设备附件、计量-控制仪表等图形用文字予以说明。

（3）图签

图签是写出图名、设计单位、设计人员、制图人员、审核人员（签名）、图纸比例尺、图号等项内容的一份表格，其位置在流程图的右下角。

图 1-2 是一个带控制点的工艺流程图示例。

1.2.2.4 管道仪表流程图

管道仪表流程图（PID）是化工装置工程设计中最重要的图纸之一，一般在施工图设计阶段完成，是该设计阶段的主要设计成品之一，它反映的是工艺流程设计、设备设计、管道布置设计、自控仪表设计的综合成果。

管道仪表流程图要求画出全部设备、全部工艺物料管线和辅助管线，还包括在工艺流程设计时考虑为开车、停车、事故、维修、取样、备用、再生所设置的管线以及全部的阀门、管件等，还要详细标注所有的测量、调节和控制器的安装位置和功能代号。因此，它是指导管路安装、维修和运行的主要档案性资料。

图 1-3 是管道仪表流程图的一个示例。

1.2.2.5 工艺流程设计的基本原则

工程设计本身存在一个多目标优化问题，同时又是政策性很强的工作，设计人员必须有优化意识，必须严格遵守国家的有关政策、法律规定及行业规范，特别是国家的工业经济法规、环境保护法规、安全法规等。一般来说，设计者应遵守如下一些基本原则。

① 技术的先进性和可靠性　运用先进的设计工具和设计方法，尽量采用当前的先进技术，实现生产装置的优化集成，使其具有较强的市场竞争能力。同时，对所采用的新技术要进行充分的论证，以保证设计的科学性和可靠性。

② 装置系统的经济性　在各种可采用方案的分析比较中，技术经济评价指标往往是关键要素之一，以求得以最小的投资获得最大的经济效益。

③ 可持续及清洁生产　树立可持续及清洁生产意识，在所选定的方案中，应尽可能重复利用生产装置产生的废弃物，减少废弃物的排放，乃至达到废弃物的“零排放”，实现“绿色生产工艺”。

④ 过程的安全性　在设计中要充分考虑到各个生产环节可能出现的危险事故（燃烧、爆炸、毒物排放等），采取有效安全措施，确保生产装置的可靠运行及人员健康和人身安全。

⑤ 过程的可操作性及可控制性　生产装置应便于稳定可靠操作。当生产负荷或一些操作参数在一定范围内波动时，应能有效快速地进行调节和控制。

⑥ 行业性法规　如药品生产装置的设计，要符合“药品生产及质量管理规范”。

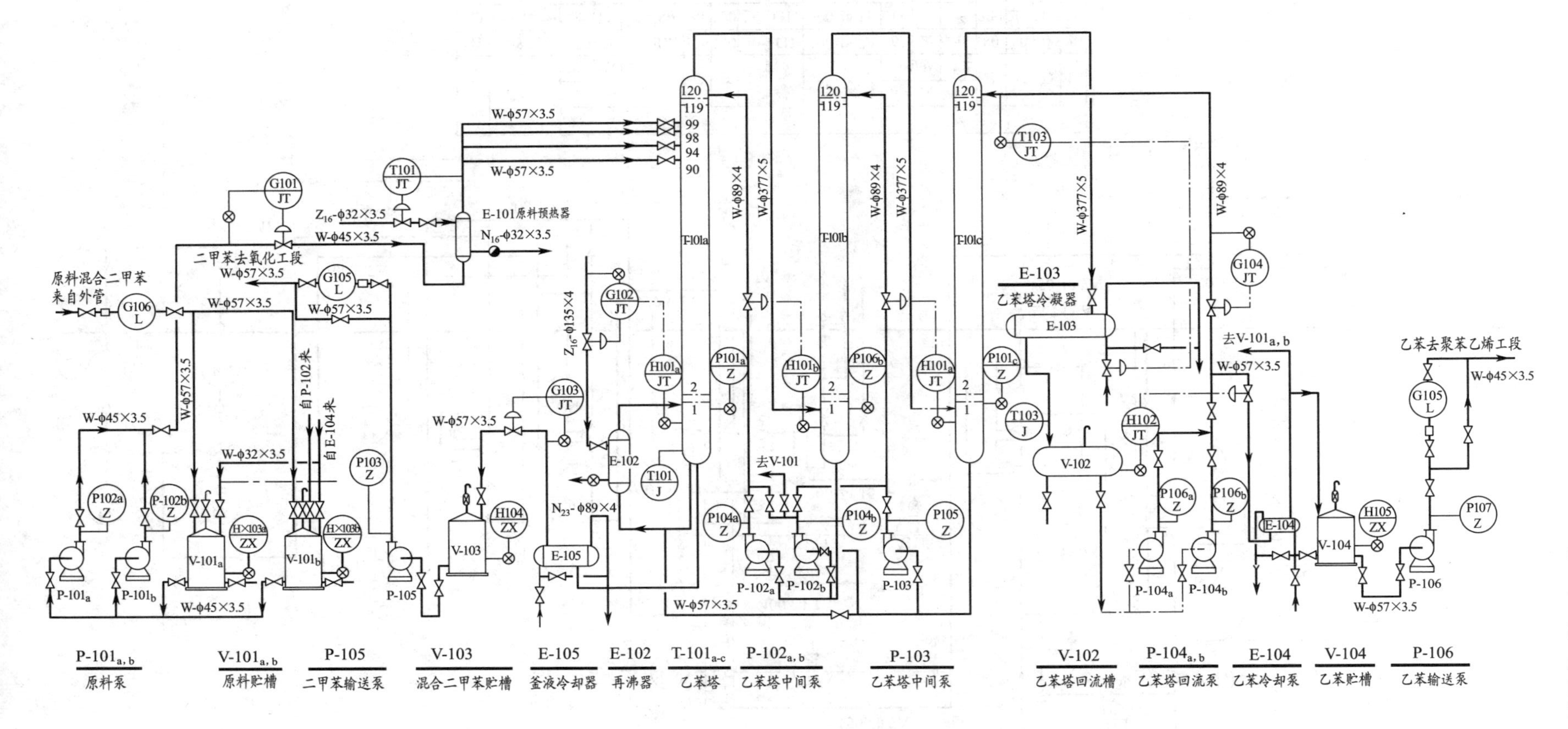

图1-2　碳八分离工段带控制点的工艺流程图

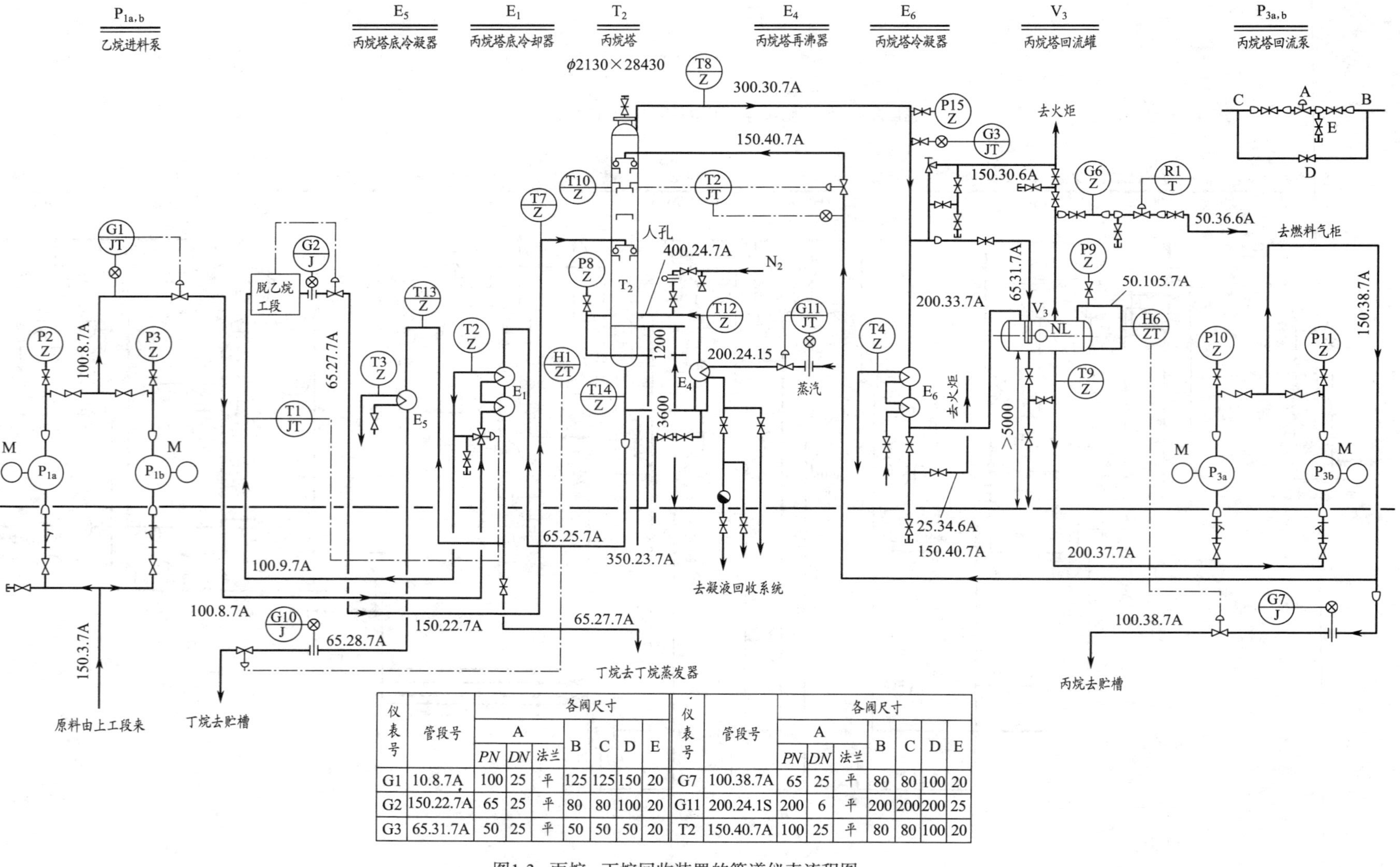

仪表号	管段号	各阀尺寸 A PN	A DN	A 法兰	B	C	D	E
G1	10.8.7A	100	25	平	125	125	150	20
G2	150.22.7A	65	25	平	80	80	100	20
G3	65.31.7A	50	25	平	50	50	50	20
G7	100.38.7A	65	25	平	80	80	100	20
G11	200.24.1S	200	6	平	200	200	200	25
T2	150.40.7A	100	25	平	80	80	100	20

图1-3　丙烷、丁烷回收装置的管道仪表流程图

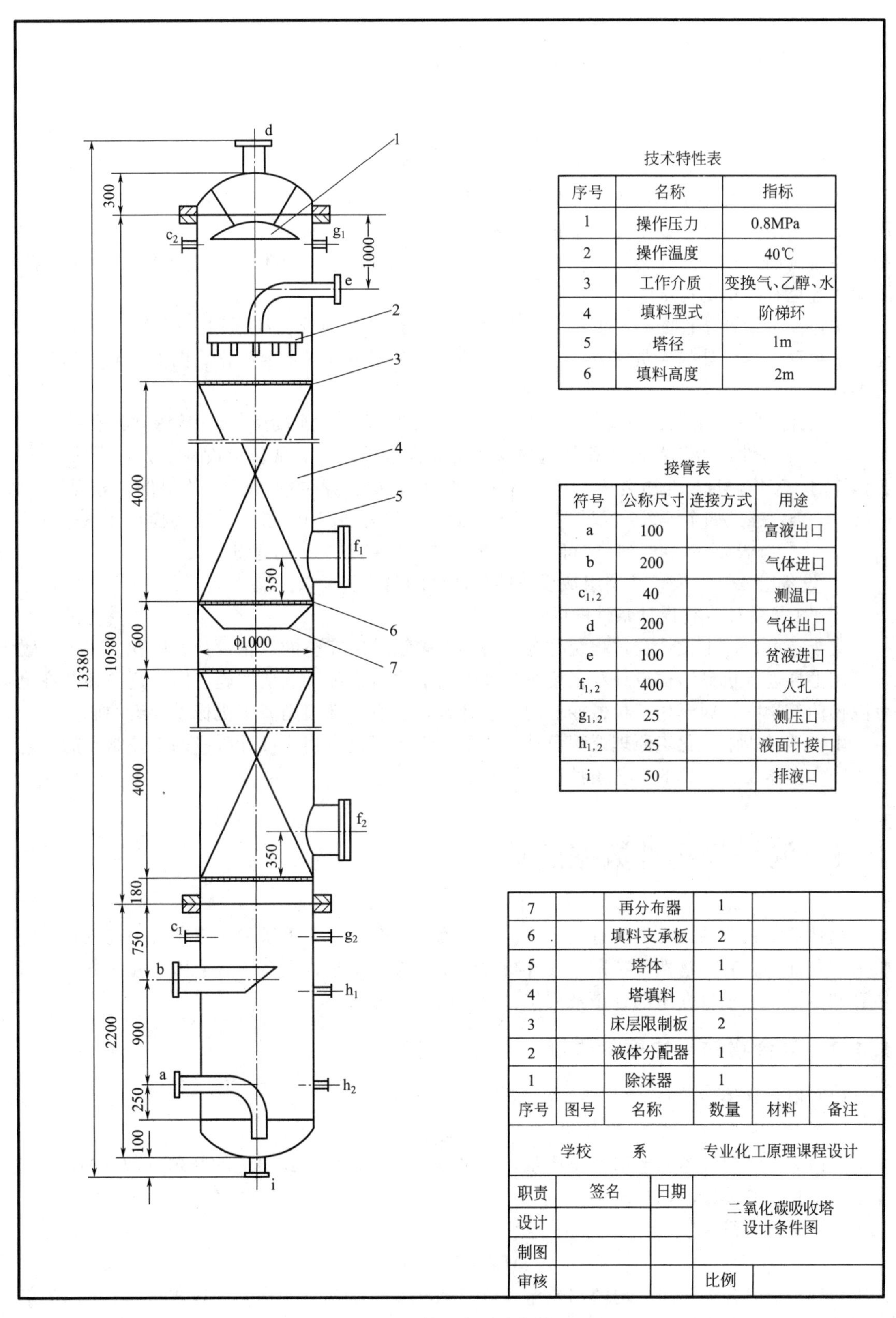

技术特性表

序号	名称	指标
1	操作压力	0.8MPa
2	操作温度	40℃
3	工作介质	变换气、乙醇、水
4	填料型式	阶梯环
5	塔径	1m
6	填料高度	2m

接管表

符号	公称尺寸	连接方式	用途
a	100		富液出口
b	200		气体进口
$c_{1,2}$	40		测温口
d	200		气体出口
e	100		贫液进口
$f_{1,2}$	400		人孔
$g_{1,2}$	25		测压口
$h_{1,2}$	25		液面计接口
i	50		排液口

序号	图号	名称	数量	材料	备注
7		再分布器	1		
6		填料支承板	2		
5		塔体	1		
4		塔填料	1		
3		床层限制板	2		
2		液体分配器	1		
1		除沫器	1		

学校 系 专业化工原理课程设计			
职责	签名	日期	二氧化碳吸收塔 设计条件图
设计			
制图			
审核			比例

图 1-4 主体设备设计条件图

1.3 主体设备设计工艺条件图

主体设备是指在每个单元操作中处于核心地位的关键设备，如传热中的换热器，蒸发中的蒸发器，蒸馏和吸收中的塔设备（板式塔和填料塔），干燥中的干燥器等。一般来说，单元设备在不同单元操作中的主体地位常常是不一样的，即使同一设备在不同单元操作中其作用也不尽相同，如某一设备在某个单元操作中为主体设备，而在另一单元操作中则可变为辅助设备。例如，换热器在传热中为主体设备，而在精馏或干燥操作中就变为辅助设备。泵、压缩机等也有类似的情况。

主体设备设计条件图是将设备的结构设计和工艺尺寸的计算结果用一张总图表示出来，通常由负责工艺设计的人员完成，它是进行装置施工图设计的重要依据。图面上应包括如下内容：

① 设备图形，指设备主要尺寸（外形尺寸、结构尺寸、连接尺寸）、接管和人孔等；

② 技术特性，指装置设计和制造检验的主要性能参数，通常包括设计压力、设计温度、工作压力、工作温度、介质名称、腐蚀裕度、焊缝系数、容器类别（指压力等级，分为类外、一类、二类、三类四个等级）及装置的尺度（如贮罐类为全容积、换热器类为换热面积等）；

③ 管接口表，注明各管口的符号、公称尺寸、连接方式、用途等；

④ 设备组成一览表，注明组成设备的各部件的名称等。

图 1-4 是主体设备设计条件图的一个示例。

应予指出，以上设计全过程统称为设备的工艺设计。完整的设备设计，应在上述工艺设计基础上再进行机械结构设计和强度校核，最后提供可供加工制造的施工图。这一环节在高等院校的教学中，属于化工机械专业的专业课程，在设计部门则属于机械设计组的职责。

由于学时所限，化工原理课程设计一般要求学生只提供初步设计阶段的带控制点的工艺流程图和主体设备设计的工艺条件图即可。

1.4 混合物物性数据的估算

物性数据获取的途径主要有三个：①实验测定；②从有关手册和文献专著中查取；③经验估算和推算。有些物性，特别是混合物的性质，查取困难，更多的是采用经验的方法进行估算和推算，这里仅介绍混合物常用物性数据的估算方法。

1.4.1 混合物的平均摩尔质量

（1）混合气体

$$M_m=\sum y_iM_i \tag{1-1}$$

式中，M_m 为混合气体的平均摩尔质量，kg/kmol；y_i 为气体组分 i 的摩尔分数；M_i 为气体组分 i 的摩尔质量，kg/kmol。

（2）混合溶液

$$M_m=\sum x_iM_i \tag{1-2}$$

式中，M_m 为混合溶液的平均摩尔质量，kg/kmol；x_i 为溶液组分 i 的摩尔分数；M_i 为溶液组分 i 的摩尔质量，kg/kmol。

1.4.2　混合物的密度

（1）混合气体

$$\rho_m = \frac{PM_m}{RT} \quad 或 \quad \rho_m = \sum y_i \rho_i \tag{1-3}$$

式中，ρ_m 为混合气体的密度，kg/m^3；y_i 为组分 i 的体积分数（或摩尔分数）；ρ_i 为组分 i 的气体密度，kg/m^3；P 为混合气体的总压，N/m^2；M_m 为混合气体的平均摩尔质量，kg/kmol；R 为理想气体常数，8.314J/(mol·K)；T 为混合气体的热力学温度，K。

上式仅适用于混合气体压力不太高时的场合，如压力较高或要求更高的计算精度，可用压缩因子法或其他方法进行处理。

（2）混合液体

$$\rho_m = \frac{1}{\sum (w_i / \rho_i)} \tag{1-4}$$

式中，ρ_m 为混合液体的密度，kg/m^3；w_i 为组分 i 的质量分数；ρ_i 为组分 i 的密度，kg/m^3。上式使用条件为理想溶液。

1.4.3　混合物的黏度

（1）混合气体

常压下气体混合物的黏度可以通过各组分的纯物质黏度、摩尔质量及摩尔分数由下式求得

$$\mu_m^o = \frac{\sum y_i \mu_i^o (M_i)^{1/2}}{\sum y_i (M_i)^{1/2}} \tag{1-5}$$

式中，μ_m^o 为 0℃、常压下混合气体的黏度，mPa·s；y_i 为组分 i 的摩尔分数；μ_i^o 为 0℃、常压下组分 i 的黏度，mPa·s；M_i 为组分 i 的摩尔质量，kg/kmol。

若压力较高且对比温度 T_r 和对比压力 p_r 大于 1 的情况下，纯组分的黏度（μ_i）可利用对比态原理从压力对黏度的影响图中查出，亦可用下式进行校正

$$\mu_i = \mu_i^o \left(\frac{T}{273.15} \right)^m \tag{1-6}$$

式中，m 为关联指数。

对常见气体，μ_i^o 和 m 值见表 1-12。

表 1-12　0℃、常压下纯组分气体的黏度 μ_i^o 及关联指数 m

气体组分	μ_i^o/mPa·s	m	气体	μ_i^o/mPa·s	m
CO_2	1.34×10^{-2}	0.935	CS_2	0.89×10^{-2}	
H_2	0.84×10^{-2}	0.771①	SO_2	1.22×10^{-2}	
N_2	1.66×10^{-2}	0.756	NO_2	1.79×10^{-2}	
CO	1.66×10^{-2}	0.758	NO	1.35×10^{-2}	0.89
CH_4	1.20×10^{-2}	0.8	HCN	0.98×10^{-2}	
O_2	1.87×10^{-2}		NH_3	0.96×10^{-2}	0.981
H_2S	1.10×10^{-2}		空气	1.71×10^{-2}	0.768

① 系反推值。

气体混合物的黏度为

$$\mu_m = \frac{\sum y_i \mu_i (M_i)^{1/2}}{\sum y_i (M_i)^{1/2}} \tag{1-7}$$

上式对含 H_2 较高的混合气体不适用，误差高达10%。

（2）混合液体

液体混合物的黏度与组成之间一般不存在线性关系，有时会出现极大值、极小值或者既有极大值又有极小值或S形曲线关系，目前还难以用理论预测。除实验测定外，工程上大多采用一些经验或半经验的黏度模型进行关联和计算。

对于互溶非缔合性混合液体的黏度可用下式计算

$$\lg\mu_m = \sum x_i \lg\mu_i \tag{1-8}$$

式中，μ_m 为混合溶液的黏度，mPa·s；μ_i 为与混合溶液同温下组分 i 的黏度，mPa·s；x_i 为混合溶液中组分 i 的摩尔分数。

还可根据Kendall-Mouroe混合规则计算：

$$\mu_m^{1/3} = \sum (x_i \mu_i^{1/3}) \tag{1-9}$$

式中符号意义同上。此式适用于非电解质、非缔合性液体，且两组分的分子量之差和黏度之差不大（$\Delta\mu<15$mPa·s）的液体。对油类计算的误差为2%～3%。

1.4.4 混合物的热导率

（1）混合气体

① 非极性气体混合物　由Broraw法计算

$$\left.\begin{aligned} \lambda_m &= 0.5(\lambda_{sm}+\lambda_{rm}) \\ \lambda_{sm} &= \sum y_i \lambda_i \\ \lambda_{rm} &= 1/\sum (y_i/\lambda_i) \end{aligned}\right\} \tag{1-10}$$

② 常压下一般气体混合物

$$\lambda_m = \frac{\sum y_i \lambda_i (M_i)^{1/3}}{\sum y_i (M_i)^{1/3}} \tag{1-11}$$

式中，λ_m 为常压及系统温度下气体混合物的热导率，W/(m·K)；λ_i 为常压及系统温度下组分 i 的热导率，W/(m·K)；y_i 为混合气体中组分 i 的摩尔分数；M_i 为组分 i 的摩尔质量，kg/mol。

对于高压气体混合物热导率的计算，常常需将高压纯组分关系式与相应的混合规则相结合后按特定关系式计算，具体方法可参考有关文献。

（2）混合液体

① 有机液体混合物的热导率

$$\lambda_m = \sum w_i \lambda_i \tag{1-12}$$

② 有机液体水溶液的热导率

$$\lambda_m = 0.9\sum w_i \lambda_i \tag{1-13}$$

③ 胶体分散液与乳液

$$\lambda_m = 0.9\lambda_c \tag{1-14}$$

④ 电解质水溶液的热导率

$$\lambda_m = \lambda_w \frac{C_p}{C_{pw}} \left(\frac{\rho}{\rho_w}\right)^{4/3} \left(\frac{M_w}{M}\right)^{1/3} \tag{1-15}$$

式中，w_i 为混合液中组分 i 的质量分数；λ_c 为连续相组分的热导率，W/(m·℃)；C_p、ρ、M 分别为电解质水溶液的比热容、密度及相对摩尔质量；λ_w、C_{pw}、ρ_w、M_w 分别为水的热导率、比热容、密度及相对摩尔质量。

1.4.5 混合物的比热容

（1）混合气体

压力对固体热容的影响很小，一般不予考虑；对液体也只有在临界点附近才有影响，一般情况下亦可忽略；压力虽对理想气体的热容无影响，但对真实气体的热容影响却较显著。各种真实气体纯组分在温度 T 及压力 p 下的比热容 C_{pi} 与同样温度下理想气体组分的比热容 C_{pi}° 之差（$C_{pi}-C_{pi}^{\circ}$）与对比温度 $T_r(T_r=T/T_c)$ 及对比压力 $p_r(p_r=p/p_c)$ 有关，（$C_{pi}-C_{pi}^{\circ}$）的数值符合对比态原理，可通过查对比状态曲线图获取真实气体的 C_{pi} 值。

① 理想气体混合物（或低压真实气体混合物）

$$C_{pm}^{\circ}=\sum y_i C_{pi}^{\circ} \tag{1-16}$$

式中，C_{pm}°、C_{pi}° 分别为 1kmol 理想气体混合物及理想气体组分 i 的比热容，kJ/kmol；y_i 为理想气体混合物中组分 i 的摩尔分数。

② 真实气体混合物（压力较高时）　求真实气体混合物的比热容时，首先求取混合气体在同样温度下处于理想气体状态时的比热容 C_{pm}°，再根据混合气体的假临界温度 $T_c'(T_c'=\sum y_i T_{ci})$ 和假临界压力 $p_c'(p_c'=\sum y_i p_{ci})$，求取混合气体的假对比温度 T_r' 和假对比压力 p_r'，最后在对比状态图上查出（$C_{pm}-C_{pm}^{\circ}$）值，求取 C_{pm} 值。

（2）液体混合物

液体混合物的比热容还没有比较理想的计算方法，一般借助于理想气体混合物的公式按组分组成加和求取。这种做法对分子结构相似的混合液体还比较准确，对其他液体混合物会产生较大的误差。

液体混合物的比热容由下式计算

$$C_{pm}'=\sum w_i C_{pi}' \tag{1-17}$$

式中，C_{pm}'、C_{pi}' 分别为 1kg 液体混合物及组分 i 的比热容。

本公式的使用适用于下列情形之一：①各组分不互溶；②相似的非极性液体混合物（如碳氢化合物、液体金属）；③非电解质水溶液（有机物水溶液）；④有机溶液。但不适用于混合热较大的互溶混合液。

1.4.6 混合物的汽化潜热

混合物的汽化潜热既可按摩尔分数加权平均，也可按质量分数加权平均。

$$r_m=\sum x_i r_i \quad \text{kJ/kmol};\ r_m'=\sum w_i r_i' \quad \text{kJ/kg} \tag{1-18}$$

式中，r_m、r_m' 分别为 1mol 和 1kg 混合物的汽化潜热；r_i、r_i' 分别为组分 i 的摩尔汽化潜热和质量汽化潜热；x_i、w_i 分别为组分 i 的摩尔分数和质量分数。

1.4.7 混合液的表面张力

（1）常压液体混合物

当系统压力小于或等于大气压时，液体混合物的表面张力可由下式求得

$$\sigma_m=\sum x_i \sigma_i \tag{1-19}$$

（2）非水溶液混合物

对非水溶液混合物，可按 Macleod-Sugden 法或快速估算法计算。

① Macleod-Sugden 法

$$\sigma_m^{1/4}=\sum[P_i](\rho_{Lm}x_i-\rho_{Gm}y_i) \tag{1-20}$$

式中，σ_m 为混合液的表面张力，mN/m；$[P_i]$ 为组分 i 的等张比容，$\frac{\text{mN}\cdot\text{cm}^3}{\text{mol}\cdot\text{m}}$；$x_i$、$y_i$ 为液相、汽相的摩尔分数；ρ_{Lm}、ρ_{Gm} 分别为混合物液相、汽相的摩尔密度，mol/cm^3。

本法的误差对非极性混合物一般为 5%～10%，对极性混合物为 5%～15%。

② 快速估算法

$$\sigma_{\mathrm{m}}^{\gamma}=\sum x_i \sigma_i^{\gamma} \tag{1-21}$$

对于大多数混合物，$\gamma=1$，若为了更好地符合实际，γ 可在$-3\sim+1$之间选择。

（3）含水溶液

有机物分子中烃基是疏水性的，有机物在表面的浓度高于主体部分的浓度，因而当少量的有机物溶于水时，足以影响水的表面张力。在有机物溶质浓度不超过1%时，可用下式求取溶液的表面张力 σ

$$\frac{\sigma}{\sigma_{\mathrm{w}}}=1-0.411\lg\left(1+\frac{x}{\alpha}\right) \tag{1-22}$$

式中，σ_{w}为纯水的表面张力，mN/m；x 为有机物溶质的摩尔分数；α 为特性常数，见表1-13。

表 1-13　特性常数 α 值

有机物	丙酸	正丙酸	异丙酸	醋酸甲酯	正丙胺	甲乙酮	正丁酸	异丁酸	正丁醇	异丁醇	甲酸丙酯	醋酸乙酯	丙酸甲酯
$\alpha\times10^4$	26	26	26	26	19	19	7	7	7	7	8.5	8.5	8.5
有机物	二乙酮	丙酸乙酯	醋酸丙酯	正戊酸	异戊酸	正戊醇	异戊醇	丙酸丙酯	正己酸	正庚酸	正辛酸	正癸酸	
$\alpha\times10^4$	8.5	3.1	3.1	1.7	1.7	1.7	1.7	1.0	0.75	0.17	0.034	0.025	

二元的有机物-水溶液的表面张力在宽浓度范围内用下式求取

$$\sigma_{\mathrm{m}}^{1/4}=\varphi_{\mathrm{sw}}\sigma_{\mathrm{w}}^{1/4}+\varphi_{\mathrm{so}}\sigma_{\mathrm{o}}^{1/4} \tag{1-23}$$

式中　$\varphi_{\mathrm{sw}}=x_{\mathrm{sw}}V_{\mathrm{w}}/V_{\mathrm{s}}$　$\varphi_{\mathrm{so}}=x_{\mathrm{so}}V_{\mathrm{o}}/V_{\mathrm{so}}$

φ_{sw}和φ_{so}通过下式求取

$$\varphi_{\mathrm{o}}=x_{\mathrm{o}}V_{\mathrm{o}}/(x_{\mathrm{w}}V_{\mathrm{w}}+x_{\mathrm{o}}V_{\mathrm{o}}) \tag{1-24}$$

$$\varphi_{\mathrm{w}}=x_{\mathrm{w}}V_{\mathrm{w}}/(x_{\mathrm{w}}V_{\mathrm{w}}+x_{\mathrm{o}}V_{\mathrm{o}}) \tag{1-25}$$

$$B=\lg(\varphi_{\mathrm{w}}^{q}/\varphi_{\mathrm{o}}) \tag{1-26}$$

$$Q=0.441(q/T)(\sigma_{\mathrm{o}}V_{\mathrm{o}}^{2/3}/q-\sigma_{\mathrm{w}}V_{\mathrm{w}}^{2/3}) \tag{1-27}$$

$$A=B+Q \tag{1-28}$$

$$\lg(\varphi_{\mathrm{sw}}^{q}/\varphi_{\mathrm{so}})=A \tag{1-29}$$

$$\varphi_{\mathrm{sw}}+\varphi_{\mathrm{so}}=1 \tag{1-30}$$

式中，下角 w、o、s 分别指水、有机物及表面部分；x_{w}、x_{o}分别为水和有机物主体部分的摩尔分数；V_{w}、V_{o}分别为水和有机物主体部分的摩尔体积；σ_{w}、σ_{o}分别为纯水和有机物的表面张力；q 为与分子结构有关的参数，其值决定于有机物的型式与分子的大小，见表1-14所示。

若用于非水溶液

$$q=\text{溶质摩尔体积}/\text{溶剂摩尔体积}$$

本法对14个水系统和2个醇-醇系统，当 q 值小于5时，误差小于10%；当 q 值大于5时，误差小于20%。

表 1-14　q 值的确定

物　质	q	举　例
脂肪酸、醇	碳原子数	乙酸：$q=2$
酮类	碳原子数减1	丙酮：$q=2$
脂肪酸的卤代衍生物	$\dfrac{\text{碳原子数}\times\text{卤代衍生物}}{\text{原脂肪酸摩尔体积}}$	氯代乙酸：$q=\dfrac{V_{\mathrm{s}}(\text{氯代乙酸})}{V_{\mathrm{s}}(\text{乙酸})}$

上面给出的混合物物性的估算方法很有限，也很难确保满足工程设计计算的精度要求。

物性数据估算的方法很多，为准确获得同一可靠的物性数据，常常需要选用不同的经验公式对同一物性进行计算和比对，然后取舍，这样做显然是有必要的。化工物性数据浩如烟海，估算方法也种类繁多，这些资源主要来自于三个方面：①物性数据文献与专著；②化工物性数据库及物性推算包；③Internet 化工资源。在化工原理课程设计过程中学会充分使用好这些资源无疑是大有裨益的。

1.5 化工设计中的常用软件

为提高化工设计的质量和效率，在化工原理课程设计中需要掌握一些常用软件的使用。

（1）化工流程模拟软件

在 Aspen Plus、PRO/II、HYSYS、gPROMS、ChemCAD、DESIGN II、ProMax 等诸多化工流程模拟软件中，前三款被国内绝大多数化工设计院所使用。一般认为，Aspen 基本上涵盖了以上各款软件的所有优点，用它模拟一般化工领域表现最好；PRO/II 因其数据库中有不少石油炼制方面的经验数据，用它模拟石油炼制领域有一定优势且较为准确；因此有人形象比喻 Aspen 是学院派，PRO/II 是经验派；HYSYS（现在和 Aspen 是同一家公司的两个产品，即 Aspen HYSYS）在油气工程领域有着极高的精度和准确性，且动态模拟是它的优势。Aspen 更适用于模拟大流程或复杂流程，而且数据库比较全面，并且是全开放式的。PRO/II 更适用于设备核算、短流程或精馏核算。ChemCAD 由于自带物性较少，应用受到局限。从易收敛性上看，ChemCAD＞HYSYS＞PRO/II＞Aspen，因 Aspen 计算的严谨性和复杂性，故其收敛性表现最差。

（2）化学工程绘图软件

在工程制图中，施工图设计多采用 2D 软件绘制，而效果图多采用 3D 软件绘制。在二维工程绘图软件中最有影响力的是美国 Autodesk 公司开发的 AutoCAD，在此基础上国内针对不同行业开发了很多不同的 CAD 专用版本，此处不予推荐，但化工设计院所一般都采用最经典的 AutoCAD 作为基本工具，它几乎完全满足所有的 2D 设计。三维工程绘图软件主要有 Pro/E、Solidworks、UG、3Dmax、CATIA、AutoCAD 等，这些软件能解决一般性工程问题。其中 Pro/E 和 Solidworks 被设计院所广泛采用。由于化工设计的专业性和特殊性，还需要掌握诸如三维配管设计软件、车间布置设计软件及化工厂设计软件（如 PDMS、SP-DA、PDSOFT 等）。

（3）化学分子结构绘图及分子图谱解析软件

这类软件主要有 ChemOffice、ACD/ChemSketch、ChemWindows、ISIS/Draw、ChemBioDraw 等。目前，被高校师生广泛采用的是 ChemOffice 套装软件。该套装软件主要包括 ChemDraw、Chem3D 及 ChemFinder 三大模块，可进行分子结构绘图、分子仿真分析、分子波谱分析、分子轨道分析、实验装置绘制等多种功能。

（4）流体分析软件

流体分析软件针对流体在设备和管件中的流动进行流体动力学和热力学分析，主要有 Ansys Fluent、FloEFD、Flow Simulation 等，借此分析评价单元设备结构设计的合理性。

（5）数据分析与数据处理软件

数据分析与处理软件主要有 Origin、Excel、Matlab、Mathmatica、Maple、Spss、SAS、Gauss 等，在国内被广泛使用的为前三种。在数据处理过程中，作迭代运算时推荐选用 Excel；对实验散点作数据回归和进行微积分运算时推荐选用 Origin；用数据矩阵绘制 3D 图形时推荐选用 Matlab 和 Origin。

【本章具体要求】

通过本章学习应能做到：

◇ 了解化工设计过程中的两个重要阶段：

① 项目开发过程中的几个重要环节，即概念设计、中试设计和基础设计等。这类设计一般是由项目研究单位的工程开发部门负责。

② 工程建设过程中的几个重要环节，即可行性研究、初步设计、扩初设计和施工图设计等。这类设计一般是由研究单位委托设计单位负责。

◇ 熟练掌握化工原理课程设计的基本要求与基本内容。

◇ 正确理解化工生产工艺流程设计各个阶段的设计成果，理清 BF、SF、PFD、PCD、PID、MPFD、PS & PFD 在设计过程中的地位和作用。

◇ 正确选用设备、管件、仪表图形符号、仪表功能代号和物流代号绘制 PFD 和 PID，正确绘制主体设备设计工艺条件图。

◇ 正确合理选用公式进行混合物性质的估算。

◇ 掌握常用软件在化工设计中的应用。

第2章
搅拌装置的工艺设计

【本章导读指引】

本章将主要介绍：

◇ 机械搅拌设备的基本结构、常见搅拌器的结构型式、选型原则及搅拌器的安装形式与流型。

◇ 搅拌装置的工艺设计，主要包括搅拌功率设计计算、搅拌器工程放大方法以及搅拌装置的换热计算。

◇ 搅拌器主要附件设计。

2.1 概述

搅拌是常见的化工单元操作之一，在化工、医药、食品、采矿、造纸、建材、废水处理等领域有着广泛的应用。通过搅拌操作可实现物料的混合、分散、悬浮、乳化，或强化热质传递。因化工生产过程中所涉及的物料多为流体，而且实际的搅拌混合设备多为机械搅拌，故本章主要介绍流体机械搅拌装置的设计。

2.1.1 机械搅拌设备的基本结构

图2-1为典型机械搅拌设备的结构简图。该设备一般由搅拌装置、轴封和搅拌釜三大部分构成。搅拌装置又包括传动机构、搅拌轴和搅拌器。搅拌器是机械搅拌设备的核心部件，物料搅拌混合的好坏主要取决于搅拌器的结构、尺寸、操作条件及其工作环境。

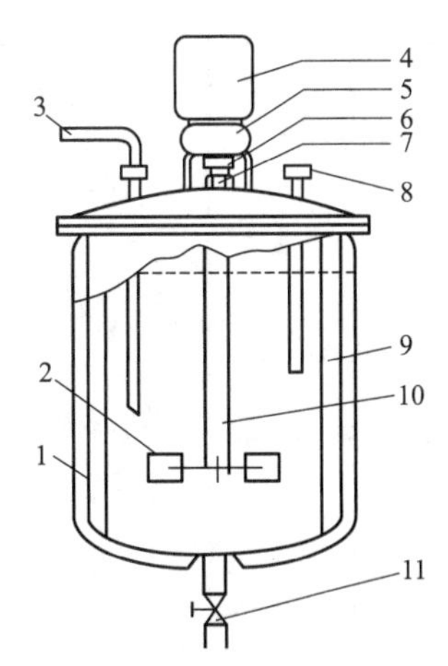

图2-1 机械搅拌设备简图

1—搅拌釜；2—搅拌器；3—加料管；4—电机；5—减速器；6—联轴节；7—轴封；8—温度计套管；9—挡板；10—搅拌轴；11—放料阀

对于密闭搅拌设备，轴封是必不可少的重要组成部分，在实际生产中也是最易损坏的部件。与泵轴的密封相似，轴封也常采用填料密封和机械密封两种密封形式。当轴封要求较高时，一般采用机械密封，如易燃、易爆物料的搅拌及高温、高压、高真空、高转速的场合。

搅拌釜也常称为搅拌罐或搅拌槽，它由罐体和罐体内的附件构成。工业上常用的搅拌釜多为立式圆筒形容器，搅拌釜底部与侧壁的结合处常常以圆角过渡。为了满足不同的工艺要求或搅拌釜本身结构的要求，罐体上常装有各种不同用途的附件，其中与搅拌混合效果有关的附件有挡板和导流筒（详见 2.2.4 节）。

2.1.2 搅拌器的类型与选择

2.1.2.1 搅拌器的类型

为达到均匀混合或强化热质传递的目的，搅拌器应具备两个基本功能，即在釜内形成一个循环流动（称为总体流动），同时产生强剪切或剧烈湍动。为满足此基本功能，出现了各种形式的搅拌器。典型的机械搅拌器型式有旋桨式（即推进式）、桨式、涡轮式、锚式、框式、螺带式、螺杆式等，其结构简图及主要参数见表 2-1。

根据不同的分类方式还可将搅拌器分成如下类型，见表 2-2。

2.1.2.2 搅拌器选型

在选择搅拌器时，应考虑的因素很多，最基本的因素是介质的黏度、搅拌过程的目的和搅拌器能造成的流动状态。

表 2-1 常用搅拌器的结构简图及主要数据

型式		常见尺寸及常见外缘圆周速度	结构简图
旋桨式		$\frac{S}{d}=1$ $z=3$ 外缘圆周速度一般为 5～15m/s，最大为 25m/s S——螺距 d——搅拌器直径 z——桨叶数	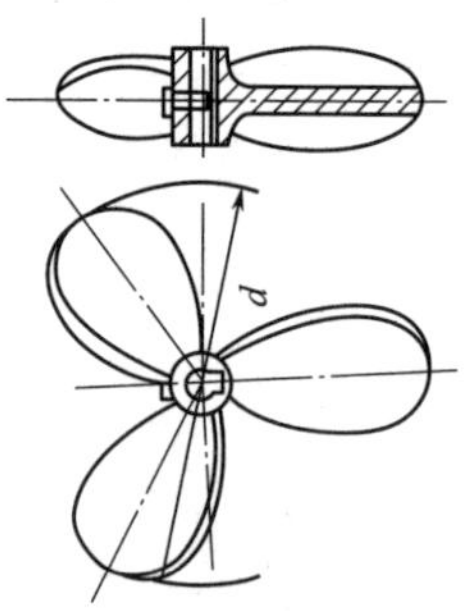
桨式	平直叶	$\frac{d}{b}=4\sim10$ $z=2$ 1.5～3m/s	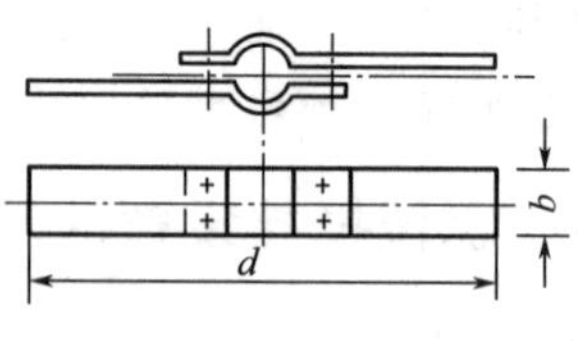
	折叶		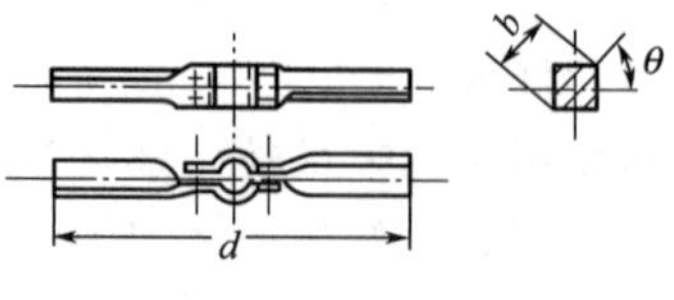

续表

型式		常见尺寸及常见外缘圆周速度	结构简图
涡轮式	开启平直叶	$\frac{d}{b}=5\sim8$　$z=6$ 3～8m/s	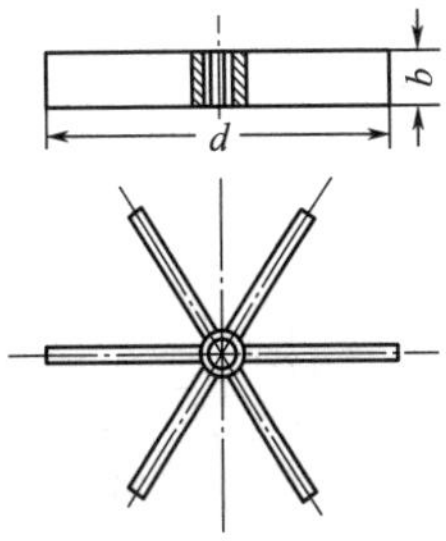
	开启弯叶	$\frac{d}{b}=5\sim8$　$z=6$ 3～8m/s	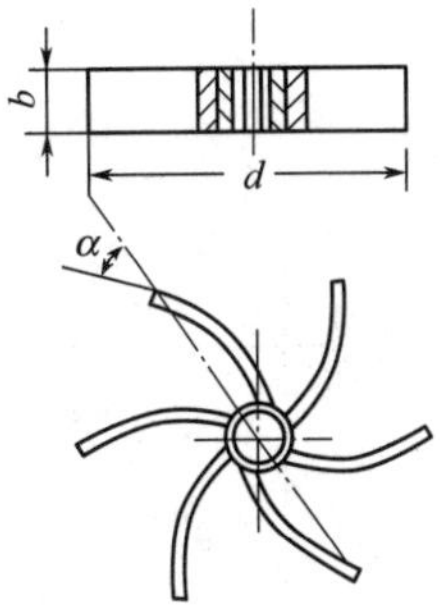
	圆盘平直叶	$d:L:b=20:5:4$　$z=6$ 3～8m/s	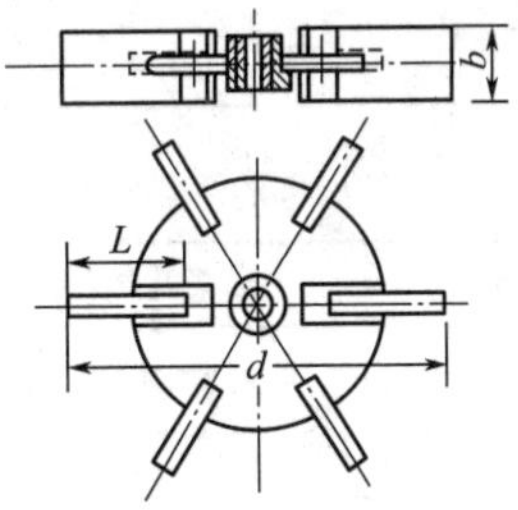
	圆盘弯叶	$d:L:b=20:5:4$　$z=6$ 3～8m/s	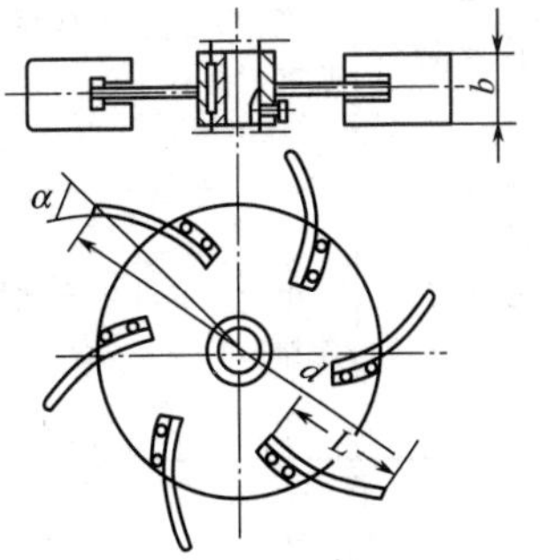

续表

型式	常见尺寸及常见外缘圆周速度	结构简图
锚式	$\frac{d'}{D}=0.05\sim0.08$ $d'=25\sim50\text{mm}$ $\frac{b}{D}=\frac{1}{12}$ $0.5\sim1.5\text{m/s}$ d'——搅拌器外缘与釜内壁的距离 D——釜内径	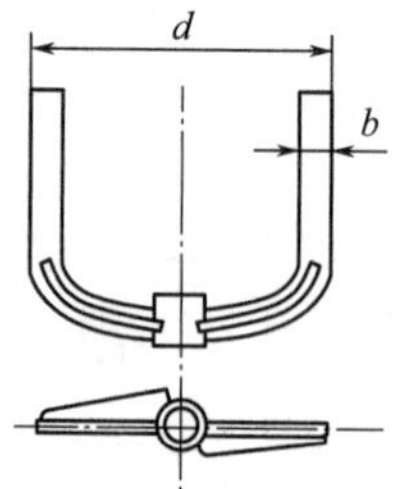
框式		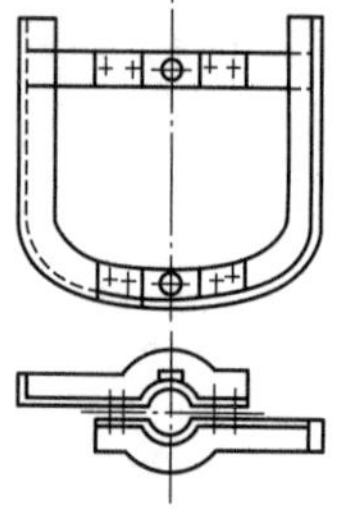
螺带式	$\frac{S}{d}=1\quad\frac{b}{D}=0.1$ $z=1\sim2$ （$z=2$ 指双螺带）外缘尽可能与釜内壁接近	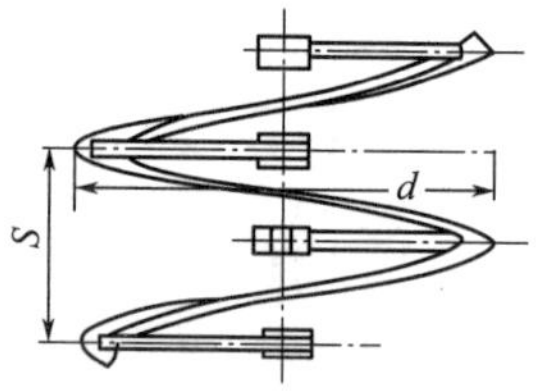

表 2-2　搅拌器的分类

分类方式	桨叶类型	说　明
按桨叶形状分类	平直叶、折叶和螺旋面叶搅拌器	桨式、涡轮式、锚式和框式等搅拌器的桨叶为平直叶或折叶，而旋桨式、螺带式和螺杆式搅拌器的桨叶则为螺旋面叶
按流型分类	径流型桨叶和轴流型桨叶搅拌器	平直叶的桨式、涡轮式是径流型，螺旋面叶的推进式、螺杆式是轴流型，折叶桨面则居于两者之间，一般认为它更接近于轴流型
按搅拌器对液体黏度适应性分类	低、中黏度和高黏度桨叶搅拌器	适用于低、中黏度的有桨式、涡轮式、旋桨式（推进式）及三叶后掠式，适用于高黏度的有大叶片、低转速搅拌器，如锚式、框式、螺带式、螺杆式及开启平叶涡轮式等，其中涡轮式搅拌可有效完成几乎所用的化工生产过程对搅拌的要求
按是否组合分类	组合式和非组合式搅拌器	将典型的搅拌器进行改进或组合使用。如将快速型桨叶和慢速型桨叶组合在一起，以适用黏度变化较大的搅拌过程。对高黏度流体的搅拌，有时可将螺杆式和螺带式组合在一起，使搅拌槽的中央和外围都能得到充分搅拌，从而达到改善搅拌效果的目的

（1）根据搅拌介质黏度的大小来选型

一般随黏度的增高，各种搅拌器的使用顺序为推进式、涡轮式、桨式、锚式、螺带式和螺杆式等。

（2）根据搅拌过程的目的来选型

对于低黏度均相流体的搅拌混合，消耗功率小，循环容易，推进式搅拌器最为合用。而涡轮式搅拌器因其功率消耗大而不宜选取。对于大容量槽体的混合，桨式搅拌器因其循环能力不足而不宜选取。

对分散或乳化过程，要求循环能力大且应具有较高的剪切能力，涡轮式搅拌器（特别是平直叶涡轮式）具有这一特征，可以选用。推进式和桨式搅拌器由于剪切力小而只能在液体分散量较小的情况下采用。桨式搅拌器很少用于分散过程。对于分散搅拌操作，搅拌槽内都安装有挡板来加强剪切效果。

固体溶解过程要求搅拌器应具有较强的剪切能力和循环能力，所以涡轮式搅拌器最为适用。

气体吸收过程以圆盘涡轮式搅拌器最为合适，它的剪切能力强，而且圆盘的下方可以存住一些气体，使气体的分散更为平稳。

对于带搅拌的结晶过程，一般是小直径的快速搅拌器，如涡轮式搅拌器，适用于微粒结晶过程；而大直径的慢速搅拌器，如桨式搅拌器，可用于大晶粒的结晶过程。

固体颗粒悬浮操作以涡轮式搅拌器的使用范围最大，其中以开启涡轮式搅拌器最好。桨式搅拌器的转速低，仅适用于固体颗粒小、固液密度差小、固相浓度较高、固体颗粒沉降速度较低的场合。推进式搅拌器的使用范围较窄，固液密度差大或固液体积比在 50% 以上时不适用。

根据搅拌器的适用条件来选择搅拌器，可参考表 2-3。

表 2-3　搅拌器型式及适用条件

搅拌器型式	流动状态			搅拌目的									搅拌槽容量范围/m^3	转速范围/(r/s)	最高黏度/Pa·s
	对流循环	湍流扩散	剪切流	低黏度液体混合	高黏度液体混合传热及反应	分散	溶解	固体悬浮	气体吸收	结晶	传热	液相反应			
涡轮式	√	√	√	√	√	√	√	√	√	√	√	√	1～100	0.17～5	50
桨式	√	√	√	√	√		√	√		√	√	√	1～200	0.17～5	2
推进式	√	√		√		√	√	√		√	√	√	1～1000	1.67～8.33	50
折叶开启涡轮式	√	√		√		√	√	√			√	√	1～1000	0.17～5	50
锚式	√				√		√						1～100	0.02～1.67	100
螺杆式	√				√		√						1～50	0.008～0.83	100
螺带式	√			√									1～50	0.008～0.83	100

2.1.3　搅拌器安装形式与流型

搅拌槽内的流动状况非常复杂，对这种流动的研究分为两个方面，即实验测量与数值模拟。采用激光、热线（热膜）等先进测速技术，可测出搅拌槽内任一点的时均速度与脉动速度。而以描述湍流的雷诺方程为基础，加上不同的方程封闭假定与过程的简化假定，求解雷诺方程，可从理论上计算搅拌槽内各点的速度。对槽内各点的时均速度与脉动速度数据加以处理，可获得搅拌槽内的流型、速度分布、剪切速率分布、能耗速率分布等重要的流体力学特征量。

搅拌器的安装位置与槽内流体的流型见表 2-4。

表 2-4　搅拌器的安装位置与无挡板时槽内流体的流型

搅拌器的安装位置	槽内产生的流型	说　　明	
槽中心垂直安装	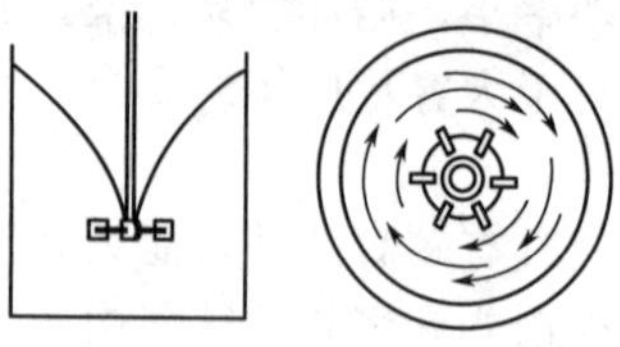 切向流	在无挡板槽内，流体的流动平行于搅拌桨所经历的路径，即打旋现象。出现这种流型时，流体主要从桨叶拌向周围，卷吸至桨叶区的流体量甚小，垂直方向的流体混合效果很差	三种流型，通常可能同时存在。其中，轴向流与径向流对混合起主要作用，而切向流应加以抑制，可加入挡板削弱切向流，增强轴向流与径向流
	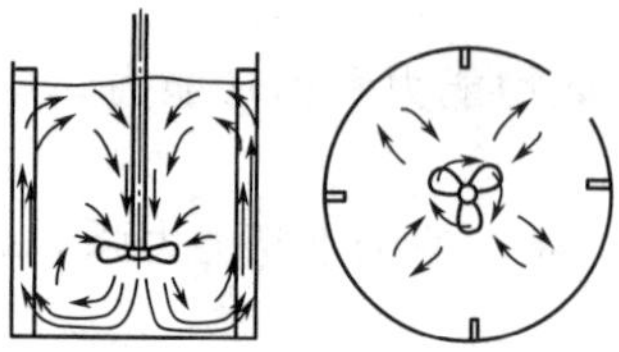 轴向流	在有挡板槽内，液体进入桨叶并排出，沿着与搅拌轴平行的方向流动，轴向流起源于流体对旋转叶片产生的升力的反作用力	
	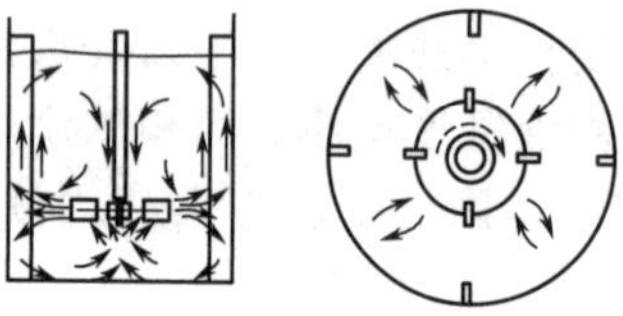 径向流	在有挡板槽内，液体从桨叶以垂直于搅拌轴的方向排出，沿半径方向运动，然后向上、向下输送，桨叶的圆盘是产生径向流的主要原因	
槽内偏心安装	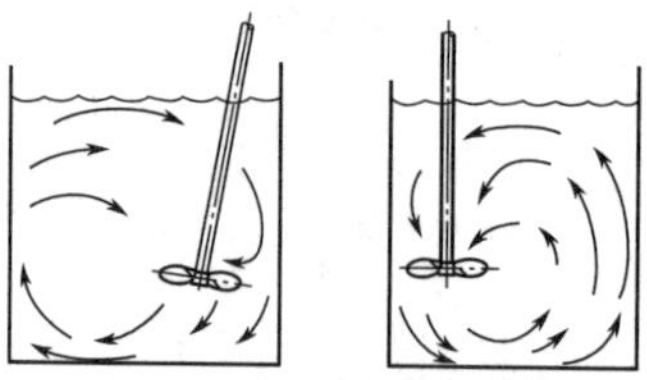	在无挡板槽中，搅拌桨偏心或偏心倾斜安装，以破坏循环回路的对称性，可以有效地进行搅拌，并改善搅拌效果	
槽内侧面安装	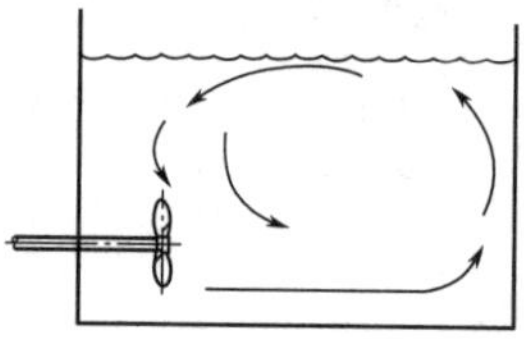	在大型油槽中，搅拌桨采用侧面偏心插入方式安装于油槽的底部，或借助喷嘴和循环泵组合产生侧面射流，可获得较好的槽内整体循环	

2.2　搅拌装置工艺设计

通常，搅拌装置的设计应遵循以下三个过程：①根据搅拌目的和物系性质进行搅拌装置的选型；②在选型的基础上进行工艺设计计算；③进行搅拌装置的机械设计与费用评价。搅拌装置设计中最重要的是搅拌功率与传热过程的计算。

2.2.1　搅拌功率工艺设计计算

2.2.1.1　搅拌功率特征数关联式

影响搅拌功率的因素来自于三个方面：①桨和槽的几何参数；②桨的操作参数；③被搅拌物系的物性参数。对于搅拌过程，一般可采用相似理论和量纲分析的方法得到其特征数关系式。为了简化分析过程，可假定桨、槽的几何参数均与搅拌器的直径有一定的比例关系，并将这些比值称为形状因子。对于特定尺寸的系统，形状因子一般为定值，故桨、槽的几何参数仅考虑搅拌器的直径。桨的操作参数主要指搅拌器的转速。物性参数主要包括被搅拌流体的密度和黏度。当搅拌发生打旋现象时，重力加速度也将影响搅拌功率。

通过量纲分析可得

$$N_p = K_0 Re^x Fr^y \tag{2-1}$$

式中，$N_p=\frac{N}{\rho n^3 d^5}$，功率数或功率特征数；$Re=\frac{\rho n d^2}{\mu}$，搅拌雷诺数，可衡量流体的流动状态；$Fr=\frac{n^2 d}{g}$，弗劳德数，表示流体惯性力与重力之比，用以衡量重力的影响；N 为搅拌功率，W；d 为搅拌器直径，m；ρ 为流体的密度，kg/m^3；μ 为流体的黏度，Pa·s；n 为搅拌转速，r/s；g 为重力加速度，m/s^2；K_0 为系数，量纲为 1；x、y 为指数，量纲为 1。

若再令 $\phi=\frac{N_p}{Fr^y}$，称为功率因数，则

$$\phi = K_0 Re^x \tag{2-2}$$

注意：功率因数 ϕ 与功率数 N_p是两个完全不同的概念。

从量纲分析法得到搅拌功率数的关系式后，可对一定形状的搅拌器进行一系列的实验，找出各流动范围内具体的经验公式或关系算图，则可解决搅拌功率的计算问题。

2.2.1.2　搅拌功率计算

关于搅拌功率计算的经验公式很多，研究最多的是均相系统，并以它为基础来研究非均相物系搅拌功率的计算。

Ⅰ. 均相物系搅拌功率的计算

此处介绍均相物系搅拌功率的两种求算方法：拉什顿算图和永田进治公式。

(1) 拉什顿（Rushton）算图

拉什顿的 ϕ-Re 关系曲线示于图 2-2。图中以功率因数 ϕ 为纵坐标，雷诺数 Re 为横坐标，给出了 8 种不同桨型的搅拌器在有挡板或无挡板条件下的关系曲线。由图中曲线可看出：搅拌槽中流体的流动可根据 Re 的大小大致分为三个区域，即层流区、过渡区和湍流区。

当 $Re\leqslant 10$ 时为层流区。在此区内搅拌时不会出现打旋现象，此时重力对流动几乎没有影响，即对搅拌功率没有影响。因此，反映重力影响的 Fr 可以忽略。

从图 2-2 还可以看出，在层流区内，不同搅拌器的 ϕ 与 Re 在对数坐标上为一组斜率相等的直线，其斜率均为-1。所以在此区域内有

$$\phi = N_p = \frac{K_1}{Re}$$

式中，K_1 为系数，量纲为 1。

于是

$$N = \phi \rho n^3 d^5 = K_1 \mu n^2 d^3 \tag{2-3}$$

当 $Re=10\sim10^4$ 时为过渡区，此时功率因数 ϕ 随 Re 的变化不再是直线，各种搅拌器的曲线也不大一致，这说明斜率不再是常数，它随 Re 而变化。当搅拌槽内无挡板并且 $Re>300$ 时，液面中心处会出现漩涡，重力将影响搅拌功率，即 Fr 数对功率的影响不能忽略。此时有

$$\phi = \frac{N_p}{Fr^y} = \frac{N}{\rho n^3 d^5}\left(\frac{g}{n^2 d}\right)^{\frac{\zeta_1 - \lg Re}{\zeta_2}} \tag{2-4}$$

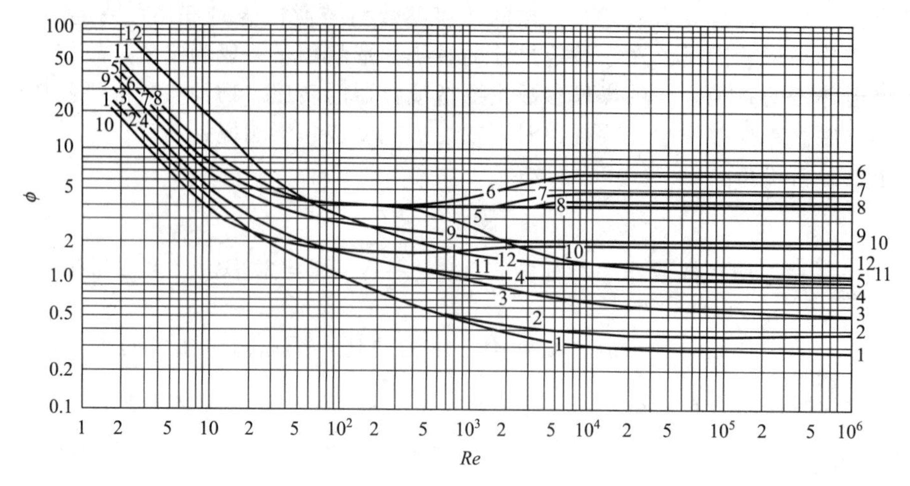

图 2-2 拉什顿的 ϕ-Re 关系算图

1—三叶推进式，$s=d$，N；2—三叶推进式，$s=d$，Y；3—三叶推进式，$s=2d$，N；4—三叶推进式，$s=2d$，Y；5—六片平直叶圆盘涡轮，N；6—六片平直叶圆盘涡轮，Y；7—六片弯叶圆盘涡轮，Y；8—六片箭叶圆盘涡轮，Y；9—八片折叶开启涡轮（45°），Y；10—双叶平桨，Y；11—六叶闭式涡轮，Y；12—六叶闭式涡轮（带有二十叶的静止导向器）；s—桨叶螺距；d—搅拌器直径；Y—有挡板；N—无挡板

经曲线变换得 $y=\dfrac{\zeta_1-\lg Re}{\zeta_2}$。

式中，ζ_1、ζ_2 为与搅拌器型式有关的常数，量纲为 1，其数值可从表 2-5 中查得。

表 2-5 当 $300<Re<10^4$ 时一些搅拌器的 ζ_1、ζ_2 值

搅拌器型式	d/D	ζ_1	ζ_2
三叶推进式	0.47	2.6	18.0
	0.37	2.3	18.0
	0.33	2.1	18.0
	0.30	1.7	18.0
	0.22	0	18.0
六叶涡轮式	0.30	1.0	40.0
	0.33	1.0	40.0

此时搅拌功率的计算式为

$$N=\phi\rho n^3 d^5\left(\frac{n^2 d}{g}\right)^{\frac{\zeta_1-\lg Re}{\zeta_2}} \tag{2-5}$$

在过渡区，无挡板且 $Re<300$，或有挡板并且符合全挡板条件及 $Re>300$ 时，流体内不会出现大的旋涡，Fr 数的影响可以忽略。这时搅拌功率仍可用式(2-3)进行计算，计算时可直接由 Re 数在 Rushton 算图中查得 ϕ 值。

在搅拌湍流区，即 $Re>10^4$ 时，一般均采用全挡板条件，消除了打旋现象，故重力的影响可以忽略不计。在 Rushton 算图中表现为：ϕ 值几乎不受 Re 和 Fr 的影响而成为一条水平直线，即

$$\phi=N_{\rm p}=K_2$$

因此

$$N=K_2\rho n^3 d^5 \tag{2-6}$$

式中，K_2 为系数，量纲为 1。该式表明：在湍流区全挡板条件下 $\phi=N_{\rm p}=K_2=$定值，流体的黏度对搅拌器的功率不再产生影响。

采用 Rushton 算图计算搅拌功率是一种很简便的方法，在使用时一定要注意每条曲线的应用条件。只有符合几何相似条件，才可根据搅拌器直径 d、搅拌器转速 n 和流体密度 ρ、黏度 μ 值计算出搅拌 Re 数，并在算图中相应桨型的功率因数曲线上查得 ϕ 值，再根据流动状态分别选用式(2-3)～式(2-6) 来求得搅拌器的搅拌功率。

(2) 永田进治公式

① 无挡板时的搅拌功率　日本永田进治等根据在无挡板直立圆槽中搅拌时“圆柱状回转区”半径的大小及桨叶所受的流体阻力进行了理论推导，并结合实验结果确定了一些系数而得出双叶搅拌器功率的计算公式。

$$N_p=\frac{A}{Re_c}+B\left(\frac{1000+1.2Re_c^{0.66}}{1000+3.2Re_c^{0.66}}\right)^p\left(\frac{H}{D}\right)^{(0.35+b/D)}(\sin\theta)^{1.2} \tag{2-7}$$

$$A=14+\left(\frac{b}{D}\right)\left[670\left(\frac{d}{D}-0.6\right)^2+185\right] \tag{2-8}$$

$$B=10^{\left[1.3-4\left(\frac{b}{D}-0.5\right)^2-1.14\left(\frac{d}{D}\right)\right]} \tag{2-9}$$

$$p=1.1+4\left(\frac{b}{D}\right)-2.5\left(\frac{d}{D}-0.5\right)^2-7\left(\frac{b}{D}\right)^4 \tag{2-10}$$

式中，A、B 为系数；p 为指数；b 为桨叶的宽度，m；D 为搅拌槽内径，m；H 为槽内流体的深度，m；θ 为桨叶的折叶角，对于平桨 $\theta=90°$。

现就永田进治公式作几点讨论。

- 当 $b/D\leqslant 0.3$ 时，式(2-10) 中的第四项 $7(b/D)^4$ 与其他项相比很小，可以忽略不计，而目前所使用的桨式搅拌器大多都能满足这一要求。
- 对于高黏度流体，搅拌的 Re 数较小，属于层流，式(2-7) 中右边第一项占支配地位，第二项与其相比很小，可以忽略不计。因此式(2-7) 可简化为

$$N_p=\frac{N}{\rho n^3 d^5}\approx\frac{A}{Re}=A(Re)^{-1} \tag{2-7a}$$

该式结果与式(2-3) 是完全一致的。

- 对于低黏度流体的搅拌，Re 数较大，搅拌处于湍流区。此时式(2-7) 中的第一项很小，可以忽略不计，第二项中的几何参数对于一定的桨型都是常数，B 和 ϕ 值也是常数。于是式(2-7) 可简化为

$$N_p=\frac{N}{\rho n^3 d^5}\approx B'\left(\frac{10^3+1.2Re^{0.66}}{10^3+3.2Re^{0.66}}\right)^p\approx B'\left(\frac{1.2}{3.2}\right)^p=\text{常数} \tag{2-7b}$$

式中，B'为系数，量纲为 1。即在湍流区时，N_p 近似为常数，而与 Re 的大小无关，这一结论与式(2-6) 是一致的。

- 在湍流区，当搅拌器的桨径相同且桨叶宽度 b 和桨叶数量 z 的乘积相等，则它们的搅拌功率就相等。如果装有多层桨叶，只要符合桨叶宽度 b 与桨叶数量 z 的乘积相等这一条件，则它们的搅拌功率也相等。
- 永田进治公式可近似用于桨式、多叶开启涡轮、圆盘涡轮等常用桨型无挡板湍流区搅拌功率的计算。

② 全挡板条件下的搅拌功率　将湍流区全挡板条件下的 ϕ 线沿水平线向左延长，与层流区向下延长的 ϕ 线有一交点，此交点可看做是湍流区和层流区的转变点，对应于此点的雷诺数称为临界雷诺数，以 Re_c 表示。将 Re_c 值代入式(2-7) 中，便可求得全挡板条件下的搅拌功率。Re_c 的数值与搅拌器的型式有关。对于不同尺寸的平直叶双桨搅拌器，Re_c 值可由下式计算，即

$$Re_{c}=\frac{25}{\left(\frac{b}{D}\right)}\left(\frac{b}{D}-0.4\right)^{2}+\left[\frac{\frac{b}{D}}{0.11\left(\frac{b}{D}\right)-0.0048}\right] \tag{2-11}$$

式中，Re_c 为临界雷诺数，量纲为 1。

③ 高黏度流体的搅拌功率　高黏度流体搅拌功率的计算可参考有关文献。

Ⅱ. 非均相物系搅拌功率的计算

（1）不互溶液-液相搅拌的搅拌功率

在计算液-液相搅拌功率时，首先求出两相的平均密度 ρ_m，然后再按均相物系搅拌功率的计算方法求解。液-液相物系的平均密度为

$$\rho_m=x_v\rho_d+(1-x_v)\rho_c \tag{2-12}$$

式中，ρ_m 为两相的平均密度，kg/m^3；ρ_d 为分散相的密度，kg/m^3；ρ_c 为连续相的密度，kg/m^3；x_v 为分散相的体积分数，量纲为 1。

当两相液体的黏度都较小时，其平均黏度 μ_m 可采用下式计算

$$\mu_m=\mu_d^{x_v}\mu_c^{1-x_v} \tag{2-13}$$

式中，μ_m 为两相的平均黏度，Pa•s；μ_d 为分散相的黏度，Pa•s；μ_c 为连续相的黏度，Pa•s。

（2）气-液相搅拌的搅拌功率

当向液体通入气体并进行搅拌时，通气搅拌的功率 N_g 要比均相系液体的搅拌功率 N 低。N_g/N 的数值取决于通气系数 N_a 的大小。通气系数 N_a 依下式计算

$$N_a=\frac{Q_g}{nd^3} \tag{2-14}$$

式中，Q_g 为通气速率，m^3/s；N_a 为通气系数，量纲为 1。

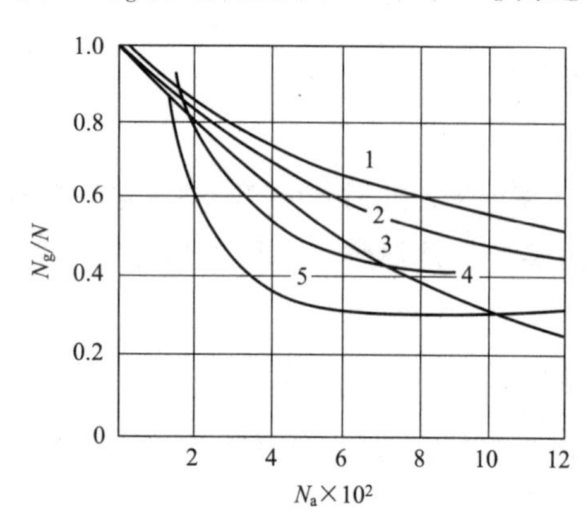

图 2-3　通气系数与功率比的关系

搅拌条件：$d=D/3$，$H=D$，$Z=D/3$，全挡板

1—八片平直叶圆盘涡轮；2—八片平直叶上侧圆盘涡轮；3—十六片平直叶上侧圆盘涡轮；4—六片平直叶圆盘涡轮；5—平直叶双桨

一些搅拌器的通气搅拌功率 N_g 与均相系搅拌功率 N 之比和通气系数 N_a 的实验关系曲线如图 2-3 所示（图中 Z 为搅拌器距槽底的高度，m）。一般 N_a 越小，气泡在搅拌槽内越容易分散均匀，所以从图 2-3 上可看出当 N_g/N 在 0.6 以上时，N_a 是比较合适的。

当采用六片平直叶圆盘涡轮式搅拌器进行气相分散搅拌时，搅拌功率的比值 N_g/N 可由下式计算

$$\lg\left(\frac{N_g}{N}\right)=-192\left(\frac{d}{D}\right)^{4.38}\left(\frac{d^2n\rho}{\mu}\right)^{0.115}\left(\frac{dn^2}{g}\right)^{1.96\frac{d}{D}}\left(\frac{Q_g}{nd^3}\right) \tag{2-15}$$

（3）固-液相搅拌的搅拌功率

当固体颗粒的体积分数不大，并且颗粒的直径也不很大时，可近似地看做是均匀的悬浮状态，这时可取平均密度 ρ_m 和黏度 μ_m 来代替原液相的密度和黏度，以 ρ_m、μ_m 作为搅拌介质的物性，然后按均一液相搅拌来求得搅拌功率。固-液相悬浮液的平均密度 ρ_m 为

$$\rho_m=x_{vs}\rho_s+\rho(1-x_{vs}) \tag{2-16}$$

式中，ρ_m 为固-液相悬浮液的平均密度，kg/m^3；ρ_s 为固体颗粒的密度，kg/m^3；ρ 为液相

的密度，kg/m^3；x_{vs}为固体颗粒的体积分数，量纲为 1。

当悬浮液中固体颗粒与液体的体积比 $\psi \leqslant 1$ 时

$$\mu_m = \mu(1+2.5\psi) \tag{2-17}$$

当 $\psi > 1$ 时，则

$$\mu_m = \mu(1+4.5\psi) \tag{2-18}$$

式中，μ_m 为固-液相悬浮液的平均黏度，Pa•s；μ 为液相的黏度，Pa•s；ψ 为固体颗粒与液体的体积比，量纲为 1。

固-液相的搅拌功率与固体颗粒的大小有很大的关系，当固体颗粒直径在 0.074mm（200 目）以上时，采用上述方法所计算的搅拌功率比实际值偏小。

2.2.2 搅拌器工程放大

2.2.2.1 放大基本原则

根据相似理论，要放大推广实验参数，就必须使两个系统具有相似性，如：

几何相似——实验模型与生产设备的相应几何尺寸的比例都相等；

运动相似——几何相似系统中，对应位置上流体的运动速度之比相等；

动力相似——两几何相似和运动相似的系统中，对应位置上所受力的比值相等；

热相似——两系统除符合上述三个相似的要求外，对应位置上的温差之比也相等。

由于相似条件很多，有些条件对同一个过程还可能有矛盾的影响，因此，在放大过程中，要做到所有的条件都相似是不可能的。这就要根据具体的搅拌过程，以达到生产任务的要求为前提条件，寻求对该过程最有影响的相似条件，而舍弃次要因素，即要将复杂的范畴变成相当单纯的范畴。两系统几何相似是相似放大的基本要求。

应予指出，动力相似的条件是两个系统中对应点上力的比值相等，即其无量纲特征数必相等。

若搅拌系统中不止一个相，则混合时还要克服界面之间的抗拒力，即界面张力 σ，于是还要考虑表示施加力与界面张力之比的特征数（韦伯数）对搅拌功率的影响，韦伯数定义为：$We=\dfrac{\rho n^2 d^3}{\sigma}$。此时搅拌功率特征数关系式应改写为

$$N_p = f(Re, Fr, We)$$

在两个几何相似的系统中搅拌同一种液体时，若实现这两个系统动力相似，必须同时满足下列关系（下标 1、2 分别代表两个相似系统）

当 $Re_1 = Re_2$ 时，$n_1 d_1^2 = n_2 d_2^2$；当 $Fr_1 = Fr_2$ 时，$n_1^2 d_1 = n_2^2 d_2$；当 $We_1 = We_2$ 时，$n_1^2 d_1^3 = n_2^2 d_2^3$。

对于同一种流体而言，物性常数 ρ、μ 和 σ 在两个系统中均为定值，因此上述三等式不可能同时满足。补救的办法是尽量抑制或消除重力和界面张力因素的影响，从而减少相似条件。

2.2.2.2 放大方法

搅拌器的放大，一般可分为两大类：一类是按功率数放大，另一类是按工艺过程结果放大。

(1) 按功率数放大

若两个搅拌系统的构型相同，不管其尺寸大小如何，它们可以使用同一功率曲线。

如果两个搅拌系统的构型相同，搅拌槽具有全挡板条件，则搅拌时不会产生打旋现象，再若被搅拌的流体又为单一相的条件，两个系统的功率特征数关系式可简化为

$$N_p = f(Re)$$

这样通过测量小型设备的搅拌功率便可推算出生产设备的搅拌功率。

（2）按工艺过程结果放大

在几何相似系统中，要取得相同的工艺过程结果，有下列放大判据可供参考（对同一种液体，ρ、μ 和 σ 不变，下标 1 代表实验设备，2 代表生产设备）。

① 保持雷诺数 $Re=\frac{n\rho d^2}{\mu}$ 不变，要求 $n_1d_1^2=n_2d_2^2$；

② 保持弗劳德数 $Fr=\frac{n^2d}{g}$ 不变，要求 $n_1^2d_1=n_2^2d_2$；

③ 保持韦伯数 $We=\frac{\rho n^2d^3}{\sigma}$ 不变，要求 $n_1^2d_1^3=n_2^2d_2^3$；

④ 保持叶端线速度 $u_T=n\pi d$ 不变，要求 $n_1d_1=n_2d_2$；

⑤ 保持单位流体体积的搅拌功率 N/V 不变，要求 $n_1^3d_1^2=n_2^3d_2^2$。

对于一个具体的搅拌过程，究竟选择哪个放大判据需要通过放大实验来确定。

2.2.3 搅拌器中的传热

2.2.3.1 传热方式

在搅拌槽中对被搅拌的液体进行加热或冷却是经常遇到的重要操作。尤其是伴有化学反应的搅拌过程，对被搅拌的液体进行加热或冷却可以维持最佳工艺条件，促进化学反应，取得良好反应效果。对于有的反应，如果不能及时移出热量，则容易产生局部爆炸或反应物分解等。因此，被搅拌液体进行化学反应时搅拌更为重要。

被搅拌液体的加热或冷却方式有多种。可在容器外部或内部设置供加热或冷却用的换热装置。例如，在搅拌槽外部设置夹套，在搅拌槽内部设置蛇管等。一般用得最普遍的是采用夹套传热的方式。

（1）夹套传热

夹套一般由普通碳钢制成（见图 2-4），它是一个套在反应器筒体外面能形成密封空间的容器，既简单又方便。夹套上设有水蒸气、冷却水或其他加热、冷却介质的进出口。目前，空心夹套已很少用，为了强化传热，常采用螺旋导流板夹套、半管螺旋夹套等形式。如果加热介质是水蒸气，为了提高传热效率，在夹套上端开有不凝性气体排除口。

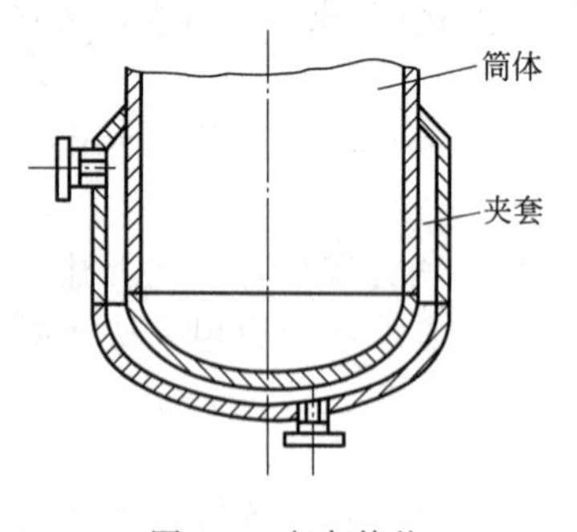

图 2-4 夹套传热

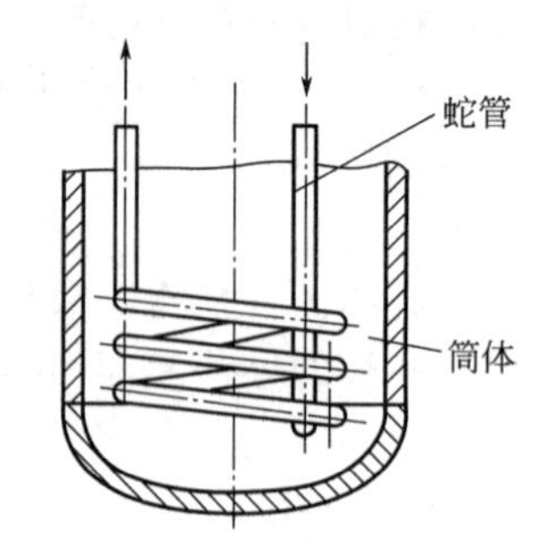

图 2-5 蛇管传热

夹套同器身的间距视容器公称直径的大小采用不同的数值，一般取 25～100mm。夹套的高度取决于传热面积，而传热面积是由工艺要求决定的。但须注意的是，夹套高度一般不应低于料液的高度，应比器内液面高度高出 50～100mm，以保证充分传热。通常夹套内的压力不超过 1.0MPa。夹套传热的优点是结构简单、耐腐蚀、适应性广。

（2）蛇管传热

当需要的传热面积较大，而夹套传热在允许的反应时间内尚不能满足要求时，或者是壳体内衬有橡胶、耐火砖等隔热材料而不能采用夹套传热时，可采用蛇管传热（见图2-5）。蛇管沉浸在物料中，热量损失小，传热效果好。排列密集的蛇管能起到导流筒和挡板的作用。

蛇管中对流传热系数较直管大，但蛇管过长时，管内流体阻力较大，能量消耗多，因此，蛇管不宜过长。通常采用管径25～70mm的管子。用蒸汽加热时，管长和管径的比值可参考表2-6。

表2-6 管长和管径的比值

蒸汽压力(表压)/kPa	0.45×10^2	1.25×10^2	2×10^2	3×10^2	5×10^2
管长和管径最大比值	100	150	200	225	275

用蛇管可以使传热面积增加很多，有时可以完全取消夹套。蛇管的传热系数比夹套的大，而且可以采用较高压力的传热介质。

此外，还有诸如回流冷凝法、料浆循环法等其他传热方式。

2.2.3.2 热载体侧对流传热系数

搅拌过程中流体的传热主要是热传导和强制对流。传热速率取决于被搅拌流体和加热或冷却介质的物理性质、容器的几何形状、容器壁的材料和厚度以及搅拌的程度。

（1）蛇管中流体对管壁的对流传热系数

当$Re>10000$时，直管中的流体对管壁的对流传热系数用下式计算

$$Nu=0.027Re^{0.8}Pr^{0.33}V_{is}^{0.14} \tag{2-19}$$

式中，$Nu=\dfrac{\alpha D_e}{\lambda}$，表示对流传热系数的特征数，量纲为1；$Pr=\dfrac{C_p\mu}{\lambda}$，表示物性对传热系数影响的特征数，量纲为1；$V_{is}=\dfrac{\mu}{\mu_w}$，流体在主体温度下的黏度与在壁温下的黏度之比，量纲为1；α为直管中的流体对管壁的对流传热系数，W/(m^2•℃)；D_e为当量直径，m；λ为热导率，W/(m•℃)；C_p为液体的比热容，J/(kg•℃)；μ为流体在主体温度下的黏度，Pa•s；μ_w为流体在壁温度下的黏度，Pa•s。

流体在蛇管中流动时，由于流体对管壁的冲刷作用，所以，蛇管中的对流传热系数等于由式(2-19)算得的结果乘上一个大于1的校正因子，即

$$Nu=0.027Re^{0.8}Pr^{0.33}V_{is}^{0.14}\left[1+3.5\left(\frac{D_e}{D_c}\right)\right] \tag{2-20}$$

式中，D_c为蛇管轮的平均轮径，m。

当$Re<2100$时，即流体在层流区域时，蛇管中流体对管壁的对流传热系数用下式计算

$$Nu=1.86\left[RePr\left(\frac{D_e}{L}\right)\right]^{0.33}V_{is}^{0.14} \tag{2-21}$$

式中，L为蛇管长度，m。

当$2100<Re<10000$时，即流体在过渡流区域时，可用式(2-19)计算出Nu，再乘上一个系数Φ，Φ值由表2-7决定。

表2-7 校正系数

Re	2300	3000	4000	5000	6000	7000	8000
Φ	0.45	0.66	0.82	0.88	0.93	0.96	0.99

式(2-19)～式(2-21)适用于圆管，对于非圆管，采用当量直径。

（2）夹套中热载体对搅拌釜壁的对流传热系数

不同方式的夹套的传热计算基本相同，按 Re 的不同分别用式(2-20)、式(2-21) 和表2-7计算，与计算管中流体传热不同的是其当量直径 D_e，计算流速 u 时的流通面积 A_x 和传热面积 S 取值另有规定，见表 2-8。

表 2-8　三种夹套的对流传热系数算法

夹套形式		螺旋导流板夹套	半管螺旋夹套	空心夹套
传热系数算式	$Re>10^4$	式(2-20)		式(2-19)
	$Re<2100$	式(2-21)		
	$Re=2100\sim10000$	式(2-20)和表 2-7		式(2-19)和表 2-7
D_e		$4E$	中心角 180°时,$D_e=(\pi/2)d_{ci}$ 中心角 120°时,$D_e=0.708d_{ci}$	$\pi(D_{jo}^2-D_{ji}^2)/D_{ji}$
A_x		PE	中心角 180°时,$A_x=(\pi/8)d_{ci}^2$ 中心角 120°时,$A_x=0.154d_{ci}^2$	$\pi(D_{jo}^2-D_{ji}^2)/4$
S		与夹套中热载体接触的槽壁面积	F＝半管下面积＋0.6×半管间面积	与夹套中热载体接触的槽壁面积
其他				进行蒸汽冷凝时,取 $\alpha=5670\mathrm{W/(m^2\cdot ℃)}$

注：E—夹套环隙宽度，m；P—螺距，m；A_x—流通面积，m^2；S—传热面积，m^2；d_{ci}—蛇管内径，m；D_{ji}—夹套内径，m；D_{jo}—夹套外径，m。

2.2.3.3 被搅拌液体侧的对流传热系数

(1) 对流传热系数关联式

搅拌液体侧的对流传热系数大致可分成两大类：一类是蛇管外壁的对流传热系数；另一类为有夹套的容器内壁对流传热系数 α_j。通过大量实验工作，得到了一些搅拌液体侧的对流传热系数关联式。比较常用的有佐野雄二推荐的关联式。

佐野雄二给出的桨式或涡轮式搅拌器的对流传热系数关联式如下

$$Nu_j=0.512\left(\frac{\varepsilon D^4}{\nu^3}\right)^{0.227}Pr^{1/3}\left(\frac{d}{D}\right)^{0.52}\left(\frac{b}{D}\right)^{0.08} \tag{2-22}$$

$$Nu_c=0.512\left(\frac{\varepsilon d_{co}^4}{\nu^3}\right)^{0.205}\left(\frac{C_p\mu}{\lambda}\right)^{0.35}\left(\frac{d}{D}\right)^{0.2}\left(\frac{b}{D}\right)^{0.1}\left(\frac{d_{co}}{D}\right)^{-0.3} \tag{2-23}$$

式中，$Nu_j=\dfrac{\alpha_j D}{\lambda}$，表示被搅拌液体对有夹套容器内壁面的对流传热系数的特征数，量纲为1；$Nu_c=\dfrac{\alpha_c d_{co}}{\lambda}$，表示被搅拌液体对内冷蛇管外壁面的对流传热系数的特征数，量纲为 1；$Pr=\dfrac{C_p\mu}{\lambda}$，表示物性对传热系数影响的特征数，量纲为 1；$d_{co}$为内冷蛇管外径，m；$\varepsilon$ 为单位质量被搅拌液体消耗的搅拌功率，W/kg；ν 为被搅拌液体的运动黏度，m^2/s。

计算物性时，一般以流体的平均温度作为定性温度。

上两式的特点是既能用于有挡板槽，也可用于无挡板槽，而且蛇管设置与否、叶轮型式、叶轮安装高度、叶轮上的叶片数和叶片倾角等的变化对关联式的系数无影响，这使关联式的应用范围很广。

另外，永田进治也推荐了一些适用范围广泛的对流传热系数关联式。实验的搅拌槽内装入了冷却管，搅拌器主要为桨式、涡轮式，对牛顿型流体进行了实验，应用时可参阅相关文献。

(2) 传热系数 K 的计算

传热系数 K 又称总传热系数，是评价搅拌反应器的重要技术指标。它对搅拌反应器的生产能力、产品质量、产品成本、动力消耗都有很大影响。

对于间壁两边都是变温的冷、热两流体间的实际传热过程，热流体的温度为 T，冷流体的温度为 t，间壁厚度为 δ_2，间壁材料的热导率为 λ_2。在间壁两边生有垢层，其厚度各为 δ_1 及 δ_3，热导率为 λ_1 及 λ_3。传热过程由热流体对壁面的对流传热、在垢层和金属壁间的热传导和壁面对冷流体的对流传热组成。

对于定态传热，选用传热面积的平均值 S_m，并应用热阻串联原理，可得

$$Q=\frac{S_m(T-t)_m}{\frac{1}{\alpha_1}+\frac{\delta_1}{\lambda_1}+\frac{\delta_2}{\lambda_2}+\frac{\delta_3}{\lambda_3}+\frac{1}{\alpha_2}} \tag{2-24}$$

$$K=\frac{1}{\frac{1}{\alpha_1}+\frac{1}{\alpha_2}+\sum\frac{\delta}{\lambda}} \tag{2-25}$$

式中，Q 为传热速率，W；$(T-t)_m$ 为平均温度差，℃。

在通常情况下，金属热导率比垢层热导率大得多，所以一般可忽略不计。

为了方便，暂不考虑垢层对传热的影响，总的热阻必来自料液与容器壁间的热阻 $1/\alpha_1$ 和夹套内传热介质与容器壁间的热阻 $1/\alpha_2$。工程上采取各种有效措施提高 α_1 和 α_2，以强化传热。

为了强化 α_1，常采用加设挡板或设置立式蛇管，有时也采用小搅拌器高转速。对于高黏度流体或非牛顿型流体，往往 $1/\alpha_1$ 比其他热阻要大得多，故实际上总的热阻由此层热阻控制。为了提高 α_1 值，采用近壁或刮壁式搅拌器。对高黏度的拟塑性物料，采用刮壁搅拌器可提高 K 值 4～5 倍。

为了提高 α_2 值常采用下列几种方法。

① 夹套中加螺旋导流板，可以增加冷却水流速。螺旋导流板一般焊在容器壁上，与夹套壁有 0～3mm 的间隙。

② 加扰流喷嘴。在夹套的不同高度按等距安装喷嘴。冷却水主要仍从夹套底部进水口进入夹套，在喷嘴中注入一定数量的冷却水，使冷却水主流呈湍流状态，可以大幅度提高 α_2。

③ 夹套多点切向进水。在夹套的不同高度切向进水，可提高 α_2 值，其作用同扰流喷嘴相似。

当夹套内的介质为饱和水蒸气或过热度不大的过热蒸汽加热时，由于水蒸气的相变使 α_2 高达 10000 以上，在此情况下总阻力集中在搅拌槽一侧。

搅拌器的总传热系数 K 值可通过式(2-25) 求出。其经验值列于表 2-9，供设计时参考。

以上介绍的是液-液系统，如在鼓泡搅拌器中，传热问题可与不通气时一样处理。关于加热时间的计算及高黏度液体的传热，可参阅有关资料或专著。

2.2.4 搅拌器主要附件

为了达到混合所需的流动状态，在某些情况下搅拌槽内需要安装搅拌附件，常用的搅拌附件有挡板和导流筒。

2.2.4.1 挡板

加装挡板可消除搅拌釜内液体的打旋现象，抑制釜内液体的快速圆周运动，迫使被搅拌的液体上下翻腾，强化湍动。加装挡板有两种形式——壁挡板和底挡板。壁挡板（见图2-6）是在槽壁上均匀地安装若干纵向挡板，以创造全挡板条件。在固体悬浮操作时，还可在槽底上安装横向挡板——底挡板（见图 2-7），以促进固体的悬浮。

表 2-9 搅拌器的总传热系数 *K* 的参考数据

管内流体	管外流体	总传热系数/[W/(m²·℃)]	备注
蛇管式——用作冷却器			
水(管材:铅)	稀薄有机染料中间体	1628.2	涡轮式搅拌器 1.58r/s
水(管材:铅)	热溶液	511.7～2035.3	桨式搅拌器 0.007r/s
冷冻盐水	氨基酸	569.9	0.50r/s
水(低碳钢)	25%发烟硫酸 60℃	116.3	搅拌
15.6℃水(铅)	50%砂糖水溶液	279.1～337.3	缓慢搅拌
水(铅)	水溶液	1395.6	推进式搅拌 8.33r/s
水(铅)	液体	1279.3～2093.4	推进式搅拌 8.33r/s
水(铅)	热水	511.7～2093.4	搅拌 0.007r/s
水(铸铁)	25%硫酸 60℃	116.3	有搅拌
水(软钢)	25%发烟硫酸	104.7～116.3	有搅拌
水(铅)	轻有机物	1163.0～1744.5	涡轮搅拌
盐水(钢)	硝化混合物	290.7～348.9	有搅拌
盐水(钢)	硝化混合物 50%	581.5～814.1	有搅拌
氯化钙溶液(银)	二氯甲烷	622.2	锚式搅拌 0.87r/s
水(铜)	二甲基磷化氢	395.4	推进式搅拌 3.67～5.67r/s
水(钢)	植物油	162.8～407.1	搅拌器转速可变
水	8%氢氧化钠	883.9	有搅拌 0.37r/s
蛇管式——用作加热器			
水蒸气(铅)	水	395.4	水蒸气(钢)
搅拌	植物油	221.0～407.1	搅拌器转速可变
热水(铅)	水	465.2～1511.9	桨式搅拌器
水蒸气(钢)	水	883.9	有搅拌

夹套内流体	釜中流体	釜壁材料	总传热系数/[W/(m²·℃)]	备注
夹套式——用作冷却器				
低速冷冻盐水	硝化浓稠液	铸铁	181.4～337.3	搅拌 0.58～0.63r/s
水	粗硝基甲酸,5%氢氧化钠	钢	325.6	搅拌(冷却精制)
水	盐酸,硝基卡因,铁粉,水	钢	151.2	搅拌(冷却还原)
水	二溴乙烷,双腈	钢	162.8	搅拌(冷却缩合)
水	对硝基甲苯,硫酸,水	搪玻璃	187.2	搅拌(冷却反应)
水	普鲁卡因,氯化钠	搪玻璃	134.9	搅拌(冷却盐析)
盐水	普鲁卡因溶液	搪玻璃	171.0	搅拌(冷却盐析)
盐水	溴化钾液	搪玻璃	199.0	搅拌(冷却结晶)
盐水	发酵液	钢	144.2	有搅拌
水	培养基	钢	215.2	有搅拌
盐水	缩醛	钢	240.7	有搅拌
盐水	四氯化碳	不锈钢	391.9	搅拌
冰水	冷水	陶瓷	39.5	搅拌
水	石蜡		232.6～407.0	冷却反应
夹套式——用作加热器				
水蒸气	溶液	铸铁	988.6～1163.0	双层刮刀式搅拌
水蒸气	水	不锈钢	783.9	锚式搅拌 1.67r/s
水蒸气	水	铜	1395.6	搅拌
水蒸气	水	铸铁衬铅	23.3～52.3	搅拌
水蒸气	水	铸铁搪瓷	546.6～697.8	搅拌 0～6.67r/s
水蒸气	硬石蜡	铸铁	581.5	刮刀式搅拌
水蒸气	果汁	铸铁搪瓷	872.3	有搅拌
水蒸气	牛乳	铸铁搪瓷	1744.5	有搅拌
水蒸气	糨糊	铸铁	709.4～790.8	双层刮刀式搅拌
水蒸气	泥浆	铸铁	907.1～988.6	双层刮刀式搅拌
水蒸气	肥皂		46.5～69.8	肥皂加热温度 30～90℃ 搅拌 1.83r/s
水蒸气	甲醛苯酚缩合		628.0～46.5	罐内温度 70～90℃,有搅拌
水蒸气	苯乙烯聚合		255.9～23.3	刮刀式搅拌
水蒸气	粉(5%水)	铸铁	232.6～290.8	双层刮刀式搅拌
水蒸气	块状物质	铸铁	430.3～546.6	双层刮刀式搅拌
水蒸气	对硝基甲苯,硫酸,水	搪玻璃	248.9	有搅拌(加热反应)
水蒸气	普鲁卡因粗品	搪玻璃	232.6～260.5	有搅拌(加热溶解)
水蒸气	溴化钾液	搪玻璃	358.2	有搅拌(加热精制)
水蒸气	粗硝基甲酸,5%氢氧化钠	钢	1453.8	有搅拌(加热精制)
水蒸气	牛乳	铸铁搪瓷	488.5	有搅拌 3.33r/s
水蒸气	树脂胶(120℃)		136.1	刮刀式搅拌
水蒸气	树脂胶(290℃)		581.5	刮刀式搅拌
水蒸气	清漆		174.5～290.8	涡轮式
水蒸气	地沥青		46.5～116.3	涡轮式

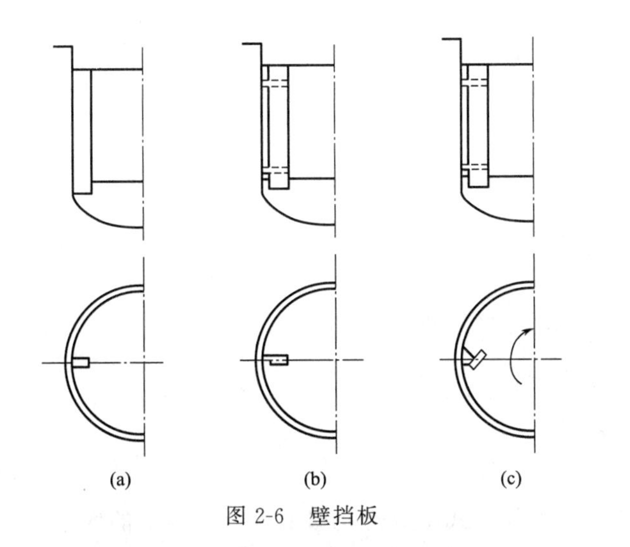

图 2-6　壁挡板

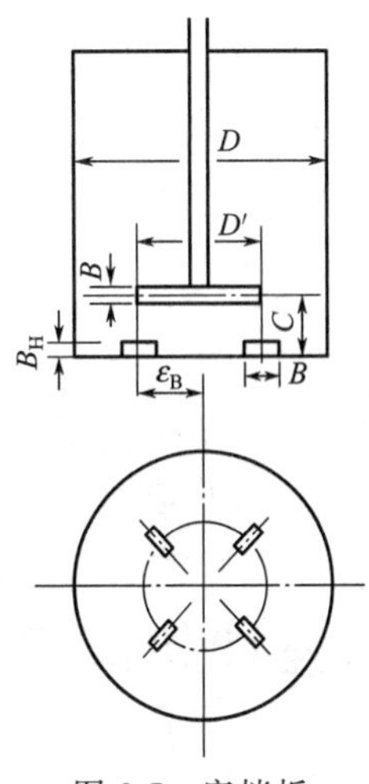

图 2-7　底挡板

纵向挡板主要是将切向流动转化为轴向流动和径向流动，对于槽内流体的主体对流扩散、轴向流动和径向流动都是有效的，同时增大被搅拌流体的湍动程度，从而改善搅拌效果。实验证明：纵向挡板的宽度 W、数量 n_b 以及安装方式等都将影响流体的流动状态，也必将影响搅拌功率。当纵向挡板的条件符合

$$\left(\frac{W}{D}\right)^{1.2} n_b = 0.35 \tag{2-26}$$

此时搅拌器的功率最大，这种挡板条件叫做全挡板条件。纵向挡板的宽度 W 一般取为：$W=(1/12\sim1/10)D$，对于高黏度流体，可减小到 $(1/20)D$。纵向挡板的数量 n_b 取决于搅拌槽直径的大小。对于小直径的搅拌槽，一般安装 2～4 块挡板，对于大直径的搅拌槽，一般安装 4～8 块，以 4 块或 6 块居多，若继续增加挡板的数目并不会明显增加搅拌器的功率，此时已接近于全挡板条件。

搅拌槽内设置的其他能阻碍水平回转流动的附件，也能起到挡板的作用，如搅拌槽中的传热盘管可以部分甚至全部代替挡板，装有垂直换热管后，一般可不再设置挡板。

2.2.4.2　导流筒

在需要控制流体的流动方向和速度以确定某一特定流型时，可在搅拌槽中安装导流筒（见图 2-8）。导流筒主要用于推进式、螺杆式及涡轮式搅拌器。推进式或螺杆式搅拌器的导流筒是安装在搅拌器的外面，而涡轮式搅拌器的导流筒则安装在叶轮的上方。导流筒的作用是：一方面它提高了对筒内流体的搅拌程度，加强了搅拌器对流体的直接机械剪切作用，同

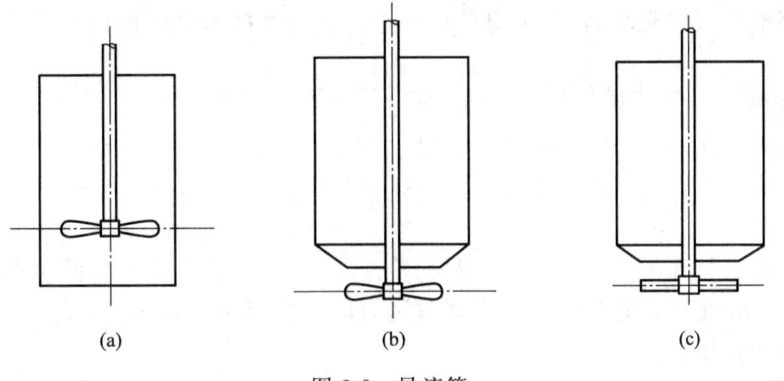

图 2-8　导流筒

时又确立了充分循环的流型，使搅拌槽内所有的物料均可通过导流筒内的强烈混合区，提高混合效率。另外，导流筒还限定了循环路径，减少短路的机会。导流筒的尺寸需要根据具体生产过程的要求决定。一般情况下，导流筒需将搅拌槽截面分成面积相等的两部分，即导流筒的直径约为搅拌槽直径的70%。

导流筒置于搅拌槽内，是上下开口的圆筒，在搅拌混合中起导流作用。通常导流筒的上端都低于静液面，且在筒身上开有槽或孔，当生产中液面降落时流体仍可从槽或孔进入。推进式搅拌桨可位于导流筒内或略低于导流筒的下端［见图 2-8(a) 和 (b)］；涡轮式或桨式搅拌桨常置于导流筒的下端［见图 2-8(c)］。当搅拌桨置于导流筒之下，且筒直径又较大时，筒的下端直径应缩小，使下部开口小于搅拌桨直径。

2.3 搅拌装置工艺设计示例

某反应单元采用夹套和蛇管共同冷却的搅拌釜式反应器处理 $15\times10^4\ m^3/a$ 的均相液体，反应温度要求控制在60℃，平均停留时间20min，需移走热量350kW。现采用夹套和蛇管共同冷却，冷却水进口温度18℃，出口温度28℃，忽略污垢热阻及间壁热阻，试设计一台机械搅拌夹套和蛇管共同冷却的反应器完成上述任务。

60℃下均相液体的物性参数：比热容 $c_p=912J/(kg\cdot℃)$，热导率 $\lambda=0.591W/(m\cdot℃)$，平均密度 $\rho=987kg/m^3$，黏度 $\mu=3.5\times10^{-2}Pa\cdot s$。

［反应器工艺设计过程如下］

一、选定搅拌器类型

因为该设计所用搅拌器主要是为了实现物料的均相混合与反应，故推进式、桨式、涡轮式、三叶后掠式等均可选择，本设计选用六片平直叶圆盘涡轮式搅拌器。

二、搅拌装置工艺结构设计

确定搅拌槽的结构及尺寸，搅拌桨及其附件的几何尺寸及安装位置，计算搅拌转速及功率，计算传热面积等，最终为机械设计提供条件。

1. 搅拌槽

(1) 容积与槽径

对于连续操作，搅拌槽的有效体积为：

搅拌槽的有效体积＝流入搅拌槽的液体流量×物料的平均停留时间

$$V=\frac{150000}{300\times24}\times\frac{20}{60}=6.944m^3$$

一般搅拌槽内液体充填高度 H 等于槽内径，以搅拌槽为平底近似估算槽直径，此时有

$$D=H=\sqrt[3]{\frac{4V}{\pi}}=\sqrt[3]{\frac{4\times6.944}{3.14}}=2.07m$$

本设计取 $D=2.0m$。当 $D=2.0m$ 时

$$H=6.944/(0.785\times2.0^2)=2.212m$$

(2) 类型

槽体由于没有特殊要求，一般选用常用的直立圆筒型容器。根据传热要求，槽内装 $\phi57mm\times3.5mm$ 蛇管，蛇管由无缝钢管弯制而成。蛇管除了能起到冷却作用外，还能起到导流筒和挡板的作用。

(3) 高径比

一般实际搅拌槽的筒体高径比为 $H_P/D = 1.1 \sim 1.5$，本设计取1.3，则搅拌槽筒体实际高度 H_P 为

$$H_P = 1.3 \times 2.0 = 2.6\text{m}$$

故搅拌槽规格为 ϕ2000mm×2600mm，空容积为8.164m^3，容积利用率为85%，满足工艺要求。

2. 搅拌桨

(1) 搅拌桨的尺寸

搅拌器直径的标准值等于1/3槽体内径，即

$$d = D/3 = 2.0/3 = 0.67\text{m}$$

查常用标准搅拌器的规格，选用平直叶涡轮式搅拌器，其型号规格为PY-700（详见圆盘涡轮式搅拌器国家标准HG/T 3796.5—2005)，主要尺寸如下：

桨叶直径 d=700mm，桨叶宽度 b=140mm，叶片厚度 δ=6mm，搅拌轴径90mm，重约30.6kg。

(2) 搅拌桨的安装位置

根据经验，叶轮浸入搅拌槽内液面下的最佳深度为 $S = \frac{2}{3}H$，因此，可确定叶轮距槽底的高度为

$$C = 2.212/3 = 0.74\text{m} \quad （设计取0.75\text{m}）$$

(3) 搅拌桨的转速

对于混合操作，要求搅拌器在湍流区操作，即搅拌雷诺数 $Re > 10^4$，于是有

$$Re = \frac{\rho n d^2}{\mu} = \frac{987 \times 0.7^2 n}{3.5 \times 10^{-2}} = 13818n = 10^4 \quad \Longrightarrow \quad n = 0.72\text{r/s} = 43\text{r/min}$$

即转速不能低于43r/min。依据公式 $n = \frac{4.74}{\pi d}$ 计算，得

$$n = \frac{4.74}{\pi d} = \frac{4.74}{3.14 \times 0.7} = 2.16\text{r/s} = 129\text{r/min}$$

根据经验并考虑一定的余量，本设计取 n=2.0r/s=120r/min，该值处在该类型搅拌器常用转速 n=10～300r/min的范围之内。

3. 搅拌槽附件

为了消除打旋现象，强化传热和传质，安装6块宽度为1/12～1/10D、W=0.2m的挡板，以满足全挡板条件。全挡板条件判断如下

$$\left(\frac{W}{D}\right)^{1.2} n_b = \left(\frac{0.2}{2.0}\right)^{1.2} \times 6 = 0.38 > 0.35 \text{（符合全挡板条件）}$$

三、搅拌功率计算

采用永田进治公式计算（亦可采用Rushton Φ-Re 关联图计算）

$$Re = \frac{\rho n d^2}{\mu} = \frac{987 \times 2.0 \times 0.7^2}{3.5 \times 10^{-2}} = 27636 > 300$$

$$Fr = \frac{n^2 d}{g} = \frac{2.0^2 \times 0.7}{9.81} = 0.285$$

由于 Re 值很大，处于湍流区，因此，应该安装挡板，以消除打旋现象。从Rushton Φ-Re 关联图中读取临界雷诺数（湍流区全挡板曲线与层流区全挡板曲线延长线的交点所对应的雷诺数）Re_c=14.0。

六片平直叶涡轮搅拌器的参数

$b/D=0.14/2.0=0.07, d/D=0.7/2.0=0.35, H/D=2.212/2.0=1.106, \sin\theta=1.0$

$$A=14+\left(\frac{b}{D}\right)\left[670\left(\frac{d}{D}-0.6\right)^2+185\right]=14+0.07\times[670\times(0.35-0.6)^2+185]=29.88$$

式（2-9）中的指数

$$\left[1.3-4\left(\frac{b}{D}-0.5\right)^2-1.14\left(\frac{d}{D}\right)\right]=1.3-4\times(0.07-0.5)^2-1.14\times0.35=0.1614$$

$$B=10^{\left[1.3-4\left(\frac{b}{D}-0.5\right)^2-1.14\left(\frac{d}{D}\right)\right]}=10^{0.1614}=1.450$$

$$p=1.1+4\left(\frac{b}{D}\right)-2.5\left(\frac{d}{D}-0.5\right)^2-7\left(\frac{b}{D}\right)^4$$

$$=1.1+4\times0.07-2.5\times(0.35-0.5)^2-7\times0.07^4=1.324$$

$$N_p=\frac{A}{Re_c}+B\left(\frac{1000+1.2Re_c^{0.66}}{1000+3.2Re_c^{0.66}}\right)^p\left(\frac{H}{D}\right)^{(0.35+b/D)}(\sin\theta)^{1.2}$$

$$=\frac{29.88}{14.0}+1.450\left(\frac{1000+1.2\times14.0^{0.66}}{1000+3.2\times14.0^{0.66}}\right)^{1.324}(1.106)^{(0.35+0.07)}(1.0)^{1.2}=3.625$$

$$N=N_p\rho n^3d^5=3.625\times987\times2^3\times0.7^5=4810\text{W}\approx5\text{kW}$$

亦可根据 $Re=27636$ 查 Rushton 图，读取 $\Phi=N_p=5.6$，这比用永田进治公式计算的结果要大。这不难理解，因为经验公式和查图都存在一定的误差。

四、搅拌装置传热计算

1. 被搅拌流体与夹套之间的换热

（1）槽内液体对槽壁的对流传热系数 α_j

采用左野雄二推荐的桨式和涡轮式搅拌器的传热关联式计算。

$$\alpha_j=0.512\frac{\lambda}{D}\left(\frac{\varepsilon D^4}{\upsilon^3}\right)^{0.227}\left(\frac{c_p\mu}{\lambda}\right)^{1/3}\left(\frac{d}{D}\right)^{0.52}\left(\frac{b}{D}\right)^{0.08}\qquad(2\text{-}27)$$

单位质量被搅拌液体所消耗的功率 ε

$$\varepsilon=\frac{N}{0.785D^2H\rho}=\frac{4810}{0.785\times2.0^2\times2.212\times987}=0.702\text{W/kg}$$

被搅拌液体的运动黏度 ν

$$\nu=\mu/\rho=3.5\times10^{-2}/987=3.546\times10^{-5}\text{m}^2/\text{s}$$

$$\alpha_j=0.512\times\frac{0.591}{2.0}\left[\frac{0.702\times2.0^4}{(3.546\times10^{-5})^3}\right]^{0.227}\left(\frac{912\times3.5\times10^{-2}}{0.591}\right)^{1/3}\times(0.35)^{0.52}(0.07)^{0.08}$$

$$=497.6\ \text{W/(m}^2\cdot{}^\circ\text{C)}$$

（2）夹套内冷却水对槽壁的对流传热系数 α_1

采用蛇管中流体对管壁的对流传热系数公式计算

$$\alpha=0.027\frac{D_e}{\lambda}Re^{0.8}Pr^{0.33}V_{is}^{0.14}\left[1+3.5\left(\frac{D_e}{D_c}\right)\right]\qquad(2\text{-}28)$$

冷却水的定性温度为 $(18+28)/2=23$℃，在此温度下水的物性：

$c_p=4180\text{J/(kg}\cdot{}^\circ\text{C)}$，$\lambda=0.608\text{W/(m}\cdot{}^\circ\text{C)}$，$\rho=997\text{kg/m}^3$，$\mu=9.358\times10^{-4}\text{Pa}\cdot\text{s}$。

假定蛇管移走热量 200kW，且搅拌机械功率 N 全部转化为热，则需夹套移走的热量 Q_1 为

$$Q_1=350000-200000+N=150000+4810=154810\text{W}$$

夹套中冷却水的质量流率 m_1

$$m_1=\frac{Q_1}{c_p(t_2-t_1)}=\frac{154810}{4180(28-18)}=3.704\text{kg/s}$$

取夹套空腔距离 $E=75\text{mm}$，导流板螺距 $P=200\text{mm}$，则夹套中水的流速 u_1

$$u_1=\frac{m/\rho}{PE}=\frac{3.704/997}{0.20\times 0.075}=0.248\text{m/s}$$

当量直径

$$D_e=4E=4\times 0.075=0.3\text{m}$$

假定反应槽筒壁厚度为 12mm，则夹套空腔内壁外径为 ϕ2024mm，外壁内径为 ϕ2174mm，中径为（2024+2174)/2=2099mm，此即夹套中螺旋导流板平均轮径，$D_c=2.099\text{m}$。

$$Re_1=\frac{D_e u_1\rho}{\mu}=\frac{0.3\times 0.248\times 997}{9.358\times 10^{-4}}=79153$$

$$Pr_1=\frac{c_p\mu}{\lambda}=\frac{4180\times 9.358\times 10^{-4}}{0.608}=6.434$$

$$\alpha_1=0.027\frac{\lambda}{D_e}Re_1^{0.8}Pr_1^{0.33}V_{is}^{0.14}\left[1+3.5\left(\frac{D_e}{D_c}\right)\right]$$

$$=0.027\times\frac{0.608}{0.3}\times(79153)^{0.8}(6.434)^{0.33}\times 1\times\left[1+3.5\left(\frac{0.3}{2.099}\right)\right]=1258.6\text{W/(m}^2\cdot{}^\circ\text{C)}$$

（3）总传热系数 K_1

依题意，忽略污垢及间壁热阻，有

$$\frac{1}{K_1}=\frac{1}{\alpha_j}+\frac{1}{\alpha_1}\quad\Longrightarrow\quad K_1=\frac{\alpha_j\alpha_1}{\alpha_j+\alpha_1}=\frac{497.6\times 1258.6}{497.6+1258.6}=356.6\text{W/(m}^2\cdot{}^\circ\text{C)}$$

（4）需夹套提供的传热面积 A_1

$$\Delta t_{m1}=\frac{\Delta t_1-\Delta t_2}{\ln(\Delta t_1/\Delta t_2)}=\frac{(60-18)-(60-28)}{\ln[(60-18)/(60-28)]}=36.77^\circ\text{C}$$

$$A_1=\frac{Q_1}{K_1\Delta t_{m1}}=\frac{154810}{356.6\times 36.77}=11.81\text{m}^2$$

（5）夹套实际换热面积 A_{P1}

核算夹套提供的传热面积是否能满足换热要求，计算时应按搅拌槽内表面所能提供的有效换热表面积计算，即

$$A_{P1}=\pi DH=3.14\times 2.0\times 2.212=13.89\text{m}^2$$

面积裕度

$$\varphi_1=\frac{13.89-11.81}{11.81}\times 100\%=17.67\%$$

该面积大于所需换热面积，因此，该设计满足工艺设计要求。

2. 被搅拌流体与槽内蛇管之间的换热

（1）被搅拌液体对内冷蛇管外壁的对流传热系数 α_c

采用左野雄二推荐的桨式和涡轮式搅拌器的传热关联式计算。

$$Nu_c=\frac{\alpha_c d_{co}}{\lambda}=0.512\left(\frac{\varepsilon d_{co}^4}{\upsilon^3}\right)^{0.205}\left(\frac{c_p\mu}{\lambda}\right)^{0.35}\left(\frac{d}{D}\right)^{0.2}\left(\frac{b}{D}\right)^{0.1}\left(\frac{d_{co}}{D}\right)^{-0.3}\tag{2-23}$$

前面已算出，$\varepsilon=0.702\text{W/kg}$，$\nu=3.546\times 10^{-5}\text{m}^2/\text{s}$

$$\alpha_c=0.512\times\frac{0.591}{0.057}\left[\frac{0.702\times 0.057^4}{(3.546\times 10^{-5})^3}\right]^{0.205}\left(\frac{912\times 3.5\times 10^{-2}}{0.591}\right)^{0.35}$$

$$\times(0.35)^{0.2}(0.07)^{0.1}\left(\frac{0.057}{2.0}\right)^{-0.3}=1876.8\text{W/(m}^2\cdot{}^\circ\text{C)}$$

（2）蛇管内冷却水对管内壁的对流传热系数 α_2

采用蛇管中流体对管壁的对流传热系数公式计算

$$\alpha = 0.027\frac{D_e}{\lambda}Re^{0.8}Pr^{0.33}V_{is}^{0.14}\left[1+3.5\left(\frac{D_e}{D_c}\right)\right] \tag{2-28}$$

假定蛇管冷却水温度变化与夹套相同，即冷却水的定性温度仍为（18＋28）/2＝23℃，在此温度下水的物性为：

$c_p=4180$J/(kg・℃)，$\lambda=0.608$W/(m・℃)，$\rho=997$kg/m^3，$\mu=9.358\times10^{-4}$Pa・s。

需移走的热量

$$Q_2 = 200000\text{W}$$

冷却水的质量流率 m_2

$$m_2 = \frac{Q_2}{c_p(t_2-t_1)} = \frac{200000}{4180(28-18)} = 4.785\text{kg/s}$$

蛇管中水的流速 u_2

$$u_2 = \frac{m_2/\rho}{0.785d_i^2} = \frac{4.785/997}{0.785\times0.05^2} = 2.445\text{m/s}$$

蛇管管径 $d_i=0.05$m，螺距 $P=150$mm，蛇管的平均轮径 $D_c=1.40$m。

$$Re_2 = \frac{du_2\rho}{\mu} = \frac{0.05\times2.445\times997}{9.358\times10^{-4}} = 130266$$

$$Pr_2 = \frac{c_p\mu}{\lambda} = \frac{4180\times9.358\times10^{-4}}{0.608} = 6.434$$

$$\alpha_2 = 0.027\frac{\lambda}{D_e}Re_2^{0.8}Pr_2^{0.33}V_{is}^{0.14}\left[1+3.5\left(\frac{D_e}{D_c}\right)\right]$$

$$=0.027\times\frac{0.608}{0.050}\times(130266)^{0.8}(6.434)^{0.33}\times1\times\left[1+3.5\left(\frac{0.050}{1.40}\right)\right] = 8435.4\text{W/(m}^2\cdot℃)$$

（3）总传热系数 K_2

依题意，忽略污垢及间壁热阻，有

$$\frac{1}{K_2} = \frac{1}{\alpha_c}+\frac{1}{\alpha_2} \quad\Longrightarrow\quad K_2 = \frac{\alpha_c\alpha_2}{\alpha_c+\alpha_2} = \frac{1876.8\times8435.4}{1876.8+8435.4} = 1535.2\text{W/(m}^2\cdot℃)$$

（4）蛇管传热面积 A_2

$$\Delta t_{m2} = \frac{\Delta t_1-\Delta t_2}{\ln(\Delta t_1/\Delta t_2)} = \frac{(60-18)-(60-28)}{\ln[(60-18)/(60-28)]} = 36.77℃$$

$$A_2 = \frac{Q_2}{K_2\Delta t_{m2}} = \frac{200000}{1535.2\times36.77} = 3.54\text{m}^2$$

蛇管长度

$$L = \frac{A_2}{\pi d_{co}} = \frac{3.54}{3.14\times0.057} = 19.87\text{m}$$

蛇管螺旋排列直径取 1.4m，螺距 150mm，盘管圈数近似为

$$\frac{19.87}{3.14\times1.4} = 4.50\ (\text{圈})$$

为保守起见，盘管实际取 6 圈。6 圈盘管对应的管长 $L=3.14\times1.4\times6=26.38$m，对应的换热面积为 3.14×0.057×26.38＝4.72m^2，面积裕度为（4.72－3.54）/3.54×100％＝33.26％，盘管高度 0.9m，可满足工艺要求。

从上面的计算中可以看出，蛇管直径偏小，管内流速偏大，可做适当调整，取比 ϕ57 大一号的无缝管效果会好一些，此处不再作优化，本设计主要设计计算结果如表 2-10 所示，其他内容省略，不再赘述。

表 2-10　主要设计计算结果汇总

项　　目		符号	单位	设计计算结果
搅拌器	搅拌器型式			六片平直叶圆盘涡轮式搅拌器
	叶轮直径	d	mm	700
	叶轮宽度	b	mm	140
	叶轮距槽底高度	C	mm	750
	搅拌转速	n	r/min	120
	桨叶数	z		6
	搅拌功率	N	W	4810
搅拌槽附件	挡板数	n_b		6
	挡板宽度	W	m	0.2
搅拌槽	搅拌槽有效体积	V	m^3	6.944
	搅拌液体深度	H	m	2.212
	搅拌槽内径	D	m	2.0
	搅拌槽筒体实际高度	H_P	m	2.4
夹套	夹套型式			螺旋板夹套,内设导流板
	螺旋板螺距	P	mm	200
	夹套环隙间距	E	mm	75
	夹套内冷却水流速	u	m/s	0.248
	夹套内冷却水流量	m_1	kg/s	3.704
	夹套移出热量	Q_1	W	154810
	夹套外对流传热系数	α_j	W/(m^2·℃)	497.6
	夹套内对流传热系数	α_1	W/(m^2·℃)	1258.6
	被搅拌流体与夹套流体总传热系数	K_1	W/(m^2·℃)	356.6
	所需换热面积/实际换热面积	A_1	m^2	11.81/13.89
	面积裕度	φ	%	17.67
蛇管	蛇管型式			无缝钢管 ϕ57mm×3.5mm
	蛇管螺距	P	mm	150
	蛇管轮径	D_c	mm	1400
	蛇管圈数		圈	6
	蛇管内冷却水流速	u	m/s	2.445
	蛇管内冷却水流量	m_2	kg/s	4.785
	蛇管移出热量	Q	W	200000
	蛇管外侧对流传热系数	α_c	W/(m^2·℃)	1876.8
	蛇管内侧对流传热系数	α_2	W/(m^2·℃)	8435.4
	被搅拌流体与蛇管流体总传热系数	K_2	W/(m^2·℃)	1535.2
	所需换热面积/实际换热面积	A_2	m^2	3.54/4.72
	面积裕度	φ	%	33.26

【本章具体要求】

通过本章学习应能做到：

◇ 了解机械搅拌设备的基本结构，合理选用搅拌器型式。

◇ 掌握搅拌器设计工程放大的基本方法。

◇ 对机械搅拌设备的传热能作出正确的计算，主要包括：①蛇管中流体对管壁的对流传热系数；②夹套中热载体对搅拌槽壁的对流传热系数；③被搅拌液体侧的对流传热系数；④总传热系数；⑤有效换热面积；⑥换热能力的计算等。

◇ 结合化工原理，了解搅拌器内流体的水力学特性、混合效果的度量尺度与影响搅拌效果的因素等。

◇ 正确绘制搅拌装置的工艺设计条件图和设备总装图（机械设计师根据工艺设计条件图首先进行设备强度计算，给出过程设备强度计算书，进而绘制包括总装图在内的设备施工图。搅拌装置总装图在课程设计中虽然一般不作要求，但在毕业设计中会经常遇到，因此学生必须掌握）。

第3章 换热装置的工艺设计

【本章导读指引】

本章将主要介绍：

◇ 换热装置的分类及其应用场合。

◇ 管壳式换热器的结构形式与工艺设计。

◇ 再沸器的结构形式与工艺设计。

3.1 概述

换热装置是以传递热量为主要功能的通用机械，通常称为热交换器，简称换热器。换热器在化工、石油、制冷、动力、食品等部门中均有广泛的应用。它们的设计、制造和运行对生产过程起着十分关键的作用。在化工厂的建设中，换热器约占工程总投资的11%；通常，换热器约占炼油及化工装置设备总投资的40%。因此，换热器的设计、制造、结构改进及传热机理研究，在节省投资、降低能耗等方面将发挥日益重要的作用。

(1) 换热装置的分类

根据换热的目的和工艺要求不同，换热器的结构型式必然是五花八门，其分类也是多种多样。

① 按冷热物料接触方式可分为：直接接触式、蓄热式和间壁式三种类型。

② 按换热器的使用功能又可分为：加热器、冷却器、再沸器、冷凝器、蒸发器、空冷器、凉水塔、废热锅炉等。

③ 按换热器换热面紧凑程度又可分为：紧凑式换热器（换热面积密度$>700m^2/m^3$）和非紧凑式换热器（换热面积密度$<700m^2/m^3$）。

④ 按流体流动方式又可分为：单程型换热器和多程型换热器。

⑤ 按换热器结构型式又可分为：管式换热器（主要有管壳式、套管式、螺旋盘管式或蛇管式换热器）；热管式换热器（主要有吸液芯热管、重力热管、旋转式热管换热器）；板式换热器（主要有板式、螺旋板式、伞板式、板壳式换热器）；扩展表面式换热器（主要有板翅式和管翅式换热器）；蓄热式换热器（主要有回转式和固定格室式换热器）；其他（孔块式

换热器、空冷器及薄膜式换热器等）。其结构分类详见表 3-1。

表 3-1　以结构分类的常见换热器及应用场合

换热器类型				应用场合
管式	管壳式	固定管板式	刚性结构	用于管壳温差较小的情况(一般≤50℃),管间不能机械清洗
			带膨胀节	有一定的温度补偿能力,壳程只能承受较低压力
		浮头式		管内外均能承受高压,可用于高温高压场合
		U形管式		管内外均能承受高压,管内清洗及检修困难
		填料函式	外填料函	管间容易泄漏,不宜处理易挥发、易爆易燃及压力较高的介质
			内填料函	密封性能差,只能用于压差较小的场合
		釜式		壳体上有蒸发空间,用于再沸和蒸发
		膜式	升膜式	多为管壳式结构,每根换热管均有液体分布器,主要用于蒸发浓缩、液体冷却、蒸汽冷凝、吸收或解析
			降膜式	
	套管式	双套管式		结构比较复杂,主要用于高温高压场合,或固定床反应器中
		套管式		能逆流操作,用于传热面较小的冷却器、冷凝器或预热器
	螺旋盘管式或蛇管式	浸没式		用于管内流体的冷却、冷凝,或者管外流体的加热
		喷淋式		只用于管内流体的冷却或冷凝
热管式	吸液芯热管			用于太阳能热水器,空气预热和冷却,微电子元器件散热等
	重力热管			也称热虹吸式热管,无吸液芯,用于制冷、食品和微电子等
	振荡热管			又称脉动热管、弯曲毛细管热管、自激振荡流热管
	旋转式热管			回收含尘烟气热量,由于旋转离心力作用,受热面上灰尘不易积聚且易于清除
板式	板式			拆洗方便,传热面能调整,主要用于黏性较大的液体间换热
	螺旋板式			可进行严格的逆流操作,有自洁作用,可回收低温热能
	伞板式			伞形传热板结构紧凑,拆洗方便,通道较小,易堵,要求流体干净
	板壳式			板束类似于管束,可抽出清洗检修,压力不能太高
扩展表面式	板翅式			结构十分紧凑,传热效率高,流体阻力大
	管翅式			适用于气体和液体之间传热,传热效率高,用于化工、动力、空调、制冷工业
蓄热式	回转式	盘式		传热效率高,用于高温烟气冷却等
		鼓式		用于空气预热器等
	固定格室式	紧凑式		适用于低温到高温的各种条件
		非紧凑式		可用于高温及腐蚀性气体场合
其他	孔块式换热器			石墨换热器,主要用于两侧均为腐蚀介质换热的场合
	空冷器或凉水塔	自然通风		用于空气冷却循环水
		机械通风		用于空气冷却循环水
		增湿塔		用于空气冷却水,同时使空气降温增湿
	薄膜式	刮板薄膜式		主要用于蒸发浓缩,适于高黏度、有结晶物料的蒸发
		离心薄膜式		主要用于蒸发浓缩,适于高黏度、有结晶物料的蒸发

（2）换热装置的选型

传热设备选型时需要考虑的因素是多方面的，主要有：①热负荷及流量大小；②流体的性质；③温度、压力及允许压降范围；④对清洗、维修的要求；⑤设备结构材料、尺寸、重量；⑥价格、使用安全性和寿命等。

流体的性质对换热器类型的选择往往会产生重大影响，如流体的物理性质（如比热容、热导率、黏度）、化学性质（如腐蚀性、热敏性）、结垢情况以及是否有磨蚀性颗粒等因素。如用于硝酸的加热器，流体的强腐蚀性决定了设备的结构材料，限制了可能采用的结构范围。又如对于热敏性大的液体，能否精确控制它在加热过程中的温度和停留时间，往往就成为选型的主要前提。流体的清净程度和易否结垢，有时在选型上也起决定性的作用，如对于需要经常清洗换热面的物料，就不能选用高效的板翅式或其他不可拆卸的结构。

同样，换热介质的流量、工作温度、压力等参数在选型时也很重要，例如板式换热器虽然高效紧凑、性能很好，但是由于受结构和垫片性能的限制，当压力或温度稍高，或者流量很大时就不适用了。

本章主要介绍管壳式换热器、板式换热器及再沸器的设计。

3.2 管壳式换热器的工艺设计

管壳式换热器（也称列管式换热器）是一种广泛使用的换热设备。管壳式换热器是把换热管束与管板连接后，再用筒体与管箱包起来，形成两个独立的空间：管内的通道及相连通的管箱，称为管程空间（简称管程）；换热管束外的通道及其相贯通的部分，称为壳程空间（简称壳程）。

管壳式换热器的设计资料较完善，已有系列化标准。目前我国管壳式换热器的设计、制造、检验、验收按“钢制管壳式换热器”标准（GB 151—1999）执行。

（1）管壳式换热器型号的表示方法

按 GB 151—1999 标准，将管壳式换热器的主要组合部件分为前端管箱、壳体和后端结构（包括管束）三部分（参见表 3-8）。该标准将换热器分为Ⅰ、Ⅱ两级，Ⅰ级换热器采用较高级冷拔换热管，适用于无相变传热和易产生振动的场合。Ⅱ级换热器采用普通级冷拔换热管，适用于再沸、冷凝和无振动的一般场合。

管壳式换热器型号的表示方法如下：

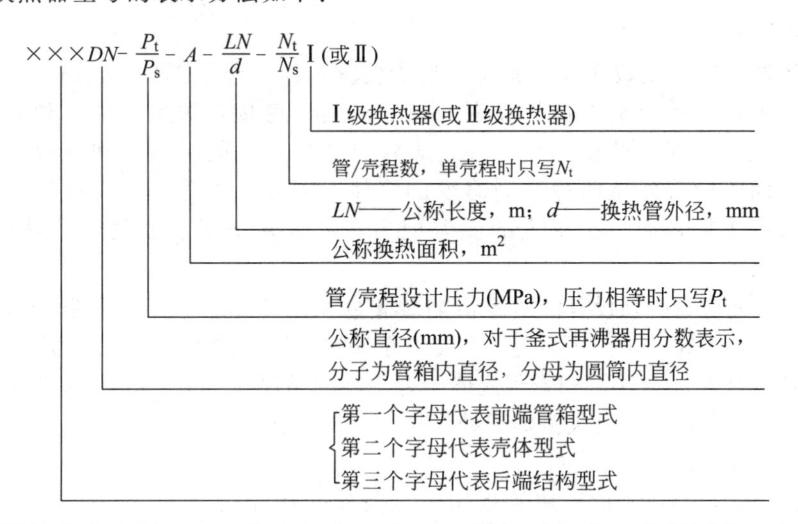

① 换热器的公称直径 DN：按该标准，对 DN 做如下规定，卷制圆筒，以圆筒内径作

为换热器公称直径，mm；钢管制圆筒，以钢管外径作为换热器的公称直径，mm。

② 换热器的传热面积 A：计算传热面积，是以传热管外径为基准，扣除伸入管板内的换热管长度后，计算所得到的管束外表面积的总和（m^2）。公称传热面积，指经圆整后的计算传热面积。

③ 换热器的公称长度 LN：以传热管长度（m）作为换热器的公称长度。传热管为直管时，取直管长度；传热管为U形管时，取U形管的直管段长度。

如 AES500-1.6-54-$\frac{6}{25}$-4Ⅰ表示：平盖管箱，公称直径500mm，管程和壳程设计压力均为1.6MPa，公称换热面积$54m^2$，碳素钢较高级冷拔换热管外径25mm，管长6m，4管程，单壳程的浮头式换热器（参见表3-8）。

又如 AKT $\frac{600}{1200}$-$\frac{2.5}{1.0}$-90-$\frac{6}{25}$-2Ⅱ表示：平盖管箱，管箱内直径600mm，圆筒内直径1200mm，管程设计压力2.5MPa，壳程设计压力1.0MPa，公称换热面积$90m^2$，碳素钢普通级冷拔换热管，管外径25mm，管长6m，2管程的釜式再沸器（参见表3-8）。

（2）管壳式换热器的分类

管壳式换热器种类很多，若以热量传递为主要目的且按其温差补偿的结构来划分，主要有以下5种类型：①固定管板式换热器；②浮头式换热器；③U形管式换热器；④填料函式换热器；⑤釜式换热器。

（3）管壳式换热器工艺设计的主要内容

管壳式换热器的工艺设计主要包括以下内容：①根据换热任务和有关要求确定设计方案；②初步确定换热器的结构和尺寸；③核算换热器的传热面积和流体阻力；④确定换热器的工艺结构。

3.2.1 确定设计方案

对于管壳式换热器，确定其设计方案应从7个方面着手：①选择换热器类型；②选择流体流动空间；③选择流体流速；④选择加热剂和冷却剂；⑤确定流体进出口温度；⑥选择材质；⑦确定管程数和壳程数。

3.2.1.1 选择换热器类型

要正确合理地选择换热器类型，必须了解各类换热器的结构和特点。

（1）固定管板式换热器

这类换热器的结构比较简单、紧凑、造价便宜，但管外不能机械清洗。此种换热器管束连接在管板上，管板分别焊在外壳两端，并在其上连接有顶盖，顶盖和壳体设有流体进出口接管。通常在管外设置一系列垂直于管束的挡板。同时管子和管板与外壳的连接都是刚性的，而管内管外是两种不同温度的流体。因此，当管壁与壳壁温差较大时，由于两者的热膨胀不同，产生了很大的温差应力，以致管子扭弯或使管子从管板上松脱，甚至毁坏换热器。

为了克服温差应力必须设有温差补偿的装置（见图3-1），一般在管壁与壳壁温度相差50℃以上时，为安全起见，换热器应有温差补偿装置。但补偿装置（波形膨胀节）只能用于壳壁与管壁温差低于60～70℃和壳程流体压力不高的情况。一般壳程压力超过0.6MPa时，由于补偿圈过厚难以伸缩，会失去温差补偿作用，此时就应考虑其他结构。

（2）浮头式换热器

如图3-2所示，换热器的一块管板用法兰与外壳相连接，另一块管板不与外壳连接，以使管子受热或冷却时可以自由伸缩，但在这块管板上连接一个顶盖，称为“浮头”，所

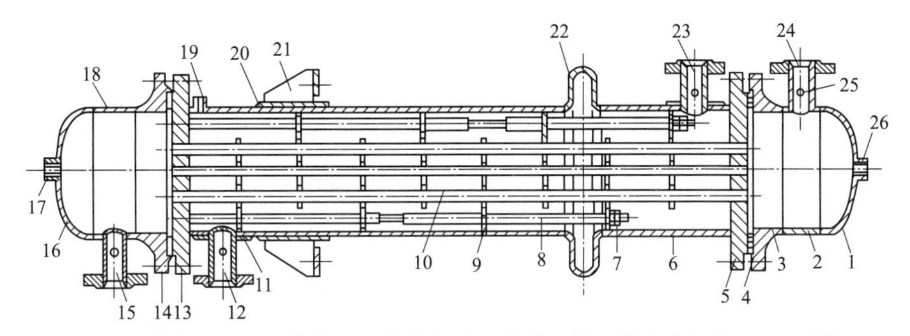

图 3-1　带膨胀节温差补偿型固定管板式换热器（零部件名称见表 3-2，下同）

以这种换热器叫做浮头式换热器。其优点是：管束可以拉出，以便清洗；管束的膨胀不受壳体约束，因而当两种换热介质的温差大时，不会因管束与壳体的热膨胀量的不同而产生温差应力。其缺点是结构复杂，造价高，且浮头管板和浮头盖连接处发生泄漏时不易检查。

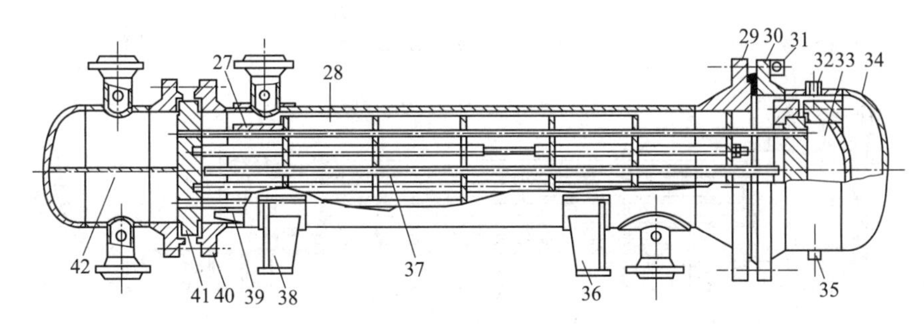

图 3-2　浮头式换热器

需要说明的是为克服装配与检修时抽装管束的困难，避免损坏折流板和支撑板，当换热器直径较大或管束较长时，需在管束下方安装滑道。

（3）U 形管式换热器

U 形管式换热器结构如图 3-3 所示，每根管子都弯成 U 形，两端固定在同一块管板上，每根管子皆可自由伸缩，从而解决热补偿问题。管程至少为两程，管束可以抽出清洗，管子可以自由膨胀。其缺点是管子内壁清洗困难，管子更换困难，管板上排列的管子少。优点是结构简单，质量轻，适用于高温高压条件。

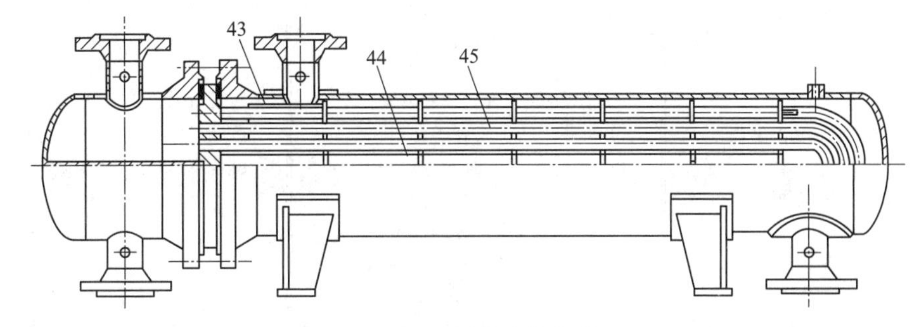

图 3-3　U 形管式换热器

（4）填料函式换热器

填料函式换热器管束一端可以自由膨胀如图 3-4 所示，结构比浮头式简单，造价也比浮头式低。但壳程内介质有外泄的可能，壳程中不宜处理易挥发、易燃、易爆和有毒的介质。

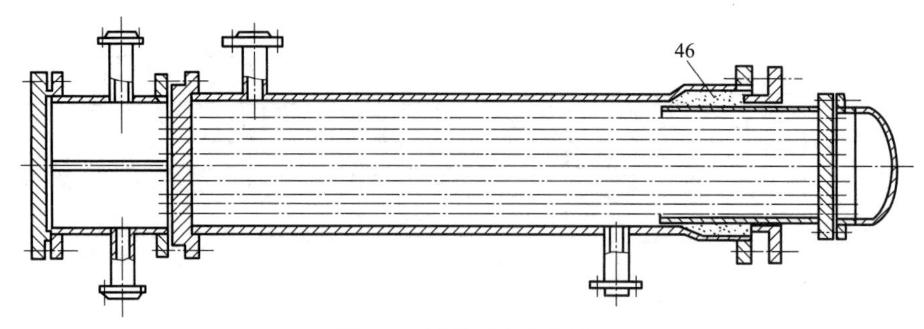

图 3-4　填料函式换热器

（5）釜式再沸器

釜式再沸器是管壳式换热器中的一种特殊形式，其结构如图 3-5 所示，相关特性将在 3.4 中介绍。

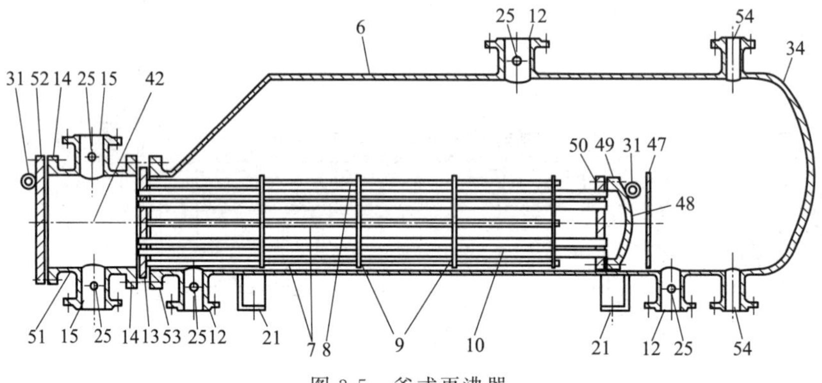

图 3-5　釜式再沸器

除此之外，工业上广泛使用的废热锅炉和蒸发器等也多以管壳式结构为主。

管壳式换热器零部件名称汇总见表 3-2 所示。

表 3-2　管壳式换热器部分零部件名称汇总表（参见图 3-1～图 3-5）

件号	部件名称	件号	部件名称	件号	部件名称
1	下管箱椭圆封头	19	壳程排气孔	37	挡管
2	下管箱短节	20	支座垫板	38	固定鞍座(F形)
3	下管箱法兰	21	支座	39	滑道
4	密封垫圈	22	波形膨胀节	40	管箱侧壳体法兰
5	下管板	23	壳程接管及法兰	41	固定管板
6	壳体	24	管程接管及法兰	42	分程隔板
7	拉杆及紧固螺栓	25	仪表接口	43	内导流筒
8	定距管	26	管箱排液口	44	中间挡板
9	折流板	27	防冲挡板	45	U形换热管
10	换热管	28	旁路挡板	46	填料
11	接管补强圈	29	外头盖侧壳体法兰	47	堰板
12	壳程接管及管法兰	30	外头盖法兰	48	浮头盖
13	上管板(或固定管板)	31	吊耳(或吊环)	49	浮头盖法兰
14	上管箱法兰	32	排气孔	50	浮动管板
15	管程接管及法兰	33	浮头	51	固定端部管箱
16	上管箱椭圆封头	34	外头盖椭圆封头	52	管箱盖板
17	管箱排气孔	35	排液孔	53	壳体固定端法兰
18	上管箱短节	36	活动鞍座(S形)	54	液位计接口

3.2.1.2　选择流体流动空间

在管壳式换热器的计算中，何种流体走管程，何种流体走壳程，这需遵循一些一般性原则。

① 应尽量提高两侧传热系数中较小的一个，使传热面两侧的传热系数接近。

② 在运行温度较高的换热器中，应尽量减少热损；而对于一些制冷装置，应尽量减少其冷损。

③ 管程和壳程的确定应做到便于清洗除垢和维修，以保证运行的可靠性。

④ 应减小管子和壳体因受热不同而产生的热应力。从这个角度来说，顺流式就优于逆流式，因为顺流式进出口端的温度比较平均，不像逆流式那样，冷、热流体的高温部分均集中于一端，低温部分集中于另一端，易因两端胀缩不同而产生热应力。

⑤ 对于有毒介质或气相介质，应特别注意其密封性能，密封不仅要可靠，而且应尽可能简便。

⑥ 应尽量避免采用贵重金属，以降低成本。

以上这些原则有些是相互矛盾的，所以在具体设计时应综合考虑。究竟哪一种流体走管程，哪一种流体走壳程，下面给出一些参考。

（1）宜于走管程的流体

① 不清洁的流体　因为在管内易实现较高流速，流速高时悬浮物不易沉积，且管内空间也便于清洗。

② 体积流量小的流体　因为管内空间的流通截面往往比管外空间的截面小，流体易获得必要的理想流速，而且也便于做成多程流动。

③ 有压力的流体　因为管子承压能力强，而且还简化了壳体密封的要求。

④ 腐蚀性强的流体　因为只有管子及管箱才需用耐腐蚀材料，而壳体及管外空间的所有零件均可用普通材料制造，所以造价可以降低。此外，在管内空间装设保护用的衬里或覆盖层也比较方便，并容易检查。

⑤ 与外界温差大的流体　因为可以减少热量的逸散。

（2）宜于走壳程的流体

① 当两流体温度相差较大时，α 值大的流体走管间。这样可以减少管壁与壳壁间的温度差，因而也减少了管束与壳体间的相对伸长，故温差应力可以降低。

② 若两流体传热性能相差较大时，α 值小的流体走管间。此时可以用翅片管来平衡传热面两侧的传热条件，使之相互接近。

③ 饱和蒸汽　对流速和清理无甚要求，并易于排除冷凝液。

④ 黏度大的流体　管间的流通截面和方向都在不断变化，在低雷诺数下，管外传热系数比管内的大。

⑤ 泄漏后危险性大的流体　可以减少泄漏机会，以保安全。

此外，易析出结晶、沉渣、淤泥以及其他沉淀物的流体，最好通入更容易进行机械清洗的空间。在管壳式换热器中，一般易清洗的是管内空间。但在 U 形管、浮头式换热器中易清洗的都是管外空间。

3.2.1.3　确定流体流速

当流体不发生相变时，介质的流速高，换热强度大，从而可使换热面积减少、结构紧凑、成本降低，一般也可抑止污垢的产生。但流速大也会带来一些不利的影响，诸如压降 Δp 增加，泵功率增大，且加剧了对传热面的冲刷。

换热器常用流速的范围见表 3-3 和表 3-4。

3.2.1.4　选择加热剂和冷却剂

在换热过程中，加热剂和冷却剂的选用根据实际情况而定。除应满足加热和冷却温度外，还应考虑来源方便，价格低廉，使用安全。在化工生产中常用的加热剂是饱和水蒸气与导热油，冷却剂是水与冷冻盐水。

表 3-3 换热器常用流速的范围

介质 流速	循环水	新鲜水	一般液体	易结垢液体	低黏度油	高黏度油	气体
管程流速/(m/s)	1.0～2.0	0.8～1.5	0.5～3.0	>1.0	0.8～1.8	0.5～1.5	5～30
壳程流速/(m/s)	0.5～1.5	0.5～1.5	0.2～1.5	>0.5	0.4～1.0	0.3～0.8	2～15

表 3-4 列管式换热器易燃、易爆液体和气体允许的安全流速

液体名称	乙醚、二硫化碳、苯	甲醇、乙醇、汽油	丙酮	氢气
安全流速/(m/s)	<1	<2～3	<10	≤8

3.2.1.5 确定流体出口温度

工艺流体的进出口温度由工艺条件决定，加热剂或冷却剂的进口温度也是确定的，但其出口的温度是由设计者选定的。该温度直接影响加热剂或冷却剂的耗量和换热器的大小，所以此温度的确定有一个优化问题。加热温度一般由热源温度确定，对于采用冷却水换热，其两端温差不应低于 5℃，对严重缺水地区，尤其是采用河水时，为避免产生严重结垢，其出口温度不应超过 50℃。

3.2.1.6 选择材质

在进行换热器设计时，换热器各种零部件的材料，应根据设备的操作压力、操作温度、流体的腐蚀性能以及对材料的制造工艺性能等要求来选取。当然，最后还要考虑材料的经济合理性。一般为了满足设备的操作压力和操作温度，即从设备的强度或刚度角度来考虑，是比较容易达到的，但材料的耐腐蚀性能，有时往往成为一个复杂的问题。在这方面考虑不周，选材不妥，不仅会影响换热器的使用寿命，而且也大大提高设备的成本。至于材料的制造工艺性能，则与换热器的具体结构有着密切关系。

一般换热器常用的材料有碳钢和不锈钢。

① 碳钢　价格低，强度较高，对碱性介质的化学腐蚀比较稳定，很容易被酸腐蚀，在无耐腐蚀性要求的环境中应用是合理的。如一般换热器用的普通无缝钢管，其常用的材料为 10 号和 20 号碳钢。

② 不锈钢　奥氏体系不锈钢以 1Cr18Ni9 为代表，它是标准的 18-8 奥氏体不锈钢，有稳定的奥氏体组织，具有良好的耐腐蚀性和冷加工性能。

3.2.1.7 确定管程数和壳程数

管程数和壳程数的确定与换热器的结构有关，将在 3.2.2 节中介绍。

3.2.2 管壳式换热器的结构

管壳式换热器的结构可分成管程结构和壳程结构两大部分，主要由壳体、换热管束、管板、管箱、隔板、折流板、定距管（杆）、导流筒、防冲板、滑道等部件组成（详见表 3-2）。

3.2.2.1 管程结构

管程主要由换热管束、管板、封头、盖板、分程隔板与管箱等部分组成。

(1) 换热管束的布置和排列

常用换热管规格有 ϕ19mm×2mm、ϕ25mm×2mm（1Cr18Ni9Ti）、ϕ25mm×2.5mm（10 号碳钢），另一些换热管的规格见表 3-5。

表 3-5　常用换热管的规格和尺寸偏差

<table>
<tr><th rowspan="2">材料</th><th rowspan="2">钢管标准</th><th>外径×厚度/</th><th colspan="2">Ⅰ级换热器</th><th colspan="2">Ⅱ级换热器</th></tr>
<tr><th>mm×mm</th><th>外径偏差/mm</th><th>壁厚偏差</th><th>外径偏差/mm</th><th>壁厚偏差</th></tr>
<tr><td rowspan="4">碳素钢</td><td rowspan="4">GB 8163</td><td>10×1.5</td><td>±0.15</td><td rowspan="3">+12%
−10%</td><td>±0.20</td><td rowspan="3">+15%
−10%</td></tr>
<tr><td>14×2
19×2
25×2
25×2.5</td><td>±0.20</td><td>±0.40</td></tr>
<tr><td>32×3
38×3
45×3</td><td>±0.30</td><td>±0.45</td></tr>
<tr><td>57×3.5</td><td>±0.8%</td><td>±10%</td><td>±1%</td><td>+12%
−10%</td></tr>
<tr><td rowspan="4">不锈钢</td><td rowspan="4">GB 2270</td><td>10×1.5</td><td>±0.15</td><td rowspan="4">+12%
−10%</td><td>±0.20</td><td rowspan="4">±15%</td></tr>
<tr><td>14×2
19×2
25×2</td><td>±0.20</td><td>±0.40</td></tr>
<tr><td>32×2
38×2.5
45×2.5</td><td>±0.30</td><td>±0.45</td></tr>
<tr><td>57×3.5</td><td>±0.8%</td><td>±1%</td></tr>
</table>

换热管在管板上的排列方式有正方形直列、正方形错列、三角形直列、三角形错列和同心圆排列，如图 3-6 所示。

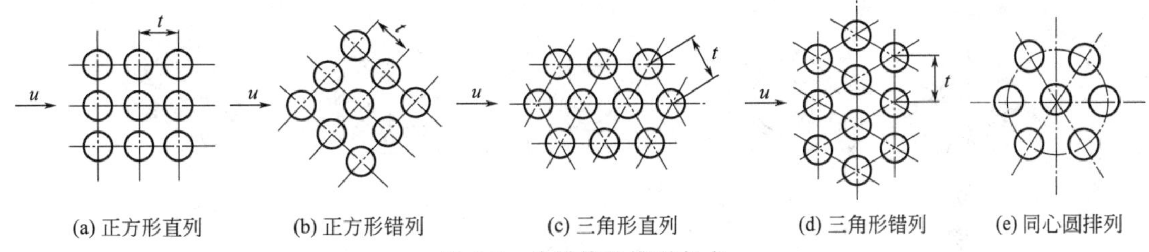

图 3-6　换热管的排列方式

正三角形排列结构紧凑；正方形排列便于机械清洗；同心圆排列用于小壳径换热器，外圆管布管均匀，结构更为紧凑。我国换热器系列中，固定管板式多采用正三角形排列；浮头式则以正方形错列排列居多，也有正三角形排列。

对于多管程换热器，常采用组合排列方式。每程内都采用正三角形排列，而在各程之间为了便于安装隔板，采用正方形排列方式。

管间距（管中心的间距）t 与管外径 d_o 的比值，焊接时为 1.25，胀接时为 1.3～1.5。常用的换热管中心距见表 3-6。

表 3-6　常用的换热管的管中心距　　单位：mm

换热管外径 d_o	10	12	14	16	19	20	22	25	30	32	35	38	45	50	55	57
换热管中心距 t	13～14	16	19	22	25	26	28	32	38	40	44	48	57	64	70	72
分程隔板槽两侧相邻管中心距 t_a	28	30	32	35	38	40	42	44	50	52	56	60	68	76	78	80

值得注意的是：①换热器管间需要机械清洗时，应采用正方形排列，相邻两管间的净空距离不宜小于 6mm，对于外径为 10mm、12mm 和 14mm 的换热管的中心距分别不得小于

17mm、19mm 和 21mm；②外径为 25mm 的换热管，当用转角正方形排列（即正方形错列）时，其分程隔板槽两侧相邻的管中心距应为 32mm×32mm 正方形的对角线长，即$32\sqrt{2}$mm。

管子材料常用的为碳钢、低合金钢、不锈钢、铜、铜镍合金、铝合金等。应根据工作压力、温度和介质腐蚀性等条件决定。此外还有一些非金属材料，如石墨、陶瓷、聚四氟乙烯等亦有采用。在设计和制造换热器时，正确选用材料很重要。既要满足工艺条件的要求，又要经济。对化工设备而言，由于各部分可采用不同材料，应注意由于不同种类的金属接触而产生的电化学腐蚀作用。

如果换热设备中的一侧流体有相变，另一侧流体为气相，可在气相一侧的传热面上加翅片以增大传热面积，以利于热量的传递。翅片可在管外，也可在管内。翅片与管子的连接可用紧配合、缠绕、粘接、焊接、电焊、热压等方法来实现。

装于管外的翅片有轴向的、螺旋形的与径向的［见图 3-7(a)、(b)、(c)］。除连续的翅片外，为了增强流体的湍动，也可在翅片上开孔或每隔一段距离令翅片断开或扭曲［图 3-7(d)、(e)］。必要时还可采用内、外都有翅片的管子。

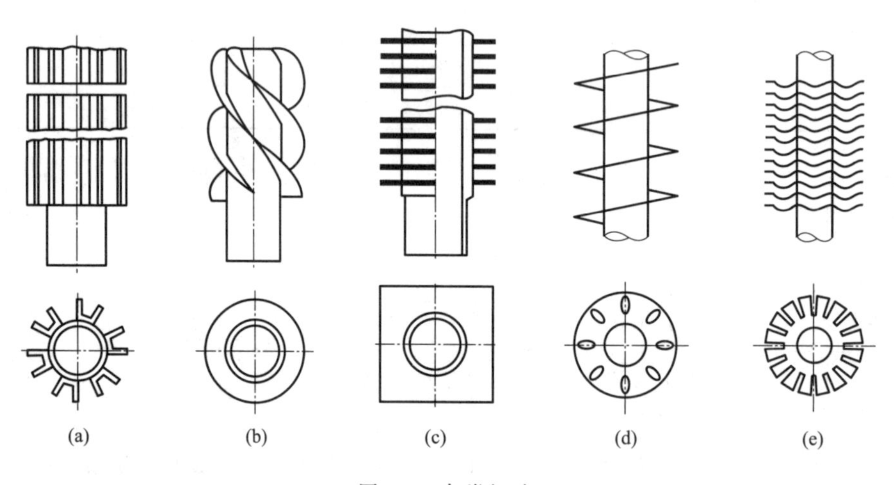

图 3-7　各类翅片

(2) 换热管与管板的连接

换热管与管板的连接有胀接、焊接和胀焊并用三种形式。无论采取何种形式，要求满足的基本条件有两个：一是良好的气密性；二是足够的结合力。

① 胀接　胀接是用胀管器将管板孔中的管子强行胀大，使之发生塑性变形，并与仅发生弹性变形的管板孔紧密贴合，借助于胀接后管板孔的收缩所产生的残余应力箍紧管子四周，从而实现管子与管板的连接。由于胀接靠的是残余应力，而残余应力会随着温度的升高而降低，所以胀接的使用温度不能大于 300℃，设计压力不超过 4MPa，而且操作中应无剧烈的振动，无过大的温度变化及无严重的应力腐蚀。外径小于 14mm 的换热管与管板的连接也不宜采用胀接。

当管板与换热管采用胀接时，管板的硬度应大于换热管的硬度，以保证管子发生塑性变形时管板仅发生弹性变形。同时还需要考虑管板与换热管两种材料的线膨胀系数的差异大小。由于胀接时的室温与换热器的操作温度往往相差很大，如果管板与换热管材料的线膨胀系数值相差较大，那么在二者之间产生过大的热应力，从而影响胀接的强度与气密性。

采用胀接连接的换热管材料一般选用 10、20 优质碳钢，管板则用 25、35、Q255 或低合金钢 16Mn、Cr5Mo 等。

② 焊接　焊接与胀接相比，管孔不需开槽且其表面粗糙度要求不高，管子端部不需退火和磨光，因此制造加工较简便，强度高、抗拉脱力强，而且气密性也好。缺点是管子破漏需拆卸更换时，若无专用刀具，则比拆卸胀接管子要困难，故一般采用堵死的方法。另外，焊接残余应力和应力集中有可能带来应力腐蚀与疲劳破坏。

只要材料的可焊性允许，多数情况下均采用焊接方式。但是，由于单纯的焊接连接在管子与管板孔之间形成环隙，为了减少间隙腐蚀，提高连接的强度，改善连接的气密性，可以采用胀、焊并用的结构。

③ 胀焊并用　根据对胀、焊所起作用的要求不同，胀焊并用结构又可分成两种：强度胀加密封焊，对胀接的要求是承受管子载荷，保证连接处的密封，而焊接起的作用仅仅是辅助性的防漏，这种连接的结构形式见图 3-8(a)；强度焊加贴胀，用焊接保证强度和密封，贴胀是为了消除换热管与管板孔间的环隙，以防止产生间隙腐蚀并增强抗疲劳破坏能力，这种连接的结构形式见图 3-8(b)。

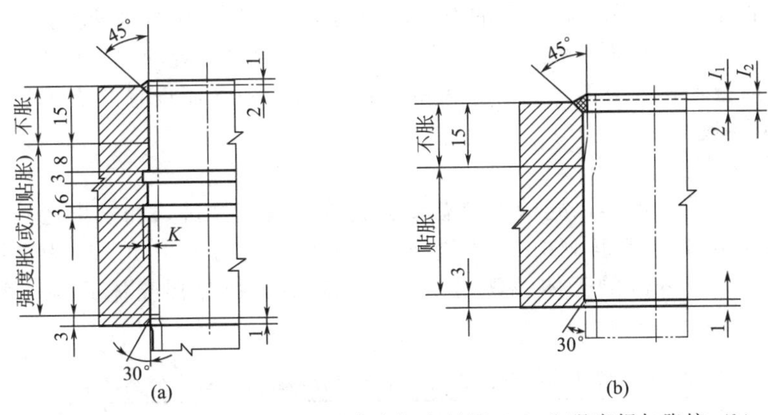

图 3-8　换热管与管板之间的强度胀加密封焊（a）和强度焊加胀接（b）

(3) 封头和管箱

封头和管箱位于壳体两端，其作用是控制及分配管程流体。

① 封头　当壳体直径较小时常采用封头。接管和封头可用法兰或螺纹连接，封头与壳体之间用螺纹连接，以便卸下封头，检查和清洗管子。

② 管箱　壳径较大的换热器大多采用管箱结构。管箱具有一个可拆盖板，因此在检修或清洗管子时无须卸下管箱。

③ 管程分程隔板　当需要的换热面很大时，可采用多管程换热器。对于多管程换热器，在管箱内应设分程隔板，将管束分为顺次串接的若干组，各组管子数目大致相等。这样可提高介质流速，增强传热。管程多者可达 16 程，常用的有 2、4、6 程，其布置方案见表 3-7。在布置时应尽量使管程流体与壳程流体成逆流布置，以增强传热，同时应严防分程隔板的泄漏，以防止流体的短路。

表 3-7　管束分程布置

程数	1	2	4			6	
流动顺序		1 2	1 2 3 4	1 2 3 4	1 2 3 4	1 2 3 5 4 6	2 1 3 4 6 5

续表

程数	1	2	4			6	
管箱隔板	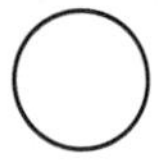	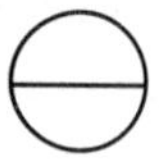	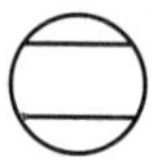		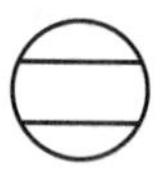		
介质返回侧隔板	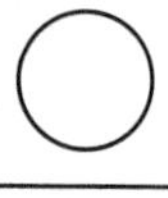	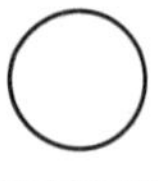	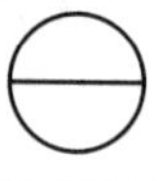	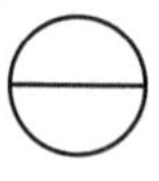			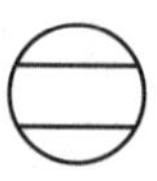

从制造、安装、操作的角度考虑，偶数管程有更多的方便之处，因此用得最多。但程数不宜太多，否则隔板本身占去相当大的布管用空间，且在壳程中形成旁路，影响传热。

3.2.2.2 壳程结构

壳程主要由壳体、折流板、支承板、纵向隔板、旁路挡板、缓冲板及导流筒等元件组成。由于各种换热器的工艺性能、使用场合不同，壳程内对各种元件的设置形式亦不同，以此来满足设计的要求。各元件在壳程的设置，按其不同的作用可分为两类：一类是为了壳侧介质对传热管最有效的流动，来提高换热设备的传热效果而设置的各种挡板，如折流板、纵向挡板、旁路挡板等；另一类是为了管束的安装及保护列管而设置的支承板、管束的导轨（滑道）以及缓冲板等。

（1）壳体与壳径

壳体是一个圆筒形容器，壳壁上焊有接管，供壳程流体进入和排出之用。当壳体公称直径 $DN \geqslant 400$mm 时，常以 100mm 为进级挡，必要时也可采用 50mm 为进级挡，用钢板卷焊制成。$DN \leqslant 400$mm 的壳体通常用无缝钢管制成，换热器壳体的最小壁厚远大于一般容器。

表 3-8　管壳式换热器前端、壳体和后端结构型式及分类代号

前端管箱		壳体		后端结构	
A	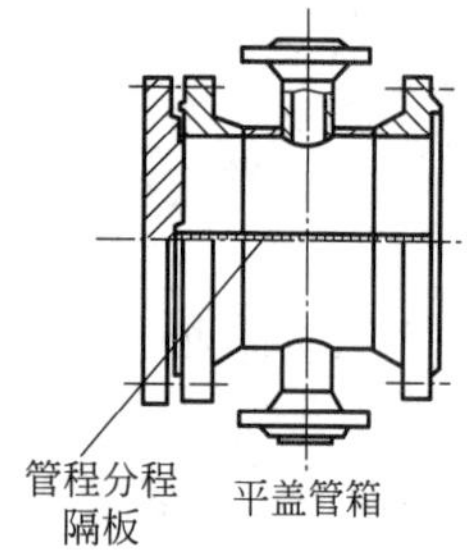 管程分程隔板 平盖管箱	E	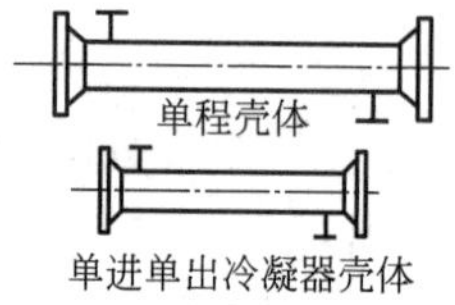 单程壳体 单进单出冷凝器壳体	L	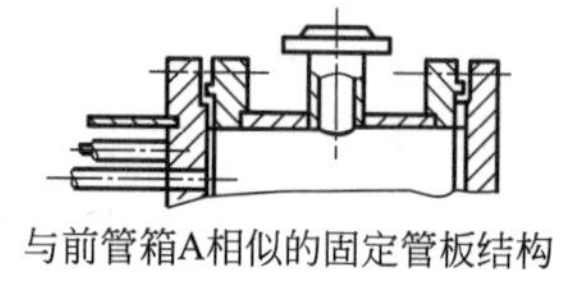 与前管箱A相似的固定管板结构
		F	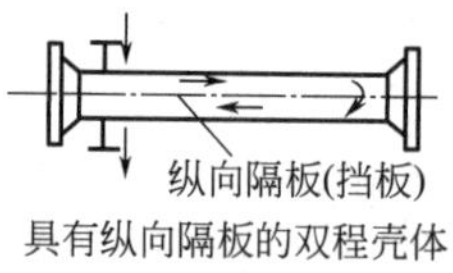 纵向隔板(挡板) 具有纵向隔板的双程壳体	M	 与前管箱B相似的固定管板结构
B	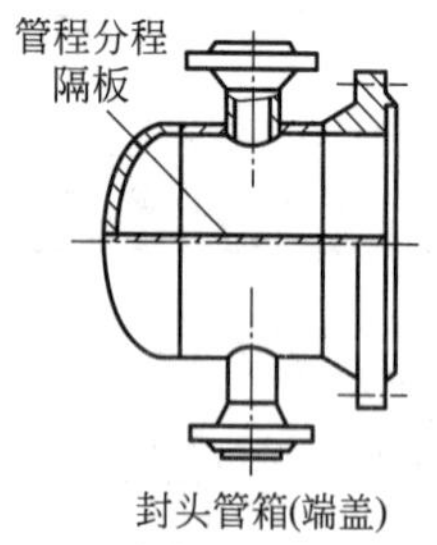 管程分程隔板 封头管箱(端盖)	G	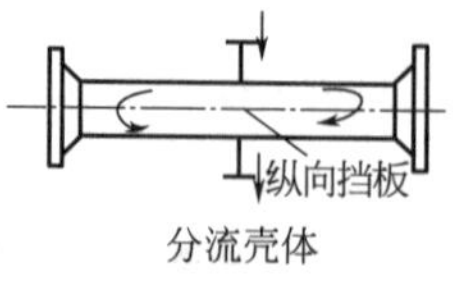 纵向挡板 分流壳体	N	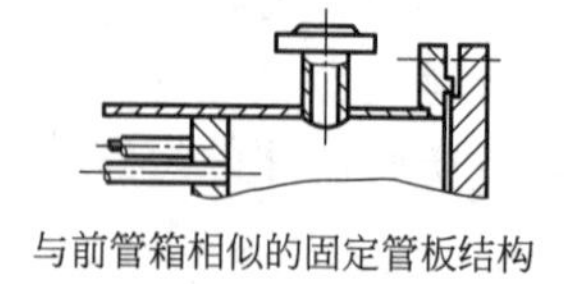 与前管箱相似的固定管板结构
		H	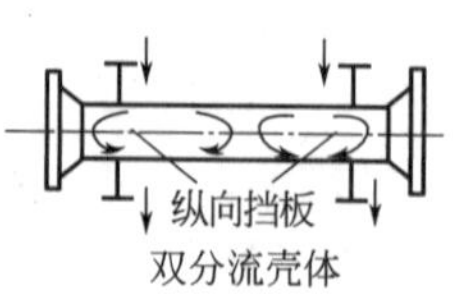 纵向挡板 双分流壳体	P	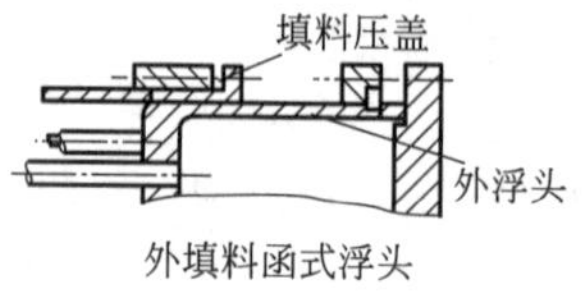 填料压盖 外浮头 外填料函式浮头

续表

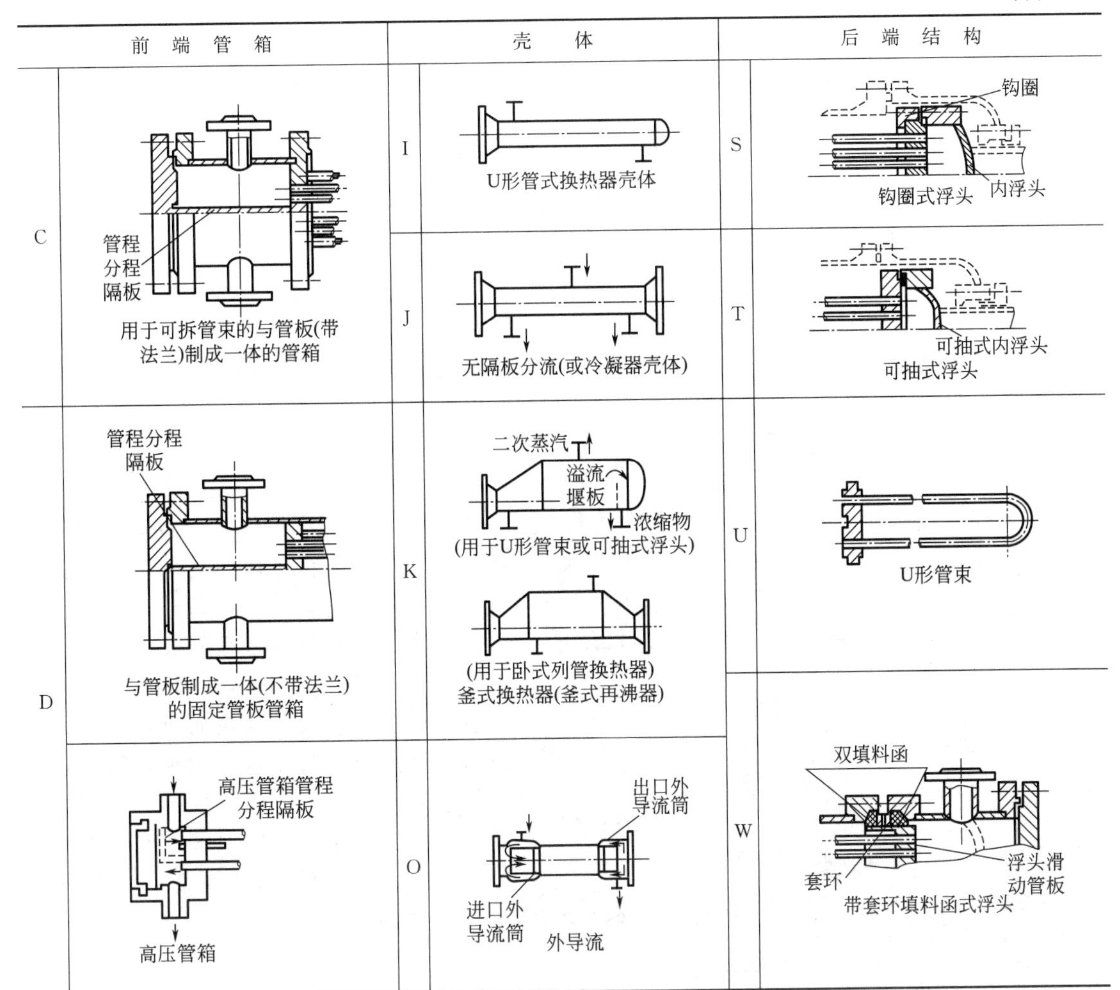

壳体材料应根据工作温度选择，有防腐要求时，大多考虑使用复合金属板。

一般容器壳体壁厚主要是由环向薄膜应力决定的。对于固定管板式换热器，由于壳体与管束通过管板刚性连接在一起有热应力存在，除了需依据壳体环向应力给出的厚度计算公式确定壁厚外，还应视情况校核其轴向应力。由于管程和壳程所承受压力大小的不同及流经介质温度的不同，壳体的轴向应力可能是拉伸应力（多数情况），也可能是压缩应力（少数情况）。当壳体受轴向拉伸时，要进行强度校核；当壳体受轴向压缩时，要进行稳定校核。

为降低壳程压降，可采用分流或错流等型式。单壳程型式应用最为普遍。如壳侧传热系数远小于管侧，则可用纵向隔板分隔成双壳程型式，用两个换热器串联也可得到同样的效果。

壳程分程及前后端管箱型式如表 3-8 所示，E 型最为普通，为单壳程。F 型与 G 型均为双壳程，它们的不同之处在于壳侧流体进出口位置不同。G 型壳体又称为分流壳体；当它用作水平的热虹吸式再沸器时，壳程中的纵向隔板起着防止轻组分的闪蒸与增强混合的作用。H 型与 G 型相似，只是进出口接管与纵向隔板均多一倍，故称之为双分流壳体。G 型与 H 型均可用于以压力降作为控制因素的换热器中。考虑到制造上的困难，一般的换热器壳程数很少超过 2 程。

壳体内径 D 取决于传热管数 N、排列方式和管心距 t，计算公式如下。

① 单管程

$$D=t(n_c-1)+2b' \tag{3-1}$$

式中，n_c 为横过管束中心线上的管数；t 为管中心距，mm；b'为管束中心线上最外层管的中心至壳体内壁的距离，可取 $b'=(1\sim1.5)d_o$，mm；d_o为管外直径，mm。

正三角形排列 $$n_c=1.1\sqrt{N_T} \tag{3-2}$$

正方形排列 $$n_c=1.19\sqrt{N_T} \tag{3-3}$$

② 多管程

$$D=1.05\sqrt{N_T/\eta} \tag{3-4}$$

式中，N_T 为排列管子数目；η 为管板利用率。

正三角形排列：2 管程，$\eta=0.7\sim0.85$；>4 管程，$\eta=0.6\sim0.8$。

正方形排列：2 管程，$\eta=0.55\sim0.7$；>4 管程，$\eta=0.45\sim0.65$。

壳体内径 D 的计算值最终应圆整到标准值。

（2）壳程折流挡板与分程隔板

列管式换热器的壳程流体流通面积比管程流通截面积大，当壳程流体符合对流传热条件时，为增大壳程流体的流速，加强其湍动程度，提高壳程传热系数，需设置横向折流挡板和纵向分程隔板。

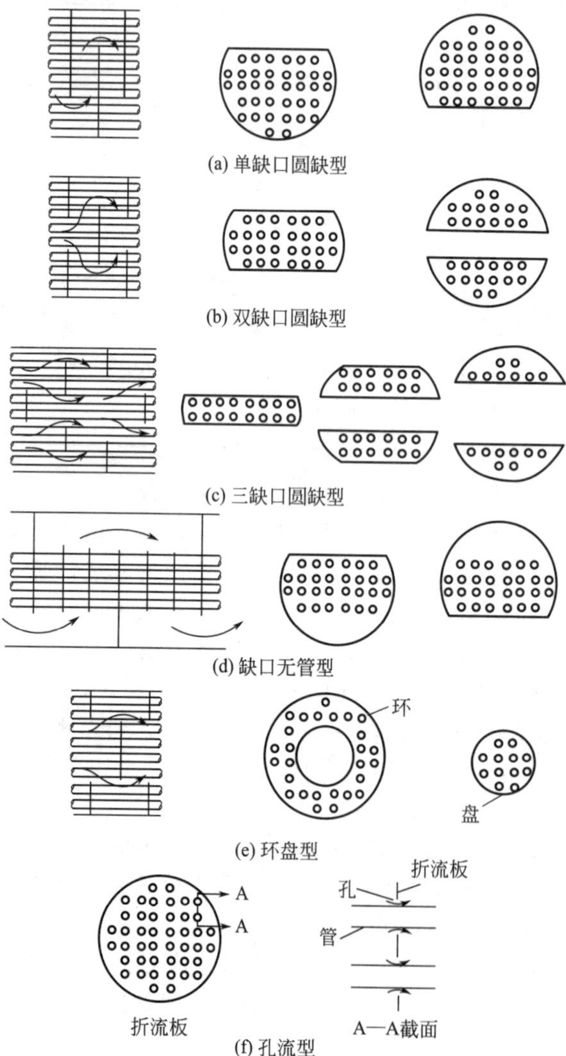

图 3-9 常用折流板型式

① 壳程折流挡板 折流挡板一般横向设置，故又称为横向折流挡板。横向折流挡板同时兼有支承传热管、抑制管束振动和管子弯曲的作用。

横向折流挡板的型式有圆缺型（也称弓型）、环盘型和孔流型等多种型式（见图 3-9）。

a. 圆缺型折流挡板 又称弓型折流板，应用最多。折流板缺口位置有水平切口、垂直切口和转角切口。水平切口宜用于单相流体。在壳程进行冷凝时，采用垂直切口，有利于冷凝液的排放。对正方形排列的管束，采用与水平成 45°的倾斜切口折流板，可使流体流过管束成错列流动，有利于传热。如壳程允许压降小时，可采用双缺口折流板。如要求压降特别低时，还可采用三缺口折流板和缺口不布置管子的型式。缺口的大小用切除高度与壳体内径的比值来表示，一般为 20%～25%。对于低压气体系统，为减少压降，缺口大小可达40%～45%。折流板之间的间距比较理想的是使缺口的流通截面积和通过管束的错流流动截面积大致相等，这样可以减小压降，并有利于传热。一般，折流板间距应不小于壳体内径的 1/5 或 50mm。由于折流板有支撑管子的作用，折流板间的最大间距，对于钢管为 $171d^{0.74}$（d 为管子外径，单位为 mm）；对于铜、铝及其合金管子为 $150d^{0.74}$。折流板上管孔与管子之间的间隙及折流板与壳体内壁之间的间隙应合乎要求。间隙过大，泄漏严重，对传热不利，还易引起振动。间隙过小，安装困难。

b. 环盘型折流板　环盘型折流板压降较小，但传热效果也差些，应用较少。

c. 孔流型折流板　流体穿过折流板孔和管子之间的缝隙流动，压降大，仅适用于清洁流体，其应用更少。

② 壳程分程隔板　分程隔板一般纵向设置，故又称为纵向分程隔板。分程隔板主要用于管程与壳程的分程，从而实现多管程和多壳程结构。用于管程分程的隔板一般设置在换热管束的前端管箱和后端结构之中，将单管程结构变成多管程结构（见 3.2.2.1 节管程结构及表 3-7 和图 3-8）。用于壳程分程的隔板尚需分隔前端管箱、换热管束和后端结构，从而将单壳程结构变成多壳程结构。单壳程的换热器仅需设置横向折流挡板，多壳程换热器不但需要设置横向折流挡板，而且还需要设置纵向折流隔板将换热器分为多壳程结构。对于多壳程换热器，设置纵向折流隔板的目的不仅在于提高壳程流体的流速，而且是为了实现多壳程结构，减小多管程结构造成的温差损失。

实际生产过程中，如果没有特别的要求，出于设计、制造、安装、清洗和检修的方便，对于多壳程换热器，通常情况下不是采用单壳程换热器隔板分程的方式，而是多台单壳程换热器的组合。

（3）其他主要部件

① 缓冲板与导流筒　在壳程进口接管处常装有防冲挡板，或称缓冲板。它可防止进口流体直接冲击管束而造成管子的侵蚀和管束振动，还有使流体沿管束均匀分布的作用。也有在管束两端放置导流筒，不仅起防冲板的作用，还可改善两端流体的分布，提高传热效率。

图 3-10 所示为两种进口接管和防冲板的布置。图 3-10(a) 是普通接管，进口处抽出一些管子，以减少局部阻力，致使传热面积略有减少。图 3-10(b) 是一扩大型接管，防冲板放在扩大部分，不影响管数。

图 3-11 为两种不同结构的导流筒，图 3-11(a) 结构较简单，但要抽出一部分管子，图 3-11(b) 是在壳体外焊有一段环状夹套，在原壳体壁面上沿圆周开有方形或长方形孔，孔的总面积远远大于进口接管的截面积。(b) 型结构可作为气体或蒸气进口的分布器。导流筒不仅用于进口，也可用于出口。大型换热器在高流速下工作时，导流筒更显示出其优越性。

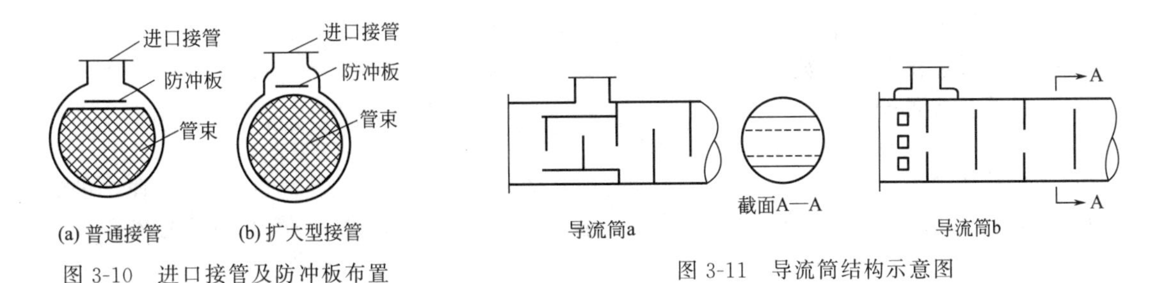

图 3-10　进口接管及防冲板布置

图 3-11　导流筒结构示意图

② 拉杆和定距管　折流板用拉杆和定距管连接在一起。拉杆的数量取决于壳体的直径，从 4 根到 10 根，直径 10～12mm。定距管直径一般与换热管相同。有时也可将折流板与拉杆焊在一起而不用定距管。

③ 旁流挡板与假管　当管束与壳体之间的间隙较大时，会形成旁流，影响传热，其间应设置旁流挡板，或称密封条。当管束中间由于管程分程隔板而引起较大的空隙时，可装一些假管，以减少旁流。假管是一些不穿过管板的管子，它们的一端或两端都是封闭的，没有流体通过，不起换热作用。

3.2.3 管壳式换热器的工艺设计计算

3.2.3.1 设计步骤

管壳式换热器国家已有系列标准，设计中应尽可能选用系列化的标准产品，这样可简化设计和加工。但是实际生产条件千变万化，当系列化产品不能满足需要时，仍应根据生产的具体要求自行设计非标准系列的换热器。此处将扼要介绍这两者设计计算的基本步骤。

（1）非标准系列换热器的一般设计步骤

① 了解换热流体的物理化学性质和腐蚀性能。

② 由热平衡计算传热量的大小，并确定第二种换热流体的用量。

③ 决定流体通入的空间。

④ 计算流体的定性温度，以确定流体的物性数据。

⑤ 初算有效平均温差。一般先按逆流计算，然后再校核。

⑥ 选取管径和管内流速。

⑦ 计算传热系数 K 值，包括管程对流传热系数 α_i 和壳程对流传热系数 α_o 的计算。由于壳程对流传热系数与壳径、管束等结构有关，因此一般先假定一个壳程对流传热系数，以计算 K 值，然后再作校核。

⑧ 初估传热面积。考虑安全系数和初估性质，因而常取实际传热面积是计算值的1.15～1.25倍。

⑨ 选择管长 L。

⑩ 计算管数 N。

⑪ 校核管内流速，确定管程数。

⑫ 画出排管图，确定壳径 D 和壳程挡板形式及数量等。

⑬ 校核壳程对流传热系数。

⑭ 校核有效平均温差。

⑮ 校核传热面积，应有一定安全系数，否则需重新设计。

⑯ 计算流体流动阻力，如阻力超过允许范围，需调整设计，直至满意为止。

（2）标准系列换热器的选型设计步骤

①～⑤与（1）中相同；

⑥ 选取经验的传热系数 K 值。

⑦ 计算传热面积。

⑧ 由标准系列选取换热器的基本参数。

⑨ 校核传热系数，包括管程、壳程对流传热系数的计算。假如核算的 K 值与原选的经验值相差不大，就不再进行校核；如果相差较大，则需重新假设 K 值并重复上述⑥以下步骤。

⑩ 校核有效平均温差。

⑪ 校核传热面积，使其有一定安全系数，一般安全系数取1.1～1.25，否则需重行设计。

⑫ 计算流体流动阻力，如超过允许范围，需重选换热器的基本参数再行计算。

从上述步骤来看，换热器的传热设计是一个反复试算的过程，有时要反复试算 2～3 次。所以，换热器设计计算实际上带有试差的性质。

3.2.3.2 传热计算主要公式

传热计算是以传热速率式(3-5) 为核心展开的。

传热速率式：

$$Q=KA\Delta t_m \tag{3-5}$$

式中，Q 为传热速率，W；K 为总传热系数，W/(m²·℃)；A 为总传热面积，m²；Δt_m 为总平均温差，℃。

通过冷热流体的热量衡算方程式计算换热器的传热速率（或热负荷）Q。

（1）传热速率（或热负荷）Q

① 冷热流体均无相变化，且忽略热损失，则

$$Q=m_h C_{ph}(T_1-T_2)=m_c C_{pc}(t_2-t_1) \tag{3-6}$$

② 流体有相变化，如饱和蒸汽冷凝，且冷凝液在饱和温度下排出，则

$$Q=m_h r=m_c C_{pc}(t_2-t_1) \tag{3-7}$$

式中，m 为流体的质量流量，kg/h 或 kg/s；C_p 为流体的平均定压比热容，kJ/(kg·℃)；r 为冷凝潜热或汽化潜热；T、t 分别为热、冷流体的温度，℃；下标 h 和 c 分别表示热流体和冷流体；下标 1 和 2 分别表示换热器的进口和出口。

（2）传热平均温度差 Δt_m

① 恒温传热时的平均温度差

$$\Delta t_m=T-t \tag{3-8}$$

② 变温传热时的平均温度差

简单流（逆流和并流）

$$\Delta t_m=\Delta t'_m=\frac{\Delta t_2-\Delta t_1}{\ln(\Delta t_2/\Delta t_1)} \tag{3-9}$$

式中，Δt_m 为传热平均温度差，℃；$\Delta t'_m$ 为逆流或并流传热时的对数平均温度差，℃；Δt_1，Δt_2 分别为换热器两端热、冷流体的温差，℃。

复杂流（错流和折流）：

$$\Delta t_m=\psi\Delta t'_m \tag{3-10}$$

式中，$\Delta t'_m$ 为按逆流计算的对数平均温差，℃；Ψ 为温差校正系数，量纲为 1，$\Psi=f(P,R)$

$$P=\frac{t_2-t_1}{T_1-t_1} \qquad R=\frac{T_1-T_2}{t_2-t_1} \tag{3-11}$$

（3）温差校正系数 Ψ　常根据 P 和 R 参数，通过温差校正系数图查出（参考图 3-12），亦可按复杂流公式计算。该值实际上表示特定流动形式在给定工况下接近逆流的程度。在设计中，除非出于必须降低壁温的目的，否则总要求 $\Psi\geqslant 0.8$，如果达不到上述要求，则应改用其他流动形式。

（4）总传热系数 K（以外表面积为基准）

$$\frac{1}{K}=\frac{1}{\alpha_o}+R_{so}+\frac{b}{\lambda}\times\frac{d_o}{d_m}+R_{si}\frac{d_o}{d_i}+\frac{1}{\alpha_i}\times\frac{d_o}{d_i} \tag{3-12}$$

式中，K 为总传热系数，W/(m²·℃)；α_i、α_o 分别为传热管内、外侧流体的对流传热系数，W/(m²·℃)；R_{si}、R_{so} 分别为传热管内、外侧表面上的污垢热阻，m²·℃/W；d_i、d_o、d_m 分别为传热管内径、外径及对数平均直径，m；λ 为传热管壁热导率，W/(m·℃)；b 为传热管壁厚，m。

（5）对流传热系数 α

不同流动状态下，对流传热系数的关联式不同，具体型式见表 3-9。

值得说明的是：

① 壳程当量直径　壳程当量直径与换热管的排列方式有关：

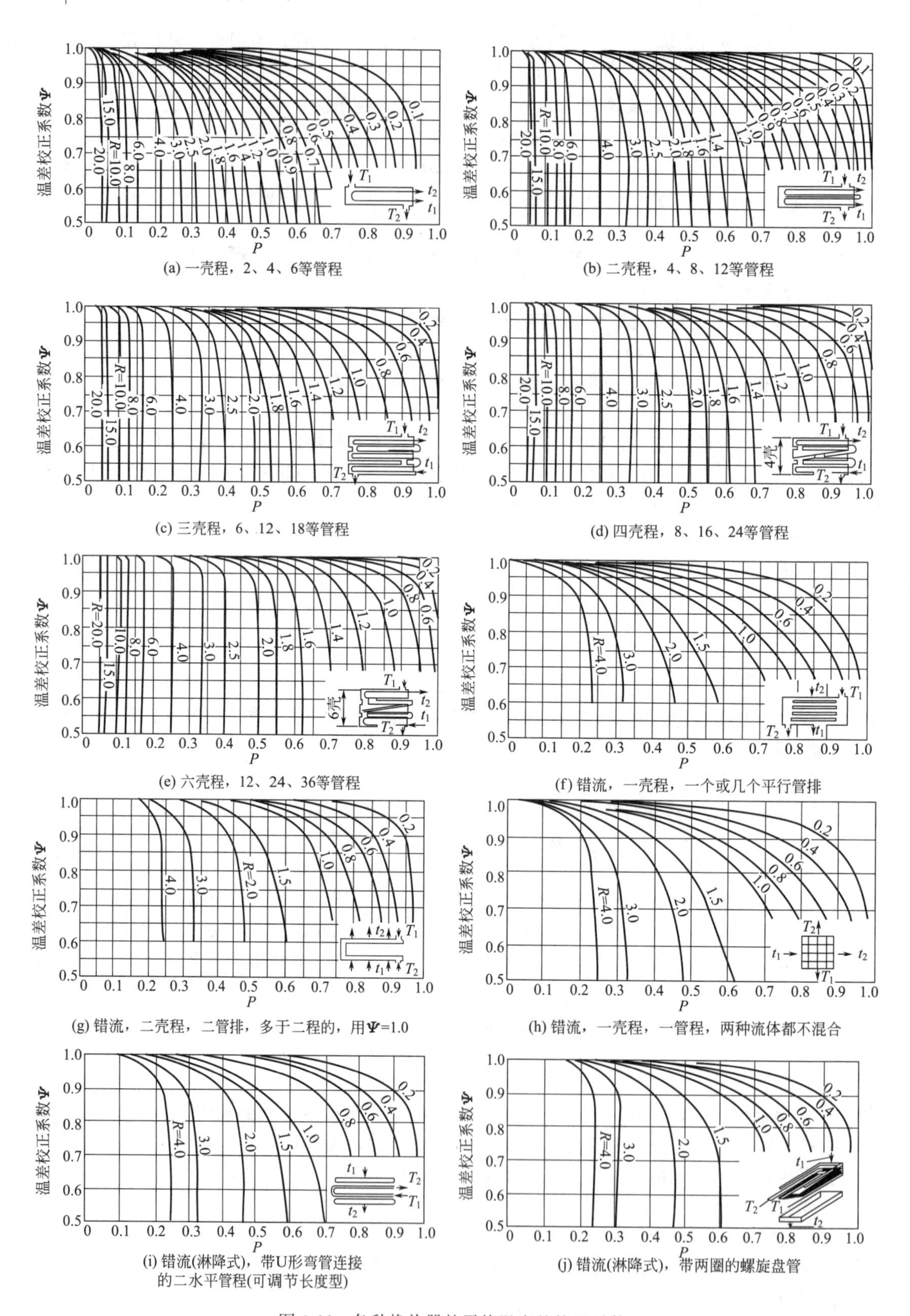

图 3-12　各种换热器的平均温度差校正系数

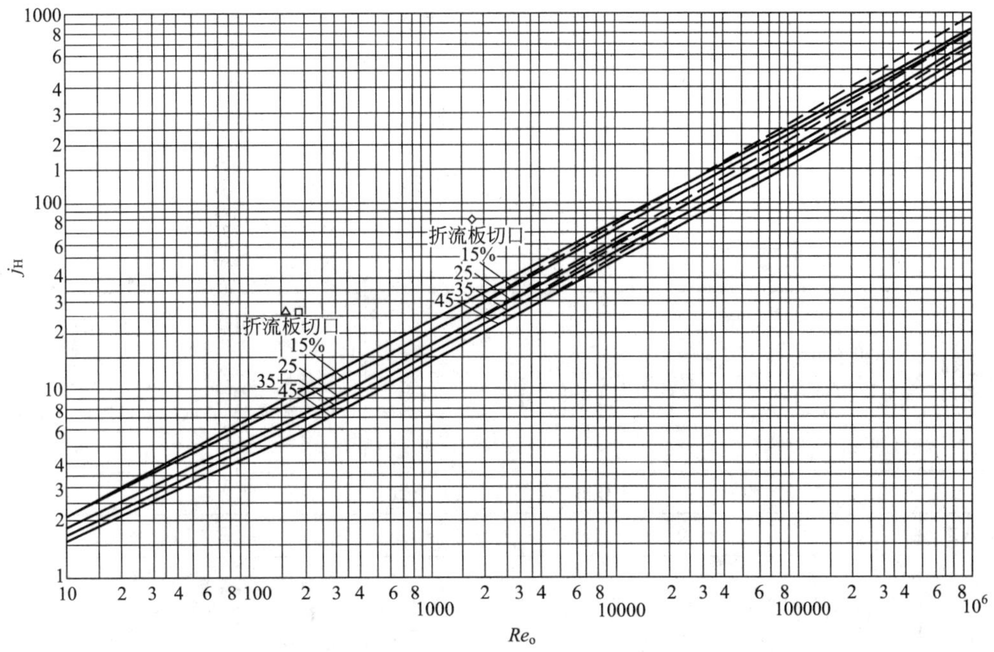

图 3-13　壳程传热系数与折流板圆缺的关系

表 3-9　对流传热系数

无相变流体对流传热系数				
流动状态		关 联 式		适 用 条 件
管内强制对流	圆直管内湍流	$Nu=0.023Re^{0.8}Pr^{n}$ $\alpha_i=0.023\frac{\lambda}{d_i}\left(\frac{d_iu_i\rho_i}{\mu_i}\right)^{0.8}\left(\frac{C_{pi}\mu_i}{\lambda}\right)^{n}$	①	低黏度流体 流体加热 $n=0.4$，冷却 $n=0.3$ $Re>10000$，$0.7<Pr<120$，$L/d_i>60$ $L/d_i<60$，$\alpha\times\left(1+\frac{d_i}{L}\right)^{0.7}$ 特性尺寸：d_i 定性温度：流体进出口温度的算术平均值
		$Nu=0.027Re^{0.8}Pr^{1/3}(\mu/\mu_w)^{0.14}$ $\alpha_i=0.027\frac{\lambda}{d_i}\left(\frac{d_iu_i\rho_i}{\mu_i}\right)^{0.8}\left(\frac{C_{pi}\mu_i}{\lambda}\right)^{1/3}\left(\frac{\mu}{\mu_w}\right)^{0.14}$	②	高黏度流体 $Re>10000$，$0.7<Pr<16700$，$L/d_i>60$ 特性尺寸：d_i 定性温度：流体进出口温度的算术平均值（μ_w 取壁温）
	圆直管内滞流	$Nu=1.86Re^{1/3}Pr^{1/3}(d_i/L)^{1/3}(\mu/\mu_w)^{0.14}$ $\alpha_i=1.86\frac{\lambda}{d_i}\left(\frac{d_iu_i\rho_i}{\mu_i}\right)^{1/3}\left(\frac{C_{pi}\mu_i}{\lambda}\right)^{1/3}\left(\frac{d_i}{L}\right)^{1/3}\left(\frac{\mu}{\mu_w}\right)^{0.14}$	③	管径较小，流体与壁面温度差较小，μ/ρ 值较大 $Re<2\ 300$，$0.6<Pr<6700$，$(RePrL/d_i)>100$ 特性尺寸：d_i 定性温度：流体进出口温度的算术平均值（μ_w 取壁温）
	圆直管内过渡流	$Nu=0.023Re^{0.8}Pr^{n}$ $\alpha_i'=0.023\frac{\lambda}{d_i}\left(\frac{d_iu_i\rho_i}{\mu_i}\right)^{0.8}\left(\frac{C_{pi}\mu_i}{\lambda}\right)^{n}$ $\alpha_i=\alpha_i'f=\alpha_i'\left(1-\frac{6\times10^5}{Re^{1.8}}\right)$	④	$10000<Re<2300$； α' 为湍流时的对流传热系数； f 为校正系数； α 为过渡流对流传热系数

续表

无相变流体对流传热系数				
管外强制对流	管束外垂直	$Nu=0.33Re^{0.6}Pr^{0.33}$ $\alpha_o=0.33\frac{\lambda}{d_o}\left(\frac{d_o u_o \rho_o}{\mu_o}\right)^{0.6}\left(\frac{C_{po}\mu_o}{\lambda}\right)^{0.33}$	⑤	错列管束，管束排数=10，$Re>3000$ 特征尺寸：管外径 d_o 流速取通道最狭窄处
		$Nu=0.26Re^{0.6}Pr^{0.33}$ $\alpha_o=0.26\frac{\lambda}{d_o}\left(\frac{d_o u_o \rho_o}{\mu_o}\right)^{0.6}\left(\frac{C_{po}\mu_o}{\lambda}\right)^{0.33}$	⑥	直列管束，管束排数=10，$Re>3000$ 特征尺寸：管外径 d_o 流速取通道最狭窄处
	管间流动	$Nu=0.36Re^{0.55}Pr^{1/3}(\mu/\mu_w)^{0.14}$ $\alpha_o=0.36\frac{\lambda}{d_o}\left(\frac{d_e u_o \rho_o}{\mu_o}\right)^{0.55}\left(\frac{C_{po}\mu_o}{\lambda}\right)^{1/3}\left(\frac{\mu}{\mu_w}\right)^{0.14}$	⑦	壳方流体圆缺挡板（25%），$Re=2\times10^3\sim1\times10^6$ 特征尺寸：当量直径 d_e 定性温度：流体进出口温度的算术平均值（μ_w 取壁温）

有相变流体对流传热系数			
流动状态	关 联 式		适 用 条 件
管外蒸汽冷凝	$\alpha_o=1.13\left(\frac{\rho^2 gr\lambda^3}{\mu L\Delta t}\right)^{1/4}$	⑧	垂直管外膜滞流 特征尺寸：垂直管的高度 定性温度：$t_m=(t_w+t_s)/2$
	$\alpha_o=0.725\left(\frac{\rho^2 gr\lambda^3}{n^{2/3}\mu, d_o\Delta t}\right)^{1/4}$	⑨	水平管束外冷凝 n 水平管束在垂直列上的管数，膜滞流 特征尺寸：管外径 d_o
大容积饱和液体核状沸腾	$\frac{C_p\Delta t}{r(Pr)s}=C_{we}\left[\frac{q}{\mu r}\sqrt{\frac{\sigma}{g(\rho_l-\rho_v)}}\right]^{0.33}$	⑩	C_{we} 为经验常数，可查表；s 为系数，对水 $s=1$，对其他液体 $s=1.7$；Pr 为普朗特数；q 为热通量
	$\alpha=1.163Z(\Delta t)^{2.33}$ $Z=1.24\times10^{-8}p_c^{2.3}(1.8p_r^{0.17}+4p_r^{1.2}+10p_r^{10})^{3.33}$ $q_c=380p_c p_r^{0.35}(1-p_r)^{0.9}$	⑪	$\Delta t=T_w-t_s$ $p_r=p/p_c$，p_c 为临界压力 $p_c>3000\text{kPa}$，$p_r=0.01\sim0.9$，$q<q_c$ 若液体为水，则 $\alpha=C(\Delta t)^n(p/p_a)^{0.4}$

正方形排列
$$d_e=\frac{4\left(t^2-\frac{\pi}{4}d_o^2\right)}{\pi d_o} \tag{3-13}$$

正三角形排列
$$d_e=\frac{4\left(\frac{\sqrt{3}}{2}t^2-\frac{\pi}{4}d_o^2\right)}{\pi d_o} \tag{3-14}$$

符号意义同前。

② 壳程传热系数

a. 壳程流体无相变传热　对于装有弓形折流板的管壳式换热器，壳程传热系数的计算有贝尔（Bell）法、克恩（Ken）法、多诺霍（Donohue）法。其中贝尔法精度较高，但计算过程很麻烦。目前设计人员较为常用的是克恩法和多诺霍法。其中克恩法最为简单便利，即表 3-8 中的式⑦。但该式⑦只适用于 $Re_o=2\times(10^3\sim10^6)$，弓形折流板圆缺高度为直径的 25%的情况。

若折流板割去的圆缺高度不是 25%，而为其他值时，则可用图 3-13 先求出传热 j_H 因子，再用式(3-15) 求对流传热系数：

$$\alpha_{o}=j_{H}\frac{\lambda}{d_{e}}Pr^{1/3}\left(\frac{\mu}{\mu_{w}}\right)^{0.14} \tag{3-15}$$

b. 壳程为饱和蒸汽冷凝　工业上冷凝器以采用水平管束和竖直管束居多，且管表面液膜多为层流。在这种情况下一般实测的对流传热系数多大于努塞尔特理论公式的计算值。德沃尔（Devore）基于努塞尔的理论公式和实测值，提出层流时的冷凝传热系数计算式如下：

(a) 水平管束外冷凝　蒸汽在水平管外冷凝，其冷凝液膜的流动一般为层流（$Re<2100$）

$$\left.\begin{aligned}&\alpha^{*}=\alpha_{o}\left(\frac{\mu^{2}}{\rho^{2}g\lambda^{3}}\right)^{1/3}=1.51Re^{-1/3}\\ \text{或}\quad&\alpha_{o}=0.725\left(\frac{\rho^{2}gr\lambda^{3}}{\mu n_{s}d_{o}\Delta t}\right)^{1/4}\end{aligned}\right\} \tag{3-16}$$

式中，α^{*}为量纲为1的冷凝传热系数；α_{o}为管外冷凝传热系数，W/(m²·℃)。

$$Re=\frac{4M}{\mu}\qquad M=\frac{m}{Ln_{s}} \tag{3-17}$$

式中，m为冷凝液量，kg/s；L为传热管长，m；n_{s}为当量管数，与传热管布置方式及总管数有关，可用下式求得

$$n_{s}=\begin{cases}1.370N_{T}^{0.518}（正方形错列）\\1.288N_{T}^{0.480}（正方形直列）\\1.022N_{T}^{0.519}（三角形直列）\\2.080N_{T}^{0.495}（三角形错列）\end{cases} \tag{3-18}$$

式中，N_{T}为传热管的总根数。

(b) 竖直管束外冷凝　与单根竖直管外冷凝相同。

层流时（$Re<1800$）

$$\left.\begin{aligned}&\alpha^{*}=\alpha_{o}\left(\frac{\mu^{2}}{\rho^{2}g\lambda^{3}}\right)^{1/3}=1.87Re^{-1/3}\\ \text{或}\quad&\alpha=1.13\left(\frac{\rho^{2}gr\lambda^{3}}{\mu L\Delta t}\right)^{1/4}\end{aligned}\right\} \tag{3-19}$$

$$Re=\frac{4M}{\mu}\qquad M=\frac{m}{\pi d_{o}N_{T}} \tag{3-20}$$

湍流时（$Re>1800$）

$$\left.\begin{aligned}&\alpha^{*}=\alpha_{o}\left(\frac{\mu^{2}}{\rho^{2}g\lambda^{3}}\right)^{1/3}=0.0077Re^{0.4}\\ \text{或}\quad&\alpha=0.0077\left(\frac{\rho^{2}g\lambda^{3}}{\mu^{2}}\right)^{1/3}\left(\frac{4L\alpha\Delta t}{r\mu}\right)^{0.4}\end{aligned}\right\} \tag{3-21}$$

对于底部已达湍流状态的竖壁冷凝换热，其沿整个壁面的平均对流传热系数可由下式求取

$$\bar{\alpha}_{o}=\bar{\alpha}_{lao}\frac{x_{c}}{L}+\bar{\alpha}_{tuo}\left(1-\frac{x_{c}}{L}\right) \tag{3-22}$$

式中，$\bar{\alpha}_{lao}$为层流段的平均对流传热系数；$\bar{\alpha}_{tuo}$为湍流段的平均对流传热系数；x_{c}为由层流转变为湍流的临界高度；L为竖壁总高度；$\bar{\alpha}_{o}$为沿整个竖壁的平均对流传热系数。

式(3-16) 和式(3-19) 仅适用于液膜沿管壁呈层流流动，即要求$Re=4M/\mu<1800\sim2100$的场合。

(6) 污垢热阻 R_{s}

在设计换热器时，必须采用正确可靠的污垢系数，否则热交换器的设计误差很大。因此

污垢系数是换热器设计中非常重要的参数。

污垢热阻因流体种类、操作温度和流速等不同而异，常见流体的污垢热阻可查阅有关文献。

3.2.3.3 流动阻力计算主要公式

流体流经管壳式换热器时由于流动阻力而产生一定的压力降，所以换热器的设计必须满足工艺要求的压力降。一般合理压力降的范围见表 3-10。

表 3-10 合理压力降的选取

操作情况	减压操作	低压操作	中压操作	较高压操作
操作压力/Pa(绝)	$p=0\sim1\times10^5$	$p=1\times10^5\sim1.7\times10^5$ $p=1.7\times10^5\sim11\times10^5$	$p=11\times10^5\sim31\times10^5$	$p=31\times10^5\sim81\times10^5$(表)
合理压力降/Pa	$0.1p$	$0.5p$ 0.35×10^5	$0.35\times10^5\sim1.8\times10^5$	$0.7\times10^5\sim2.5\times10^5$

（1）管程压力降

多管程列管换热器，管程压力降为

$$\sum\Delta p_i=(\Delta p_1+\Delta p_2)F_tN_sN_p \tag{3-23}$$

式中，Δp_1 为直管中因摩擦阻力引起的压力降，Pa；Δp_2 为回弯管中因摩擦阻力引起的压力降，Pa；可由经验公式 $\Delta p_2=3\left(\frac{\rho u^2}{2}\right)$ 估算；F_t 为结垢校正系数，量纲为 1，$\phi25\text{mm}\times2.5\text{mm}$ 的换热管取 1.4，$\phi19\text{mm}\times2\text{mm}$ 的换热管取 1.5；N_s 为串联的壳程数；N_p 为管程数。

（2）壳程压力降

① 壳程无折流挡板　壳程压力降按流体沿直管流动的压力降公式计算，以壳程的当量直径 d_e 代替直管内径 d_i。

② 壳程有折流挡板　计算方法有 Bell 法、Kern 法、Esso 法等。Bell 法计算结果与实际数据一致性较好，但计算比较麻烦，而且对换热器的结构尺寸要求较详细。工程计算中常采用 Esso 法，该法计算公式如下：

$$\sum\Delta p_o=(\Delta p_1'+\Delta p_2')F_tN_s \tag{3-24}$$

式中，$\Delta p_1'$ 为流体横过管束的压力降，Pa；$\Delta p_2'$ 为流体流过折流挡板缺口的压力降，Pa；F_t 为结垢校正系数，量纲为 1，对液体 $F_t=1.15$，对气体 $F_t=1.0$。

$$\Delta p_1'=Ff_on_c(N_B+1)\frac{\rho u_o^2}{2} \tag{3-25}$$

$$\Delta p_2'=N_B\left(3.5-\frac{2B}{D}\right)\frac{\rho u_o^2}{2} \tag{3-26}$$

式中，F 为管子排列方式对压力降的校正系数：三角形排列 $F=0.5$，正方形直列 $F=0.3$，正方形错列 $F=0.4$；f_o 为壳程流体的摩擦系数，$f_o=5.0\times Re_o^{-0.228}$ （$Re_o>500$）；n_c 为横过管束中心线的管数，可按式(3-2) 及式(3-3) 计算；B 为折流板间距，m；D 为壳体直径，m；N_B 为折流板数目；u_o 为按壳程最大流通截面积 S_o[$S_o=B(D-n_cd_o)$]计算的流速，m/s。

3.2.3.4 管壁与壳壁温度的核算

有些情况下，对流传热系数与壁温有关，这种情况下，计算对流传热系数需先假设壁温，待求得对流传热系数后，再核算壁温。另外，计算温差应力，检验所选换热器的型式是否合适，是否需要加设温度补偿装置等均需核算壁温。

（1）传热管壁温度

① 传热管壁两侧的壁面温度　以热流体走壳程，冷流体走管程为例，对于定态传热过程，若忽略传热管间壁两侧污垢热阻，则

$$Q=\alpha_h A_h(T_m-T_w)=\alpha_c A_c(t_w-t_m)=\alpha_o A_o(T_m-T_w)=\alpha_i A_i(t_w-t_m) \tag{3-27}$$

式中，Q 为换热器热负荷，W；T_m 为热流体的平均温度，℃；T_w 为热流体侧的管壁平均温度，℃；t_m 为冷流体的平均温度，℃；t_w 为冷流体侧的管壁平均温度，℃；α_h 为热流体侧的对流传热系数，W/(m²·℃)；α_c 为冷流体侧的对流传热系数，W/(m²·℃)；A_h 为热流体侧的传热面积，m²；A_c 为冷流体侧的传热面积，m²。

其余符号意义同前。

将式(3-19) 整理得

$$T_w=T_m-Q/\alpha_h A_h,\quad t_w=t_m+Q/\alpha_c A_c \tag{3-28}$$

考虑两侧污垢热阻，则

$$\left.\begin{aligned}T_w=T_m-\frac{Q}{A_h}\left(\frac{1}{\alpha_h}+R_h\right)=T_m-\frac{Q}{A_o}\left(\frac{1}{\alpha_o}+R_{so}\right)\\ t_w=t_m+\frac{Q}{A_c}\left(\frac{1}{\alpha_c}+R_c\right)=t_m+\frac{Q}{A_i}\left(\frac{1}{\alpha_i}+R_{si}\right)\end{aligned}\right\} \tag{3-29}$$

式中，R_h、R_c 分别为热流体和冷流体侧的污垢热阻，(m²·℃)/W。其余符号意义同前。

② 传热管壁温度　一般情况下，管壁温度可取为

$$t=\frac{T_w+t_w}{2} \tag{3-30}$$

当管壁热阻很小，可忽略不计时，可依下式计算管壁温度

$$t=\frac{T_m\left(\frac{1}{\alpha_c}+R_c\right)+t_m\left(\frac{1}{\alpha_h}+R_h\right)}{\left(\frac{1}{\alpha_c}+R_c\right)+\left(\frac{1}{\alpha_h}+R_h\right)} \tag{3-31}$$

关于式(3-19)～式(3-23) 中的 T_m 和 t_m 与定性温度有区别，其规定如下：

a. 液体平均温度（过渡流及湍流）

$$T_m=0.4T_1+0.6T_2,\quad t_m=0.4t_2+0.6t_1 \tag{3-32}$$

b. 液体（层流阶段）及气体的平均温度

$$T_m=\frac{T_1+T_2}{2},\quad t_m=\frac{t_1+t_2}{2} \tag{3-33}$$

式中符号意义同前。

（2）壳体壁温

壳体壁温的计算方法与传热管壁温的计算方法类似。当壳体外部有良好的保温，或壳程流体接近环境温度，或传热条件使壳体壁温接近介质温度时，则壳体壁温可取壳程流体的平均温度。

3.2.4 管壳式换热器工艺设计示例

【示例 3-1】 非标准系列管壳式卧式气体冷却器的工艺设计

某生产过程的流程如图 3-14 所示。出反应器的混合气体经与进料物流换热后，用循环冷却水将其从 110℃进一步冷却到 60℃，之后，进入吸收塔吸收其中的可溶性组分。已知混合气体的流量为 227801kg/h，压力为 6.9MPa，循环冷却水的入口温度为 29℃，出口温度为 39℃，试设计一台卧式列管式换热器，完成该生产任务。

已知混合气体及循环冷却水在定性温度下的物性数据，见表 3-11。

表 3-11 混合气体及循环冷却水在定性温度下的物性数据

流体＼物性	定性温度/℃	密度/(kg/m³)	黏度/mPa·s	比热容/[kJ/(kg·℃)]	热导率/[W/(m·℃)]
混合气	85	90	0.015	3.297	0.0279
冷却水	34	994.3	0.742	4.174	0.624

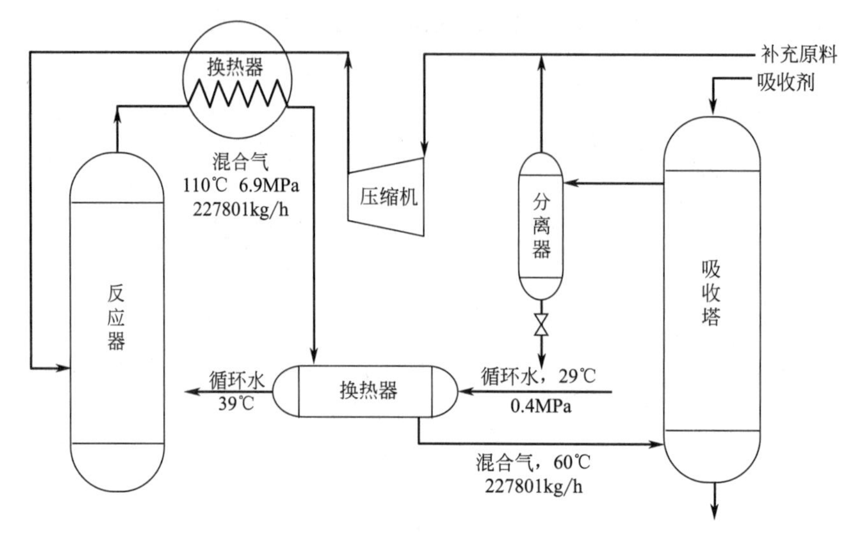

图 3-14 工艺流程示意

［设备工艺设计计算如下］

两流体均为无相变，本设计按非标准系列换热器的一般设计步骤进行设计。

一、确定设计方案

1. 选定换热器类型

两流体温度变化情况：热流体（混合气体）入口温度为 110℃，出口温度为 60℃；冷流体（冷却水）入口温度为 29℃，出口温度为 39℃。

两流体的定性温度如下：

混合气体的定性温度 $T_m=(110+60)/2=85℃$

冷却水定性温度 $t_m=(29+39)/2=34℃$

两流体的温差 $T_m-t_m=85-34=51℃$（$>50℃$，$<70℃$）

可选用带温度补偿的固定管板式换热器。但考虑到该换热器用循环冷却水冷却，冬季操作时冷却水进口温度会降低，因此壳体壁温和管壁壁温相差较大，为安全起见，故选用浮头式列管换热器。

2. 选定流体流动空间及流速

因循环冷却水较易结垢，为便于污垢清洗，故选定冷却水走管程，混合气体走壳程。同时选用 $\phi25mm\times2.5mm$ 的较高级冷拔碳钢管，管内流速取 $u_i=1.10m/s$。

二、确定物性数据

两流体在定性温度下的物性数据见表 3-11。

三、估算传热面积

1. 计算热负荷（热流量或传热速率）

按管间混合气体计算，即

$$Q=m_1C_{p1}(T_1-T_2)=227801\times 3.297\times 10^3\times(110-60)/3600=10431\text{kW}$$

2. 计算冷却用水量

忽略热损失，则水的用量为

$$m_2=\frac{Q}{C_p(t_2-t_1)}=\frac{10431\times 10^3}{4.174\times 10^3\times(39-29)}=249.9\text{kg/s}=899655\text{kg/h}$$

3. 计算逆流平均温度差

逆流温差 $$\Delta t_{\text{m,逆}}=\frac{(110-39)-(60-29)}{\ln[(110-39)/(60-29)]}=48.27℃$$

4. 初选总传热系数 K

查传热手册，参照总传热系数的大致范围，同时考虑到壳程气体压力较高，故可选较大的传热系数，现假设 $K=370\text{W}/(\text{m}^2\cdot℃)$。

5. 估算传热面积

$$A'=\frac{Q}{K\Delta t_{\text{m,逆}}}=\frac{10431\times 10^3}{370\times 48.27}=584\text{m}^2$$

考虑 15%的面积裕度， $A=1.15A'=1.15\times 584=671.6\text{m}^2$

四、工艺结构尺寸

1. 管径和管内流速

前已选定，管径为 ϕ25mm×2.5mm，管内流速为 $u_i=1.10\text{m/s}$。

2. 管程数和传热管数

根据传热管内径和流速确定单程传热管数 n_s

$$n_s=\frac{V}{0.785d_i^2u_i}=\frac{249.9/994.3}{0.785\times 0.02^2\times 1.1}=727.7\approx 728\text{（根）}$$

按单管程计算所需换热管的长度 L

$$L=\frac{S}{n_s\pi d_o}=\frac{671.6}{728\times 3.14\times 0.025}=11.75\text{m}$$

按单管程设计，传热管过长，根据本题实际情况，取传热管长 $l=6$m，则该换热器的管程数为

$$N_p=\frac{L}{l}=\frac{11.75}{6}\approx 2\text{（管程）}$$

传热管的总根数 $N_T=728\times 2=1456$（根）

3. 平均传热温差校正及壳程数

首先计算 P 和 R 参数

$$P=\frac{t_2-t_1}{T_1-t_1}=\frac{39-29}{110-29}=0.123 \qquad R=\frac{T_1-T_2}{t_2-t_1}=\frac{110-60}{39-29}=5$$

(1) 查图或按公式获取 Ψ 并求取 Δt_m

单壳程双管程属于 1-2 折流，现用 1-2 折流的公式计算温差校正系数和传热平均温度差。

$$\Psi=\frac{\sqrt{R^2+1}}{R-1}\ln\frac{1-P}{1-PR}\Big/\ln\frac{2-P\left(1+R-\sqrt{R^2+1}\right)}{2-P\left(1+R+\sqrt{R^2+1}\right)} \tag{3-34}$$

$$\Delta t_m=\frac{\sqrt{R^2+1}\,(t_2-t_1)}{\ln\dfrac{2-P\left(1+R-\sqrt{R^2+1}\right)}{2-P\left(1+R+\sqrt{R^2+1}\right)}} \tag{3-35}$$

由式(3-34）和式(3-35）得

$$\Psi=\frac{\sqrt{5^2+1}}{5-1}\ln\frac{1-0.123}{1-0.123\times 5}/\ln\frac{2-0.123\left(1+5-\sqrt{5^2+1}\right)}{2-0.123\left(1+5+\sqrt{5^2+1}\right)}=0.962$$

$$\Delta t_{\mathrm{m}}=\frac{\sqrt{5^2+1}\,(39-29)}{\ln\frac{2-0.123\left(1+5-\sqrt{5^2+1}\right)}{2-0.123\left(1+5+\sqrt{5^2+1}\right)}}=46.42℃$$

(2）巧用温差校正系数图

当所计算出的 P、R 参数的数值超出图 3-12 所给出的范围，或查取 Ψ 相对比较困难时，须作如下变换。

对于 1-2 折流，令 $R'=1/R$，$P'=PR$，则 $R=1/R'$，$P=P'R'$。将 R、P 以 P'、R'代入式(3-34）得

$$\begin{aligned}\Psi&=\frac{\sqrt{(1/R')^2+1}}{(1/R')-1}\ln\frac{1-P'R'}{1-P'}/\ln\frac{2-P'R'\left[1+(1/R')-\sqrt{(1/R')^2+1}\right]}{2-P'R'\left[1+(1/R')+\sqrt{(1/R')^2+1}\right]}\\&=\frac{\sqrt{(R')^2+1}}{R'-1}\ln\frac{1-P'}{1-P'R'}/\ln\frac{2-P'\left[1+R'-\sqrt{(R')^2+1}\right]}{2-P'\left[1+R'+\sqrt{(R')^2+1}\right]}\end{aligned}\qquad(3\text{-}36)$$

比较式(3-34）和式(3-36)，显然，用 P'、R'替换 P、R 后对 Ψ 作图应为同一线图。

如当 $P=0.09$、$R=10.0$ 时，在图 3-12(a）中精确查出 Ψ 已比较困难，但经变换后 $P'=0.9$、$R'=0.1$，查取 Ψ 就方便多了。

由于温差校正系数>0.8，同时壳程流体流量亦较大，故取单壳程较合适。

4. 传热管排列和分程方法

采用组合排列，即每层内按正三角形排列，隔板两侧按正方形排列。取管心距 $t=1.25d_{\mathrm{o}}$，则

$$t=1.25\times 25\approx 32\mathrm{mm}\ (\text{亦可按表 3-6 选取})$$

隔板中心到其最近一排管中心的距离 S：按净空不小于 6mm 的原则确定，亦可按下式求取

$$S=t/2+6\mathrm{mm}\qquad(3\text{-}37)$$

$$S=32/2+6=22\mathrm{mm}$$

分程隔板两侧相邻管排之间的管心距

$$t_{\mathrm{a}}=2S=2\times 22=44\mathrm{mm}$$

管中心距 t 与分程隔板槽两侧相邻管排中心距 t_{a} 的计算结果与表 3-6 给出的数据完全一致，证明可用。

5. 壳体内径

采用两管程结构，取管板利用率 $\eta=0.85$，则壳体内径

$$D=1.05t\sqrt{N/\eta}=1.05\times 32\sqrt{1456/0.85}=1390\mathrm{mm}$$

圆整取 $D=1400\mathrm{mm}$。

根据壳体直径及换热管规格，换热管布置情况如图 3-15 所示。

6. 折流板

采用弓形折流板，取弓形折流板圆缺高度为壳体内径的 25%，则切去的圆缺高度为

$$h=0.25\times 1400=350\mathrm{mm}$$

折流板间距 $B=0.3D$，则 $B=0.3\times 1400=420\mathrm{mm}$。

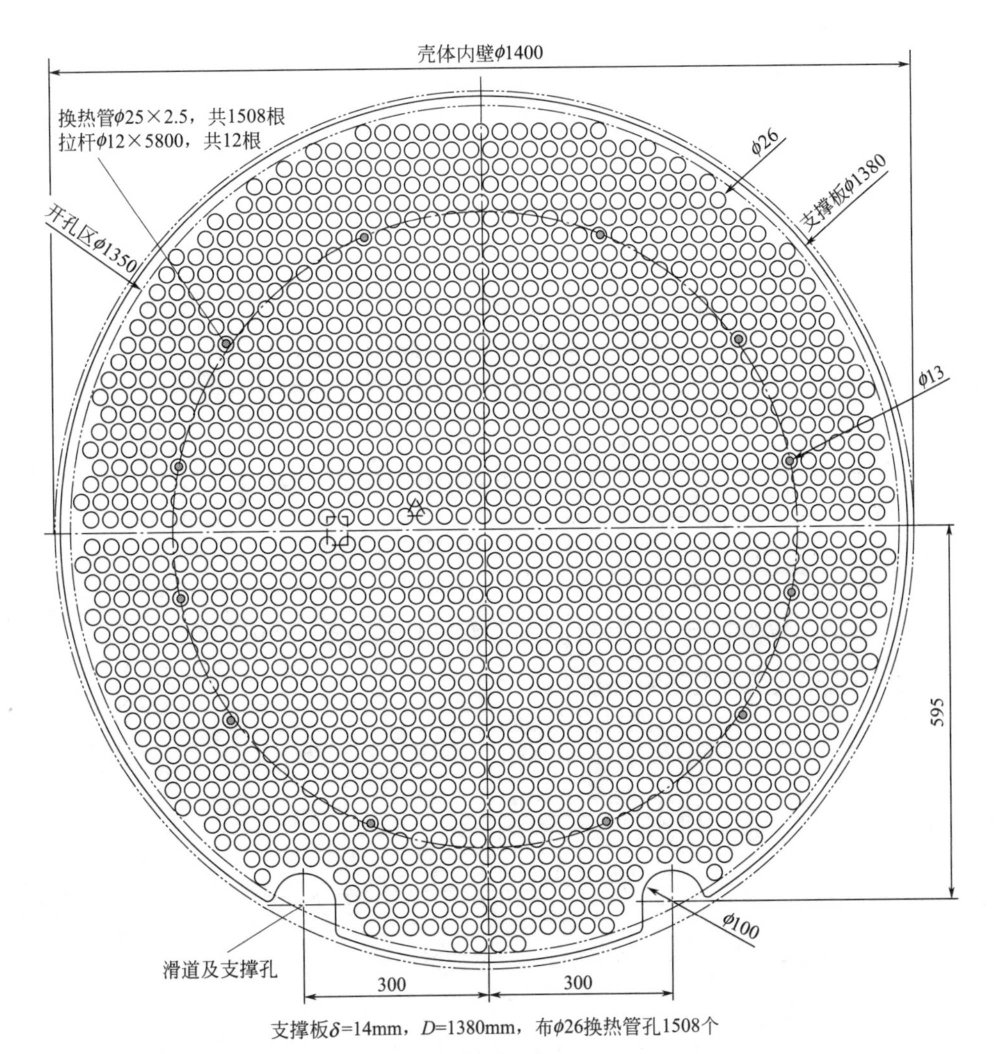

图 3-15　换热管及拉杆布置（单位：mm）

折流板数 $N_B=\dfrac{传热管长}{折流板间距}-1=\dfrac{6000}{420}-1=13.3\approx13$（块）

考虑到支撑板相当于 1 块折流板，故实际折流板数为 12 块。

折流板圆缺水平面安装（详见施工总装 3D 图 3-17）。

7. 其他附件

拉杆直径为 ϕ 12mm，其数量应不少于 10 根，本设计取 12 根（拉杆布置见图 3-15）。壳程入口设置防冲挡板。

8. 接管

（1）壳程流体（混合气体）进出口接管

取接管内气体流速为 10m/s，则接管内径

$$d=\sqrt{\frac{4V}{\pi u}}=\sqrt{\frac{4\times227801/(3600\times90)}{3.14\times10}}=0.299\text{m}$$

取标准管径为 ϕ377mm × 20mm。

（2）管程流体（循环水）进出口接管

取接管内循环水的流速为 2.5m/s，则接管内径

$$d=\sqrt{\frac{4V}{\pi u}}=\sqrt{\frac{4\times 899655/(3600\times 994.3)}{3.14\times 2.5}}=0.358\text{m}$$（取标准管径为 $\phi 377\text{mm}\times 9\ \text{mm}$）

其余接管略。

五、换热器核算

1. 传热能力核算

（1）壳程对流传热系数

对于圆缺形折流板，可采用克恩（Ken）公式

$$\alpha_o=0.36\frac{\lambda_o}{d_e}\left(\frac{d_e u_o \rho_o}{\mu_o}\right)^{0.55}\left(\frac{c_{po}\mu_o}{\lambda_o}\right)^{1/3}\left(\frac{\mu_o}{\mu_w}\right)^{0.14}$$

当量直径由正三角形排列得

$$d_e=\frac{4\left(\frac{\sqrt{3}}{2}t^2-\frac{\pi}{4}d_o^2\right)}{\pi d_o}=\frac{4\left(\frac{\sqrt{3}}{2}\times 0.032^2-\frac{\pi}{4}\times 0.025^2\right)}{3.14\times 0.025}=0.020\text{m}$$

壳程流通截面积

$$S_o=BD\left(1-\frac{d_o}{t}\right)=0.48\times 1.400\left(1-\frac{0.025}{0.032}\right)=0.138\text{m}^2$$

壳程流体流速、雷诺数及普兰德数分别为

$$u_o=\frac{227801/(3600\times 90)}{0.138}=5.10\text{m/s}$$

$$Re_o=\frac{0.020\times 5.10\times 90}{1.5\times 10^{-5}}=617962$$

$$Pr_o=\frac{3.297\times 10^3\times 1.5\times 10^{-5}}{0.0279}=1.773$$

$$\alpha_o=0.36\times\frac{0.0279}{0.020}\times 617962^{0.55}\times 1.773^{1/3}\times 1=922.0\ \text{W/(m}^2\cdot ℃)$$

（2）管程传热系数

由图 3-15 可知，两管程换热管数并不完全相等，上管程 760 根，下管程 748 根，但并不十分悬殊，取算术平均值计算结果如下：

管程流通截面积

$$S_i=0.785\times 0.020^2\times 1508/2=0.2368\text{m}^2$$

管程流体流速、雷诺数及普兰德数分别为

$$u_i=\frac{249.9/994.3}{0.2368}=1.06\text{m/s}$$

$$Re_i=\frac{0.020\times 1.05\times 994.3}{0.000742}=28452>10000$$

$$Pr_i=\frac{4174\times 0.000742}{0.624}=4.963$$

故采用下式计算 α_i

$$\alpha_i=0.023\frac{\lambda_i}{d_i}\left(\frac{d_i u_i \rho_i}{\mu_i}\right)^{0.8}\left(\frac{c_p\mu}{\lambda}\right)^{0.4}=0.023\times\frac{0.624}{0.020}\times 28452^{0.8}\times 4.963^{0.4}$$

$$=4983\ \text{W/(m}^2\cdot ℃)$$

（3）污垢热阻与管壁热阻

管外侧污垢热阻：查污垢经验数据取 $R_{so}=0.0004\text{m}^2\cdot ℃/\text{W}$

管内侧污垢热阻：查污垢经验数据取 $R_{si}=0.0006\text{m}^2\cdot℃/\text{W}$

管壁的热导率：碳钢的热导率 $\lambda=45\text{W}/(\text{m}\cdot℃)$。

（4）总传热系数

$$\frac{1}{K}=\frac{d_o}{\alpha_i d_i}+R_{si}\frac{d_o}{d_i}+\frac{bd_o}{\lambda d_m}+R_{so}+\frac{1}{\alpha_o}$$

$$=\frac{0.025}{4983\times0.020}+0.0006\times\frac{0.025}{0.020}+\frac{0.0025\times0.025}{45\times0.0225}+0.0004+\frac{1}{922.0}$$

$$=0.00255\text{m}^2\cdot℃/\text{W}$$

$$K=392.6\text{W}/(\text{m}^2\cdot℃)$$

考虑管程管数的差异，现将分段计算结果用表 3-12 表示。

表 3-12　管程管数不等分段计算的结果与管程管数相等不分段计算的结果对比

参　数	上管程	下管程	上下管程算术平均值	上/下管程
管数 n/根	760	748	754	754/754
流通截面积 S_i/m^2	0.2386	0.2349	0.2368	0.2368/0.2368
管内流速 u_i/(m/s)	1.053	1.070	1.06	1.06/1.06
雷诺数 Re_i	28228	28680	28454	28452/28452
普兰德数 Pr_i	4.963	4.963	4.963	4.963/4.963
总传热系数 $K/[\text{W}/(\text{m}^2\cdot℃)]$	392.3	392.8	392.6	392.6/392.6

由此可知，将上下管程管数取算术平均的做法是可取的，后面关于管程阻力的计算也有类似的问题，不再赘述。

（5）传热面积

理论传热面积

$$A=\frac{Q}{K\Delta t_m}=\frac{10431\times10^3}{392.6\times46.42}=572.4\text{m}^2$$

该换热器的实际换热面积

$$A_p=\pi d_o L N_T=3.14\times0.025\times(6-0.1)\times1508=698.4\text{m}^2$$

面积裕度为

$$H=\frac{A_p-A}{A}\times100\%=\frac{698.4-572.4}{572.4}\times100\%=22.03\%$$

换热面积裕度合适，能够满足设计要求。

2. 壁温核算

因管壁很薄，且管壁热阻很小，故管壁壁温按下式计算

$$t=\frac{T_m\left(\frac{1}{\alpha_c}+R_c\right)+t_m\left(\frac{1}{\alpha_h}+R_h\right)}{\frac{1}{\alpha_c}+R_c+\frac{1}{\alpha_h}+R_h}$$

$$T_m=(T_1+T_2)/2=(110+60)/2=85℃$$

$$t_m=0.4t_2+0.6t_1=0.4\times39+0.6\times29=33℃$$

取两侧污垢热阻为零计算壁温，得传热管平均壁温

$$t=\frac{T_m/\alpha_c+t_m/\alpha_h}{1/\alpha_c+1/\alpha_h}=\frac{85/5126.6+33/830.35}{1/5126.6+1/830.35}=40.2℃$$

壳体平均壁温近似取壳程流体的平均温度，即 85℃。

壳体平均壁温与传热管平均壁温之差：85－40.2＝44.8℃。

3. 换热器内流体的流动阻力

（1）管程流动阻力

$$\sum \Delta p_i = (\Delta p_1 + \Delta p_2) F_t N_p N_s$$

式中，F_t为结垢校正系数；N_p为管程数；N_s为壳程数。

取换热管壁粗糙度为0.1mm，则$\varepsilon/d=0.005$，而$Re_i=28452$，求得$\lambda_i=0.0323$，流速$u_i=1.06\text{m/s}$，密度$\rho=994.3\text{kg/m}^3$，因此

$$\Delta p_1 = \lambda_i \frac{L}{d_i} \frac{\rho u_i^2}{2} = 0.0323 \times \frac{6}{0.02} \times \frac{994.3 \times 1.06^2}{2} = 5437\text{Pa}$$

$$\Delta p_2 = 3 \times \frac{\rho u_i^2}{2} = 3 \times \frac{994.3 \times 1.06^2}{2} = 1681\text{Pa}$$

对$\varphi 25\text{mm} \times 2.5\text{mm}$的管子有$F_t=1.4$，且$N_p=2$，$N_s=1$

$$\sum \Delta p_i = (\Delta p_1 + \Delta p_2) F_t N_p N_s = (5437+1681) \times 1.4 \times 2 \times 1 = 19930\text{Pa} = 19.93\text{kPa}$$

（2）壳程流动阻力

$$\sum \Delta p_o = (\Delta p'_1 + \Delta p'_2) F_s N_s$$

式中，F_s为结垢校正系数，对液体$F_s=1.15$；N_s为壳程数。

流体流经管束的阻力

$$\Delta p'_1 = F f_o n_c (N_B + 1) \frac{\rho u_o^2}{2}$$

F为管子排列方式对压强降的校正系数，正三角形排列时$F=0.5$，正方形直列时$F=0.3$，正方形错列时$F=0.4$。

f_o为壳程流体的摩擦系数，当$Re_o > 500$时

$$f_o = 5.0 Re_o^{-0.228} = 5.0 \times (617962)^{-0.228} = 0.239$$

n_c为横过管束中心线的管数

$$n_c = 1.1\sqrt{N_T} = 1.1\sqrt{1520} = 43$$

折流板间距$B=0.45\text{m}$，折流板数$N_B=12$，$u_o=5.10\text{m/s}$

$$\Delta p'_1 = 0.5 \times 0.239 \times 43 \times (12+1) \times \frac{90 \times 5.10^2}{2} = 78076\text{Pa}$$

流体流经折流板缺口的阻力

$$\Delta p'_2 = N_B \left(3.5 - \frac{2B}{D}\right) \frac{\rho u_o^2}{2}$$

$$\Delta p'_2 = 12\left(3.5 - \frac{2 \times 0.45}{1.4}\right) \times \frac{90 \times 5.10^2}{2} = 40158\text{Pa}$$

$$\sum \Delta p_o = (78076+40158) \times 1.15 \times 1 = 135968\text{Pa} = 136.0\text{kPa}$$

参考表3-10，该换热器的压降在合理范围内，故所设计的换热器合适。

六、换热器主要工艺结构参数和计算结果一览表

表3-13　换热器主要工艺结构参数和计算结果一览表

参　数	管　程	壳　程
流率/(kg/h)	899655	227801
温度(进/出)/℃	29/39	110/60
压力/MPa	0.4	6.9

续表

<table>
<tr><th colspan="2">参　数</th><th colspan="2">管　程</th><th colspan="2">壳　程</th></tr>
<tr><td rowspan="6">物性参数</td><td>定性温度/℃</td><td colspan="2">34</td><td colspan="2">85</td></tr>
<tr><td>密度/(kg/m³)</td><td colspan="2">994.3</td><td colspan="2">90</td></tr>
<tr><td>比热容/[kJ/(kg·℃)]</td><td colspan="2">4.173</td><td colspan="2">3.297</td></tr>
<tr><td>黏度/mPa·s</td><td colspan="2">0.742</td><td colspan="2">1.5×10^{-2}</td></tr>
<tr><td>热导率/[W/(m·℃)]</td><td colspan="2">0.624</td><td colspan="2">0.0279</td></tr>
<tr><td>普兰特数</td><td colspan="2">4.96</td><td colspan="2">1.773</td></tr>
<tr><td rowspan="7">设备结构参数</td><td>型式</td><td>浮头式</td><td>台数</td><td colspan="2">1</td></tr>
<tr><td>壳体内径/mm</td><td>1400</td><td>壳程数</td><td colspan="2">1</td></tr>
<tr><td>管子规格</td><td>$\phi25\times2.5$</td><td>管心距/mm</td><td colspan="2">32</td></tr>
<tr><td>管长/mm</td><td>6000</td><td>管子排列</td><td colspan="2">正三角形</td></tr>
<tr><td>管子数目/根</td><td>1520</td><td>折流板数/块</td><td colspan="2">12</td></tr>
<tr><td>传热面积/m²</td><td>704.0</td><td>折流板距/mm</td><td colspan="2">450</td></tr>
<tr><td>管程数</td><td>2</td><td>材质</td><td colspan="2">碳钢</td></tr>
<tr><th colspan="2">主要计算结果</th><th colspan="2">管　程</th><th colspan="2">壳　程</th></tr>
<tr><td colspan="2">流速/(m/s)</td><td colspan="2">1.06</td><td colspan="2">5.10</td></tr>
<tr><td colspan="2">对流传热系数/[W/(m²·℃)]</td><td colspan="2">4982.9</td><td colspan="2">922.0</td></tr>
<tr><td colspan="2">污垢热阻/(m²·℃/W)</td><td colspan="2">0.0006</td><td colspan="2">0.0004</td></tr>
<tr><td colspan="2">阻力损失/MPa</td><td colspan="2">0.01993</td><td colspan="2">0.136</td></tr>
<tr><td colspan="2">热负荷/kW</td><td colspan="4">10431</td></tr>
<tr><td colspan="2">传热温差/℃</td><td colspan="4">46.42</td></tr>
<tr><td colspan="2">传热系数/[W/(m²·℃)]</td><td colspan="4">392.3</td></tr>
<tr><td colspan="2">裕度/%</td><td colspan="4">22.03</td></tr>
</table>

七、换热器工艺条件图（见图 3-16）

八、换热器的总装图

根据工艺条件图对该换热器进行设备强度设计计算，结合强度计算书的设计计算结果，再利用三维绘图软件 Solidworks 2013 对该换热器进行施工图设计，结果如图 3-17 所示。

图 3-17 是以前视基准面作 110°对称旋转剖视得到的，在此剖视图中，因其他序号零件表面被遮挡或是被重叠，采用 Solidworks 自动零件序号时不会列出所有零件。若要全部列出，需给出其他相关视图（如左视图、右视图、剖视图、轴测图等），或者采用手动零件序号逐一进行编排方能一一列出。为方便清晰表达，图 3-17 中只画出了 2 根换热管，其余 1506 根换热管已被隐藏。

九、换热器的 3D 绘制

设备总装图的绘制一般要经历以下几个阶段。

1. 绘制零部件

逐一绘制浮头管式换热器中的各个零部件，为设备组装创造条件。以弓形下折流板（上缺口）为例，有如图 3-18 所示的结果。

2. 装配零部件

将换热器所需的零部件按一定顺序进行组装成装配体或子装配体，组装结果见图 3-19。

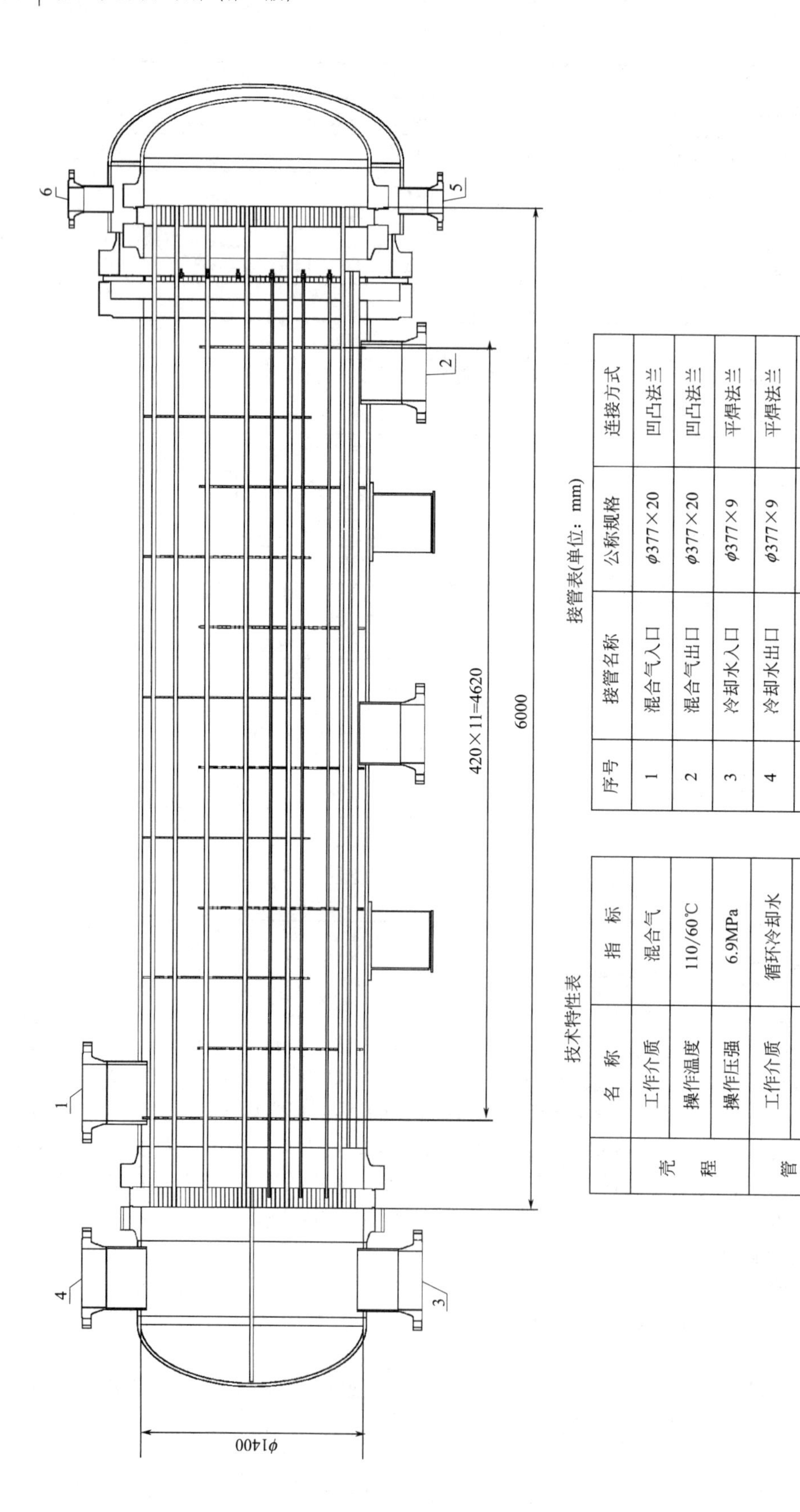

技术特性表

	名 称	指 标
壳程	工作介质	混合气
	操作温度	110/60℃
	操作压强	6.9MPa
管程	工作介质	循环冷却水
	操作温度	29/39℃
	操作压强	0.4MPa

接管表(单位：mm)

序号	接管名称	公称规格	连接方式
1	混合气入口	ϕ377×20	凹凸法兰
2	混合气出口	ϕ377×20	凹凸法兰
3	冷却水入口	ϕ377×9	平焊法兰
4	冷却水出口	ϕ377×9	平焊法兰
5	放净口	ϕ57×3.5	平焊法兰
6	排气口	ϕ57×3.5	平焊法兰

图3-16　换热器工艺条件

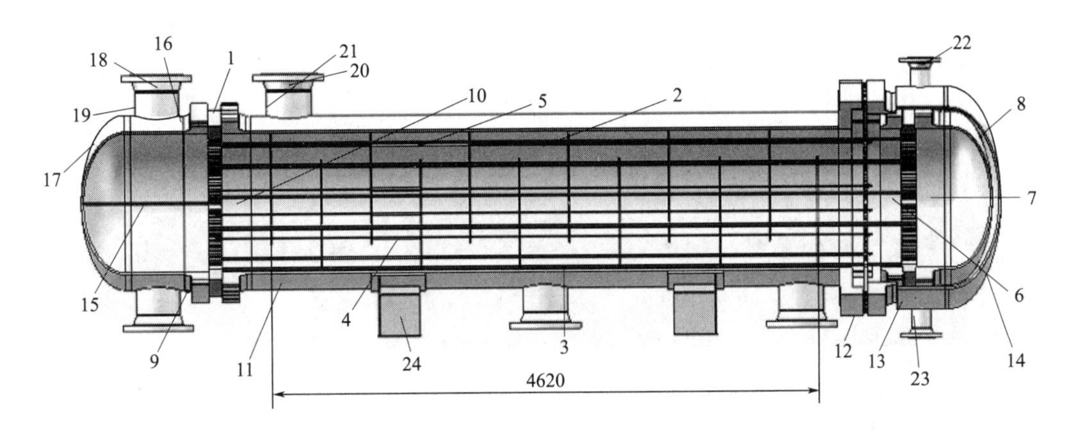

图 3-17　单壳程二管程浮头式列管换热器总装图（大部分定距管和换热管被隐藏）

1—前端固定管板；2—拉杆（12 根）；3—换热管（1508 根）；4—定距管（两种短管 118 根）；5—定距管（长管 24 根）；6—浮头端管板法兰（左）；7—浮头端管板法兰（右）；8—浮头内封头；9—前端管箱法兰；10—换热器壳体左端法兰；11—换热器筒体；12—浮头端外筒法兰；13—浮头端外筒体短接；14—浮头端外壳体封头；15—前端管箱隔板；16—前端管箱短接；17—前端管箱封头；18—冷却水进口接管法兰；19—冷却水进口接管；20—高温高压气体出口接管法兰；21—高温高压气体出口接管；22—排气接管；23—排净接管；24—鞍形支座

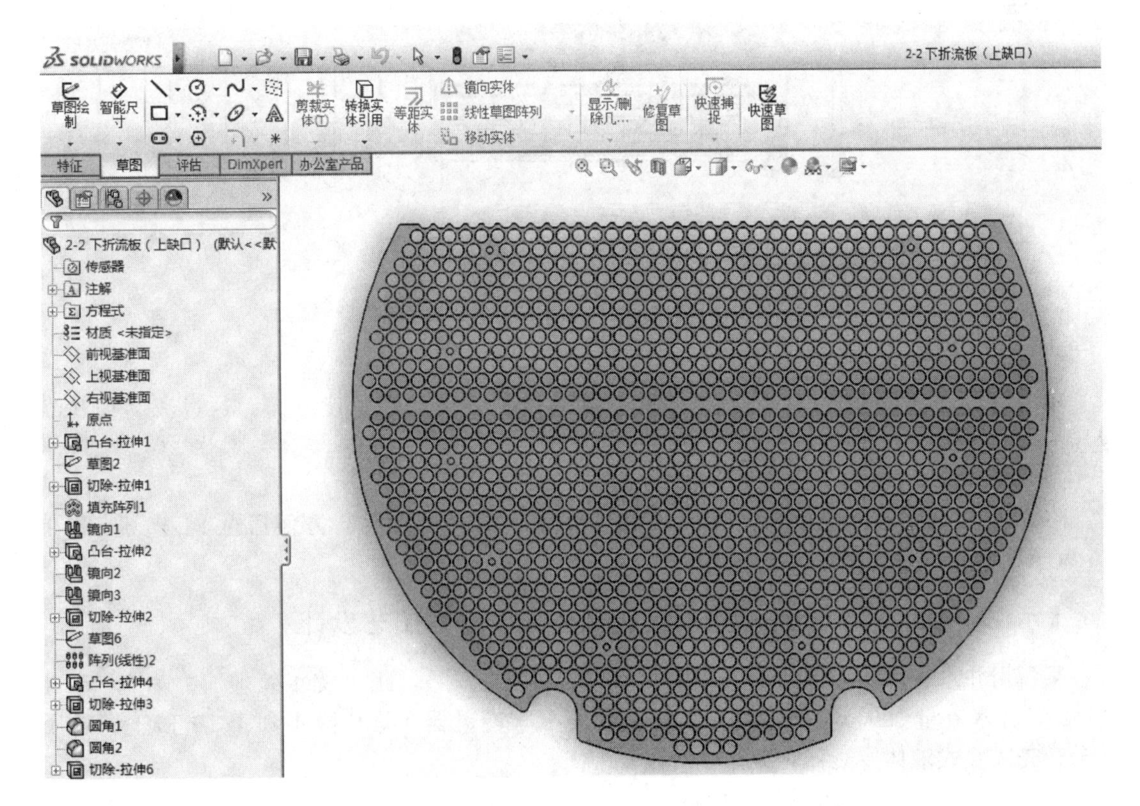

图 3-18　浮头管式换热器弓形下折流板（上缺口）

3．碰撞检查

碰撞检查可让设计人员在制造开始前检查设计中的零部件之间是否存在干涉、碰撞和间隙，以确保零部件正常运行或组装时不受干扰，保证零部件设计的准确性和合理性。

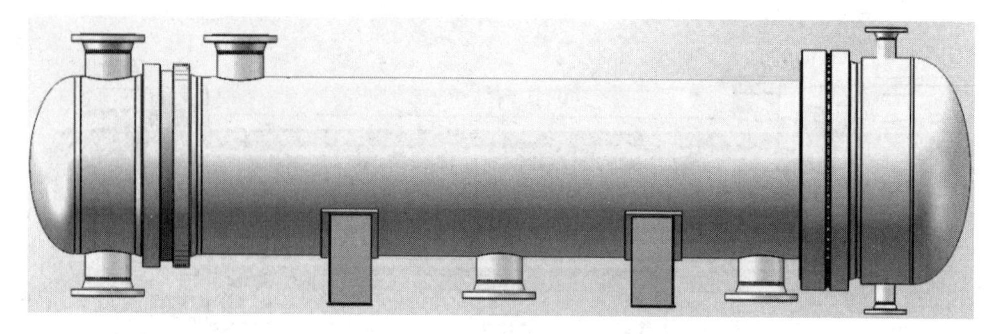

图 3-19　浮头管式换热器总装图

4. 制作工程视图

将零部件或装配体制作成工程图，并标注相关尺寸，见图 3-17。

5. 制作爆炸视图和设备拆装动画视频

根据实际需要方便制作 PPT 文件和动画视频，见图 3-20。

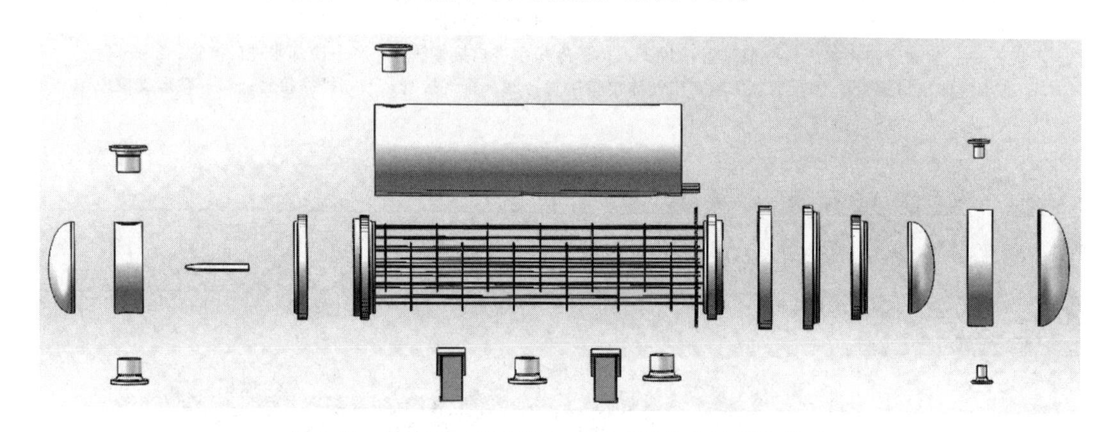

图 3-20　单壳程二管程浮头式列管换热器的爆炸视图

6. 流动场和温度场模拟

用 Solidworks 可实现流体在设备流动区域内的流动分布和温度分布，通过流动场和温度场的模拟分析结果评价换热设备设计的合理性。

7. 其他功能

将 Solidworks 获得的 3D 文件保存为 PDF 和 DWG 格式文件，方便通过 PDF 浏览和在 AutoCAD 环境下编辑和打印各类施工图纸。

【示例 3-2】 标准系列管壳式立式液体冷凝器的工艺设计

某厂用井水将正戊烷饱和蒸气冷凝（冷凝温度 51.7℃），正戊烷年处理能力为 2.376×10^4 t/a，井水流量 70000kg/h，入口温度 32℃。要求冷凝器允许压降不大于 10^5 Pa；试选用一台管壳式立式液体冷凝器完成该生产任务。

[设备选型设计计算如下]

此为一侧流体为恒温的列管式换热器的选型设计，应按标准系列换热器的设计程序进行。

1. 确定流体流动空间

冷却水走管程，正戊烷走壳程，有利于正戊烷的散热和冷凝。

2. 计算流体的定性温度，确定流体的物性数据

正戊烷液体在定性温度（51.7℃）下的物性数据（查化工原理附录）：$\rho=596\text{kg/m}^3$、$\mu=1.8\times10^{-4}\text{Pa·s}$、$C_p=2.34\text{kJ/(kg·℃)}$，$\lambda=0.13\text{W/(m·℃)}$，$r=357.4\text{kJ/kg}$。

井水的定性温度：入口温度为 $t_1=32℃$，出口温度为

$$t_2=\frac{m_{s1}r}{m_{s2}C_{p2}}+t_1$$

式中，$m_{s1}=2.376\times10^4\times10^3/330\times24=3000\text{kg/h}=0.833\text{kg/s}$

$$t_2=\frac{3000\times357.4}{70000\times4.174}+32=35.67℃$$

井水的定性温度为 $t_m=(32+35.67)/2=33.84℃$。

两流体的温差 $T_m-t_m=51.7-33.84=17.86℃<50℃$，故选固定管板式换热器。

两流体在定性温度下的物性数据见表3-14。

表 3-14 两流体在定性温度下的物性数据

流体	温度/℃	密度/(kg/m³)	黏度/mPa·s	比热容/[kJ/(kg·℃)]	热导率/[W/(m·℃)]
正戊烷	51.7	596	0.18	2.34	0.13
井水	35.67	993.7	0.717	4.174	0.627

3. 计算热负荷

$$Q=m_{s1}r=0.833\times357.4=297.7\text{kW}$$

4. 计算有效平均温度差

逆流温差 $$\Delta t_{m,逆}=\frac{(51.7-32)-(51.7-35.67)}{\ln[(51.7-32)/(51.7-35.67)]}=17.8℃$$

5. 选取经验传热系数 K 值

根据管程走井水，壳程走正戊烷，总传热系数 $K=470\sim815\text{W/(m}^2\text{·℃)}$，现暂取 $K=500\text{W/(m}^2\text{·℃)}$。

6. 估算换热面积

$$A=\frac{Q}{K\Delta t_{m,逆}}=\frac{297.7\times10^3}{500\times17.8}=33.45\text{m}^2$$

7. 初选换热器规格

立式固定管板式换热器的规格如下：

公称直径 D500mm

公称换热面积 A 40m²

管程数 N_p 2

管数 N_T 172

管长 L 3.0m

管子直径 ϕ25mm×2.5mm

管子排列方式为正三角形

换热器的实际换热面积

$$A_o=n\pi d_o(L-0.1)=172\times3.14\times0.025\times(3-0.1)=39.16\text{m}^2$$

该换热器所要求的总传热系数至少为

$$K_o=\frac{Q}{A_o\Delta t_{m,逆}}=\frac{297.7\times10^3}{39.16\times17.8}=427.1\text{W/(m}^2\text{·℃)}$$

8. 核算总传热系数 K_o

(1) 计算管程对流传热系数 α_i

$$V_{si}=m_{si}/\rho_i=\frac{70000}{3600\times993.7}=0.0196\text{m}^3/\text{s}$$

$$A_i=\left(\frac{N_T}{N_p}\right)\left(\frac{\pi}{4}d_i^2\right)=\frac{172}{2}\times 0.785\times 0.020^2=0.027\text{m}^2$$

$$u_i=\frac{V_{si}}{A_i}=\frac{0.0196}{0.027}=0.726\text{m/s}$$

$$Re_i=\frac{d_i u_i \rho_i}{\mu_i}=\frac{0.020\times 0.726\times 993.7}{0.000717}=20123>10000\text{（湍流）}$$

$$Pr_i=\frac{C_{pi}\mu_i}{\lambda_i}=\frac{4.174\times 10^3\times 0.717\times 10^{-3}}{0.627}=4.773$$

故 $$\alpha_i=0.023\frac{\lambda_i}{d_i}Re^{0.8}Pr^{0.4}=0.023\times\frac{0.627}{0.020}\times(20123)^{0.8}(4.773)^{0.4}=3736\text{W/(m}^2\cdot℃)$$

（2）计算壳程对流传热系数 α_o

因为立式管壳式换热器，壳程为正戊烷饱和蒸气冷凝为饱和液体后离开换热器，故可按蒸气在垂直管外冷凝的计算公式计算 α_o

$$\alpha_o=1.13\left(\frac{g\rho^2\lambda^3 r}{\mu L\Delta t}\right)^{1/4}$$

现假设管外壁温 $t_w=40℃$，则冷凝液膜的平均温度为 $0.5(t_s+t_w)=0.5\times(51.7+40)=45.85℃$，这与其饱和温度很接近，故在平均膜温 45.85℃下的物性可沿用饱和温度 51.7℃下的数据，在层流下

$$\alpha_o=1.13\left(\frac{g\rho^2\lambda^3 r}{\mu L\Delta t}\right)^{1/4}=1.13\times\left[\frac{9.81\times 596^2\times 0.13^3\times 357.4\times 10^3}{0.00018\times 3\times(51.7-40)}\right]^{1/4}=917\text{W/(m}^2\cdot℃)$$

（3）确定污垢热阻

$R_{so}=1.72\times 10^{-4}\text{m}^2\cdot℃/\text{W}$（有机液体）　　$R_{si}=2.0\times 10^{-4}\text{m}^2\cdot℃/\text{W}$（井水）

（4）总传热系数 K_o

$$\frac{1}{K_o}=\frac{1}{\alpha_o}+R_{so}+\frac{b}{\lambda_w}\times\frac{d_o}{d_m}+R_{si}\frac{d_o}{d_i}+\frac{1}{\alpha_i}\times\frac{d_o}{d_i}$$

$$=\frac{1}{917}+0.000172+\frac{0.0025}{45}\times\frac{25}{22.5}+0.0002\times\frac{25}{20}+\frac{1}{3736}\times\frac{25}{20}$$

$$=0.001091+0.000172+0.000062+0.000250+0.000335=0.00191$$

$K_o=524\text{W/(m}^2\cdot℃)>427\text{W/(m}^2\cdot℃)$。

所选换热器的安全系数为$[(524-427)/427]\times 100\%=22.7\%$，表明该换热器的传热面积裕度符合要求。

（5）核算壁温与冷凝液流型

核算壁温时，一般忽略管壁热阻，按以下近似计算公式计算

$$\frac{T-t_w}{\frac{1}{\alpha_o}+R_{so}}=\frac{t-t_w}{\frac{1}{\alpha_i}+R_{si}}\Rightarrow\frac{51.7-t_w}{\frac{1}{917}+0.000172}=\frac{t_w-35.67}{\frac{1}{3736}+0.0002}$$

$t_w=40.0℃$，这与假设基本一致，可以接受。

核算流型，冷凝负荷

$$M=\frac{m_s}{b}=\frac{0.833}{3.14\times 0.025\times 172}=0.0617\text{kg/(m}\cdot\text{s)}$$

$$Re=\frac{4M}{\mu}=\frac{4\times 0.0617}{0.00018}=1371<1800\text{（符合层流假设）}$$

9. 计算压降

（1）计算管程压降

$$\sum \Delta p_i = (\Delta p_1 + \Delta p_2) F_t N_p N_s$$（F_t 结垢校正系数，N_p 管程数，N_s 壳程数）

取碳钢的管壁粗糙度为 0.1mm，则 $\varepsilon/d = 0.005$，而 $Re_i = 20123$，于是

$$\lambda = 0.1 \times \left(\frac{\varepsilon}{d} + \frac{68}{Re}\right)^{0.23} = 0.1 \times \left(\frac{0.1}{20} + \frac{68}{Re}\right)^{0.23} = 0.033$$

$$\Delta p_1 = \lambda \frac{L}{d_i} \frac{\rho u_i^2}{2} = 0.033 \times \frac{3}{0.020} \times \frac{993.7 \times 0.726^2}{2} = 1296\text{Pa}$$

$$\Delta p_2 = 3 \times \frac{\rho u_i^2}{2} = 3 \times \frac{993.7 \times 0.726^2}{2} = 786\text{Pa}$$

对 $\phi 25\text{mm} \times 2.5\text{mm}$ 的管子有 $F_t = 1.4$，且 $N_p = 2$，$N_s = 1$

$$\sum \Delta p_i = (\Delta p_1 + \Delta p_2) F_t N_p N_s = (1296 + 786) \times 1.4 \times 2 \times 1 = 5830\text{Pa}$$

（2）计算壳程压力降

壳程为恒温恒压蒸汽冷凝，其压降可忽略。由此可知，所选换热器合适。

3.3 再沸器的工艺设计

再沸器是精馏塔的重要辅助设备之一，其功能是使塔内釜液部分汽化后再返回塔内，以提供精馏塔内的汽相流和所需的热能。

3.3.1 再沸器的类型

在化工生产中广泛应用的再沸器主要有立式和卧式两种类型，具体型式见表 3-15。

表 3-15　常见再沸器的类型

类型	流程布置	
立式	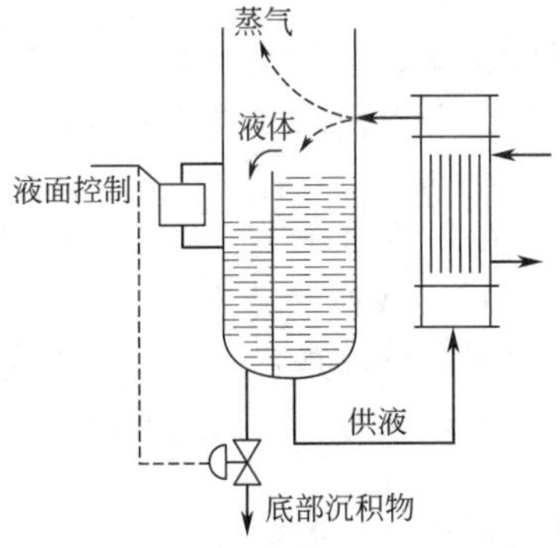 热虹吸式	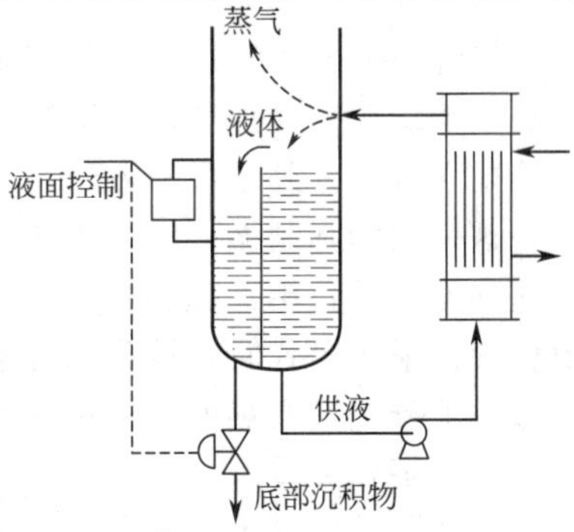 强制循环式
卧式	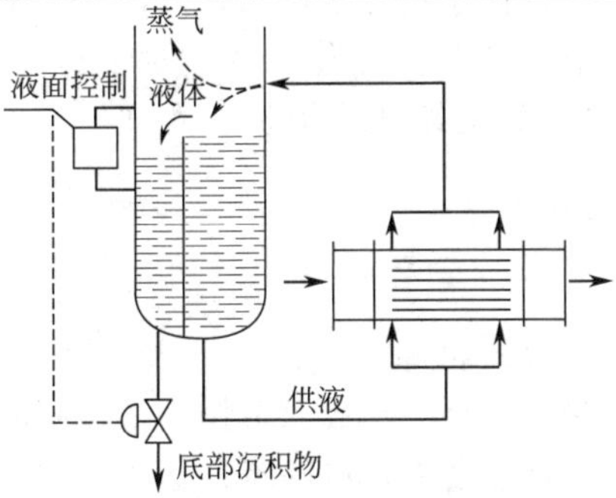 热虹吸式	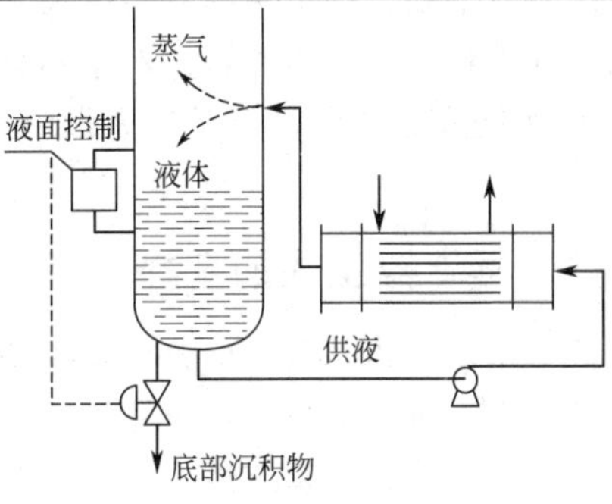 强制循环式

续表

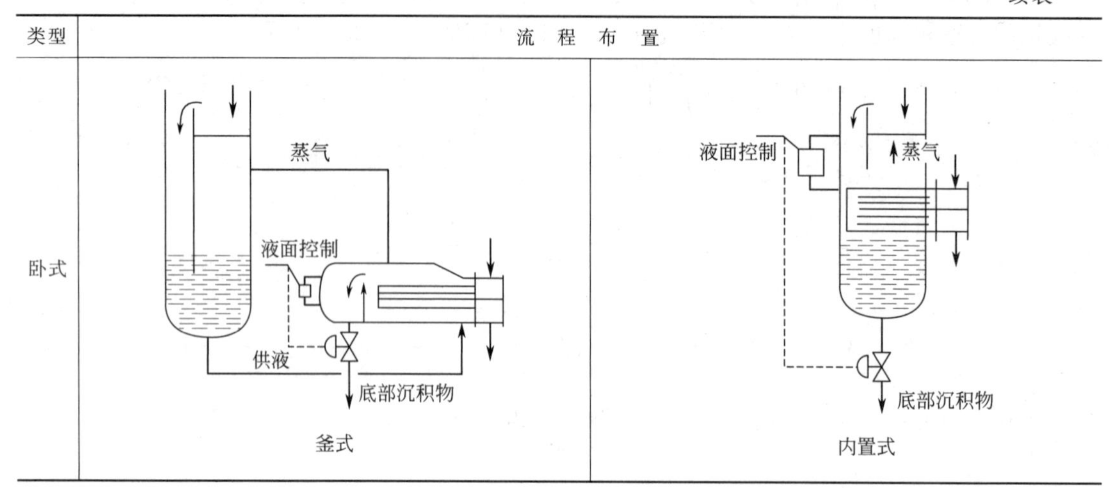

无论是立式还是卧式热虹吸式再沸器，都有一个共同的特点：进入再沸器的工艺性液体部分汽化后密度显著减小，致使再沸器与塔底液相之间产生密度差，形成推动力，从而能使较低黏度的液体不需用泵即可从塔釜不断地被吸入再沸器，经再沸器加热汽化后再返回塔内，构成工艺物流在精馏塔与再沸器之间的循环，这种现象称为热虹吸，这种型式的再沸器称为热虹吸式再沸器。采用立式时被蒸发的液体在管程内流动，且为单程管；采用卧式时，被蒸发的液体在壳程内沸腾，可以是多程管。热虹吸式再沸器通常设有汽液分离的空间和缓冲区，这些均由塔釜提供。

立式热虹吸式再沸器的主要特点是：传热系数高，结构紧凑，占地面积小；液体在管内停留时间短，不易结垢；但壳程不能清洗，因此不能用于加热介质较脏的场合；其本身造价低，但要求较高的塔体裙座。

卧式热虹吸式再沸器的主要特点是：可用较低的裙座，但占地面积大；出塔产品缓冲容积大，故流动稳定；在加热段停留时间短，不易结垢，可以使用较脏的加热介质。

无论是立式还是卧式强制循环再沸器，都有一个共同的特点：适用于高黏度液体和热敏性物料，这是因为强制循环的流体流速高，停留时间短，有利于工艺流体循环流量的控制和调节。这种型式的再沸器和热虹吸式再沸器一样，采用立式时被蒸发的液体在管程内流动，且为单程管；采用卧式时，被蒸发的液体在壳程内沸腾，可以是多程管。立式或卧式强制循环再沸器除了分别具有热虹吸式再沸器相应的特点之外，还有一个共同的特点就是两者都必须依托循环泵工作。

釜式再沸器是由一个带扩大部分的壳体和一个可抽出的管束组成，壳侧扩大部分空间作为汽液分离空间，管束末端有溢流堰，以保证管束能有效地浸没在沸腾液体中。溢流堰外侧空间作为出料液体的缓冲区。对于不易起泡的液体，釜中装液为80%，对于易起泡的液体，釜中装液不超过65%，为了避免带液过多，釜中液面至最低层塔板的距离，至少在0.5～0.7m以上。

3.3.2 再沸器型式的选择

选择精馏塔再沸器时应首先考虑选用立式热虹吸式再沸器。但在下列情况下不宜选用：①当精馏塔在较低液位下排出釜液时，或在控制方案中对塔釜液面不作严格控制时，应采用釜式再沸器；②在高真空度下操作或结垢严重时，应采用釜式再沸器；③当塔的安装高度由于某种原因不能提高，或没有足够的空间来安装热虹吸式再沸器时，可采用卧式热虹吸式或釜式再沸器。

强制循环式再沸器一般不采用，除非塔釜液黏度较高或受热分解而结垢时，才采用强制循环式再沸器。

当加热介质较脏、清洗问题突出，或管壳程之间温差超过 50℃时，应采用釜式再沸器。但当塔底产品必须用泵抽出时，为了防止泵的汽蚀，釜式再沸器必须架高，塔的裙座也要相应提高，这就不如采用卧式热虹吸再沸器。

3.3.3　立式热虹吸再沸器的工艺设计

3.3.3.1　立式热虹吸再沸器的管内加热过程

立式热虹吸再沸器的管内加热过程如图3-21所示。釜液液面维持在再沸器顶部管板的同一水平面上。由于存在一段静液柱，温度低于沸点，液体便从塔底部流入传热管内，其温度仍低于沸点，因此，液体从进入传热管内到加热至泡点之前的区域，如图中的 BC 段，这段管内是单相对流传热，称为显热加热段。达到泡点后，液体沸腾部分蒸发而成为汽液混合物，流体呈汽-液两相流动，这个区域称为蒸发段，如图中 CD 段。所以，垂直管内沸腾传热是由显热段和蒸发段两部分组成。

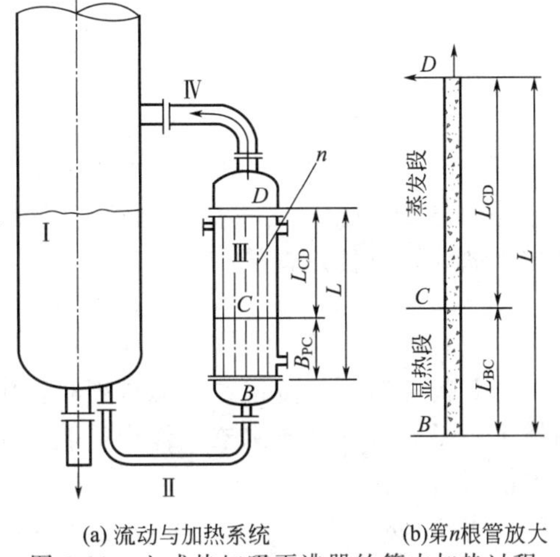

图 3-21　立式热虹吸再沸器的管内加热过程

立式热虹吸再沸器内的流体流动系统是由塔釜内液位高度Ⅰ、塔釜底部至再沸器下部封头管箱的管路Ⅱ、再沸器的管程Ⅲ及其上部封头至入塔口的管路Ⅳ所构成的循环系统。工艺设计时先假设传热系数，估算传热面积，其基本步骤介绍如下。

3.3.3.2　再沸器工艺尺寸的设计计算

再沸器工艺尺寸的设计计算主要涉及两个方面：①根据管程中釜液和壳程中加热介质的状态、组成、温度、压力等，查取或计算在定性温度下的物性数据；②估算传热面积，确定传热管规格与接管尺寸等。

(1) 立式热虹吸再沸器工艺结构尺寸的估算

① 依据工艺要求计算传热速率 Q

$$Q=D_b r_b=D_c r_c \tag{3-38}$$

式中，b、c 分别代表蒸发和冷凝。

② 计算传热温差 Δt_m　若已知壳程水蒸气冷凝温度为 T，管程中釜液的泡点为 t_b，则 Δt_m 为

$$\Delta t_m=T-t_b \tag{3-39}$$

若已知混合蒸汽的露点为 T_d，泡点为 T_b，液体的沸点为 t_b，则 Δt_m 为

$$\Delta t_m=\frac{(T_d-t_b)-(T_b-t_b)}{\ln[(T_d-t_b)/(T_b-t_b)]} \tag{3-40}$$

③ 假定传热系数 K 计算传热面积 A_p　依据壳程及管程中介质的种类，按竖直管式查表3-16，从中选取某一 K 值，作为假定传热系数 K。计算实际传热面积 A_p。

传热面积 A_p

$$A_p=\frac{Q}{K\Delta t_m} \tag{3-41}$$

表 3-16　再沸器传热系数的大致范围

管间	管内	$K/[W/(m^2 \cdot K)]$	备注
水蒸气	液体	1390	竖直式短管
水蒸气	液体	1160	水平管式
水蒸气	水 水 有机溶液 轻油 重油(减压下)	2260～5700 2000～4250 570～1140 450～1020 140～430	竖直管式

④ 工艺结构设计　根据经验确定单程传热管长度 L、选择传热管规格和确定排列方式，并按下式计算总传热管数

$$N_T=\frac{A_p}{\pi d_o L} \tag{3-42}$$

若管板上传热管按正三角形排列时，则排管构成正六边形的个数 a、最大正六边形内对角线上管子数目 b 和再沸器壳体内径 D，可分别按下式进行计算（亦可按 3.2.2.2 节中所述的方法进行）

$$N_T=3a(a+1)+1 \tag{3-43}$$

$$b=2a+1 \tag{3-44}$$

$$D=t(b-1)+(2\sim3)d_o \tag{3-45}$$

式中，N_T 为排列管子总数；a 为正六边形的个数；t 为管心距，mm；d_o 为传热管外径，mm。

另外，立式虹吸再沸器也可按标准系列（JB 1146—73）选取，其基本参数见表 3-17a、3-17b，接管直径可参照表 3-18 选取。

表 3-17a　立式热虹吸再沸器的基本参数

公称直径 DN/mm	管程数 N_p	管数 N_T	不同管长 L 的换热面积 A(公称值/计算值)/m^2				公称压力 PN/MPa
			L=1500mm	L=2000mm	L=2500mm	L=3000mm	
400		51	8/8.52	10/11.6	15/14.6	—	
600		117	20/19.6	25/26.6	30/33.5	—	
800		205	35/34.2	45/46.6	55/58.8	70/71.2	
1000		355	60/59.3	80/80.6	100/101.5	120/122.8	
1200		505	85/84.4	110/114.5	140/144.8	170/175.2	
1400		711		160/161.2	200/204	240/246.4	
1600		947			270/271	330/328	
1800		1181			340/338	400/408	

表 3-17b　立式热虹吸再沸器的基本参数

壳体外径/mm	管子根数	管长/mm	接管尺寸/in				尺寸/mm				
			D_E	D_{in}	d_1	d_2	A	B	C	D	E
500	176	1500	8	6	4	2	230	200	200	145	1155
610	272	1500	10	6	6	3	250	200	230	200	1070
760	431	1500	12	6	6	3	290	200	230	200	1070
910	601	1500	16	8	8	4	340	250	275	200	1025
760	431	2000	12	6	6	3	290	200	230	170	1600
1060	870	2000	16	10	8	4	450	280	250	180	1570
760	431	3000	12	6	8	3	290	200	230	170	2600
1060	870	3000	16	10	8	4	450	280	250	180	2570

表 3-18　立式热虹吸再沸器接管直径　　单位：mm

壳径 DN		400	600	800	1000	1200	1400	1600	1800
最大接管直径	壳程	100	100	125	150	200	250	300	300
	管程	200	250	350	400	450	450	500	500

（2）立式热虹吸再沸器的校核

① 传热系数的核算

显热段传热系数 K_L

釜液循环量　设传热管出口汽化率为 x_e（其值的大致范围为：对于水的汽化一般为 2%～5%，对于有机溶剂一般为 10%～20%），釜液蒸发量为 D_b，则循环量 W_t 为

$$W_t = D_b / x_e \tag{3-46}$$

式中，D_b 为釜液蒸发质量流量，kg/s；W_t 为釜液循环质量流量，kg/s。

显热段传热管内对流传热系数 α_i　设传热管内总流通截面积为 S_i，则传热管内釜液的质量流速 G 为

$$G = W_t / S_i \tag{3-47}$$

$$S_i = \frac{\pi}{4} d_i^2 N_T$$

式中，S_i 为管内流通截面积，m^2；d_i 为传热管内径，m；N_T 为传热管数。

设 μ_b 为管内液体的黏度，则管内流动的雷诺数及普朗特数分别为

$$Re = \frac{d_i G}{\mu_b} \qquad Pr = \frac{C_{pb}\mu_b}{\lambda_b} \tag{3-48}$$

式中，μ_b 为管内液体黏度，Pa·s；C_{pb} 为管内液体定压比热容，kJ/(kg·K)；λ_b 为管内液体热导率，W/(m·K)。

若 $Re > 10^4$，Pr 为 0.6～160，显热段管长与管内径之比 $L_{BC}/d_i > 50$ 时，则按圆形直管强制湍流公式来计算显热段传热管内表面的传热系数 α_i（见表 3-9 中式①），即

$$\alpha_i = 0.023 \frac{\lambda_b}{d_i} Re^{0.8} Pr^{0.4} \tag{3-49}$$

显热段壳程冷凝传热系数 α_o　按式(3-19) 计算 α_o。设 ρ_c 为管外凝液密度，λ_c 为壳程凝液热导率，μ_c 为管外凝液黏度，则

$$\alpha_o = 1.87\left(\frac{\rho_c^2 g \lambda_c^3}{\mu_c^2}\right)^{1/3} Re_o^{-1/3} = 1.87\left(\frac{\rho_c^2 g \lambda_c^3}{\mu_c^2}\right)^{1/3}\left(\frac{4D_c}{\mu_c \pi d_o N_T}\right)^{-1/3} \tag{3-19a}$$

式中　$Re = \frac{4M}{\mu_c}$，　$M = \frac{D_c}{\pi d_o N_T}$，$D_c = \frac{Q}{r_c}$（$r_c$ 为蒸汽冷凝潜热）

显热段总传热系数 K_L　用式(3-12) 计算 K_L，即

$$\frac{1}{K} = \frac{1}{\alpha_o} + R_{so} + \frac{b}{\lambda} \times \frac{d_o}{d_m} + R_{si}\frac{d_o}{d_i} + \frac{1}{\alpha_i} \times \frac{d_o}{d_i}$$

蒸发段传热系数 K_E

管内沸腾-对流传热系数 α_v　为了计算 α_v，必须首先了解汽-液两相流动流型。

如图 3-22 所示。竖直管内汽-液两相流动，根据汽化顺序，依次可分为泡状流、块状流、环状流和雾状流四种流型。沸腾开始时，首先是鼓泡流，当气泡相连而变大时，就成为块状流。再往上，管中心就成为连续的汽心，称为环状流。从块状流到环状流的过渡区一般都不稳定。据有关资料介绍，当汽化率 x_e 达到 50%以上时，就基本上成为稳定的环状流。x_e 继续增加到一定程度，就进入雾状区。在雾状区域内，壁面上的液体全部汽化，只有汽

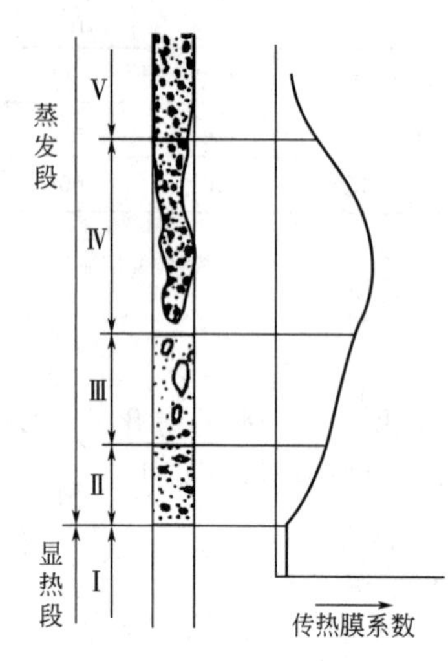

图 3-22 管内沸腾传热的流动流型及其表面传热系数

Ⅰ—单相对流传热；Ⅱ—两相对流和饱和泡核沸腾传热；Ⅲ—块状流沸腾传热；Ⅳ—环状流沸腾传热；Ⅴ—雾状流沸腾传热

心中有些液滴。这时，不仅表面传热系数下降，而且壁温剧增，易于结垢或使物料变质。

因雾状流时传热系数很低，对传热极为不利；而块状流为汽-液交替脉动的不稳定流型（亦称腾涌流）对操作不利。因此，在再沸器的设计中，为了使其在操作时具有高效性和可操作性，应将汽化率值 x_e 控制在 25%以内。此时，沸腾传热正好处在饱和泡核沸腾和两相对流传热的流型之中，所以在蒸发段内任意一点的对流传热系数，可认为是沸腾-对流传热系数的组合，即所谓双机理模型。

$$\alpha_V = a\alpha_b + b\alpha_{tp} \tag{3-50}$$

式中，α_V 为管内沸腾-对流传热系数（亦称管内沸腾表面传热系数），W/(m²·K)；a 为泡核沸腾修正系数的平均值；α_b 为核状沸腾传热系数（亦称核状沸腾表面传热系数），W/(m²·K)；b 为对流传热修正系数，对于立式热虹吸再沸器，$b=1$；α_{tp}为对流传热系数，W/(m²·K)。

式(3-50) 中

$$a = \frac{a_E + a'}{2} \tag{3-51}$$

式中，a_E 为传热管出口处泡核沸腾修正系数，量纲 1；a'为对应于汽化率等于出口汽化率 40%处的泡核沸腾修正系数。

这两个修正系数都与管内流体的质量流速 G_h，kg/(m²·h) 及 $1/X_{tt}$（相关参数）有关。

$$G_h = 3600G \tag{3-52}$$

$$\frac{1}{X_{tt}} = \left(\frac{x}{1-x}\right)^{0.9} \Big/ \psi \tag{3-53}$$

式中，x 为蒸汽质量分数；ψ 为与物性有关的参数。

$$\psi = \left(\frac{\rho_V}{\rho_b}\right)^{0.5}\left(\frac{\mu_b}{\mu_V}\right)^{0.1} \tag{3-54}$$

式中，ρ_V、ρ_b 分别为沸腾侧汽相与液相的密度，kg/m³；μ_V、μ_b 分别为沸腾侧汽相与液相的黏度，Pa·s。

管程流体系液相与汽相混合物，其物性应按混合物的平均物性计算。

当 x 等于传热管出口处汽化率 x_e 时，可按式(3-53)、式(3-54) 求得 $1/X_{tt}$值，再应用式(3-52) 求得 G_h，查图 3-23 得 a_E；当 $x=0.4x_e$ 时，用上述同样方法，可得 a'。这样，便可用式(3-51) 求得 a。

图中 $1/X_{tt}$为

$$\frac{1}{X_{tt}} = \left(\frac{x}{1-x}\right)^{0.9}\left(\frac{\rho_b}{\rho_V}\right)^{0.5}\left(\frac{\mu_V}{\mu_b}\right)^{0.1} = \frac{\left(\frac{x}{1-x}\right)^{0.9}}{\psi}$$

式中，X_{tt}为 Lockhat-Martinelli 参数，表示液体和蒸汽动能的比例。

泡核沸腾传热系数 α_b 应用麦克内利（Mcnelly）公式

$$\alpha_b = 0.225\frac{\lambda_b}{d_i}Pr^{0.69}\left(\frac{Qd_i}{Ar_b\mu_b}\right)^{0.69}\left(\frac{\rho_b}{\rho_V}-1\right)^{0.33}\left(\frac{pd_i}{\sigma}\right)^{0.31} \tag{3-55}$$

式中，d_i 为传热管内径，m；r_b 为釜液汽化潜热，J/kg；p 为塔底操作压力（绝对压力），Pa；σ 为釜液表面张力，N/m。

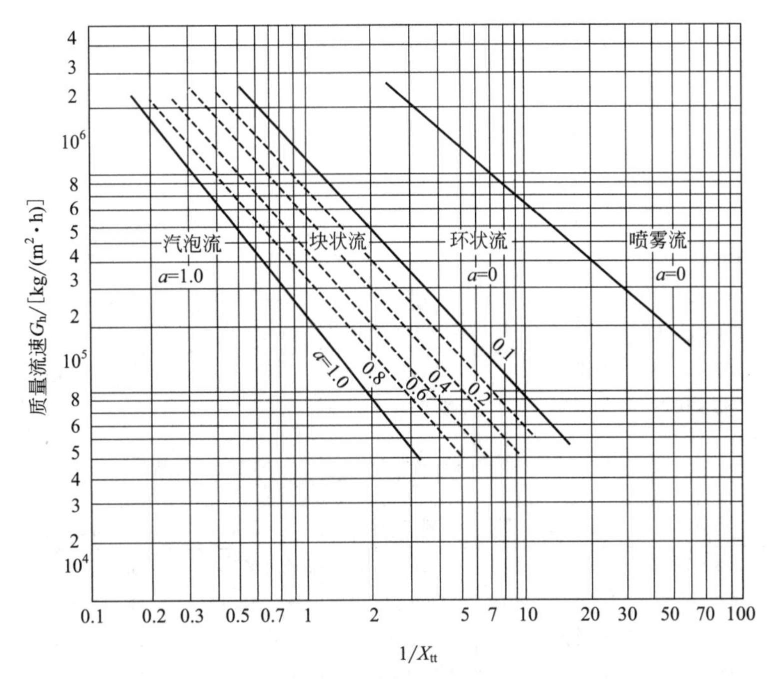

图 3-23　立式再沸器中推定两相流动形式的列线图

对流传热系数 α_{tp}　质量分数 $x=0.4x_e$ 处的对流传热系数 α_{tp} 为

$$\alpha_{tp}=0.023\zeta\frac{\lambda_b}{d_i}[Re(1-x)]^{0.8}Pr^{0.4} \tag{3-56}$$

式中，ζ 为两相对流传热修正系数，其值为

$$\zeta=3.5\left(\frac{1}{X_{tt}}\right)^{0.5} \tag{3-57}$$

式(3-57) 称为登格勒 (Dengler) 公式。

当 $x=0.4x_e$ 时，用式(3-53) 计算出 $1/X_{tt}$，再用式(3-57) 求得 ζ，最后用式(3-56) 求取 α_{tp}。

蒸发段传热系数 K_E　用式(3-12) 计算 K_E。

显热段和蒸发段长度

显热段长度 L_{BC} 和传热管总长 L 之比为

$$\frac{L_{BC}}{L}=\frac{(\Delta t/\Delta p)_s}{\left(\frac{\Delta t}{\Delta p}\right)_s+\frac{\pi d_i N_T K_L \Delta t_m}{C_{pb}\rho_b W_t}} \tag{3-58}$$

式中，$(\Delta t/\Delta p)_s$ 为沸腾物系蒸气压曲线的斜率，常用物质的蒸气压曲线斜率可由表3-19查取，也可根据饱和蒸气压与温度的关系来计算。

表 3-19　常用物质蒸气压曲线的斜率

温度/℃	$(\Delta t/\Delta p)_s$/(K·m²/kg)					
	丁烷	戊烷	己烷	庚烷	辛烷	苯
70	5.37×10^{-4}	1.247×10^{-3}	3.085×10^{-3}	6.89×10^{-3}	1.548×10^{-2}	3.99×10^{-3}
80	4.59×10^{-4}	1.022×10^{-3}	2.35×10^{-3}	5.17×10^{-3}	1.136×10^{-2}	3.09×10^{-3}
90	4.01×10^{-4}	8.49×10^{-4}	1.955×10^{-3}	4.02×10^{-3}	8.48×10^{-3}	2.45×10^{-3}
100	3.5×10^{-4}	7.075×10^{-4}	1.578×10^{-3}	3.14×10^{-3}	6.6×10^{-3}	1.936×10^{-3}
110	3.21×10^{-4}	6.9×10^{-4}	1.3×10^{-3}	2.565×10^{-3}	5.05×10^{-3}	1.583×10^{-3}

续表

温度/℃	$(\Delta t/\Delta p)_s/(K \cdot m^2/kg)$					
	丁烷	戊烷	己烷	庚烷	辛烷	苯
120	2.785×10^{-4}	5.175×10^{-4}	1.053×10^{-3}	2.085×10^{-3}	4.01×10^{-3}	1.317×10^{-3}
130	2.535×10^{-4}	4.5×10^{-4}	9.14×10^{-4}	1.86×10^{-3}	3.23×10^{-3}	1.103×10^{-3}
140	2.29×10^{-4}	3.97×10^{-4}	7.81×10^{-4}	1.43×10^{-3}	2.64×10^{-3}	9.425×10^{-4}
150	2.105×10^{-4}	3.51×10^{-4}	6.66×10^{-4}	1.22×10^{-3}	2.17×10^{-3}	8.12×10^{-4}
160	1.93×10^{-4}	3.14×10^{-4}	5.78×10^{-4}	1.047×10^{-3}	1.825×10^{-3}	7.45×10^{-4}
170	1.79×10^{-4}	2.81×10^{-4}	5.025×10^{-4}	9.1×10^{-4}	1.545×10^{-3}	6.21×10^{-4}
180	1.667×10^{-4}	2.52×10^{-4}	4.44×10^{-4}	7.87×10^{-4}	1.31×10^{-3}	5.525×10^{-4}
190	1.553×10^{-4}	2.305×10^{-4}	3.83×10^{-4}	6.99×10^{-4}	1.128×10^{-3}	5.01×10^{-4}
200	1.48×10^{-4}	2.09×10^{-4}	3.5×10^{-4}	6.22×10^{-4}	0.548×10^{-3}	4.43×10^{-4}

温度/℃	$(\Delta t/\Delta p)_s/(K \cdot m^2/kg)$					
	甲苯	间、对二甲苯	邻二甲苯	乙苯	异丙苯	水
70	9.775×10^{-3}	2.43×10^{-2}	2.91×10^{-2}	2.2×10^{-2}	3.69×10^{-2}	7.29×10^{-3}
80	7.67×10^{-3}	1.915×10^{-2}	2.09×10^{-2}	1.572×10^{-2}	2.63×10^{-2}	5.22×10^{-3}
90	5.68×10^{-3}	1.422×10^{-2}	1.528×10^{-2}	1.156×10^{-2}	1.878×10^{-2}	3.73×10^{-3}
100	4.36×10^{-3}	1.075×10^{-2}	1.145×10^{-2}	8.86×10^{-3}	1.367×10^{-2}	2.75×10^{-3}
110	3.445×10^{-3}	8.21×10^{-3}	8.78×10^{-3}	6.83×10^{-3}	1.035×10^{-2}	2.055×10^{-3}
120	2.752×10^{-3}	6.425×10^{-3}	6.78×10^{-3}	5.26×10^{-3}	7.785×10^{-3}	1.585×10^{-3}
130	2.21×10^{-3}	5×10^{-3}	5.33×10^{-3}	4.2×10^{-3}	6.09×10^{-3}	1.265×10^{-3}
140	1.84×10^{-3}	4×10^{-3}	4.29×10^{-3}	3.39×10^{-3}	4.79×10^{-3}	9.66×10^{-4}
150	1.508×10^{-3}	3.235×10^{-3}	3.53×10^{-3}	2.755×10^{-3}	3.83×10^{-3}	7.77×10^{-4}
160	1.26×10^{-3}	2.65×10^{-3}	2.38×10^{-3}	2.265×10^{-3}	3.07×10^{-3}	5.52×10^{-4}
170	1.072×10^{-3}	2.175×10^{-3}	2.39×10^{-3}	1.906×10^{-3}	2.505×10^{-3}	4.37×10^{-4}
180	9.07×10^{-4}	1.785×10^{-3}	2.05×10^{-3}	1.6×10^{-3}	2.055×10^{-2}	3.61×10^{-4}
190	7.78×10^{-4}	1.492×10^{-3}	1.687×10^{-3}	1.365×10^{-3}	1.738×10^{-3}	3.07×10^{-4}
200	6.79×10^{-4}	1.26×10^{-3}	1.467×10^{-3}	1.164×10^{-3}	1.462×10^{-2}	

根据式(3-58) 可求得显热段长度 L_{BC} 和蒸发段长度 L_{CD}。

平均传热系数 K_c

$$K_c=\frac{K_L L_{BC}+K_E L_{CD}}{L} \tag{3-59}$$

面积裕度核算比较 $K_{计算}$ 和 $K_{假定}$

求得传热系数后，可计算需要的传热面积和面积裕度。由于再沸器的热流量变化相对较大（因精馏塔常需要调节回流比），故再沸器的裕度应大些为宜，一般可在 30%左右。若所得裕度过小，则要从假定 K 值开始，重复以上各有关计算步骤，直到满足上述条件为止。亦可通过比较 K 值来进行。若 $K_{计算}$ 比 $K_{假定}$ 高出 20%，则说明假定值尚可，否则要重新假定 K 值。

② 循环流量的校核　由于在传热计算中，再沸器内的釜液循环量是在假设的出口汽化率下得出的，因而釜液循环量是否正确，需要核算。核算的方法是在给定的出口汽化率下，计算再沸器内的流体流动循环推动力及其流动阻力，应使循环推动力等于或略大于流动阻力，则表明假设的出口汽化率正确，否则应重新假设出口汽化率，重新进行计算。

循环推动力 Δp_D

$$\Delta p_D = [L_{CD}(\rho_b - \bar{\rho}_{tp}) - l\rho_{tp}]g \tag{3-60}$$

式中，$\bar{\rho}_{tp}$为对应于传热管出口处汽化率 1/3 处的两相流平均密度，kg/m^3；ρ_{tp}为传热管出口处两相流平均密度，kg/m^3；l 为再沸器上部管板至接管入塔口间的高度，其值可参照表 3-20 结合机械设计需要选取。

表 3-20　l 的参考值

再沸器公称直径/mm	400	600	800	1000	1200	1400	1600	1800
l/mm	0.8	0.90	1.02	1.12	1.24	1.26	1.46	1.58

其他各参数按如下方式处理。

$$\rho_{tp} = \rho_V(1 - R_L) + \rho_b R_L \tag{3-61}$$

式中，R_L 为两相流的液相分数。

$$R_L = \frac{X_{tt}}{(X_{tt}^2 + 21X_{tt} + 1)^{0.5}} \tag{3-62}$$

蒸发段的两相流平均密度以出口汽化率的 1/3 计算，即取 $x = x_e/3$，由式(3-53) 求得的 X_{tt}代入式(3-62)，求得 R_L，于是应用式(3-61) 便可求得 $\bar{\rho}_{tp}$；当 $x = x_e$ 时，按上述同样的方法求得 ρ_{tp}，这样，用式(3-60) 便可求得循环推动力 Δp_D。

循环阻力 Δp_f

再沸器中液体循环阻力 Δp_f (Pa) 包括管程进口管阻力 Δp_1、因动量变化引起的加速损失 Δp_2、传热管显热段阻力 Δp_3、传热管蒸发段阻力 Δp_4 和管程出口管阻力 Δp_5，即

$$\Delta p_f = \Delta p_1 + \Delta p_2 + \Delta p_3 + \Delta p_4 + \Delta p_5 \tag{3-63}$$

管程进口管段阻力 Δp_1

$$\Delta p_1 = \lambda_i \frac{L_i}{D_i}\frac{G^2}{2\rho_b} \tag{3-64}$$

$$\lambda_i = 0.01227 + 0.7543/Re_i^{0.38} \tag{3-65}$$

式中，λ_i 为进口管阻力系数；L_i 为进口管长度与局部阻力当量长度之和，m。

$$L_i = \frac{(D_i/0.0254)^2}{0.3426(D_i/0.0254 - 0.1914)} \tag{3-66}$$

式中，D_i 为进口管内径，m。

式(3-65) 中的 Re_i 为

$$Re_i = \frac{D_i G}{\mu_b} \tag{3-67}$$

且

$$G = W_t / \frac{\pi}{4}D_i^2 \tag{3-68}$$

加速损失 Δp_2　由于在传热管内沿蒸发段蒸汽质量分数渐增，故两相流加速，其损失为

$$\Delta p_2 = G^2 M/\rho_b, \quad G = \frac{W_t}{\left(\frac{\pi}{4}d_i^2 N_T\right)} = \frac{W_t}{\left(\frac{\pi}{4}D_i^2\right)} \tag{3-69}$$

$$M = \frac{(1 - x_e)^2}{R_L} + \frac{\rho_b}{\rho_V}\left(\frac{x_e^2}{1 - R_L}\right) - 1 \tag{3-70}$$

传热管显热段阻力损失 Δp_3　按直管阻力损失计算

$$Re = \frac{d_i G}{\mu_b}, \quad G = W_t / \frac{\pi}{4}d_i^2 N_T$$

$$\lambda = 0.01227 + 0.7543/Re^{0.38}$$

$$\Delta p_3=\lambda\frac{L_{BC}}{d_i}\frac{G^2}{2\rho_b} \tag{3-71}$$

传热管蒸发段阻力损失 Δp_4　该段为两相流，故其流动阻力损失计算应按两相流考虑。计算方法是分别计算该段的汽-液两相流动的阻力，然后按一定方法加和，求得阻力损失。

汽相流动阻力 Δp_{V4}

$$\Delta p_{V4}=\lambda_V\frac{L_{CD}}{d_i}\times\frac{G_V^2}{2\rho_V} \tag{3-72}$$

取该段内的平均汽化率 $x=\frac{2}{3}x_e$，则汽相质量流率 G_V 为

$$G_V=xG,\quad G=\frac{W_t}{\left(\frac{\pi}{4}d_i^2N_T\right)} \tag{3-73}$$

汽相流动的 Re_V 为　$$Re_V=\frac{d_iG_V}{\mu_V},\quad \lambda_V=0.01227+\frac{0.7543}{Re_V^{0.38}} \tag{3-74}$$

液相流动阻力 Δp_{L4}　$$\Delta p_{L4}=\lambda_L\frac{L_{CD}}{d_i}\times\frac{G_L^2}{2\rho_b} \tag{3-75}$$

液相流率 G_L　$$G_L=G-G_V \tag{3-76}$$

液相流动 Re_L　$$Re_L=\frac{d_iG_L}{\mu_b},\quad \lambda_L=0.01227+\frac{0.7543}{Re_L^{0.38}} \tag{3-77}$$

两相压降 Δp_4　$$\Delta p_4=(\Delta p_{V4}^{1/4}+\Delta p_{L4}^{1/4})^4 \tag{3-78}$$

管程出口阻力 Δp_5

汽相流动阻力 Δp_{V5}　$$\Delta p_{V5}=\lambda_V\frac{l'}{D_o}\times\frac{G_V^2}{2\rho_V} \tag{3-79}$$

出口管中汽相质量流率 G_V　$$G_V=x_eG,\quad G=W_t/\frac{\pi}{4}D_o^2 \tag{3-80}$$

出口管中汽相流动的 Re_V　$$Re_V=\frac{D_oG_V}{\mu_V},\quad \lambda_V=0.01227+\frac{0.7543}{Re_V^{0.38}} \tag{3-81}$$

液相流动阻力 Δp_{L5}　$$\Delta p_{L5}=\lambda_L\frac{l'}{D_o}\times\frac{G_L^2}{2\rho_b} \tag{3-82}$$

液相流率 G_L　$$G_L=G-G_V \tag{3-83}$$

液相流动 Re_L　$$Re_L=\frac{D_oG_L}{\mu_b},\quad \lambda_L=0.01227+\frac{0.7543}{Re_L^{0.38}} \tag{3-84}$$

两相压降 Δp_5　$$\Delta p_5=(\Delta p_{V5}^{1/4}+\Delta p_{L5}^{1/4})^4 \tag{3-85}$$

循环推动力 Δp_D 与循环阻力 Δp_f 的相对误差

$$(\Delta p_D-\Delta p_f)/\Delta p_D=0.01\sim0.05 \tag{3-86}$$

即核算时，应使 Δp_D 略大于 Δp_f，若相对误差过大，则说明该再沸器还有潜力，应适当减少汽化率，即提高循环流量，直至使其相对误差满足要求为止。

最后要指出：对于这类再沸器可省略校核其是否小于最大热流密度。

3.3.4　立式热虹吸再沸器工艺设计示例

【示例 3-3】　设计一台立式热虹吸热集成再沸器，以前塔顶蒸汽冷凝为热源，加热塔底釜液使其沸腾。前塔顶蒸汽组成：乙醇 0.12，水 0.88，均为摩尔分数，釜液可视为纯水。具体设计条件及相关物性见表 3-21。

表 3-21　设计条件及相关物性

操作条件	壳程	管程	
温度/℃	146～130(露点 T_d～泡点 T_b)	112(平均沸点 t_b)	
压力(绝)/MPa	0.5	0.16	
蒸发量/(kg/h)		10442.3	
壳程凝液物性(138℃)		管程流体物性(112℃)	
		液相	汽相
潜热	$r_c=1704$kJ/kg	$r_b=2225$kJ/kg	
热导率	$\lambda_c=0.535$W/(m·K)	$\lambda_b=0.6862$W/(m·K)	
黏度	$\mu_c=0.2$mPa·s	$\mu_b=0.25$mPa·s	$\mu_V=0.012$mPa·s
密度	$\rho_c=859$kg/m³	$\rho_b=950$kg/m³	$\rho_V=0.88$kg/m³
比热容		$C_{pb}=4.2289$kJ/(kg·K)	
表面张力		$\sigma_b=5.602\times10^{-2}$N/m	
蒸气压曲线斜率		$(\Delta t/\Delta p)_s=1.961\times10^{-3}$K·m²/kg	

[设备工艺设计计算如下]

一、工艺结构尺寸的估算

1. 计算传热速率 Q

$$D_c=\frac{D_b r_b}{r_c}=\frac{10442.3\times2225}{1704}=13635\text{kg/h}$$

$$Q=D_c r_c=D_b r_b=10442.3\times2225\times10^3/3600=6.454\times10^6\text{W}$$

2. 计算传热温差 Δt_m

$$\Delta t_m=\frac{(T_d-t_b)-(T_b-t_b)}{\ln[(T_d-t_b)/(T_b-t_b)]}=\frac{(146-112)-(130-112)}{\ln[(146-112)/(130-112)]}=25.16\text{K}$$

3. 假定传热系数 K

依据壳程及管程中介质的种类，按竖直管式查表，从中选取 $K=605$W/(m²·K)。

4. 计算传热面积 A_p

$$A_p=\frac{Q}{K\Delta t_m}=\frac{6.454\times10^6}{605\times25.16}=424\text{m}^2$$

5. 传热管数量

传热管规格选为 $\phi25$mm×2mm，$L=3000$mm，按正三角形排列，则传热管的根数为

$$N_T=\frac{A}{\pi d_o L}=\frac{424}{3.14\times0.025\times3}=1800\ (\text{根})$$

6. 壳体直径

现按 3.3.3.2 节中介绍的方法求取壳体直径。由 $N_T=3a(a+1)+1=1800$，解得 $a=24$($a=-25$ 舍去)。再由 $b=2a+1$ 解得 $b=49$。于是

$$D=t(b-1)+(2\sim3)d_o=32\times(49-1)+3\times25\approx1600\text{mm}$$

取进口管直径 $D_i=250$mm，出口管直径 $D_o=600$mm。

二、传热系数校核

1. 显热段传热系数 K_L

(1) 循环量 W_t

假设传热管出口汽化率为 $x_e=0.021$，釜液蒸发量为 D_b，则循环量 W_t 为

$$W_t=\frac{D_b}{x_e}=\frac{10442.3}{3600\times0.021}=138\text{kg/s}$$

(2) 显热段传热管内传热系数

设传热管内流通截面积为 S_i，则传热管内釜液的质量流率 G 为

$$S_i=(\pi/4)d_i^2 N_T=0.785\times0.021^2\times1800=0.6231\text{m}^2$$

$$G=\frac{W_t}{S_i}=\frac{138}{0.6231}=221.47\text{kg}/(\text{m}^2\cdot\text{s})$$

$$Re=\frac{d_iG}{\mu_b}=\frac{0.021\times221.47}{0.25\times10^{-3}}=18603$$

$$Pr=\frac{C_{pb}\mu_b}{\lambda_b}=\frac{4.2289\times10^3\times0.25\times10^{-3}}{0.6862}=1.541$$

显热段传热管内传热系数 α_i 为

$$\alpha_i=0.023\frac{\lambda_b}{d_i}Re^{0.8}Pr^{0.4}=0.023\times\frac{0.6862}{0.021}\times18603^{0.8}\times1.541^{0.4}=2327\text{W}/(\text{m}^2\cdot\text{K})$$

（3）壳程冷凝传热系数 α_o

$$\alpha_o=0.75\times1.87\left(\frac{\rho_c^2 g\lambda_c^3}{\mu_c^2}\right)^{1/3}Re_o^{-1/3}$$

$$=0.75\times1.87\left[\frac{859^2\times9.81\times0.535^3}{(0.2\times10^{-3})^2}\right]^{1/3}\left(\frac{4\times13635}{3600\times3.14\times0.025\times1800\times0.2\times10^{-3}}\right)^{-1/3}$$

$$=5224.5\ [\text{W}/(\text{m}^2\cdot\text{K})]$$

式中，0.75 是双组分按单组分计算的校正系数。

（4）污垢热阻

沸腾侧：$R_i=4.299\times10^{-4}\text{m}^2\cdot\text{K/W}$　冷凝侧：$R_o=1.72\times10^{-4}\text{m}^2\cdot\text{K/W}$　管壁：$R_w=4.299\times10^{-5}\text{m}^2\cdot\text{K/W}$

（5）显热段的传热系数

$$K_L=\left(\frac{d_o}{\alpha_i d_i}+\frac{R_i d_o}{d_i}+\frac{R_w d_o}{d_m}+R_o+\frac{1}{\alpha_o}\right)^{-1}$$

$$=\left(\frac{25}{2327\times21}+\frac{4.299\times10^{-4}\times25}{21}+\frac{4.299\times10^{-5}\times25}{23}+1.72\times10^{-4}+\frac{1}{5224.5}\right)^{-1}$$

$$=698\text{W}/(\text{m}^2\cdot\text{K})$$

2. 蒸发段传热系数 K_E

（1）管内沸腾-对流传热系数 α_v

$$\alpha_v=a\alpha_b+b\alpha_{tp}$$

① 泡核沸腾的平均修正系数 a

$$a=\frac{a_E+a'}{2}$$

$$G_h=3600G=3600\times221.47\approx8.0\times10^5\text{kg}/(\text{m}^2\cdot\text{h})$$

$$\Psi=\left(\frac{\rho_V}{\rho_b}\right)^{0.5}\left(\frac{\mu_b}{\mu_V}\right)^{0.1}=\left(\frac{0.88}{950}\right)^{0.5}\left(\frac{0.25}{0.012}\right)^{0.1}=0.04123$$

当 $x=x_e=0.021$ 时　$$\left.\frac{1}{X_{tt}}\right|_{x=0.021}=\frac{\left(\frac{x}{1-x}\right)^{0.9}}{\psi}=\frac{\left(\frac{0.021}{1-0.021}\right)^{0.9}}{0.04123}=0.764$$

查图 3-23 得 $a_E=0.45$。

当 $x=0.4x_e=0.0084$ 时　$$\left.\frac{1}{X_{tt}}\right|_{x=0.0084}=\frac{\left(\frac{x}{1-x}\right)^{0.9}}{\psi}=\frac{\left(\frac{0.0084}{1-0.0084}\right)^{0.9}}{0.04123}=0.3311$$

查图 3-23 得 $a'=1.0$。

$$a=\frac{a_E+a'}{2}=\frac{0.45+1.0}{2}=0.725$$

② 泡核沸腾传热系数 α_b

$$\alpha_b=0.225\frac{\lambda_b}{d_i}Pr^{0.69}\left(\frac{Qd_i}{Ar_b\mu_b}\right)^{0.69}\left(\frac{\rho_b}{\rho_V}-1\right)^{0.33}\left(\frac{Pd_i}{\sigma}\right)^{0.31}$$

$$=0.225\times\frac{0.6862}{0.021}\times1.541^{0.69}\times\left(\frac{6.4539\times10^6\times0.021}{424\times2225\times10^3\times0.25\times10^{-3}}\right)^{0.69}\left(\frac{950}{0.88}-1\right)^{0.33}\left(\frac{1.6\times10^5\times0.021}{5.602\times10^{-2}}\right)^{0.31}$$

$$=2051\ \mathrm{W/(m^2\cdot K)}$$

③ 质量分数 $x=0.4x_e$ 处的对流传热系数 α_{tp}

$$\zeta=3.5\left(\frac{1}{X_{tt}}\right)^{0.5}=3.5\times(0.3311)^{0.5}=2.014$$

$$\alpha_{tp}=0.023\zeta\frac{\lambda_b}{d_i}[Re(1-x)]^{0.8}Pr^{0.4}$$

$$=0.023\times2.014\times\frac{0.6862}{0.021}[18603(1-0.0084)]^{0.8}\times1.541^{0.4}$$

$$=4654.5\mathrm{W/(m^2\cdot K)}$$

④ 管内沸腾-对流传热系数 α_V

$$\alpha_V=a\alpha_b+b\alpha_{tp}=0.725\times2051+1\times4654.5=6141.5\mathrm{W/(m^2\cdot K)}$$

（2）蒸发段传热系数 K_E

$$K_E=\left(\frac{d_o}{\alpha_v d_i}+\frac{R_i d_o}{d_i}+\frac{R_w d_o}{d_m}+R_o+\frac{1}{\alpha_o}\right)^{-1}$$

$$=\left(\frac{25}{6141.5\times21}+\frac{4.299\times10^{-4}\times25}{21}+\frac{4.299\times10^{-5}\times25}{23}+1.72\times10^{-4}+\frac{1}{5224.5}\right)^{-1}$$

$$=896\mathrm{W/(m^2\cdot K)}$$

3. 显热段和蒸发段长度

显热段长度 L_{BC} 和传热管总长 L 之比为

$$\frac{L_{BC}}{L}=\frac{(\Delta t/\Delta p)_s}{\left(\frac{\Delta t}{\Delta p}\right)_s+\frac{\pi d_i N_T K_L \Delta t_m}{C_{pb}\rho_b W_t}}=\frac{1.961\times10^{-3}}{1.961\times10^{-3}+\frac{3.14\times0.021\times1800\times698\times25.16}{4228.9\times950\times138}}=0.3428$$

$$L_{BC}=0.3428\times3=1.028\ (\mathrm{m}),\ L_{CD}=3-1.028=1.972\mathrm{m}$$

4. 平均传热系数 K_c

$$K_c=\frac{K_L L_{BC}+K_E L_{CD}}{L}=\frac{698\times1.028+896\times1.972}{3}=828\mathrm{W/(m^2\cdot K)}$$

5. 面积裕度核算

比较 $K_{计算}$ 和 $K_{假定}$，若 $K_{计算}$ 比 $K_{假定}$ 高出 20%，则说明假定值尚可，否则要重新假定 K 值。

$$\frac{K_c-K}{K}=\frac{828-605}{605}=37\%$$

三、循环流量的校核

1. 循环推动力 Δp_D

当 $x=\frac{1}{3}x_e=0.007$ 时，

$$X_{tt}=\Psi\left(\frac{1-x}{x}\right)^{0.9}=0.04123\left(\frac{1-0.007}{0.007}\right)^{0.9}=3.5635$$

$$R_L=\frac{X_{tt}}{(X_{tt}^2+21X_{tt}+1)^{0.5}}=\frac{3.5635}{(3.5635^2+21\times3.5635+1)^{0.5}}=0.379$$

$$\bar{\rho}_{tp}=\rho_V(1-R_L)-\rho_b R_L=0.88\times(1-0.379)+950\times0.379=360.6\text{kg/m}^3$$

当 $x=x_e$时，按上述同样的方法求得 $\rho_{tp}=227\text{kg/m}^3$。

参照表 3-20 并根据焊接需要选取再沸器上部管板至接管入塔口间的高度 $l=1.4\text{m}$，计算循环推动力 Δp_D

$$\Delta p_D=g[L_{CD}(\rho_b-\bar{\rho}_{tp})-l\rho_{tp}]=9.81\times[1.972(950-360.6)-1.4\times227]=8284.5\text{Pa}$$

2. 循环阻力 Δp_f

$$\Delta p_f=\Delta p_1+\Delta p_2+\Delta p_3+\Delta p_4+\Delta p_5$$

（1）管程进口管阻力 Δp_1

$$G=\frac{W_t}{0.785D_i^2}=\frac{138}{0.785\times0.25^2}=2812.7\text{kg/(m}^2\cdot\text{s)}$$

$$Re_i=\frac{D_iG}{\mu_b}=\frac{0.25\times2812.7}{0.25\times10^{-3}}=2.8127\times10^6$$

$$\lambda_i=0.01227+0.7543/Re_i^{0.38}=0.0149$$

$$L_i=\frac{(D_i/0.0254)^2}{0.3426(D_i/0.0254-0.1914)}=29.3\text{m}$$

$$\Delta p_1=\lambda_i\frac{L_i}{D_i}\frac{G^2}{2\rho_b}=7271\ \text{Pa}$$

（2）加速损失 Δp_2

$$M=\frac{(1-x_e)^2}{R_L}+\frac{\rho_b}{\rho_V}\left(\frac{x_e^2}{1-R_L}\right)-1=\frac{(1-0.021)^2}{0.238}+\frac{950}{0.88}\times\left(\frac{0.021^2}{1-0.238}\right)-1=3.65$$

$$G=W_t/\frac{\pi}{4}d_i^2N_T=221.46\text{kg/(m}^2\cdot\text{s)}$$

$$\Delta p_2=G^2M/\rho_b=221.46^2\times3.65/950=188\text{Pa}$$

（3）传热管显热段阻力损失 Δp_3

按直管阻力损失计算

$$\lambda=0.01227+0.7543/Re^{0.38}=0.0303$$

$$\Delta p_3=\lambda\frac{L_{BC}}{d_i}\frac{G^2}{2\rho_b}=0.0303\times\frac{1.028}{0.021}\times\frac{221.46^2}{2\times950}=38\text{Pa}$$

（4）传热管蒸发段阻力损失 Δp_4

该段为两相流，故其流动阻力损失计算应按两相流考虑。计算方法是分别计算该段的汽-液两相流动的阻力，然后按一定方法加和，求得阻力损失。

① 汽相流动阻力 Δp_{V4}　取该段内的平均汽化率 $x=\frac{2}{3}x_e=0.014$，则汽相质量流速 G_V为

$$G_V=xG=3.1\text{kg/(m}^2\cdot\text{s)}$$

汽相流动的 Re_V为$Re_V=\frac{d_iG_V}{\mu_V}=\frac{0.021\times3.1}{0.012\times10^{-3}}=5425$

$$\lambda_V=0.01227+\frac{0.7543}{Re_V^{0.38}}=0.01227+\frac{0.7543}{5425^{0.38}}=0.041$$

$$\Delta p_{V4}=\lambda_V \frac{L_{CD}}{d_i}\frac{G_V^2}{2\rho_V}=0.041\times\frac{1.972}{0.021}\times\frac{3.1^2}{2\times0.88}=21.0\text{Pa}$$

② 液相流动阻力 Δp_{L4}

$$G_L=G-G_V=221.46-3.1=220.36\text{kg/(m}^2\cdot\text{s)}$$

$$Re_L=\frac{d_iG_L}{\mu_b}=\frac{0.021\times220.36}{0.25\times10^{-3}}=18510$$

$$\lambda_L=0.01227+\frac{0.7543}{18510^{0.38}}=0.0303$$

$$\Delta p_{L4}=\lambda_L \frac{L_{CD}}{d_i}\frac{G_L^2}{2\rho_b}=0.0303\times\frac{1.972}{0.021}\times\frac{220.36^2}{2\times950}=73\text{Pa}$$

③ 两相压降 Δp_4

$$\Delta p_4=(\Delta p_{V4}^{1/4}+\Delta p_{L4}^{1/4})^4=(21^{0.25}+73^{0.25})^4=656\text{Pa}$$

(5) 管程出口阻力 Δp_5

① 汽相流动阻力 Δp_{V5}　出口管中汽相质量流率为

$$G_V=x_eG=0.021\times\frac{138}{0.785\times0.6^2}=10.25\text{kg/(m}^2\cdot\text{s)}$$

出口管中汽相流动的 Re_V 为

$$Re_V=\frac{D_oG_V}{\mu_V}=\frac{0.6\times10.25}{0.012\times10^{-3}}=512500$$

$$\lambda_V=0.01227+\frac{0.7543}{512500^{0.38}}=0.0174$$

$$l'=1.5l=1.5\times1.5=2.25\text{m}$$

$$\Delta p_{V5}=\lambda_V \frac{l'}{D_o}\frac{G_V^2}{2\rho_V}=0.0174\times\frac{2.25}{0.6}\times\frac{10.25^2}{2\times0.88}=4\text{Pa}$$

② 液相流动阻力 Δp_{L5}

液相流率 G_L 为 $G_L=G-G_V=\frac{138}{0.785\times0.6^2}-10.25=478.1\ \text{kg/(m}^2\cdot\text{s)}$

液相流动 Re_L 为 $Re_L=\frac{D_oG_L}{\mu_b}=\frac{0.6\times478.1}{0.25\times10^{-3}}=1.15\times10^6$

$$\lambda_L=0.01227+\frac{0.7543}{(1.15\times10^6)^{0.38}}=0.01602$$

$$\Delta p_{L5}=\lambda_L \frac{l'}{D_o}\frac{G_L^2}{2\rho_b}=0.01602\times\frac{2.25}{0.6}\times\frac{478.1^2}{2\times950}=7\text{Pa}$$

③ 两相压降 Δp_5

$$\Delta p_5=(\Delta p_{V5}^{1/4}+\Delta p_{L5}^{1/4})^4=(4^{0.25}+7^{0.25})^4=85\text{Pa}$$

循环阻力 Δp_f　　$\Delta p_f=7271+188+38+656+85=8238\text{Pa}$

3. 循环推动力 Δp_D 与循环阻力 Δp_f 的相对误差

$$\frac{\Delta p_D-\Delta p_f}{\Delta p_D}=\frac{8284.5-8238}{8284.5}=0.006$$

核算满足要求，所设计的再沸器合适。

四、传热面积裕度

所需换热面积 $$A=\frac{Q}{K_c \Delta t_m}=\frac{6.454\times10^6}{828\times25.16}=310\text{m}^2$$

面积裕度 $$H=\frac{A_p-A}{A}=\frac{424-310}{310}=37\%$$

3.4 换热器设计任务四则

［设计任务1］ 列管式煤油冷却器的工艺设计

一、设计任务

非标准系列列管式煤油冷却器的工艺设计。

说明：对于非标准系列列管式换热器的设计，因是非标，显然不能按标准系列列管式换热器在标准系列规格中进行选型设计，而应按非标准系列列管式换热器的设计程序进行。

二、操作条件

（1）处理能力：（1.6，2.0，2.2，2.6，2.8，3.2）$\times10^4$ t/a 煤油

（2）设备型式：列管式换热器（或立式、或卧式）。

（3）操作条件：

① 煤油：入口温度140℃（或自选），出口温度40℃（或自选）。

② 冷却介质：自来水，入口温度30℃（或自选），出口温度自选。

③ 允许压降：不大于10^5Pa。

④ 每年按330天计，每天24h连续运行。

三、设计内容

（1）设计方案简介：对确定的工艺流程及换热器型式进行简要论述。

（2）换热器的工艺计算：物料衡算与热量衡算，确定换热器的传热面积。

（3）换热器的主要结构尺寸的设计计算。

（4）主要辅助设备的设计与选型计算。

（5）结合石油炼制工艺绘制带控制点的煤油冷却器工艺流程图。

（6）绘制换热器总装配图。

（7）编写设计说明书。

四、设计思考题

（1）设计列管式换热器时，通常都应选用标准型号的换热器，为什么？

（2）为什么在化工厂使用列管式换热器最广泛？

（3）在列管式换热器中，壳程有挡板和没有挡板时，其对流传热系数的计算方法有何不同？

（4）说明列管式换热器的选型计算步骤？

（5）在换热过程中，冷却剂的进出口温度是按什么原则确定的？

（6）说明常用换热管的标准规格（管径和管长）。

（7）列管式换热器中，两流体的流动方向是如何确定的？比较其优缺点？

五、部分设计问题指导

（1）列管式换热器基本型式的选择；

（2）冷却剂的进出口温度的确定原则；

（3）流体流向的选择；

（4）流体流速的选择；

（5）管子的规格及排列方法；

（6）管程数和壳程数的确定；

（7）挡板的型式。

[设计任务 2]　乙醇-水精馏塔顶产品冷凝器的工艺设计

一、设计题目

乙醇-水精馏塔顶产品全凝器的设计。

设计冷凝器，冷凝乙醇-水系统精馏塔顶部的馏出产品。产品中乙醇的浓度为 95%，处理量为（5～8）$\times 10^4$ t/a，要求全部冷凝。冷凝器操作压力为常压，冷却介质为水，其压力为 0.3MPa，进口温度为 30℃，出口温度为 40℃。

二、设计任务及操作条件

（1）处理量：（5，6，7，8）$\times 10^4$ t/a。

（2）产品浓度：含乙醇 95%。

（3）冷却介质：压力为 0.3MPa，入口温度 30℃，出口温度 40℃。

（4）操作压力：常压。

（5）允许压降：不大于 10^5 Pa。

（6）每年按 330 天计，每天 24h 连续运行。

（7）设计项目：

① 设计方案简介：对确定的工艺流程及换热器型式进行简要论述。

② 换热器的工艺计算：确定换热器的传热面积。

③ 换热器的主要结构尺寸设计。

④ 主要辅助设备选型。

⑤ 绘制换热器总装配图。

三、设计说明书

（1）目录；

（2）设计题目及原始数据（任务书）；

（3）论述换热器总体结构（换热器型式、主要结构）的选择；

（4）换热器加热过程有关计算（物料衡算、热量衡算、传热面积、换热管型号、壳体直径等）；

（5）设计结果概要（主要设备尺寸、衡算结果等）；

（6）主体设备设计计算及说明；

（7）主要零件的强度计算（选做）；

（8）附属设备的选择（选做）；

（9）参考文献；

（10）后记及其他。

四、设计图要求

附工艺流程图及冷凝器装配图一张。

五、设计思考题

（1）换热器的结构、类型及工作原理？

（2）影响传热的主要因素有哪些？

（3）何为冷凝器，冷凝器的主要型式及结构？

（4）选择走管程或壳程的介质时有哪些原则？

（5）循环冷却水的进出口温度确定原则。

（6）设计冷凝器的主要步骤。

（7）对冷凝器的设计你进行了哪些优化？

六、部分设计问题指导

学生在接受设计任务后，首先应明确设计的步骤、方向、如何查阅有关数据和收集资料，并确定设计方案。本设计应在以下几个方面加以指导。

1. 物性数据的查阅

在设计中涉及水、乙醇等物质的多种物理参数，如密度、黏度、比热容、汽化潜热、热导率等，如何正确查阅数据是化工技术人员的基本功，因此在这方面应加以指导。

2. 经验公式的正确应用

在设计中要用到某些经验公式，如果选择不当，则会使设计误差加大。如壳程换热系数计算时，如果采用单管公式显然不对。因为工业换热器的气体冷凝比单管要复杂得多，从上排管外流下的冷凝液在下排管会产生一定的撞击和飞溅，从而使下一排管外的冷凝膜并不像单管叠加时那么厚，同时附加的扰动又会加速传热，在缺乏可靠数据时可采用经验公式估算。

3. 初选冷凝器

根据计算出的传热面积 A，从国家颁布的换热器标准系列中初选冷凝器，既不能选得太大，又要满足传热需要。此外，标准设备的管数与计算值不一致时应如何考虑等，都需要加以引导。

4. 结构设计

指导学生对关键部位进行设计并提出优化设想，如提高传热效果、降低成本等。

[设计任务 3] 正戊烷冷凝器的设计任务书

一、设计题目

正戊烷冷凝器的设计。

二、设计任务及操作条件

(1) 处理量：(2.0，2.2，2.5，2.8)$\times 10^4$ t/a。

(2) 正戊烷冷凝温度为 51.7℃，冷凝液于饱和液体下离开冷凝器。

(3) 冷却介质：地下水，入口温度 20℃（或自选）。

(4) 允许压降：不大于 10^5 Pa。

(5) 每年按 330 天计，每天 24h 连续运行。

(6) 设备型式：立式列管冷凝器。

(7) 设计项目：

① 设计方案简介：对确定的工艺流程及换热器型式进行简要论述；

② 换热器的工艺计算：确定换热器的传热面积；

③ 选择合适的立式列管冷凝器并进行校核计算；

④ 对冷凝器的附件进行设计，包括结构设计；

⑤ 绘制换热器总装配图。

(8) 设计要求：

① 说明书采用统一封面和纸张；

② 方案和流程的选择要阐明理由；

③ 设计过程思路清晰，内容完全；

④ 设计、计算中，所采用的公式、数据、图表等注明出处，有些需说明理由；

⑤ 一律用钢笔填写，要排列整齐，字体端正，书面整洁；

⑥ 计算过程均应写出；

⑦ 设备图以制图要求为准；

⑧ 集中做设计，独立完成。

三、设计说明书

(1) 课程名称、首页、目录及页码；
(2) 前言；
(3) 简述设计内容、自己设计的特点、引用的标准等；
(4) 热量衡算及初步估算换热面积；
(5) 冷凝器的选型及流动空间的选择；
(6) 工艺流程图；
(7) 冷凝器的校核计算；
(8) 结构及附件设计计算；
(9) 冷凝器的主要数据一览表；
(10) 设计结果评价；
(11) 附立式列管冷凝器总装图。

四、设计图要求

附工艺流程图及冷凝器装配图一张。

五、设计思考题

(1) 冷却水出口温度如何确定？
(2) 流体流动空间的选择原则是什么？
(3) 在K计算公式中各项含义是什么？在不同情况下说明提高 K 值的途径及采取的措施。
(4) 管壳式换热器中，采用多管程的目的是什么？在壳程加挡板的目的又是什么？
(5) 在什么情况下，固定板换热器要设计膨胀节？
(6) 列管式冷凝器的蒸汽入口处是否需设计缓冲挡板？
(7) 列管式冷凝器的换热管的排列方式有几种，如何选用？
(8) 立式列管式冷凝器是否要设计支座，选用什么标准确定支座的尺寸？
(9) 列管式冷凝器的接管的设计依据是什么？
(10) 如何判断你所设计的换热器性能及经济上适用性的优劣？

六、部分设计问题指导

(1) 自定冷却水的出口温度，并由热量衡算确定其用量。

(2) 估计 K 值大小，应首先估计对流传热系数较小一侧的对流传热系数。

(3) 设计换热设备既要考虑操作费用，又要考虑设备费用，也就是既要使阻力降不能太高，也不能使传热面积较大，使管程的冷却水有一个合适的流速。

七、设计答辩指导

(1) 弄清整个设计过程脉络，关键步骤。
(2) 基本概念正确，各计算方法有依据，准确。
(3) 选型的依据，选择管程、壳程流体、流向或某一值的考虑。
(4) 如何改进设计？有何可修改的地方？如何修改？
(5) 分析、评判所做设计是否可操作，经济性如何？
(6) 图面布置是否符合制图标准？
(7) 各部分结构在图上是否正确体现？
(8) 设计说明是否清晰，文字有何错误？

[设计任务 4]　立式热虹吸再沸器的工艺设计

一、设计题目

板式精馏塔底立式热虹吸再沸器的设计。

二、操作条件

(1) 蒸发量为 2.0kg/s。
(2) 操作压力为 1120kPa。
(3) 操作压力下烃的饱和温度为 83℃，临界压力 $p_c=4105\text{kPa}$。

（4）加热蒸汽压力 1.5kgf/cm^2（绝压）。

（5）该烃类在三个不同温度下的物理性质见表 3-22。手算时采用 83℃的物性值。

表 3-22　某烃类在三个温度下的物性数据

温度/℃	液态物理性质				气态物理性质				蒸气压/×10^{5}Pa	蒸发热/(kJ/kg)
	ρ_L/(kg/m^3)	C_{pL}/[kJ/(kg·℃)]	μ_L/mPa·s	λ_L/(W/m)	ρ_V/(kg/m^3)	C_{pV}/[kJ/(kg·℃)]	μ_V/×10^{-5}Pa·s	λ_V/(10^{-2}W/m)		
60	745	1.78	0.53	0.155	2.2	1.5	0.82	1.55	7.24	381
83	720	1.88	0.40	0.149	3.2	1.6	0.86	1.77	11.2	356
100	705	1.96	0.34	0.143	4.8	1.7	0.92	1.88	16.0	334

（6）传热管选用 ϕ25mm×2.5mm 的钢管，管长 L＝2.5m，由塔底到再沸器底部管口接管的当量长度为 20m，由再沸器顶部出口管返回塔接管的当量长度为 15m，进口管的内径为 0.150m，出口管的内径为 0.250m，出口管的高度 L_{DE}＝1.5m。

（7）管外水蒸气的对流传热系数定为 8500W/(m^2·K)。

三、设计内容

（1）设计方案简介：对确定的工艺流程及再沸器型式进行简要论述。

（2）再沸器的工艺计算：物料衡算与热量衡算，估算设备尺寸，初估再沸器的传热面积。

（3）再沸器的主要结构尺寸的设计计算：传热系数校核，循环流量校核，核算再沸器的换热面积。

（4）主要辅助设备的设计与选型计算。

（5）结合烃类精馏分离工艺，绘制带控制点的精馏分离工艺流程图。

（6）绘制再沸器总装配图。

（7）编写设计说明书。

【本章具体要求】

通过本章学习应能做到：

◇　了解各类换热器的结构特点和应用场合。

◇　掌握管壳式换热器的设计计算方法，并能对此类设备的水力学性能进行正确估算，同时了解 Solidworks 或其他 3D 绘图软件的工程应用。

◇　掌握再沸器的设计计算方法，对常用的热虹吸式或釜式再沸器能进行正确的设计计算，为后续的塔设备设计打下基础。

◇　正确绘制换热装置的工艺设计条件图和换热装置的总装图。

第 4 章

蒸发装置的工艺设计

【本章导读指引】

本章将主要介绍：

◇ 蒸发过程的特点与蒸发装置的分类。

◇ 蒸发装置的结构特点与选型原则。

◇ 蒸发操作压力与蒸发效数的确定。

◇ 多效蒸发过程的流程组织与工艺设计计算。

◇ 蒸发器主要工艺结构尺寸的设计计算及辅助设备的选型与设计计算。

4.1 概述

将含有不挥发性溶质的溶液加热至沸腾，使其中的挥发性溶剂部分汽化从而将溶液浓缩的过程称为蒸发。蒸发操作广泛应用于化工、轻工、制药、食品等领域。由于蒸发过程只是从溶液中分离出部分溶剂，而溶质仍留在溶液中，因此，蒸发操作即为溶液中挥发性溶剂与不挥发性溶质的分离过程。

(1) 蒸发过程的特点

由于溶剂的汽化速率取决于传热速率，故蒸发操作属于传热过程。但是，蒸发操作乃是含有不挥发溶质的溶液的沸腾传热，因此它具有某些不同于一般换热过程的特殊性，主要体现在如下方面。

① 溶液沸点升高　由于溶液含有不挥发性溶质，在相同的温度下，溶液的蒸气压低于纯溶剂的蒸气压。也就是说，在相同压力下，溶液的沸点比纯溶剂的沸点高。因此，当加热蒸汽温度一定，蒸发溶液时的传热温度差要小于蒸发溶剂时的温度差；溶液的浓度越高，这种影响也越显著。在进行蒸发设备的设计计算时，必须考虑溶液沸点上升的这种影响。

② 物料工艺特性　蒸发过程中，溶液的某些性质随着溶液的浓缩而改变，有些物料在浓缩过程中可能结垢、析出结晶或产生泡沫；有些物料是热敏性的，在高温下易变质或分解；有些物料具有较大的腐蚀性或较高的黏度等。因此，在选择蒸发的方法和设备时，必须考虑物料的这些工艺特性。

③ 能量利用与回收　蒸发时需消耗大量的加热蒸汽，而溶液汽化又产生大量的二次蒸汽，如何充分利用二次蒸汽的潜热，提高加热蒸汽的经济程度，是蒸发装置设计中必须考虑的问题。

(2) 蒸发装置的分类

根据溶液在蒸发装置中的流动方式，大致可将蒸发器分为循环型与单程型两大类。循环型蒸发器主要有水平列管式、中央循环管式、悬筐式、外热式、列文式及强制循环式等；单程型蒸发器主要有升膜式、降膜式、升-降膜式及刮板式等。无论何种结构形式，它们均由加热室、流动或循环通道及汽液分离空间三部分组成。

4.1.1 蒸发装置的结构特点

(1) 循环型蒸发器

循环型蒸发器的基本特点是：溶液在蒸发器内作连续的循环运动，溶液每经过加热管一次，即蒸发出一部分水分，经多次循环后被浓缩到指定要求。图 4-1～图 4-6 是几种常用循环型蒸发器的结构形式。

① 水平列管式蒸发器　如图 4-1 所示。其加热管为 ϕ20～40mm 的无缝钢管或铜管，管内通加热蒸汽，管束浸没于溶液中。这种蒸发器适用于蒸发无结晶析出而且黏度不高的溶液，由于在操作中溶液自然循环的速度受到横管的阻拦而减低，所以随后很快被中央循环管式蒸发器所取代。

② 中央循环管式蒸发器　亦称标准式蒸发器（见图 4-2）。其加热室由许多垂直列管所组成，管径为 ϕ25～40mm，总长 1～2m。在加热室中装有中央循环管，中央循环管截面为加热管总截面的 40%～100%。由于在循环管与加热管中液体的密度不同，所以产生液体的循环。在蒸发器内，溶液由加热管上升，受热而达到沸腾，所产生的二次蒸汽经分离器与除沫器后由顶部排出，液体则经中央循环管下降。降至蒸发器底的液体又沿加热管上升，如此不断循环，溶液的循环速度也不断加快，可达 0.1～0.5m/s，因而可以提高蒸发器的传热系数与生产强度。此种蒸发器适用于黏度大的溶液和易生结垢或易于结晶的溶液的蒸发。

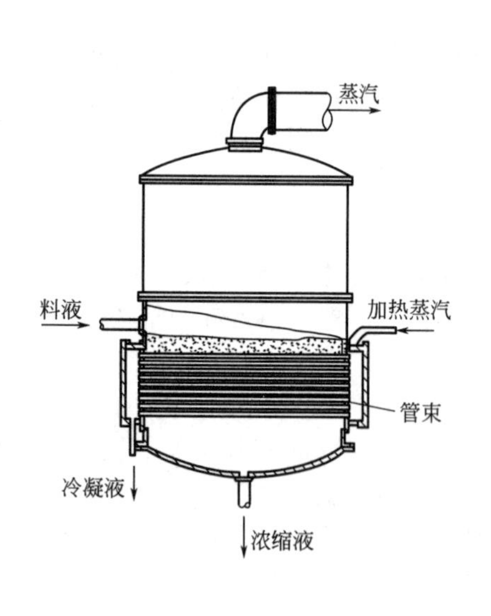

图 4-1　水平列管式蒸发器

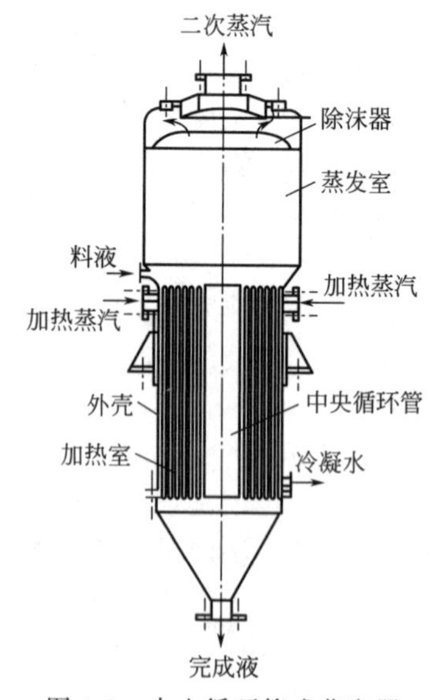

图 4-2　中央循环管式蒸发器

③ 悬筐式蒸发器　如图 4-3 所示。其加热室像个悬筐悬挂于容器内，其结构与中央循

环管式蒸发器相似，可由顶部取出，便于清洗和更换。蒸发器中溶液的循环是沿加热室与壳体间的环隙下降，而沿加热管束上升。环形截面积为加热管截面积的 100%～150%，循环速度比标准式蒸发器大，约为 1.0～1.5m/s。

④ 外循环式蒸发器　如图 4-4 所示。这种蒸发器的特征在于加长的加热管（管长与直径之比 $L/D=50\sim100$），并把加热室安装在蒸发器的外面，这样就可以降低蒸发器的总高度，同时因循环管没有受到蒸汽加热，从而使溶液的自然循环速度较快（循环速度可达 1.5m/s）。

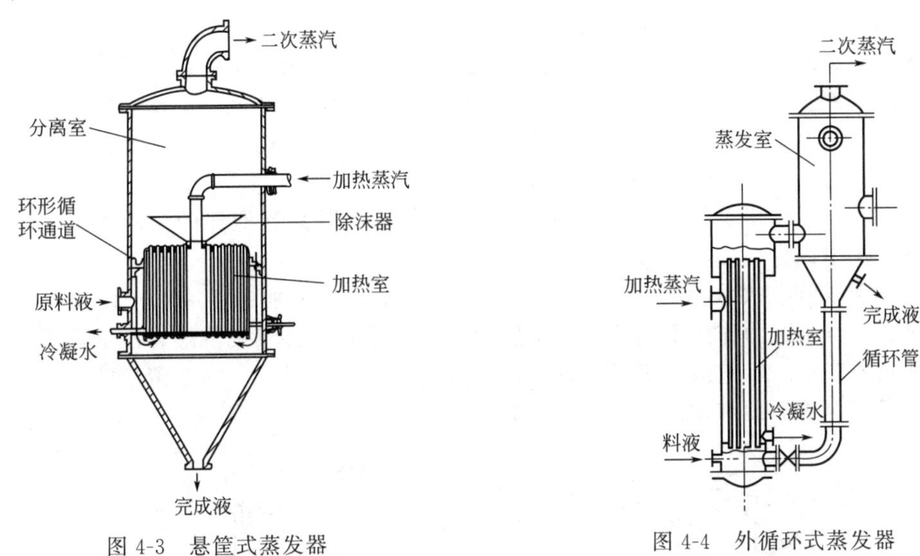

图 4-3　悬筐式蒸发器

图 4-4　外循环式蒸发器

⑤ 列文式蒸发器　如图 4-5 所示。其特点是加热室在液层深处，其上部增设直管段作为沸腾室。加热室中的溶液由于受到附加液柱的作用，沸点升高使溶液不在加热室中沸腾。当溶液上升到沸腾室时，压力降低，开始沸腾。

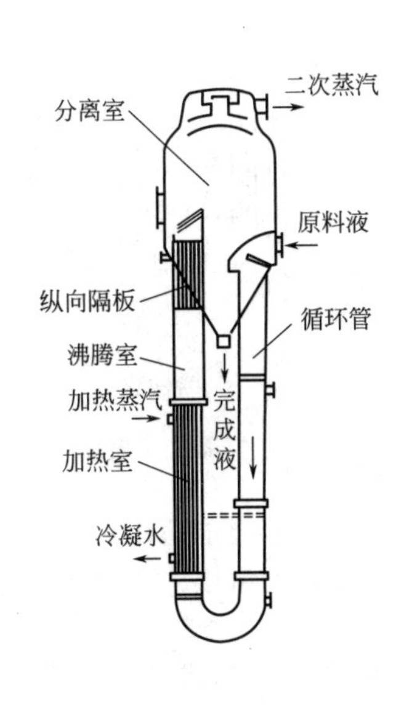

图 4-5　列文式蒸发器

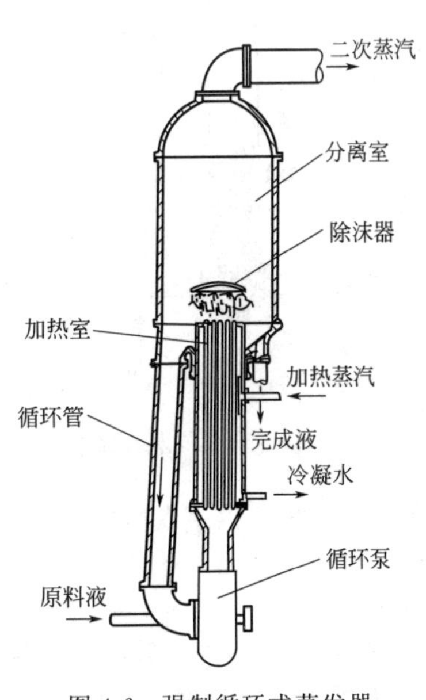

图 4-6　强制循环式蒸发器

⑥ 强制循环式蒸发器　如图 4-6 所示。与其他自然循环蒸发器不同，强制循环蒸发器

是在外热式蒸发器的循环管上设置循环泵，使溶液沿一定方向以较高速度循环流动，增大了传热系数，循环速度可达 1.5～3.5m/s。

（2）单程型蒸发器

单程型蒸发器的基本特点是：溶液以膜状形式通过加热管，经过一次蒸发即达到所需要的浓度。因此，溶液在蒸发器内的停留时间短，适用于热敏性物料的蒸发。又因溶液不循环，所以对设计和操作的要求较高。图 4-7～图 4-10 是几种常用单程型蒸发器的结构形式。

① 升膜式蒸发器　如图 4-7 所示，升膜式蒸发器的加热室由垂直长管组成，管长 3～15m，直径 25～50mm。管长和管径比为 100～150。原料液经预热后由蒸发器底部进入，在加热管内溶液受热沸腾汽化，所生成的二次蒸汽在管内以高速上升，带动液体沿管内壁呈膜状向上流动。溶液在上流的过程中不断汽化，进入分离室后，完成液与二次蒸汽分离，由分离室底部排出。常压下加热管出口处的二次蒸汽速度不应小于 10m/s，一般为 20～50m/s，减压操作时，有时可达 100～160m/s 或更高。

升膜式蒸发器适用于蒸发量较大（即稀溶液）、热敏性及易起泡沫的溶液，但不适于高黏度、有晶体析出或易结垢的溶液。

② 降膜式蒸发器　如图 4-8 所示。它与升膜式蒸发器的区别在于原料液由加热管的顶部加入。溶液在自身重力作用下沿管内壁呈膜状向下流动，并被蒸发浓缩，汽液混合物由加热管底部进入分离室，经汽液分离后，完成液由分离器的底部排出。为使溶液能在壁上均匀成膜，在每根加热管的顶部均需设置液体布膜器。

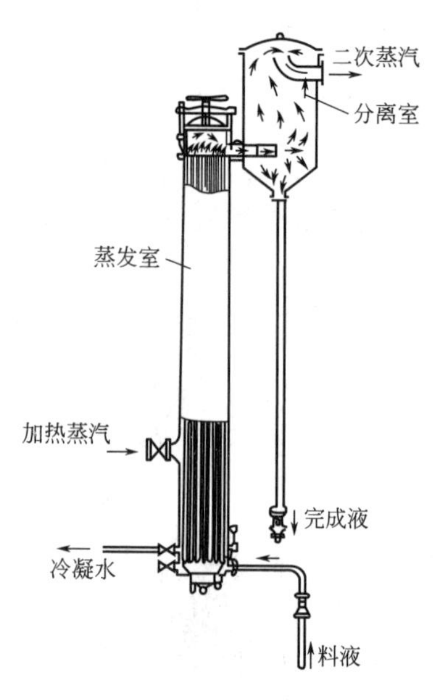

图 4-7　升膜式蒸发器

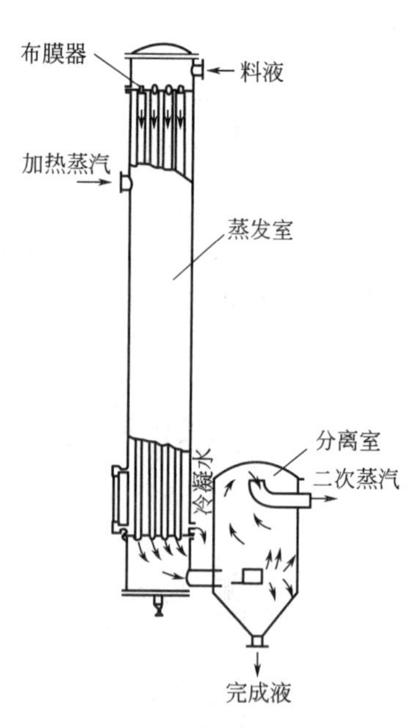

图 4-8　降膜式蒸发器

降膜式蒸发器可以蒸发组成较高的溶液，对于黏度较大的物料也能适用。但对于易结晶或易结垢的溶液不适用。此外，由于液膜在管内分布不易均匀，与升膜式蒸发器相比，其传热系数较小。

③ 升-降膜蒸发器　将升膜和降膜蒸发器装在一个外壳中，即构成升-降膜蒸发器。在升-降膜蒸发器中，原料液经预热后先由升膜加热室上升，然后由降膜加热室下降，再在分离室中和二次蒸汽分离后即得完成液。这种蒸发器多用于蒸发过程中溶液的黏度变化很大，水分蒸发量不大和厂房高度有一定限制的场合。

④ 旋转刮板蒸发器　此种蒸发器是专为高黏度溶液的蒸发而设计的。蒸发器的加热管为一根较粗的直立圆管，中、下部设有两个夹套进行加热，圆管中心装有旋转刮板。刮板的型式有两种：一种是固定间隙式，见图4-9，刮板端部与加热管内壁留有约1mm的间隙；另一种是可摆动式转子，如图4-10，刮板借旋转离心力紧压于液膜表面。

料液自顶部进入蒸发器后，在重力和刮板的搅动下分布于加热管壁，并呈膜状旋转向下流动。汽化后的二次蒸汽在加热管上端无套管部分被旋转刮板分去液沫，然后由上部抽出并加以冷凝，浓缩液由蒸发器底部放出。

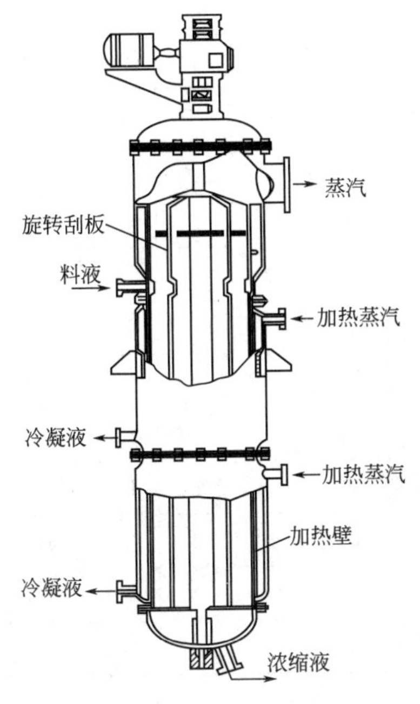

图4-9　固定间隙式刮板蒸发器

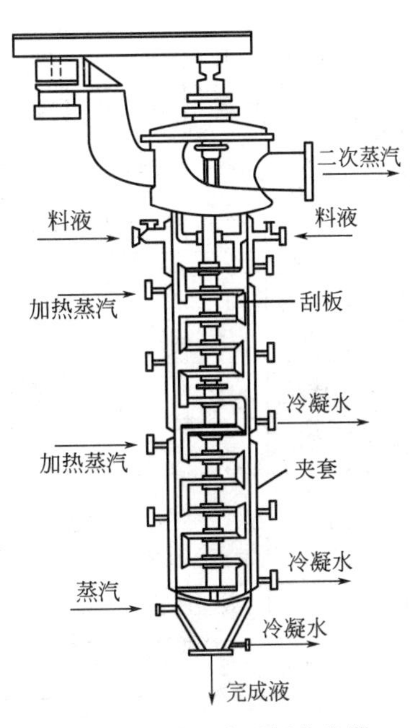

图4-10　转子式刮板蒸发器

旋转刮板式蒸发器的主要特点是借助外力强制料液成膜状流动，能适应于高黏度，易结晶、结垢的浓溶液的蒸发，此时仍能获得较高的传热系数。某些场合下可将溶液蒸干，而由底部直接获得粉末状的固体产物。这种蒸发器的缺点是结构复杂，制造要求高，加热面不大，而且需消耗一定的动力。

4.1.2 蒸发装置的选型原则

蒸发设备在结构上必须有利于过程的进行，因此，选用和设计蒸发设备时应该考虑以下几点：

① 尽量保证较大的传热系数；

② 要适合溶液的一些特性，如黏度、起泡性、热敏性、溶解度，随温度变化的特性及腐蚀性；

③ 能有效地分离液沫；

④ 尽量减少温差损失；

⑤ 尽量减慢传热面上污垢的生成速度；

⑥ 能排出溶液在蒸发过程中所析出的结晶体；

⑦ 能方便地清洗传热面。

除了从工艺过程的要求来考虑蒸发设备的结构以外，还必须从机械加工的工艺性、设备的价格、操作费和设备费的经济分析来考虑，为此还需注意下列几点：

① 设备的体积和金属材料的消耗量小；

② 机械加工和制造，安装应该合理和方便；

③ 检修要容易；

④ 设备的使用寿命要长；

⑤ 有足够的机械强度；

⑥ 操作费用要低。

综上所述，对蒸发器的要求是多方面的，但在选型的时候，首先要看它能否适应所蒸发物料的工艺特性，包括浓缩液的结垢、黏度、热敏性、有无结晶析出、发泡性及腐蚀性等。现将这些情况列于表 4-1。

表 4-1 常见蒸发器的一些主要性能

蒸发器型式	造价	总传热系数		溶液在管内的流速/(m/s)	停留时间	完成液浓度能否恒定	浓缩比	处理量	对溶液性质的适应性					
		稀溶液	高黏度						稀溶液	高黏度	易生泡沫	易结垢	热敏性	有结晶析出
水平管型	最廉	良好	低		长	能	良好	一般	适	适	适	不适	不适	不适
标准型	最廉	良好	低	0.1～0.5	长	能	良好	一般	适	适	适	尚适	尚适	稍适
外循环型	廉	高	良好	0.4～1.5	较长	能	良好	较大	适	尚适	较好	尚适	尚适	稍适
列文型	高	高	良好	1.5～2.5	较长	能	良好	较大	适	尚适	较好	尚适	尚适	稍适
强制循环	高	高	高	2.0～3.5	较长	能	较高	大	适	好	好	适	尚适	适
升膜式	廉	高	良好	0.4～1.0	短	较难	高	大	适	尚好	好	尚适	良好	不适
降膜式	廉	良好	高	0.4～1.0	短	尚能	较高	大	较适	好	适	不适	良好	不适
刮板式	最高	高	低		短	尚能	较高	较小	较适	好	较好	不适	良好	不适
甩盘式	较高	高	良好		较短	尚能	良好	较小	适	尚适	适	不适	较好	不适
旋风式	最廉	高	良好	1.5～2.0	短	较难	良好	较小	适	适	适	尚适	尚适	适
板式	高	高	高		较短	尚能	良好	较小	适	尚适	适	不适	尚适	不适
浸没燃烧	廉	高	低		短	较难	良好	较大	适	适	适	适	不适	适

4.1.3 蒸发操作压力的选择

蒸发器操作压力主要是指蒸发器加热蒸汽的压力（或温度）和冷凝器的操作压力或真空度。正确确定蒸发的操作条件，对保证产品质量和降低能源消耗具有重要意义。

加热蒸汽最高压力就是被蒸发溶液允许的最高温度，如超过这个温度，物料就可能变质。如果被蒸发溶液的允许温度较低，则可采用常压蒸发和真空蒸发。

蒸发是一个消耗大量加热蒸汽而又产生大量二次蒸汽的过程。从节能的观点出发，应该充分利用蒸发所产生的二次蒸汽作为其他加热设备的热源，即要求蒸发装置能提供温度较高的二次蒸汽。这样既可减少锅炉发生蒸汽的消耗量，又可减少末效进入冷凝器的二次蒸汽量。因此，能够采用较高温度的饱和蒸汽对提高二次蒸汽的利用率是有利的。

通常所用的饱和蒸汽的温度一般不超过 180℃，否则，相应的压力就很高，这就增加了加热的设备费用和操作费用。多效蒸发旨在节省加热蒸汽，应该尽量采用多效蒸发。如果工厂提供的是低压蒸汽，为了利用这些低压蒸汽，并实现多效蒸发，则末效应在较高的真空度下操作，以保证各效具有必要的传热温差，或者选用高效率的蒸发器，这种蒸发器在低温差下仍有较大的蒸发强度。

4.1.4 多效蒸发的效数与流程

4.1.4.1 效数确定

实际工业生产中，大多采用多效蒸发，其目的是为了降低蒸汽的消耗量，从而提高蒸发装置的经济性。表4-2为不同效数蒸发装置的蒸汽消耗量，其中实际消耗量包括蒸发装置的各项热损失。

表4-2　不同效数蒸发装置的蒸汽消耗量

效数	理论蒸汽消耗量		实际蒸汽消耗量		
	蒸发1kg水所需蒸汽量/(kg蒸汽/kg水)	1kg蒸汽所能蒸发的水量/(kg水/kg蒸汽)	蒸发1kg水所需蒸汽量/(kg蒸汽/kg水)	1kg蒸汽所能蒸发的水量/(kg水/kg蒸汽)	本装置若再增加一效可节约的蒸汽量①/%
单效	1.0	1	1.1	0.91	—
双效	0.5	2	0.57	1.754	48
三效	0.33	3	0.4	2.5	30
四效	0.25	4	0.3	3.33	25
五效	0.2	5	0.27	3.7	10

① 双效比单效节约的蒸汽量百分数为（1.1－0.57)/1.1＝48%，三效比二效节约的蒸汽量百分数为（0.57－0.4)/0.57＝30%，依此类推。

从表4-2中数据可看出，随着效数的增加，蒸汽消耗量在减少，但不是效数越多越好，这主要受经济和技术因素的限制。

① 经济上的限制　是指当效数增加到一定程度时经济上并不合理。在多效蒸发中，随效数的增加，总蒸发量相同时所消耗的蒸汽量在减少，使操作费用下降。但效数越多，设备的固定投资越大，设备的折旧费越多，而且随效数的增加，所节约的蒸汽量越来越少，如从单效改为双效时，蒸汽节约48%；但从四效改为五效时，仅节约蒸汽10%。最适宜的效数应使设备费和操作费的总和为最小。

② 技术上的限制　蒸发装置的效数过多，蒸发操作有可能不能顺利进行。在实际生产中，蒸汽的压力和冷凝器的真空度都有一定的限制。因此，在一定的操作条件下，蒸发器的理论总温差为一定值。当效数增加时，由于各效温差损失总和的增加，使总有效温差减少，分配到各效中的有效温差将有可能小至无法保证各效料液的正常沸腾，此时，蒸发操作将难以正常进行。

在蒸发操作中，为保证传热的正常进行，根据经验，每一效的温差不能小于5～7℃。通常，对于沸点升高较大的电解质溶液，如NaCl、NaOH、$NaNO_3$、Na_2CO_3、Na_2SO_4等可采用2～3效；对于沸点升高特大的物质，如$MgCl_2$、$CaCl_2$、KCl、H_3PO_4等，常采用单效蒸发；对于非电解质溶液，如有机溶剂等，其沸点升高较小，可取4～6效；在海水淡化中，温差损失很小，可采用20～30效。

4.1.4.2　流程选择

根据加热蒸汽与料液流向的不同，多效蒸发的操作流程可分为并流、逆流、平流、错流等流程。

① 并流流程　也称顺流加料流程，如图4-11所示，料液与蒸汽在效间流动同向。因各效间有较大的压力差，料液能自动从前效流向后效，不需输料泵；前效的温度高于后效，料液从前效进入后效时呈过热状态，过料时有闪蒸。并流流程结构紧凑，操作简便，应用较广。

对于并流流程，后效温度低、组成高，逐效料液的黏度增加，传热系数下降，并导致有效温差在各效间的分配不均。因此，并流流程只适用于处理黏度不大的料液。

② 逆流流程　逆流加料流程如图4-12所示，料液与加热蒸汽在效间呈逆流流动。效间需过料泵，动力消耗大，操作也较复杂；自前效到后效，料液组成渐增，温度同时升高，黏度及传热系数变化不大，温差分配均匀，适合于处理黏度较大的料液，不适合于处理热敏性料液。

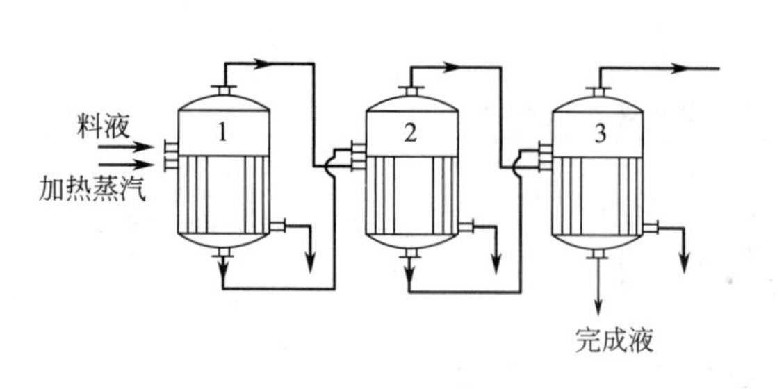

图 4-11 并流加料蒸发流程

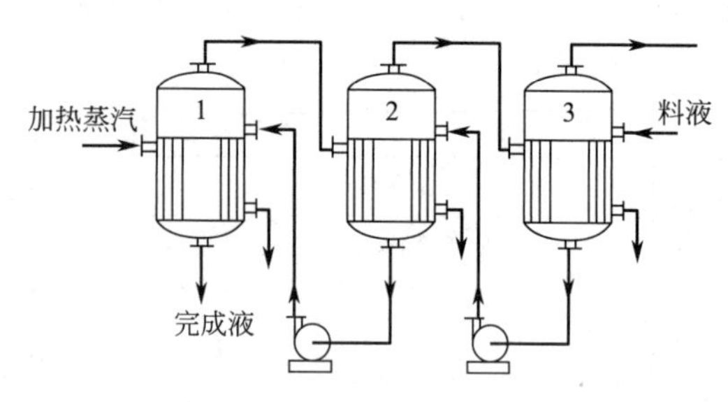

图 4-12 逆流加料蒸发流程

③ 平流流程　平流加料流程如图 4-13 所示，每一效都有进料和出料，适合于有大量结晶析出的蒸发过程。

④ 错流流程　错流流程也称为混流流程，如图 4-14 所示，它是并、逆流的结合，其特点是兼有并、逆流的优点，但操作复杂，控制困难。我国目前仅用于造纸工业及有色金属冶炼的碱回收系统中。

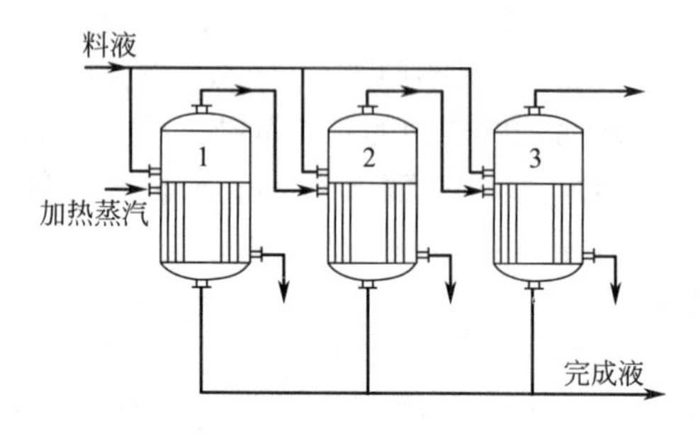

图 4-13 平流加料蒸发流程

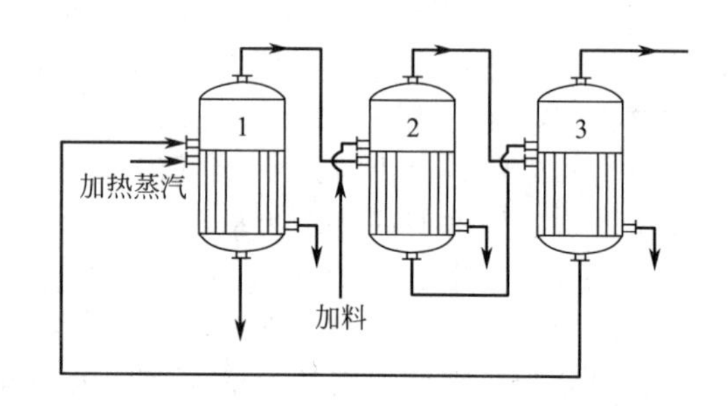

图 4-14 错流加料蒸发流程

4.2 多效蒸发过程的工艺计算

多效蒸发工艺计算的主要依据是物料衡算、热量衡算及传热速率方程。计算的主要项目有：加热蒸汽消耗量、各效溶剂蒸发量以及各效传热面积。计算的已知参数包括：料液的流量、温度和组成，最终完成液的组成，加热蒸汽的压力和冷凝器中的压力等。

现以多效并流流程（见图 4-15）为例介绍多效蒸发装置的工艺计算方法。

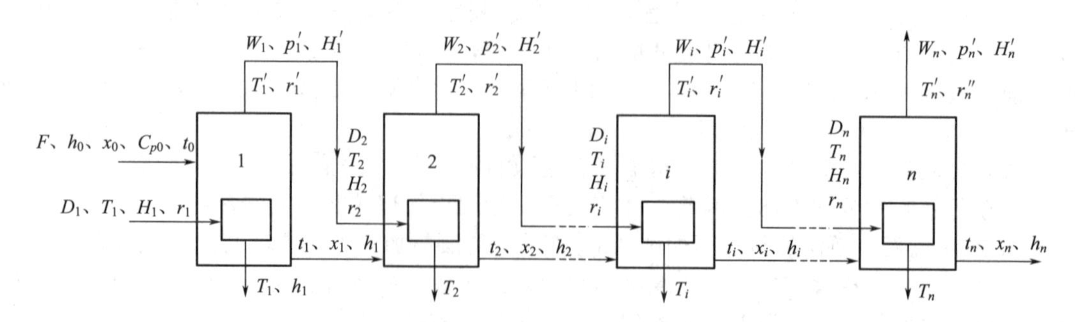

图 4-15 多效并流蒸发流程的工艺计算符号规定示意

4.2.1 各效蒸发量和完成液组成的估算

总蒸发量

$$W=F\left(1-\frac{x_0}{x_n}\right) \tag{4-1}$$

在蒸发过程中，总蒸发量为各效蒸发量之和，即

$$W=W_1+W_2+\cdots+W_n=\sum W_i \tag{4-2}$$

任一效中完成液的组成为

$$x_i=\frac{Fx_0}{F-(W_1+W_2+\cdots+W_i)}=\frac{Fx_0}{F-\sum W_i} \tag{4-3}$$

一般地，各效蒸发量可按总蒸发量的平均值估算，即

$$W_i=\frac{W}{n}=\frac{\sum W_i}{n} \tag{4-4}$$

对于并流操作的多效蒸发，因存在闪蒸现象，可按如下比例进行估算。例如，对于三效蒸发

$$W_1:W_2:W_3=1:1.1:1.2 \tag{4-5}$$

以上各式中，F 为原料液量，kg/h；W 为总蒸发量，kg/h；W_1，W_2，…，W_n 为各效的蒸发量，kg/h；x_0，x_1，x_2，…，x_n 为原料液及各效完成液溶质的质量分率，量纲为1。

4.2.2 各效溶液沸点及有效总温度差的估算

为求各效料液的沸点，首先应假定各效的压力。一般加热蒸汽的压力和冷凝器的压力（或末效压力）是给定的，其他各效的压力可按各效间蒸汽压力降相等的假设来确定，即

$$\Delta p=\frac{p_1-p'_K}{n} \tag{4-6}$$

式中，Δp 为各效加热蒸汽压力与二次蒸汽压力之差，Pa；p_1 为第1效加热蒸汽的压力，Pa；p'_K 为末效冷凝器中的压力，Pa。

多效蒸发中的有效传热温差可用下式计算

$$\sum\Delta t=(T_1-T'_K)-\sum\Delta \tag{4-7}$$

式中，$\sum\Delta t$ 为有效总温差，为各效有效温差之和，℃；T_1 为第1效加热蒸汽的温度，℃；T'_K 为冷凝器操作压力 p'_K 下二次蒸汽的饱和温度，℃；$\sum\Delta$ 为总的温度差损失，为各效温差损失之和，℃。

$$\sum\Delta=\Delta'+\Delta''+\Delta''' \tag{4-8}$$

式中，Δ' 为由于溶质的存在而引起的沸点升高（温度差损失），℃；Δ'' 为由液柱静压力而引起的沸点升高（温度差损失），℃；Δ''' 为由于管路流动阻力存在而引起的沸点升高（温度差损失），℃。

下面分别介绍各种温度差损失的计算。

(1) 由于溶液中溶质存在引起的沸点升高 Δ'

由于溶液中含有不挥发性溶质，阻碍了溶剂的汽化，因而溶液的沸点永远高于纯水在相同压力下的沸点。如在101.3kPa下，水的沸点为100℃，而71.3%的 NH_4NO_3（质量分数）的水溶液的沸点则为120℃。但二者在相同压力下（101.3kPa）沸腾时产生的饱和蒸汽（二次蒸汽）具有相同的温度（100℃）。由于溶液中溶质存在引起的沸点升高可定义为

$$\Delta' = t_B - T' \tag{4-9}$$

式中，t_B为溶液的沸点，℃；T'为与溶液液面压力相等时水（溶剂）的沸点，即二次蒸汽的饱和温度，℃。

溶液的沸点 t_B主要与溶液的种类、组成及压力有关，一般需由实验测定。

常压下某些常见溶液的沸点可从有关手册查阅，非常压下溶液的沸点查阅比较困难，当缺乏实验数据时，可用下式估算

$$\Delta' = f\Delta'_a \tag{4-10}$$

$$f = \frac{0.0162(T'+273)^2}{r'} \tag{4-11}$$

式中，Δ'_a为常压下（101.3kPa）由于溶质存在而引起的沸点升高，℃；Δ'为操作压力下由于溶质存在而引起的沸点升高，℃；f 为校正系数；T'为操作压力下二次蒸汽的温度，℃；r'为操作压力下二次蒸汽的汽化潜热，kJ/kg。

溶液的沸点亦可用杜林规则（Duhring rule）估算。杜林规则表明：一定组成的某种溶液的沸点与相同压力下标准液体（纯水）的沸点呈线性关系。由于不同压力下水的沸点可以从水蒸气表中查得，故一般以纯水作为标准液体。根据杜林规则，以某种溶液的沸点为纵坐标，以同压力下水的沸点为横坐标作图，可得一直线，即

$$\frac{t'_B - t_B}{t'_w - t_w} = k \tag{4-12}$$

或

$$t_B = kt_w + m \tag{4-13}$$

式中，t'_B、t_B分别为压力 p'和 p 下溶液的沸点，℃；t'_w、t_w分别为压力 p'和 p 下纯水的沸点，℃；k 为杜林直线的斜率；m 为直线的截距，为常数。

由式(4-13) 可知，只要已知溶液在两个压力下的沸点，即可求出杜林直线的斜率，进而可以求出任何压力下溶液的沸点。

(2) 由于液柱静压力而引起的沸点升高 Δ''

由于液层内部的压力大于液面上的压力，故相应的溶液内部的沸点高于液面上的沸点 t_B，二者之差即为液柱静压力引起的沸点升高。为简便计，以液层中部点处的压力和沸点代表整个液层的平均压力和平均温度，则根据流体静力学方程，液层的平均压力为

$$p_m = p' + \frac{\rho_m gL}{2} \tag{4-14}$$

式中，p_m为液层的平均压力，Pa；p'为液面处的压力，即二次蒸汽的压力，Pa；ρ_m为溶液的平均密度，kg/m^3；L 为液层高度，m；g 为重力加速度，m/s^2。

溶液的沸点升高为

$$\Delta'' = t_m - t_B \tag{4-15}$$

式中，t_m为平均压力 p_m下溶液的沸点，℃；t_B为液面处压力（即二次蒸汽压力）p'下溶液的沸点，℃。

作为近似计算，式(4-15) 中的 t_m和 t_B可分别用相应压力下水的沸点代替。

应当指出，由于溶液沸腾时形成气液混合物，其密度大为减小，因此按上述公式求得的 Δ''值比实际值略大。因此有人建议按 $p_m = p' + p_m gL/5$ 计算，其结果更符合实际情况。

(3) 由于流动阻力而引起的温度差损失 Δ'''

在多效蒸发中，末效以前各效的二次蒸汽，在流到次效加热室的过程中，由于管路流动阻力使其压力下降，蒸汽的饱和温度也相应下降，由此造成的温度差损失以 Δ'''表示。Δ'''与二次蒸汽在管道中的流速、物性以及管道尺寸有关，但很难定量确定，一般取经验值。对于

多效蒸发，效间的温度差损失一般取 1℃，末效与冷凝器间约为 1～1.5℃。

根据已估算的各效二次蒸汽压力 p_i' 及温度差损失 Δ_i，即可由下式估算各效溶液的温度（沸点）t_i。

$$t_i = T_i' + \Delta_i \tag{4-16}$$

4.2.3　加热蒸汽消耗量及各效蒸发水量的初步估算

第 i 效的热量衡算式为

$$Q_i = D_i r_i = (FC_{p0} - W_1 C_{pw} - W_2 C_{pw} - \cdots - W_{i-1} C_{pw})(t_i - t_{i-1}) + W_i r_i' \tag{4-17}$$

由上式可求得第 i 效的蒸发量 W_i。在热量衡算式中计入溶液的浓缩热及蒸发器的热损失时，还需考虑热利用系数 η。对于一般溶液的蒸发，热利用系数 η 可取为 $0.7 \sim 0.96\Delta x$（式中 Δx 为以质量分数表示的溶液组成变化）。

第 i 效的蒸发量 W_i 的计算式为

$$W_i = \eta_i \left[\frac{D_i r_i}{r_i'} - (FC_{p0} - W_1 C_{pw} - W_2 C_{pw} - \cdots - W_{i-1} C_{pw}) \left(\frac{t_i - t_{i-1}}{r_i'} \right) \right] \tag{4-18}$$

式中，D_i 为第 i 效加热蒸汽量，kg/h，当无额外蒸汽抽出时，$D_i = W_{i-1}$；r_i 为第 i 效加热蒸汽的汽化潜热，kJ/kg；r_i' 为第 i 效二次蒸汽的汽化潜热，kJ/kg；C_{p0} 为原料液的比热容，kJ/(kg·℃)；C_{pw} 为水的比热容，kJ/(kg·℃)；t_i、t_{i-1} 分别为第 i 效和第 $i-1$ 效溶液的温度（沸点），℃；η_i 为第 i 效的热利用系数，量纲为 1。

对于蒸汽的消耗量，可列出各效热量衡算式与式(4-2) 联解而求得。

4.2.4　传热系数 K 的确定

蒸发器的总传热系数的表达式原则上与普通换热器相同，即

$$K = \frac{1}{\dfrac{1}{\alpha_o} + R_{so} + \dfrac{b}{\lambda}\dfrac{d_o}{d_m} + R_{si}\dfrac{d_o}{d_i} + \dfrac{d_o}{\alpha_i d_i}} \tag{4-19}$$

式中，α 为对流传热系数，W/(m²·℃)；d 为管径，m；R_s 为垢层热阻，(m²·℃)/W；b 为管壁厚度，m；λ 为管材的热导率，W/(m·℃)；下标 i 表示管内侧，o 表示外侧，m 表示对数平均。

式(4-19) 中，管外蒸汽冷凝的传热系数 α_o 可按膜状冷凝的传热系数公式计算，垢层热阻值 R_s 可按经验值估计。

但管内溶液沸腾传热系数则受较多因素的影响，例如溶液的性质、蒸发器的型式、沸腾传热的形式以及蒸发操作的条件等。由于管内溶液沸腾传热的复杂性，现有的计算关联式的准确性较差。下面仅给出强制循环蒸发器管内沸腾传热系数的经验关联式，其他情况可参阅有关专著或手册。

在强制循环蒸发器中，加热管内的液体无沸腾区，因此可采用无相变时管内强制湍流的计算式，即

$$\alpha_i = 0.023 \frac{\lambda_L}{d_i} Re_L^{0.8} Pr_L^{0.4} \tag{4-20}$$

式中，λ_L 为液体的热导率，W/(m·℃)；d_i 为加热管的内径，m；Pr_L 为液体的普朗特数，量纲为 1；Re_L 为液体的雷诺数，量纲为 1。实验表明，式(4-20) 的 α_i 计算值比实验值约低 25%。

需要指出，由于 α_i 的关联式精度较差，目前在蒸发器设计计算中，总传热系数 K 大多

根据实测或经验值选定。表4-3列出了几种常用蒸发器 K 值的大致范围，可供设计时参考。

表4-3 蒸发器总传热系数 K 的概略值

蒸发器型式	总传热系数 K/[W/(m²·℃)]	蒸发器型式	总传热系数 K/[W/(m²·℃)]
水平浸没加热式	600～2300	外加热式(自然循环)	1200～6000
标准式(自然循环)	600～3000	外加热式(强制循环)	1200～6000
标准式(强制循环)	1200～6000	升膜式	1200～6000
悬筐式	600～3000	降膜式	1200～3500

4.2.5 蒸发器传热面积和有效温差在各效中的分配

任一效的传热速率方程为

$$Q_i=K_iS_i\Delta t_i \tag{4-21}$$

式中，Q_i 为第 i 效的传热速率，W；K_i 为第 i 效的传热系数，W/(m²·℃)；S_i 为第 i 效的传热面积，m²；Δt_i 为第 i 效的传热温差，℃。

确定总有效温差在各效间分配的目的是为了求取蒸发器的传热面积 S_i，现以三效为例加以说明

$$\left.\begin{aligned}S_1&=\frac{Q_1}{K_1\Delta t_1}\\S_2&=\frac{Q_2}{K_2\Delta t_2}\\S_3&=\frac{Q_3}{K_3\Delta t_3}\end{aligned}\right\} \tag{4-22}$$

式中

$$\left.\begin{aligned}Q_1&=D_1r_1\\Q_2&=W_1r_1'\\Q_3&=W_2r_2'\end{aligned}\right\} \tag{4-23}$$

$$\left.\begin{aligned}\Delta t_1&=T_1-t_1\\\Delta t_2&=T_2-t_2=T_1'-t_2\\\Delta t_3&=T_3-t_3=T_2'-t_3\end{aligned}\right\} \tag{4-24}$$

在多效蒸发中，为了便于制造和安装，通常采用各效传热面积相等的蒸发器，即

$$S_1=S_2=S_3=S$$

若由式(4-22)求得的传热面积不等，应根据各效传热面积相等的原则重新分配各效的有效温度差，具体方法如下。

设以 $\Delta t'$ 表示各效传热面积相等时的有效温差，则

$$\Delta t_1'=\frac{Q_1}{K_1S},\quad \Delta t_2'=\frac{Q_2}{K_2S},\quad \Delta t_3'=\frac{Q_3}{K_3S} \tag{4-25}$$

与式(4-22)比较可得

$$\Delta t_1'=\frac{S_1}{S}\Delta t_1,\quad \Delta t_2'=\frac{S_2}{S}\Delta t_2,\quad \Delta t_3'=\frac{S_3}{S}\Delta t_3 \tag{4-26}$$

将式(4-26)相加，得

$$\sum\Delta t=\Delta t_1'+\Delta t_2'+\Delta t_3'=\frac{S_1}{S}\Delta t_1+\frac{S_2}{S}\Delta t_2+\frac{S_3}{S}\Delta t_3$$

即

$$S=\frac{S_1\Delta t_1+S_2\Delta t_2+S_3\Delta t_3}{\sum\Delta t} \tag{4-27}$$

式中，$\sum\Delta t$ 为各效的有效温差之和，称为有效总温差，℃。

由式(4-27)求得传热面积 S 后，即可由式(4-26)重新分配各效的有效温差，重复上述计算步骤，直到求得的各效传热面积相等（或达到所要求的精度）为止，该面积即为所求传热面积。

由上可知，多效蒸发的计算非常繁琐，在实际设计中多采用编程电算，编程时可参考图 4-16 多效蒸发计算框图（以各效传热面积相等为原则）。

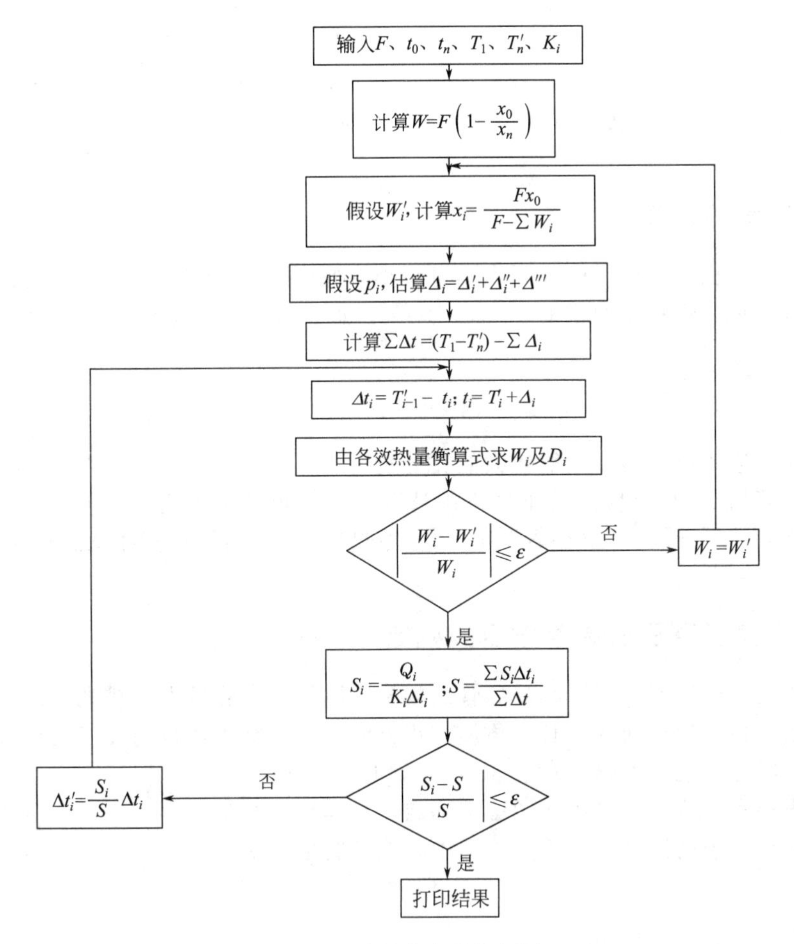
输入F、t_0、t_n、T_1、T_n'、K_i
计算$W=F\left(1-\frac{x_0}{x_n}\right)$
假设W_i'，计算$x_i=\frac{Fx_0}{F-\sum W_i}$
假设p_i，估算$\Delta_i=\Delta_i'+\Delta_i''+\Delta'''$
计算$\sum\Delta t=(T_1-T_n')-\sum\Delta_i$
$\Delta t_i=T_{i-1}'-t_i$; $t_i=T_i'+\Delta_i$
由各效热量衡算式求W_i及D_i
$\left|\frac{W_i-W_i'}{W_i}\right|\leqslant\varepsilon$
否
$W_i=W_i'$
是
$S_i=\frac{Q_i}{K_i\Delta t_i}$; $S=\frac{\sum S_i\Delta t_i}{\sum\Delta t}$
$\left|\frac{S_i-S}{S}\right|\leqslant\varepsilon$
否
$\Delta t_i'=\frac{S_i}{S}\Delta t_i$
是
打印结果

图 4-16　多效蒸发计算框图

4.3　蒸发器主要工艺结构尺寸的设计计算

下面以中央循环管式蒸发器为例说明蒸发器主要结构尺寸的设计计算方法。

中央循环管式蒸发器的主要结构尺寸包括：加热室和分离室（也称蒸发室）的直径和高度；加热管与中央循环管的规格、长度及在管板上的排列方式。这些尺寸的确定取决于工艺计算的结果（主要是传热面积）。

4.3.1　加热管的选择和管数的初步估计

蒸发器的加热管通常选用 ϕ25mm×2.5mm、ϕ38mm×2.5mm、ϕ57mm×3.5mm 等几种规格的无缝钢管。加热管的长度一般为 0.6～2.0m，但也有选用 2m 以上的管子。管子长度的选择应根据溶液结垢的难易程度、溶液的起泡性和厂房的高度等因素来考虑。易结垢和易起泡沫溶液的蒸发宜选用短管。

当加热管的规格与长度确立后，可由下式初步估计所需的管子数 n'

$$n'=\frac{S}{\pi d_o(L-0.1)} \tag{4-28}$$

式中，S 为蒸发器的传热面积，m^2，由前面的工艺计算决定；d_o 为加热管外径，m；L 为加热管长度，m。

因加热管固定在管板上，考虑管板厚度所占据的传热面积，则计算管子数 n'时的管长应取（$L-0.1$）m。为完成传热任务所需的最小实际管数 n，只有在管板上排列加热管后才能确定。

4.3.2 循环管的选择

循环管的截面积是根据使循环阻力尽量减小的原则来考虑的。中央循环管式蒸发器的循环管截面积可取加热管总截面积的 40%～100%。加热管的总截面积可按 n'计算，循环管内径以 D_l 表示，则

$$\frac{\pi}{4}D_l^2=(40\%\sim100\%)n'\frac{\pi}{4}d_i^2 \tag{4-29}$$

对于加热面积较小的蒸发器，应取较大的百分数。

按上式计算出 D_l 后，应从管子规格中选取管径相近的标准管，只要 n 与 n'相差不大，循环管的规格可一次确定。循环管的管长与加热管相等，循环管的表面积不计入传热面积中。

4.3.3 加热室直径及加热管数目的确定

加热室的内径取决于加热管和循环管的规格、数目及在管板上的排列方式。

加热管在管板上的排列方式有三角形、正方形、同心圆等，目前以三角形排列居多。管心距的数值已经标准化，见第 3 章表 3-6，设计时可选用。

加热室内径和加热管数采用作图法来确定，具体做法与第 3 章 3.2.2.2 节相同。

首先按单程管子的排列方式计算管束中心线上管数 n_c。

正三角形排列：$n_c=1.1\sqrt{n}$ (4-30)

正方形排列：$n_c=1.19\sqrt{n}$ (4-31)

式中，n 为总加热管数。

然后按式(4-32) 初步估算加热室内径，即

$$D_i=t(n_c-1)+2b' \tag{4-32}$$

式中，$b'=(1\sim1.5)d_o$。

根据初估加热室内径值和容器公称直径系列，试选一个内径作为加热室内径，并以此内径和循环管外径作同心圆，在同心圆的环隙中，按加热管的排列方式和管心距作图。作图所得管数 n 不能小于初估值 n'，如不满足，应另选一设备内径，重新作图，直至合适为止。壳体内径的标准尺寸列于表 4-4 中，设计时可作为参考。

表 4-4 壳体的尺寸标准

壳体内径/mm	400～700	800～1000	1100～1500	1600～2000
最小壁厚/mm	8	10	12	14

采用这种作图的方法可同时确定加热室内径和加热管数，简便易行。

4.3.4 分离室直径和高度的确定

分离室的直径和高度取决于分离室的体积，而分离室的体积又与二次蒸汽的体积流量及

蒸发体积强度有关。

分离室体积的计算式为

$$V=\frac{W}{3600\rho U} \tag{4-33}$$

式中，V 为分离室的体积，m^3；W 为某效蒸发器的二次蒸汽流量，kg/s；ρ 为某效蒸发器的二次蒸汽密度，kg/m^3；U 为蒸发体积强度，$m^3/(m^3 \cdot s)$，即每立方米分离室每秒产生的二次蒸汽量，一般允许值为 1.1～1.5$m^3/(m^3 \cdot s)$。

根据蒸发器工艺计算得到的各效二次蒸汽量，再从蒸发体积强度的数值范围内选取一个值，即可由上式计算出分离室的体积。

一般情况下，各效的二次蒸汽量是不相同的，且密度也不相同，按上式算出的分离室体积也不相同，通常末效体积最大。为方便起见，设计时各效分离室的尺寸可取一致。分离室体积宜取其中较大者。

分离室体积确定后，其高度 H 与直径 D 符合下列关系

$$V=\frac{\pi}{4}D^2H \tag{4-34}$$

在利用此关系确定高度和直径时应考虑如下原则。

① 分离室的高度与直径之比 $H/D=1\sim2$。对于中央循环管式蒸发器，其分离室的高度一般不能小于 1.8m，以保证足够的雾沫分离高度。分离室的直径也不能太小，否则二次蒸汽流速过大，将导致严重雾沫夹带。

② 在允许的条件下，分离室直径应尽量与加热室相同，这样可使结构简单，加工制造方便。

③ 高度和直径均应满足施工现场的安装要求。

4.3.5　接管尺寸的确定

流体进出口接管的内径 d 按下式计算

$$d=\sqrt{\frac{4V_s}{\pi u}}$$

式中，V_s 为流体的体积流量，m^3/s；u 为流体的适宜流速，m/s。

流体的适宜流速列于表 4-5 中，设计时可作为参考。

表 4-5　流体的适宜流速　　单位：m/s

强制流动的液体	自然流动的液体	饱和蒸汽	空气及其他气体
0.8～1.5	0.08～0.15	20～30	15～20

估算出接管内径后，应从管子的标准系列中选用相近的标准管。

蒸发器有如下主要接管。

① 溶液的进出口接管　对于并流加料的三效蒸发，第 1 效溶液的流量最大，若各效设备采用统一尺寸，应根据第 1 效溶液流量来确定接管。溶液的适宜流速按强制流动考虑。为方便起见，进出口可取统一管径。

② 加热蒸汽进口与二次蒸汽出口接管　若各效结构尺寸一致，则二次蒸汽体积流量应取各效中较大者。一般情况下，末效的体积流量最大。

③ 冷凝水出口接管　冷凝水的排出一般属于自然流动（有泵抽出的情况除外），接管直径应由各效加热蒸汽消耗量较大者确定。

4.4 蒸发装置的辅助设备

蒸发装置的辅助设备主要包括气液分离器与蒸汽冷凝器。

4.4.1 气液分离器

蒸发操作时，二次蒸汽中夹带大量的液体，虽在分离室得到初步分离，但为了防止损失有用的产品或防止污染冷凝液体，还需设置气液分离器，以使雾沫中的液体聚集并与二次蒸汽分离，故气液分离器又称为捕沫器或除沫器。

气液分离器类型很多，设置在蒸发器分离室顶部的有简易式、惯性式及丝网式除沫器等，如图 4-17 所示；设置在蒸发器外部的有折流式、旋流式及离心式除沫器等，如图 4-18 所示。

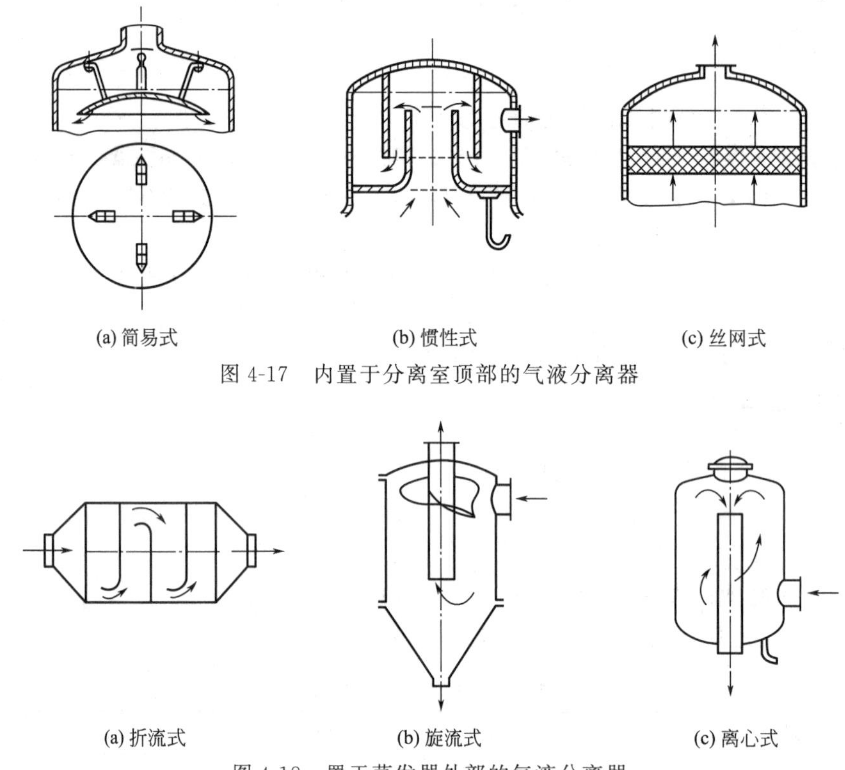

(a) 简易式　(b) 惯性式　(c) 丝网式

图 4-17　内置于分离室顶部的气液分离器

(a) 折流式　(b) 旋流式　(c) 离心式

图 4-18　置于蒸发器外部的气液分离器

惯性式除沫器是利用带有液滴的二次蒸汽在突然改变运动方向时，液滴因惯性作用而与蒸汽分离。其结构简单，中小型工厂中应用较多，其主要尺寸可按下列关系确定

$$D_0=D_1$$

$$D_1:D_2:D_3=1:1.5:2$$

$$H=D_3$$

$$h=(0.4\sim0.5)D_1$$

式中，D_0 为二次蒸汽的管径，m；D_1 为除沫器内管的直径，m；D_2 为除沫器外罩管的直径，m；D_3 为除沫器外壳直径，m；H 为除沫器的总高度，m；h 为除沫器内管顶部与器顶的距离，m。

丝网式除沫器是让蒸汽通过大比表面积的丝网，使液滴附在丝网表面而除去。除沫效果好，丝网空隙率大，蒸汽通过时压降小，因而丝网式除沫器应用广泛。丝网式除沫器的金属网一般采用三层或四层，丝网的规格型号可参阅有关手册。

各种气液分离器的性能列于表 4-6 中，设计时可作为参考。

表 4-6　各种气液分离器的性能

型　式	捕集雾滴的直径/μm	压降/Pa	分离效率/%	气速范围/(m/s)
简易式	＞50	98～147	80～88	3～5
惯性式	＞50	196～588	85～90	常压 12～25(进口)，减压＞25(进口)
丝网式	＞5	245～735	98～100	1～4
波纹折流板式	＞15	186～785	90～99	3～10
旋流式	＞50	392～735	85～94	常压 12～25(进口)，减压＞25(进口)
离心式	＞50	约 196	＞90	3～4.5

4.4.2　蒸汽冷凝器

4.4.2.1　主要类型

蒸汽冷凝器的作用是用冷却水将二次蒸汽冷凝。当二次蒸汽为有价值的热源产品需要回收或严重污染冷却水时，应采用间壁式冷却器，如列管式、板式、螺旋管式及淋水管式等热交换器（详细内容可参阅第 3 章）。当二次蒸汽为水蒸气不需要回收时，可采用直接接触式冷凝器，如多孔板式、水帘式、填充塔式及水喷射式等。二次蒸汽与冷却水直接接触进行热交换，其冷凝效果好、结构简单、操作方便、价格低廉，因此被广泛采用。

图 4-19 是几种常用的直接接触式蒸汽冷凝器。

多层多孔板式是目前广泛使用的型式之一，其结构如图 4-19(a) 所示。冷凝器内部装有 4～9 块不等距的多孔板，冷却水通过板上小孔分散成液滴而与二次蒸汽接触，接触面积大，冷凝效果好。但多孔板易堵塞，二次蒸汽在折流过程中压力增大，所以也采用压力较小的单层多孔板式冷凝器，但冷凝效果较差。

水帘式冷凝器的结构如图 4-19(b) 所示。器内装有 3～4 对固定的圆形和环形隔板，使冷却水在各板间形成水帘，二次蒸汽通过水帘时被冷凝。其结构简单，压力较大。

填充塔式冷凝器的结构如图 4-19(c) 所示。塔内上部装有多孔板式液体分布板，塔内装填拉西环填料。冷水与二次蒸汽在填料表面接触，提高了冷凝效果。适用于二次蒸汽量较大的情况及冷凝具有腐蚀性气体的情况。

水喷射式冷凝器的结构如图 4-19(d) 所示。冷却水依靠泵加压后经喷嘴雾化使二次蒸汽冷凝。不凝气也随冷凝水由排水管排出。此过程产生真空，因此不需要真空泵就可造成和保持系统的真空度。但单位二次蒸汽所需的冷却水量大，二次蒸汽量过大时不宜采用。

各种型式蒸汽冷凝器的性能列于表 4-7 中，设计时可作为参考。

表 4-7　蒸汽冷凝器的性能

冷凝器型式	多层多孔板式	单层多孔板式	水帘式	填充塔式	水喷射式
水汽接触面积	大	较小	较大	大	最大
压降	1067～2000Pa	小，可不计	1333～3333Pa	较小	大
塔径范围	大小均可	不宜过大	≤350mm	≤100mm	二次蒸汽量＜2t/h
结构与要求	较简单	简单	较简单，安装有一定要求	简单	不简易，加工有一定的要求
水量	较大	较大	较大	较大	最大
其他	孔易堵塞			适用于腐蚀性蒸汽的冷凝	

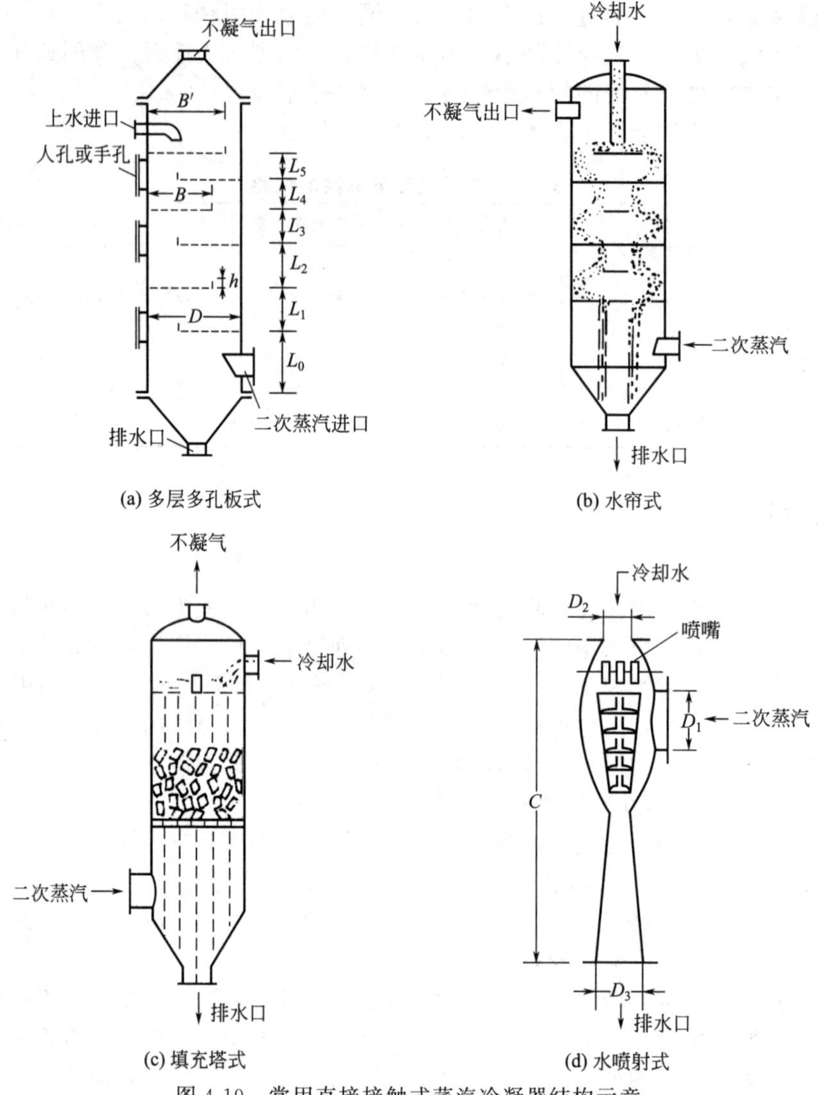

图 4-19　常用直接接触式蒸汽冷凝器结构示意

4.4.2.2　设计与选用

在此仅介绍常用的多层孔板式蒸汽冷凝器的设计计算及水喷射式蒸汽冷凝器的选用。填充塔式冷凝器及水帘式冷凝器的设计与选用可参阅有关手册。

（1）多层多孔板式蒸汽冷凝器

① 冷却水流量 G　冷却水的流量由冷凝器的热量衡算来确定

$$G=\frac{W(h-C_{pw}t_{k})}{C_{pw}(t_{k}-t_{w})} \tag{4-35}$$

式中，G 为冷却水流量，kg/h；h 为进入冷凝器二次蒸汽的焓，J/kg；W 为进入冷凝器二次蒸汽的流量，kg/h；C_{pw}为水的比热容，4.187×10^{3}J/(kg·℃)；t_{w}为冷却水的初始温度，℃；t_{k}为水、冷凝液混合物的排出温度，℃。

冷凝器出口处水蒸气和混合液之间的温度差应为 3～5℃，所以混合液的排出温度 t_{k}取低于冷凝蒸汽温度 3～5℃。

另一种确定冷却水流量的方法是利用图 4-20 所示的板式蒸汽冷凝器的性能曲线，由冷

凝器进口蒸汽压力和冷却水进口温度可查得 $1m^3$ 冷却水可冷却的蒸汽量 Xkg，则

$$G=W/X \tag{4-36}$$

与实际数据相比，由图 4-20 所计算的 G 值偏低，故设计时取

$$G=(1.2\sim1.25)W/X \tag{4-36a}$$

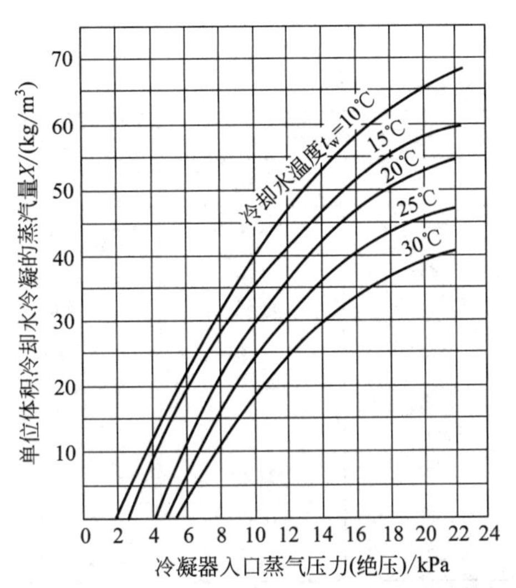

图 4-20　多孔板式蒸汽冷凝器的性能曲线

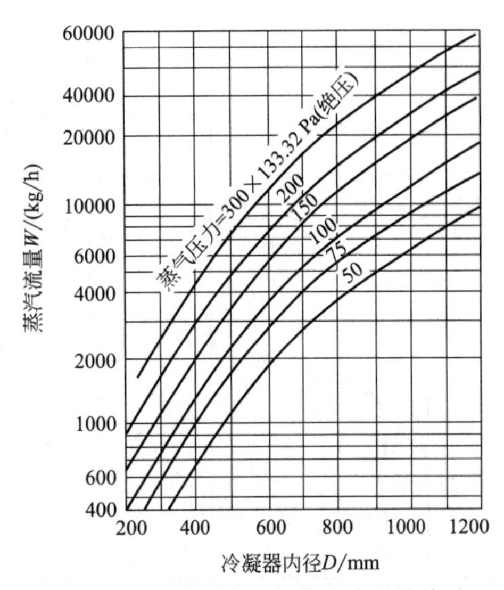

图 4-21　冷凝器内径与蒸汽流量的关系

② 冷凝器的直径　二次蒸汽流速 u 为 15～20m/s。若已知进入冷凝器的二次蒸汽的体积流量，即可根据流量公式求出冷凝器直径 D。此外，也可根据图 4-21 来确定蒸汽冷凝器的直径。

③ 淋水板的设计

淋水板板数：当 $D<500$mm 时，取 4～6 块；当 $D\geqslant500$mm 时，取 7～9 块。

淋水板间距：当 4～6 块板时，$L_{n+1}=(0.5\sim0.7)L_n$，$L_0=D+(0.15\sim0.3)$m；当7～9 块板时，$L_{n+1}=(0.6\sim0.7)L_n$，$L_{末}\geqslant0.15$m。

弓形淋水板的宽度：最上面一块 $B'=(0.8\sim0.9)D$，m；其他各块淋水板，$B=0.5D+0.05$m。

淋水板堰高 h：当 $D<500$mm 时，$h=40$mm；当 $D\geqslant500$mm 时，$h=50\sim70$mm。

淋水板孔径：若冷却水质较好或冷却水不循环使用时，d 可取 4～5mm；反之，可取 6～10mm。

淋水板孔数：淋水孔流速 u_0 可采用下式计算

$$u_0=\eta\varphi\sqrt{2gh} \tag{4-37}$$

式中，η 为淋水孔的阻力系数，$\eta=0.95\sim0.98$；φ 为水流收缩系数，$\varphi=0.80\sim0.82$；h 为淋水板堰高，m。

淋水孔数

$$n=\frac{G}{3600\times\dfrac{\pi}{4}d^2u_0} \tag{4-38}$$

考虑到长期操作时易造成孔的堵塞，最上层板的实际淋水孔数应加大 10%～15%，其他各板孔数应加大 5%。淋水孔采用正三角形排列。

(2) 水喷射式蒸汽冷凝器

冷凝器所使用的喷射水水压大于或等于 1.96×10^5Pa（表压）时，水蒸气的抽吸压力为

5.333kPa。水喷射式冷凝器的标准尺寸及性能列于表 4-8 中。当蒸发器采用减压操作时，需要在冷凝器后安装真空装置，不断抽出蒸汽所带的不凝汽，以维持蒸发系统所需的真空度。常用的真空泵有水环式、往复式真空泵及喷射泵。对于有腐蚀性的气体，宜采用水环泵，但真空度不太高。喷射式真空泵又分为水喷射泵、水-汽串联喷射泵及蒸汽喷射泵。蒸汽喷射泵的结构简单，产生的真空度较水喷射泵高，可达 99.99～100.6kPa，还可按不同真空度要求设计成单级或多级。当采用水喷射式冷凝器时，不需安装真空泵。

表 4-8　水喷射式冷凝器的标准尺寸及性能

D_1/mm	D_2/mm	D_3/mm	C/mm	冷凝水量/(m^3/h)	冷凝蒸汽流量/(kg/h)		
					5333Pa	8000Pa	10666Pa
75	38	38	570	7	60	75	95
100	50	63	750	13	125	150	190
150	63	75	1000	21	190	230	290
200	75	88	1260	30	270	320	420
250	88	100	1410	54	310	610	800
300	100	125	1740	90	360	1030	1360
350	125	125	2070	136	1320	1600	2100
450	150	150	2500	194	1880	2300	3000
500	175	200	2800	252	2470	3000	3920

4.5　蒸发装置工艺设计示例

某工厂拟定采用三效蒸发流程将 NaOH 隔膜电解液从 10%浓缩至 30%（质量分数），要求年处理电解液为 9.504×10^4 t。原料液预热至第一效沸点温度后进料，料液平均比热容为 3.77 kJ/(kg·℃)；各效蒸发器中溶液的平均密度分别为：$\rho_1=1120\text{kg/m}^3$，$\rho_2=1290\text{kg/m}^3$，$\rho_3=1330\text{kg/m}^3$。加热蒸汽的压力为 500kPa（绝压），冷凝器压力设定为 20kPa（绝压）。根据经验，取各效蒸发器的总传热系数分别为：$K_1=1800\text{W/(m}^2\cdot℃)$，$K_2=1200\text{W/(m}^2\cdot℃)$，$K_3=600\text{W/(m}^2\cdot℃)$。各效蒸发器中液面高度设定为 2m，且各效蒸发器中冷凝液均在饱和温度下排出。试完成满足上述要求的蒸发装置的工艺设计。

[设备工艺设计计算如下]

一、确定设计方案

考虑到隔膜电解液 NaOH 水溶液中含有相当数量的 NaCl，在蒸发过程中会结晶析盐，同时随着蒸发过程的进行，溶液的黏度会明显增大，故选用中央循环管式蒸发器，此种蒸发器适用于黏度较大的溶液和易生结垢或易于结晶的溶液的蒸发。又由于电解液中含有 Cl^- 且为强碱液，对蒸发设备会产生强烈的腐蚀作用，同时完成液的浓度并不是很高，末效黏度并不是很大，故采用三效并流流程比较合理。这样可省去效间的输料泵，并且料液从前效进入后效时因过热有闪蒸，这有利于烧碱溶液的蒸发。由于末效真空厚度不是很高，故选用水环真空泵，二次蒸汽采用多层多孔板式蒸汽冷凝器。具体的工艺流程见图 4-22。

为方便工艺计算，现将计算过程中所使用的符号规定如图 4-23 所示。

二、估算各效蒸发量和各效完成液浓度

以年工作日 330 天，每天 24h 连续运行计算，结果如下。

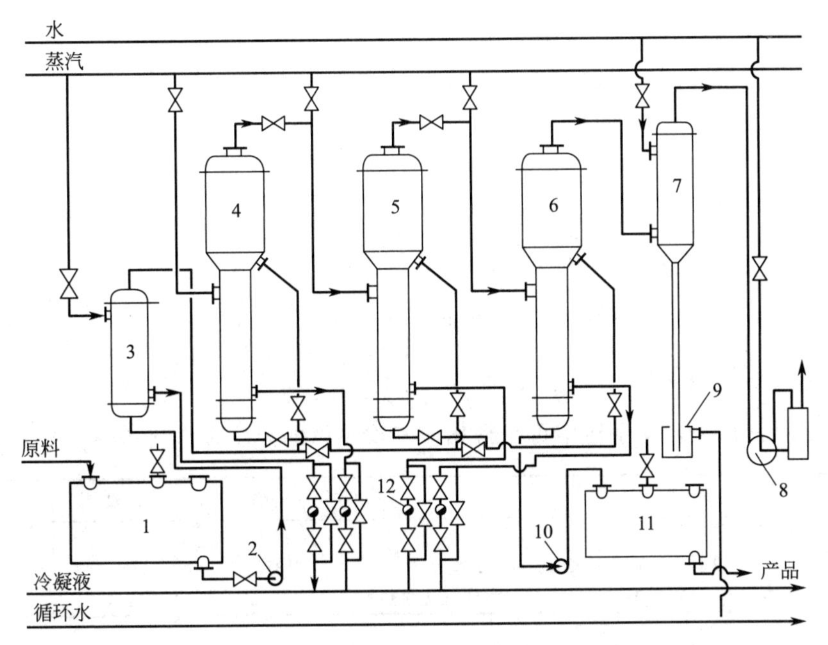

图 4-22 三效并流蒸发装置的流程示意

1—原料液贮槽；2,10—泵；3—预热器；4～6—蒸发器；7—蒸汽冷凝器；8—真空泵；9—液封槽；11—蒸浓液贮槽；12—冷凝液排出器

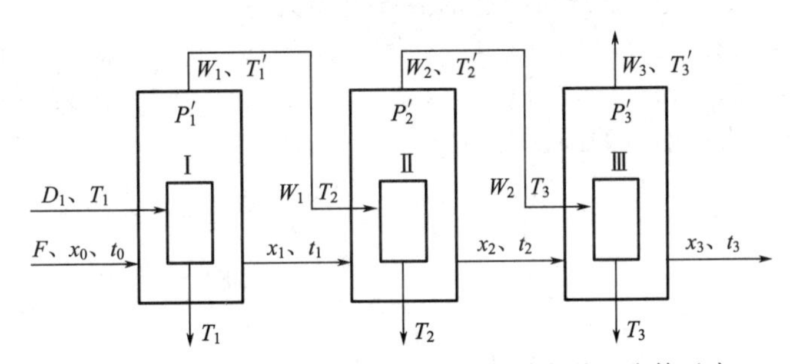

图 4-23 并流加料三效蒸发的物料衡算与热量衡算示意

1. 总蒸发量

$$W=F\left(1-\frac{x_0}{x_3}\right)=\frac{9.504\times10^4\times10^3}{330\times24}\times\left(1-\frac{0.10}{0.30}\right)=12000\times\left(1-\frac{0.10}{0.30}\right)=8000\text{kg/h}$$

2. 各效蒸发量

因并流加料，且无额外蒸汽引出，故可设

$W_1:W_2:W_3=1:1.1:1.2$

$W=W_1+W_2+W_3=3.3W_1$

$W_1=W/3.3=8000/3.3=2424\text{kg/h}$

$W_2=1.1W_1=1.1\times2424=2666\text{kg/h}$

$W_3=1.2W_1=1.2\times2424=2909\text{kg/h}$

3. 各效完成液组成

$$x_1=\frac{Fx_0}{F-W_1}=\frac{12000\times0.10}{12000-2424}=0.125$$

$$x_2=\frac{Fx_0}{F-W_1-W_2}=\frac{12000\times0.10}{12000-2424-2666}=0.174$$

$$x_3=\frac{Fx_0}{F-W_1-W_2-W_3}=\frac{12000\times0.10}{12000-2424-2666-2909}=0.30$$

三、估算各效溶液的沸点和有效总温度差

设各效间压力降相等，则总压差为

$$\sum\Delta p=p_1-p'_K=500-20=480\text{kPa}$$

各效间的平均压差为

$$\Delta p_i=\sum\Delta p/3=480/3=160\text{kPa}$$

各效蒸发室的压力（绝压）

$$p'_1=p_1-\Delta p_i=500-160=340\text{kPa}$$

$$p'_2=p_1-2\Delta p_i=500-2\times160=180\text{kPa}$$

$$p'_3=p_1-3\Delta p_i=p'_K=20\text{kPa}$$

由各效的二次蒸汽压力，从手册中可查得相应二次蒸汽的温度和汽化潜热，并列于下表：

效　　数	一效	二效	三效
二次蒸汽的压力 p'_i/kPa	340	180	20
二次蒸汽的温度 T'_i/℃（即下一效加热蒸汽的温度）	137.7	116.6	60.1
二次蒸汽的汽化潜热 r'_i/(kJ/kg)（即下一效加热蒸汽的汽化潜热）	2155	2214	2355

1. 各效由于溶液沸点升高而引起的温度差损失 Δ'

根据各效二次蒸汽温度（亦即相同压力下纯水的沸点）和各效完成液的浓度，由NaOH水溶液的杜林线图查得各效溶液的沸点分别为：$t_{B1}=142$℃，$t_{B2}=124$℃，$t_{B3}=78$℃。则各效由于溶液蒸气压下降所引起的温度差损失为

$\Delta'_1=t_{B1}-T'_1=142-137.7=4.3$℃　　$\Delta'_3=t_{B3}-T'_3=78-60.1=17.9$℃

$\Delta'_2=t_{B2}-T'_2=124-116.6=7.4$℃　　$\sum\Delta'=4.3+7.4+17.9=29.6$℃

2. 由于液柱静压力而引起的温度差损失

$$p_{m1}=p'_1+\frac{\rho_{m1}gL}{2}=340+\frac{1120\times9.81\times2}{2\times10^3}=351\text{kPa}$$

$$p_{m2}=p'_2+\frac{\rho_{m2}gL}{2}=180+\frac{1290\times9.81\times2}{2\times10^3}=193\text{kPa}$$

$$p_{m3}=p'_3+\frac{\rho_{m3}gL}{2}=20+\frac{1330\times9.81\times2}{2\times10^3}=33\text{kPa}$$

根据 $\Delta''=t_m-t_B$，以相应压力下水的沸点代替 t_m 和 t_B，由平均压力 p_{mi} 查得对应水的饱和温度为：$T'_{pav1}=139.5$℃，$T'_{pav2}=119.1$℃，$T'_{pav3}=68.9$℃。由于液柱静压力而引起的温度差损失为

$\Delta''_1=T'_{pav1}-T'_1=139.5-137.7=1.8$℃　　$\Delta''_3=T'_{pav3}-T'_3=68.9-60.1=8.8$℃

$\Delta''_2=T'_{pav2}-T'_2=119.1-116.6=2.5$℃　　$\sum\Delta''=1.8+2.5+8.8=13.1$℃

3. 由于不计流动阻力产生的压降所引起的温度差损失

$\sum\Delta'''=0$，故蒸发装置的总温度差损失为 $\sum\Delta=\sum\Delta'+\sum\Delta''+\sum\Delta'''=29.6+13.1+0=42.7$℃。

4. 各效溶液的沸点和有效总温度差

溶液的沸点为

$\Delta_1=\Delta'_1+\Delta''_1+\Delta'''_1=4.3+1.8+0=6.1$℃　　$t_1=T'_1+\Delta_1=137.7+6.1=143.8$℃

$\Delta_2=\Delta'_2+\Delta''_2+\Delta'''_2=7.4+2.5+0=9.9$℃　　$t_2=T'_2+\Delta_2=116.6+9.9=126.5$℃

$\Delta_3=\Delta'_3+\Delta''_3+\Delta'''_3=17.9+8.8+0=26.7$℃　　$t_3=T'_3+\Delta_3=60.1+26.7=86.8$℃

有效总温度差　　$\sum\Delta t=(T_1-T'_K)-\sum\Delta=151.7-60.1-42.7=48.9$℃

式中，151.7℃为500kPa时蒸汽的饱和温度，其对应的汽化潜热为2113kJ。

四、加热蒸汽消耗量和各效蒸发水量的初步计算

第 i 效的焓衡算式为

$$Q_i=D_i r_i=(FC_{p0}-W_1C_{pw}-W_2C_{pw}-\cdots-W_{i-1}C_{pw})(t_i-t_{i-1})+W_i r'_i$$

第 i 效的水分蒸发量为

$$W_i=\eta_i\left[D_i\frac{r_i}{r'_i}-(FC_{p0}-W_1C_{pw}-W_2C_{pw}-\cdots-W_{i-1}C_{pw})\frac{t_i-t_{i-1}}{r'_i}\right]$$

第一效的水分蒸发量为 $W_1=\eta_1\left(\frac{D_1r_1}{r'_1}-FC_{p0}\frac{t_1-t_0}{r'_1}\right)$，因为沸点进料，故 $t_0=t_1$。考虑到NaOH水溶液浓缩热的影响，热利用系数为

$$\eta_1=0.98-0.7\Delta x_1=0.98-0.7\times(0.125-0.10)=0.9625$$

$$W_1=\eta_1\left(\frac{D_1r_1}{r'_1}\right)=0.9625\times\frac{2113D_1}{2155}=0.944D_1 \quad ①$$

第二效的水分蒸发量为 $W_2=\eta_2\left[W_1\frac{r_2}{r'_2}-(FC_{p0}-W_1C_{pw})\frac{t_2-t_1}{r'_2}\right]$

$\eta_2=0.98-0.7\Delta x_2=0.98-0.7\times(0.174-0.125)=0.9457$

$$W_2=0.9457\times\left[\frac{2155}{2214}W_1-(12000\times3.77-4.187W_1)\times\frac{126.5-143.8}{2214}\right]=0.889W_1+334.3 \quad ②$$

第三效的水分蒸发量为 $W_3=\eta_3\left[W_2\frac{r_3}{r'_3}+(FC_{p0}-W_1C_{pw}-W_2C_{pw})\frac{t_2-t_3}{r'_3}\right]$

$\eta_3=0.98-0.7\Delta x_3=0.98-0.7\times(0.3-0.174)=0.8918$

$$W_3=0.8918\times\left[\frac{2214}{2355}W_2+(12000\times3.77-4.187W_1-4.187W_2)\times\frac{126.5-86.8}{2355}\right]$$
$$=0.775W_2-0.063W_1+680 \quad ③$$

又　　$W_1+W_2+W_3=8000$　　④

联立上述①～④四式求解得

$D_1=2834$kg/h　　$W_2=2712$kg/h

$W_1=2675$kg/h　　$W_3=2613$kg/h

五、估算蒸发器的传热面积

$$S_i=\frac{Q_i}{K_i\Delta t_i}$$

$$Q_1=D_1r_1=2834\times2113\times10^3/3600=1.66\times10^6\,\text{W}$$

$$\Delta t_1=T_1-t_1=151.7-143.8=7.9℃$$

$$S_1=\frac{1.66\times10^6}{1800\times7.9}=116.7\text{m}^2$$

$$Q_2=W_1r'_1=2675\times2155\times10^3/3600=1.6\times10^6\,\text{W}$$

$$\Delta t_2=T_2-t_2=T'_1-t_2=137.7-126.5=11.2℃$$

$$S_2=\frac{1.6\times10^6}{1200\times11.2}=119\text{m}^2$$

$$Q_3=W_2r'_2=2712\times2214\times10^3/3600=1.67\times10^6\,\text{W}$$

$$\Delta t_3=T_3-t_3=T'_2-t_3=116.6-86.8=29.8℃$$

$$S_3=\frac{1.67\times10^6}{600\times29.8}=93.4\text{m}^2$$

误差为 $1-\frac{S_{min}}{S_{max}}=1-\frac{93.4}{119}=0.215$，误差较大，故应调整各效的有效温度差，重复上述计算步骤。

六、重新分配各效的有效温度差

$$S=\frac{S_1\Delta t_1+S_2\Delta t_2+S_3\Delta t_3}{\sum\Delta t}=\frac{116.7\times7.9+119\times11.2+93.4\times29.8}{48.9}=103\text{m}^2$$

重新分配有效温度差，得

$$\Delta t_1'=\frac{S_1}{S}\Delta t_1=\frac{116.7}{103}\times7.9=9℃$$

$$\Delta t_2'=\frac{S_2}{S}\Delta t_2=\frac{119}{103}\times11.2=12.9℃$$

$$\Delta t_3'=\frac{S_3}{S}\Delta t_3=\frac{93.4}{103}\times29.8=27℃$$

七、重复上述计算步骤

1. 由所求得的各效蒸发量，求各效溶液的浓度

$$x_1=\frac{Fx_0}{F-W_1}=\frac{12000\times0.10}{12000-2675}=0.129$$

$$x_2=\frac{Fx_0}{F-W_1-W_2}=\frac{12000\times0.10}{12000-2675-2712}=0.181$$

$$x_3=\frac{Fx_0}{F-W_1-W_2-W_3}=\frac{12000\times0.10}{12000-2675-2712-2613}=0.300$$

2. 计算各效溶液的沸点

因末效完成液浓度和二次蒸汽压力不变，各效温度差损失可视为不变，故末效溶液的沸点仍为 86.8℃，而 $\Delta t_3'=27℃$，则第三效加热蒸汽的温度（即第二效二次蒸汽的温度）为

$$T_3=T_2'=t_3+\Delta t_3'=86.8+27=113.8℃$$

由第二效的二次蒸汽温度 $T_2'=113.8℃$，$x_2=0.181$，查杜林线图得第二效溶液的 $t_{B2}=121℃$。且由于静压力引起的温度差损失可视为不变，故第二效溶液的沸点为

$$t_2=121+2.5=123.5℃$$

同理，$t_2=123.5℃$，而 $\Delta t_2'=12.9℃$，则

$$T_2=T_1'=t_2+\Delta t_2'=123.5+12.9=136.4℃$$

由 $T_1'=136.4℃$，$x_1=0.129$，查杜林线图得第一效溶液的 $t_{B1}=141℃$，则

$$t_1=141+1.8=142.8℃ \quad 或 \quad t_1=T_1-\Delta t_1'=151.7-9=142.7℃$$

说明溶液的各种温差损失变化不大，不必重新计算，故有效总温差仍为

$$\sum\Delta t=48.9℃$$

温差重新分配后各效温度情况如下：

效数	一效	二效	三效
加热蒸汽温度/℃	$T_1=151.7$	$T_2=136.4$	$T_3=113.8$
温度差/℃	$\Delta t_1'=9$	$\Delta t_2'=12.9$	$\Delta t_3'=27$
溶液沸点/℃	$t_1=142.7$	$t_2=123.5$	$t_3=86.8$

3. 各效的焓衡算与各效的蒸发量

$T_1'=136.4℃$，$r_1'=2159\text{kJ/kg}$

$T_2'=113.8℃$，$r_2'=2222\text{kJ/kg}$

$T_3'=60.1℃$，$r_3'=2355\text{kJ/kg}$

第一效　$\eta_1=0.98-0.7\Delta x_1=0.98-0.7\times(0.129-0.10)=0.96$

$$W_1=\eta_1\left(\frac{D_1 r_1}{r_1'}\right)=0.96\times\frac{2113D_1}{2159}=0.94D_1 \qquad ⑤$$

第二效　$\eta_2=0.98-0.7\Delta x_2=0.98-0.7\times(0.181-0.129)=0.9436$

$$W_2=\eta_2\left[W_1\frac{r_2}{r_2'}+(FC_{p0}-W_1C_{pw})\frac{t_1-t_2}{r_2'}\right]$$

$$=0.9436\times\left[\frac{2159}{2222}W_1+(12000\times3.77-4.187W_1)\times\frac{142.7-123.5}{2222}\right]$$

$$=0.883W_1+369 \qquad ⑥$$

第三效　$\eta_3=0.98-0.7\Delta x_3=0.98-0.7\times(0.3-0.181)=0.8967$

$$W_3=\eta_3\left[W_2\frac{r_3}{r_3'}+(FC_{p0}-W_1C_{pw}-W_2C_{pw})\frac{t_2-t_3}{r_3'}\right]$$

$$=0.8967\times\left[\frac{2222}{2355}W_2+(12000\times3.77-4.187W_1-4.187W_2)\times\frac{123.5-86.8}{2355}\right]$$

$$=0.787W_2-0.059W_1+632 \qquad ⑦$$

又

$$W_1+W_2+W_3=8000 \qquad ⑧$$

联立上述⑤～⑧四式求解得

$D_1=2833\text{kg/h}$　　$W_2=2720\text{kg/h}$

$W_1=2663\text{kg/h}$　　$W_3=2617\text{kg/h}$

第一次计算所得结果为：

$D_1=2834\text{kg/h}$　　$W_2=2712\text{kg/h}$

$W_1=2675\text{kg/h}$　　$W_3=2613\text{kg/h}$

与第一次所得结果比较，其相对误差为

$$\left|1-\frac{2675}{2663}\right|=0.0045,\quad \left|1-\frac{2712}{2720}\right|=0.0029,\quad \left|1-\frac{2613}{2617}\right|=0.0015$$

相对误差均小于 0.05，满足设计计算精度要求，不必再算。

4. 计算蒸发器的传热面积

$$Q_1=D_1r_1=2833\times2113\times10^3/3600=1.66\times10^6\text{W}$$

$$\Delta t_1=9℃,\qquad S_1=\frac{1.66\times10^6}{1800\times9}=102.5\text{m}^2$$

$$Q_2=W_1r_1'=2663\times2159\times10^3/3600=1.6\times10^6\text{W}$$

$$\Delta t_2=12.9℃,\quad S_2=\frac{1.6\times10^6}{1200\times12.9}=103.4\text{m}^2$$

$$Q_3=W_2r_2'=2720\times2222\times10^3/3600=1.68\times10^6\text{W}$$

$$\Delta t_3=27℃,\qquad S_3=\frac{1.68\times10^6}{600\times27}=103.7\text{m}^2$$

误差为 $1-\frac{S_{\min}}{S_{\max}}=1-\frac{102.5}{103.7}=0.0116<0.05$，试差结果合理，取平均传热面积 $S=103.2\text{m}^2$ 作为设计计算结果。

八、蒸发器的主要结构尺寸

1. 加热管的选择及加热管管数的初步估算

蒸发器的加热管通常选用 ϕ25mm×2.5mm、ϕ38mm×2.5mm、ϕ57mm×3.5mm 等几种规格的无缝钢管。本设计选用 ϕ38mm×2.5mm 的不锈无缝钢管，考虑到 NaOH 溶液浓缩时有 NaCl 结晶引起结垢，管长不能太长，取 2m。加热管的管数由下式计算

$$n'=\frac{S}{\pi d_o(L-0.1)}=\frac{103.2}{3.14\times0.038\times(2-0.1)}=455\text{（根）}$$

2. 中央循环管的选择

一般情况下，中央循环管截面积取加热管总截面积的 40%～100%。循环管的内径由下式计算

$$\frac{\pi}{4}D_1^2=(40\%\sim100\%)n'\frac{\pi}{4}d_i^2$$

本设计取加热管总截面积的 80%计算，于是

$$D_1=\sqrt{0.8n'}d_i=\sqrt{0.8\times455}\times0.033=0.63\text{m}=630\text{mm}$$

3. 加热室直径及加热管数目的确定

加热管以正三角形排列居多，本设计按正三角形排列，取管心距 $t=48$mm（管心距的数值目前已标准化）。加热室直径及加热管数目一般由作图给出，具体的做法是：以 $D_i=t(n_c-1)+2b'$ 作为加热室的内径，并以该内径和循环管外径作同心圆，在同心圆的环隙中，按加热管的排列方式和管心距作图，所画得的管数 n 必须大于初估值 n'，若不满足，应另选一设备内径重新作图，直至合适。

$n_c=1.1\sqrt{n'}=1.1\sqrt{455}=23.46\approx24$ 根（正三角形排列）

$b'=(1\sim1.5)d_o=1.5\times38=57$mm（系数取 1.5）

$D_i=t(n_c-1)+2b'=48\times(24-1)+2\times57=1218$mm（取 1400mm）

通过作图得，在同心圆的环隙中所排列的管数约为 485 根，故所选内径满足设计要求，作图过程略。

4. 分离室直径与高度的确定

分离室体积 $$V=\frac{W}{3600\rho U}$$

式中，W 为各效二次蒸汽量，kg/h；ρ 为二次蒸汽的密度，kg/m^3；U 为蒸发体积强度，m^3/(m^3·s)。通常末效体积最大，为保持各效蒸发室的尺寸一致，以末效计算，现取 $U_3=1.5$m^3/(m^3·s)，则有

第三效 $$V_3=\frac{W_3}{3600\rho_3U_3}=\frac{2617}{3600\times0.1307\times1.5}=3.7\text{m}^3$$

现取蒸发室直径与加热室相同，根据 $\frac{\pi}{4}D^2H=V$ 得：$H=\frac{4V}{\pi D^2}=\frac{4\times3.7}{3.14\times1.4^2}=2.4$m，取 $H=2.5$m，高径比 $H/D=2.5/1.4=1.8$，在 1～2 的范围之内，可以接受。

5. 接管尺寸

被浓缩液的进出口接管内径：因第一效溶液流量最大，为使各效设备保持一致，以第一效溶液流量计算，并取进出口接管直径相同。

进出口接管 $d=\sqrt{\frac{4V}{\pi u}}=\sqrt{\frac{4\times12000/(3600\times1120)}{3.14\times1}}=0.062$m（流速按强制流动取值）

取 $DN=60$mm。

加热蒸汽进口接管内径：生蒸汽及各效二次蒸汽体积流量如下：

$V=D/\rho=2883/2.6673=1081\text{m}^3/\text{h}$　　$V_2=W_2/\rho_2=2720/0.8298=3278\text{m}^3/\text{h}$

$V_1=W_1/\rho_1=2663/1.795=1484\text{m}^3/\text{h}$　　$V_3=W_3/\rho_3=2617/0.1307=20023\text{m}^3/\text{h}$

因此加热蒸汽进口接管内径可按 $V_2=3278\text{m}^3/\text{h}$ 计算，并且各效取相同接管直径，即

$$d=\sqrt{\frac{4V}{\pi u}}=\sqrt{\frac{4\times3278/3600}{3.14\times30}}=0.197\text{m}$$

取 $DN=200\text{mm}$。

二次蒸汽出口接管内径：

$$d=\sqrt{\frac{4V}{\pi u}}=\sqrt{\frac{4\times20023/3600}{3.14\times30}}=0.486\text{m}$$

取 $DN=500\text{mm}$。

冷凝水出口接管：各效流量相近，取相同直径的接管

$$d=\sqrt{\frac{4V}{\pi u}}=\sqrt{\frac{4\times2883/(3600\times916)}{3.14\times0.5}}=0.047\text{m}$$

取 $DN=50\text{mm}$ 即可。

九、蒸发装置的辅助设备设计与选型

1. 气液分离器

选择丝网式除沫器，丝网直径与分离室相同，层数 2～3 层，厚度为 100～150mm。

2. 蒸汽冷凝器

选用多层多孔板式蒸汽冷凝器，其结构参数设计如下。

(1) 冷凝负荷

取冷却水温度为 30℃，已知冷凝压力为 20kPa，冷凝蒸汽量 $W_3=2617\text{kg/h}$，查图 4-20 得 $X=39\text{kg/m}^3$。于是

$$G=1.22W/X=1.22\times2617/39=81.86\text{m}^3/\text{h}$$

(2) 蒸汽冷凝器直径

根据冷凝蒸汽量 $W_3=2617\text{kg/h}$ 和冷凝压力 20kPa，查图 4-21 得蒸汽冷凝器直径为 450mm。

(3) 淋水板参数与布置

按 $D<500\text{mm}$ 且淋水板数为 4～6 块板时，$L_{n+1}=(0.5\sim0.7)L_n$，$L_0=D+(0.15\sim0.3)\text{m}$ 的原则，选用弓形淋水板，板数为 5 块。

各淋水板板间距：$L_0=600\text{mm}$，$L_1=360\text{mm}$，$L_2=220\text{mm}$，$L_3=130\text{mm}$，$L_4=80\text{mm}$。

淋水板的宽度：最上面一块 $B'=360\text{mm}$；其他各块淋水板 $B=280\text{mm}$。

淋水板堰高：$h=40\text{mm}$。

淋水板孔径：可取 8mm。

淋水板孔速：$u_0=\eta\varphi\sqrt{2gh}=0.96\times0.80\times\sqrt{2\times9.81\times0.04}=0.68\text{m/s}$

淋水板孔数：$n=\dfrac{G}{3600\times\dfrac{\pi}{4}d^2u_0}=\dfrac{81.86}{3600\times0.785\times0.008^2\times0.68}=666$ 个

考虑到长期操作时易造成孔的堵塞，最上层板的实际淋水孔数应加大 10%～15%，其他各板孔数应加大 5%。淋水孔采用正三角形排列。

3. 水环真空泵选型

内容略。

十、计算结果列表

效　　数	一效	二效	三效	冷凝器
加热蒸汽温度 T_i/℃	151.7	136.4	113.8	60.1
操作压力 p_i'/kPa	327	163	20	20
溶液沸点 t_i/℃	142.7	123.5	86.8	
完成液浓度 x_i/%	12.9	18.1	30	
蒸发水分量 W/(kg/h)	2663	2720	2617	
生蒸汽量 D/(kg/h)	2883			
传热面积 S/m²	103.2	103.2	103.2	

表中压力 p_i'由 $T_{i+1}=T_i'$查得。

4.6　蒸发装置设计任务两则

［设计任务 1］　NaOH 水溶液蒸发装置的设计

一、设计题目

NaOH 水溶液三效并流加料蒸发装置的设计。

二、设计任务及操作条件

（1）处理能力：(12～20)×10^4t/a NaOH 水溶液。

（2）设备型式：中央循环管式蒸发器。

（3）操作条件：

① NaOH 水溶液的原料液浓度为 12%，完成液浓度为 40%，原料液温度为第一效沸点温度。

② 加热蒸汽压力为 500kPa（绝压），冷凝器压力为 15kPa（绝压）。

③ 各效蒸发器的总传热系数为：$K_1=1500$W/(m²·℃)，$K_2=1000$W/(m²·℃)，$K_3=600$W/(m²·℃)。

④ 各效蒸发器中料液液面高度为：1.5m。

⑤ 各效加热蒸汽的冷凝液均在饱和温度下排出。假设各效传热面积相等，并忽略热损失。

⑥ 每年按 300 天计，每天 24h 连续运行。

⑦ 厂址：自选。

三、设计项目

（1）设计方案简介：对确定的工艺流程及蒸发器型式进行简要论述。

（2）蒸发器的工艺计算：确定蒸发器的传热面积。

（3）蒸发器的主要结构尺寸设计。

（4）主要辅助设备选型，包括气液分离器及蒸汽冷凝器等。

（5）绘制 NaOH 水溶液三效并流加料蒸发装置的流程图及蒸发器设备工艺简图。

（6）对本设计进行评述。

［设计任务 2］　KNO_3 水溶液蒸发装置的设计

一、设计题目

KNO_3 水溶液三效并流加料蒸发装置的设计。

二、设计任务及操作条件

（1）处理能力：（4～10）×10^4t/a KNO_3 水溶液。

（2）设备型式：中央循环管式蒸发器。

（3）操作条件：

① KNO_3 水溶液的原料液浓度为15%，完成液浓度为45%，原料液温度为80℃、比热容为3.5kJ/(kg·℃)。

② 加热蒸汽压力为400kPa（绝压），冷凝器压力为20kPa（绝压）。

③ 各效蒸发器的总传热系数为：K_1=2000W/(m²·℃)，K_2=1000W/(m²·℃)，K_3=500W/(m²·℃)。

④ 各效加热蒸汽的冷凝液均在饱和温度下排出。假设各效传热面积相等，并忽略溶液的浓缩热和蒸发器的热损失，不考虑液柱静压和流动阻力对沸点的影响。

⑤ 每年按300天计，每天24h连续运行。

⑥ 厂址：自选。

三、设计项目

（1）设计方案简介：对确定的工艺流程及蒸发器型式进行简要论述。

（2）蒸发器的工艺计算：确定蒸发器的传热面积。

（3）蒸发器的主要结构尺寸设计。

（4）主要辅助设备选型，包括气液分离器及蒸汽冷凝器等。

（5）绘制 KNO_3 水溶液三效并流加料蒸发装置的流程图及蒸发器设备工艺简图。

（6）对本设计进行评述。

【本章具体要求】

通过本章学习应能做到：

◇　全面了解各类蒸发器的结构特点及应用场合。

◇　合理组织流程进行多效蒸发过程的设计计算。

◇　熟练掌握蒸发器及其附属设备工艺结构设计的方法和程序。

◇　正确绘制蒸发操作的工艺流程图及主体设备工艺设计条件图，并能最终绘制出蒸发器的总装图。

第5章 塔设备的工艺设计

【本章导读指引】

本章将主要介绍：

◇ 塔设备的类型和结构，板式塔和填料塔性能比较。

◇ 板式塔工艺设计，主要包括：确定设计方案、选择塔板形式、设计塔内件工艺结构、计算与核算塔板上流体力学特性、绘制塔板上气液负荷性能图、完成塔体工艺结构计算、确定塔附件及相应辅助设备的设计计算与选型。

◇ 填料塔工艺设计，主要包括：确定设计方案、选择填料形式、设计塔内件工艺结构、完成塔体工艺结构计算、确定塔附件及相应辅助设备的设计计算与选型、计算与核算填料塔流体力学性能等。

5.1 概述

(1) 塔设备的类型

塔设备是化工、石油化工、精细化工、医药、食品和环保等行业普遍使用的气（本章的“气”泛指气体或汽体）液传质设备，主要应用于蒸馏、吸收、解吸、萃取、洗涤、闪蒸、增湿、减湿、干燥等单元操作。塔设备的种类很多，按功能可分为精馏塔、吸收塔、解吸塔、萃取塔、闪蒸塔、干燥塔、湿壁塔、喷淋塔和鼓泡塔等；按操作压力可分为常压塔、加压塔和减压塔；按塔内气液相接触构件的结构形式又可分为板式塔和填料塔两大类。

板式塔内设置一定数量的塔板，气体以鼓泡或喷射形式穿过板上的液层，在塔板上形成三种不同的气液接触状态，即鼓泡状态、泡沫状态和喷射状态，并同时进行热质传递，气液相组成呈梯级变化，属逐级接触式逆流操作过程。在鼓泡接触状态和泡沫接触状态下，气相为分散相，液相为连续相；若以喷射状态出现，则气相为连续相，液相为分散相。

填料塔内充填一定高度的填料层，液体自塔顶沿填料表面下流，气体逆流向上（有时也采用并流向下）沿填料表面液膜和填料空隙流动，气液两相密切接触进行热质传递，气液相组成呈连续变化，属微分接触式逆流操作过程。正常操作时（泛点以下），气相为连续相，液相为分散相，非正常操作时（泛点以上），则气相为分散相，液相为连续相。

（2）塔设备的结构

无论是板式塔还是填料塔，均由塔体、塔内件和塔附件三大部分组成，其基本构造见图 5-1。

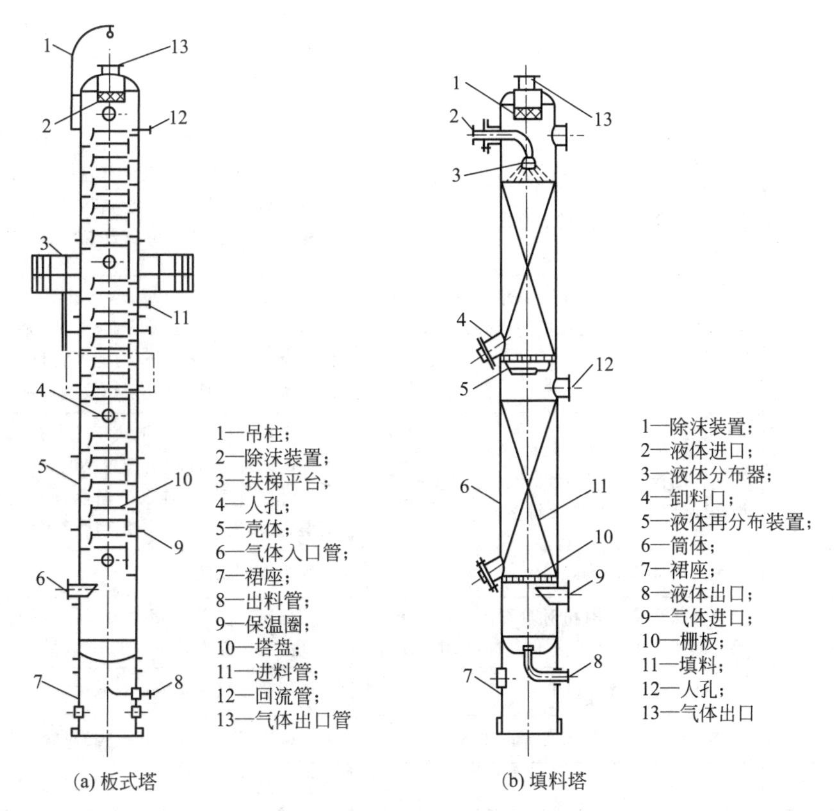

图 5-1　塔设备的基本结构

板式塔的塔体一般由金属钢板卷制而成圆筒形，塔壁的厚度由操作压力决定，塔高由塔板高度和内件所占的空间高度决定；塔内件由塔盘板（又称塔板）、降液管、汽液接触元件、溢流堰、受液盘、塔盘紧固件和支承件等构件组成；塔附件由各种工艺接管、裙座、除沫器、视镜、温度计和压力计接口、液面计、人孔和手孔、吊柱、爬梯、防护圈、扶梯平台、安全护栏等构件组成。

填料塔塔体的外壳一般也采用金属制造，根据所处理系统的腐蚀性可在内壁衬以塑料和陶瓷材料制作的内筒。塔壁的厚度由操作压力决定，塔高由填料高度和内件所占的空间高度决定，塔体一般采用圆筒形；塔内件主要是填料，除此之外，还有填料支承、填料限位与压紧装置、液体及气体分布装置、液体收集与液体再分布装置等。填料是填料塔的核心，填料的效率主要由填料的流体力学性能和传质性能所决定。后者的作用为固定填料层和均布液体和气体。塔内件的合理设计是充分发挥填料性能的重要保证；与板式塔一样，填料塔附件亦由各种工艺接管、裙座、除沫器、视镜、温度计和压力计接口、液面计、人孔和手孔、吊柱、爬梯、防护圈、扶梯平台、安全护栏等构件组成。

（3）板式塔和填料塔的性能比较

工业上评价塔设备的性能指标主要有：①生产能力；②分离效率；③塔压降；④操作弹性；⑤结构、制造、安装及检修；⑥造价等。

板式塔与填料塔的性能比较见表 5-1。

表 5-1 板式塔和填料塔的性能比较

项　　目	性能比较	
	板式塔	填料塔
生产能力	塔板的开孔率一般占塔截面积的7%～13%；单位塔截面积上的生产能力低	塔内件的开孔率通常在50%以上，而填料层的空隙率则超过90%，一般液泛点较高，单位塔截面积上的生产能力高
分离效率	一般情况下，常用板式塔每米理论级最多不超过2级。在减压、常压和低压(压力小于0.3MPa)操作下，效率明显不及填料塔，在高压操作下，板式塔的分离效率略优于填料塔	一般情况下，工业上常用填料塔每米理论级为2～8级。在减压、常压和低压(压力小于0.3MPa)操作下，填料塔的分离效率明显优于板式塔，在高压操作下，板式塔的分离效率略优于填料塔
塔压降	一般情况下，板式塔的每个理论级压降约为0.4～1.1kPa，板式塔的压降高于填料塔5倍左右	填料塔由于空隙率高，每个理论级压降约为0.01～0.3kPa，远远小于板式塔。通常，压降低不仅能降低操作费用，节约能耗，对于精馏过程，可使塔釜温度降低，有利于热敏性物料的分离
操作弹性	板式塔因受到塔板液泛和液漏的限制而有一定的操作弹性，但设计良好的板式塔其操作弹性比填料塔要大得多	填料塔的操作弹性取决于填料的润湿性能和塔内件的设计，当液相负荷较小时，即便液体分布器的设计很合理，也难以确保填料表面得到充分的润湿，故填料塔的操作弹性比板式塔要小
持液量	约为塔体积的8%～12%	约为塔体积的1%～6%
液气比	液气比适应范围相对较宽。小液气比时因可能造成填料润湿不良，故多采用板式塔	液气比适应范围相对较窄，大液气比时因填料塔气液通过能力高而多采用填料塔
材质要求	一般用金属材料制作	可用非金属耐腐蚀材料制作
结构与制造	结构比填料塔复杂，制造相对不便	结构比板式塔简单，制造相对容易
安装、维修与清洗	较方便	较不便
造价	直径大于ϕ800mm时一般比填料塔造价低	直径小于ϕ800mm时一般比板式塔便宜，直径增大造价显著增加
塔重	较轻	较重

(4) 塔设备的选型

下列情况应优先选用填料塔。

① 有的新型填料具有很高的传质效率，在分离程度要求高的情况下，采用新型填料可降低塔的高度。

② 新型填料的压降较低，对节能有利；加之新型填料具有较小的持液量，料液停留时间短，很适于热敏性物料的蒸馏分离。

③ 对腐蚀性物料，填料塔可选用非金属材料的填料。

④ 易于发泡的物料也宜选填料塔，因为在填料塔内气相主要不是以气泡形式通过液相，并且填料对泡沫有限制和破碎作用，可减少发泡的危险。

在下列情况下，应优先考虑板式塔。

① 板式塔内液体滞料量较大，操作负荷范围较宽，操作易于稳定，对进料浓度的变化也不甚敏感。

② 液相负荷较小的情况。这时填料塔会由于填料表面湿润不充分难以保证分离效率。

③ 对易聚合、易结晶、易结垢或含有固体悬浮物的物料，板式塔堵塞的危险小，并且板式塔的清洗和检修也比填料塔方便。

④ 需要设置内部换热元件如蛇管，或侧线进料和侧线采出需要多个侧线进料口或多个侧线出料口时，板式塔的结构易于实现。

生产实践表明，高压操作蒸馏塔仍多采用板式塔，因为在高压时，塔内液气比过大，以及由于气相返混剧烈等原因，应用填料塔时分离效果往往不佳，一些学者对这种情况进行了大量的研究与分析。

5.2 板式塔的工艺设计

(1) 板式塔的分类

板式塔种类繁多，①按塔板结构分：有泡罩塔、筛板塔、浮阀塔、网孔板塔、舌形板塔等。②按气液两相的流动方式分：有错流式塔和逆流式塔（或称有降液管塔和无降液管塔），有降液管塔应用极广，它们具有较高的传质效率和较宽的操作范围；无降液管的逆流式塔也常称为穿流式塔，气液两相均由塔板上的孔道通过，塔板结构简单，整个塔板面积利用较充分。目前常用的有穿流式筛板塔、穿流式栅板塔、穿流式波纹板塔等。③按液体流动型式分：有单溢流型、双溢流型、U 形流型及其他流型塔（如四溢流型塔、阶梯形塔和环流型塔）等。

(2) 板式塔的设计步骤

一般来说，板式塔的设计步骤大致如下：

① 确定设计方案。
② 选择塔板类型。
③ 计算塔径和塔高。
④ 设计塔内件。
⑤ 进行流体力学验算。
⑥ 绘制塔板的气液负荷性能图。
⑦ 优化设计成果。根据负荷性能图，对设计进行分析，若设计不够理想，可对某些参数进行调整，重复上述设计过程，直到满意为止。
⑧ 完成塔附件和辅助设备的设计与选型。

5.2.1 设计方案的确定

以精馏为例，设计方案确定是指确定整个精馏装置的工艺流程、主要设备的结构型式和相关的操作方式及操作条件，可用表 5-2 说明。

表 5-2　用板式精馏塔进行精馏时设计方案的确定原则

项目		设计方案的确定原则
精馏装置流程的确定	装置设备	蒸馏装置包括精馏塔、原料预热器、蒸馏釜或塔釜再沸器、塔顶汽相冷凝器、塔釜采出产品和塔顶馏出产品冷却器、原料液和产品贮罐、物料输送机械（如输料泵、回流泵、高位槽和抽真空系统）等设备
	流程组织	①根据连续蒸馏和间歇蒸馏的特点以及余热的回复利用组织流程。连续蒸馏具有生产能力大，产品质量稳定等优点，故工业生产中以连续蒸馏为主。间歇蒸馏具有操作灵活、适应性强等优点，适合于小规模、多品种或多组分物系的初步分离 ②精馏过程的热能利用率很低，确定装置流程时应充分考虑余热的利用。如用原料作为塔顶、底产品冷凝冷却器的冷却介质时，既可将原料预热，又可节约冷却介质 ③为保持塔的操作稳定性，流程中除用泵直接送料入塔外，也可采用高位槽送料，以免受泵操作波动的影响 ④塔顶冷凝装置可采用全凝器和分凝器与全凝器的组合设置。工业上以采用全凝器为主，以便于准确地控制回流比。塔顶分凝器对上升蒸气有一定的增浓作用，若后续装置使用气态物料，则宜用分凝器

续表

项　目		设计方案的确定原则
精馏操作条件的确定	操作压力	①除热敏性物系外，凡通过常压蒸馏能够实现分离要求，并能用江河水或循环水将馏出物冷凝下来的物系，都应采用常压蒸馏 ②对热敏性物系或者混合物泡点过高的物系，则宜采用减压蒸馏。降低操作压力，组分的相对挥发度增大，有利于蒸馏分离。减压操作降低了平衡温度，这样可以使用较低温位的加热剂。但降低压力也导致塔径增加和塔顶蒸汽冷凝温度的降低，而且必须使用抽真空的设备，增加了相应的设备和操作费用 ③对常压下馏出物的冷凝温度过低的物系，需提高塔压或者采用深井水、冷冻盐水作为冷却剂；而常压下呈气态的物系必须采用加压蒸馏。例如苯乙烯常压沸点为145.2℃，而将其加热到102℃以上就会发生聚合，故苯乙烯应采用减压蒸馏；脱丙烷塔操作压力提高到1765kPa时，冷凝温度约为50℃，便可用江河水或者循环水进行冷却，则运转费用减少；石油气常压呈气态，必须采用加压蒸馏。加压操作可提高平衡温度，有利于塔顶蒸汽冷凝热的利用，或可以使用较便宜的冷却剂，减少冷凝、冷却费用。在相同塔径下，适当提高操作压力还可提高塔的处理能力。但增加塔压，也提高了再沸器的温度，并且相对挥发度也有所下降
	进料热状况	①进料有5种热状况，从精馏原理上讲，要使回流充分发挥作用，全部冷量应由塔顶加入，全部热量应由塔底加入。那么，原料不应作任何预热，前道工序的来料状态就是进料状态 ②在实际设计过程中，较多的是将料液预热到泡点或接近泡点才送入精馏塔。这样，进料温度就不受季节、气温变化和前道工序波动的影响，塔的操作就比较容易控制。而且，精馏段和提馏段的上升蒸汽量相近，塔径可以相同，设计制造也比较方便 ③有时为了减少再沸器的热负荷(如再沸器所需加热剂的温度较高，或物料容易在再沸器内结焦等)，可在料液预热时加入更多的热量，甚至采用饱和蒸汽进料 必须注意的是，在实际设计中进料状态与总费用、操作调节方便与否有关，还与整个车间的流程安排有关，须从整体上综合考虑
	多股进料	①有时原料来源不同，其浓度也有很大的差别。此时，从分离的角度看，不同浓度的物料应从不同的位置入塔。一般来说，入塔位置上的物料浓度与加料浓度相近为好，即应以多股进料来处理 ②但若所处理的物料量不多(或其中的一种物料量不多)，从设备加工和操作方便上来考虑，也往往是多股物料混合以后作一股物料加入
	加热方式	①精馏塔通常设置再沸器，采用间接蒸汽加热，以提供足够的热量。若待分离的物系为某种轻组分和水的混合物，往往可采用直接蒸汽加热的方式，把蒸汽直接通入塔釜以汽化釜液。这样，只需在塔釜内安装鼓泡管，就可以省去一个再沸器，并且可以利用压力较低的蒸汽来进行加热，操作费用和设备费用均可降低。但在塔顶轻组分回收率一定时，由于蒸汽冷凝水的稀释作用，使残液的轻组分浓度降低，所需的塔板数略有增加。对于某些物系(如乙醇-水)，低浓度时的相对挥发度很大，所增加的塔板数不多，此时采用直接蒸汽加热是合适的。若釜液黏度很大，用间壁式换热器加热困难，此时用直接蒸汽可以取得很好的效果 ②在某些流程中为了充分利用低能位的能量，在提馏段的某个部位设置中间再沸器。这样设备费用虽然略有增加，但节约了操作费用，可获得很好的经济效益。对于高温下易变质、易结焦的物料也可采用中间再沸器以减少塔釜的加热量
	回流比	回流比是精馏操作的重要工艺参数，其选择的原则是使设备费和操作费用之和最低。通常可用下述方法之一来选定回流比：①参考生产现场(与设计物系相同、分离要求相近，操作情况良好的工业精馏塔)所提供的回流比数据；②回流比取最小回流比的1.2～2倍，为了节能，倾向于取比较小的值，也有人建议取最小回流比的1.1～1.15倍；③先求最少理论板数N_{min}，再选用若干个R值，利用吉利兰图(或捷算法)求出对应理论板数N，并作出N-R曲线，从中找出适宜操作回流比R。也可作出R对精馏操作费用的关系线，从中确定适宜的回流比R

5.2.2 塔板型式的选择

(1) 塔板型式及特点

塔板型式很多，常见的有泡罩塔板、筛孔塔板、浮阀塔板、网孔塔板、垂直筛板、无降液管塔板（常见的有穿流式栅板、穿流式筛板、波楞穿流板）、导向筛板（亦称林德筛板）、多降液管塔板和斜喷型塔板（常见的有舌形塔板、斜孔塔板、浮动舌形塔板、浮动喷射塔板）等，上述各种板型均有各自的特点及一定的应用场合，具体情况见表 5-3。

表 5-3　一些塔板的结构特点及应用场合

塔板名称	塔板结构特点及应用场合
泡罩塔板	泡罩塔板的主要元件为升气管及泡罩。泡罩安装在升气管的顶部，分圆形和条形两种，国内应用较多的是圆形泡罩。泡罩尺寸分为 ϕ80mm、ϕ100mm、ϕ150mm 三种，可根据塔径的大小选择。通常塔径小于 ϕ1000mm，选用 ϕ80mm 的泡罩；塔径大于 ϕ2000mm，选用 ϕ150mm 的泡罩 泡罩塔板的主要优点是操作弹性较大，液气比范围大，不易堵塞，适于处理各种物料，操作稳定可靠。其缺点是结构复杂，造价高；板上液层厚，塔板压降大，生产能力及板效率较低。近年来，泡罩塔板已逐渐被筛板、浮阀塔板所取代。在设计中除特殊需要(如分离黏度大、易结焦等物系)外一般不宜选用
筛孔塔板	筛孔塔板简称筛板，筛板上开有许多均匀的小孔。根据孔径的大小，分为小孔径筛板(孔径为 3～8mm)和大孔径筛板(孔径为 10～25mm)两类。工业应用中以小孔径筛板为主，大孔径筛板多用于某些特殊场合(如分离黏度大、易结焦的物系) 筛板的优点是结构简单，造价低；板上液面落差小，气体压降低，生产能力较大；气体分散均匀，传质效率较高。其缺点是筛孔易堵塞，不宜处理易结焦、黏度大的物料 应予指出，尽管筛板传质效率高，但若设计和操作不当，易产生漏液，使得操作弹性减小，传质效率下降，故过去工业上应用较为谨慎。近年来，由于设计和控制水平的不断提高，可使筛板的操作非常精确，弥补了上述不足，故应用日趋广泛。在确保精确设计和采用先进控制手段的前提下，设计中可大胆选用
浮阀塔板	浮阀塔板吸收了泡罩塔板和筛孔塔板的优点。其结构特点是在塔板上开有若干个阀孔，每个阀孔装有一个可以上下浮动的阀片。气流从浮阀周边水平地进入塔板上液层，浮阀可根据气流流量的大小而上下浮动，自行调节。浮阀的类型很多(已知的有 F1 型、V-4 型、T 型、十字架型、条型、高弹性浮阀和船型、管型、梯型、双层浮阀)，国内常用的有 F1 型(相当于国外的 V-1 型)、V-4 型及 T 型等，其中以 F1 型浮阀应用最为普遍 浮阀塔板的优点是结构简单、制造方便、造价低；塔板开孔率大，生产能力大；由于阀片可随气量变化自由升降，故操作弹性大；因上升气流水平吹入液层，气液接触时间较长，故塔板效率较高。其缺点是处理易结焦、高黏度的物料时，阀片易与塔板黏结；在操作过程中有时会发生阀片脱落或卡死等现象，使塔板效率和操作弹性下降 由于浮阀具有生产能力大、操作弹性宽、塔板效率高且加工方便等优点，故有关浮阀塔板的研究开发远较其他型式的塔板广泛，是目前新型塔板研究开发的主要方向。近年来研究开发出的新型浮阀有船型浮阀、管型浮阀、梯型浮阀、双层浮阀、V-V 浮阀、混合浮阀等，其共同的特点是加强了流体的导向作用和气体的分散作用，使气液两相的流动更趋于合理，操作弹性和塔板效率得到进一步的提高。但应指出，在工业应用中，目前还多采用 F1 型浮阀，其原因是 F1 型浮阀已有系列化标准，各种设计数据完善，便于设计和对比。而采用新型浮阀，设计数据不够完善，给设计带来一定的困难，但随着新型浮阀性能测定数据的不断发表及工业应用的增加，其设计数据会逐步完善，在有较完善的性能数据下，设计中可选用新型浮阀
网孔塔板	网孔塔板又称 Perform 板，这是一种喷射型的塔板，其中气相高速吹过塔板形成连续相，液相被吹成细小液滴成为分散相。网孔塔板由厚 1.5～2mm 的金属薄板先冲孔后经拉伸而成，形成许多规则排列的定向开口作为气体通道，定向开口的倾角通常选用 30°，定向开口按一定的方向布置，保证液流按希望的方向运动。在塔板上分成若干狭长区，每一区可按塔板上定向开口的方向分成两部分，相邻两部分的开孔方向互成 90°，当气液两相在塔板上流入另一区域时，流体流动方向发生 90°变化，这将增加相间接触时间和接触强度，同时，在转折处还产生气液旋转，可使相接触表面不断更新 网孔塔板的主要特点是生产能力高，约比一般塔板增大 30%；压降低；加工费用低。适用于真空操作的塔中。但它板效率较低，操作弹性较小

续表

塔板名称	塔板结构特点及应用场合
垂直筛板	垂直筛板也是一种喷射型的塔板，20 世纪 60 年代由日本开发，其后又进行了改进，称新垂直筛板(NVST)。垂直筛板的基本传质单元是置于塔板气体通道孔上的帽罩，它由底座固定于塔板上，当液体流经塔板时，其中的一部分被由气体通道上升的气体从帽罩的底部缝隙吸入，并被吹起激烈分散成液滴，从而形成分散相，在帽罩内达到充分的气液接触传质，然后气液混合物通过帽罩上部的雾沫分离器，其中的液滴被分离，并回到塔板上的液流中，再经下一排帽罩，而气体则上升到上一层塔板 这种液体分散型塔板气体通量大，但仍不致有过大的雾沫夹带；相接触面积大而且均匀，并不断更新，故板效率可与 F1 浮阀和筛板相当，但由于开孔率较大，气相负荷高，其压降基本与 F1 浮阀塔板相当；但操作弹性仍可比 F1 浮阀塔板宽约 60% 继 NVST 开发之后，三井公司在此基础上又开发了一种更高气相负荷的塔板，称为高气速塔板，简称 HVT。HVT 这样的结构设计较之 NVST 可进一步增大气相处理量，同时，减小塔板压降，提高传质效率
无降液管塔板	①穿流式栅板或筛板　塔板上的气液通道可为冲压成的长条形栅缝或圆形筛孔，栅板亦可用扁钢条焊成，栅缝宽度和筛孔直径的选择与气量有关，也应考虑物料的污垢程度。栅缝宽为 4～6mm，长为 60～150mm，缝端间距常取 10mm，缝中心距为 1.5～3 倍的缝宽。筛孔直径常用 5～8mm，近年亦有用更大孔径的趋势。塔板开孔率较一般筛板大，增大开孔率可提高塔的通过能力，但板效率及稳定操作范围随之下降，一般取塔板开孔率为 15%～25%，亦有大至 30%以上。塔板间距可较筛板小，因穿流式塔板上鼓泡层低，雾沫夹带较小，但板间距过小，容易影响稳定操作范围 ②波楞穿流板(也称穿流式波纹板)　国外名为 Ripple Tray，是穿流式筛板的改进型，它将平的筛板改为波纹形筛板，气体通过波峰，液体由波谷而下，从而克服了由于在穿流式筛板中气和液两相由同一筛孔通过形成的操作不稳、操作弹性小的缺陷，同时，也可避免大直径塔板由于制造和安装偏差所造成的气液分布不均影响塔板效率的缺点。此塔板无降液管，但安装时相邻塔板的波纹方向互成 90°，波纹可以强制液体分布，增加湍动，还提高了对气液负荷变化的适应性，同时也增加了塔板的刚性，由于塔板本身的加强作用，直径 3m 以下的塔板均可不用另行加强。塔板的材质通用不锈钢。孔径在清洁液体时可用 3.2mm；易堵时孔径要大些。塔板开孔率为 15%～30%。也可参考穿流式筛板来定孔径和孔中心距 穿流式波纹板的主要特性为：处理能力大；压降较小，因气流无弯曲通道，据某些塔设备上的数据比较，其空速可达泡罩塔板的两倍；有自洁净作用，塔板鼓泡均匀无死区或缓流滞止区；操作范围：板上泡沫层高度最低 25～50mm，一般为板间距的一半，在一些物系，板效率可达 70%以上；在液量一定时，其气相操作弹性为 2∶1，在气量一定时，液量变化可达 8.5∶1
导向筛板	导向筛板(亦称林德塔板)以其低压降为特点，主要应用于真空精馏塔中，这种塔板主要是在筛板基础上作了两项改进：一是在塔板上开有一定数量的导向孔，通过导向孔的气流对液流有一定的推动作用，有利于推进液体和减小液面梯度；二是在塔板的液体入口处增设鼓泡的促进结构，也称鼓泡促进器，有利于液体一进入塔板就迅即鼓泡，达到较好的气液接触，提高塔板面积的利用率，同时也减小塔板进口处的局部漏液，促使塔板鼓泡均匀和气体分布。由于采取上述两个改进措施，导向筛板的液体流动和鼓泡均较为均匀，液面梯度明显减小，塔板液层较薄、压降下降，而且具有较好的传质效率。对于减压的乙苯-苯乙烯系统，使用导向筛板后，每块理论板的压降降低 15%，塔板效率提高 13%左右。国内在同样物系以导向筛板代替浮阀塔板，效果亦十分显著。这种塔板可适用于减压蒸馏和大型分离装置中
多降液管塔板	多降液管塔板(简称 MD 塔板)的结构特点是每层塔板上可以有多个降液管，且降液管悬挂于塔板下的气相空间，降液管底槽开有降液孔口，液体通过此孔口流入下板的开孔区，为此要求降液管有自封作用，同时塔板上也不再设受液盘，相邻塔板的降液管互成 90°交叉。至于塔板，可以是筛板、浮阀板等各种型式。由于这种结构特点，堰上溢流强度明显减小；塔板上鼓泡均匀，雾沫夹带减小；同时塔板鼓泡面积增加，增大了塔板传质面积，因此，这种塔板具有通量大、压降低、板间距小和操作稳定等优点，适合液气比很大的场合。但由于液流路程较短，板上液相传质的接触时间较短，对液膜控制系统的物系塔板效率有所降低，文献报道对丙烷-丙烯精馏，板效率为 65%左右。但板效率较低的缺点可由板间距较小而得以弥补，故对塔的总高度影响不大。MD 塔板国外成功地应用于乙苯-苯乙烯及丙烷-丙烯分离的精馏塔中，国内亦应用于轻烃分离及合成氨的洗涤塔中

续表

塔板名称	塔板结构特点及应用场合
斜喷型塔板	①舌形塔板　是应用较早的一种斜喷型塔板，其气体通道为在塔板上冲出的以一定顺序排列的舌片，舌片开启一定的角度，舌孔方向与液流方向相同，故气相喷出可推动液体，液面梯度较小，液层较低，处理能力大，压降低，而且，舌形塔板结构简单，安装检修方便。但它负荷弹性较小，板效率较低，且不宜用于直径 800mm 以下的小塔中，以免壁效应太大，故其使用有一定限制，主要可用于部分炼油装置，特别是较重油品的精馏塔中，也包括用作换热塔板 ②斜孔塔板　基于舌形塔板斜喷的同样考虑，我国在 20 世纪 60 年代开发了斜孔塔板。因舌形塔板中气流向一个方向喷射，会造成液流的不断加速，难以保证气液两相的良好接触。在斜孔塔板上，开孔较小，且气流吹出方向与液流主流方向相垂直，同时还要使相邻两排开口方向相反，气液能互相牵制，消除了液流不断加速现象。因此，斜孔塔板的板上液层和板压降均较低，且可具有较大的气体通量，宜用于大型和减压精馏塔中 ③浮动舌形塔板　也是 20 世纪 60 年代研制的又一种定向喷射型塔板，它处理能力大，压降小，同时舌片可以浮动，因此，塔板的漏液和雾沫夹带均较小，操作弹性显著增加，板效率也较高，国内炼厂曾用于老塔改造挖潜，提高了生产负荷。但舌片易磨损、卡死，妨碍了它的广泛应用 ④浮动喷射塔板　是我国科研工作者结合了浮舌塔板和片状喷射塔板的特点，于 20 世纪 60 年代研制成功的，它具有阻力小，处理量大，气相负荷弹性较大及有一定的板效率等特点。这种塔板经实践考核发现当操作中流量波动较大时，浮动板的入口处泄漏较多；流量太小时，板上易“干吹”；而流量大时，板上液体出现水波式脉动，此外，塔板支承座容易磨损，塔板可能被吹落

(2) 塔板型式的选择

在选择塔板型式时，应根据塔板自身的特点及实际应用效果进行选取，尤其应充分考虑其设计应用的成熟程度。塔型的选择可参考表 5-4。

表 5-4　板式塔的选取

序号	内　容	泡罩	条形泡罩	S 形泡罩	溢流型筛板	导向筛板	圆形浮阀	条形浮阀	栅板	穿流式筛板	穿流式管排	波纹筛板	导孔径筛板	条孔网状塔板	舌形板	文丘里式塔板
1	高气、液相流量	C	B	D	E	E	E	E	E	E	E	E	E	E	E	F
2	低气、液相流量	D	D	D	C	D	F	F	C	D	C	D	D	E	D	B
3	操作弹性大	E	B	E	D	F	E	F	B	B	B	C	D	E	D	D
4	阻力降小	A	A	A	D	C	D	C	E	D	E	D	D	E	C	E
5	雾沫夹带量小	B	B	C	D	D	D	E	E	E	E	E	E	E	E	F
6	板上滞液量小	A	A	A	D	E	D	D	E	D	E	C	D	E	F	F
7	板间距小	D	C	D	E	F	E	E	F	F	E	E	F	F	E	E
8	效率高	E	D	E	E	F	F	E	E	E	D	E	E	E	D	E
9	塔单位体积生产能力大	C	B	E	E	F	E	E	E	E	E	E	E	E	E	F
10	气、液相流量的可变性	D	C	E	D	E	F	F	B	B	A	C	C	D	D	D
11	价格低廉	C	B	D	E	D	E	D	D	F	C	D	E	E	E	E
12	金属消耗量小	C	C	D	E	D	E	F	F	F	C	E	F	E	F	F
13	易于装卸	B	B	D	E	C	B	F	F	F	C	D	F	F	E	E
14	易于检查清洗和维修	C	B	D	D	C	D	F	F	E	E	E	E	D	D	D
15	有固体沉积时用液体进行清洗的可能性	B	A	A	B	A	B	E	E	D	F	E	E	E	C	C
16	开工和停工方便	E	E	E	C	D	E	C	C	D	C	D	D	D	D	D
17	加热和冷却的可能性	B	B	B	D	A	C	D	D	D	F	D	C	C	A	A
18	对腐蚀介质使用的可能性	B	B	C	D	C	C	E	E	E	D	C	D	D	C	C

注：A—不合适；B—尚可；C—合适；D—较满意；E—很好；F—最好。

值得注意的是在板式塔中，筛板塔和浮阀塔具有良好的使用性能，且对其研究比较充分，设计已相当成熟，因而得到广泛使用，其主要特点见表 5-5。

表 5-5 筛板塔和浮阀塔的主要特点

塔型	主要特点
筛板塔	①结构简单，易于加工，因此造价低，约为泡罩塔的 60%，浮阀塔的 80% ②处理能力大，比同直径泡罩塔增加 20%～40% ③塔板效率高，比泡罩塔高 15%左右 ④板压降低，比泡罩塔低 30%左右 ⑤安装容易，清理检修方便 若液体较脏、筛板孔径较小而容易堵塞时，可采用大孔径筛板
浮阀塔	①操作弹性大，在较宽的气液负荷变化范围内均可保持高的板效率。其弹性范围为 5～9，比筛板塔和泡罩塔的弹性范围都大 ②处理能力大，比泡罩塔大 20%～40%，但比筛板塔略小 ③气体为水平方向吹出，气液接触良好，雾沫夹带量小，塔板效率高，一般比泡罩塔高 15%左右 ④干板压降比泡罩塔小，但比筛板塔大 ⑤结构简单、安装方便，制造费用约为泡罩塔的 60%～80%，为筛板塔的 120%～130% ⑥国内使用结果证明，对于黏度稍大及有一般聚合现象的系统，浮阀塔板也能正常操作 ⑦可供选用的浮阀的型式多，并且国内已标准化，部颁标准为 JB1118

5.2.3 塔内件工艺结构尺寸的设计计算

板式塔的塔内件主要是塔盘，而塔盘又由塔板、溢流堰、降液管、受液盘、汽液接触元件、塔盘紧固件和支承件等构成。

5.2.3.1 塔板

板式塔的板型很多（前已述及），不同型式的塔板其结构设计方法不尽相同，因筛孔塔板和浮阀塔板应用最为普遍，且筛板塔和浮阀塔的设计方法存在很多相似之处，故在此一并讨论这两种板型的结构设计。

（1）塔板主要工艺结构尺寸的确定

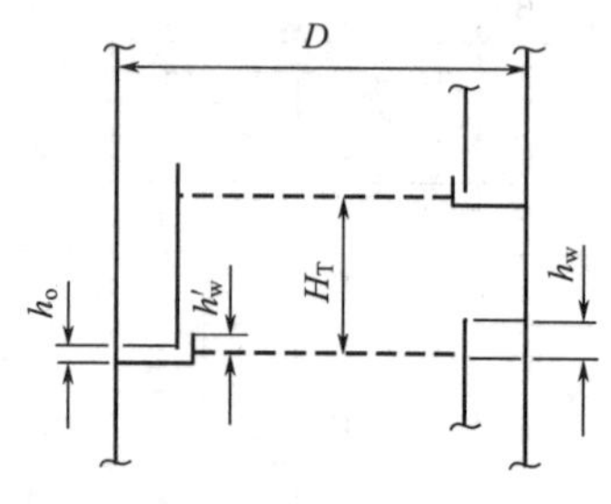

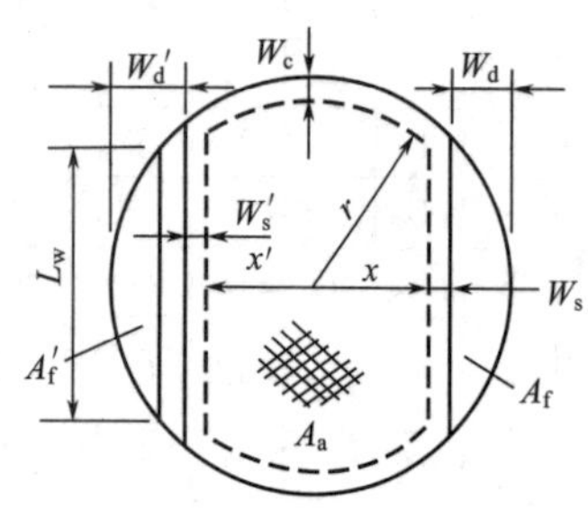

图 5-2 板面布置及主要尺寸

$r=D/2-W_c$；$x=D/2-(W_d+W_s)$；$x'=D/2-(W'_d+W'_s)$

以单流型塔板为例（见图 5-2），其主要工艺尺寸有：

H_T——板间距；

D——塔径；

L_w——堰长；

$h_w(h'_w)$——出口（入口）堰高；

$W_s(W'_s)$——出口（入口）安定区宽度；

$W_d(W'_d)$——降液管（受液盘）的宽度；

W_c——边缘区宽度；

h_o——降液管底端与下层塔板之间的距离。

Ⅰ. 塔板上的开孔区、降液区、安定区和边缘区

① 开孔区　为塔板上的有效传质区域（图 5-2 中虚线以内的区域），其面积以 A_a 表示。

② 降液区　包括降液管面积 A_f 和接收上一层塔板液体的受液盘面积 A'_f，对于垂直弓形降液管，$A_f=A'_f$。

③ 安定区　在传质区与堰之间需设一无孔区，称为安定区。靠近入口堰的不开孔区为入口安定区，其宽度以 W'_s 表示，可使降液管底部流出的清液能均匀地分布在整个塔板

上，避免入口处因液压头引起的液体泄漏。靠近溢流堰的不开孔区为出口安定区，其宽度以 W_s 表示，以避免大量泡沫进入降液管。安定区宽度是指堰与它最近一排孔的中心线之间的距离，一般情况下，$W_s=70\sim100$mm，$W'_s=50\sim100$mm。对于筛板塔，W_s 常取 50～100mm，小塔取较小的值。对于浮阀塔，因阀孔直径较大，W_s 相对来说比较大一些，一般对分块式塔板取 80～110mm，对整块式塔板取 60～70mm。

④ 边缘区　塔板靠近塔壁部分需留出一圈边缘区域 W_c，供支持塔板边梁用，此区也称无效区。筛板塔一般取 50～60mm；浮阀塔，分块式塔板一般取 70～90mm，整块式为 55mm。

为防止液体流经无效区而产生“短路”现象，可在塔板上沿壁设置挡板，挡板高度可取清液层高度的两倍。

Ⅱ. 筛板塔的筛孔数及其排列

筛孔塔板的重要结构参数是筛板厚度 δ、筛孔直径 d_o、开孔率 φ、孔心距 t、筛孔总面积 A_o、开孔区面积 A_a、筛孔个数 n。

① 筛板厚度 δ　一般碳钢塔板 δ 取 3～4mm，合金钢板 δ 取 2～2.5mm。

② 筛孔直径 d_o　对碳钢塔板，d_o 应不小于板厚度 δ；对合金钢板，d_o 应不小于 $(1.5\sim2)\delta$。工业塔中筛板塔常用的筛孔直径 d_o 为 3～8mm，推荐孔径为 4～5mm。若孔太小，则加工困难，容易堵塞，而且由于加工的公差而影响开孔率的大小，故只有在特殊要求时才用小孔。近年来逐渐有采用 d_o 为 10～25mm 的大孔径筛板塔，因为大孔径筛板有加工制造方便、不易堵塞等优点，只要设计合理也可得到满意的效果。但一般来说，大孔径筛板的操作弹性会小些。

③ 开孔率 φ　开孔率 φ 与筛孔直径 d_o、孔心距 t 及筛孔的排列等有关。在塔板上筛孔一般按等边三角形排列，此时开孔率 φ 只与筛孔直径 d_o 和孔中心距 t 有关，参见图 5-2。

$$\varphi=\frac{A_o}{A_a}=\frac{0.907}{(t/d_o)^2} \tag{5-1}$$

式中，φ 为开孔率；A_o 为筛孔总面积，m^2；A_a 为开孔区面积（鼓泡区面积或有效工作区面积，见图 5-2 并参考图 5-18），m^2；t 为孔中心距，mm；d_o 为筛孔直径，mm。

因此 t/d_o 的选定就直接决定了开孔率 φ。若 t/d_o 选得过小，气流相互干扰，使传质效率降低，且由于开孔率过大使干板压降小而漏液点高，塔板操作弹性下降；若 t/d_o 选得过大，则鼓泡不均匀，也要使传质效率下降，且开孔率过小会使塔板阻力增大，雾沫夹带量大，易造成液泛，限制了塔的生产能力。因此，t/d_o 的选择须全面考虑，在一般情况下可取 $t/d_o=2.5\sim5$，而实际设计时较多的是取 3～4。

当塔内上下段气相负荷变化较大时，应根据需要分段改变开孔率，使全塔有较好的操作稳定性。此时为加工上的方便也可不改变孔中心距，用堵孔的方法来改变开孔率，也即在与液流相垂直的方向堵塞适当排数的孔，以减小开孔率。

④ 筛孔数 n 的计算　可用下式估算

$$n=\frac{A_o}{0.785d_o^2}=\frac{\varphi A_a}{0.785d_o^2}=\frac{1.158}{t^2}A_a \tag{5-2}$$

$$A_a=x'\sqrt{r^2-x'^2}+r^2\sin^{-1}\left(\frac{x'}{r}\right)+x\sqrt{r^2-x^2}+r^2\sin^{-1}\left(\frac{x}{r}\right) \tag{5-3}$$

对单溢流型垂直弓形降液管，式(5-3) 中的 $x'=x$，此时

$$A_a=2\left[x\sqrt{r^2-x^2}+r^2\sin^{-1}\left(\frac{x}{r}\right)\right] \tag{5-4}$$

式中，n 为筛孔数，个；t 为孔中心距，m；A_a 为开孔区面积，m^2；$x=\frac{D}{2}-(W_d+W_s)$，m；$x'=\frac{D}{2}-(W'_d+W'_s)$；$r=\frac{D}{2}-W_c$，m；$\sin^{-1}(x/r)$为以弧度表示的反正弦函数；$W_d$ 为堰宽，m；W_s 为安定区宽度，m。

实际筛孔数应根据整块塔板和分块塔板绘图排列后确定。

Ⅲ. 浮阀塔的阀孔数及其排列

① 阀孔直径 d_o　阀孔直径由所选浮阀的型号所决定。应用最广泛的是 F1 型重阀，阀孔直径 $d_o=39$mm。

② 初算阀孔数 n　一般正常负荷情况下，希望浮阀是在刚全开时操作。试验结果表明此时阀孔动能因数 F_o 为 8～12。

$$u_o=\frac{F_o}{\sqrt{\rho_V}} \tag{5-5}$$

式中，F_o 为阀孔动能因数；u_o 为阀孔气速（$=V_s/A_o$），m/s；ρ_V 为气相密度，kg/m^3。

$$n=\frac{V_h}{\frac{\pi}{4}(0.039)^2\times u_o\times 3600}=0.232\frac{V_h}{u_o} \tag{5-6}$$

式中，n 为阀孔数；V_h 为气相流量，m^3/h。

③ 阀孔的排列　阀孔一般按三角形排列，在三角形排列中又有顺排和叉排两种型式。一般认为叉排的效果较好，故采用叉排的较多，如图 5-3 所示。

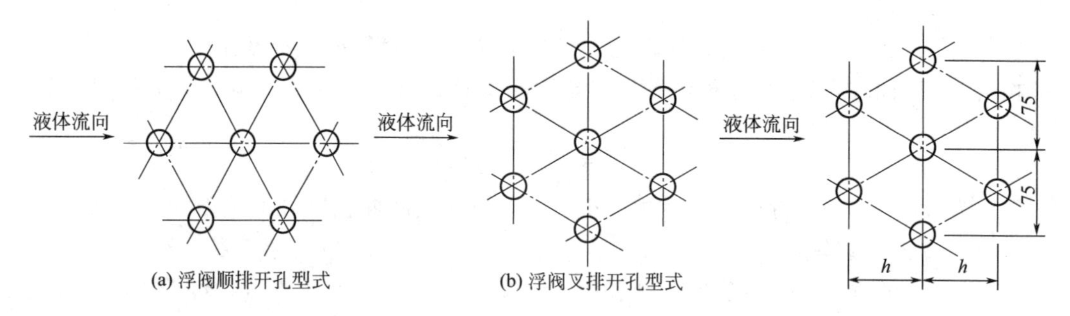

图 5-3　浮阀塔盘系列塔盘板的开孔型式

在整块式塔板中，浮阀常以等边三角形排列，其孔中心距 t 一般有 75mm、125mm、150mm 几种。

在分块式塔板中，为便于塔板分块也可按等腰三角形排列。三角形的底边孔中心距 t' 固定为 75mm，三角形高度 h 有 65mm、70mm、80mm、90mm、100mm、110mm 几种，必要时还可以调整。系列中推荐使用的 h 值为 65mm、80mm 和 100mm。

按等边三角形排列时
$$t=d_o\sqrt{\frac{0.907A_a}{A_o}} \tag{5-7}$$

按等腰三角形排列时
$$h=\frac{A_a/n}{t'}=\frac{A_a}{0.075n} \tag{5-8}$$

式中，t 为等边三角形排列时的阀孔中心距，m；d_o 为阀孔直径，m；A_a 为塔板上开孔区面积，m^2；A_o 为开孔总面积（$=n\times\pi/4\times d_o^2$），$m^2$；$t'$ 为等腰三角形排列时底边孔中心距，m；h 为等腰三角形排列时的高，m；n 为阀孔数。

根据计算得到的 t（或 h）值，圆整到恰当的推荐数值。

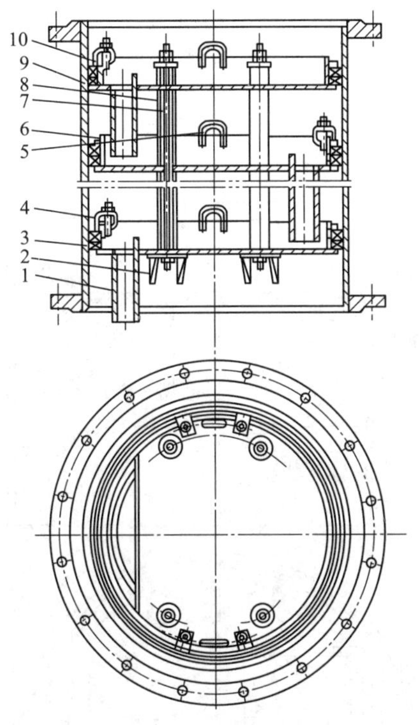

图 5-4 定距管式塔盘

1—降液管；2—支座；3—密封填料；4—压紧装置；5—吊耳；6—塔盘圈；7—拉杆；8—定距管；9—塔盘板；10—压圈

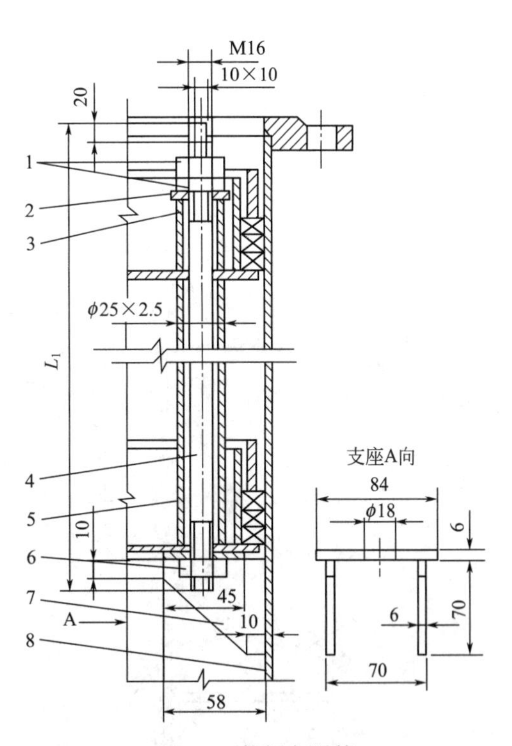

图 5-5 拉杆定距管

1—螺母；2—垫圈；3—短管；4—拉杆；5—定距管；6—螺母；7—支座；8—塔体

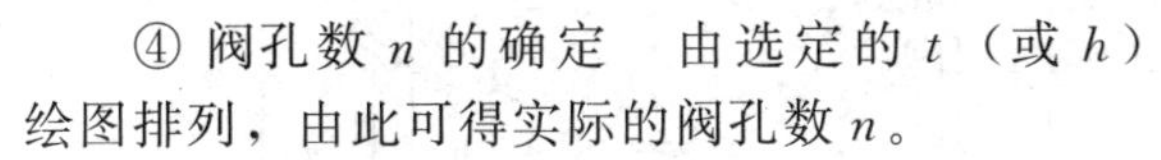

④ 阀孔数 n 的确定　由选定的 t（或 h）绘图排列，由此可得实际的阀孔数 n。

（2）塔板的分块与拆装

塔板有整块式塔板和分块式塔板，对于小直径塔板（直径小于 800mm），通常采用整块式塔板，当直径大于 900mm 时，人已能在塔内进行拆装，常用分块式塔板。当塔径在800～900mm之间时，两种型式均可采用，视具体情况而定。

① 整块式塔板　小直径塔的塔板常做成整块式的。而整个塔体分成若干塔节，塔节之间用法兰连接。

塔节长度与塔径有关，当塔径为 300～500mm 时，只能伸入手臂安装，塔节长度以 800～1000mm 为宜；塔径为 500～800mm 时，人可勉强进入塔节内安装，塔节长度可适当加长，但一般也不宜超过 2000～2500mm，每个塔节内塔板数不希望超过 5～6 块，否则会使安装困难。

板与板之间用管子支承，以保持一定的板间距，有定距管式和重叠式两种型式，参见图 5-4～图 5-6。

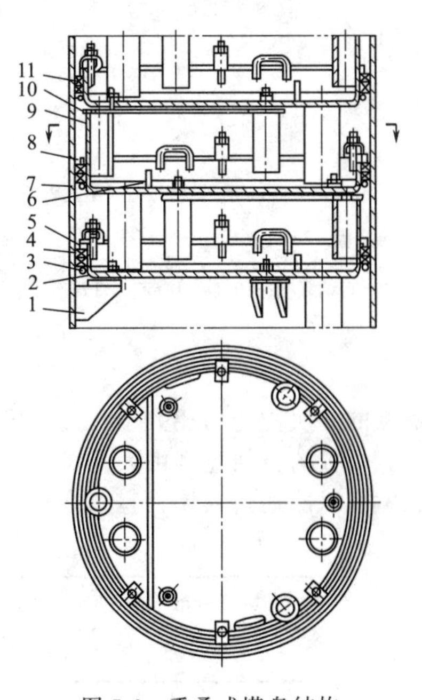

图 5-6 重叠式塔盘结构

1,9—支座；2—调节螺钉；3—圆钢圈；4—密封填料；5—塔盘圈；6—溢流堰；7—塔盘板；8—压圈；10—支撑板；11—压紧装置

② 分块式塔板　当塔径大于 800mm 时，人已经可以进入塔内进行拆装和检修。塔板也可拆分成若干块通过人孔送入塔内。因此，大直径塔常用分块式塔板结构（见图 5-7），此时塔体也不必分成若干节。

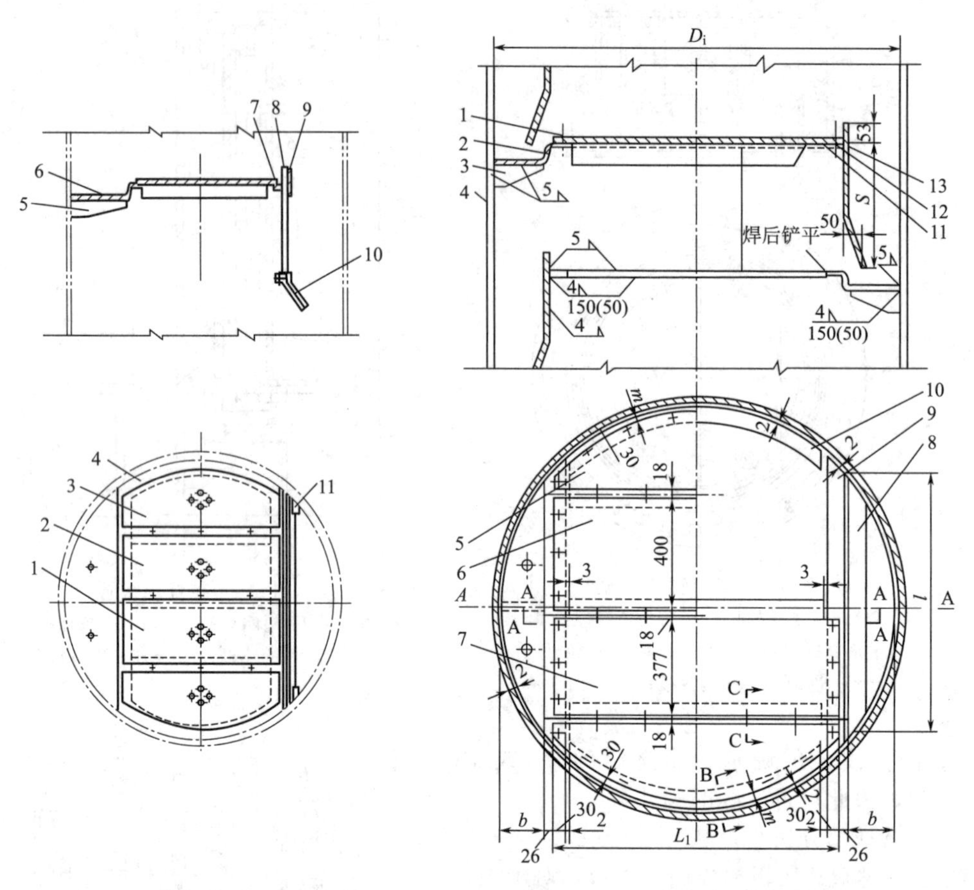

(a) 可调节堰、可拆降液板自身梁式塔盘

1—通道板；2—矩形板；3—弓形板；4—支承圈；5—筋板；6—受液盘；7—支持板；8—降液板；9—可调堰板；10—可拆降液；11—连接板

(b)不可调节堰、不可拆降液板自身梁式塔盘

1—卡子；2—受液盘；3—筋板；4—塔体；5—弓形板；6—通道板；7—矩形板；8,13—降液板；9,12—支持板；10,11—支持圈

图 5-7　单溢流型分块式塔盘

塔板的分块数与塔径大小有关，可按表 5-6 选取。靠近塔壁的两块是弓形板，其余的是矩形板。塔板的分块宽度由人孔尺寸、塔板结构强度、开孔排列的均匀对称性等因素决定，其最大宽度以能通过人体为宜。

表 5-6　塔板分块数与塔径的关系

塔径/mm	800～1200	1400～1600	1800～2000	2200～2400
塔板分块数	3	4	5	6

塔板板面的分块与布置形式见图 5-8。

为拆装和检修方便，矩形板中有一块作通道板（见图 5-7 和图 5-9），各层塔板的通道最好开在同一垂直位置上，以利采光和装卸。

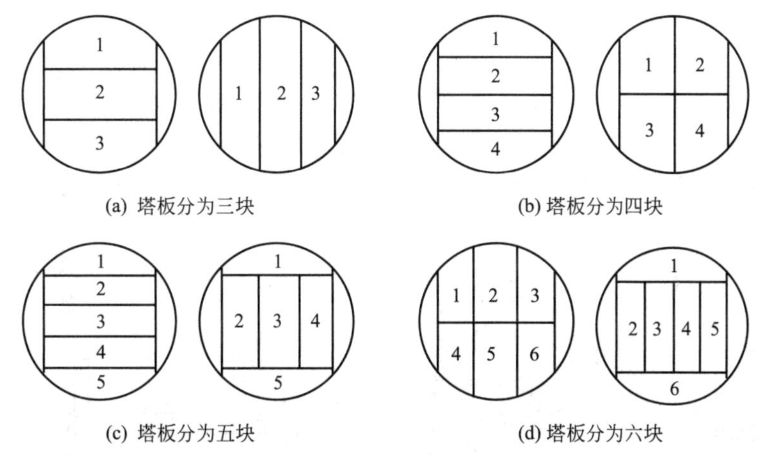

(a) 塔板分为三块　　(b) 塔板分为四块

(c) 塔板分为五块　　(d) 塔板分为六块

图 5-8　单溢流型塔板分块示意

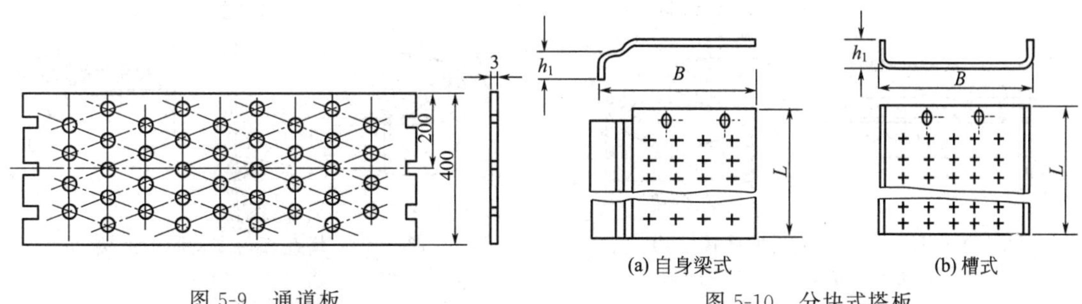

图 5-9　通道板

(a) 自身梁式　　(b) 槽式

图 5-10　分块式塔板

在浮阀系列中，当塔径为 ϕ800～2000mm 时，自身梁式单流塔盘采用可调节堰、可拆降液板的塔盘，可用于料液易聚合、堵塞的场合。

分块式塔板有自身梁式塔板结构和槽式塔板结构两种（见图 5-10）。

矩形板（见图 5-7）梁和塔板构成一个整体。矩形板的一个长边无自身梁，另一边有自身梁。长边尺寸与塔径和堰宽有关；短边尺寸统一取 420mm，以便塔板能够从直径为 450mm 的人孔中通过。自身梁宽度为 43mm，塔盘之间靠安装在梁上的螺栓连接起来，因此自身梁部位要开螺栓孔。跨过支承梁的两排相邻浮阀中心距离应不小于 110mm；对于筛板塔，筛孔的中心线距离可取较小的数值。

通道板（见图 5-9）为无自身梁的一块矩形平板，搁在弓形板或矩形板的自身梁上。长边尺寸与矩形板相同，短边尺寸取 400mm。筛孔或阀孔按工艺要求排列。

弓形板（见图 5-7）弦边作自身梁，其长度与矩形板相同，弧边直径 D 与塔径 DN 和 f（弧边到塔壁的径向距离）有关。当 $DN \leqslant 2000$mm 时，f 取 20mm；当 $DN > 2000$mm 时，f 取 30mm。弧边直径 $D = DN - 2f$，弓形板弓高 e 与 DN、f 和塔板分块数 n 有关：

$$e = 0.5[DN - 377(n-3) - 18(n-1) - 400 - 2f] \quad (5\text{-}9)$$

③ 塔盘板的紧固件　根据人孔位置及检修要求，分块式塔盘板之间的连接分为上可拆连接和上、下均可拆连接两种。通常使用螺纹紧固件。常用的螺纹紧固件包括螺栓和椭圆垫板。上可拆连接结构如图 5-11 所示，上、下均可拆连接结构如图5-12所示，在图 5-12 中，从上或从下松开螺母，并

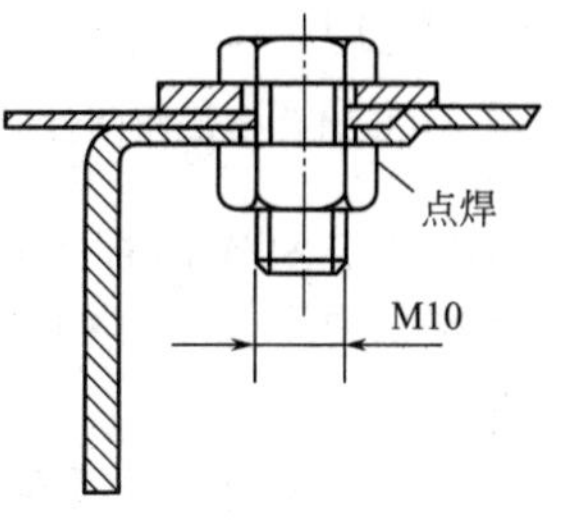

图 5-11　上可拆的连接结构

将椭圆垫板转到虚线位置后，塔板Ⅰ即可自由取开。这种结构也常用于通道板与塔盘板的连接。

塔盘板一般安放于焊在塔壁的支持圈上。塔盘板与支持圈的连接通常采用卡子，如图5-13所示，卡子由下卡（包括卡板及螺栓）、椭圆垫板及螺母等零件组成，拧紧螺母时，通过椭圆垫板和卡板，把塔盘板紧固在支持圈上。开在塔盘板上的卡子孔，应是长圆形的，这主要是考虑到补偿塔体圆度公差及塔盘板长度公差等因素。在塔盘板的连接中，为了避免因螺栓腐蚀生锈而拆卸困难，故规定螺栓材料为铬钢或铬镍不锈钢。

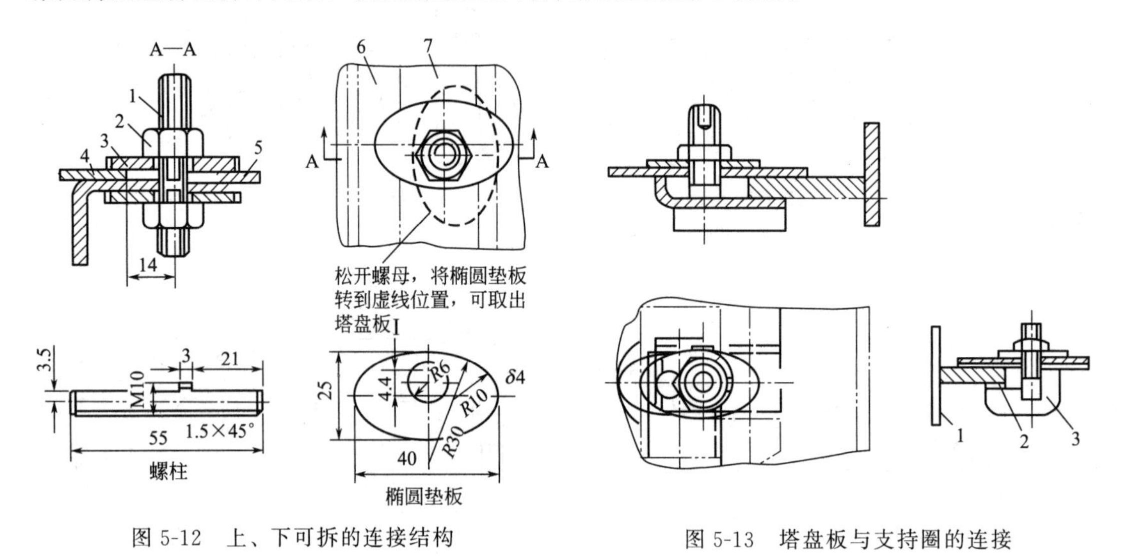

图5-12 上、下可拆的连接结构

1—螺柱；2—螺母；3—椭圆垫板；

4,6—塔盘板Ⅰ；5,7—塔盘板Ⅱ

图5-13 塔盘板与支持圈的连接

1—塔壁（或降液板）；

2—支持圈；3—卡子

用卡子连接塔盘板时，紧固件加工量大，装拆麻烦，且螺栓需要用耐腐蚀材料，而锲形紧固件的结构简单，装拆迅速，不用特殊材料，故成本低。锲形紧固件结构如图5-14所示，龙门板不用焊接的结构，有时也可将龙门板直接焊接在塔盘板上。

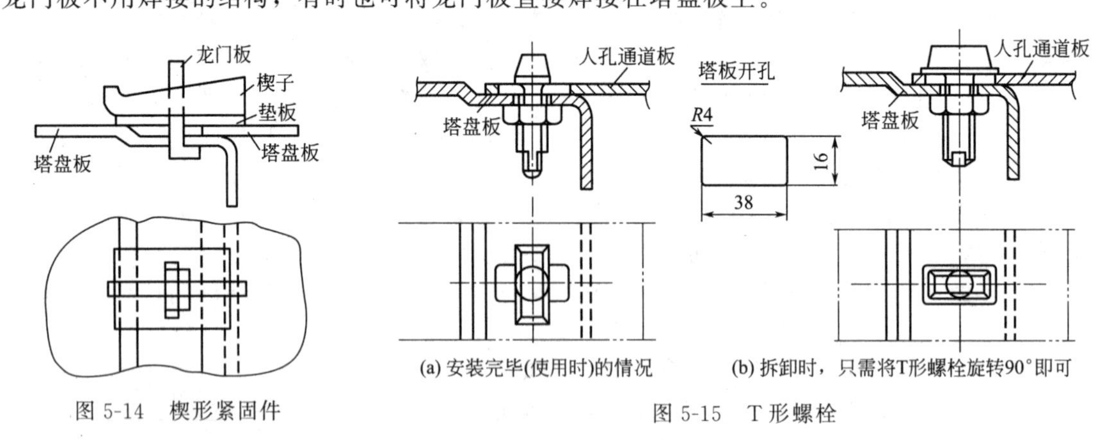

图5-14 楔形紧固件

图5-15 T形螺栓

塔盘板的连接有时也有采用T形螺栓的，如图5-15所示。这种连接结构简单，不用垫板，尺寸紧凑，重量轻，装拆方便。T形螺栓常用1Cr13材料制造，宜于定点成批生产。

塔板结构设计的其他考虑包括折流挡板、引流板、排液孔（泪孔）等，这里不再详细叙述。

（3）塔板结构参数的系列化

为便于设备设计及制造，在满足工艺生产要求的条件下，将塔板的一些参数系列化是有利的。现摘录一部分列于表 5-7～表 5-9 中，供选用参考（摘自 JB1026）。

表 5-7　小直径塔板（整块式）

DN/mm	D_i/mm	A_T/m^2	L_w/mm	W_d/mm	L_w/D	A_f/cm^2	A_f/A_T
500	475	0.1960	284.4	41.4	0.60	74.3	0.0378
			308.1	50.9	0.65	100.6	0.0512
			331.8	61.8	0.70	133.4	0.0679
			355.5	74.2	0.75	174.0	0.0886
			379.2	88.8	0.80	225.5	0.1148
600	568	0.282	340.8	50.8	0.60	110.7	0.0392
			369.2	62.2	0.65	148.8	0.0526
			397.6	75.2	0.70	196.4	0.0695
			426.0	90.1	0.75	255.4	0.0903
			454.4	107.6	0.80	329.7	0.1166
700	668	0.384	400.8	60.8	0.60	157.5	0.0409
			434.2	74.0	0.65	210.9	0.0548
			467.6	89.5	0.70	276.8	0.0719
			501.0	107.0	0.75	358.9	0.0939
			534.4	127.6	0.80	462.4	0.1202
800	768	0.503	460.8	70.8	0.60	212.3	0.0422
			499.2	86.2	0.65	283.3	0.0563
			537.6	102.8	0.70	371.2	0.0738
			576.0	124.0	0.75	480.3	0.0956
			614.4	147.6	0.80	517.2	0.1228

注：1. 当塔径小于 500mm 时，板间距为 200mm、250mm、300mm、350mm；
2. 当塔径为 600～800mm 时，板间距为 300mm、350mm、500mm；
3. DN 为公称直径，D_i 为塔内径，其余符号参见图 5-2。

表 5-8　单流型塔板（分块式）

塔径 D/mm	塔截面积 A_T/m^2	塔板间距 H_T/mm	弓形降液管		降液管面积 A_f/m^2	A_f/A_T /%	L_w/D
			堰长 L_w/mm	管宽 W_d/mm			
800	0.5027	350	529	100	0.0363	7.22	0.661
		450					
		500	581	125	0.0502	10.0	0.726
		600	640	160	0.0717	14.2	0.800
1000	0.7854	350	650	120	0.0534	6.8	0.650
		450					
		500	714	150	0.0770	9.8	0.714
		600	800	200	0.1120	14.2	0.800
1200	1.1310	350	794	150	0.0816	7.22	0.661
		450					
		500	876	190	0.1150	10.2	0.730
		600					
		800	960	240	0.1610	14.2	0.800

续表

塔径 D/mm	塔截面积 A_T/m^2	塔板间距 H_T/mm	弓形降液管		降液管面积 A_f/m^2	A_f/A_T /%	L_w/D
			堰长 L_w/mm	管宽 W_d/mm			
1400	1.5390	350	903	165	0.1020	6.63	0.645
		450					
		500	1029	225	0.1610	10.45	0.735
		600					
		800	1104	270	0.2065	13.4	0.790
1600	2.0110	450	1056	199	0.1450	7.21	0.660
		500 600	1171	255	0.2070	10.3	0.732
		800	1286	325	0.2918	14.5	0.805
1800	2.5450	450	1165	214	0.1710	6.74	0.647
		500 600	1312	284	0.2570	10.1	0.730
		800	1434	354	0.3540	13.9	0.797
2000	3.1420	450	1308	244	0.2190	7.0	0.654
		500 600	1456	314	0.3155	10.0	0.727
		800	1599	399	0.4457	14.2	0.799
2200	3.8010	450	1598	344	0.3800	10.0	0.726
		500 600	1686	394	0.4600	12.1	0.766
		800	1750	434	0.5320	14.0	0.795
2400	4.5240	450	1742	374	0.4524	10.0	0.726
		500 600	1830	424	0.5430	12.0	0.763
		800	1916	479	0.6430	14.2	0.798

表 5-9　双流型塔板（分块式）

塔径 D/mm	塔截面积 A_T/m^2	塔板间距 H_T/mm	弓形降液管			降液管面积 A_f/m^2	A_f/A_T /%	L_w/D
			堰长 L_w/mm	管宽 W_d/mm	管宽 W'_d/mm			
2200	3.8010	450	1287	208	200	0.3801	10.15	0.585
		500 600	1368	238	200	0.4561	11.8	0.621
		800	1462	278	240	0.5398	14.7	0.665
2400	4.5230	450	1434	238	200	0.4524	10.1	0.597
		500 600	1486	258	240	0.5429	11.6	0.620
		800	1582	298	280	0.6424	14.2	0.660
2600	5.3090	450	1526	248	200	0.5309	9.7	0.587
		500 600	1606	278	240	0.6371	11.4	0.617
		800	1702	318	280	0.7539	14.0	0.655
2800	6.1580	450	1619	258	240	0.6158	9.3	0.577
		500 600	1752	308	280	0.7389	12.0	0.626
		800	1824	338	320	0.8744	13.75	0.652
3000	7.0690	450	1768	288	240	0.7069	9.8	0.589
		500 600	1896	338	280	0.8482	12.4	0.632
		800	1968	368	360	1.0037	14.0	0.655

（4）塔板上的浮阀

浮阀的型式很多，国内最常用的为 F1 型（相当于国外的 V-1 型），已确定为部颁标准（JB 1118）。

F1 型浮阀分轻阀（代表符号 Q）和重阀（代表符号 Z）两种。轻阀（Q）采用厚度为 1.5mm 的薄板冲压制成，质量约 25g；重阀（Z）采用厚度为 2mm 薄板冲压制成，质量约 33g。一般重阀应用较多，轻阀泄漏量大，只有在要求压降小的时候（如减压精馏）才采用。

图 5-16 和表 5-10 分别给出了 F1 型浮阀的结构与结构参数。

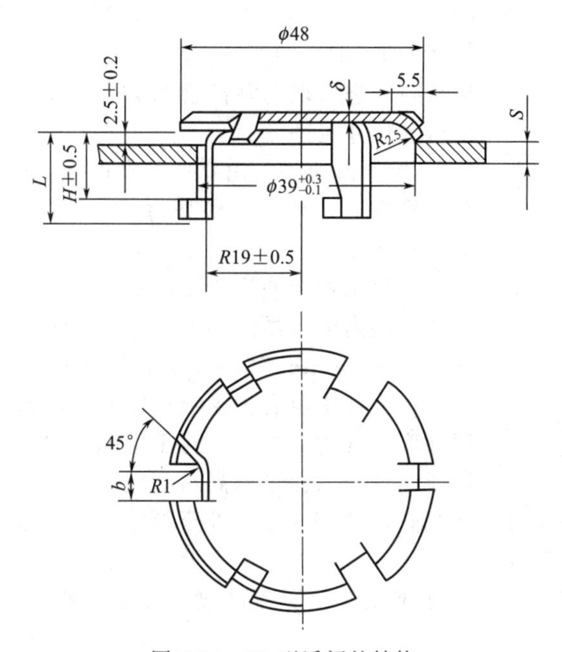

图 5-16　F1 型浮阀的结构

表 5-10　F1 型浮阀基本参数明细表　　单位：mm

序号	型式代号	阀片厚度 δ	阀的质量/g	适用于塔板厚度 S	H	L	序号	型式代号	阀片厚度 δ	阀的质量/g	适用于塔板厚度 S	H	L
1	F1Q-4A	1.5	24.9	4	12.5	16.5	9	F1Q-3C	1.5	24.8	3	11.5	15.5
2	F1Z-4A	2.0	33.1				10	F1Z-3C	2.0	33.0			
3	F1Q-4B	1.5	24.6				11	F1Q-3D	1.5	25.0			
4	F1Z-4B	2.0	32.7				12	F1Z-3D	2.0	33.2			
5	F1Q-3A	1.5	24.7	3	11.5	15.5	13	F1Q-2C	1.5	24.6	2	10.5	14.5
6	F1Z-3A	2.0	32.8				14	F1Z-2C	2.0	32.7			
7	F1Q-3B	1.5	24.3				15	F1Q-2D	1.5	24.7			
8	F1Z-3B	2.0	32.4				16	F1Z-2D	2.0	32.9			

5.2.3.2　溢流堰

溢流堰包括入口堰及出口堰，溢流堰板的形状有平直型和齿型两种，设计中多采用平直型。当使用平型受液盘时，为保证降液管的液封，同时使液体均匀流入塔盘，并减少液流水平方向的冲击，常在液流进入端设置入口堰。用圆形降液管时，更应设置入口堰。泡罩塔盘用弓形降液管时，可不设入口堰。

将降液管的上端面高出塔板板面，即形成出口溢流堰。为维持塔盘上液层高度，并使液流均匀，必须设置出口堰。通常，出口堰上的最大溢流强度不宜超过 100～130m^3/(h·m)。

(1) 堰长

一般按经验取值。对弓形降液管，堰长即弓形降液管的弓长 L_w，此时

①单流型 $L_w=(0.6\sim0.8)D$；②双流型 $L_w=(0.5\sim0.7)D$。

(2) 堰高

分两种情况。

① 入口堰高 入口堰的高度 h'_w 按以下两种情况确定，当 h_w 大于降液管底边至受液盘板间距 h_0 时，可取 $h'_w\leqslant h_0$；当 $h_w<h_0$ 时，$h'_w>h_0$，以保证液封，进口堰与降液管的水平距离 h_1 应大于 h_0。溢流堰的结构和尺寸见图 5-17。

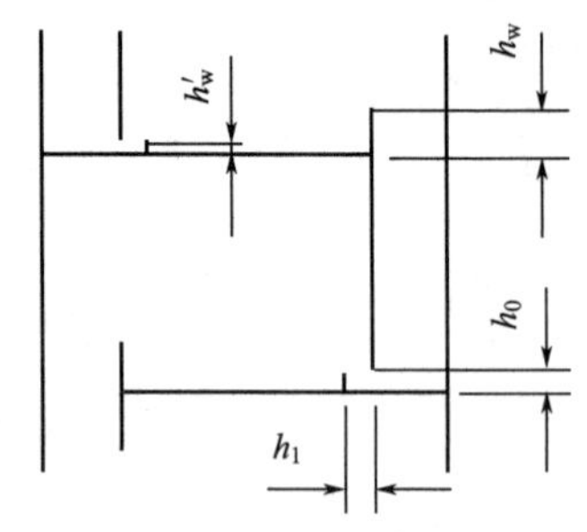

图 5-17 入口堰高与堰距

$h_w>h_0$ 时，则 $h'_w\leqslant h_0$；

$h_w<h_0$ 时，则 $h'_w>h_0$，$h_1>h_0$

② 出口堰高 出口堰的高度 h_w 由物料的性能、液体流量及塔型决定，常用的堰高为 $h_w=50$mm，对减压操作，$h_w=15\sim30$mm。

一般工业上使用较多的是平直堰。为使液流分布均匀，堰上清液层高度（溢流高度）h_{ow}应大于 6mm。若堰上清液层高度 h_{ow}小于 6mm 时，可改用齿形堰。

在设计中也有把溢流堰做成活动式的，可以调节塔板上液层高度，其优点是：①对于中间试验或更换新的物系，可调节液层高度，以探索堰高对塔板效率和操作弹性的影响，取得最佳效果；②可以调节原设计对堰高选定的偏差；③便于调整堰板的水平度。

(3) 板上清液层高度 h_L

板上清液层高度 h_L 与出口堰高 h_w 和溢流高度 h_{ow}之间的关系如图 5-18，可用下式表示

$$h_L=h_w+h_{ow} \tag{5-10}$$

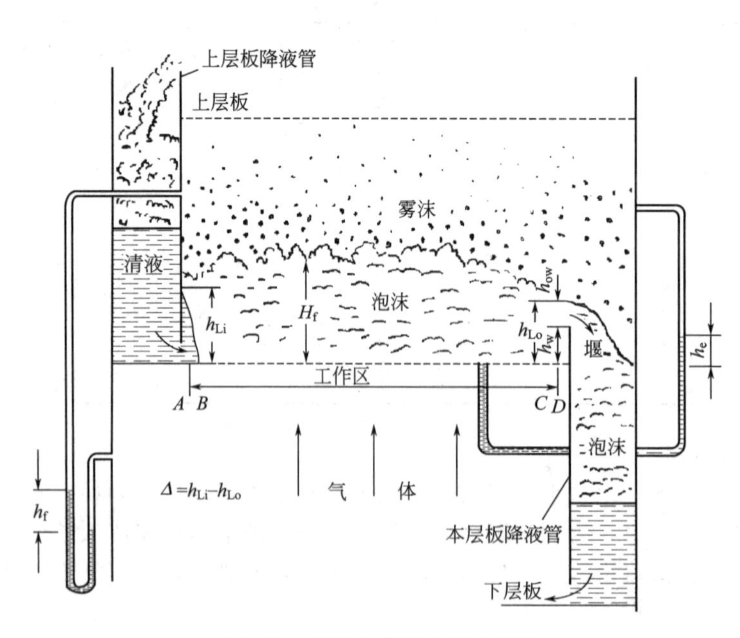

图 5-18 塔板上的气液流动情况

5.2.3.3　降液管

（1）降液管的类型

降液管是溢流装置的主要部件之一，可分为圆形降液管和弓形降液管两种。由于圆形降液管的面积较小，通常在液体负荷低或塔径较小时使用，工业上多用弓形结构，见图 5-19。在整块式塔盘中，弓形降液管是用焊接的方法固定在塔盘上的，它由一块平板和弧形板构成。降液管出口的液封由下层塔盘的受液盘来保证。但在最下层塔盘的降液管的末端应另设液封槽，见图 5-20。液封槽的尺寸由工艺条件决定。

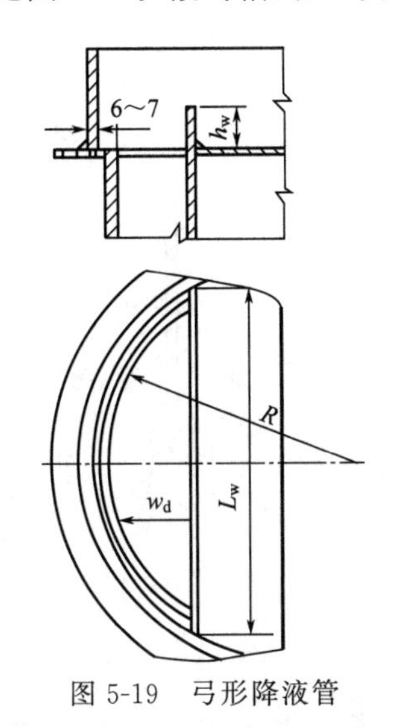

图 5-19　弓形降液管

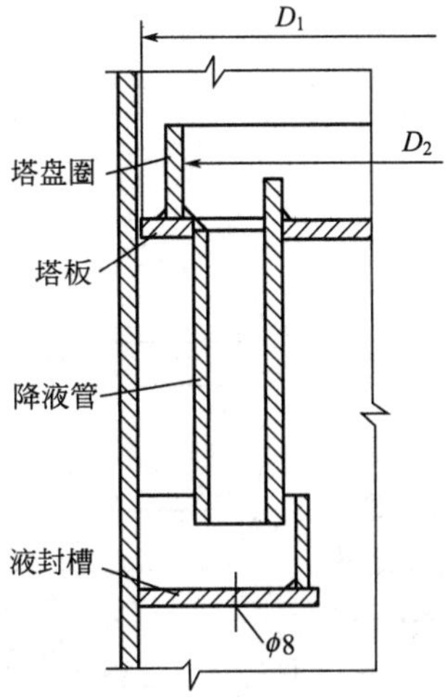

图 5-20　弓形降液管的液封槽

弓形降液管又有如下几种型式（见图 5-21）：

① 将稍小的弓形降液管固定在塔板上，它适用于直径较小的塔，又能有较大的降液管容积；

② 降液板与塔壁之间的全部截面均作降液之用，这种结构塔板利用率高，适用于直径较大的塔，当直径较小时则制作不便；

③ 降液板分成垂直段和倾斜段，倾斜段的倾斜角度根据工艺要求而定，这种结构有利于塔板面积的充分利用，并增加降液管两相分离空间，一般与凹型受液盘配合使用。

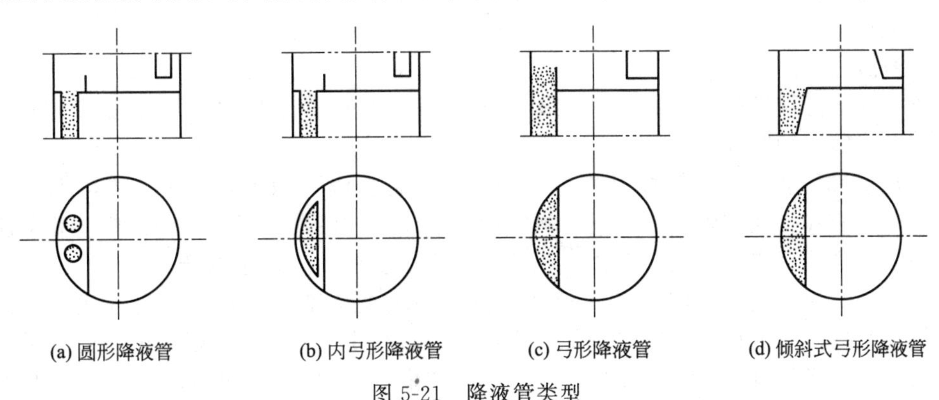

(a) 圆形降液管　(b) 内弓形降液管　(c) 弓形降液管　(d) 倾斜式弓形降液管

图 5-21　降液管类型

用于分块式塔盘的降液管结构，分为可拆式和焊接固定式两种。常用的降液管型式有垂直式、倾斜式和阶梯式，见图 5-22。当物料洁净且不易聚合时，降液板可采用固定式型式，见图 5-23，当物料有腐蚀性时，可采用可拆式型式，见图 5-24。

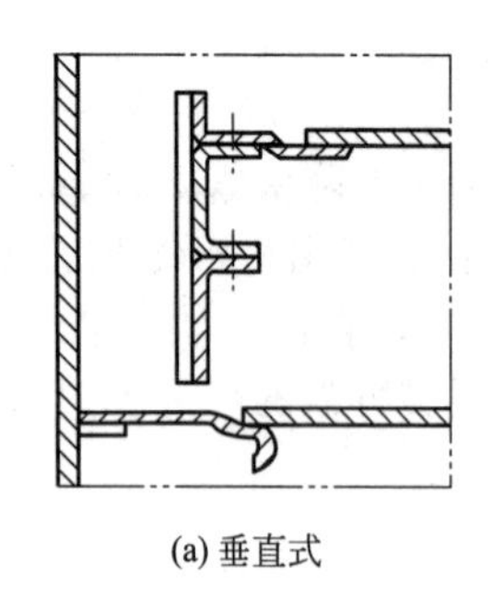

(a) 垂直式

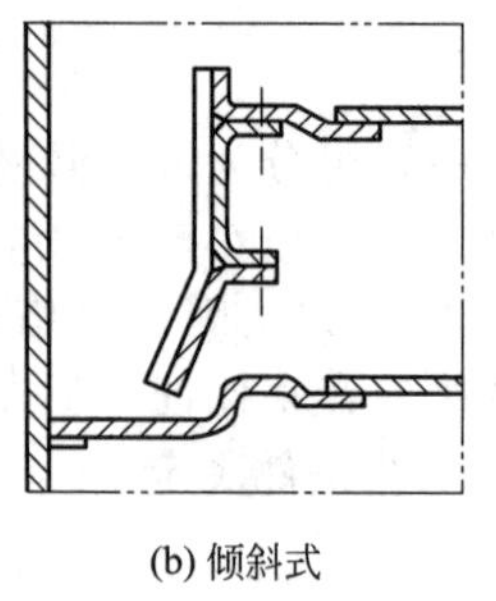

(b) 倾斜式

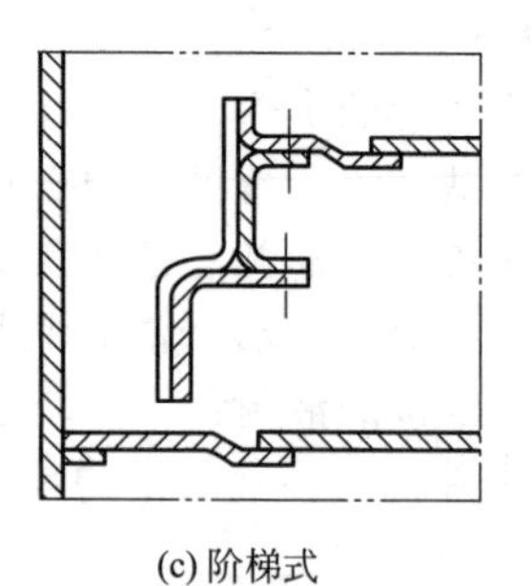

(c) 阶梯式

图 5-22　降液管型式

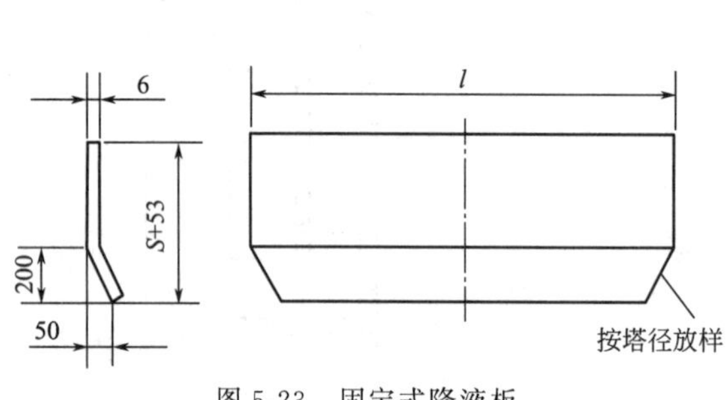

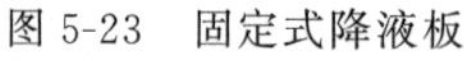

图 5-23　固定式降液板

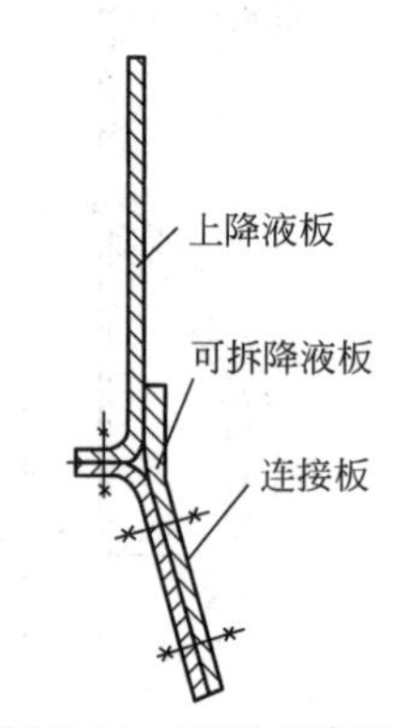

图 5-24　可拆式降液板

为了进一步提高塔板的处理能力和效率，近年来开发了多种新型降液管，举例如下。

① 悬挂式降液管　取消传统的受液盘，降液管底端封闭，液体通过底端上的孔口，因阻力而形成液封。

② 收缩式降液管与鼓泡促进器结构　降液管下端收缩成壶嘴式，令液体沿塔壁降落于支承圈区域，流入塔板后由鼓泡促进器充气鼓泡，从而扩大了塔板鼓泡区面积，减少了泄漏，提高了传质效率。

③ 旋流式降流管　为直立圆筒-圆锥形管，入口上部有挡板，入口内有导向叶片，促进了降液管内的气液分离，避免在高液量时产生降液管液泛，该降液管的另一特点是提供了更大的出口堰长度。

（2）溢流方式

溢流方式与降液管的布置有关。常用的降液管布置方式有 U 形流、单溢流、双溢流及阶梯式双溢流等，如图 5-25 所示。

U 形流也称回转流。其结构是将弓形降液管用挡板隔成两半，一半作受液盘，另一半作降液管，降液和受液装置安排在同一侧。此种溢流方式液体流径长，可以提高板效率，其板面利用率也高，但它的液面落差大，只适用于小塔及液体流量小的场合。

单溢流又称直径流。液体自受液盘横向流过塔板至溢流堰。此种溢流方式液体流径较长，塔板效率较高，塔板结构简单，加工方便，在直径小于 2.2m 的塔中被广泛使用。

双溢流又称半径流。其结构是降液管交替设在塔截面的中部和两侧，来自上层塔板的液体分别从两侧的降液管进入塔板，横过半块塔板而进入中部降液管，到下层塔板则液体由中央向两侧流动。此种溢流方式的优点是液体流动的路程短，可降低液面落差，但塔板结构复杂，板面利用率低，一般用于直径大于 2m 的塔中。

阶梯式双溢流的塔板做成阶梯型式，每一阶梯均有溢流。此种溢流方式可在不缩短液体

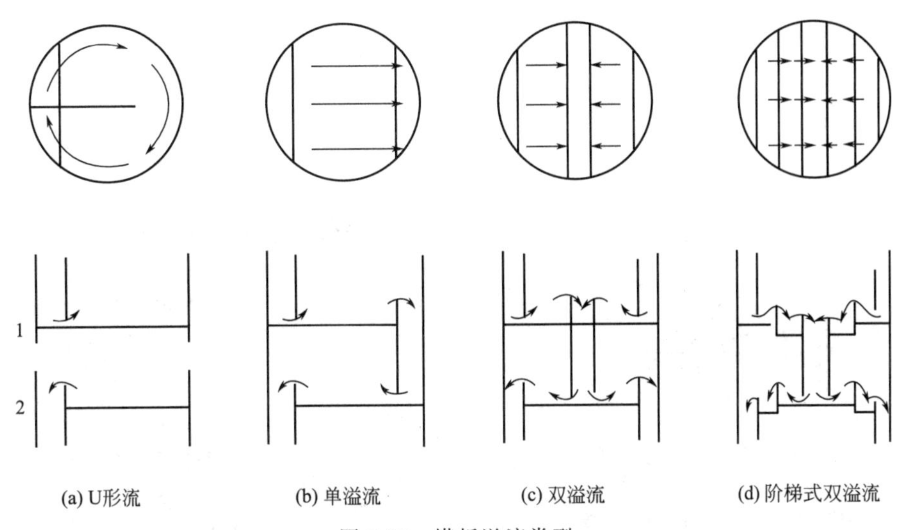

图 5-25　塔板溢流类型

流径的情况下减小液面落差。这种塔板结构最为复杂，只适用于塔径很大、液流量很大的特殊场合。

溢流类型与液体负荷及塔径有关。表 5-11 列出了溢流类型与液体流量及塔径的经验关系，可供设计时参考。

表 5-11　溢流类型与液体流量及塔径的关系

塔径 D/mm	液体流量 L_h/(m^3/h)			
	U 形流	单溢流	双溢流	阶梯式双溢流
600	＜5	5～25		
900	＜7	7～50		
1000	＜7	＜45		
1200	＜9	9～70		
1400	＜9	＜70		
1500	＜10	11～80		
2000	＜11	＜90	90～160	

塔径 D/mm	液体流量 L_h/(m^3/h)			
	U 形流	单溢流	双溢流	阶梯式双溢流
2400	＜11	11～110	110～180	
3000	＜11	＜110	110～200	200～300
4000	＜11	＜110	110～230	230～350
5000	＜11	＜110	110～250	250～400
6000	＜11	＜110	110～250	250～450
适用场合	较低液气比	一般场合	高液气比或大型塔板	极高液气比或超大型塔板

5.2.3.4　受液盘

受液盘有平型和凹型两种型式。受液盘的结构对降液管的液封和液体流入塔盘的均匀性有一定的影响。平型受液盘适用于物料容易聚合的场合，因为可以避免在塔盘上形成死角。平型受液盘的结构可以分为可拆式和焊接固定式，图 5-26 所示为可拆式平型受液盘。

当液体通过降液管与受液盘的压力降大于 25mm 水柱或使用倾斜式降液管时，应采用凹型受液盘，如图 5-27 所示，因为凹型受液盘对液体流动有缓冲作用，可降低塔盘入口处的液封高度，使液流平稳，有利于塔盘入口区更好地鼓泡。凹型受液盘深度一般大于 50mm，但不超过塔盘间距的 1/3，否则应加大塔盘间距。

在塔或塔段的最底层塔盘降液管末端应设置液封盘，以保证降液管出口处的液封。用于弓形降液管的液封盘如图 5-28 所示，用于圆形降液管的受液盘如图 5-29 所示，板式塔停止操作时，为使受液盘能排净存液，受液盘底一般应开设直径为 ϕ10mm 的泪孔。

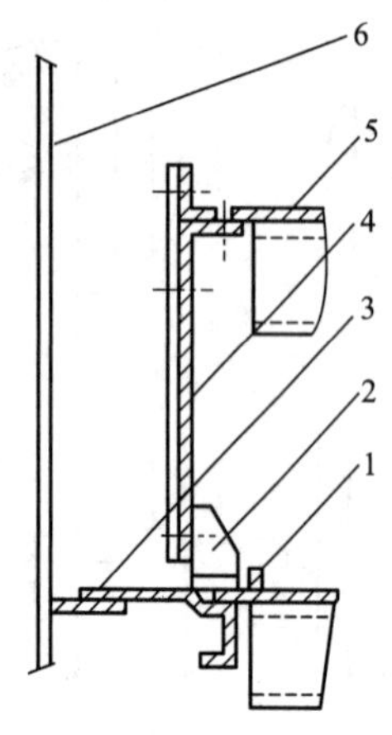

图 5-26　可拆式平型受液盘
1—入口堰；2—支撑筋；3—受液盘；
4—降液板；5—塔盘板；6—塔壁

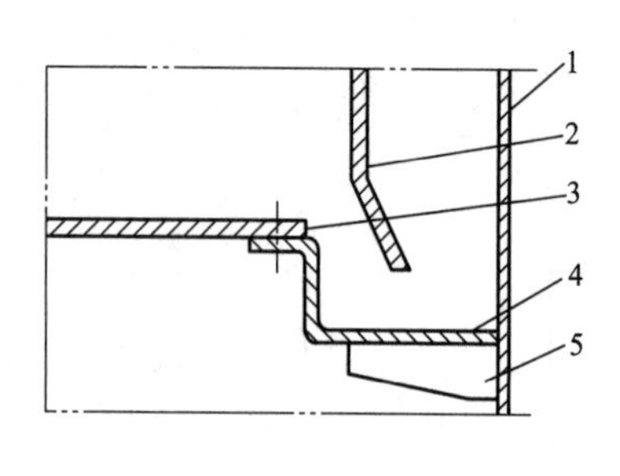

图 5-27　凹型受液盘结构
1—塔壁；2—降液板；3—塔盘板；
4—受液盘；5—筋板

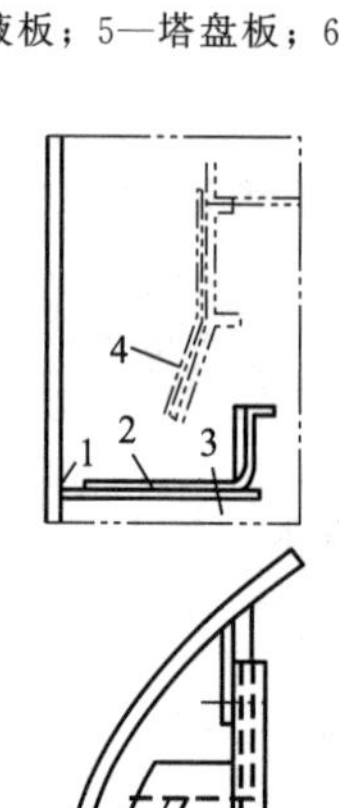

图 5-28　弓形降液管液封盘结构
1—支撑圈；2—液封盘；
3—泪孔；4—降液板

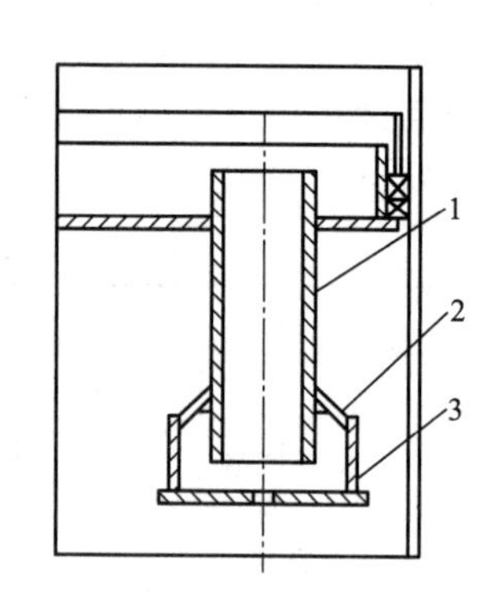

图 5-29　圆形降液管液封盘结构
1—圆形降液管；2—筋板；
3—液封盘

受液盘的特点是：①多数情况下都可造成正液封；②液体进入塔板时更加平稳，有利于塔板入口端更好地鼓泡，提高塔板效率和处理能力。

凹型受液盘所增加的费用不大，效果却很明显，因此，对于直径大于 800mm 的塔板，推荐使用凹型受液盘。

5.2.4　塔板上的流体力学计算和校核

流体力学计算和校核，目的是了解已经选定的工艺尺寸是否恰当，塔板能否正常操作及是否需要作相应的调整。

5.2.4.1　堰上清液层高度

溢流堰有平堰和齿形堰两种形式，因此，堰上清液层高度的计算需分两种情况。

（1）平堰

为使板上液流均匀，堰上清液层高度（又称堰上溢流高度）h_{ow}必须大于 6mm，若 h_{ow}

小于 6mm，应缩短堰长或改用齿形堰；但 h_{ow} 也不宜过大，若大于 60mm，应增加堰长或改用双流型溢流方式。

$$h_{ow}=2.84\times10^{-3}E\left(\frac{L_h}{L_w}\right)^{2/3} \tag{5-11}$$

式中，h_{ow} 为堰上清液层高度，mm；L_h 为液相流量，m^3/h；L_w 为堰长，m；E 为液流收缩系数，由图 5-30 查出；在一般情况下取 $E=1$，对计算结果影响不大。

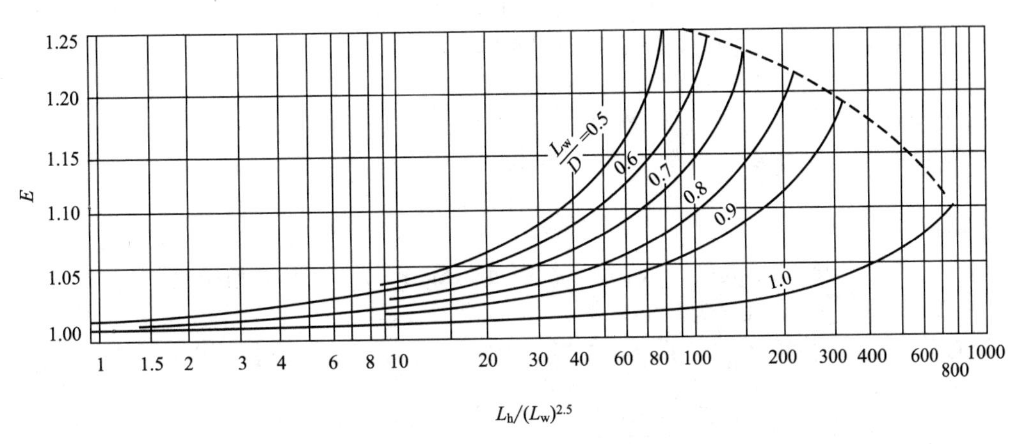

图 5-30　液流收缩系数 E

L_h—液相流量，m^3/h；L_w—堰长，m；D—塔径，m

(2) 齿形堰

齿形堰的齿深 h_n 一般不宜在 15mm 以下。

若溢流液层超过齿顶时（见图 5-31），有

$$h_{ow}=1.17\left(\frac{L_s h_n}{L_w}\right)^{2/5} \tag{5-12}$$

式中

$$L_s=0.735\left(\frac{L_w}{h_n}\right)\left[h_{ow}^{5/2}-(h_{ow}-h_n)^{5/2}\right] \tag{5-13}$$

也可由图 5-32 求取。

式中，h_{ow} 为清液层高度（由齿根算起），m；L_s 为液相流量，m^3/s；h_n 为齿深，m；L_w 为堰长，m。

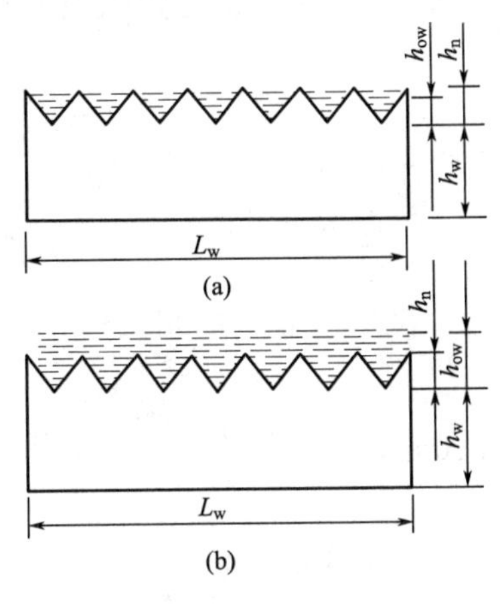

图 5-31　齿形堰

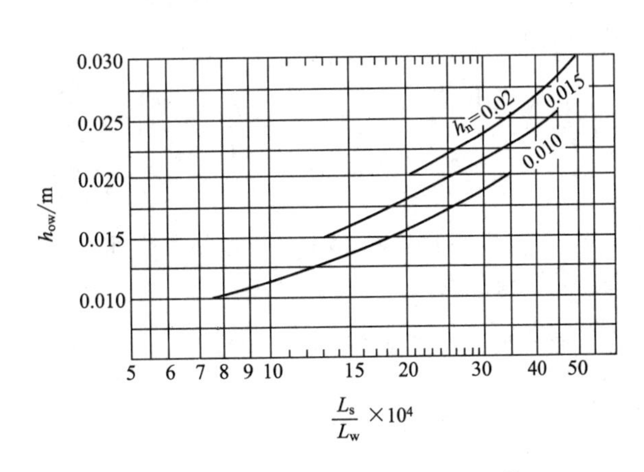

图 5-32　溢流层超过齿顶时的 h_{ow} 值

5.2.4.2　气体通过塔板的压降

在精馏塔设计时，对塔板压降往往有一定要求，即必须小于某一数值。在减压精馏时，这一问题更为突出。因此，需要校核塔板压降是否超过规定数值。即使设计时对塔板压降没有提出要求，也应计算塔板压降，以了解塔内压力分布情况及塔釜的操作压力。

气相通过塔板的压降（也称单板压降或总板压降）h_f 为气体通过板上筛孔产生的压降（即干板压降）h_c 和气体通过板上泡沫层高度为 H_f 时产生的压降（即有效液层阻力）h_e 之和。也有人将气体通过泡沫层鼓泡时为克服液体表面张力的压头 h_σ 一并考虑在内，但因后者很小，常可忽略。于是气相通过筛板的压降可按下式计算

$$h_f = h_c + h_e \tag{5-14}$$

（1）干板压降 h_c

① 筛板塔的干板压降 h_c　按式(5-15) 计算

$$h_c = \frac{1}{2g}\frac{\rho_V}{\rho_L}\left(\frac{u_o}{C_o}\right)^2 \tag{5-15}$$

式中，h_c 为干板压降，m 液柱；ρ_V 为气相密度，kg/m^3；ρ_L 为液相密度，kg/m^3；u_o 为孔速（$=V_s/A_o$），m/s；C_o 为孔流系数。

孔流系数 C_o 可由很多方法求取，这里给出图 5-33 和图 5-34，都可用来求取 C_o。

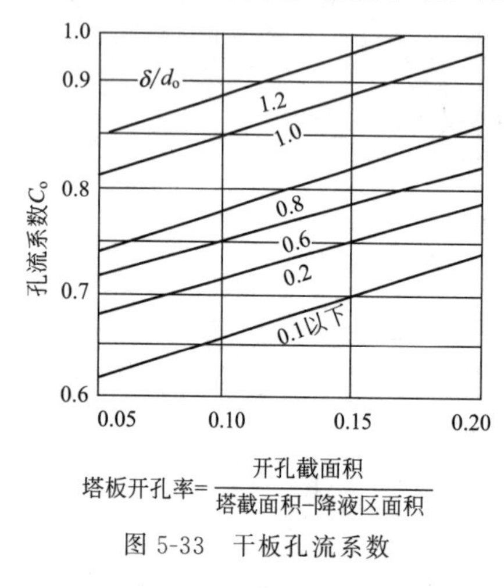

图 5-33　干板孔流系数

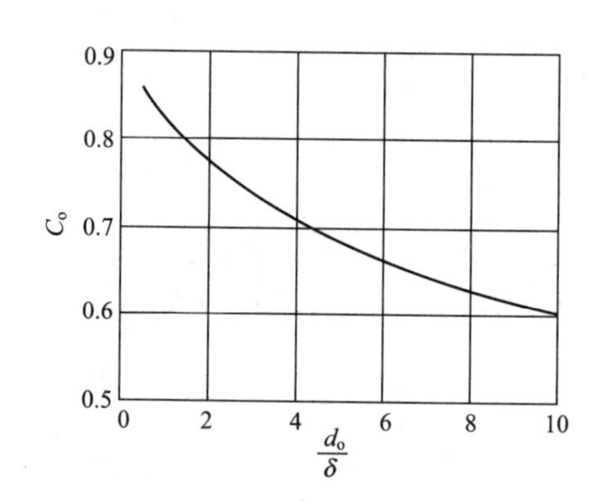

图 5-34　干筛孔的流量系数
δ—板厚，mm；d_o—孔径，mm

② 浮阀塔的干板压降 h_c　对 F1 型重阀（质量 34g，阀孔直径 39mm）可按式(5-16) 和式(5-17)计算。

阀片全开前
$$h_c = 19.9\frac{u_o^{0.175}}{\rho_L} \tag{5-16}$$

阀片全开后
$$h_c = 5.34\frac{u_o^2\rho_V}{2g\rho_L} \tag{5-17}$$

式中，h_c 为干板压降，m 液柱；u_o 为阀孔速度（$=V_s/A_o$），m/s；ρ_L 为液相密度，kg/m^3；ρ_V 为气相密度，kg/m^3。

在临界点时，联立式(5-16) 和式(5-17) 求解，可得临界孔速 $u_{oc}=\left(\frac{73}{\rho_V}\right)^{1/1.825}$，借此可判断浮阀的开启状态。

（2）有效液层阻力 h_e

① 对于筛板塔

$$h_e=\beta h_L=\beta(h_w+h_{ow}) \tag{5-18}$$

式中，β 为充气系数，由图5-35查取。

图5-35中横坐标为 $F_a=u_a\sqrt{\rho_V}$，F_a 为动能因子，u_a 是以有效传质面积 A_a 计算的气相速度，亦即 $u_a=V_s/A_a$。对单溢流型垂直弓形降液管，$A_a=A_T-2A_f$。

② 对于浮阀塔　多数情况下，可取 $\beta=0.5$，即

$$h_e=0.5(h_w+h_{ow}) \tag{5-19}$$

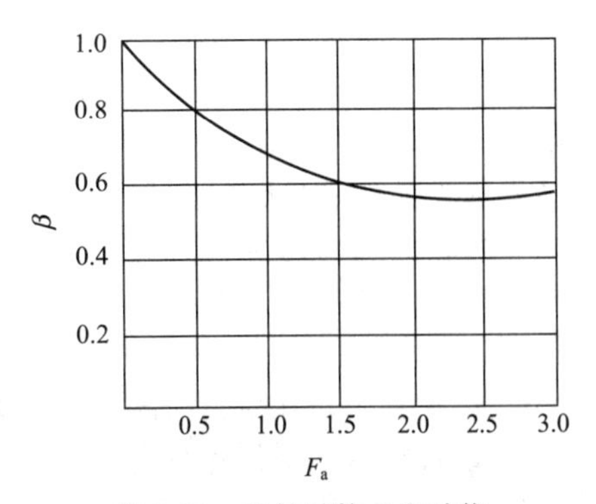

图5-35　充气系数 β 和动能因子 F_a 间的关系

5.2.4.3　降液管内清液层高度

为避免溢流液泛，一般要求降液管内清液层高度 $H_d<\Phi(H_T+h_w)$。

$$H_d=h_w+h_{ow}+h_f+h_d+\Delta<\Phi(H_T+h_w) \tag{5-20}$$

式中，H_d 为降液管内清液层高度，m；h_w 为堰高，m；h_{ow} 为堰上液层高，m；h_f 为气相塔板压降，m液柱；h_d 为液相通过降液管的阻力损失，m液柱；Δ 为板上液面落差，m；Φ 为相对泡沫密度，量纲为1。

相对泡沫密度 Φ 与物系的发泡性有关。对于一般物系，Φ 可取0.5；对于不易发泡的物系，Φ 可取0.6～0.7；对于容易发泡的物系，Φ 可取0.3～0.4。对于发泡性未知的物系，Φ 应通过实验确定。

对筛板塔和浮阀塔，液面落差 Δ 很小，一般可忽略。

液相通过降液管的阻力损失，无入口堰（即内堰）时

$$h_d=0.153\left(\frac{L_s}{L_w h_o}\right)^2 \tag{5-21}$$

当设置入口堰时，则液体通过降液管的阻力大约增加30%，即

$$h_d=0.2\left(\frac{L_s}{L_w h_o}\right)^2 \tag{5-22}$$

式中，L_s 为液相流量，m^3/s；L_w 为堰长，m；h_o 为降液管端部与塔板的间隙高度（简称底隙高度），m。

降液管的底隙高度 h_o 应低于出口堰高度 h_w，才能保证降液管底端有良好的液封，一般不应低于6mm，即 $h_o=h_w-0.006$。

也可按下式计算

$$h_o=\frac{L_s}{L_w u'_o} \tag{5-23}$$

式中，L_s 为液相流量，m^3/s；L_w 为堰长，m；u'_o 为液体通过底隙时的流速，m/s。

根据经验，一般取 $u'_o=0.07$～0.25m/s。降液管底隙高度一般不宜小于20～25mm，否则易堵塞，或因安装偏差而使液流不畅，造成液泛。

5.2.4.4　液体在降液管内的停留时间

为使气体能从液体中充分分离出来，液体在降液管内应有足够的停留时间。

$$\tau'=\frac{A_f H_d}{L_s} \tag{5-24}$$

式中，τ' 为液体在降液管内实际停留时间，s；A_f 为降液管面积，m^2；H_d 为降液管内的清液层高度，m；L_s 为液相流量，m^3/s。

要求 τ' 不小于3s。目前国内习惯上用 τ 来表示。

$$\tau=\frac{A_f H_T}{L_s} \tag{5-25}$$

式中，τ 为液体在降液管内的最大停留时间，s；H_T 为板间距，m。要求 τ 大于 3～5s；对于易起泡物系，τ 应大于 7s。

5.2.4.5　雾沫夹带量

雾沫夹带量通常有三种表示方法：

① 以 1kmol（或 kg）干气体所夹带的液体 kmol（或 kg）数 e_V 表示；

② 以每层塔板在单位时间内被气体夹带的液体 kmol（或 kg）数 e' 表示；

③ 以被夹带的液体流量占流经塔板总液体流量的分率 ψ 表示。

显然三者之间有如下关系式

$$\psi=\frac{e'}{L+e'}=\frac{e_V}{\frac{L}{V}+e_V} \tag{5-26}$$

过量雾沫夹带将导致塔板效率下降。综合考虑生产能力和板效率的关系，应控制使雾沫夹带量 e_V 小于 0.1kg 液/kg 汽。

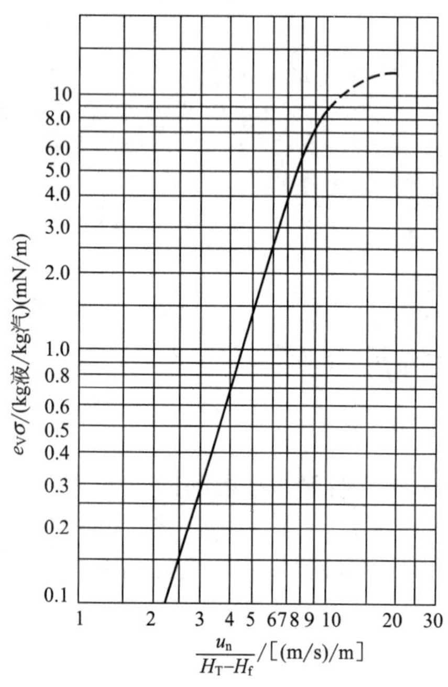

图 5-36　雾沫夹带量

雾沫夹带量的计算方法可用塔板上的参数直接计算，也可用液泛百分率来关联。这里介绍用塔板上参数直接计算的方法。

（1）筛板塔 e_V 的计算

$$e_V=\frac{5.7\times10^{-6}}{\sigma}\left[\frac{u_n}{H_T-H_f}\right]^{3.2} \tag{5-27}$$

式中，e_V 为雾沫夹带量，kg 液/kg 汽；σ 为液相表面张力，mN/m；u_n 为气体实际通过塔截面的速度，$\left(=\frac{V_s}{A_T-A_f}\right)$，m/s；$V_s$ 为汽相流量，m^3/s；A_T 为塔横截面积，m^2；A_f 为降液管面积，m^2；H_T 为板间距，m；H_f 为板上泡沫层高度，可取 $H_f=2.5h_L$；$h_L(=h_w+h_{ow})$，为板上液层高度，m。

式(5-27) 适用于 $\frac{u_n}{H_T-2.5h_L}$ 小于 12 的情况。该式也可改由图 5-36 来求解。

（2）浮阀塔

一般用泛点百分率 F 作为间接衡量雾沫夹带量的指标。对于塔径大于 900mm 的塔，F 小于 80%；塔径小于 900mm 的塔，F 小于 70%；对减压操作的塔，F 小于 75%，这样便可保证雾沫夹带量 e_V 小于 10%。

泛点百分率 F 可按下面经验公式计算

$$F=\frac{100V_s\sqrt{\frac{\rho_V}{\rho_L-\rho_V}}+136L_sZ}{A_aC_FK} \tag{5-28}$$

式中，F 为泛点百分率；V_s 为气相流量，m^3/s；ρ_V 为气相密度，kg/m^3；ρ_L 为液相密度，kg/m^3；L_s 为液相流量，m^3/s；Z 为板上液流长度，对单流型塔板 $Z=D-2W_d$，m；A_a 为对单流型塔板，$A_a=A_T-2A_f$，m^2；C_F 为泛点负荷系数，由图 5-37 查取；K 为系统因数，由表 5-12 查取。

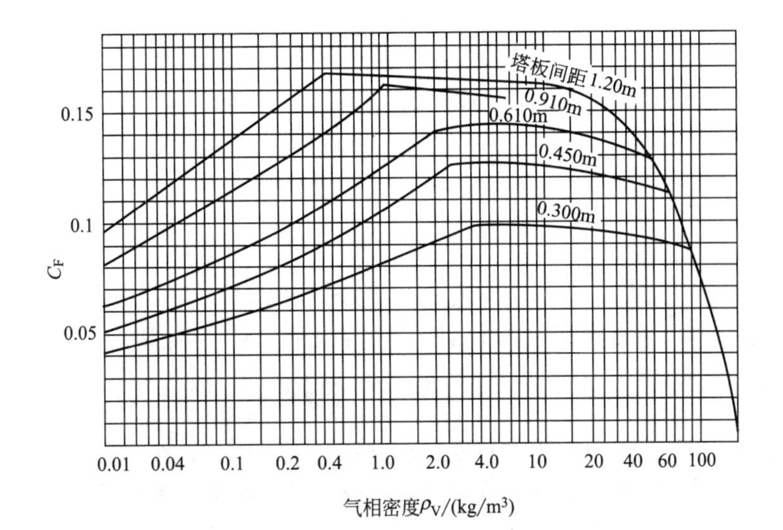

图 5-37 泛点负荷系数

表 5-12 系统因数 K

系 统	K 值	系 统	K 值
无泡沫正常系统	1.00	多泡沫系统(如胺及乙二醇吸收塔)	0.73
氟化物(如 BF_3、氟里昂)	0.90	严重泡沫系统(如甲乙酮装置)	0.60
中等起泡沫系统(如油吸收塔、胺及乙二醇再生塔)	0.85	形成稳定的泡沫系统(如碱再生塔)	0.15

5.2.4.6 漏液点

若气相负荷过小或塔板上开孔率过大，筛孔或阀孔中的气速太小时，部分液体会从筛孔或阀孔中直接落下，这种现象称为漏液。当漏液现象开始明显影响板效率时，该点的气速称为漏液点孔速。漏液现象是板式塔的一个重要问题，将导致板效率下降，严重的漏液（特别是筛板塔）将使板上不能积液而无法操作。

（1）筛板塔

为使所设计的筛板操作稳定，具有足够的操作弹性，要求设计孔速 u_o 与漏液点孔速 u_{ow} 之比不小于 1.5～2.0，即

$$K=\frac{u_o}{u_{ow}}\nless 1.5\sim 2.0 \tag{5-29}$$

式中，K 称为筛板的稳定系数。

筛板上持液量越大，漏液点孔速 u_{ow} 也越大，相应的干板压降 h_c 也越大。Davies 和 Gordon 利用漏液点干板压降和板上持液量进行关联，得图 5-38 的曲线。图中 H_c 为漏液点板上的持液量，亦即图 5-38 中漏液点的当量清液层高度。该曲线可由式(5-30)关联。

$$H_c=0.0061+0.725h_w-0.006F_a+1.23\left(\frac{L_s}{L_w}\right) \tag{5-30}$$

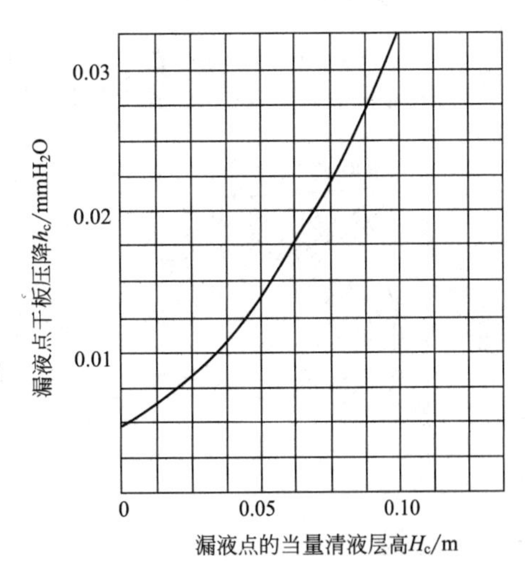

图 5-38 筛板漏液点关联图

$1mmH_2O=9.807Pa$

$$F_a=u_a\sqrt{\rho_V}=\frac{u_{ow}A_o}{A_T-2A_f}\rho_V^{0.5} \tag{5-31}$$

式中，h_w 为堰高，m；u_{ow}为筛孔总面积计算的漏液点孔速，m/s；A_o 为筛孔面积总和，m^2；A_T 为塔横截面积，m^2；A_f 为降液管面积，m^2；ρ_V 为气相密度，kg/m^3；L_s 为液相体积流量，m^3/s；L_w 为液流平均宽度，m；F_a 为气相动能因子。

漏液点干板压降

$$h_c=\frac{1}{2g}\frac{\rho_V}{\rho_L}\left(\frac{u_{ow}}{C_o}\right)^2 \tag{5-32}$$

此式与干板压降计算式相同，只是以漏液点孔速来计算而已。

图 5-38 中漏液点干板压降 h_c 是以 mH_2O 来表示的，将其换算成液柱

$$h'_c=\frac{h_c\rho_{H_2O}}{\rho_L}\ (\text{m 液柱}) \tag{5-33}$$

因方程无法直接求解，一般需先假设漏液点孔速 u_{ow}进行试差计算。

由于对漏液点的判断难以取得一致的意见，因此对漏液条件关联的结果分歧较大，得到的经验公式也不一致。虽然式(5-30)～式(5-33) 可试差计算出 u_{om}，但为了避免试差带来的麻烦，下面给出一个颇为简单的计算漏液点气速的经验公式。

$$u_{om}=4.4C_o\sqrt{(0.0056+0.13h_L-h_\sigma)\rho_L/\rho_V} \tag{5-34}$$

$$h_\sigma=\frac{4\times10^{-3}\sigma}{\rho_L g d_o} \tag{5-35}$$

式中，C_o 为孔流系数，量纲为 1；σ 为液体的表面张力，mN/m；ρ_V、ρ_L 为气、液相密度，kg/m^3；d_o 为筛孔直径，m；$h_L(=h_w+h_{ow})$ 为板上清液层高度，m；h_σ 为克服筛孔处表面张力所产生的压降，m 清液柱。

（2）浮阀塔

浮阀塔的泄漏量随阀重增加、孔速增加、开度减少、板上液层高度的降低而减小，其中以阀重影响较大。由试验表明，当阀的质量大于 30g 时，阀重对泄漏的影响不大，故除减压操作外一般均采用 F1 型重阀（32～34g），此时，操作下限取阀孔动能因子 $F_o=5\sim6$。

5.2.5 气液负荷性能图

塔板结构参数确定后，该塔板在不同的气液负荷内有一稳定的操作范围。越出稳定区，塔的效率显著下降，甚至不能正常操作。对出现各种不正常流体力学状态的界限用曲线表示出来，即为负荷性能图。从负荷性能图上可看出所设计的塔板是否有足够的操作弹性，结构参数是否合理，是否需要调整以及如何调整等。

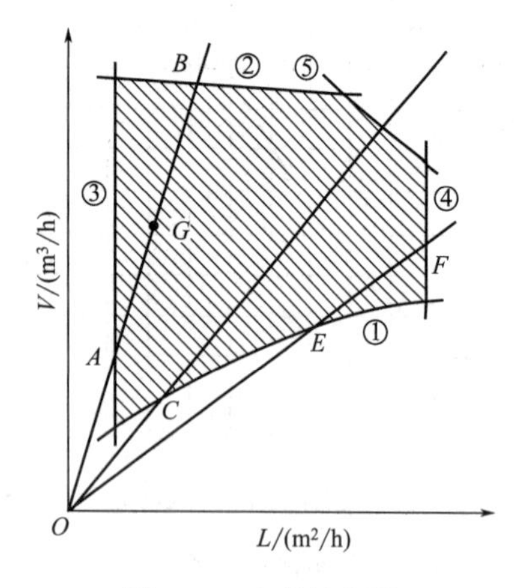

图 5-39 负荷性能图

负荷性能图由下列曲线组成（见图 5-39）：①气相下限线（又称漏液线）；②过量雾沫夹带线；③液相下限线；④液相上限线；⑤液泛线。

另外，在负荷性能图上还画出在一定液气比下的操作线，用通过 O 点的直线（如 AB）表示。

（1）操作线

对于液气比一定的操作（如回流比一定的精馏过程），即 L/V 为一定值。可由设计条件 L 和 V 定出点 G，过原点 O 和 G 作直线，即为操作线 AB。

（2）液相上限线

降液管内液体停留时间应大于3～5s。液体流量增大，停留时间就减少。若$\tau=3\sim5$s，此液体流量为最大允许值L_{max}。因此，液体流量的上限可由下式计算

$$\frac{H_T A_f}{L_{max}} \nless 3\sim5 \tag{5-36}$$

式中，L_{max}为液体流量上限，m^3/s；H_T为板间距，m；A_f为降液管截面积，m^2。过L_{max}点作垂直线，即为液相上限线④。

（3）气相下限线

① 筛板塔　气相负荷过小，液体泄漏严重，因此气速必须大于漏液点孔速。在漏液点校核计算时已算得液相负荷为L时的漏液点孔速u_{ow}，此时的气相负荷$V_{min}=A_o u_{ow}$。

另设液相负荷L'（为作图方便一般取L'接近L_{max}），重复计算此时的漏液点孔速u'_{ow}以及此时的气相负荷V'_{min}。由以上两点连直线，即为气相下限线①。

② 浮阀塔　对于F1型重阀，气相负荷下限一般取阀孔动能因子$F_o=5\sim6$，由此计算出V_{min}，过V_{min}作水平线，即为浮阀塔的气相下限线①。

（4）液相下限线

一般以$h_{ow}=6$mm作液相负荷的下限，低于此限时认为塔板上液相流动不能保证均匀分布。

由$h_{ow}=6$mm计算L_{min}，过L_{min}作垂直线，即为液相下限线③。

（5）过量雾沫夹带线

雾沫夹带量过大，塔板效率严重下降，一般控制e_V使其不大于0.1kg液/kg汽。因此以$e_V=0.1$kg液/kg汽为界限，用雾沫夹带量的计算公式，作出L和V的曲线即为过量雾沫夹带线。一般为计算方便，当作直线处理，由两点连成一直线即可，由雾沫夹带计算公式，令$e_V=0.1$，液体量为L，计算得气量为V_{max}，由L和V_{max}定出一点。再设L'（一般也接近L_{max}的值），仍以$e_V=0.1$计算得气体量为V'_{max}。由L'和V'_{max}定出另一点，连接两点的直线，即为过量雾沫夹带线②。

（6）液泛线

当降液管内当量清液高度$H_d=\Phi(H_T+h_w)$时将发生液泛。

$$H_d=h_w+h_{ow}+h_f+h_d \tag{5-37}$$

当塔板结构参数决定后，H_T、h_w已定，Φ可认为不变。若液体流量一定，则h_{ow}和h_d也为定值，由此可算出干板压降h_f及相应的液泛气体流量。

作图时先设L_1（一般比L_{max}小），算出h_{ow1}和h_{d1}，由上式计算h_{f1}及相应的液泛气体流量V_1，由L_1和V_1定出一点。再设L_2（一般取接近L_{max}），重复计算得此时的液泛气体流量V_2，由L_2和V_2定出另一点，由两点连直线，即为液泛线⑤。

5.2.6 塔体工艺结构尺寸的设计计算

板式塔塔体工艺结构尺寸的计算主要指板式塔各塔段的塔径和全塔总高度的计算，现分述如下。

5.2.6.1 计算塔径

板式塔各塔段的塔径可按体积流量公式计算，即

$$D=\sqrt{\frac{4V_s}{\pi u}} \tag{5-38}$$

式中，D为塔径，m；V_s为在操作状态下的气相体积流量，m^3/s；u为操作状态下的空塔

气速，m/s。

（1）板式精馏塔各塔段的汽相负荷 V_s

板式精馏塔各塔段的 V_s 应由各塔段的汽相摩尔流量（通常为 kmol/h）换算成操作温度和操作压力下的汽相体积流量（m^3/s），显然，在计算塔径之前应首先作出各塔段的物料衡算。

由于各块塔板的压力、温度及组成不同，必导致汽、液两相的体积流量和密度随之发生变化。对精馏段而言，若汽液相的体积流量变化不是很大，可取进料组成和塔顶组成的平均值（或以精馏段中间的一块塔板组成）为代表，以及与此相对应的汽液相体积流量和密度作为精馏段的设计依据。也可分别求出塔顶和加料口条件下的各项参数，然后以塔顶和加料口处各参数的平均值作精馏段的设计依据；对提馏段而言，则以塔底和加料参数的平均值作提馏段的设计依据，和精馏段具有类似的处理方法。

若塔内汽液相流量变化较大，一般需分段处理，段数根据具体情况确定，各段分别取平均值进行设计。此时各段的塔板结构参数可能有所不同，甚至塔径也有变化。

计算塔径的关键是计算空塔气速 u，计算 u 时，通常是先求取一最大空塔气速（或称泛点气速）u_f，然后根据经验乘以一安全系数，即

$$u=(0.6\sim0.8)u_f \tag{5-39}$$

（2）泛点气速 u_f

可根据悬浮液滴沉降原理导出，其计算式为

$$u_f=C_{20}\left(\frac{\sigma}{20}\right)^{0.2}\left(\frac{\rho_L-\rho_V}{\rho_V}\right)^{0.5} \tag{5-40}$$

式中，C_{20} 为汽相负荷因子，m/s；σ 为液相表面张力，mN/m；ρ_V、ρ_L 为汽、液相密度，kg/m^3。

上式中汽相负荷因子 C_{20} 可由史密斯（Smith）关联图（见图 5-40）或费尔（Fair）关联图查取。

图 5-40 中，V_h、L_h 分别为塔内汽液两相的体积流量，m^3/h；ρ_V、ρ_L 分别为汽液两相的密度，kg/m^3；H_T 为板间距，m；h_L 为板上液层高度，m。横坐标 $\frac{L_h}{V_h}\left(\frac{\rho_L}{\rho_V}\right)^{1/2}$ 的量纲为1，称为液气动能参数，它反映液、汽两相负荷与密度对负荷因子的影响，纵坐标 C_{20} 为物系表面张力为 20mN/m 时的负荷参数，H_T-h_L 参数反映液滴沉降空间高度对负荷因子的影响。

在查图之前，首先应选定板间距 H_T 和板上液层高度 h_L，设计中，H_T 和 h_L 由设计者自行选定，塔板间距 H_T 的选取与塔高、塔径、物系性质、分离效率、操作弹性以及塔的安装、检修等因素有关。设计时通常根据塔径的大小，由表 5-13 列出的塔板间距的经验数值选取。

表 5-13　塔板间距与塔径的关系

塔径 D/m	0.3～0.5	0.5～0.8	0.8～1.6	1.6～2.0	2.0～2.4	>2.4
塔板间距 H_T/mm	200～300	300～350	350～450	450～600	500～800	≥800

板上液层高度 h_L，对常压塔一般取 50～80mm，对减压塔一般取 25～30mm。

根据初选板间距 H_T 和板上液层高度 h_L 以及汽液两相负荷在图 5-40 中查取 C_{20}，再按式(5-40) 即可求得液泛速度 u_f。

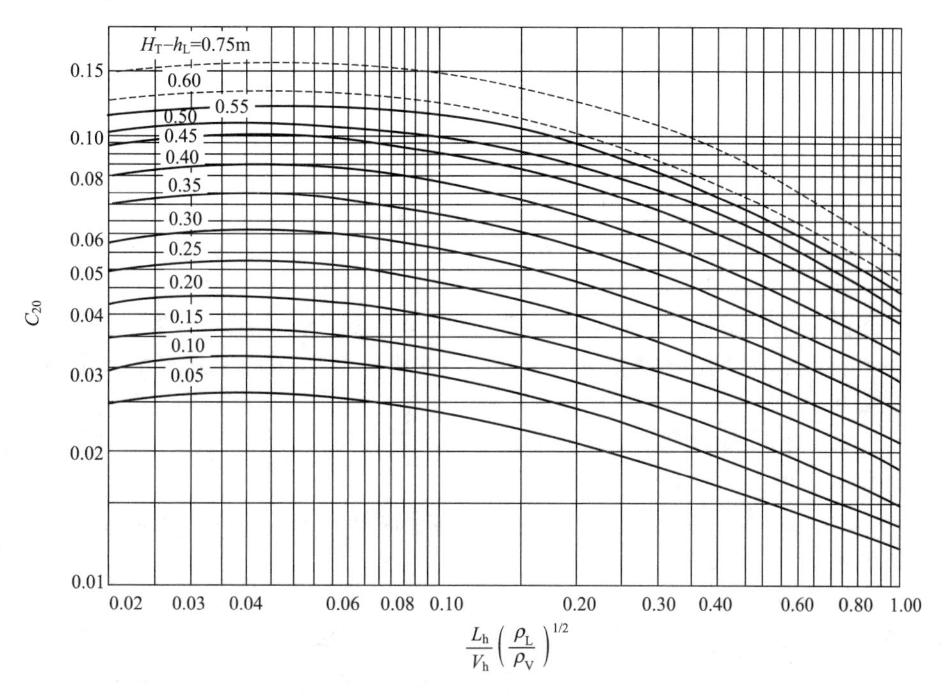

图 5-40　史密斯关联图

(3) 空塔气速 u

空塔气速主要涉及安全系数的选取，而安全系数的选取与分离物系的发泡程度密切相关。对不易发泡的物系，可取较高的安全系数，对易发泡的物系，应取较低的安全系数。

(4) 塔径 D

由式(5-36) 计算出塔径 D 后，还应按塔径系列标准进行圆整。常用的标准塔径为（mm）：400、500、600、700、800、1000、1200、1400、1600、2000、2200 等。

还应指出，以上算出的塔径只是初估值，还要根据流体力学原则进行验算以检验初选 H_T 和 h_L 的合理性。另外，对于精馏过程，因精馏段和提馏段的气、液相负荷及物性数据的不同，必然导致两段的塔径有差异，若计算得出两段的塔径相差不大，应取较大者作为塔径，若二者相差悬殊，应采用变径塔。

5.2.6.2　计算塔高

(1) 塔体总高度的确定

如图 5-41 所示，塔体总高度（不包括裙座）由下式决定

$$H=H_D+(N-2-S)H_T+SH'_T+H_F+H_B \tag{5-41}$$

式中，H 为塔高（不包括裙座），m；H_D 为塔顶空间，m；H_T 为塔板间距，m；H'_T 为开有人孔的塔板间距，m；H_F 为进料段高度，m；H_B 为塔底空间，m；N 为实际塔板数；S 为人孔数目（不包括塔顶空间和塔底空间的人孔）。

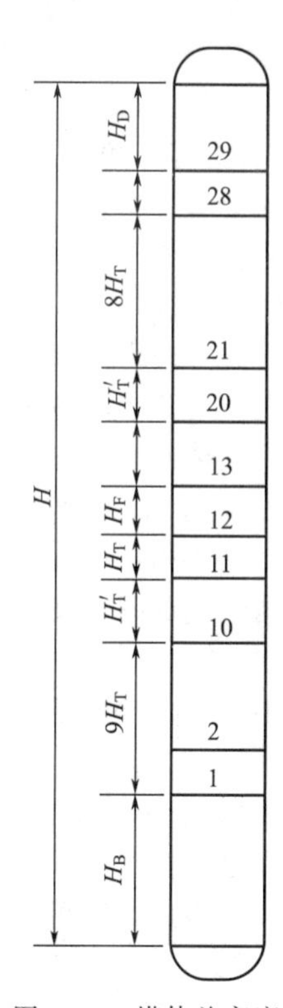

图 5-41　塔体总高度

塔顶空间高度 H_D 是指从第一层塔板到塔顶封头底边的距离，其作用是供安装塔板、开人孔和安装破沫装置的需要，也使气体中的液滴自由沉降，减少塔顶出口气体中的液沫夹带。通常 H_D 取 1.0～

1.5m，塔径大时可适当增大。

人孔数目 S 根据物料清洁程度和塔板安装方便而定。对于易结垢、结焦的物料，为便于经常清洗，每隔 4～6 块板就要开一个人孔；对于无需经常清洗的清洁物料，每隔 8～10 块板设置一个人孔，若塔板上下都可拆卸，可每隔 15 块板设一个人孔。

凡是人孔处的塔板间距 H'_T 应等于或大于 600mm，人孔直径一般为 450～550mm。

进料段高度 H_F 取决于进料口的结构型式和物料状态，一般 H_F 要比 H_T 大，有时要大一倍。为了防止进料直冲塔板，常考虑在进口处安装防冲设施，如防冲挡板、入口堰、缓冲管等，H_F 的大小应能保证这些设施的安装。

塔底空间高度 H_B 是指从塔底最末一层塔板到塔底封头的底边处的距离，具有中间贮槽的作用，塔釜料液最好能在塔底有 10～15min 的贮量，以保证塔底料液不致排完。但若塔的进料设有缓冲时间的容量，则塔底容量可较小。对于塔底产量大的塔，塔底容量也可取小些，有时仅取 3～5min 的贮量。对于易结焦物料，塔底停留时间则应按工艺要求而定。H_B 值可按贮量和塔径计算。

由式(5-39) 知，求取塔高的关键是计算实际塔板数，而实际塔板数又由理论塔板数和全塔效率所确定。

(2) 理论塔板数的确定

若物系符合恒摩尔流假定，操作线为直线，可用图解法或逐板计算法求取理论板数及理论加料板位置。应注意的是，如用图解法，为了得到较准确的结果，应采取适当比例的图。当分离要求较高时，应将平衡线的两端局部放大，以减少作图误差。

当分离物系的相对挥发度较小，或分离要求较高时，操作线和平衡线就比较接近，所需的理论板数就多。此时，若用图解法不易得到准确的结果，应用逐板计算法进行计算。在此种情况下应特别注意相平衡数据的精度，数据的微小偏差也会造成理论塔板数很大的误差。

对于非恒摩尔流物系，应采用焓-浓图进行图解求取理论板数。

另外，已有许多用于精馏过程模拟计算的商业化计算软件，设计中常用的有 ASPEN、POR/Ⅱ等，这些模拟计算软件包中存储有大量的物性参数及汽液相平衡数据，它们采用不同的数学方法，但其模拟计算的原理却基本相同，都是联立求解物料衡算方程（M）、相平衡方程（E）、热量衡算方程（H）和组成加和方程（S），即 MEHS 方程组，计算快捷准确，方便实用。

(3) 全塔效率的估算

全塔效率与物系性质、塔板结构及操作条件等都有密切的关系。由于影响因素很多，目前尚无精确的计算方法。工业测定值通常在 0.3～0.7 之间。常用的估算方法有以下几种。

① 参考生产现场同类型的塔板，物系性质相同（或相近）的塔板效率数据。

② Drickamer 和 Bradford 法　Drickamer 和 Bradford 根据 54 个泡罩精馏塔的实测数据归纳绘制成图（图略），将全塔效率 E_T 关联成液体黏度 μ_L 的函数。即

$$E_T = 0.17 - 0.616\lg\mu_L \tag{5-42}$$

式中，μ_L 为根据加料组成在塔平均温度下计算的平均黏度，即

$$\mu_L = \sum x_{Fi}\mu_{Li} \tag{5-43}$$

式中，μ_{Li} 为进料中 i 组分在塔内平均温度下的液相黏度，mPa·s。

必须指出，该式只适用于液相黏度为 0.07～1.4mPa·s 的烃类物系，对于非碳氢化合物系，用该式计算的结果是不可靠的。

③ O′connell 法　O′connell 对上面的关联进行了修正，将全塔效率 E_T 关联成 $\alpha\mu_L$ 的函数见［见图 5-42(a)］。图中曲线用关联式表示即为

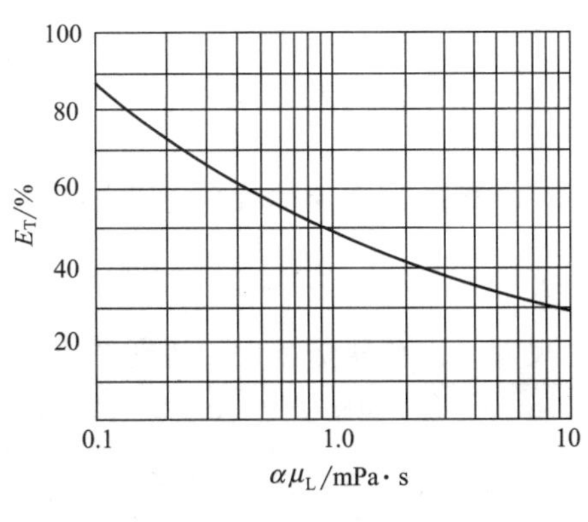

(a) 精馏塔全塔效率关联图

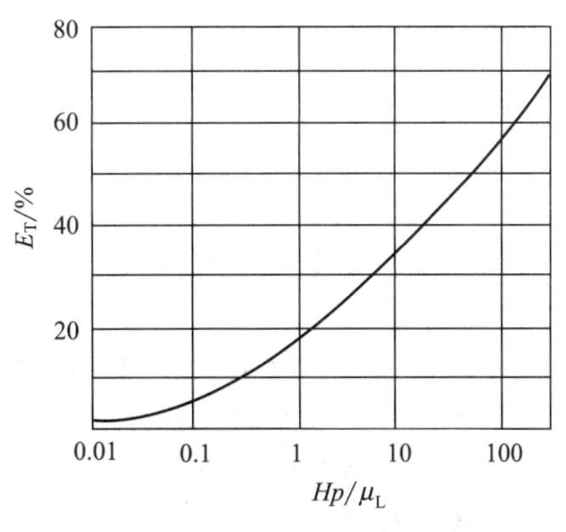

(b) 吸收塔全塔效率关联图

图 5-42 全塔效率关联图

$$\left.\begin{aligned} E_T &= 0.49(\alpha\mu_L)^{-0.245} \\ E_T &= 51-32.5\lg(\mu_L\alpha) \end{aligned}\right\} \tag{5-44}$$

此二式描述的是同一曲线，式(5-44) 中 μ_L 是根据加料组成计算的液体平均黏度，α 为轻、重关键组分的相对挥发度。μ_L 和 α 的估算都是以塔顶和塔底的算术平均温度为准。由于考虑了相对挥发度的影响，此关联结果可应用于某些相对挥发度很高的非碳氢化合物系统。实践证明，图 5-42(a) 也可用于浮阀塔的效率估算。

另外，O′connell 对吸收过程的全塔效率的数据也作了关联，如图 5-42(b) 所示。在横坐标 Hp/μ_L 中，若 $p_A^*=c_A/H$，则 H 为溶质 A 的溶解度系数，kmol/(m^3·kPa)；若 $p_A^*=Hc_A$，则 H 为溶质 A 的平衡分压系数，kPa·m^3/kmol；p 为操作压强，kPa；μ_L 为塔顶和塔底平均组成和平均温度下的液体黏度，mPa·s。

O′connell 法只涉及物系性质（相对挥发度 α 和液相黏度 μ_L）对板效率的影响，并未包括塔板结构参数和操作条件的影响。

④ 朱汝瑾公式 朱汝瑾等在 O′connell 方法的基础上，进一步考虑了板上液层高度及液汽比对塔板总效率的影响，提出了下列算式

$$\lg E_T = 1.67+0.30\lg\left(\frac{L}{V}\right)-0.25\lg(\alpha\mu_L)+0.301h_L \tag{5-45}$$

式中，E_T 为塔板总效率；L、V 为液相及汽相流量，kmoL/h；α、μ_L 为同 O′connell；h_L 为有效液层高度（对筛板塔，$h_L=h_w+h_{ow}$），m。

另外还有如 Van Winkle 关联和美国化工学会对塔板效率的系统研究成果等。

（4）实际塔板数的确定

设塔釜为一块理论板，则塔内实际板数

$$N=\frac{N_T-1}{E_T} \tag{5-46}$$

式中，N 为塔内实际板数；N_T 为计算（或图解）所得理论板数；E_T 为全塔效率。

$$N_F=\frac{N_1}{E_T}+1 \tag{5-47}$$

式中，N_F 为实际加料板位置；N_1 为精馏段理论板数。

由于在计算中引用了诸多简化假定，实际情况有一定偏差。因此，在设计时可在 N_F 的上、下各多设一个加料口，待开车调试时再确定最佳实际加料位置。

5.2.7 塔附件的工艺设计

板式塔的塔附件主要包括各种工艺接管、裙座、除沫器、人孔和手孔、吊柱等。

5.2.7.1 工艺接管

工艺接管的直径按体积流量式(5-36）计算，式中的 u 取流体在管道内的经济流速值，计算得到的结果需圆整至圆管规格尺寸。

（1）塔顶蒸汽接管

塔顶到冷凝器的蒸汽导管，必须具有合适的尺寸，以免压降过大，特别是减压精馏更应注意。通常塔顶蒸汽速度在常压操作时取 12～20m/s，绝对压力为 1400～6000Pa 时取30～50m/s，绝对压力小于 1400Pa 时取 50～70m/s。

（2）气体进料接管

如图 5-43 所示为进气管，它结构简单，普遍用于气体分布要求不高的塔中。为了避免液体淹没气体通道，进气管应安装在最高液面上。

当塔径较大时，要求进塔气体分布均匀时，可考虑图 5-44 所示的进气管结构，管上开有三排出气孔。小孔直径和数量根据工艺条件确定。进气管径按对应进气压力下的经济流速确定。

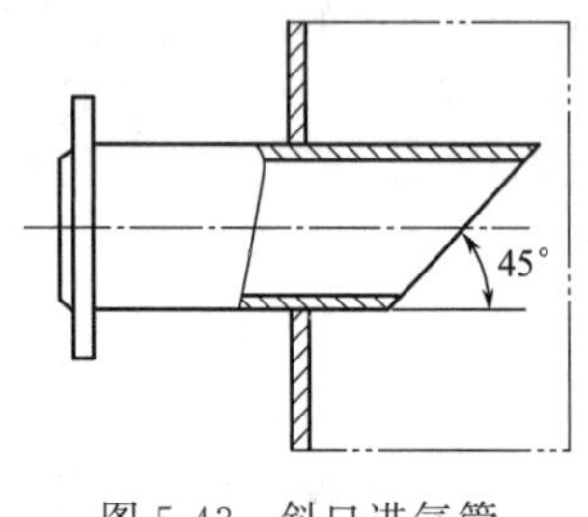

图 5-43 斜口进气管

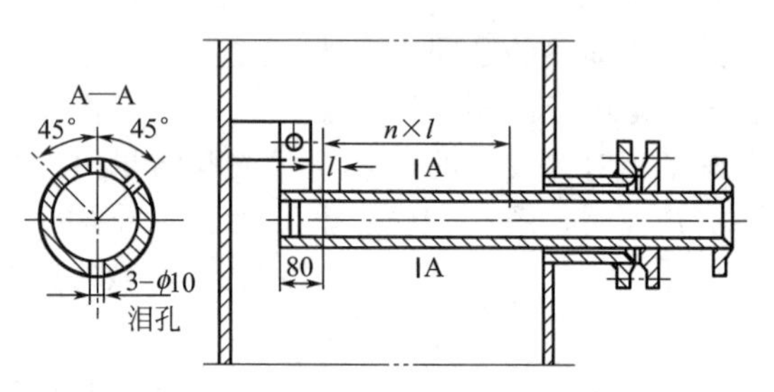

图 5-44 具有分布孔的进气管

（3）气液混合进料接管

一般采用切向进气管结构，以便于对物料进行气液分离，如图 5-45 所示，即为一塔内装有气液分离挡板的切向进气管。当气液混合物由切向进气管进塔后，沿上下导向挡板流动，经过旋流分离过程，液体向下，气体向上，使气相达到均匀分布。

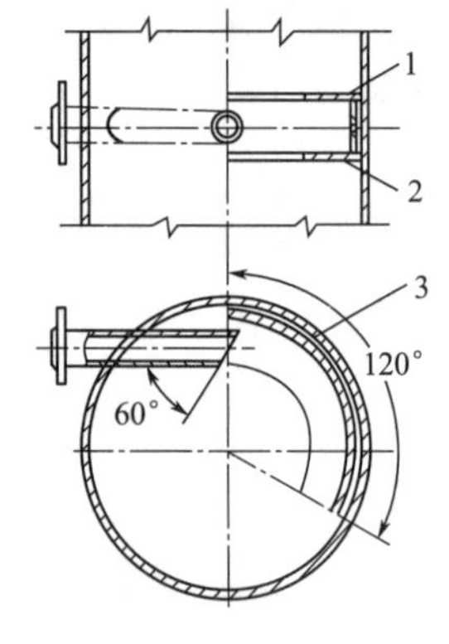

图 5-45 切向进气管

1—上挡板；2—下挡板；3—导向板

（4）液体进料接管和回流接管

① 结构 对于直径大于等于 800mm 的塔，如果物料洁净、不宜聚合且腐蚀性不大时，塔设备的液相进料管结构可以使用图 5-46 所示的焊接结构型式。当塔径较小时，人不能进入塔内时，为了检修方便，液体进料管常采用可拆式结构，见图 5-47。当物料易聚合或不洁净并有一定的腐蚀性时，大直径塔也常采用图 5-47 的结构，此种接管的结构尺寸见表 5-14。

② 管径 料液由高位槽流入塔内时，进料管内流速可取 0.4～0.8m/s；当由泵输送时，流速可取 1.5～2.5m/s，重力回流时，液流速度取 0.2～0.5m/s，强制回流（由泵输送）时，液流速度取 1.5～2.5m/s。

为了防止易起泡沫的物料液泛，也可采用进料管伸入塔内与降液管平行运行。这种结构多用于板式塔，其结构如图 5-48 所示。该进料管一般开两排小孔，小孔面积的总和约等于 1.3～1.5 倍的进料管截面积。

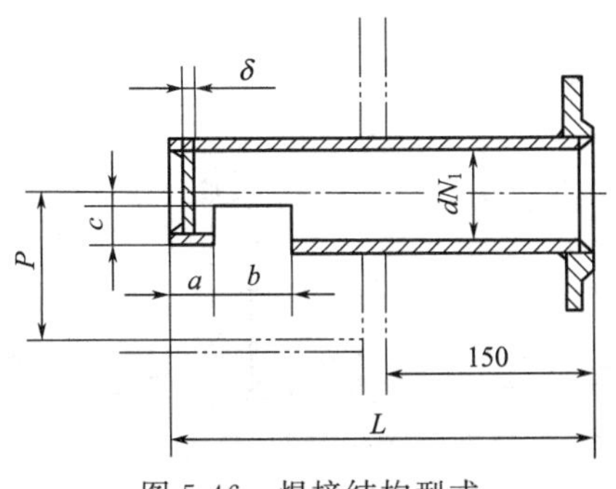

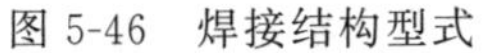
图 5-46　焊接结构型式

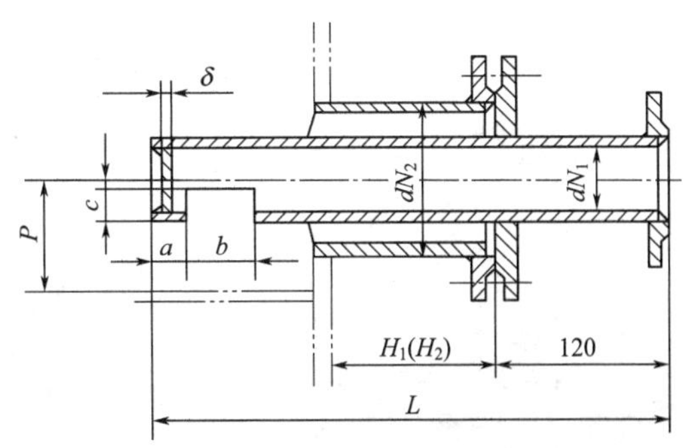

图 5-47　可拆式结构型式

表 5-14　液体进料管结构尺寸　　单位：mm

内管 $dN_1 \times S_1$	外管 $dN_2 \times S_2$	a	b	c	δ	H_1	H_2
25×3	45×3.5	10	20	10	5	120	150
32×3.5	57×3.5	10	25	10	5	120	150
38×3.5	57×3.5	10	32	15	5	120	150
45×3.5	76×4	10	40	15	5	120	150
57×3.5	76×4	15	50	20	5	120	150
76×4	108×4	15	70	30	5	120	150
89×4	108×4	15	80	35	5	120	150
108×4	133×4	15	100	45	5	120	200
133×4	159×4.5	15	125	55	5	120	200
159×4.5	219×6	25	150	70	5	120	200
219×6	273×8	25	210	95	8	120	200

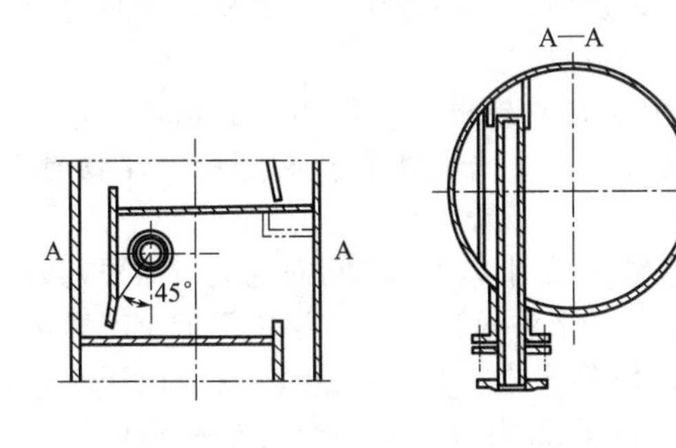

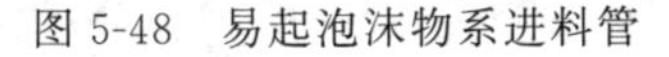
图 5-48　易起泡沫物系进料管

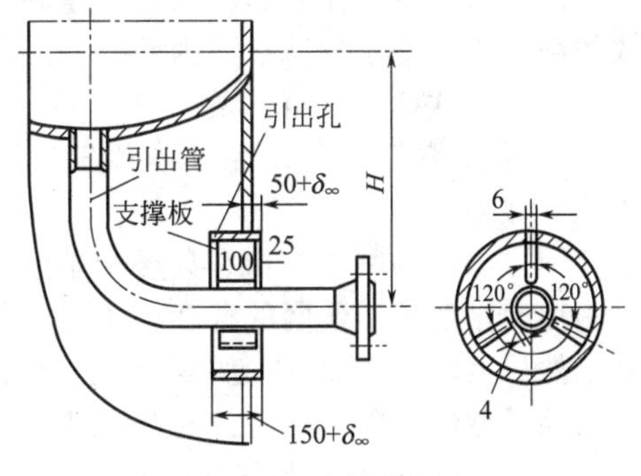

图 5-49　出料管结构

(5) 出料接管

① 结构　塔器底部出料管一般需要伸出裙座外壁，结构如图 5-49 所示。这种结构中，在引出管内壁或出料管外壁一般应焊三块支承扁钢（当介质温度低于－20℃时，宜采用木垫），以便把出料管活嵌在引出管通道里，此处应预留间隙，以考虑热膨胀的需要。

填料塔底的液体出口管，要考虑防止破碎填料的堵塞并便于清理，常采用图 5-50 结构。釜液从塔底出口管流出，一定条件下，釜液会在出口管中心形成一个向下的漩涡流，使塔釜液面不稳定且能带出气体。如果出口管路有泵，气体进入泵内会影响泵的正常运转。所以一般釜液出口部还应装设防涡流挡板。当介质中带有固体沉降物时，应采用出口管伸入塔内的结构，采用图 5-51 结构；对于介质较清洁的场合，采用如图 5-52 所示结构。

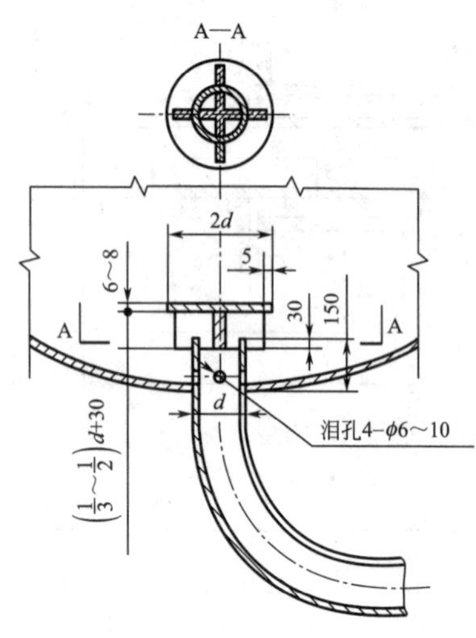

图 5-50 填料塔底的液体出口管

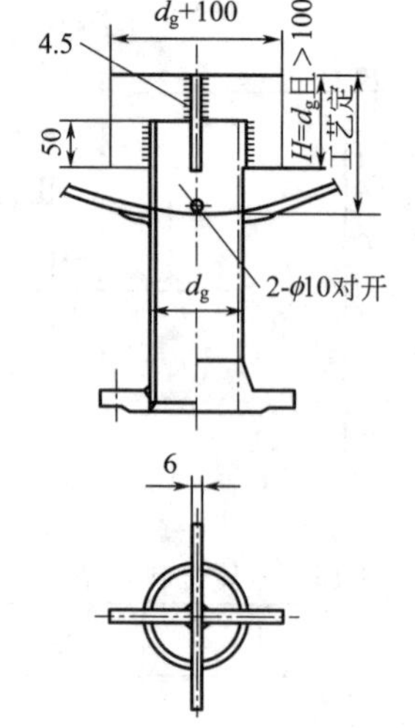

图 5-51 防涡板结构型式 1

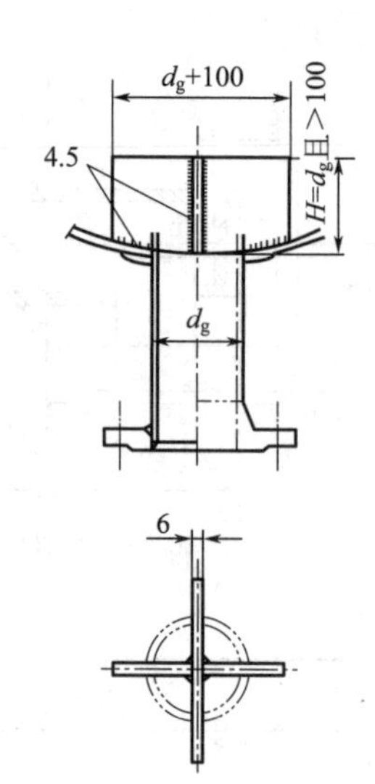

图 5-52 防涡板结构型式 2

② 管径 料液由高位槽流入塔内时，进料管内流速可取 0.4～0.8m/s；当由泵输送时，流速可取 1.5～2.5m/s，塔釜流出液体速度一般取 0.5～1.0m/s。

5.2.7.2 除沫器

在塔内操作气速较大时，塔顶会出现雾沫夹带，这不但造成物料的流失，也使塔的效率降低，同时还可能造成环境的污染。为了避免这种情况，需在塔顶设置除沫装置，从而减少液体的夹带损失，确保气体的纯度，保证后续设备的正常操作。

常用的除沫装置有丝网除沫器、折流板式除沫器、旋流板式除沫器及填料除沫器。

（1）丝网除沫器

丝网除沫器具有比表面积大、质量轻、空隙率大以及使用方便等优点，特别是它具有除沫效率高、压力降小的特点，因而是应用最广泛的除沫装置。

丝网除沫器适用于清洁的气体，不宜用于液滴中含有或易析出固体物质的场合（如碱液、碳酸氢钠溶液等），以免液体蒸发后留下固体堵塞丝网。当雾沫中含有少量悬浮物时，应注意经常冲洗。

丝网除沫器的网块结构有盘形和条形两种。盘形结构采用波纹形丝网缠绕至所需要的直径。网块的厚度等于丝网的宽度。条形网块结构是采用条形波纹形丝网一层层平铺至所需的厚度，然后上、下各放置一块隔栅板。再使用定距杆使其连成一整体。图 5-53 为用于小直径塔的缩径型丝网除沫器，这种结构其丝网块直径小于设备内直径，需要另加一圆筒短节（升气管）以安放网块。图 5-54 为可用于大直径塔设备的全径型丝网除沫器。丝网与上、下栅板分块制作，每一块应能通过人孔在塔内安装。

丝网可采用各种材料，考虑介质腐蚀和操作温度的因素，大多采用耐腐蚀的金属、合成纤维材料制造，常用的有不锈钢、镍钢、钛等有色金属及合金，以及非金属材料如聚乙烯、聚丙烯、聚四氟乙烯、尼龙等。

（2）折流板式除沫器

折流板式除沫器，如图 5-55 所示。折板由 50mm×50mm×3mm 的角钢制成。夹带液体的气体通过角钢通道时，由于碰撞及惯性作用而达到截留及惯性分离。分离下来的液体由导液管与进料一起进入分布器，一般情况下，它可除去直径为 5×10^{-5}m 以上的液滴，压力降为 50～100Pa。这种除沫装置的结构简单，不易堵塞，但金属的消耗量大，造价较高，因此逐渐被丝网除沫器所取代。

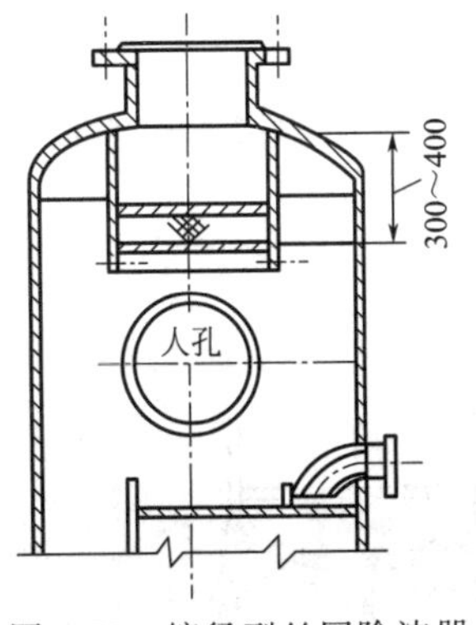

图 5-53　缩径型丝网除沫器

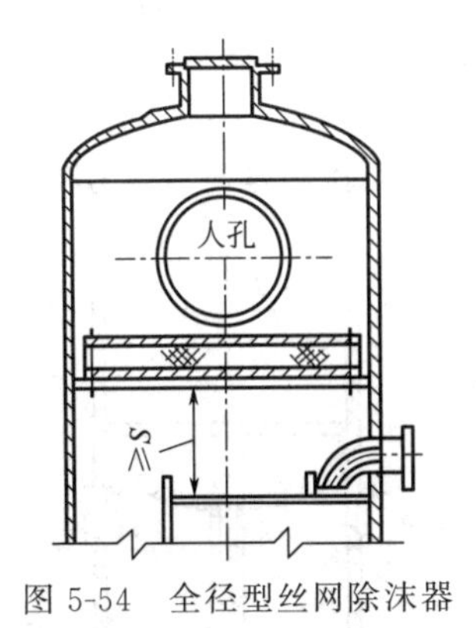

图 5-54　全径型丝网除沫器

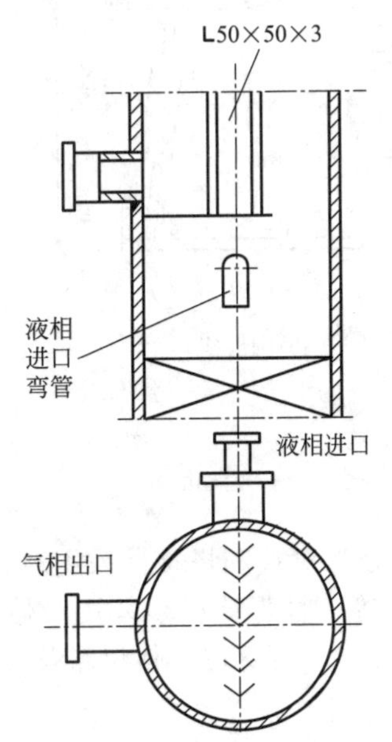

图 5-55　折流板式除沫器

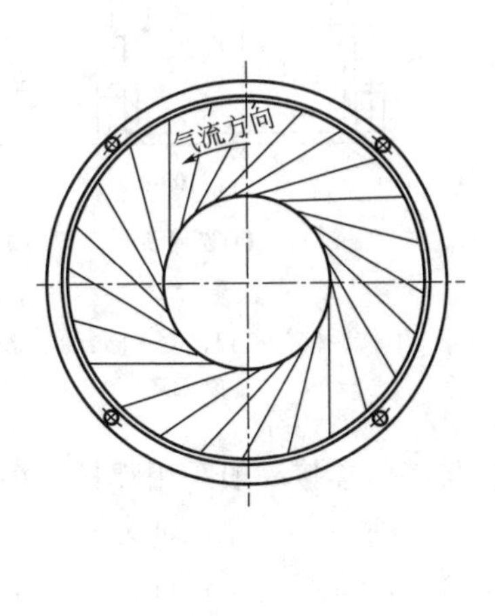

图 5-56　旋流板式除沫器

(3) 旋流板式除沫器

图 5-56 为一旋流板式除沫器。它由固定的叶片组成如风车状。夹带液滴的气体通过叶片时产生旋转和离心运动。在离心力的作用下将液滴甩至塔壁，从而实现气-液分离。除沫效率可达 95%。

(4) 填料除沫器

即在塔顶气体出口前，再通过一层填料，达到分离雾沫的目的。填料一般为环形，常较塔内填料小些。这层填料的高度根据除沫要求和容许压降来决定。它的除沫效率较高，但阻力较大，且占一定空间。

5.2.7.3 *裙座*

裙座是塔设备的主要支承构件，大型塔体的支承通常都采用裙座。裙座可分为圆筒形和圆锥形两类，一般情况下采用圆筒形。圆筒形裙座制造方便，经济合理。但对于受力情况比较差，塔的高径比较大的情况（如 $DN<1\text{m}$，$H/DN>25$，或 $DN>1\text{m}$，且 $H/DN>30$），为防止风载荷或地震载荷引起的弯矩造成塔倾倒，则需要配置较多的地脚螺栓及具有足够大的承载面积的基础环。此时，圆筒形裙座的结构尺寸往往满足不了这么多地脚螺栓的合理布置，因而只能采用圆锥形裙座。

（1）裙座的结构

裙座的结构如图 5-57 所示。不管是圆筒形还是圆锥形裙座，均由裙座筒体、基础环、地脚螺栓座、人孔、排气孔、引出管通道、保温支承圈等组成。

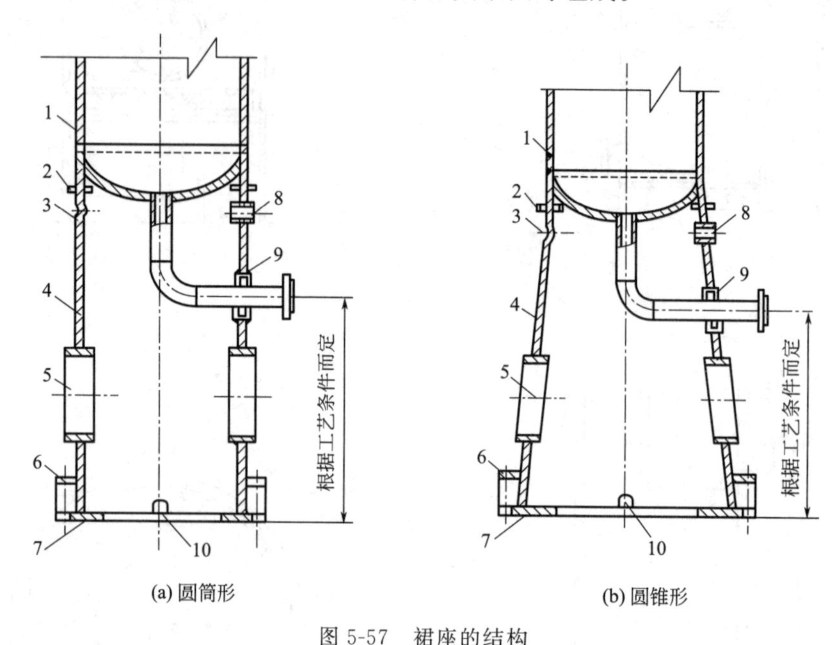

图 5-57 裙座的结构

1—塔体；2—保温支承圈；3—无保温时排气孔；4—裙座筒体；5—人孔；6—螺栓座；7—基础环；8—有保温时排气孔；9—引出管通道；10—排液孔

裙座与塔体连接一般采用焊接，根据接头形式不同分为对接和搭接。采用对接接头时，如图 5-58(a) 所示，裙座筒体外径与塔体下封头外径相等，且焊缝必须采用全熔透的连续焊；采用搭接接头时，搭接部位可在下封头上也可在塔体上。焊缝的具体位置及尺寸要求见图 5-58(b) 和图 5-58(c)，搭接焊缝必须全部填满。

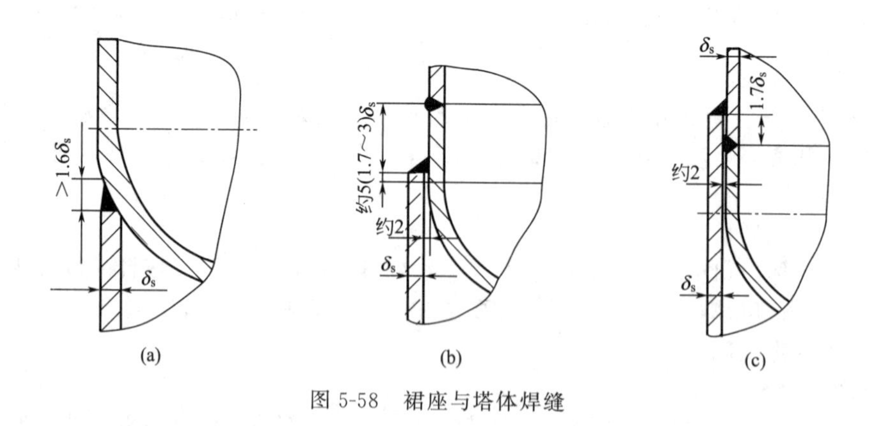

图 5-58 裙座与塔体焊缝

（2）裙座的材料

裙座不直接与塔内介质接触，也不承受塔内介质压力，因此不受压力容器用材的限制，可选用较经济的普通碳素结构钢。常用的裙座材料为 Q235-AF 及 Q235-A，考虑到 Q235-AF 有缺口敏感及夹层等缺陷，因此只能用于常温操作，如果裙座操作温度等于或低于

−20℃，裙座材料应选用 16MnR。

5.2.7.4 人孔和手孔

（1）人孔

人孔是安装或检修人员进出塔器的唯一通道。人孔的设置应便于人员进入任何一层塔板。但由于设置人孔处的塔板间距要增大，且人孔设置过多会使制造时塔体的弯曲度难以达到要求，所以一般板式塔每隔 10～20 层塔板或 5～10m 塔段，才设置一个人孔。板间距小的塔按塔板数考虑，板间距大的塔则按高度考虑。对直径大于 ϕ800mm 的填料塔，人孔可设在每段填料层的上、下方，同时兼作填料装卸孔用。设在框架内或室内的塔，人孔的设置可按具体情况考虑。

人孔设置一般在气液进出口等需要经常维修清理的部位，另外在塔顶和塔釜，也各设一个人孔。

常用的人孔有垂直吊盖人孔及回转盖人孔，图 5-59 为一常用的回转盖快开人孔的结构。

人孔法兰的密封面形式及垫片用材，一般与塔的接管法兰相同。操作温度高于 350℃时，应采用对焊法兰人孔。

人孔已标准化，设计时可根据设备的公称压力、工作温度及所用材料等按标准选用。超出标准范围或特殊要求时，可自行设计。

（2）手孔

手孔是指手和手提灯能伸入的设备孔口，用于不便进入或不必进入设备就能清理、检查或修理的场合。具体结构见图 5-60。

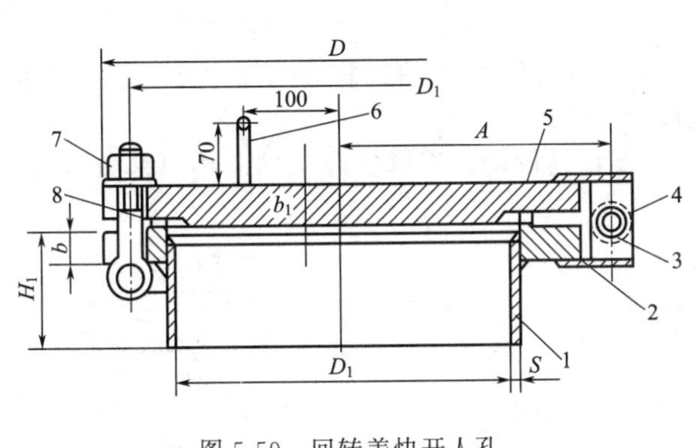

图 5-59　回转盖快开人孔

1—筒节；2—吊板；3—销；4—轴；5—盖；6—把手；7—活节螺栓；8—垫片

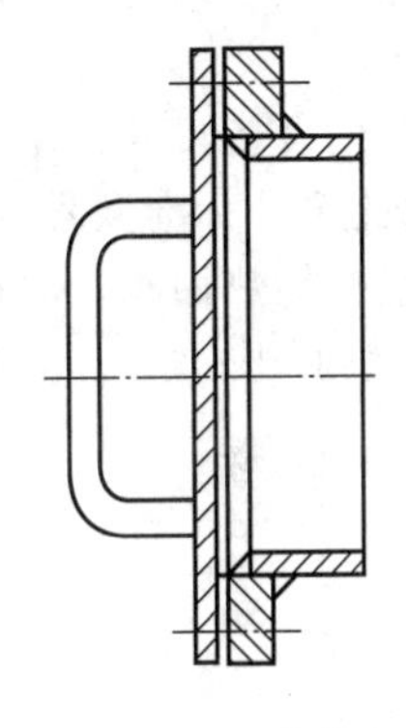

图 5-60　手孔

手孔又常用作小直径填料塔装卸填料之用，在每段填料层的上下方各设置一个手孔。

手孔也有标准系列，设计时可根据设计要求直接选用。

5.2.7.5 吊柱

安装在室外，无框架的整体塔设备，为了在安装和检修时拆卸内件或更换或补充填料，通常在塔顶设置吊柱。吊柱的方位应使吊柱中心线与人孔中心线间有合适的夹角，使人能站在平台上操作手柄，使吊柱的垂直线可以转到人孔附近，以便从人孔装入或取出塔内件。

吊柱的结构如图 5-61 所示。其中吊柱管通常采用 20 号无缝钢管，其他部件可采用 Q235-A 和 Q235-AF。吊柱与塔连接的衬板应与塔体材料相同。此种结构尺寸参数已制定成系列标准。

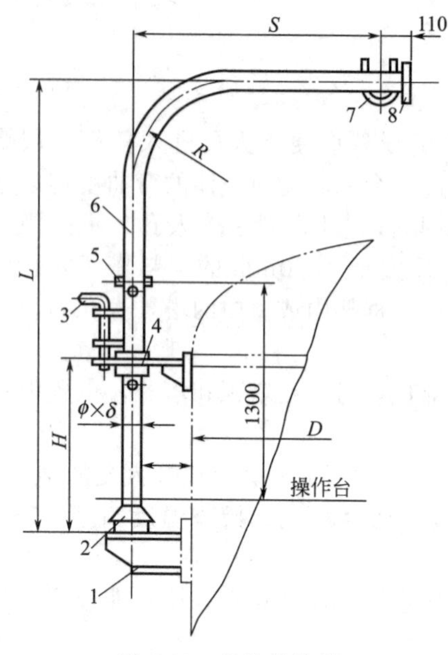

图 5-61　吊柱的结构

1—支架；2—防雨罩；3—固定销；4—导向板；5—手柄；6—吊柱管；7—吊钩；8—挡板

5.2.8　辅助设备的工艺设计

5.2.8.1　回流冷凝器

（1）回流型式

塔顶上升蒸汽经过全凝器全部冷凝下来成为液体，一部分回流至塔内，一部分作产品；或者，上升蒸汽经过分凝器，部分冷凝作为回流液，余下蒸汽再进入冷凝冷却器。分凝器有部分增浓作用，常可视为一个理论级。

对于小型塔，回流冷凝器一般安装在塔顶，冷凝液由重力作用回流入塔，如图 5-62(a)、(b) 所示。

对于大型塔，塔很高，处理量大，冷凝器一般不安装在塔顶，而安装在地面或平台上，回流液由泵来输送，即所谓强制回流。此种型式的操作控制比较方便，如图 5-62 (d)、(e) 所示。

冷凝器常采用管壳式换热器，一般认为卧式壳程冷凝较好。

（2）回流冷凝器的工艺计算

回流冷凝器的工艺计算内容包括：

① 按工艺要求决定冷凝器的热负荷 Q_R，选择冷却剂、冷却剂进出口温度并计算冷却剂用量；

② 初估设备尺寸，由平均温度 Δt_m 和总传热系数 K 的经验数据，计算所需的传热面积 A，并由此选择标准型号的冷凝器，或自行设计；

③ 复核传热面积，对已选型号或自行设计的设备，核算实际上的总传热系数 K 和实际所需的传热面积；

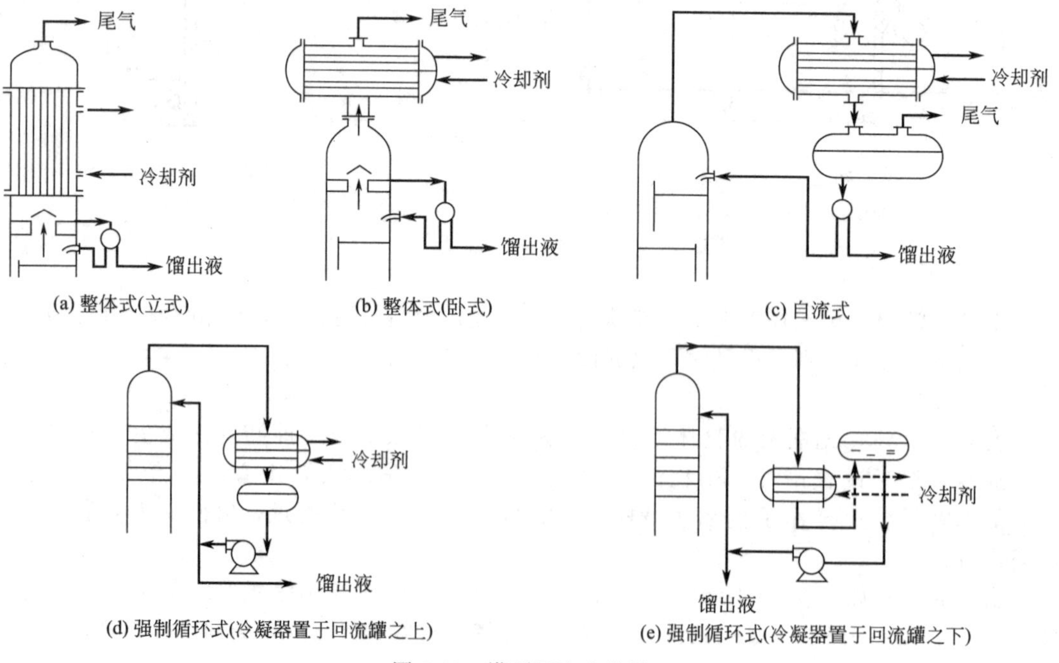

图 5-62　塔顶回流冷凝器

④ 决定安装尺寸，估计各管线长度及阻力损失，以决定冷凝器底部与回流液入口之间的高度差 H_R。

需要注意的是，由于冷凝器常用于精馏过程，考虑到精馏塔操作常需要调整回流比，同时还可能兼有调节塔压的作用，故应适当加大其传热面积的裕度。按经验，其面积裕度应在30%左右。

5.2.8.2　再沸器

除热流量很小的情况外，再沸器一般都安装于塔外，以便于安装检修和更换再沸器，其传热面积也应有足够的裕度。其工艺设计在第3章中已有详细介绍。其工艺流程及安装形式见图5-63～图5-65。

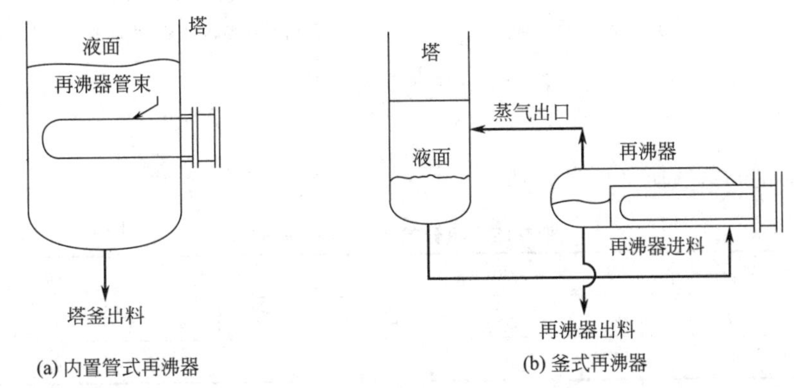

图5-63　内置管式和釜式再沸器

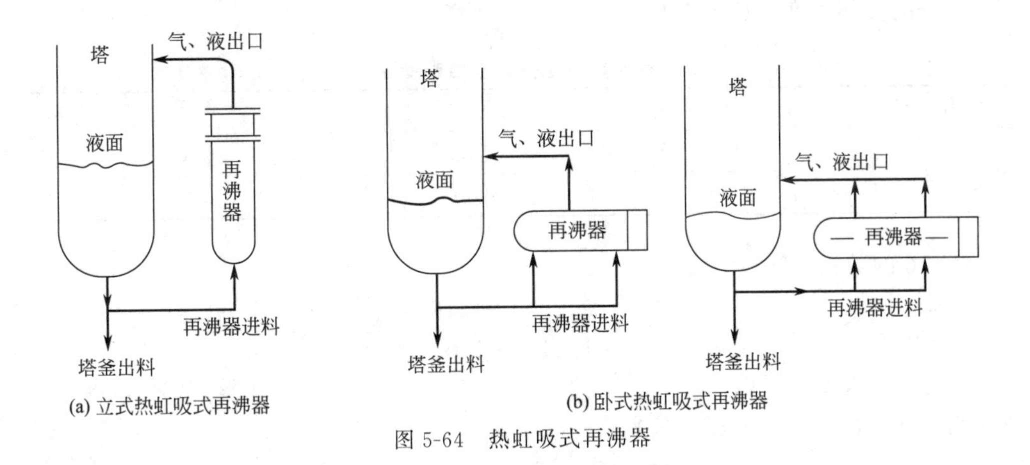

图5-64　热虹吸式再沸器

5.2.8.3　输送泵

按泵的选型设计计算，此处略。

5.2.9　筛板塔精馏工艺设计示例

工业上用苯氯化生产一氯化苯（简称氯苯），得到的是苯-多氯化苯的混合物。现不考虑二氯化苯和三氯化苯的存在，试根据设计条件设计一座筛板塔完成苯-氯苯二元混合液的精馏分离，要求年产纯度为99.8%的氯苯50000t/a，塔顶馏出液中含氯苯不高于2%。原料液中含氯苯为35%（以上均为质量分数）。

设计条件：①塔顶压力4kPa（表压）；②进料热状况，自选；③回流比，自选；④塔釜加热蒸汽压力506kPa；⑤单板压降不大于0.7kPa；⑥年工作日330天，每天24h连续运行。

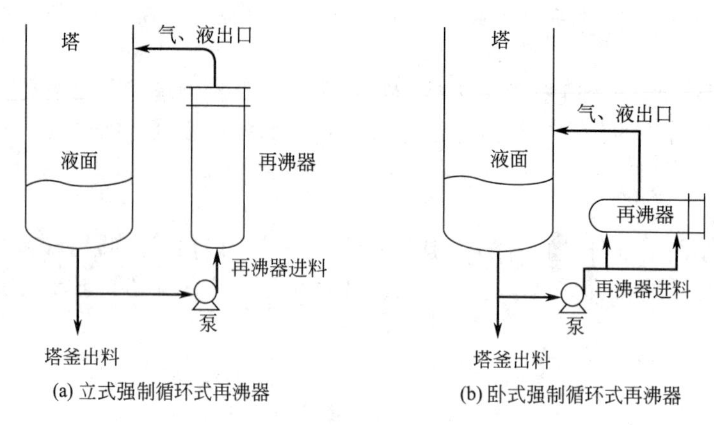

图 5-65　强制循环式再沸器

基础数据：

① 组分的饱和蒸气压（见表 5-15）

表 5-15　组分的饱和蒸气压 p_i°

温度/℃		80	90	100	110	120	130	131.8
p_i°/mmHg	苯	760	1025	1350	1760	2250	2840	2900
	氯苯	148	205	293	400	543	719	760

注：1mmHg=133.322Pa。

② 组分的液相密度（见表 5-16）

表 5-16　组分的液相密度 ρ

温度/℃		80	90	100	110	120	130
ρ/(kg/m³)	苯	817	805	793	782	770	757
	氯苯	1039	1028	1018	1008	997	985

将表5-16 的数据关联成下式

苯　　$\rho_A = 912.13 - 1.1886t$

氯苯　　$\rho_B = 1124.4 - 1.0657t$

式中，t 为温度，℃。

③ 组分的表面张力（见表 5-17）

表 5-17　组分的表面张力 σ

温度/℃		80	85	110	115	120	131
σ/(mN/m³)	苯	21.2	20.6	17.3	16.8	16.3	15.3
	氯苯	26.1	25.7	22.7	22.2	21.6	20.4

双组分混合液体的表面张力 σ_m 可按下式计算

$$\sigma_m = \frac{\sigma_A \sigma_B}{\sigma_A x_B + \sigma_B x_A}$$

式中，x_A、x_B 为 A、B 组分的摩尔分数。

④ 氯苯的汽化潜热　常压沸点下的汽化潜热为 35.3×10^3 kJ/kmol。纯组分的汽化潜热

与温度的关系可用下式表示：

$$\frac{r_2}{r_1^{0.38}}=\left(\frac{t_c-t_2}{t_c-t_1}\right)^{0.38}$$（氯苯的临界温度：$t_c=359.2°C$）

⑤ 其他物性数据可查化工原理附录。

[板式塔精馏工艺设计计算如下]

苯-氯苯板式精馏塔的工艺计算书（精馏段部分）。

一、设计方案及工艺流程

原料液经卧式列管式预热器预热至泡点后送入连续板式精馏塔（筛板塔），塔顶上升蒸汽流采用列管式全凝器冷凝后流入回流罐，冷凝液用泵强制循环，一部分作为回流液，其余作为产品经冷却后送至苯液贮罐；塔釜采用热虹吸立式再沸器提供汽相流，塔釜产品经卧式列管式冷却器冷却后送入氯苯液贮罐。流程见图 5-66。

二、全塔物料衡算

1. 料液及塔顶、塔底产品中苯的摩尔分数

苯和氯苯的摩尔质量分别为 78.11kg/kmol 和 112.61kg/kmol。

$$x_F=\frac{65/78.11}{65/78.11+35/112.61}=0.728$$

$$x_D=\frac{98/78.11}{98/78.11+2/112.61}=0.986$$

$$x_W=\frac{0.2/78.11}{0.2/78.11+99.8/112.61}=0.00288$$

2. 平均摩尔质量

$$M_F=78.11\times0.728+(1-0.728)\times112.61=87.49\text{kg/kmol}$$

$$M_D=78.11\times0.986+(1-0.986)\times112.61=78.59\text{kg/kmol}$$

$$M_W=78.11\times0.00288+(1-0.00288)\times112.61=112.5\text{kg/kmol}$$

3. 料液及塔顶、塔底产品的摩尔流率

依题给条件：一年以 330 天、一天以 24h 计，有 $W'=50000\text{t/a}=6313\text{kg/h}$。

全塔物料衡算：

$$\left.\begin{aligned}&F'=D'+W'\\&0.35F'=0.02D'+0.998W'\end{aligned}\right\}\Rightarrow\begin{aligned}&F'=18709\text{kg/h}\quad F=18709/87.49=213.84\text{kmol/h}\\&D'=12396\text{kg/h}\quad D=12396/78.59=157.73\text{kmol/h}\\&W'=6313\text{kg/h}\quad W=6313/112.5=56.12\text{kmol/h}\end{aligned}$$

三、塔板数的确定

1. 理论塔板数 N_T 的求取

苯-氯苯物系属于理想物系，可采用梯级图解法（M·T 法）求取 N_T，步骤如下。

(1) 相平衡数据的求取

根据苯-氯苯的相平衡数据，利用泡点方程和露点方程求取 x-y。

依据 $x=(p_t-p_B^\circ)/(p_A^\circ-p_B^\circ)$，$y=p_A^\circ x/p_t$，将所得计算结果列表见表 5-18。

表 5-18　苯-氯苯的相平衡数据

温度/℃		80	90	100	110	120	130	131.8
p_i°/mmHg	苯	760	1025	1350	1760	2250	2840	2900
	氯苯	148	205	293	400	543	719	760
两相摩尔分数	x	1	0.677	0.442	0.265	0.127	0.019	0
	y	1	0.913	0.785	0.614	0.376	0.071	0

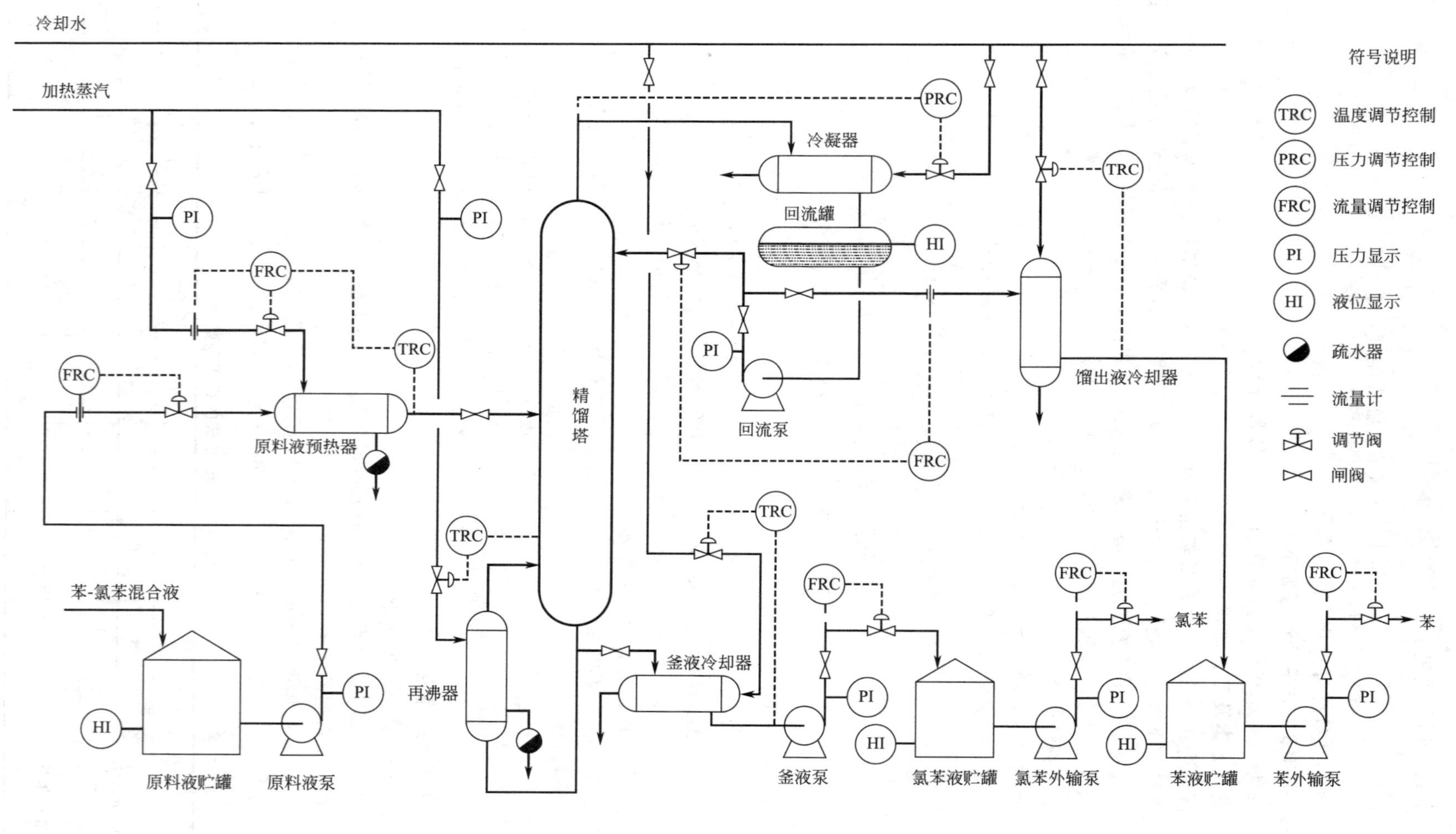

图5-66 苯-氯苯精馏控制工艺流程

本题中，塔内压力接近常压（实际上略高于常压），而表中所给为常压下的相平衡数据，因为操作压力偏离常压很小，所以其对 x-y 平衡关系的影响完全可以忽略。

（2）确定操作的回流比 R

将表5-18中数据作图得 x-y 曲线（见图5-67）及 t-$x(y)$ 曲线（见图5-68）。在 x-y 图上，因 $q=1$，查得 $y_e=0.935$，而 $x_e=x_F=0.728$，$x_D=0.986$，故有

$$R_m=\frac{x_D-y_e}{y_e-x_e}=\frac{0.986-0.935}{0.935-0.728}=0.246$$

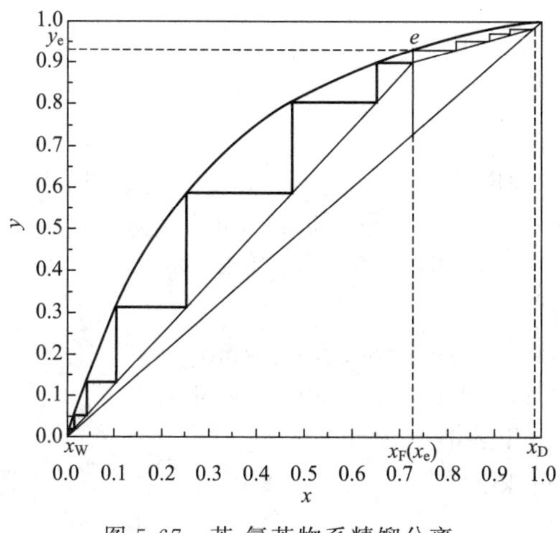

图5-67 苯-氯苯物系精馏分离理论塔板数的图解

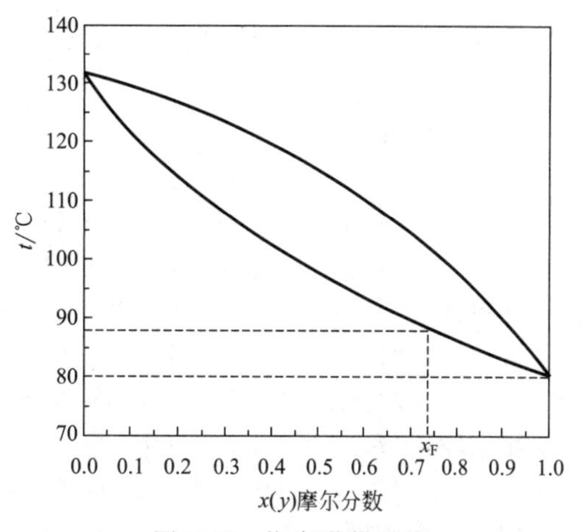

图5-68 苯-氯苯物系的温度组成

考虑到精馏段操作线离平衡线较近，理论最小回流比较小，故取操作回流比为最小回流比的2倍，即：$R=2R_m=2\times0.246=0.492$。

（3）求理论塔板数

精馏段操作线为

$$y=\frac{R}{R+1}x+\frac{x_D}{R+1}=0.33x+0.66$$

提馏段操作线为过（0.00288，0.00288）和（0.728，0.900）两点的直线。

图解得 $N_T=11.5-1=10.5$ 块（不含塔釜）。其中，精馏段 $N_{T1}=4$ 块，提馏段 $N_{T2}=6.5$ 块，第5块为加料板位置。

2. 实际塔板数 N_p

（1）全塔效率 E_T

选用 $E_T=0.17-0.616\lg\mu_m$ 公式计算。该式适用于液相黏度为 0.07～1.4mPa·s 的烃类物系，式中的 μ_m 为全塔平均温度下以进料组成表示的平均黏度。

塔的平均温度为 $0.5\times(80+131.8)=106$℃（取塔顶底的算术平均值），在此平均温度下查化工原理附录得

$$\mu_A=0.24\text{mPa·s},\quad \mu_B=0.34\text{mPa·s}$$

$$\mu_m=\mu_A x_F+\mu_B(1-x_F)=0.24\times0.728+0.34\times(1-0.728)=0.267$$

$$E_T=0.17-0.616\lg\mu_m=0.17-0.616\lg0.267=0.52$$

（2）实际塔板数 N_p（近似取两段效率相同）

精馏段：$N_{p1}=4/0.52=7.7$ 块，取 $N_{p1}=8$ 块

提馏段：$N_{p2}=6.5/0.52=12.5$ 块，取 $N_{p2}=13$ 块

总塔板数 $N_p=N_{p1}+N_{p2}=21$ 块。

四、塔的精馏段操作工艺条件及相关物性数据的计算

（1）平均压力 p_m

取每层塔板压降为 0.7kPa 计算。

塔顶：$p_D=101.3+4=105.3\text{kPa}$

加料板：$p_F=105.3+0.7\times8=110.9\text{kPa}$

平均压力 $p_m=(105.3+110.9)/2=108.1\text{kPa}$

（2）平均温度 t_m

查温度组成图 5-68 得：塔顶为 80℃，加料板为 88℃。

$$t_m=(80+88)/2=84℃$$

（3）平均分子量 M_m

塔顶：$y_1=x_D=0.986$，$x_1=0.940$（查相平衡图 5-67）

$M_{VD,m}=0.986\times78.11+(1-0.986)\times112.61=78.59\text{kg/kmol}$

$M_{LD,m}=0.940\times78.11+(1-0.940)\times112.61=80.18\text{kg/kmol}$

加料板：$y_F=0.935$，$x_F=0.728$（查相平衡图 5-67）

$M_{VF,m}=0.935\times78.11+(1-0.935)\times112.61=80.35\text{kg/kmol}$

$M_{LD,m}=0.728\times78.11+(1-0.728)\times112.61=87.49\text{kg/kmol}$

精馏段：$M_{V,m}=(78.59+80.35)/2=79.47\text{kg/kmol}$

$M_{L,m}=(80.18+87.49)/2=83.84\text{kg/kmol}$

（4）平均密度 ρ_m

① 液相平均密度 $\rho_{L,m}$

塔顶：$\rho_{LD,A}=912.13-1.1886t=912.13-1.1886\times80=817.0\text{kg/m}^3$

$\rho_{LD,B}=1124.4-1.0657t=1124.4-1.0657\times80=1039.1\text{kg/m}^3$

$$\frac{1}{\rho_{LD,m}}=\frac{a_A}{\rho_{LD,A}}+\frac{a_B}{\rho_{LD,B}}=\frac{0.98}{817.0}+\frac{0.02}{1039.1}\Rightarrow\rho_{LD,m}=820.5\text{kg/m}^3$$

进料板：$\rho_{LF,A}=912.13-1.1886t=912.13-1.1886\times88=807.5\text{kg/m}^3$

$\rho_{LF,B}=1124.4-1.0657t=1124.4-1.0657\times88=1030.6\text{kg/m}^3$

$$\frac{1}{\rho_{LF,m}}=\frac{a_A}{\rho_{LF,A}}+\frac{a_B}{\rho_{LF,B}}=\frac{0.65}{807.5}+\frac{0.35}{1030.6}\Rightarrow\rho_{LF,m}=873.7\text{kg/m}^3$$

精馏段：$\rho_{L,m}=(820.5+873.7)/2=847.1\text{kg/m}^3$

② 汽相平均密度 $\rho_{V,m}$

$$\rho_{V,m}=\frac{p_mM_{V,m}}{RT_m}=\frac{108.1\times79.47}{8.314\times(273+84)}=2.894\text{kg/m}^3$$

（5）液体的平均表面张力 σ_m

塔顶：$\sigma_{D,A}=21.08\text{mN/m}$；$\sigma_{D,B}=26.02\text{mN/m}$（80℃）

$$\sigma_{D,m}=\left(\frac{\sigma_A\sigma_B}{\sigma_Ax_B+\sigma_Bx_A}\right)_D=\left(\frac{21.08\times26.02}{21.08\times0.014+26.02\times0.986}\right)=21.14\text{mN/m}$$

进料板：$\sigma_{F,A}=20.20\text{mN/m}$；$\sigma_{F,B}=25.34\text{mN/m}$（88℃）

$$\sigma_{F,m}=\left(\frac{\sigma_A\sigma_B}{\sigma_Ax_B+\sigma_Bx_A}\right)_F=\left(\frac{20.20\times25.34}{20.20\times0.272+25.34\times0.728}\right)=21.38\text{mN/m}$$

精馏段：$\sigma_m=(21.14+21.38)/2=21.26\text{mN/m}$

（6）液体的平均黏度 $\mu_{L,m}$

塔顶：查化工原理上册附录中的液体黏度共线图，在 80℃下有：

$\mu_{LD,m}=(\mu_A x_A)_D+(\mu_B x_B)_D=0.315\times0.986+0.445\times0.014=0.317\text{mPa·s}$

加料板：$\mu_{LF,m}=0.28\times0.728+0.41\times0.272=0.315\text{mPa·s}$

精馏段：$\mu_{L,m}=(0.317+0.315)/2=0.316\text{mPa·s}$

五、精馏段的汽液负荷计算

汽相摩尔流率 $V=(R+1)D=1.492\times157.73=235.33\text{kmol/h}$

汽相体积流量 $V_s=\dfrac{VM_{V,m}}{3600\rho_{V,m}}=\dfrac{235.33\times79.47}{3600\times2.894}=1.795\text{m}^3/\text{s}$

汽相体积流量 $V_h=1.795\text{m}^3/\text{s}=6462\text{m}^3/\text{h}$

液相回流摩尔流率 $L=RD=0.492\times157.73=77.60\text{kmol/h}$

液相体积流量 $L_s=\dfrac{LM_{L,m}}{3600\rho_{L,m}}=\dfrac{77.6\times83.84}{3600\times847.1}=0.002133\text{m}^3/\text{s}$

液相体积流量 $L_h=0.002133\text{m}^3/\text{s}=7.680\text{m}^3/\text{h}$

冷凝器的热负荷 $Q=Vr=235.33\times78.59\times310/3600=1593\text{kW}$

六、塔和塔板主要工艺结构尺寸的计算

1. 塔径

① 初选塔板间距 $H_T=500\text{mm}$ 及板上液层高度 $h_L=60\text{mm}$，则

$$H_T-h_L=0.5-0.06=0.44\text{m}$$

② 按 Smith 法求取允许的空塔气速 u_{max}（即泛点气速 u_F）

$$\left(\frac{L_s}{V_s}\right)\left(\frac{\rho_L}{\rho_V}\right)^{0.5}=\left(\frac{0.00213}{1.795}\right)\left(\frac{847.1}{2.894}\right)^{0.5}=0.0203$$

查 Smith 通用关联图 5-40，得 $C_{20}=0.0925$

负荷因子　$$C=C_{20}\left(\frac{\sigma}{20}\right)^{0.2}=0.0925\times\left(\frac{21.26}{20}\right)^{0.2}=0.0936$$

泛点气速　$$u_{max}=C\left(\frac{\rho_L-\rho_V}{\rho_V}\right)^{0.5}=0.0936\sqrt{(847.1-2.894)/2.894}=1.599\text{m/s}$$

③ 操作气速，取 $u=0.7u_{max}=1.12\text{m/s}$。

④ 精馏段的塔径

$$D=\sqrt{4V_s/\pi u}=\sqrt{4\times1.795/3.14\times1.12}=1.429\text{m}$$

圆整取 $D=1600\text{mm}$，此时的操作气速 $u=0.893\text{m/s}$。

2. 塔板工艺结构尺寸的设计与计算

(1) 溢流装置

采用单溢流型的平顶弓形溢流堰、弓形降液管、平形受液盘，且不设进口内堰。

① 溢流堰长（出口堰长）L_w　取 $L_w=0.7D=0.7\times1.6=1.12\text{m}$，堰上溢流强度 $L_h/L_w=7.680/1.12=6.857\text{m}^3/(\text{m·h})<100\sim130\text{m}^3/(\text{m·h})$，满足筛板塔的堰上溢流强度要求。

② 出口堰高 h_w

$$h_w=h_L-h_{ow}$$

对平直堰　$$h_{ow}=0.00284E(L_h/L_w)^{2/3}$$

由 $L_w/D=0.7$ 及 $L_h/L_w^{2.5}=7.680/1.12^{2.5}=5.785$，查图 5-30 得 $E=1.02$，于是：

$$h_{ow}=0.00284\times1.02\times(7.680/1.12)^{2/3}=0.0104\text{m}>0.006\text{m}(\text{满足要求})$$

$h_w=h_L-h_{ow}=0.06-0.0104=0.0496\text{m}$，取 $h_w=0.05\text{m}$。

③ 降液管的宽度 W_d 和降液管的面积 A_f　由 $L_w/D=0.7$，查陈敏恒《化工原理》（第三版）下册 P_{127} 图 10-40 或谭天恩《化工原理》（第三版）下册 P_{137} 图 11-16 得 $W_d/D=$

0.14，$A_f/A_T=0.09$，即

$$W_d=0.224\text{m},\ A_T=0.785D^2=2.01\text{m}^2,\ A_f=0.181\text{m}^2$$

液体在降液管内的停留时间为

$$\tau=A_fH_T/L_s=0.181\times0.5/0.00213=42.49\text{s}>5\text{s}(满足要求)$$

④ 降液管的底隙高度 h_o　液体通过降液管底隙的流速一般为 0.07～0.25m/s，取液体通过降液管底隙的流速 $u'_o=0.08\text{m/s}$，则

$$h_o=\frac{L_s}{l_wu'_o}=\frac{0.00213}{1.12\times0.08}=0.0238\text{m}(h_o不宜小于0.02\sim0.025\text{m}，本结果满足要求)$$

（2）塔板布置

① 塔板分块，因 $D=1600\text{mm}$，根据表 5-6 将塔板分作 4 块安装。

② 边缘区宽度 W_c 与安定区宽度 W_s

边缘区宽度 W_c：一般为 50～75mm，$D>2\text{m}$ 时，W_c 可达 100mm。

安定区宽度 W_s：规定 $D<1.5\text{m}$ 时 $W_s=75\text{mm}$；$D>1.5\text{m}$ 时 $W_s=100\text{mm}$。

本设计取 $W_c=60\text{mm}$，$W_s=100\text{mm}$。

③ 开孔区面积 A_a

$$A_a=2\left[x\sqrt{R^2-x^2}+\frac{\pi}{180}R^2\sin^{-1}\left(\frac{x}{R}\right)\right]=2\times\left[0.476\sqrt{0.74^2-0.476^2}+\frac{\pi}{180}\times0.74^2\sin^{-1}\left(\frac{0.476}{0.740}\right)\right]$$
$$=1.304\text{m}^2$$

式中

$$x=D/2-(W_d+W_s)=0.8-(0.224+0.100)=0.476\text{m}$$
$$R=D/2-W_c=0.8-0.060=0.740\text{m}$$

（3）开孔数 n 和开孔率 φ

取筛孔的孔径 $d_o=5\text{mm}$，正三角形排列，筛板采用碳钢，其厚度 $\delta=3\text{mm}$，且取 $t/d_o=3.0$，故孔心距 $t=3\times5=15\text{mm}$。

每层塔板的开孔数 $n=\left(\frac{1158\times10^3}{t^2}\right)A_a=\left(\frac{1158\times10^3}{15^2}\right)\times1.304=6711$（个）

每层塔板的开孔率 $\varphi=\frac{0.907}{(t/d_o)^2}=\frac{0.907}{3^2}=0.101$（$\varphi$ 应在 5%～15%，故满足要求）

每层塔板的开孔面积 $A_o=\varphi A_a=0.101\times1.304=0.132\text{m}^2$

气体通过筛孔的孔速 $u_o=V_s/A_o=1.795/0.132=13.60\text{m/s}$

（4）精馏段的塔高 Z_1

$$Z_1=(N_{p1}-1)H_T=(8-1)\times0.5=3.5\text{m}$$

七、塔板上的流体力学验算

1. 气体通过筛板压降 h_f 和 Δp_f 的验算

$$h_f=h_c+h_e$$

（1）气体通过干板的压降 h_c

$$h_c=0.051\left(\frac{u_o}{C_o}\right)^2\frac{\rho_V}{\rho_L}=0.051\times\left(\frac{13.60}{0.8}\right)^2\times\frac{2.894}{847.1}=0.0504\text{m}$$

式中，孔流系数 C_o 由 $d_o/\delta=5/3=1.67$ 查图 5-34 得出，$C_o=0.8$。

（2）气体通过板上液层的压降 h_e

$$h_e=\beta(h_w+h_{ow})=\beta h_L$$

式中，充气系数 β 的求取如下：气体通过有效流通截面积的气速 u_a，对单流型塔板有

$$u_a=\frac{V_s}{A_T-2A_f}=\frac{1.795}{2.01-2\times0.181}=1.089\text{m/s}$$

动能因子 $F_a=u_a\sqrt{\rho_V}=1.089\sqrt{2.894}=1.853$

查图 5-35 得，$\beta=0.57$（一般可近似取 $\beta=0.5\sim0.6$）。

$$h_e=\beta(h_w+h_{ow})=\beta h_L=0.57\times0.06=0.0342\text{m}$$

（3）气体通过筛板的压降（单板压降）h_f 和 Δp_p

$$h_f=h_c+h_e=0.0504+0.0342=0.0846\text{m}$$

$$\Delta p_f=\rho_L g h_f=847.1\times9.81\times0.0846=703\text{Pa}=0.703\text{kPa}>0.7\text{kPa}(\text{与设计要求接近})$$

单板压降稍大，此处不作调整。若要调整，应增大开孔率 φ 和减小板上液层厚度 h_L 后重复上述计算，直至 $\Delta p_p<0.7$kPa 为止。

2. 雾沫夹带量 e_V 的验算

$$u_n=\frac{V_s}{A_T-A_f}=\frac{1.795}{2.01-0.181}=0.981\text{m/s}$$

$$e_V=\frac{5.7\times10^{-6}}{\sigma}\left(\frac{u_n}{H_T-H_f}\right)^{3.2}=\frac{5.7\times10^{-6}}{21.26\times10^{-3}}\times\left(\frac{0.981}{0.5-2.5\times0.06}\right)^{3.2}$$
$$=0.00725\text{kg 液/kg 气}<0.1\text{kg 液/kg 气(满足要求)}$$

式中，取板上泡沫层高度 $H_f=2.5h_L$，验算结果表明不会产生过量的雾沫夹带。

3. 漏液的验算

漏液点气速 u_{om}。按式(5-34) 计算漏液点气速。

$$u_{om}=4.4C_o\sqrt{(0.0056+0.13h_L-h_\sigma)\rho_L/\rho_V} \tag{5-34}$$

$$h_\sigma=\frac{4\times10^{-3}\sigma}{\rho_L g d_o}=\frac{4\times10^{-3}\times21.26}{847.1\times9.81\times0.005}=0.002\text{m(清液柱)}$$

$$u_{om}=4.4C_o\sqrt{(0.0056+0.13h_L-h_\sigma)\rho_L/\rho_V}$$
$$=4.4\times0.8\sqrt{(0.0056+0.13\times0.06-0.002)\times847.1/2.894}=6.430\text{m/s}$$

筛板的稳定性系数 $K=\frac{u_o}{u_{om}}=\frac{13.60}{6.430}=2.1\geqslant1.5\sim2.0$（不会产生过量液漏）

4. 液泛的验算

为防止降液管发生液泛，应使降液管中的清液层高度 $H_d\leqslant\Phi(H_T+h_w)$

$$H_d=h_f+h_L+h_d$$

$$h_d=0.153\left(\frac{L_s}{L_w h_o}\right)^2=0.153\times\left(\frac{0.00213}{1.12\times0.0238}\right)^2=0.00098\text{m}$$

$$H_d=0.0846+0.06+0.00098=0.146\text{m}$$

相对泡沫密度取 0.5，则有

$$\Phi(H_T+h_w)=0.5\times(0.5+0.0496)=0.275\text{m}$$

$H_d\leqslant\Phi(H_T+h_w)$ 成立，故不会产生液泛。

通过流体力学验算，可认为精馏段塔径及塔板各工艺结构尺寸合适，若要做出更合理的设计，还需重选 H_T 及 h_L，重复上述计算步骤进行优化设计。

八、精馏段塔板负荷性能图

负荷性能图可按 5.2.5 节的步骤进行绘制，也可按如下的方式进行。

1. 雾沫夹带线

$$e_V=\frac{5.7\times10^{-6}}{\sigma}\left[\frac{u_n}{H_T-H_f}\right]^{3.2} \tag{5-27}$$

式中

$$u_n=\frac{V_s}{A_T-A_f}=\frac{V_s}{2.01-0.181}=0.5467V_s$$

$$H_f=2.5h_L=2.5(h_w+h_{ow})=2.5\times\left[0.0496+0.00284E\left(\frac{3600L_s}{L_w}\right)^{2/3}\right]$$

$$=2.5\times\left[0.0496+0.00284\times1\left(\frac{3600L_s}{1.12}\right)^{2/3}\right]=0.124+1.546L_s^{2/3}$$

将已知数据代入式(5-27)

$$\frac{5.7\times10^{-6}}{21.26\times10^{-3}}\times\left(\frac{0.5467V_s}{0.5-0.124-1.546L_s^{2/3}}\right)^{3.2}=0.1$$

化简得
$$V_s=4.376-17.99L_s^{2/3} \tag{a}$$

在操作范围内，任取几个 L_s 值，依式(a) 算出对应的 V_s 值，列于表 5-19。

表 5-19　式(a) 中的 V_s-L_s 关系数据

$L_s/(m^3/s)$	0.000955	0.001	0.005	0.010	0.015	0.0181
$V_s/(m^3/s)$	4.202	4.196	3.850	3.541	3.282	3.136

依据表中数据在图 5-69 中作出雾沫夹带线①。

2. 液泛线（气相负荷上限线）

$$\Phi(H_T+h_w)=h_f+h_w+h_{ow}+h_d \tag{5-20}$$

$$h_{ow}=0.00284E\left(\frac{3600L_s}{L_w}\right)^{2/3}=0.00284\times1\times\left(\frac{3600L_s}{1.12}\right)^{2/3}=0.6185L_s^{2/3}$$

$$h_c=0.051\left(\frac{u_o}{C_o}\right)^2\left(\frac{\rho_V}{\rho_L}\right)=0.051\left(\frac{V_s}{C_oA_o}\right)^2\left(\frac{\rho_V}{\rho_L}\right)=0.051\times\left(\frac{V_s}{0.8\times0.132}\right)^2\times\left(\frac{2.894}{847.1}\right)=0.01562V_s^2$$

$$h_e=\beta(h_w+h_{ow})=0.6\times(0.050+0.6185L_s^{2/3})=0.030+0.3711L_s^{2/3}$$

$$h_f=h_c+h_e=0.01562V_s^2+0.3711L_s^{2/3}+0.030$$

$$h_d=0.153\left(\frac{L_s}{L_wh_o}\right)^2=0.153\left(\frac{L_s}{1.12\times0.0238}\right)^2=215.3L_s^2$$

$$0.5\times(0.5+0.050)=(0.01562V_s^2+0.3711L_s^{2/3}+0.030)+0.050+0.6185L_s^{2/3}+215.3L_s^2$$

$$V_s^2=12.48-63.35L_s^{2/3}-13783.6L_s^2 \tag{b}$$

在操作范围内，任取几个 L_s 值，依式(b) 算出对应的 V_s 值，列于表 5-20。

表 5-20　式(b) 中的 V_s-L_s 关系数据

$L_s/(m^3/s)$	0.000955	0.001	0.005	0.01	0.015	0.0181
$V_s/(m^3/s)$	3.443	3.440	3.207	2.857	2.351	1.898

依据表中数据在图 5-69 中作出液泛线②。

3. 液相负荷上限线

$$L_{s,max}=\frac{H_TA_f}{\tau}=\frac{0.5\times0.181}{5}=0.0181m^3/s \tag{c}$$

依式(c) 在图 5-69 中作出液相负荷上限线③。

4. 漏液线（气相负荷下限线）

$$h_L=h_w+h_{ow}=0.050+0.6185L_s^{2/3}$$

漏液点气速

$$u_{om}=4.4\times0.8\sqrt{[0.0056+0.13(0.050+0.6185L_s^{2/3})-0.00205]\times847.1/2.894}$$

$V_{s,min}=A_ou_{om}$，整理得

$$V_{s,min}^2=5.081L_s^{2/3}+0.635 \tag{d}$$

在操作范围内，任取几个 L_s 值，依式(d) 算出对应的 V_s 值列于表 5-21。

表 5-21　式(d) 中的 V_s-L_s 关系数据

$L_s/(m^3/s)$	0.000955	0.001	0.005	0.01	0.015	0.0181
$V_s/(m^3/s)$	0.827	0.828	0.885	0.933	0.972	0.993

依据表中数据在图 5-69 中作出漏液线④。

5. 液相负荷下限线

取平堰堰上液层高度 $h_{ow}=0.006m$，$E\approx1.0$。

$$h_{ow}=0.00284E\left(\frac{3600L_{s,min}}{L_w}\right)^{2/3}=0.00284\times1\times\left(\frac{3600L_{s,min}}{1.12}\right)^{2/3}=0.006$$

$$L_{s,min}=9.55\times10^{-4}\,m^3/s \tag{e}$$

依式(e) 在图 5-69 中作出液相负荷下限线⑤。

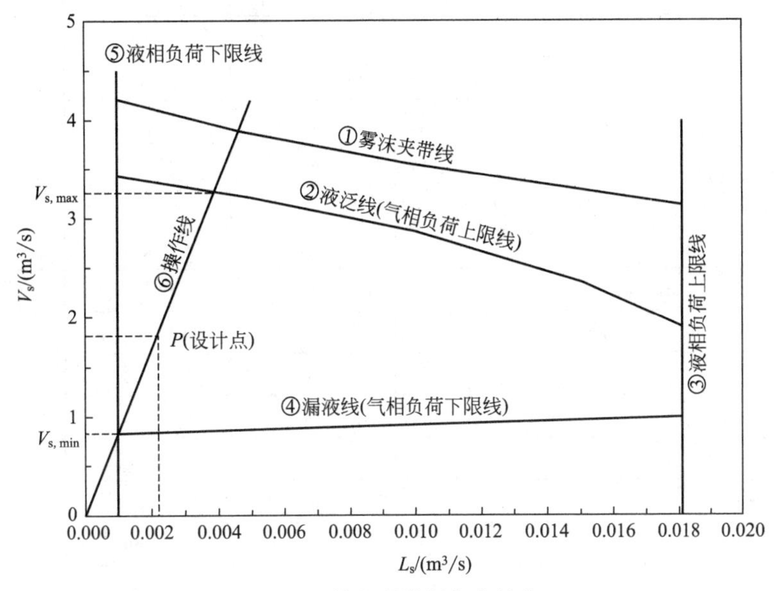

图 5-69　精馏段塔板负荷性能

6. 操作线与操作弹性

操作气液比　　$V_s/L_s=1.795/0.002133=841.5$　　(f)

过 (0，0) 和 (0.002133,1.795) 两点，在图 5-69 中作出操作线⑥。

从图中可以看出，操作线的上限由液泛所控制，下限由漏液所控制，其操作弹性为

$$操作弹性=\frac{V_{s,max}}{V_{s,min}}=\frac{3.26}{0.80}=4.1$$

提馏段的工艺计算过程与精馏段相同，此处略，仅将提馏段工艺计算结果汇总于表 5-22。

九、精馏塔的设计计算结果汇总一览表（见表 5-22）

十、精馏塔的附属设备与接管尺寸的计算

1. 料液预热器

根据原料液进出预热器的热状况和组成首先计算预热器的热负荷 Q，然后估算预热器的换热面积 A，最后按换热器的设计计算程序执行。

2. 塔顶全凝器

全凝器的热负荷前已算出，为 1593kW。一般采用循环水冷凝，进出口水温可根据不同地区的具体情况选定后再按换热器的设计程序做设计计算。亦可用原料液作冷凝剂。

表 5-22 精馏塔的设计计算结果汇总一览表

项目		符号	单位	计算结果	
				精馏段	提馏段
平均压力		p_m	kPa	108.1	115.45
平均温度		t_m	℃	84	109.9
平均流量	气相	V_s	m^3/s	1.795	1.802
	液相	L_s	m^3/s	0.002133	0.00867
实际塔板数		N_p	块	8	13
板间距		H_T	m	0.5	0.5
塔段的有效高度		Z	m	3.5	6.0
塔径		D	m	1.6	1.6
空塔气速		u	m/s	0.893	0.897
塔板液流型式				单流型	单流型
溢流装置	溢流管型式			弓形	弓形
	堰长	L_w	m	1.12	1.12
	堰高	h_w	m	0.050	0.033
	溢流堰宽度	W_d	m	0.224	0.224
	底隙高度	h_o	m	0.024	0.098
板上清液层高度		h_L	m	0.060	0.060
孔径		d_o	mm	5	5
孔间距		t	mm	15	14
孔数		n	个	6711	7704
开孔面积		A_o	m^2	0.132	0.151
筛孔气速		u_o	m/s	13.60	11.93
塔板压降		h_f	kPa	0.70	0.68
液体在降液管中的停留时间		τ	s	42.46	10.33
降液管内清液层高度		H_d	m	0.144	0.144
雾沫夹带		e_V	kg 液/kg 气	0.00725	0.00725
负荷上限				液泛控制	液泛控制
负荷下限				漏液控制	漏液控制
气相最大负荷		$V_{s,max}$	m^3/s	3.40	3.40
气相最小负荷		$V_{s,min}$	m^3/s	0.80	0.80
操作弹性				4.25	4.25

3. 塔釜再沸器

因为饱和液体进料，故 $V'=V-(1-q)F=V$。在满足恒摩尔流假设并忽略塔的热损失的前提下，再沸器的热负荷与塔顶全凝器应相同。实际上，塔顶和塔底的摩尔汽化潜热并不完全一致，且存在塔的热损失（一般情况下约为提供总热量的 5%～10%），塔底再沸器的热负荷一般都大于塔顶冷凝器。再沸器虽属于两侧都有相变的恒温差换热设备，但因塔釜液在再沸器中的流动比蒸发器内的浓缩液要复杂得多，故不能简单地按蒸发器的设计程序设计，应按再沸器的设计计算程序进行。

4. 精馏塔的管口直径

(1) 塔顶蒸汽出口管径

依据流速选取，但塔顶蒸汽出口流速与塔内操作压力有关，常压可取12～20m/s，详细情况见塔附件的设计。

(2) 回流液管径

根据回流液量，因采用泵输送回流液，流速可取1.5～2.5m/s，依此计算回流管直径。

(3) 加料管径

料液由高位槽自流，流速可取0.4～0.8m/s；泵送时流速可取1.5～2.5m/s，本设计采用的是泵送。

(4) 料液排出管径

塔釜液出塔的流速可取0.5～1.0m/s。

(5) 饱和蒸汽管径

蒸汽流速：<295kPa，20～40m/s；<785kPa，40～60m/s；>2950kPa，80m/s。

其他附件略。

十一、精馏塔设计工艺条简图（见图5-70）

5.2.10 浮阀塔精馏工艺设计示例

今采用一浮阀塔进行乙醇-水二元物系的精馏分离，要求乙醇的产能为1×10^4t/a，塔顶馏出液中乙醇浓度不低于94%，残液中乙醇含量不得高于0.2%。泡点进料，原料液中含乙醇为35%，其余为水，乙醇的回收率取98%（以上均为质量分数）。且精馏塔顶压力为4kPa（表压），单板压降≯0.7kPa。试作出能完成上述精馏任务的浮阀精馏塔的工艺设计计算。

[浮阀塔精馏工艺设计计算如下]

一、全塔物料衡算

1. 料液及塔顶、塔底产品中乙醇的摩尔分数

乙醇和水的摩尔质量分别为46.07kg/kmol和18.01kg/kmol。

$$x_F=\frac{35/46.07}{35/46.07+65/18.01}=0.174 \quad x_D=\frac{94/46.07}{94/46.07+6/18.01}=0.860$$

$$x_W=\frac{0.2/46.07}{0.2/46.07+99.8/18.01}=0.000783$$

2. 平均摩尔质量

$$M_F=46.07\times0.174+(1-0.174)\times18.01=22.89\text{kg/kmol}$$

$$M_D=46.07\times0.860+(1-0.860)\times18.01=42.14\text{kg/kmol}$$

$$M_W=46.07\times0.000783+(1-0.000783)\times18.01=18.03\text{kg/kmol}$$

3. 料液及塔顶底产品的摩尔流率

以8000h/a计，有

$$D'=1\times10^4\text{t/a}=1\times10^7\text{kg}/8000\text{h}=1250\text{kg}(94\%C_2H_5OH)/\text{h}$$

根据乙醇-水物系的特点，本设计采用低压蒸汽直接加热，加热蒸汽质量流率设为G'(kg/h)，摩尔流率设为G(kmol/h)，全塔物料衡算

$$\left.\begin{array}{l}F'+G'=D'+W'\\0.35F'=0.94D'+0.002W'\\0.94D'/0.35F'=0.98\end{array}\right\}\Rightarrow\begin{array}{ll}F'=3425.7\text{kg/h} & F=3425.7/22.89=149.66\text{kmol/h}\\D'=1250.0\text{kg/h} & D=1250/42.14=29.66\text{kmol/h}\\W'=11989.8\text{kg/h} & W=11989.8/18.03=664.99\text{kmol/h}\\G'=9814.1\text{kg/h} & G=9814.1/18.01=544.93\text{kmol/h}\end{array}$$

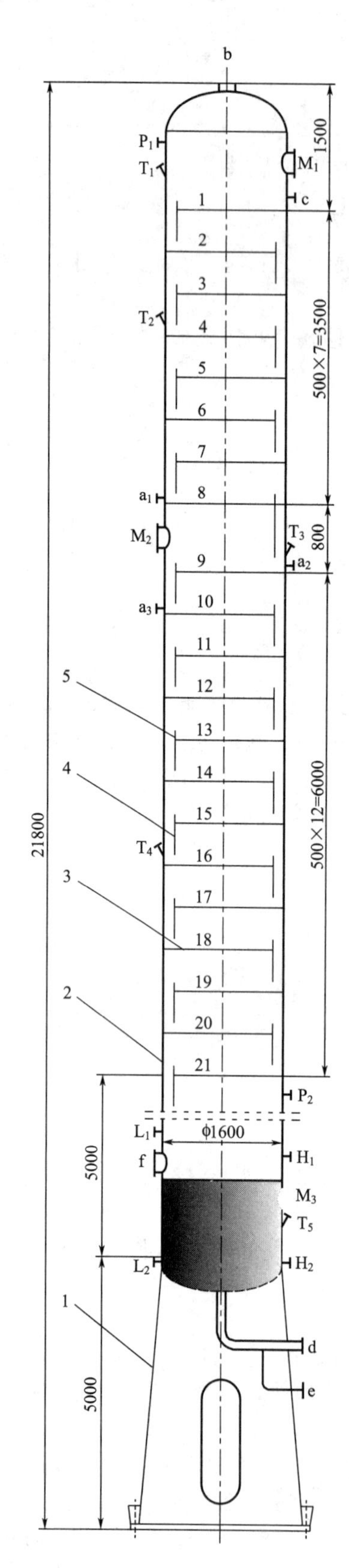

管口方位示意图

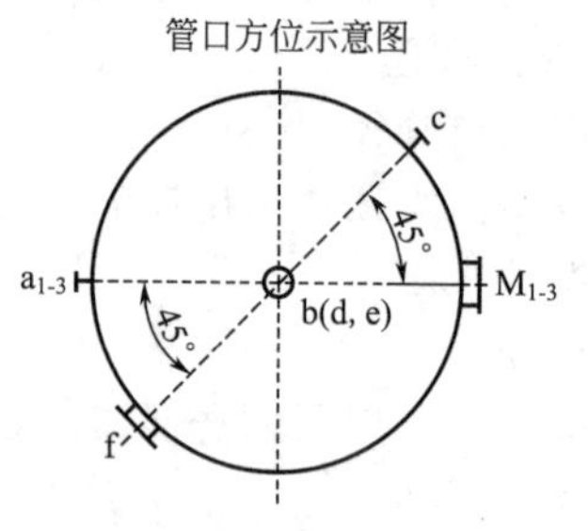

技术特性表

序号	名称	指标
1	操作压力	常压
2	操作温度	约140℃
3	工作介质	苯-氯苯混合液
4	塔板型式	分块式筛孔塔板
5	有效高度	10.3m
6	塔板数	21块
7	塔径	ϕ1600mm

管口及仪表接口表

符号	规格	用途	连接方式
a_{1-3}		原料液进口接管	平焊法兰连接
b		塔顶气相出口接管	平焊法兰连接
c		塔顶液相回流入口	平焊法兰连接
d		塔釜液出口接管	平焊法兰连接
e		排液管接口	平焊法兰连接
f		塔釜气相回流入口	平焊法兰连接
M_{1-3}		人孔	平焊法兰连接
$P_{1,2}$		压力计接口	螺纹丝扣连接
T_{1-5}		温度计接口	螺纹丝扣连接
$H_{1,2}$		液位指示接口	螺纹丝扣连接
$L_{1,2}$		自控液位接口	螺纹丝扣连接

序号	图号	名称	数量	材料	备注
5		溢流堰板			
4		弓形降液管			
3		筛孔塔板			
2		圆筒形塔体			
1		圆锥形裙座			

单溢流型筛板塔设计工艺条件图				比例	图号
设计		日期		××大学 化学与环境工程学院	
制图		日期			
审核		日期		化工　　班	

图 5-70　精馏塔设计工艺条简图

二、塔板数的确定

1. 理论塔板数 N_T 的求取

(1) 乙醇-水相平衡数据（见表5-23）

表 5-23　常压下乙醇-水系统的 t-$x(y)$ 数据

沸点 t/℃	乙醇摩尔分数		沸点 t/℃	乙醇摩尔分数	
	液相	气相		液相	气相
100.0	0.000	0.000	81.5	0.327	0.583
95.5	0.019	0.170	80.7	0.397	0.612
89.0	0.072	0.389	79.8	0.508	0.656
86.7	0.097	0.438	79.7	0.520	0.660
85.3	0.124	0.470	79.3	0.573	0.684
84.1	0.166	0.509	78.74	0.676	0.739
82.7	0.234	0.545	78.41	0.747	0.782
82.3	0.261	0.558	78.15	0.894	0.894

本题中，塔内压力接近于常压（实际上略高于常压），而表中所给为常压下的相平衡数据，因为操作压力偏离常压很小，所以其对 x-y 平衡关系的影响完全可以忽略。

(2) 确定操作的回流比 R

将表5-24中数据作图得 x-y 曲线及 t-$x(y)$ 曲线，见图5-71。为便于计算机计算，在乙醇-水物系的 x-y 曲线中，以 $A(0.124, 0.470)$ 点为分界线，将该曲线分成 OA 和 AB 两段，将其对应段曲线拟合成以下两式表示。

OA 段：$y=289.2x^3-88.417x^2+10.312x+0.0013$　$(x=0\sim0.124)$

AB 段：$y=0.9309x^3-1.2325x^2+0.9378x+0.3776$　$(x=0.124\sim0.894)$

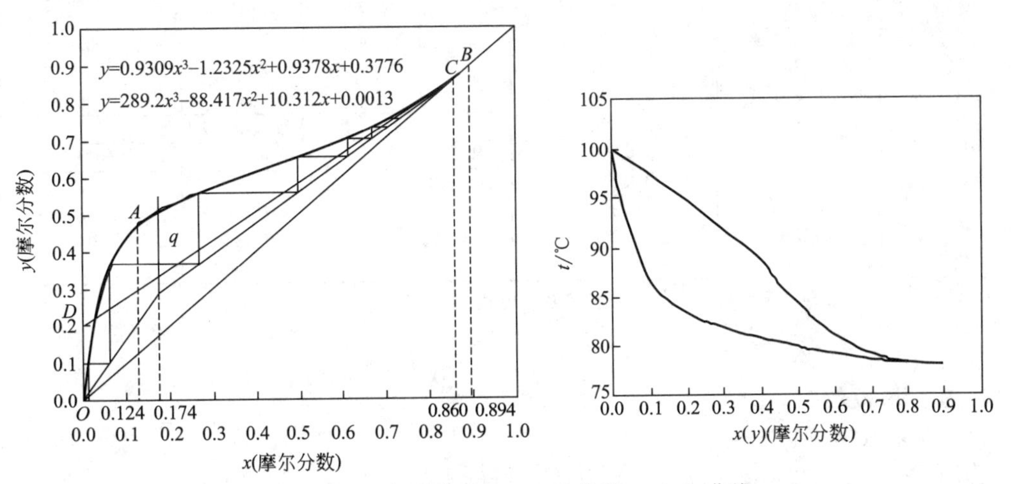

图5-71　乙醇-水物系的 x-y 曲线及 t-$x(y)$ 曲线

① 确定最小回流比 R_m　在 x-y 图上，过点 $C(0.860, 0.860)$ 作相平衡曲线的切线 CD，与 y 轴的交点为 $D(0, 0.2)$，则

$$\frac{x_D}{R_m+1}=0.2 \Rightarrow R_m=\frac{0.86-0.2}{0.2}=3.3$$

② 操作回流比 R　取操作的回流比为最小回流比的1.5倍，即

$$R=1.5R_m=1.5\times3.3=4.95$$

（3）求取理论塔板数

① 精馏段操作线

$$y=\frac{R}{R+1}x+\frac{x_D}{R+1}=\frac{4.95}{4.95+1}x+\frac{0.86}{4.95+1}=0.832x+0.1445$$

② 提馏段操作线　因泡点进料，将 $x_F=0.174$ 代入精馏段操作线方程，解得精馏段操作线与 q 线的交点为（0.174,0.289）。设提馏段操作线为 $y=ax+b$，而提馏段操作线为过（0.000783,0）和（0.174,0.289）两点的直线，固有

$$\begin{cases}0.289=0.174a+b\\0=0.000783a+b\end{cases}\Longrightarrow\begin{cases}a=1.668\\b=-0.00131\end{cases}$$

即 $y=1.668x-0.00131$。

因靠近 B 端的操作线离平衡线很近，故需逐板计算理论塔板数。

将 $y_1=x_D=0.860$ 代入 $y=0.9309x^3-1.2325x^2+0.9378x+0.3776$ 中试差，解得 $x_1=0.855$。

将 $x_1=0.855$ 代入 $y=0.832x+0.1445$ 中，解得 $y_2=0.856$。

将 $y_2=0.856$ 代入 $y=0.9309x^3-1.2325x^2+0.9378x+0.3776$ 中试差，解得 $x_2=0.850$。

将 $x_2=0.850$ 代入 $y=0.832x+0.1445$ 中，解得 $y_3=0.851$。

在计算机上逐板计算的结果见表 5-24。

表 5-24　乙醇-水物系理论板数的逐板计算结果

精馏段 $N_1=22$ 块			精馏段 $N_1=22$ 块		
理论板序号 i	液相组成 x_i	气相组成 y_{i+1}	理论板序号 i	液相组成 x_i	气相组成 y_{i+1}
1	0.855	0.856	15	0.765	0.781
2	0.850	0.851	16	0.751	0.769
3	0.845	0.847	17	0.733	0.754
4	0.840	0.843	18	0.708	0.734
5	0.835	0.839	19	0.672	0.703
6	0.830	0.835	20	0.612	0.654
7	0.825	0.831	21	0.498	0.559
8	0.820	0.826	22	0.269	0.368
9	0.814	0.822	提馏段 $N_2=4$ 块		
10	0.808	0.817	理论板序号 i	液相组成 x_i	气相组成 y_{i+1}
11	0.801	0.811	23	0.0615	0.101
12	0.794	0.805	24	0.0106	0.016
13	0.786	0.798	25	0.0015	0.001
14	0.777	0.791	26	0.00000002	0.000

注：逐板计算时，在跨越 $x=0.124$ 后，相平衡关系采用 AB 段拟合线。

进料板在第 23 块。

2. 实际塔板数 N_p

（1）全塔效率 E_T

选用 $E_T=51-32.5\lg(\mu_L\alpha)$ 公式计算。塔的平均温度为 (78.2+100)/2=89℃（取塔顶、塔底的算术平均值），在此平均温度下查《化工原理》中附录得

$$\mu_A=0.37\text{mPa·s},\qquad \mu_B=0.315\text{mPa·s}$$

$$\mu_L=\mu_A x_F+\mu_B(1-x_F)=0.37\times0.174+0.315\times(1-0.174)=0.325\text{mPa·s}$$

在 89℃下乙醇对水的相对挥发度（见表 5-24）为

$$\alpha=v_A/v_B=\frac{p_A/x_A}{p_B/x_B}=\frac{y_A/x_A}{y_B/x_B}=\frac{y_A/x_A}{(1-y_A)/(1-x_A)}=\frac{0.389/0.072}{(1-0.389)/(1-0.072)}=8.206$$

$$E_T=51-32.5\lg(\mu_L\alpha)=51-32.5\lg(0.325\times8.206)=37.0\%$$

(2) 实际塔板数 N_p（近似取两段效率相同）

精馏段：$N_{p1}=22/0.37=59.5$ 块，取 $N_{p1}=60$ 块

提馏段：$N_{p2}=4/0.37=10.8$ 块，取 $N_{p2}=11$ 块

总塔板数 $N_p=N_{p1}+N_{p2}=71$ 块（包括塔釜）。

三、塔的精馏段操作工艺条件及相关物性数据的计算

1. 平均压力 p_m

取每层塔板压降为 0.7kPa 计算。

塔顶：$p_D=101.3+4=105.3\text{kPa}$

加料板：$p_F=105.3+0.7\times60=147.3\text{kPa}$

平均压力 $p_m=(105.3+147.3)/2=126.3\text{kPa}$

2. 平均温度 t_m

查乙醇-水相平衡数据表 5-23 或温度组成图 5-71 得：塔顶为 78.2℃，加料板为 83.9℃。

$$t_m=(78.2+83.9)/2=81℃$$

3. 平均分子量 M_m

塔顶：$y_1=x_D=0.860$，$x_1=0.855$(用 AB 段相平衡关联式试差计算得到)

$$M_{VD,m}=0.860\times46.07+(1-0.860)\times18.01=42.14\text{kg/kmol}$$

$$M_{LD,m}=0.855\times46.07+(1-0.855)\times18.01=42.00\text{kg/kmol}$$

加料板：$y_F=0.508$，$x_F=0.174$(用 AB 段相平衡关联式计算得到)

$$M_{VF,m}=0.508\times46.07+(1-0.508)\times18.01=32.26\ \text{kg/kmol}$$

$$M_{LD,m}=0.174\times46.07+(1-0.174)\times18.01=22.89\text{kg/kmol}$$

精馏段：$M_{V,m}=(42.14+32.26)/2=37.20\text{kg/kmol}$

$$M_{L,m}=(42.00+22.89)/2=32.45\text{kg/kmol}$$

4. 平均密度 ρ_m

(1) 液相平均密度 $\rho_{L,m}$

为方便计算，将查阅得到的乙醇和水的密度与表面张力列于表 5-25。

表 5-25　乙醇的密度和表面张力

温度/℃		20	30	40	50	60	70	80	90	100	110
密度/(kg/m³)	乙醇	795	785	777	765	755	746	735	730	716	703
	水	998.2	995.7	992.2	988.1	983.2	977.8	971.8	965.3	958.4	951.0
表面张力/(kN/m)	乙醇	22.3	21.2	20.4	19.8	18.8	18.0	17.15	16.2	15.2	14.4
	水	72.67	71.20	69.63	67.67	66.20	64.33	62.57	60.71	58.84	56.88

塔顶：查 78.2℃下乙醇和水的密度分别为 737kg/m³ 和 973kg/m³。

$$\frac{1}{\rho_{LD,m}}=\frac{a_A}{\rho_{LD,A}}+\frac{a_B}{\rho_{LD,B}}=\frac{0.94}{737}+\frac{0.06}{973}\Longrightarrow\rho_{LD,m}=747.9\text{kg/m}^3$$

进料板：查 83.9℃下乙醇和水的密度分别为 733kg/m³ 和 969.3kg/m³。

$$\frac{1}{\rho_{LF,m}}=\frac{a_A}{\rho_{LF,A}}+\frac{a_B}{\rho_{LF,B}}=\frac{0.35}{733}+\frac{0.65}{969.3}\Longrightarrow\rho_{LF,m}=871.0\ \text{kg/m}^3$$

精馏段：$\rho_{L,m}=(747.9+871.0)/2=809.5\text{kg/m}^3$

(2) 汽相平均密度 $\rho_{V,m}$

$$\rho_{V,m}=\frac{p_m M_{V,m}}{RT_m}=\frac{126.3\times37.20}{8.314\times(273+81)}=1.596\text{kg/m}^3$$

5. 液体的平均表面张力 σ_m

对于二元有机物-水溶液的表面张力，采用第 1 章式(1-23)～式(1-30) 计算。

(1) 塔顶

查表 5-25 得 $\sigma_o=17.30\text{mN/m}$，$\sigma_w=62.89\text{mN/m}$ (78.2℃)。

主体部分的摩尔体积

$$V_o=\frac{46.07\text{kg/kmol}}{737\text{kg/m}^3}=0.06251\text{m}^3/\text{kmol}\quad V_w=\frac{18.01\text{kg/kmol}}{973\text{kg/m}^3}=0.01851\text{m}^3/\text{kmol}$$

塔顶实际液相组成由操作线方程求得

$$0.832x+0.1445=0.860\Rightarrow x=0.860$$

即 $x_o=0.860$，$x_w=1-0.860=0.140$。

主体部分的 φ_w 和 φ_o 为

$$\varphi_o=x_oV_o/(x_wV_w+x_oV_o)=\frac{0.860\times0.06251}{0.140\times0.01851+0.860\times0.06251}=0.954$$

$$\varphi_w=1-\varphi_o=1-0.954=0.046$$

$B=\lg(\varphi_w^q/\varphi_o)=\lg(0.046^2/0.954)=-2.654$ (按表 1-13 规定，$q=2$)

$$Q=0.441(q/T)(\sigma_oV_o^{2/3}/q-\sigma_wV_w^{2/3})$$

$$=\frac{0.441\times2}{273.15+78.2}\times\left(\frac{17.30\times0.06251^{2/3}}{2}-62.89\times0.01851^{2/3}\right)=-0.00763$$

$$A=B+Q=-2.654-0.00763=-2.662$$

根据 $\lg(\varphi_{sw}^q/\varphi_{so})=-2.662$ 和 $\varphi_{sw}+\varphi_{so}=1$ 联立解得

$$\varphi_{sw}=0.0456,\ \varphi_{so}=0.9544$$

$$\sigma_m^{1/4}=\varphi_{sw}\sigma_w^{1/4}+\varphi_{so}\sigma_o^{1/4}=0.0456\times62.89^{1/4}+0.9544\times17.30^{1/4}=2.075$$

$$\sigma_{D,m}=18.53\text{mN/m}$$

(2) 进料板

$\sigma_o=16.78\text{mN/m}$，$\sigma_w=61.84\text{mN/m}$ (83.9℃)。

主体部分的摩尔体积

$$V_o=46.07/733=0.06285\text{m}^3/\text{kmol}$$

$$V_w=18.01/969.3=0.01858\text{m}^3/\text{kmol}$$

$$x_o=0.174,\ x_w=1-0.174=0.826$$

主体部分的 φ_w 和 φ_o

$$\varphi_o=\frac{0.174\times0.06285}{0.826\times0.01858+0.174\times0.06285}=0.416$$

$$\varphi_w=1-\varphi_o=1-0.416=0.584$$

$B=\lg(\varphi_w^q/\varphi_o)=\lg(0.584^2/0.416)=-0.0863$ (按表 1-13 规定，$q=2$)

$$Q=0.441\ (q/T)\ (\sigma_oV_o^{2/3}/q-\sigma_wV_w^{2/3})$$

$$=\frac{0.441\times2}{273.15+83.9}\times\left(\frac{16.78\times0.06285^{2/3}}{2}-61.84\times0.01858^{2/3}\right)=-0.00744$$

$$A=B+Q=-0.0863-0.00744=-0.0937$$

根据 $\lg(\varphi_{sw}^q/\varphi_{so})=-0.0937$ 和 $\varphi_{sw}+\varphi_{so}=1$ 联立解得

$$\varphi_{sw}=0.581,\ \varphi_{so}=0.419$$

$$\sigma_m^{1/4}=\varphi_{sw}\sigma_w^{1/4}+\varphi_{so}\sigma_o^{1/4}=0.518\times61.84^{1/4}+0.419\times16.78^{1/4}=2.477$$

$$\sigma_{F,m}=37.66\text{mN/m}$$

(3) 精馏段

$$\sigma_m=(\sigma_{D,m}+\sigma_{F,m})/2=(18.53+37.66)/2=28.10\text{mN/m}$$

6. 液体的平均黏度 $\mu_{L,m}$

查得在 78.2℃和 83.9℃下乙醇和水的黏度分别为

$$\mu_{D,A}=0.455\text{mPa·s},\ \mu_{D,B}=0.3655\text{mPa·s}\ (78.2℃)$$

$$\mu_{F,A}=0.415\text{mPa·s},\ \mu_{F,B}=0.3395\text{mPa·s}\ (83.9℃)$$

按加权求取平均黏度

（1）塔顶　$\mu_{LD,m}=(\mu_A x_A)_D+(\mu_B x_B)_D=0.455\times0.860+0.3655\times0.140=0.442\text{mPa·s}$

（2）加料板　$\mu_{LF,m}=0.415\times0.174+0.3395\times0.826=0.353\text{mPa·s}$

（3）精馏段　$\mu_{L,m}=(0.442+0.353)/2=0.398\text{mPa·s}$

四、精馏段的汽液负荷计算

汽相摩尔流率 $V=(R+1)D=(4.95+1)\times29.66=176.48\text{kmol/h}$

汽相体积流量 $V_s=\dfrac{VM_{V,m}}{3600\rho_{V,m}}=\dfrac{176.48\times37.20}{3600\times1.596}=1.143\text{m}^3/\text{s}$

汽相体积流量 $V_h=1.143\text{m}^3/\text{s}=4114.8\text{m}^3/\text{h}$

液相回流摩尔流率 $L=RD=4.95\times29.66=146.82\text{kmol/h}$

液相体积流量 $L_s=\dfrac{LM_{L,m}}{3600\rho_{L,m}}=\dfrac{146.82\times32.45}{3600\times809.5}=0.00164\text{m}^3/\text{s}$

液相体积流量 $L_h=0.00164\text{m}^3/\text{s}=5.90\text{m}^3/\text{h}$

冷凝器的热负荷：查 78.2℃下乙醇和水的汽化潜热分别为 970kJ/kg 和 2311kJ/kg。平均汽化潜热按质量分数加权有：

$$r'_m=0.94\times970+0.06\times2311=1050.46\text{kJ/kg}$$

$$Q=Vr=(176.48\times42.14)\times1050.46/3600=2170\text{kW}$$

五、精馏段塔和塔板主要工艺结构尺寸的计算

1. 塔径

（1）初选塔板间距 $H_T=500\text{mm}$ 及板上液层高度 $h_L=60\text{mm}$，则

$$H_T-h_L=0.5-0.06=0.44\text{m}$$

（2）按 Smith 法求取允许的空塔气速 u_{max}（即泛点气速 u_F）

$$\left(\frac{L_s}{V_s}\right)\left(\frac{\rho_L}{\rho_V}\right)^{0.5}=\left(\frac{0.00164}{1.143}\right)\left(\frac{809.5}{1.596}\right)^{0.5}=0.0323$$

查 Smith 通用关联图 5-40，得 $C_{20}=0.097$。

负荷因子　$C=C_{20}\left(\dfrac{\sigma}{20}\right)^{0.2}=0.097\times\left(\dfrac{28.10}{20}\right)^{0.2}=0.104$

泛点气速　$u_{max}=C\left(\dfrac{\rho_L-\rho_V}{\rho_V}\right)^{0.5}=0.104\times\left(\dfrac{809.5-1.596}{1.596}\right)^{0.5}=2.340\text{m/s}$

（3）操作气速　取 $u=0.7u_{max}=0.7\times2.340=1.638\text{m/s}$。

（4）精馏段的塔径

$$D=\sqrt{\frac{4V_s}{\pi u}}=\sqrt{\frac{1.143}{0.785\times1.638}}=0.943\text{m}$$

考虑到浮阀布置和检修方便，圆整取 $D_T=1200\text{mm}$，此时的操作气速

$$u=\frac{4V_s}{\pi D_T^2}=\frac{1.143}{0.785\times1.2^2}=1.011\text{m/s}$$

2. 精馏段塔板工艺结构尺寸的设计与计算

（1）溢流装置

采用单溢流型的平顶弓形溢流堰、弓形降液管、平形受液盘，且不设进口内堰。

① 溢流堰长（出口堰长）L_w　取 $L_w=0.7D_T=0.7\times1.2=0.84$m。堰上溢流强度 $L_h/L_w=5.90/0.84=7.02\text{m}^3/(\text{m}\cdot\text{h})<100\sim130\text{m}^3/(\text{m}\cdot\text{h})$，满足筛板塔的堰上溢流强度要求。

② 出口堰高 h_w

$$h_w=h_L-h_{ow}$$

对平直堰 $h_{ow}=0.00284E(L_h/L_w)^{2/3}$

由 $L_w/D_T=0.7$ 及 $L_h/L_w^{2.5}=5.90/0.84^{2.5}=9.12$，查图 5-30 得 $E=1.03$，于是：

$$h_{ow}=0.00284\times1.03\times(5.90/0.84)^{2/3}=0.0107\text{m}>0.006\text{m}(满足要求)$$

$$h_w=h_L-h_{ow}=0.06-0.0107=0.049\text{m}$$

③ 降液管的宽度 W_d 和降液管的面积 A_f　由 $L_w/D_T=0.7$，查弓形降液管几何关系图得 $W_d/D_T=0.14$，$A_f/A_T=0.09$，即

$$W_d=0.168\text{m},\ A_T=0.785D_T^2=1.13\text{m}^2,\ A_f=0.102\text{m}^2$$

液体在降液管内的停留时间为：

$$\tau=A_fH_T/L_s=0.102\times0.5/0.00164=31.1\text{s}>5\text{s}（满足要求）$$

④ 降液管的底隙高度 h_o　液体通过降液管底隙的流速一般为 0.07～0.25m/s，取液体通过降液管底隙的流速 $u_o'=0.08$m/s，则

$$h_o=\frac{L_s}{L_wu_o'}=\frac{0.00164}{0.84\times0.08}=0.024\text{m}$$（h_o不宜小于 0.02～0.025m，本结果满足要求）

(2) 塔板布置

① 塔板分块，因 $D_T=1200$mm，根据表 5-6 将塔板分作 3 块安装。

② 边缘区宽度 W_c 与安定区宽度 W_s

边缘区宽度 W_c：一般为 50～75mm，$D_T>2$m 时，W_c 可达 100mm。

安定区宽度 W_s：规定 $D_T<1.5$m 时 $W_s=75$mm；$D_T>1.5$m 时 $W_s=75$mm。

本设计取 $W_c=60$mm，$W_s=75$mm。

③ 开孔区面积 A_a

$$x=D_T/2-(W_d+W_s)=0.60-(0.168+0.075)=0.357\text{m}$$

$$R=D_T/2-W_c=0.60-0.060=0.540\text{m}$$

$$A_a=2\left[x\sqrt{R^2-x^2}+\frac{\pi}{180}R^2\sin^{-1}\left(\frac{x}{R}\right)\right]$$

$$=2\left[0.357\sqrt{0.540^2-0.357^2}+\frac{\pi}{180}\times0.540^2\sin^{-1}\left(\frac{0.357}{0.540}\right)\right]=0.710\text{m}^2$$

(3) 浮阀个数 n 及排列

取 F1 型浮阀，其阀孔直径 $d_o=39$mm，初取阀孔动能因子 $F_0=u_0\sqrt{\rho_V}=11$，故阀孔的孔速

$$u_0=\frac{11}{\sqrt{1.596}}=8.707\text{m/s}$$

浮阀个数

$$n=\frac{4V_s}{\pi d_0^2u_0}=\frac{1.143}{0.785\times0.039^2\times8.707}=110$$

拟定塔板采用碳钢且按等腰三角形叉排，塔板厚度 $\delta=3$mm，且 $W_c=60$mm，$W_s=75$mm。

作等腰三角形叉排时，$h=\dfrac{A_a}{0.075n}=\dfrac{0.710}{0.075\times110}=0.086$m，按推荐尺寸，此处取 $h=80$mm。

根据初步估算提供的孔心距 $t=75$mm、孔数 $n=110$ 个和叉排高度 $h=80$mm 在塔板上布置浮阀，实得浮阀个数为 105 个，见图 5-72。

根据在塔板上布置得到的浮阀个数重新计算塔板的各参数。

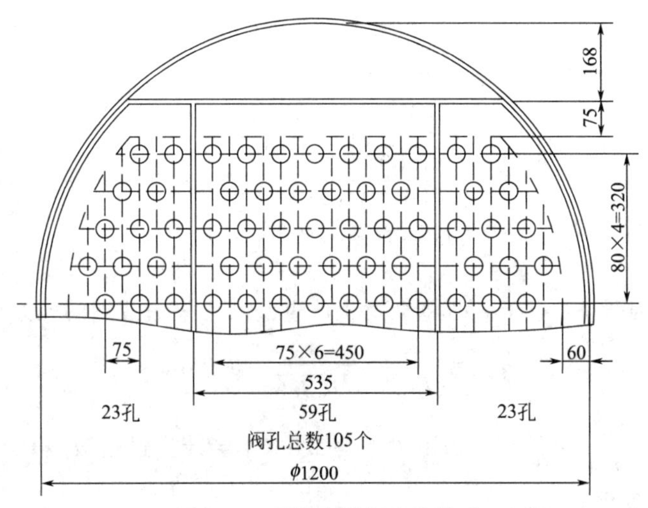

图 5-72 浮阀在塔板上的排列

$$阀孔气速\ u_0=\frac{4V_s}{\pi n d_o^2}=\frac{1.143}{0.785\times105\times0.039^2}=9.12\text{m/s}$$

动能因子 $F_0=9.12\sqrt{1.596}=11.5$（在经验值范围之内）

3. 精馏段的塔高 Z_1

$$Z_1=(N_{p1}-1)H_T=(60-1)\times0.5=29.5\text{m}$$

六、精馏段塔板流动性能校核

1. 塔板压降校核

$$h_f=h_c+h_e$$

（1）气体通过干板的压降 h_c

$$临界孔速\ u_{0c}=\left(\frac{73}{\rho_V}\right)^{1/1.825}=\left(\frac{73}{1.596}\right)^{1/1.825}=8.12\text{m/s}<u_0$$

因 $u_0>u_{0c}$，故应在浮阀全开状态下计算干板压降。

$$h_c=5.34\frac{\rho_V}{\rho_L}\frac{u_0^2}{2g}=5.34\times\frac{1.596}{809.5}\times\frac{9.12^2}{2\times9.81}=0.0446\text{m}$$

（2）气体通过板上液层的压降 h_e

$$h_e=\beta(h_w+h_{ow})=\beta h_L=0.5\times0.060=0.030\text{m}$$

（3）克服表面张力的压降 h_σ（一般情况下可不考虑）

$$h_\sigma=\frac{4\times10^{-3}\sigma}{\rho_L g d_o}=\frac{4\times10^{-3}\times28.10\times10^{-3}\times1000}{809.5\times9.81\times0.039}=0.00036\text{m}$$（显然此项很小可忽略）

（4）气体通过筛板的压降（单板压降）h_f 和 Δp_f

$$h_f=h_c+h_e+h_\sigma=0.0446+0.030+0.00036=0.075\text{m}$$

$$\Delta p_f=\rho_L g h_f=809.5\times9.81\times0.075=596\text{Pa}<0.7\text{kPa}$$（满足设计要求）

2. 雾沫夹带量校核

板上液流长度 Z

$$Z=D_T-2W_d=1.2-2\times0.168=0.864\text{m}$$

根据 $\rho_V=1.596\text{kg/m}^3$ 及 $H_T=0.50\text{m}$ 查图 5-37，得 $C_F=0.125$。再根据表 5-13 取 $K=1.0$。

$$F=\frac{100V_s\left(\frac{\rho_V}{\rho_L-\rho_V}\right)^{0.5}+136L_sZ}{A_aC_FK}$$

$$=\frac{100\times1.161\left(\frac{1.596}{809.5-1.596}\right)^{0.5}+136\times0.00164\times0.864}{0.710\times0.125\times1.0}=60.32\%$$

泛点率小于80%，故不会产生过量的雾沫夹带。

3. 漏液校核

当阀孔的动能因子 F_0 小于5时将会发生严重漏液，故漏液点的孔速可按 $F_0=5$ 计算

$$u_{om}=\frac{5}{\sqrt{\rho_V}}=\frac{5}{\sqrt{1.596}}=3.96\text{m/s}$$

稳定性系数 $K=\frac{u_0}{u_{0m}}=\frac{9.12}{3.96}=2.3\geqslant1.5\sim2.0$（不会产生过量液漏）

4. 降液管液泛校核

为防止降液管发生液泛，应使降液管中的清液层高度 $H_d\leqslant\Phi(H_T+h_w)$

$$H_d=h_f+h_L+h_d$$

$$h_d=0.153\left(\frac{L_s}{L_wh_o}\right)^2=0.153\times\left(\frac{0.00164}{0.84\times0.024}\right)^2=0.001\text{m}$$

$$H_d=0.075+0.060+0.001=0.136\text{m}$$

$$\Phi(H_T+h_w)=0.5\times(0.5+0.049)=0.275\text{m}$$

$H_d\leqslant\Phi(H_T+h_w)$ 成立，故不会产生降液管液泛。

通过流体力学验算，可认为精馏段塔径及塔板各工艺结构尺寸合适，若要做出更合理的设计，还需重选 H_T 及 h_L，重复上述计算步骤进行优化设计。

七、精馏段塔板负荷性能图

负荷性能图应按5.2.5节的步骤进行绘制，本题过程如下。

1. 过量雾沫夹带线

令泛点率 $F=0.80$，将相关数据代入式(5-28)得

$$\frac{V_s\sqrt{\frac{1.596}{809.5-1.596}}+1.36\times0.864L_s}{0.710\times0.125\times1.0}=0.80$$

整理得 $$V_s=1.597-26.44L_s \quad ①$$

在操作范围内，任取几个 L_s 值，依式①算出对应的 V_s 值列于表5-26。

表5-26　式①中的 V_s-L_s 关系数据

$L_s/(\text{m}^3/\text{s})$	0.000717	0.0009	0.0027	0.0042	0.0057	0.0072	0.0087	0.0102
$V_s/(\text{m}^3/\text{s})$	1.5780	1.5732	1.5256	1.4860	1.4463	1.4066	1.3670	1.3273

依据表中数据在图5-73中作出雾沫夹带线①。

2. 降液管液泛线（气相负荷上限线）

根据式(5-20)，降液管发生液泛的条件为

$$\Phi(H_T+h_w)=h_f+h_w+h_{ow}+h_d$$

$$h_{ow}=0.00284E\left(\frac{3600L_s}{L_w}\right)^{2/3}=0.00284\times1\times\left(\frac{3600L_s}{0.84}\right)^{2/3}=0.7493L_s^{2/3}$$

$$A_o=\frac{\pi}{4}nd_o^2=0.785\times105\times0.039^2=0.1254\text{m}^2$$

$$h_c=5.34\times\frac{\rho_V u_o^2}{\rho_L 2g}=5.34\times\frac{\rho_V (V_s/A_o)^2}{\rho_L \quad 2g}=5.34\times\frac{1.596}{809.5}\times\frac{V_s^2}{2\times9.81\times0.1254^2}=0.0341V_s^2$$

$$h_e=\beta(h_w+h_{ow})=0.5\times(0.049+0.7493L_s^{2/3})=0.0245+0.3746L_s^{2/3}$$

$$h_f=h_c+h_e=0.0341V_s^2+0.3746L_s^{2/3}+0.0245$$

$$h_d=0.153\left(\frac{L_s}{L_w h_o}\right)^2=0.153\left(\frac{L_s}{0.84\times0.024}\right)^2=376.5L_s^2$$

$$(0.0341V_s^2+0.3746L_s^{2/3}+0.0245)+0.049+0.7493L_s^{2/3}+376.5L_s^2=0.5(0.5+0.049)$$

$$V_s^2=5.894-32.96L_s^{2/3}-11041L_s^2 \qquad ②$$

在操作范围内，任取几个 L_s 值，依式②算出对应的 V_s 值列于表 5-27。

表 5-27 式②中的 V_s-L_s 关系数据

$L_s/(m^3/s)$	0.000717	0.0009	0.0027	0.0042	0.0057	0.0072	0.0087	0.0102
$V_s/(m^3/s)$	2.3716	2.3617	2.2747	2.2003	2.1174	2.0230	1.9142	1.7875

依据表中数据在图 5-73 中作出液泛线②。

3. 漏液线（气相负荷下限线）

当动能因子 $F_0<5$ 时会产生严重漏液，故取 $F_0=5$ 计算漏液点气速，前已算出 $u_{om}=3.96m/s$，故

$$V_{s,min}=A_o u_{om}=\frac{\pi}{4}nd_o^2 u_{om}=0.785\times105\times0.039^2\times3.96=0.496m^3/s \qquad ③$$

4. 液相负荷下限线

取平堰堰上液层高度 $h_{ow}=0.006m$，$E\approx1.0$。

$$h_{ow}=0.00284\times1\left(\frac{3600L_{s,min}}{0.84}\right)^{2/3}=0.7493L_{s,min}^{2/3}=0.006$$

$$L_{s,min}=0.000717m^3/s \qquad ④$$

依式④在图 5-73 中作出液相负荷下限线④。

5. 液相负荷上限线

取 $\tau=5s$ 得液相最大负荷流量为

$$L_{s,max}=\frac{H_T A_f}{\tau}=\frac{0.5\times0.102}{5}=0.0102m^3/s \qquad ⑤$$

依式⑤在图 5-73 中作出液相负荷上限线⑤。

6. 操作线及操作弹性

操作气液比 $\qquad V_s/L_s=1.143/0.00164=697 \qquad ⑥$

过（0,0）和（0.00164,1.143）两点，在图 5-73 中作出操作线⑥。

从该图中可以看出，设计点 P 处于正常工作区域。操作线的上端首先与雾沫夹带线①相交，因此其上限应由雾沫夹带线①（而不是气相负荷上限线②）所控制，操作线的下端与漏液线③和液相负荷下限线④的交点相交，说明其下限由二者之一所控制。即当液相流量增大（或是气相流量减小）时，操作气液比减小，操作线斜率下降，其下端首先与漏液线相交，下限由漏液线③控制；反之，当液相流量减小（或是气相负荷增大）时，操作线斜率上升，操作线下端首先与液相负荷下限线④相交，其下限改由液相负荷下限线④控制。

本设计中塔的操作弹性为

$$操作弹性=\frac{V_{s,max}}{V_{s,min}}=\frac{1.52}{0.50}=3.0$$

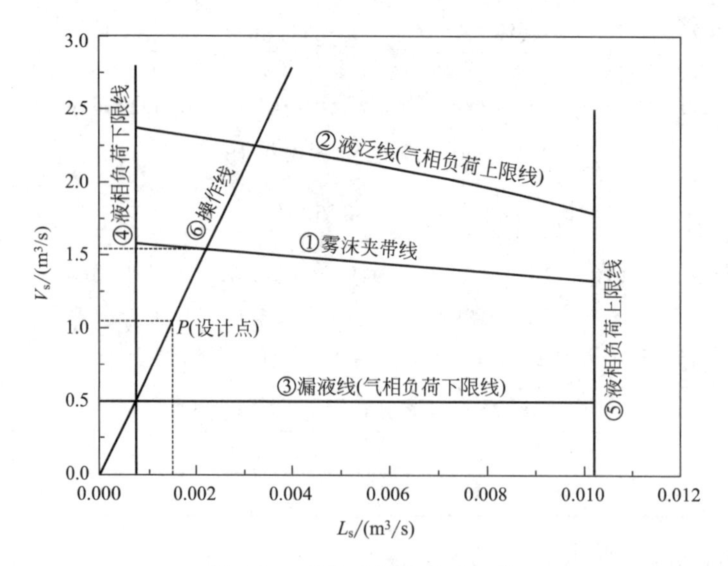

图 5-73　精馏段塔板负荷性能

提馏段的工艺计算过程与精馏段相同，后续设计参见 5.2.9 节，此处略。

5.3　填料塔的工艺设计

（1）填料塔的分类

填料塔种类繁多，①按填料种类分：有散装填料塔和规整填料塔；②按气液两相的流动方式分：有逆流式填料塔和并流式填料塔；③按功能分：有填料吸收塔、填料解吸塔、填料精馏塔、填料萃取塔等。

与板式塔相比较，填料塔具有效率高、压降低、结构简单、便于采用耐腐蚀材料制造等显著优点，特别是在压降有一定限制或有腐蚀情况时具有很强的适用性。随着高效新型填料和高性能塔内件的开发，以及人们对填料流体力学、放大效应和传质机理的深入研究，填料塔的应用将越来越广泛。

（2）填料塔的设计步骤

一般来说，填料塔的设计步骤如下：

① 确定设计方案；

② 选择合适填料；

③ 确定塔径和塔高；

④ 进行塔内流体力学计算；

⑤ 进行塔内件和塔附件的设计与选型；

⑥ 优化设计成果；

⑦ 完成辅助设备的设计与选型计算。

5.3.1　设计方案的确定

以吸收为例，设计方案的确定是指确定整个吸收装置的工艺流程、主要设备的结构型式和相关的操作方式及操作条件，可用表 5-28 说明。

5.3.2　填料型式的选择

5.3.2.1　填料类型及特点

填料的型式很多，按填料材质的体型通常可分为实体填料和网体填料；按其用途又分为工业用填料和实验室用填料；更多的是按填料装填方式将其分成散装填料和规整填料两大类。

① 散装填料　主要有拉西环、鲍尔环、阶梯环、弧鞍、矩鞍、环矩鞍等。

② 规整填料　主要有格栅填料、波纹填料、脉冲填料等。工业上应用的规整填料绝大部分为波纹填料，波纹填料按结构又分为网波纹填料和板波纹填料两大类，波纹与塔轴的倾角主要有 30°和 45°两种，亦有 50°的情况。倾角为 30°以代号 BX（或 X）表示，倾角为 45°以代号 CY（或 Y）表示。组装时相邻两波纹板反向靠叠，各盘填料垂直装于塔内，相邻的两盘填料间交错 90°排列。

表 5-28　用填料吸收塔进行吸收时设计方案的确定原则

项　目		设计方案的确定原则
吸收装置流程的确定	装置设备	吸收装置包括吸收塔、解吸塔、中间冷却器、气液分离器、吸收剂贮罐、物料输送机械(如输料泵、回流泵、高位槽和压送系统)等设备
	流程组织	一般情况下,吸收剂应循环使用,故完整的吸收流程应包括吸收与解吸两部分。根据吸收操作的特点,吸收装置主要有以下几种流程: ①逆流操作流程。气相自塔底进入由塔顶排出,液相自塔顶进入由塔底排出,此即逆流操作流程。逆流操作流程的特点是,传质平均推动力大,传质速率快,分离效率高,吸收剂利用率高。工业生产中多采用逆流操作 ②并流操作流程。气液两相均从塔顶流向塔底,此即并流操作流程。并流操作流程的特点是,系统不受液流限制,可提高操作气速,以提高生产能力。并流操作通常用于以下情况:当吸收过程的平衡曲线较平坦时,流向对推动力影响不大;易溶气体的吸收或处理的气体不需吸收很完全;吸收剂用量特别大,逆流操作易引起液泛 ③吸收剂部分再循环操作流程。在逆流操作系统中,用泵将吸收塔排出液体的一部分冷却后与补充的新鲜吸收剂一同送回塔内,即为部分再循环操作。通常用于以下情况:当吸收剂用量较小时,为提高塔的液体喷淋密度,对于非等温吸收过程,为控制塔内的温升,需取出一部分热量。该流程特别适宜于相平衡常数 m 值很小的情况,通过吸收液的部分再循环,提高吸收剂的使用效率。应予指出,吸收剂部分再循环操作较逆流操作的平均推动力要低,且需设置循环泵,操作费用增加 ④多塔串联操作流程。若设计的填料层高度过大,或由于所处理物料等原因需经常清理填料,为便于维修,可把填料层分装在几个串联的塔内,每个吸收塔通过的吸收剂和气体量都相等,即为多塔串联操作。此种操作因塔内需留较大空间,输液、喷淋、支承板等辅助装置增加,使设备投资加大 ⑤串联-并联混合操作流程。若吸收过程处理的液量很大,如果用通常的流程,则液体在塔内的喷淋密度过大,操作气速势必很小(否则易引起塔的液泛),塔的生产能力很低。实际生产中可采用气相作串联、液相作并联的混合流程;若吸收过程处理的液量不大而气相流量很大时,可采用液相作串联、气相作并联的混合流程 总之,在实际应用中,应根据生产任务、工艺特点,结合各种流程的优缺点选择适宜的流程布置
吸收操作条件的确定	吸收剂	吸收过程是依靠气体溶质在吸收剂中的溶解来实现的,因此,吸收剂性能的优劣,是决定吸收操作效果的关键之一,选择吸收剂时应着重考虑以下几方面: ①溶解度。吸收剂对溶质组分的溶解度要大,以提高吸收速率并减少吸收剂的需用量 ②选择性。吸收剂对溶质组分要有良好的吸收能力,而对混合气体中的其他组分不吸收或吸收甚微,否则不能直接实现有效的分离 ③挥发度。操作温度下吸收剂的蒸气压要低,以减少吸收和再生过程中吸收剂的挥发损失 ④黏度。吸收剂在操作温度下的黏度越低,其在塔内的流动性越好,有助于传质速率和传热速率的提高 ⑤其他。所选用的吸收剂应尽可能满足无毒性、无腐蚀性、不易燃易爆、不发泡、冰点低、价廉易得以及化学性质稳定等要求 一般来说,任何一种吸收剂都难以满足以上所有要求,选用时应针对具体情况和主要矛盾,既考虑工艺要求又兼顾到经济合理性
	操作温度和压力	①操作温度的确定。由吸收过程的气液平衡关系知,低温有利于吸收,但操作温度的低限应由吸收系统的具体情况决定。如用水吸收 CO_2 的操作中,水的用量极大,吸收温度主要由水温决定,而水温又取决于大气温度,故应考虑夏季循环水温高时补充一定量的地下水,以维持适宜的温度 ②操作压力的确定。由吸收过程的气液平衡关系知,加压有利于吸收。但随着操作压力的升高,对设备的加工制造要求也提高,且能耗增加,因此需结合具体工艺条件综合考虑,以确定操作压力

续表

项	目	设计方案的确定原则
吸收操作条件的确定	液气比	吸收剂用量或液气比的确定是吸收装置设计计算中的重要内容，它的大小影响到吸收操作的推动力、塔径、填料层高度和吸收剂的再生费用 在设计时必须使操作液气比大于最小液气比。它的大小与相平衡关系、吸收剂入塔浓度、溶质吸收率等因素有关。实际所采用的液气比 L/G 常为最小液气比的 1.2～2.0 倍，其最佳值应由经济核算决定。若液气比取较小值，则所排出的液体浓度就较高，溶质回收的操作费用较便宜，但吸收塔变高，因此设备成本费提高。相反液气比取较大值，则吸收塔高度降低，但塔径增大，且解吸费用会提高。在确定吸收剂用量时还必须考虑使填料表面充分润湿，一般要求在单位塔截面上液体的喷淋量即喷淋密度不小于5～12$m^3/(h \cdot m^2)$。如果液体吸收剂量不可能增大很多，则可采用使排出液的一部分再循环的吸收操作流程

无论是散装填料还是规整填料，均可用陶瓷、塑料、金属等材质制造。上述各种填料均有各自的特点及一定的应用场合，具体情况见表 5-29。

表 5-29　一些填料的结构特点及使用情况

填	料	结构特点及使用情况
散装填料	拉西环及其衍生型	拉西环填料是最早提出的工业填料，其结构为外径与高度相等的圆环，可用陶瓷、塑料、金属等材质制造。拉西环填料的气液分布较差，传质效率低，阻力大，通量小，目前工业上已很少应用 ①拉西环的改进之一是采用增大填料比表面积的方法来提高拉西环的分离效率，其衍生型产品主要有 θ 环、十字环、螺旋环等。如在拉西环内增加一个竖直隔板的“环填料（又称勒辛环）”，在环内增加一个十字形隔板的十字环填料，在环内增加螺旋形通道的螺旋环等，虽然这些改进后的填料较拉西环分离效率有所提高，但其总体性能与拉西环相比并没有显著的改善，目前一般很少使用。大尺寸的十字环填料可整砌于填料支承上，用作散装填料的过渡支承 ②拉西环的改进之二是减小高径比以提高环内表面的润湿率，如短拉西环填料。由于拉西环高度的减小，环内表面的润湿率有所提高，气体绕填料壁面流动的路径缩短，因此短拉西环与相同直径的拉西环相比具有较小的压降和较高的分离效率。但由于短拉西环的综合性能并未超过一些当时已经发展起来的瓷矩鞍及其他新型填料，所以未能在生产中得到广泛应用。但是，短拉西环的开发研究揭示了降低环形填料高径比对改善填料性能的作用
	鲍尔环及其改进型	①鲍尔环。是在拉西环的基础上改进而得。其结构为在拉西环的侧壁上开出两排长方形的窗孔，被切开的环壁的一侧仍与壁面相连，另一侧向环内弯曲，形成内伸的舌叶，诸舌叶的侧边在环中心相搭，可用陶瓷、塑料、金属等材质制造。鲍尔环由于环壁开孔，大大提高了环内空间及环内表面的利用率，气流阻力小，液体分布均匀。与拉西环相比，其通量可增加 50%以上，传质效率提高 30%左右。鲍尔环是目前应用较广的填料之一 ②金属哈埃派克（Hy-Pak）环。是金属鲍尔环的改进型，其开槽面积增加，叶片数量增加了一倍，所用金属板更薄，环壁上增加了三层凸筋，以保证机械强度。与鲍尔环相比，金属哈埃派克环的主要优点是其通量增加了 10%以上
	阶梯环	阶梯环是对鲍尔环的改进。与鲍尔环相比，阶梯环高度减少了一半，并在一端增加了一个锥形翻边。由于高径比减少，使得气体绕填料外壁的平均路径大为缩短，减少了气体通过填料层的阻力。锥形翻边不仅增加了填料的机械强度，而且使填料之间由线接触为主变成以点接触为主，这样不但增加了填料间的空隙，同时成为液体沿填料表面流动的汇集分散点，可以促进液膜的表面更新，有利于传质效率的提高。阶梯环的综合性能优于鲍尔环，成为目前所使用的环形填料中最为优良的一种
	弧鞍、矩鞍、改进矩鞍、环矩鞍	①弧鞍。属鞍形填料的一种，其形状如同马鞍，一般采用瓷质材料制成。弧鞍填料的特点是表面全部敞开，不分内外，液体在表面两侧均匀流动，表面利用率高，流道呈弧形，流动阻力小。其缺点是易发生套叠，致使一部分填料表面被重合，使传质效率降低。弧鞍填料强度较差，容易破碎，工业生产中应用不多 ②矩鞍。将弧鞍填料两端的弧形面改为矩形面，且两面大小不等，即成为矩鞍填料。矩鞍填料堆积时不会套叠，液体分布较均匀。矩鞍填料一般采用瓷质材料制成，其性能优于拉西环。目前，国内绝大多数应用瓷拉西环的场合，均已被瓷矩鞍填料所取代 ③改进矩鞍。如 Norton 公司开发的 Super Intalox，这些填料的特点是把填料的光滑边缘改进为锯齿状，在填料的表面增加皱折，并开有圆孔，以改善流体的分布，增大填料表面的润湿率，增强液膜的湍动，从而降低气体阻力，提高通量与传质效率。改进矩鞍在我国还没有得到广泛的应用 ④环矩鞍（国外称为 Intalox）。是兼顾环形和鞍形结构特点而设计出的一种新型填料，该填料一般以金属材质制成，故又称为金属环矩鞍填料。环矩鞍填料将环形填料和鞍形填料两者的优点集于一体，其综合性能优于鲍尔环和阶梯环，是工业应用最为普遍的一种金属散装填料

续表

填　料		结构特点及使用情况
散装填料	其他填料	①半环填料(Levapak)。是 Leva 工程研究实验室开发的一种新型填料,其形状结构为沿轴向剖开的鲍尔环,它结合了开槽环形填料和结构敞开的鞍形填料两者的优点。与同样大小的鲍尔环相比,填料间的接触状况大大改善,液体分布性能明显提高,因而具有更低的压降和更高的传质效率 ②球形填料。一般采用塑料制造,其外部轮廓为一个球体。特点是球体为空心,可以允许气体、液体从其内部通过。由于球体结构的对称性,填料装填密度均匀,不易产生空穴和架桥,所以气液分散性能好。球形填料一般多用于气体的吸收、净化和除尘等特定的场合,工程上应用较少 ③高通量填料。高通量填料大多是由细棒连接而成,具有网络或晶形结构,空隙率极高,它们大都采用塑料制造,造价相当低。其主要优点是具有极高的处理量,虽然传质效率不很高,但由于单位理论级压降低,因此具有较低的操作费用。在真空操作、气体吸收与净化等场合,高通量填料日益受到重视
规整填料	格栅填料	格栅填料是以条状单元体经一定规则组合而成的,具有多种结构形式。格栅填料层整体性好,空隙率高。它能防止汽液急流突然冲击而致的变形与松动。又因构件可自由膨胀,故适用于石油减压精馏及催化裂化主精馏塔等易堵塞而温度又很高的场合 目前应用较为普遍的有格里奇格栅填料、网孔格栅填料、蜂窝格栅填料等。格栅填料的比表面积较低,主要用于要求压降小、负荷大及防堵等场合
	波纹填料	①金属丝网波纹填料。是网波纹填料的主要形式,是由金属丝网制成的。其特点是压降低、分离效率高,特别适用于精密精馏及真空精馏装置,为难分离物系、热敏性物系的精馏提供了有效的手段。尽管其造价高,但因性能优良仍得到了广泛的应用 ②金属孔板波纹填料。是板波纹填料的主要形式。该填料的波纹板片上冲压有许多 ϕ46mm 的小孔,可起到粗分配板片上的液体、加强横向混合的作用。波纹板片上轧成的细小沟纹,可起到细分配板片上的液体、增强表面润湿性能的作用。金属孔板波纹填料强度高,耐腐蚀性强,特别适用于大直径塔及气液负荷较大的场合 ③金属压延孔板波纹填料。是另一种有代表性的板波纹填料。它与金属孔板波纹填料的主要区别在于板片表面不是冲压孔,而是刺孔,用辗轧方式在板片上辗出很密的孔径为 0.4～0.5mm 小刺孔。其分离能力类似于网波纹填料,但抗堵能力比网波纹填料强,并且价格便宜,应用较为广泛
	脉冲填料	脉冲填料是由带缩颈的中空棱柱形个体,按一定方式拼装而成的一种规整填料。脉冲填料组装后,会形成带缩颈的多孔棱形通道,其纵面流道交替收缩和扩大,气液两相通过时产生强烈的湍动。在缩颈段,气速最高,湍动剧烈,从而强化传质。在扩大段,气速减到最小,实现两相的分离。流道收缩、扩大的交替重复,实现了“脉冲”传质过程 脉冲填料的特点是处理量大,压降小,是真空精馏的理想填料。因其优良的液体分布性能使放大效应减少,故特别适用于大塔径的场合

5.3.2.2　填料特性及评价

(1) 填料的几何特性

填料的几何特性数据主要包括比表面积、空隙率、填料因子等，是评价填料性能的基本参数。

① 比表面积　单位体积填料的表面积称为比表面积，以 a 表示，其单位为 m^2/m^3。填料的比表面积愈大，所提供的气液传质面积愈大。因此，比表面积是评价填料性能优劣的一个重要指标。

② 空隙率　单位体积填料中的空隙体积称为空隙率，以 ε 表示，其单位为 m^3/m^3，或以%表示。填料的空隙率越大，气体通过的能力越大且压降低。因此，空隙率是评价填料性能优劣的又一重要指标。

③ 填料因子　填料的比表面积与空隙率三次方的比值，即 a/ε^3，称为填料因子，以 Φ 表示，其单位为 1/m。填料因子分为干填料因子与湿填料因子，填料未被液体润湿时的 a/ε^3 称为干填料因子，它反映填料的几何特性；填料被液体润湿后，填料表面覆盖了一层液膜，a 和 ε 均发生相应的变化，此时的 a/ε^3 称为湿填料因子，它表示填料的流体力学性能，Φ 值越小，表明流动阻力越小。

(2) 填料的性能评价

填料性能的优劣通常根据效率、通量及压降三要素来衡量。在相同的操作条件下，填料的比表面积越大，气液分布越均匀，表面的润湿性能越好，则传质效率越高；填料的空隙率越大，结构越开敞，则通量越大，压降亦越低。采用模糊数学方法对9种常用填料的性能进行了评价，得出如表5-30所示的结论。可看出，丝网波纹填料综合性能最好，拉西环最差。

表5-30　9种填料综合性能评价

填料名称	评估值	语言值	排序	填料名称	评估值	语言值	排序
丝网波纹填料	0.86	很好	1	金属鲍尔环	0.51	一般好	6
孔板波纹填料	0.61	相当好	2	瓷Intalox	0.41	较好	7
金属Intalox	0.59	相当好	3	瓷鞍形环	0.38	略好	8
金属鞍形环	0.57	相当好	4	瓷拉西环	0.36	略好	9
金属阶梯环	0.53	一般好	5				

5.3.2.3　填料的选择

填料的选择包括确定填料的种类、规格及材质等。所选填料既要满足生产工艺的要求，又要使设备投资和操作费用最低。

（1）填料种类的选择

填料种类的选择要考虑分离工艺的要求，通常考虑以下几个方面：

① 传质效率要高。一般而言，规整填料的传质效率高于散装填料；

② 通量要大。在保证具有较高传质效率的前提下，应选择具有较高泛点气速或气相动能因子的填料；

③ 填料层的压降要低；

④ 填料的操作性能，如填料抗污堵性能强，拆装、检修方便等。

（2）填料规格的选择

填料规格是指填料的公称尺寸或比表面积。

① 散装填料规格的选择　工业塔常用的散装填料主要有$DN16$、$DN25$、$DN38$、$DN50$、$DN76$等几种规格。同类填料，尺寸越小，分离效率越高，但阻力增加，通量减少，填料费用也增加很多。而大尺寸的填料应用于小直径塔中，又会产生液体分布不良及严重的壁流，使塔的分离效率降低。因此，对塔径与填料尺寸的比值要有规定，一般塔径与填料公称直径的比值D/d应大于8。具体情况见表5-31。

表5-31　塔径与填料公称直径的比值D/d的推荐值

填料种类	拉西环	鞍环	鲍尔环	阶梯环	环矩鞍
D/d的推荐值	≥20～30	≥15	≥10～15	>8	>8

② 规整填料规格的选择　工业上常用规整填料的型号和规格的表示方法很多，国内习惯上用比表面积表示，主要有125、150、250、350、500、700等几种规格，同种类型的规整填料，其比表面积越大，传质效率越高，但阻力增加，通量减少，填料费用也明显增加。选用时应从分离要求、通量要求、场地条件、物料性质及设备投资、操作费用等方面综合考虑，使所选填料既能满足技术要求，又具有经济合理性。

应予指出，一座填料塔既可以选用同种类型同一规格的填料，也可选用同种类型不同规格的填料，还可以选用不同类型不同规格的填料；有的塔段可选用规整填料，而有的塔段可选用散装填料。总之，设计时应灵活掌握。

（3）填料材质的选择

填料的材质分为陶瓷、金属和塑料三大类。

① 陶瓷填料　陶瓷填料具有很好的耐腐蚀性及耐热性，陶瓷填料价格便宜，具有很好的表面润湿性能，质脆、易碎是其最大缺点。在气体吸收、气体洗涤、液体萃取等过程中应

用较为普遍。

② 金属填料　金属填料可用多种材质制成，选择时主要考虑腐蚀问题。碳钢填料造价低，且具有良好的表面润湿性能，对于无腐蚀或低腐蚀性物系应优先考虑使用；不锈钢填料耐腐蚀性强，一般能耐除 Cl^- 以外常见物系的腐蚀，但其造价较高，且表面润湿性能较差，在某些特殊场合（如极低喷淋密度下的减压精馏过程），需对其表面进行处理，才能取得良好的使用效果；钛材、特种合金钢等材质制成的填料造价很高，一般只在某些腐蚀性极强的物系下使用。

一般来说，金属填料可制成薄壁结构，它的通量大、气体阻力小，且具有很高的抗冲击性能，能在高温、高压、高冲击强度下使用，应用范围最为广泛。

③ 塑料填料　塑料填料的材质主要包括聚丙烯（PP）、聚乙烯（PE）及聚氯乙烯（PVC）等，国内一般多采用聚丙烯材质。塑料填料的耐腐蚀性能较好，可耐一般的无机酸、碱和有机溶剂的腐蚀。其耐温性良好，可长期在 100℃以下使用。

塑料填料质轻、价廉，具有良好的韧性，耐冲击、不易碎，可以制成薄壁结构。它的通量大、压降低，多用于吸收、解吸、萃取、除尘等装置中。塑料填料的缺点是表面润湿性能差，但可通过适当的表面处理来改善其表面润湿性能。

5.3.3　填料塔的塔内件

5.3.3.1　填料

填料是填料塔的核心元件，它提供了气液两相接触传质与传热的表面，与其他塔内件一起决定了填料塔的性能，其特点和使用情况已在表 5-27 中叙述，下面仅介绍其构型及特性数据。

（1）散装填料

① 散装填料的构型　一般由金属、塑料和陶瓷等材料制成。其装填方式有散堆和整装两种，通常以散堆装填方式为主。常见散装填料的构型见图 5-74。

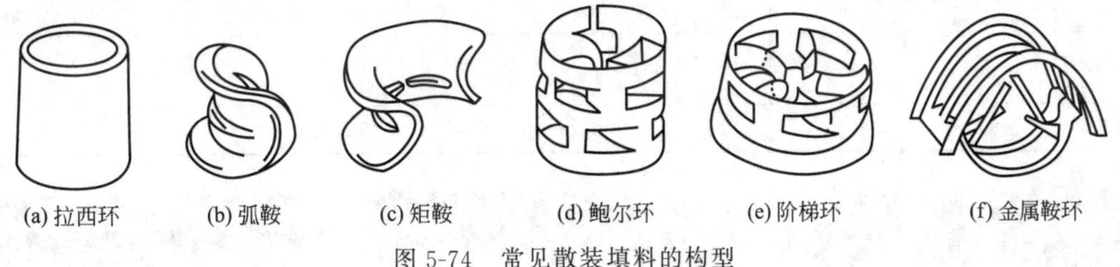

图 5-74　常见散装填料的构型

② 散装填料的特性数据　包括比表面积、空隙率、堆积密度、填料因子等参数，见表 5-32。一些新型填料的特性数据可通过网络和相关文献查取。

（2）规整填料

研究填料塔的性能时可发现，气液两相的不均匀分布，会导致塔的分离效率下降。如前述乱堆的散装填料塔内气液两相的流径是随机的，加之填料装填时难以做到均布，容易产生沟流和壁流现象，降低了塔的效率；因此，近年来规整填料得到了较大的发展。规整填料是预先按一定的规则，将填料制作成塔径大小的填料盘，然后整齐地堆砌在塔内。它在塔内按均匀的几何图形排列，使气液的通道“规范化”，减少了沟流和壁流现象，减小了压力降，提高了传质、传热的效果。

① 规整填料的构型　较典型的规整填料有格栅填料、金属丝网波纹填料、金属板片波纹填料和脉冲填料等，其构型如图 5-75 所示。

② 规整填料的特性数据　主要有几何特性参数和传质性能参数，分别见表 5-33 和表 5-34。

表 5-32　常用散装填料的特性数据

填料名称	规格/mm	材质及堆积方式	比表面积 a/(m^2/m^3)	空隙率 ε/(m^3/m^3)	每立方米填料个数	堆积密度 ρ_D/(kg/m^3)	干填料因子 Φ/m^{-1}	湿填料因子 Φ/m^{-1}	备注
拉西环	10×10×1.5	瓷质乱堆	440	0.70	720×10^3	700	1280	1500	（直径）×（高）×（厚）
	10×10×0.5	钢质乱堆	500	0.88	800×10^3	960	740	1000	
	25×25×2.5	瓷质乱堆	190	0.78	49×10^3	505	400	450	
	25×25×0.8	钢质乱堆	220	0.92	55×10^3	640	290	260	
	50×50×4.5	瓷质乱堆	93	0.81	6×10^3	457	177	205	
	50×50×4.5	瓷质整砌	124	0.72	8.83×10^3	673	339		
	50×50×1.0	钢质乱堆	110	0.95	7×10^3	430	130	175	
	80×80×9.5	瓷质乱堆	76	0.68	1.91×10^3	714	243	280	
	76×76×7.5	钢质乱堆	68	0.95	1.87×10^3	400	80	105	
鲍尔环	25×25	瓷质乱堆	220	0.76	48×10^3	505		300	（直径）×（高）×（直径）
	25×25×0.6	钢质乱堆	209	0.94	61.5×10^3	480		160	
	25	塑料乱堆	209	0.90	51.1×10^3	72.6		170	
	50×50×4.5	瓷质乱堆	110	0.81	6×10^3	457		130	
	50×50×0.9	钢质乱堆	103	0.95	6.2×10^3	355		66	
阶梯环	25×12.5×1.4	塑料乱堆	223	0.90	81.5×10^3	97.8		172	（直径）×（高）×（厚）
	38.5×19×1.0	塑料乱堆	132.5	0.91	27.2×10^3	57.5		115	
金属英特洛克斯	25	钢质	228	0.962		301.1			（名义尺寸）
	40	钢质	169	0.971		232.3			
	50	钢质	110	0.971	11.1×10^3	225	110	140	
弧鞍	25	瓷质	252	0.69	78.1×10^3	725		350	
	25	钢质	280	0.83	88.5×10^3	1400			
	50	钢质	106	0.72	8.87×10^3	645		148	
矩鞍	25×3.3	瓷质	258	0.775	84.6×10^3	548		320	（名义尺寸）×（厚）
	50×7	瓷质	120	0.79	9.4×10^3	532		130	
θ网环	8×8	镀锌铁丝网	1030	0.936	2.12×10^3	490			40目，丝径0.23～0.25mm
鞍形网	10	镀锌铁丝网	1100	0.91	4.56×10^3	340			40目，丝径0.152mm
压延孔环	6×6	镀锌铁丝网	1300	0.96	10.2×10^3	355			

(a) 格栅填料

(b) 蜂窝格栅填料

(c) 格里奇格栅填料

(d) 金属丝网波纹填料

(e) 金属孔板波纹填料

(f) 金属压延孔板波纹填料

(g) 脉冲填料

图 5-75　常见规整填料的构型

表 5-33　波纹填料的几何特性

名称		类型	材料	比表面积 $a/(m^2/m^3)$	水力直径 d_H/mm	倾角 $\varphi/(°)$	空隙率 $\varepsilon/\%$	堆积密度 $\rho_D/(kg/m^3)$
丝网波纹填料	金属丝网	AX BX CY CX,EX	不锈钢 不锈钢 不锈钢	250 500 700	1.5 7.5 5	30 30 45	95 90 85	125 250 350
	塑料丝网	BX	聚丙烯/聚丙烯腈	450	7.5	30	85	120
板片波纹填料	金属薄板 Mellapak	125Y/125X	不锈钢、碳钢、铝等	125		45/30	98.5	100[1]
		250Y/250X		250	15	45/30	97	200[1]
		350Y/350X		350		45/30	95	280[1]
		500Y/500X		500		45/30	93	400[1]
	塑料薄板 Mellapak	125Y	聚丙烯、聚偏氟乙烯	125		45	98.5	37.5
		250Y		250	15	45	97	75
	陶瓷薄片	Karapak BX	陶瓷	450	6	30	75	550
		Melladur		250[2]		45		

① 不锈钢片厚0.2mm。
② 结构类似 Mellapak 250Y。

表 5-34　波纹填料的性能及应用范围

名称	型号	材料	比表面积 a $/(m^2/m^3)$	气相动能因子 F $/[m/s\cdot(kg\cdot m^3)^{0.5}]$	每米填料理论板数	压降 Δp $/(Pa/m)$	适用范围
丝网波纹填料	700(CY) 500(BX) 450(BX)	金属丝网 金属丝网 塑料丝网	700 500 450	2.4～1.3 2.4～2.0 2.4～2.0	6～8 4～5 4～5	约667 约200 约400	精密精馏、热敏物料的真空精馏等，低温下吸收
板网波纹填料	653(1)	金属板网	643	2.0～1.4	6～7	767～467	类似丝网波纹填料
孔板波纹填料	250Y 450Y	金属板 金属板	250 450	3～2.2 1.5	2.5 3.5	200～267 200	常压、真空及有污染介质的蒸馏，常压（加压）吸收，冷却塔
压延孔板波纹填料	4.5(534) 6.3(483) 700Y 500X 250Y	金属压延刺孔板	534 483 700 500 256	1.6～2.0 1.65～2.0 1.6(最大) 2.1(最大) 2.6(最大)	5～6 3.7～4 5～7 3～4 2.5～3	493～773 160～253 936 200 300	精馏、吸收等
陶瓷波纹填料	470(SK) 400(TCP-1)	瓷	470 400	1～1.6 0.35～1.2	4～6 3～5	600～1000 93～880	高温及腐蚀介质的蒸馏与吸收

5.3.3.2　填料支承装置

填料的支承装置一般安装在填料层的底部，其作用是支承操作时上方的填料及填料的持液质量。对于填料支承装置要求结构简单、安装方便，有足够的强度和刚度，其开孔率要大，有足够的通道使气液两相能自由通过，避免发生液泛，流体流动阻力小，所用材料应该耐介质的腐蚀。

常见的填料支承结构型式有孔管型、栅板型、波纹型、驼峰型等多种形式，如图5-76所示。一般地，栅板型多用于规整填料塔，其他几种型式则多用于散堆填料塔。小直径塔，

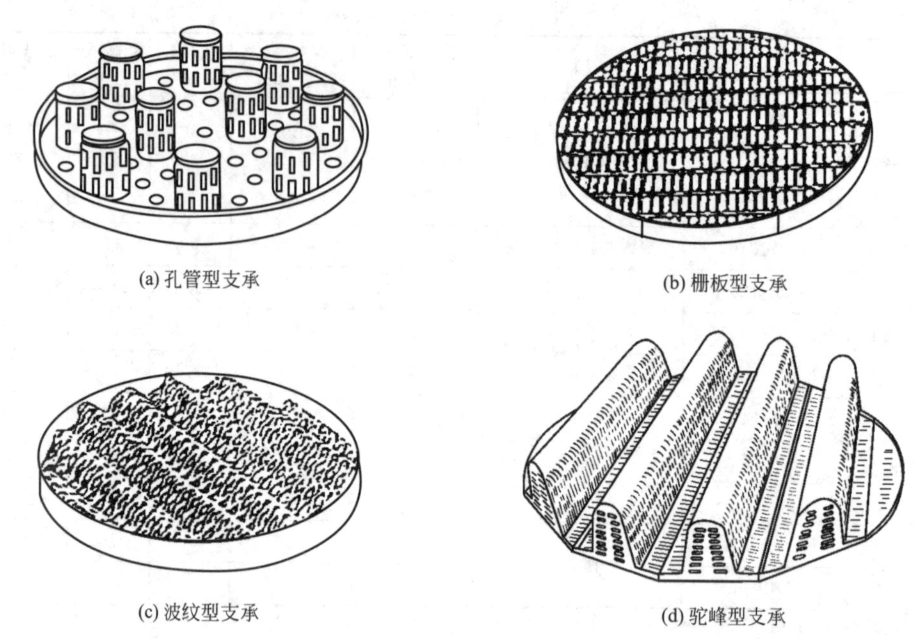

(a) 孔管型支承　(b) 栅板型支承

(c) 波纹型支承　(d) 驼峰型支承

图 5-76　常见填料支承装置的结构型式

可将栅板制成整块式，对于大直径塔，可将栅板分成多块，如图 5-77 和图 5-78。在设计分块栅板时，要注意使每块栅板能够从人孔处放进与取出。

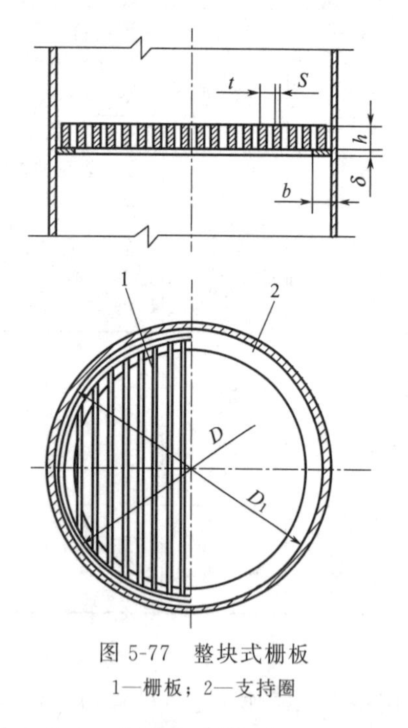

图 5-77　整块式栅板

1—栅板；2—支持圈

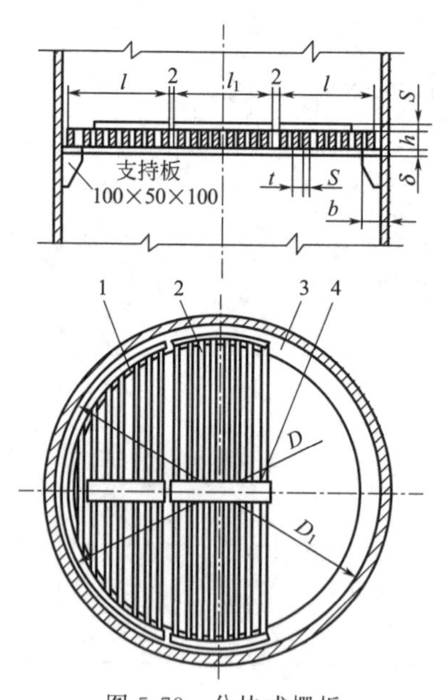

图 5-78　分块式栅板

1—栅板Ⅱ；2—栅板Ⅰ；3—支持圈；4—连接板

5.3.3.3　液体分布装置

液体分布装置置于填料上端，它将回流液和液相加料均匀分布到填料表面上，形成液体初始分布。因为在填料塔的操作中，液体的初始分布对填料塔性能的影响最大。故液体分布装置是最重要的塔内件。液体分布装置的设计原则是：应使液体能够均匀分散于塔的截面，通道不易堵塞，结构简单，便于安装制造与维修。理想的液体分布器应该使液体分布均匀，自由面积大，操作弹性好，能处理易堵塞、有腐蚀、易起泡的液体。

液体分布器安装一般应高于填料层表面150～300mm，以提供足够的空间让上升气流不受约束地穿过分布器。

在填料表面上液体分布点的数目n可由下式估算

$$n=\left(\frac{D}{t}\right)^2 \tag{5-48}$$

式中，D为塔径，mm；t为参数，mm，当$D\leqslant 900$mm时，取$t=75\sim150$mm；当$D>900$mm时，取$t=150$mm。

当$D>1200$时，Eckert建议，喷淋点密度取42点/m^2。

液体分布装置的结构型式很多，生产上最常用的液体分布器可分为喷洒型、溢流型和冲击型等几种型式。

(1) 喷洒型液体分布器

① 管式喷洒器　有单管式、多孔管式和组合式等多种形式，单管式适用于小直径塔，多孔管式适用于直径稍大的塔，组合式适用于大直径塔。

对于小直径的填料塔，可以采用图5-79所示的简易管式喷洒器，通过在填料上面的进液管直接进行喷洒。进液管可是直管［图5-79(a)］、弯管［图5-79(b)］或缺口管［图5-79(c)］。这种结构的优点是简单和制造安装方便，缺点是淋洒不够均匀，一般只用于塔径在300mm以下的小塔。在使用这类分布器时，为了避免水力冲击填料以及液体分配不均，最好在流出口下面加一块圆形挡板。

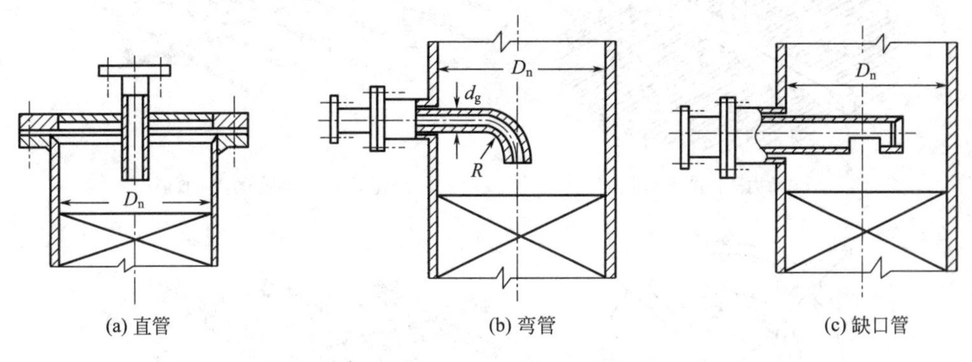

图5-79　简易管式喷洒器

直径稍大的塔可采用多孔管式喷洒器，多孔管式喷洒器常见的有直管喷孔式分布器和环管多孔式分布器两种，如图5-80。直管或环管上的小孔直径为ϕ4～8mm，可有3～5排。小孔面积总和约等于管横截面积。环管中心线所形成的圆弧直径$D_1=(0.6\sim0.8)D_i$。这种分布器一般要求液体清洁，否则小孔易堵塞。它的优点是结构简单，制造和安装方便，但喷洒面积小，不够均匀。图5-80中的（a）型多用于直径600mm的小塔；（b）型适用于直径1.2m以下的塔中。

对多孔管式喷洒器，其液相流量和喷洒孔直径、数目以及液相入塔前后的压差之间有如下的关系

$$n=\frac{L}{C(0.785d_o^2)\sqrt{2(p_2-p_1)/\rho_L}} \tag{5-49}$$

式中，L为液相流量，m^3/s；p_2、p_1为液相入塔前的压力及塔内的压力，kPa，一般$p_2-p_1=10\sim100$kPa；C为流量系数，0.6～0.8；ρ_L为液相密度，kg/m^3；d_o为喷淋孔径，m。

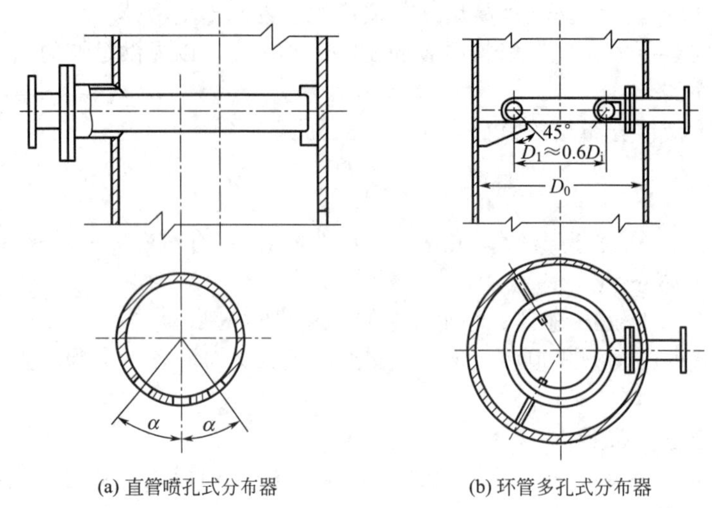

(a) 直管喷孔式分布器　　(b) 环管多孔式分布器

图 5-80　多孔管式喷洒器

对于大直径的塔应采用组合管式喷洒器，图 5-81 所示。

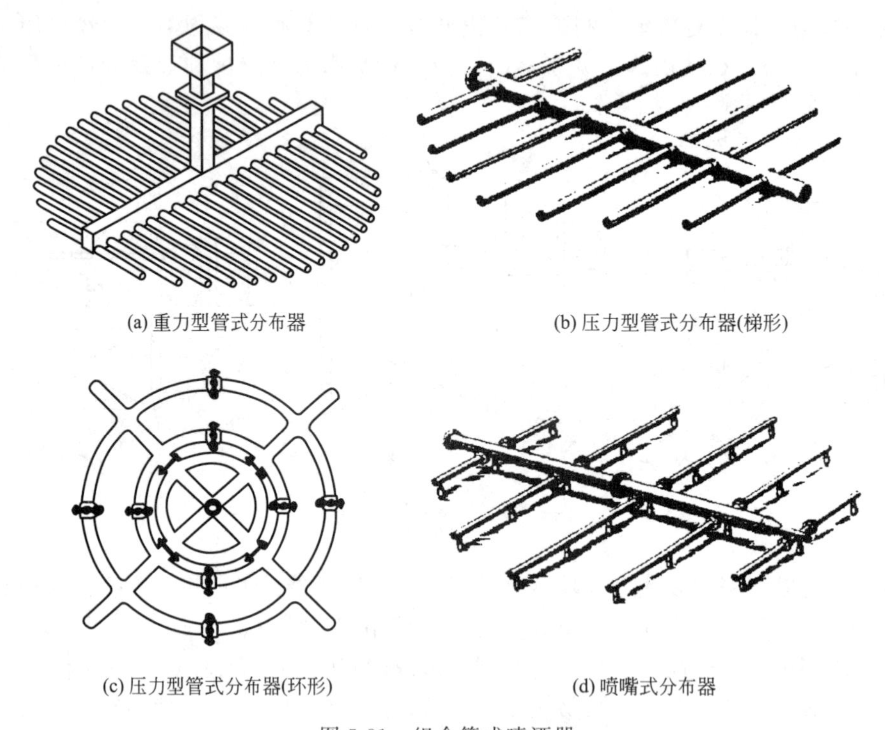

(a) 重力型管式分布器　　(b) 压力型管式分布器(梯形)

(c) 压力型管式分布器(环形)　　(d) 喷嘴式分布器

图 5-81　组合管式喷洒器

组合管式喷洒器又分为重力型［图 5-81(a)］和压力型两种，而压力型又有梯形［图 5-81(b)］和环形［图 5-81(c)］两种布置。液体从总管进入，分布到各支管，然后从各支管上的小孔中喷出。为改善喷洒效果，可在喷孔处加装喷嘴，见图 5-81(d)。

② 莲蓬头式喷洒器　莲蓬头式是一种应用广泛的液体分布器，如图 5-82。一般是开有许多小孔的球面分布器。它悬挂于填料上方的正中，液体借助泵或高位槽产生的静压头自小孔喷出，喷洒半径随液体压力和高度的不同而不同。在压头稳定的场合下，可以达到较均匀的喷洒效果。小孔在球面上一般采用同心圆排列，为了使喷洒均匀，球面上各小孔的轴线应

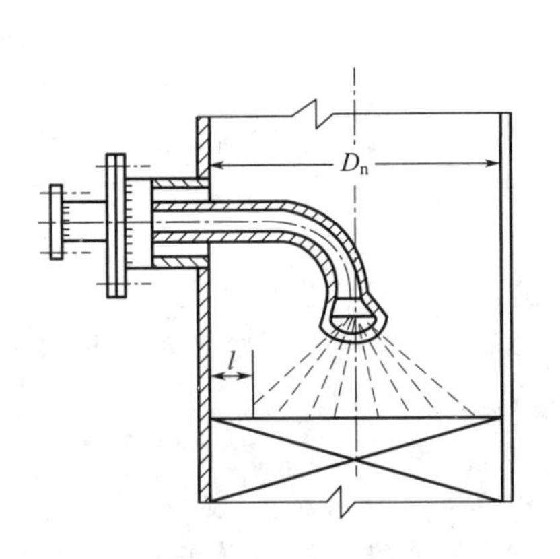

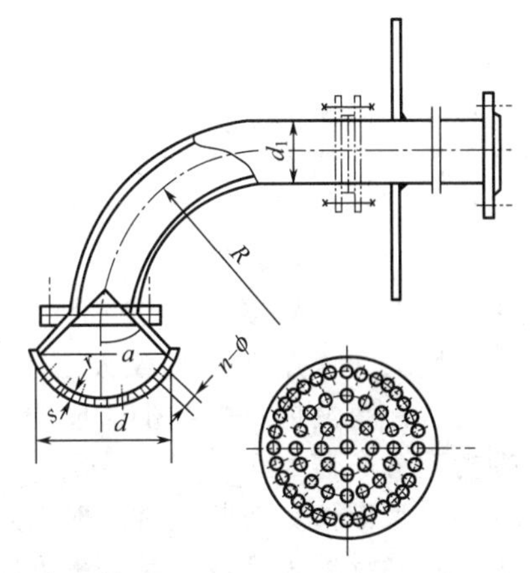

图 5-82　莲蓬头式分布器

汇交于一点。

莲蓬头式喷洒器中莲蓬头直径 d 一般为塔径 D 的 1/5～1/3；球面半径为（0.5～1.0）D；喷洒角 $\alpha \leqslant 80°$，喷洒外圈距塔壁 $x=70$～100mm，莲蓬高度 $y=(0.5$～$1.0)D$，小孔直径 $d_o=3$～10mm，液体流量、孔径、孔数及压力差的相互关系见式(5-49)，莲蓬头一般用于直径在 600mm 以下的塔中。

莲蓬头上的小孔易堵塞，雾沫夹带严重，因而要求液体清洁。由于须改变喷淋压头才能改变喷淋液量，但同时改变了喷洒半径，这将会影响预定的液体分布。为了便于检修莲蓬头，可采用法兰连接。

（2）溢流型液体分布器

溢流型液体分布器主要有溢流盘式和溢流槽式两种形式，如图 5-83 所示。

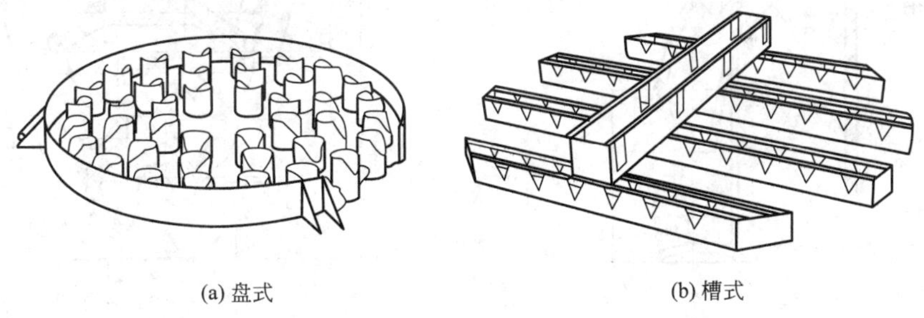

(a) 盘式　　(b) 槽式

图 5-83　溢流型液体分布器

① 溢流盘式分布器　溢流盘式分布器是目前广泛应用的分布器，特别适合于大型填料塔。它的优点是操作弹性大，不易堵塞，操作可靠，便于分块安装。

溢流盘式分布器的结构如图 5-83(a) 所示，由底板、溢流-升气管及围环构成。液体通过进料管降到缓冲管而流到分布盘上，然后通过溢流短管，淋洒到填料层上。溢流短管可按正三角形或正方形排列，焊在分布盘上。分布盘上开有 ϕ3mm 的泪孔，以便停车时将液体排净。

分布盘周边焊有三个耳座，通过耳座上的螺钉，将分布盘支承在塔壁的支座上。拧动螺钉，把分布盘调整成水平位置，以便液体均匀淋洒在填料层上。气体则通过分布盘与塔壁之间的空隙上升。若这个间隙比较小，气体要通过分布盘，则可在分布盘上少安排一些溢流短管，换上一些大直径的升气管。

溢流盘式分布器可用金属、塑料或陶瓷制造。分布盘内径约为塔内径的 0.8～0.85 倍，且保证有 8～12mm 的间隙。它结构简单，流体阻力小，但由于自由截面较小，适用于塔直径小于 1200mm、气液负荷较小的塔。

② 溢流槽式分布器　当塔径较大时，因分布板上的液面高度差较大而影响液体的均匀分布，此时可采用溢流槽式分布器，如图 5-83(b) 所示。操作时，液体先进入顶槽，再由顶槽分布到下面的分槽内，然后再由分槽上的齿形缺口溢流分布到填料表面上。槽式分布器一般做成可拆式结构，以便于从人孔装入塔内，布液孔径一般由工艺参数决定，但不要太小，以免发生堵塞影响正常操作。

溢流槽式分布器不易堵塞，可处理含固体粒子的液体，其自由截面大，处理量大，适应性好，操作弹性大。常用在塔直径大于 1000mm 的场合。但是，大型塔对安装水平度有较高的要求，且要注意液体进料冲击造成的飞溅和偏流。

(3) 冲击型分布器

常用的冲击型液体分布装置有反射板式分布器和宝塔式分布器。反射板式分布器如图 5-84，它由中心管和反射板组成。反射板可以是平板、凸板或锥形板。操作时，液体沿中心管流下，靠液流冲击反射板的反射飞溅作用而分布液体。反射板中央钻有小孔，以使液体流下淋洒到填料层中央部分。

为了使反射更均匀，可由几个反射板构成宝塔式分布器如图 5-85。宝塔式分布器的优点是喷洒范围大，液体流量大，结构简单，不易堵塞。缺点是改变液体的流量或压头时，要影响喷洒范围，故必须在恒定压力和流量情况下操作。

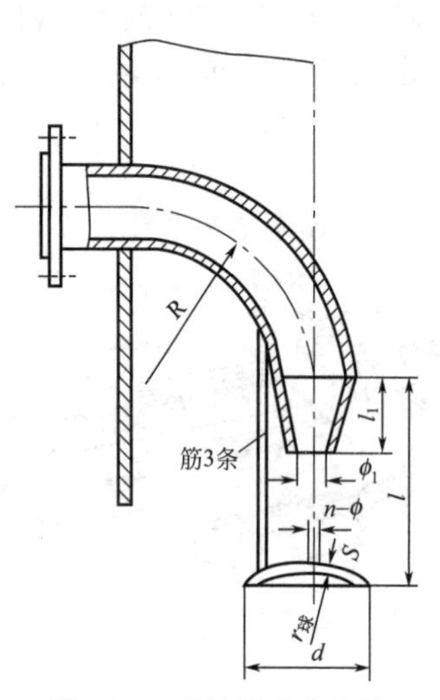

图 5-84　反射板式分布器

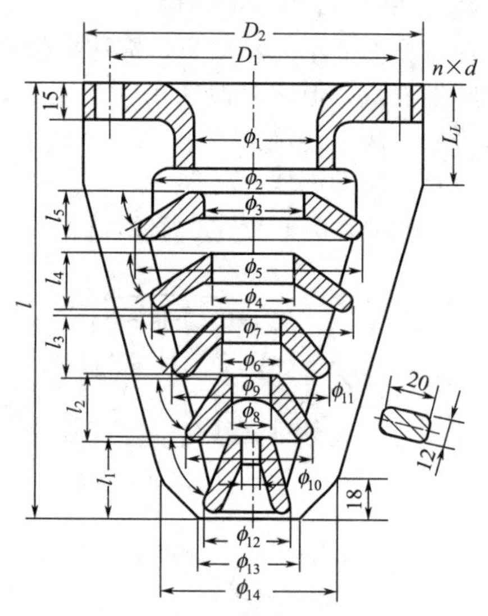

图 5-85　宝塔式分布器

5.3.3.4　液体的收集与再分布装置

当液体沿填料层向下流动时，有流向器壁形成“壁流”的倾向，结果使液体分布不均匀，降低传质效率，严重时使塔中心的填料不能被润湿而形成“干锥”。通常为了提高塔的传质效率，填料必须分段安装，在各段填料之间装设液体的收集与液体的再分布装置，其作用是当塔内气液出现径向浓度差时，可将上层填料流下的液体完全收集、混合，然后均匀分布到下层填料，并将上升的气体均匀分布到上层填料，以消除各自的径向浓度差。

液体再分布装置的结构设计与液体分布装置基本相同，盘式和槽式液体分布器均可用作再分布器，但需配有适宜的液体收集装置。在设计液体收集与再分布装置时，应尽量少占用塔的有效高度。再分布装置的自由截面不能过小（约等于填料的自由截面积），否则将会使压降增大，要求结构简单可靠，能承受气液流体的冲击，便于装拆。

典型的液体收集装置主要有锥形液体收集器（分配锥）、斜板式液体收集器、支承式液体收集器。

① 锥形液体收集器　液体再分布器中，分配锥是最简单的，如图 5-86，沿壁流下的液体用分配锥再将它导至中央。这种结构适用于小直径的塔（例如塔径在 1000mm 以下），截锥小头直径 D_1 一般约为（0.7～0.8）D_i。为了增加气体流过时的自由截面积，可采用改进分配锥结构，如图 5-87，在分配锥上可开设四个管孔，使通气面积增加。这样，气体通过分配锥时，不致因速度变化过大而影响操作。

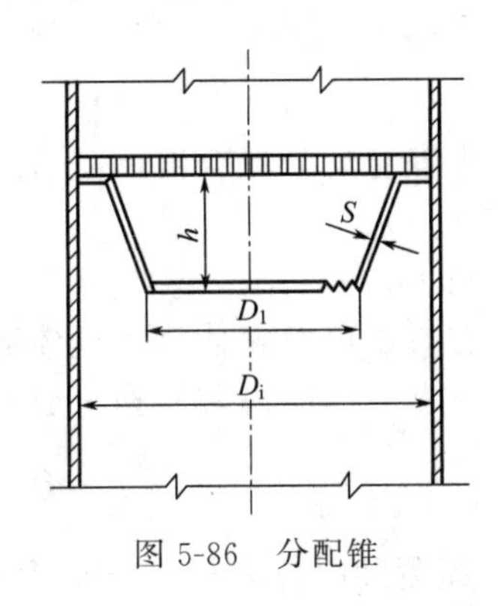

图 5-86　分配锥

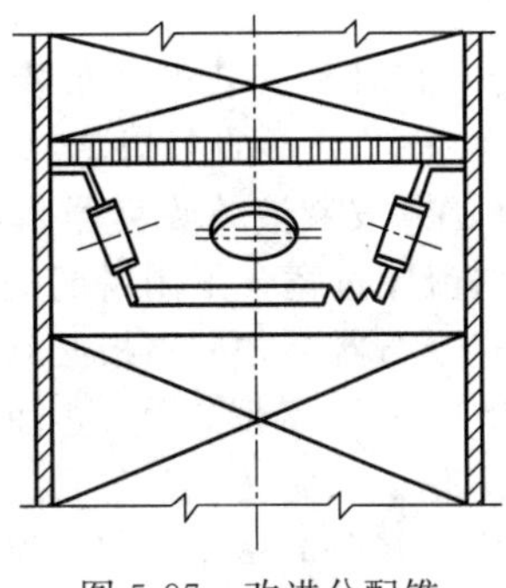
图 5-87　改进分配锥

分配锥一般不宜安装在填料层内，而适宜安装在填料层分段之间，作为壁流的收集器。若安装在填料内则使气体的流动面积减少，扰乱了气体的流动，同时与塔壁间又形成死角，填料的安装也很困难。

② 斜板式液体收集器　斜板式液体收集器的形式如图 5-88 所示，液体流到斜板上后沿斜板流入下方的槽中，再进入集液环，由管子引入再分布器。斜板在塔截面的投影必须覆盖整个截面，并稍有重叠。斜板式收集器的特点是自由面积大，气体阻力小，一般低于 2.5mm H_2O（约 24.5Pa），因此非常适用于真空操作。斜板式收集器同时具有一定的气体分布作用。

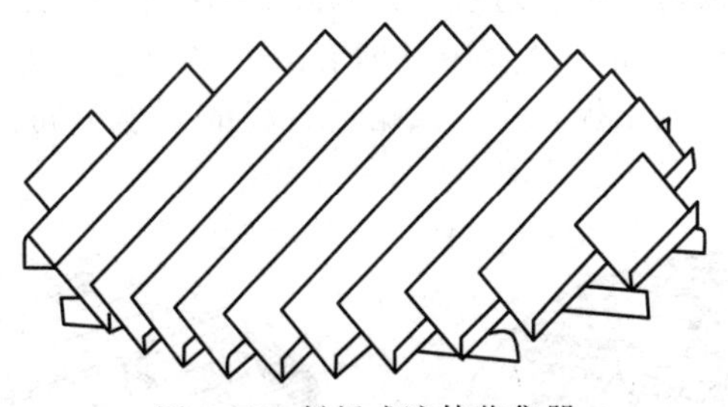
图 5-88　斜板式液体收集器

③ 支承式液体收集器　图 5-89 为支承式液体收集器和配套的盘式再分布器。支承式收集器的优点是把填料支承和液体收集器合二为一，占据空间小，缺点是填料容易挡住收集器的开孔。

防壁流圈可以有效地收集并再分布壁流。图 5-90 为用于散装填料的防壁流圈，壁流被收集后通过尖叶分布到填料的内部。防壁流圈只能消除壁流，并不能消除浓度分布，因此只适于直径小于 0.6～1m 的散装填料塔中，因为在小塔中，填料的自分布能力所具有的径向混合作用即可消除浓度分布。每盘规整填料也都装有防壁流圈，实验表明，在直径小于 450mm 的规整填料塔中，安装防壁流圈后效率可提高 20%。

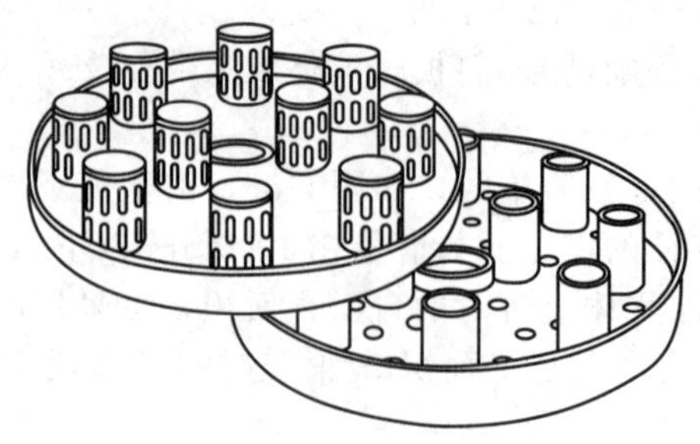

图 5-89　支承式液体收集器

图 5-90　散装填料的防壁流圈

在选择、设计和安装再分布装置时应注意以下几点。

① 在大塔中（6m 直径以上），单独采用盘式分布器并不能充分混合液体，消除径向浓度分布，还必须安装液体收集器来促进液体的混合。

② 防壁流圈过宽会限制塔的通量，并反过来影响液体的分布质量。

③ 盘式分布器上方的挡板必须比气体通道大 25mm 左右，以免液体流入气体通道。长方形挡板为 V 或 U 字形，圆形挡板有向下的折边。挡板下方的气体流动面积一般取到升气面积的 1.25 倍。

5.3.3.5 填料的压紧与限位装置

为了保持填料塔的正常操作，在填料层的上面要安装压紧和限位装置，否则当气体流速出现波动时，填料层会发生松动甚至使散装填料流化，造成气液相分布不良，同时填料也可能遭到破坏和流失。

一般情况下，陶瓷、石墨等脆性散装填料使用填料压紧器，而金属、塑料制散装填料及各种规整填料使用填料层限位器。

① 填料压紧器　又称为填料压板。将其自由放置于填料层上部，靠其自身重量压紧填料。当填料层移动并下移时，填料压板随之一起下落，故散装填料的压板必须有一定的重量。常用的填料压板有栅条式［见图 5-91(a)］和网板式［见图 5-91(b)］两种。栅条式与栅板型支承板类似，只是要求其空隙率大于 70%。栅条间距约为填料直径的 0.6～0.8 倍，或是底面垫金属丝网以防止填料通过栅条间隙。栅条式多用作陶瓷、石墨等脆性散装填料的压紧器。网板式由钢圈、栅条及金属丝网制成，多用作金属、塑料制散装填料的限位器。无论是栅条式还是网板式压板，均可根据塔直径的大小不同，制成整体式或分块结构，以方便安装和检修。

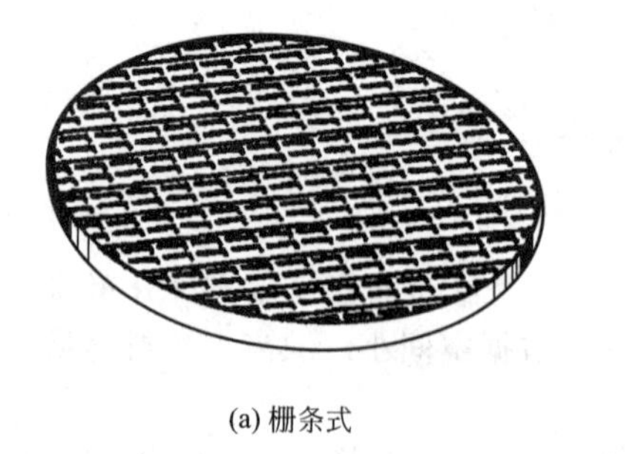

(a) 栅条式

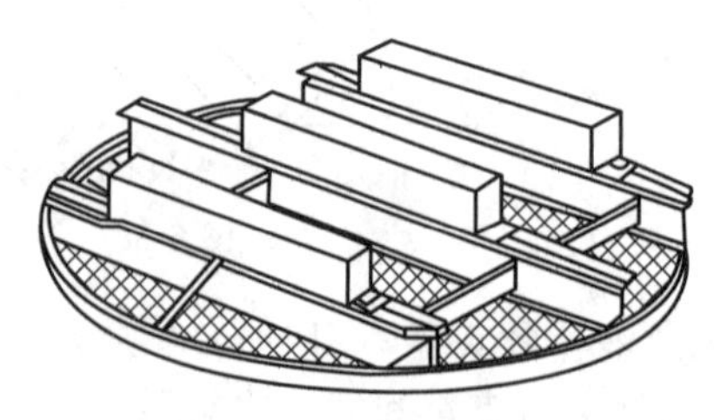

(b) 网板式

图 5-91　填料压板

② 填料限位器　又称床层定位器，用于金属、塑料制散装填料及所有规整填料，它的作用是防止高气速、高压降或塔的操作出现较大波动时，填料向上移动时而造成填料层出现的空隙，从而影响塔的传质效率。

对于金属、塑料制散装填料，多采用图 5-91(b) 所示的网板结构作为填料限位器，因为这类填料有较好的弹性，且不易破碎，故一般不会下沉，所以填料限位器一般固定在塔壁上。

对于规整填料，因具有比较固定的结构，故限位器比较简单，使用栅条间距为 100～500mm 的填料限位圈即可，如图 5-92 所示。

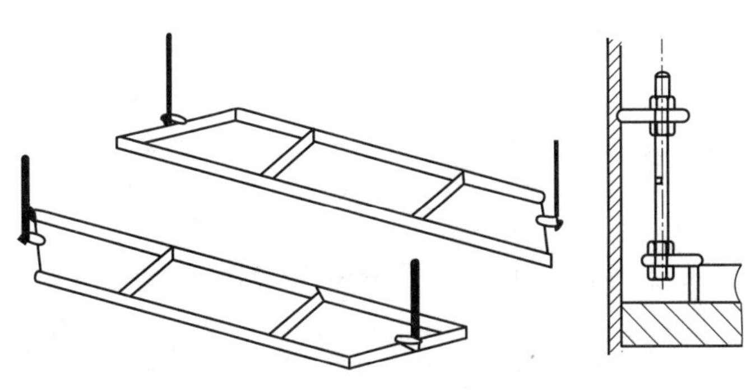

图 5-92　规整填料限位器

5.3.4　填料塔的塔附件

填料塔的塔附件与板式塔大致相同，此处仅就填料塔的气液相接管作一些说明。

① 气体进口装置　应该防止淋下的液体进入管中，同时还要使气体分散均匀。因此，不宜使气流直接由管接口或水平管冲入塔内。对于直径 500mm 以下的小塔，可使进气管伸到塔的中心线位置，管端切成 45°向下的斜口或向下的切口，使气流折转向上。对于直径 1.5m 以下的塔，管的末端可制成向下的喇叭形扩大口。对于更大的塔，就应考虑管式的分布结构。

② 气体出口装置　既要保证气体畅通，又应能尽量除去被夹带的液体雾沫。因为雾沫夹带不但使吸收剂的消耗定额增加，而且容易堵塞管道，甚至危害后续工序，因此必须在吸收塔顶部设置除沫装置，用来分离出口气体中所夹带的雾沫（参见 5.2.7.2 节）。

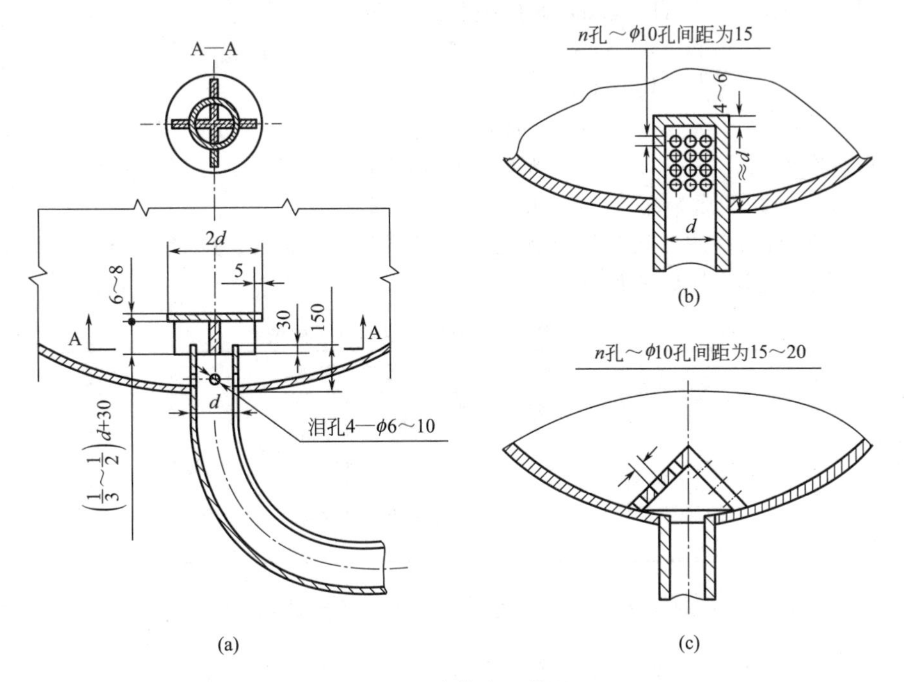

图 5-93　液体出口装置

③ 液体出口装置　当填料塔的填料为易碎的瓷环时，为了防止破碎的瓷环堵塞液体出口管，需要在液体进入管道之前，设法把破碎的瓷环挡住。常见的几种液体出料口的结构如图 5-93 所示，图 5-93(a) 的结构可以用于液体不太清洁的物料；后两种则须用于比较清洁的物料，否则易堵塞小孔而影响操作。

5.3.5 填料塔塔体工艺结构计算

5.3.5.1 塔径的计算

填料塔塔径仍采用式(5-38) 计算，即

$$D=\sqrt{\frac{4V_s}{\pi u}} \tag{5-38}$$

式中，V_s 由设计任务给定，因此，计算塔径的核心问题是确定空塔气速 u。

(1) 空塔气速的确定

确定空塔气速的方法主要有：泛点气速法、气相动能因子法、气相负荷因子法和经验关联式求算法。

① 泛点气速法　泛点气速是填料塔操作气速的上限，填料塔操作的空塔气速必须小于泛点气速，操作空塔气速与泛点气速之比 u/u_F 称为泛点率。

泛点率的经验取值如下：

散装填料　$\frac{u}{u_F}=0.5\sim0.85$

规整填料　$\frac{u}{u_F}=0.6\sim0.95$

泛点率的选择主要考虑填料塔的操作压力和物系的发泡程度两方面的因素。设计中，对于加压操作的塔，应取较高的泛点率；对于减压操作的塔，应取较低的泛点率；对易起泡沫的物系，泛点率应取低限值；而无泡沫的物系，可取较高的泛点率。

泛点气速可用关联式计算，亦可用关联图求取。

a. 贝恩 (Bain)-霍根 (Hougen) 通用关联式

$$\lg\left[\frac{u_F^2}{g}\left(\frac{a_t}{\varepsilon^3}\right)\left(\frac{\rho_V}{\rho_L}\right)\mu_L^{0.2}\right]=A-K\left(\frac{W_L}{W_V}\right)^{1/4}\left(\frac{\rho_V}{\rho_L}\right)^{1/8} \tag{5-50}$$

式中，u_F 为泛点气速，m/s；g 为重力加速度，9.81m/s^2；a_t 为填料总比表面积，m^2/m^3；ε 为填料层空隙率，m^3/m^3；ρ_V、ρ_L 为气、液相密度，kg/m^3；μ_L 为液体黏度，mPa·s；W_V、W_L 为气、液相的质量流量，kg/h；A、K 为关联常数。

常数 A 和 K 与填料的形状及材质有关，不同类型填料的 A、K 值列于表 5-35 中。由式(5-50) 计算泛点气速，误差在 15%以内。

表 5-35　关联式(5-50) 中的 A、K 值

散装填料类型	A	K	规整填料类型	A	K
塑料鲍尔环	0.0942	1.75	金属丝网波纹填料	0.30	1.75
金属鲍尔环	0.1	1.75	塑料丝网波纹填料	0.420	1.75
塑料阶梯环	0.204	1.75	金属网孔波纹填料	0.155	1.47
金属阶梯环	0.106	1.75	金属孔板波纹填料	0.291	1.75
瓷矩鞍	0.176	1.75	塑料孔板波纹填料	0.291	1.563
金属环矩鞍	0.06225	1.75			

b. 埃克特 (Eckert) 通用关联图　散装填料的泛点气速可用埃克特关联图计算，如图 5-94 所示。计算时，先由气液相负荷及有关物性数据求出横坐标 $X=\frac{W_L}{W_V}\left(\frac{\rho_V}{\rho_L}\right)^{0.5}$ 的值，然

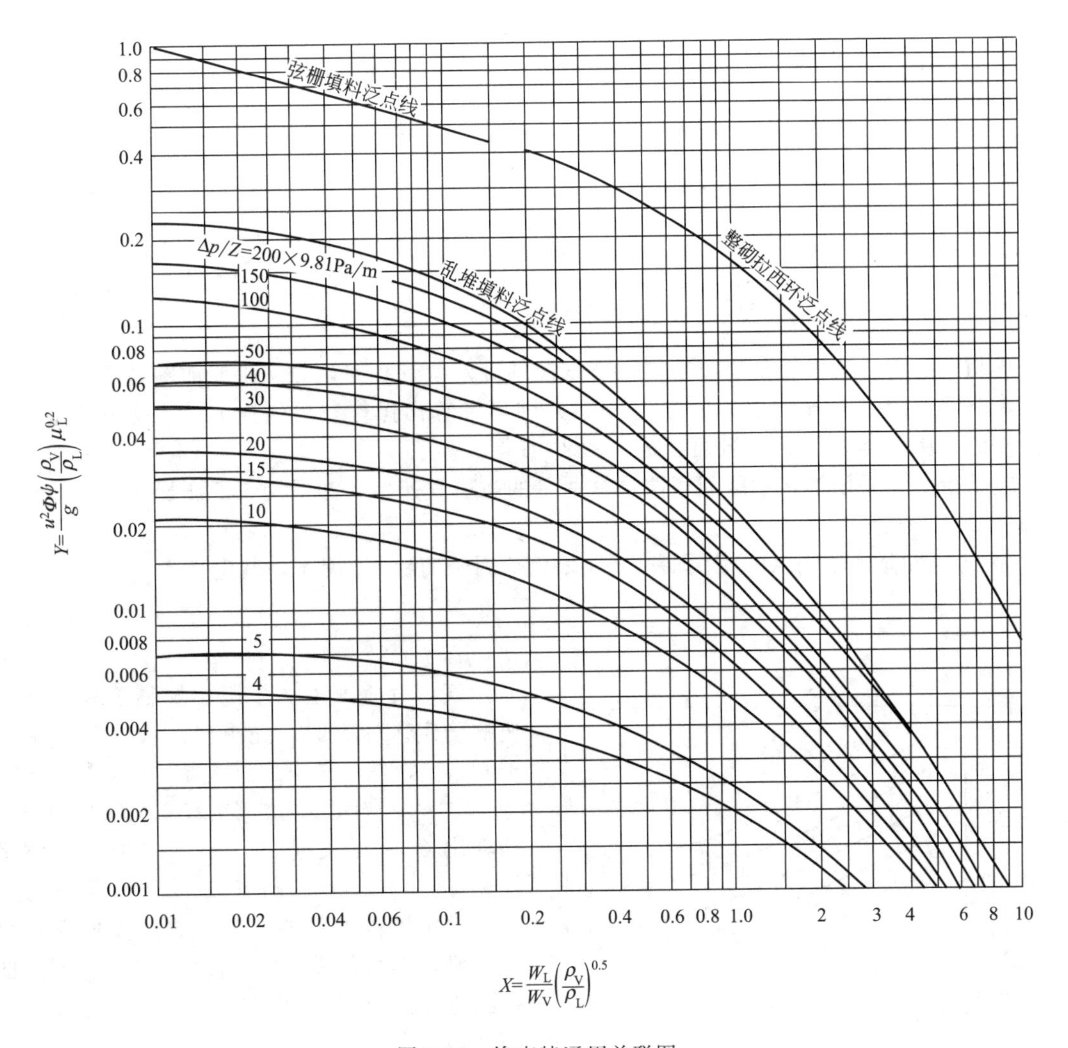

图 5-94　埃克特通用关联图

u—空塔气速，m/s；g—重力加速度，9.81m/s^2；Φ—填料因子，l/m；

ψ—液体密度校正系数，$\psi=\rho_{水}/\rho_L$；ρ_V、ρ_L—气、液相密度，kg/m^3；

μ_L—液体黏度，mPa·s；W_V、W_L—气、液相的质量流量，kg/s

后作垂线与相应的泛点线相交，再通过交点作水平线与纵坐标相交，求出纵坐标 $Y=\frac{u^2\Phi\psi}{g}\left(\frac{\rho_V}{\rho_L}\right)\mu_L^{0.2}$ 值。此时所对应的 u 即为泛点气速 u_F。

通常定义 $F_{LV}=\frac{W_L}{W_V}\left(\frac{\rho_V}{\rho_L}\right)^{0.5}$ 为流动参数，量纲为 1。

值得注意的是用埃克特通用关联图计算泛点气速时，所用的填料因子 Φ 为液泛时的湿填料因子，称为泛点填料因子，以 Φ_F 表示。泛点填料因子 Φ_F 与液体喷淋密度有关，为了工程计算的方便，常采用与液体喷淋密度无关的泛点填料因子的平均值计算。表 5-36 列出了部分散装填料的泛点填料因子的平均值，可供设计时参考。

② 气相动能因子法（F 因子法）　气相动能因子简称 F 因子，其定义为

$$F=u\sqrt{\rho_V} \tag{5-51}$$

表 5-36　散装填料泛点填料因子平均值

填料类型	泛点填料因子平均值/(1/m)				
	$DN16$	$DN25$	$DN38$	$DN50$	$DN76$
金属鲍尔环	410	—	117	160	—
金属环矩鞍	—	170	150	135	120
金属阶梯环	—	—	160	140	—
塑料鲍尔环	550	280	184	140	92
塑料阶梯环	—	260	170	127	—
瓷矩鞍	1100	550	200	226	—
瓷拉西环	1300	832	600	410	—

气相动能因子法多用于规整填料空塔气速的确定。计算时，先从手册或图表中查出填料在操作条件下的 F 因子，然后依据式(5-51) 即可计算出操作空塔气速 u。常见规整填料适宜操作的气相动能因子 F 参数可从表 5-34 中查得。

应予指出，采用气相动能因子法计算适宜的空塔气速，一般适用于低压操作（压力低于 0.2MPa）的场合。

③ 气相负荷因子法（C_s 因子法）　气相负荷因子简称 C_s 因子，其定义为

$$C_s = u\sqrt{\frac{\rho_V}{\rho_L - \rho_V}} \tag{5-52}$$

气相负荷因子法多用于规整填料空塔气速的确定。计算时，先求出最大气相负荷因子 $C_{s,max}$，然后依据以下关系

$$C_s = 0.8C_{s,max} \tag{5-53}$$

计算出 C_s，再依据式(5-52) 求出操作空塔气速 u。

常用规整填料的 $C_{s,max}$ 的计算见有关填料手册，亦可从图 5-95 所示的 $C_{s,max}$-F_{LV} 曲线图查得。图中的横坐标 F_{LV} 为流动参数(同前)。

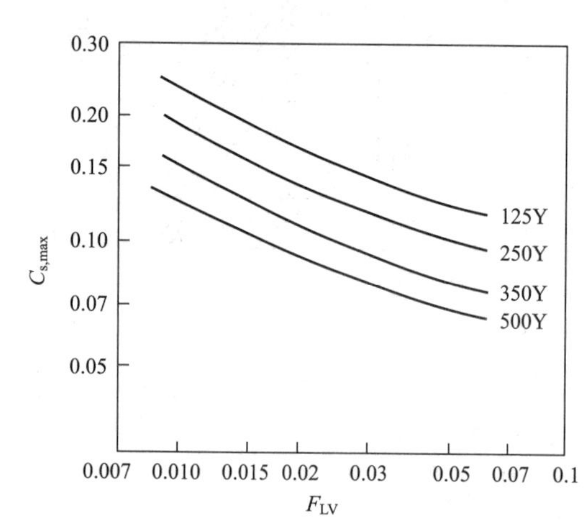

图 5-95　板波纹填料的最大负荷因子

图 5-95 曲线适用于板波纹填料。若以 250Y 型板波纹填料为基准，对于其他类型的板波纹填料，需要乘以修正系数，其值参见表 5-37。

表 5-37　其他类型的波纹填料的最大负荷修正系数

填料类别	型　号	修正系数	填料类别	型　号	修正系数
板波纹填料	250Y	1.0	丝网波纹填料	CY	0.65
丝网波纹填料	BX	1.0	陶瓷波纹填料	BX	0.8

④ 经验关联式求算法　对规整填料的泛点也可直接采用下面的关联式计算：

板波纹填料

$$u_F = 1.9\varepsilon\left(\frac{d_e^{0.4}\sigma_L^{0.1}}{\rho_V^{0.5}}\right)\left(\frac{W_V}{W_L}\right)^{0.25} \tag{5-54}$$

网波纹填料

$$u_F = u_{eF}\sqrt{\frac{1.2}{\rho_V}} \tag{5-55}$$

式中，σ_L 为液相的表面张力，dyn/cm（1dyn/cm=12960kg/h^2）；d_e 为填料通道的当量直径，m；u_{eF}为丝网波纹填料在泛点时的当量空气速度，BX 型丝网波纹填料，u_{eF}=2.9m/s，CY 型

丝网波纹填料，$u_{eF}=2.2\mathrm{m/s}$；ε 为填料层空隙率，$\mathrm{m^3/m^3}$；ρ_V 为气相密度，$\mathrm{kg/m^3}$；W_V、W_L 为气、液相的质量流量，kg/h。

（2）塔径的计算与圆整

根据上述方法得出空塔气速 u 后，即可由式(5-36) 计算出塔径 D。应予指出，由式(5-36) 计算出塔径 D 后，还应按塔径系列标准进行圆整。常用的标准塔径（mm）为：400、500、600、700、800、1000、1200、1400、1600、2000、2200 等。圆整后，再核算操作空塔气速与泛点率。

5.3.5.2　填料层高度的计算及分段

（1）填料层高度计算

填料层高度的计算有传质单元数法和等板高度法。在工程设计中，对于吸收、解吸及萃取等过程中的填料塔的设计，多采用传质单元数法；而对于精馏过程中的填料塔的设计，则习惯用等板高度法。

① 传质单元数法　采用传质单元数法计算填料层高度的基本公式为

$$H=H_{OG}N_{OG}=H_{OL}N_{OL} \tag{5-56}$$

a. 传质单元数的计算　传质单元数 N_{OG}（或 N_{OL}）的计算方法，就气体吸收而言有对数平均推动力法、数学解析法、数值积分法和梯级图解法，应根据操作线与平衡线的特点进行选用，此处不再赘述。

b. 传质单元高度的计算　传质单元高度 H_{OG}（或 H_{OL}）计算的关键是传质系数的计算。由于填料层内气液两相流动状态的复杂性，一些学者针对气液两相间的传质提出了许多传质模型，诸如双膜模型、渗透模型、表面更新模型等。

对于不同的物系、不同的填料以及不同的流动状况与操作条件，传质单元高度各不相同。迄今为止，尚无通用的计算方法和可靠的计算公式。目前广泛采用的仍是双膜模型，以双膜模型理论为基础上建立起来的传质系数的特征数关联式主要以孟山都（Monsanto）模型和恩田（Onda）模型为代表，并具有一定的通用性。除此之外，还有许多专一的传质系数的特征数关联式或经验公式，但这些关联式不具有通用性。在工程设计中，应用较为普遍的是修正后的恩田公式。

恩田等将填料润湿表面积作为有效传质面积，依此提出了分别计算散堆塔填料润湿比表面积 a_w 和传质系数 k_G、k_L 的一组特征数关联式。修正后的恩田（Onda）公式如下

$$k'_G=0.237\left(\frac{W'_G}{a_t\mu_G}\right)^{0.7}\left(\frac{\mu_G}{D_G\rho_G}\right)^{1/3}\left(\frac{a_tD_G}{RT}\right)\quad \mathrm{kmol/(m^2\cdot s\cdot kPa)} \tag{5-57}$$

$$k'_L=0.0095\left(\frac{W'_L}{a_w\mu_L}\right)^{2/3}\left(\frac{\mu_L}{D_L\rho_L}\right)^{-1/2}\left(\frac{\mu_Lg}{\rho_L}\right)^{1/3}\quad \mathrm{m/s} \tag{5-58}$$

$$k'_Ga=k'_Ga_w\psi^{1.1},\quad k'_La=k'_La_w\psi^{0.4} \tag{5-59}$$

$$\frac{a_w}{a_t}=1-\exp\left[-1.45\left(\frac{\sigma_c}{\sigma_L}\right)^{0.75}\left(\frac{W'_L}{a_t\mu_L}\right)^{0.1}\left(\frac{W'^2_La_t}{\rho_L^2g}\right)^{-0.05}\left(\frac{W'^2_L}{\rho_L\sigma a_t}\right)^{0.2}\right] \tag{5-60}$$

上述修正后的恩田公式只适用于 $u\leqslant 0.5u_F$ 的情况，当 $u>0.5u_F$ 时还需按下式继续修正

$$k_Ga=\left[1+9.5\left(\frac{u}{u_F}-0.5\right)^{1.4}\right]k'_Ga \tag{5-61}$$

$$k_La=\left[1+2.6\left(\frac{u}{u_F}-0.5\right)^{2.2}\right]k'_La \tag{5-62}$$

上述诸式中，k_G（或 k'_G）为气相传质系数，$\mathrm{kmol/(m^2\cdot s\cdot kPa)}$；$k_L$（或 k'_L）为液相传质系数，m/s；W'_G、W'_L 为气体、液体的质量通量，$\mathrm{kg/(m^2\cdot h)}$；μ_G、μ_L 为气体、液体的黏度，$\mathrm{kg/(m\cdot h)}$[$1\mathrm{Pa\cdot s}=3600\mathrm{kg/(m\cdot h)}$]；$\rho_G$、$\rho_L$ 为气体、液体的密度，$\mathrm{kg/m^3}$；D_G、

D_L 为溶质在气体、液体中的扩散系数，m^2/s；R 为通用气体常数，8.314$(m^3 \cdot kPa)/(kmol \cdot K)$；$T$ 为系统温度，K；a_t 为干填料的总比表面积，m^2/m^3；a 为填料的有效传质比表面积，m^2/m^3；a_w 为湿填料的润湿比表面积，m^2/m^3；g 为重力加速度，$9.81m/s^2$；σ_L 为液体的表面张力，kg/h^2（$1dyn/cm = 12960kg/h^2$）；σ_c 为填料材质的临界表面张力，kg/h^2；ψ 为填料形状系数。

常见材质的临界表面张力值见表 5-38，常见填料的形状系数见表 5-39。

表 5-38　常见材质的临界表面张力值

材质	碳	瓷	玻璃	聚丙烯	聚氯乙烯	钢	石蜡
表面张力/(dyn/cm)	56	61	73	33	40	75	20

注：$1dyn/cm = 12960kg/h^2$。

表 5-39　常见填料的形状系数

填料类型	球　形	棒　形	拉西环	弧　鞍	开孔环
ψ 值	0.72	0.75	1	1.19	1.45

气相总传质单元高度 H_{OG}

$$H_{OG} = \frac{V}{K_Y a \Omega} = \frac{V}{K_G a p_t \Omega} \tag{5-63}$$

其中

$$K_G a = \frac{1}{1/k_G a + 1/H k_L a} \tag{5-64}$$

式中，H 为溶解度系数，$kmol/(m^3 \cdot kPa)$；Ω 为塔截面积，m^2；p_t 为操作总压，kPa。

② 等板高度法　采用等板高度法计算填料层高度的基本公式为

$$H = HETP \cdot N_T \tag{5-65}$$

a. 理论板数的计算　理论板数 N_T 的计算方法在教材的蒸馏一章中已详尽介绍，此处不再赘述。

b. 等板高度的计算　等板高度 $HETP$ 与许多因素有关，不仅取决于填料的类型和尺寸，而且受系统物性、操作条件及设备尺寸的影响。目前尚无准确可靠的方法计算填料的 $HETP$ 值。

一般的方法是通过实验测定，或从工业应用的实际经验中选取 $HETP$ 值，某些填料在一定条件下的 $HETP$ 值可从有关填料手册中查得。近年来研究者通过大量数据回归得到了常压蒸馏时的 $HETP$ 关联式如下

$$\ln(HETP) = h - 1.292\ln\sigma_L + 1.47\ln\mu_L \tag{5-66}$$

式中，$HETP$ 为等板高度，mm；σ_L 为液体表面张力，N/m；μ_L 为液体黏度，Pa·s；h 为常数，其值见表 5-40。

表 5-40　*HETP* 关联式中的常数值

填料类型	h 值	填料类型	h 值
DN25 金属环矩鞍填料	6.8505	DN50 金属鲍尔环	7.3781
DN40 金属环矩鞍填料	7.0382	DN25 瓷环矩鞍填料	6.8505
DN50 金属环矩鞍填料	7.2883	DN38 瓷环矩鞍填料	7.1079
DN25 金属鲍尔环	6.8505	DN50 瓷环矩鞍填料	7.4430
DN38 金属鲍尔环	7.0779		

式(5-64) 考虑了液体黏度及表面张力的影响，其适用范围如下

$$10^{-3} N/m < \sigma_L < 36 \times 10^{-3} N/m$$

$$0.08\times10^{-3}\,\mathrm{Pa\cdot s}<\mu_L<0.83.\times10^{-3}\,\mathrm{Pa\cdot s}$$

应予指出，采用上述方法计算出填料层高度后，还应留出一定的安全系数。根据设计经验，填料层的设计高度一般为

$$Z'=(1.2\sim1.5)Z \tag{5-67}$$

式中，Z'为设计时的填料层高度，m；Z 为工艺计算得到的填料层高度，m。

(2) 填料层的分段

液体沿填料层下流时，有逐渐向塔壁方向集中的趋势，形成壁流效应。壁流效应造成填料层气液分布不均匀，使传质效率降低。因此，设计中，每隔一定的填料层高度，需要设置液体收集再分布装置，即将填料层分段。

对于散装填料，一般推荐的分段高度值见表 5-41，表中 h/D 为分段高度与塔径之比，h_{max}为允许的最大填料层高度。

表 5-41　填料分段高度推荐值

散装填料分段高度推荐值			规整填料分段高度推荐值	
填料类型	h/D	h_{max}/m	填料类型	分段高度/m
拉西环	2.5	≤4	250Y 板波纹填料	6.0
矩鞍	5～8	≤6	500Y 板波纹填料	5.0
鲍尔环	5～10	≤6	500(BX)丝网波纹填料	3.0
阶梯环	8～15	≤6	700(CY)丝网波纹填料	1.5
环矩鞍	8～15	≤6		

5.3.6　填料塔流体力学性能的校核

填料塔的流体力学性能主要包括填料层的持液量、填料层的压降、液泛、填料表面的润湿及返混等。其中液泛速度决定塔的直径；压降决定吸收塔的动力消耗和精馏塔釜的热品位，在真空精馏中又是判定填料是否适用的主要指标；持液量则直接影响液泛速度、压降以及塔的动态特性。

5.3.6.1　填料层的持液量

填料层的持液量是指在一定操作条件下，在单位体积填料层内所积存的液体体积，以 (m^3 液体)/(m^3 填料) 表示。持液量可分为静持液量 h_s、动持液量 h_o 和总持液量 h_t。静持液量是指当填料被充分润湿后，停止气液两相进料，并经排液至无滴液流出时存留于填料层中的液体量，其取决于填料和流体的特性，与气液负荷无关。动持液量是指填料塔停止气液两相进料时流出的液体量，它与填料、液体特性及气液负荷有关。总持液量是指在一定操作条件下存留于填料层中的液体总量。显然，总持液量为静持液量和动持液量之和，即

$$h_t=h_o+h_s \tag{5-68}$$

填料层的持液量可由实验测出，也可由经验公式计算。此处仅给出填料在载点以下持液量的计算公式，其他情况下的持液量计算，请参阅有关文献。

在载点以下

$$h_t=C\left(\frac{Fr_L}{Re_L}\right)^n \qquad (Re_L\geqslant10)$$

$$n=\left(\frac{\rho_D}{a}\right)^{1/4}\left(\frac{h+d_o}{2}\right)^{1/2}\ (\text{散装填料}),\quad n=\frac{2}{3}(\text{规整填料}) \tag{5-69}$$

式中，Fr_L为液体弗鲁德数 ($=U_L^2a/g$)；Re_L为液体雷诺数 ($=U_L\rho_L/a\mu_L$)；U_L 为液体喷淋密度，$m^3/(m^2\cdot s)$；μ_L 为液体黏度，Pa·s；ρ_D 为填料装填密度，l/m^3；a 为填料比表面积，m^2/m^3；h 为填料颗粒高度，m；d_o 为填料外径，m；C 为填料特性参数，见表 5-42。

表 5-42 填料特性参数 C

填料	材质	10mm	15mm	25mm	35mm	38mm	50mm
鲍尔环	金属		20.17	31.74	43.12		51.70
鲍尔环	塑料			22.22	49.18		67.95
鲍尔环	陶瓷						70.29
拉西环	陶瓷	28.16	29.16	50.04			
弧鞍	陶瓷			53.25			
阶梯环	金属			13.97		121.62	
Montz	金属	B_1-100 97.05	B_1-200 52.33	B_1-300 34.80			
Mellapak	塑料				250Y 43.97		

利用式(5-69）来计算填料的持液量比较准确，平均误差只有5.2%，能够满足工业设计的需要，而且所需的参数也较全面，当式(5-69）用于填料在层流下操作时（$Re_L<10$），必须对 C 进行校正。

5.3.6.2 填料层的压降

填料层的压降通常用单位高度填料层的压降 $\Delta P/Z$ 来表示。设计时，根据有关参数，由通用关联图（或压降曲线）先求得每米填料层的压降值，然后再乘以填料层高度，即得出填料层的压力降。

（1）散装填料的压降计算

散装填料的压降可由经验关联式和压降曲线图计算。

① 由散装填料的经验关联式计算　当液体喷淋密度不是太大时，一定气速下压降的对数值与液体喷淋密度呈直线关系，而且斜率基本上不变。Leva 通过校正简化干填料压降公式，得到了载点以下空气-水系统的喷淋填料压降公式，后经 Eckert 修订扩充，其结果为

$$\Delta p=\alpha(10^{\beta L})\left(\frac{G^2}{\rho_V}\right) \tag{5-70}$$

式中，Δp 为气体压降，mmH_2O/m；L 为液相质量流速，$kg/(m^2 \cdot s)$；G 为气相质量流速，$kg/(m^2 \cdot s)$；ρ_V 为气相密度，kg/m^3；α、β 为常数，见表 5-43。

表 5-43 常数 α、β

填料	材质	尺寸/mm	α	β	流量范围 L/[kg/(m²·s)]
拉西环	陶瓷	13	3.10	0.41	0.4～11.7
		25	0.97	0.25	0.5～36.6
		38	0.39	0.23	1.0～19.5
		50	0.24	0.17	1.0～26.9
（整砌）		50	0.06	0.12	1.0～43.9
弧鞍	陶瓷	13	1.20	0.21	0.4～29.3
		25	0.39	0.17	1.0～39.1
		38	0.21	0.13	0.4～29.3
矩鞍	陶瓷	13	0.82	0.20	0.7～19.5
		25	0.31	0.16	3.4～19.5
		38	0.14	0.14	1.0～39.1
		50	0.08	0.14	
鲍尔环	碳钢	25	0.15	0.15	
		38	0.08	0.16	
		50	0.06	0.12	

对于非水系统，上式仍然适用，但液体质量流速必须作如下校正

$$L=L_{液}\left(\frac{\rho_{水}}{\rho_{液}}\right) \tag{5-71}$$

Leva 关联式(5-68)在低液量时比较准确，多用于真空蒸馏的压降计算。

② 由埃克特通用关联图计算　散装填料的压降值可由埃克特通用关联图计算（参见图 5-94）。计算时，先根据气液负荷及有关物性数据，求出横坐标之 $X=\frac{W_L}{W_V}\left(\frac{\rho_V}{\rho_L}\right)^{0.5}$ 值，再根据操作空塔气速 u 及有关物性数据，求出纵坐标 $Y=\frac{u^2\Phi_p\psi}{g}\left(\frac{\rho_V}{\rho_L}\right)\mu_L^{0.2}$ 值。通过作图得出交点，读出过交点的等压线数值，即得出每米填料层压降值。

值得注意的是，用埃克特通用关联图计算压降时，所用的填料因子为操作状态下的湿填料因子，称为压降填料因子，以 Φ_p 表示。压降填料因子 Φ_p 与液体喷淋密度有关，为了工程计算的方便，常采用与液体喷淋密度无关的压降填料因子的平均值。表 5-44 列出了部分散装填料的压降填料因子平均值，可供设计中参考。

表 5-44　散装填料压降填料因子平均值

填料类型	压降填料因子平均值/m^{-1}				
	*DN*16	*DN*25	*DN*38	*DN*50	*DN*76
金属鲍尔环	306	—	114	98	—
金属环矩鞍	—	138	93.4	71	36
金属阶梯环	—	—	118	82	—
塑料鲍尔环	343	232	114	125	62
塑料阶梯环	—	176	116	89	—
瓷矩鞍环	700	215	140	160	—
瓷拉西环	1050	576	450	288	—

③ 由散装填料的压降曲线查取　散装填料压降曲线的横坐标通常以空塔气速 u 表示，纵坐标以单位高度填料层压降 $\Delta P/Z$ 表示，常见散装填料的 $\Delta P/Z$-u 曲线可从有关填料手册中查得。

（2）规整填料的压降计算

① 由规整填料的压降关联式计算　规整填料的压降因涉及填料的几何参数和传质参数较多，关联式的形式多数比较复杂，且计算结果误差较大，此处不予推荐。但有一种简便的表达形式如下

$$\Delta p/Z=\alpha(u\sqrt{\rho_V})^{\beta} \tag{5-72}$$

式中，$\Delta p/Z$ 为每米填料层的压降（可参考表 5-34），Pa/m；u 为空塔气速，m/s；ρ_V 为气体的密度，kg/m^3；α、β 为关联式常数，可从填料手册中查到。

② 由规整填料的压降关联图查取　Kister 等提出了适用于规整填料的通用压降关联图（见图 5-96），他以流动参数 $X=\frac{L}{G}\left(\frac{\rho_V}{\rho_L}\right)^{0.5}$ 为横坐标，以 $Y=0.55u\sqrt{\frac{\rho_V}{\rho_L-\rho_V}}\Phi^{0.5}\mu_L^{0.05}$ 为纵坐标，此关联图在以下范围内使用时准确性比较高：

a. 液相为水时，$0.01\leqslant F_{LV}\leqslant 1$；非水系统，$0.02\leqslant F_{LV}\leqslant 0.2$；

b. 填料因子 Φ 在 $20\sim100m^{-1}$ 之间（见表 5-45）。

③ 由规整填料的压降曲线查取　采用通用压降关联图来预测各种规整填料的压降，其误差不尽相同，尤其是新型填料。Kister 等根据各种填料的实测数据进行插值，得到分别对

应于不同填料的一系列压降关联图，采用这些关联图来计算填料的压降，其准确性要比通用关联图高，而且不同操作状态下的偏差和可靠性也可以通过数据的偏差和密度的大小来直观地判断。但缺点是这些关联图已不再是通用的关联图。

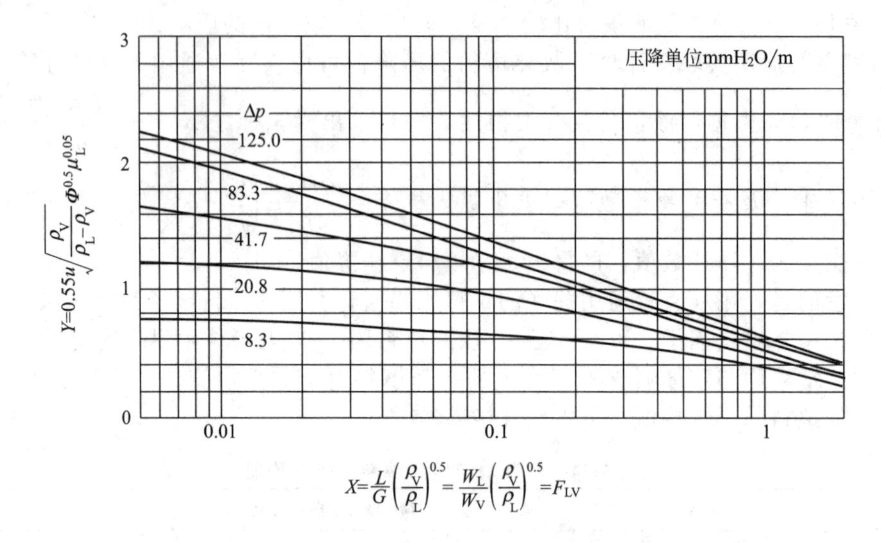

图 5-96 规整填料通用压降关联图

G、L—气、液相质量流速，kg/(m²·s)；W_V、W_L—气、液相的质量流量，kg/s；ρ_V、ρ_L—气、液相密度，kg/m³；u—空塔气速，m/s；Φ—填料因子，l/m；μ_L—液体黏度，mPa·s；F_{LV}—流动参数，量纲为 1

表 5-45 规整填料的填料因子

填料	型号	填料因子	填料	型号	填料因子
金属丝网波纹	CY BX	230 69	金属孔板波纹 (Mellapak)	250Y 125Y	66 33
金属孔板波纹 (Mellapak)	500Y 350Y	112 75	塑料孔板波纹 (MellaPak)	250Y	72

5.3.6.3 液体喷淋密度和填料表面的润湿

填料塔的液体喷淋密度是指单位塔截面积上，单位时间内喷淋的液体体积，以 U 表示，单位为 m³/(m²·h)。为保证填料层的充分润湿，必须保证液体喷淋密度大于某一极限值，该极限值称为最小喷淋密度，以 U_{min} 表示。最小喷淋密度通常采用下式计算，即

$$U_{min}=(L_W)_{min}a \tag{5-73}$$

式中，U_{min} 为最小喷淋密度，m³/(m²·h)；$(L_W)_{min}$ 为最小润湿速率，m³/(m·h)；a 为填料的比表面积，m²/m³。

最小润湿速率是指在塔的截面上，单位长度的填料周边的最小液体体积流量。其值可由经验公式计算，也可采用经验值。对于直径不超过 75mm 的散装填料，可取 $(L_W)_{min}=0.08$m³/(m·h)；对于直径大于 75mm 的散装填料，取 $(L_W)_{min}=0.12$m³/(m·h)。对于规整填料，其最小喷淋密度可从有关填料手册中查得，设计中，通常取 $U_{min}=0.2$m³/(m²·h)。

填料表面润湿性能与填料的材质有关，就常用的陶瓷、金属、塑料三种材质而言，以陶瓷填料的润湿性能最好，塑料填料的润湿性能最差。

实际操作时采用的液体喷淋密度应大于最小喷淋密度。若喷淋密度过小，可采用增大回流比或采用液体再循环的方法加大液体流量，以保证填料表面的充分润湿；也可采用减小塔

径予以补偿；对于金属、塑料材质的填料，可采用表面处理方法，以改善其表面的润湿性能。

5.3.7　填料吸收塔工艺设计示例

今用碳酸丙烯酯（PC）脱除合成氨变换气中的 CO_2，合成氨年生产能力为 40kt/a，每吨氨耗变换气约 4278m^3（STP）变换气/t 氨（简记为 4278Nm^3 变换气/t 氨，下同）；变换气组成为：CO_2 28.0；CO 2.5；H_2 47.2；N_2 22.3（均为体积分数，下同。其他组分可忽略）；要求出塔净化气中 CO_2 的浓度不超过 0.5%；气液两相的入塔温度均选定为 30℃；操作压力为 2.8MPa（塔底绝压）；设计一座填料吸收塔完成上述任务。

[填料吸收塔工艺设计计算如下]

一、碳酸丙烯酯脱碳工艺流程

在组织 PC 吸收 CO_2 的工艺流程时必须考虑以下两个方面。

（1）PC 要循环、原料气要回收使用

出于经济上的考虑，PC 一定要循环使用，因此设计时必须考虑吸收与解吸的组合操作。PC 吸收 CO_2 为物理过程，因此选择较高的操作压力、较低的操作温度对吸收是有利的。为确保 CO_2 的回收率和出塔净化气中 $CO_2 \leqslant 0.5\%$，宜采用气-液逆流吸收流程。为使 PC 溶剂循环使用，并充分回收解吸气中 N_2、H_2 和 CO_2 等气体，将解吸过程分步解吸，构成三级解吸流程。第一级减压（0.405MPa 绝）闪蒸，目的主要是回收难溶的 H_2、N_2 气；第二级常压解吸，目的主要是回收易溶的 CO_2；第三级空气气提解吸（现改为真空解吸以减少溶剂损耗），目的是保证 PC 溶剂的再生质量并降低 PC 的消耗。此外，设置换热器、分离罐、贮槽、机泵等以构成完整的吸收流程。

（2）采用变径塔

考虑到入塔气中 CO_2 的浓度较高，经脱碳塔脱碳后，将有约 28%的气体被 PC 吸收而进入液相，若采用等径塔结构，这将导致下塔气流量大而上塔气流量小，沿塔往上，操作的液气比逐渐增大，并且非常显著。若要同时满足塔各截面的喷淋密度，则 PC 的循环量大，动力消耗大，同时增大了解吸的负荷，也造成吸收塔设备投资不必要的增大。采用变径塔则能很好地解决这个问题。

经过上述考虑后，PC 吸收 CO_2 流程如图 5-97 所示，由氢氮压缩机来的约 2.8MPa（绝）的变换气，经油分离器再次分离出气体中的油沫后，从脱碳塔底部进入，与塔上喷淋的碳酸丙烯酯（简称“碳丙”）贫液在填料层内逆流接触，变换气中大部分的 CO_2 被碳丙溶液吸收，出脱碳塔的净化气（脱碳气 $CO_2 < 0.5\%$），再经碳丙回收器，分离去除气体中夹带的碳丙雾沫后去氢氮气压缩工段。

吸收了 CO_2 后的碳丙富液，从脱碳塔底部引出，并经减压阀将压力降至 0.8～0.9MPa（绝），进入解吸塔下部减压段闪蒸，闪蒸出溶解于富液中的 H_2、N_2、CO 及部分 CO_2，闪蒸气中含大约 $CO_2$70%（此段气体总量为溶液吸收总量的 10%左右），此段闪蒸气体经减压阀调节压力后返回氢氮压缩机三段入口予以回收。闪蒸段闪蒸后的富液进一步降压至 0.11MPa，送入真解塔上部常压解吸段进行解吸，富液中 90%以上的 CO_2 均在此段解吸出来。经常压解吸段解吸 CO_2 后的半贫液下降经液封槽后进入上段真空解吸段（真空一），此段采用罗茨鼓风机提吸，其压力控制在 0.04MPa（绝）左右，进一步解吸半贫液中的 CO_2 气体。解吸后的准贫液再经液封槽后下降进入第二真空解吸段，此段采用液环真空泵抽吸，压力控制在 0.015～0.02MPa，富液经三段解吸（减压解吸、常压解吸和真空解吸）后 CO_2 含量一般在 0.5m^3/m^3 以下，贫液下降至贫液槽储存。贫液经脱碳泵加压至溶剂冷却器后去脱碳塔。

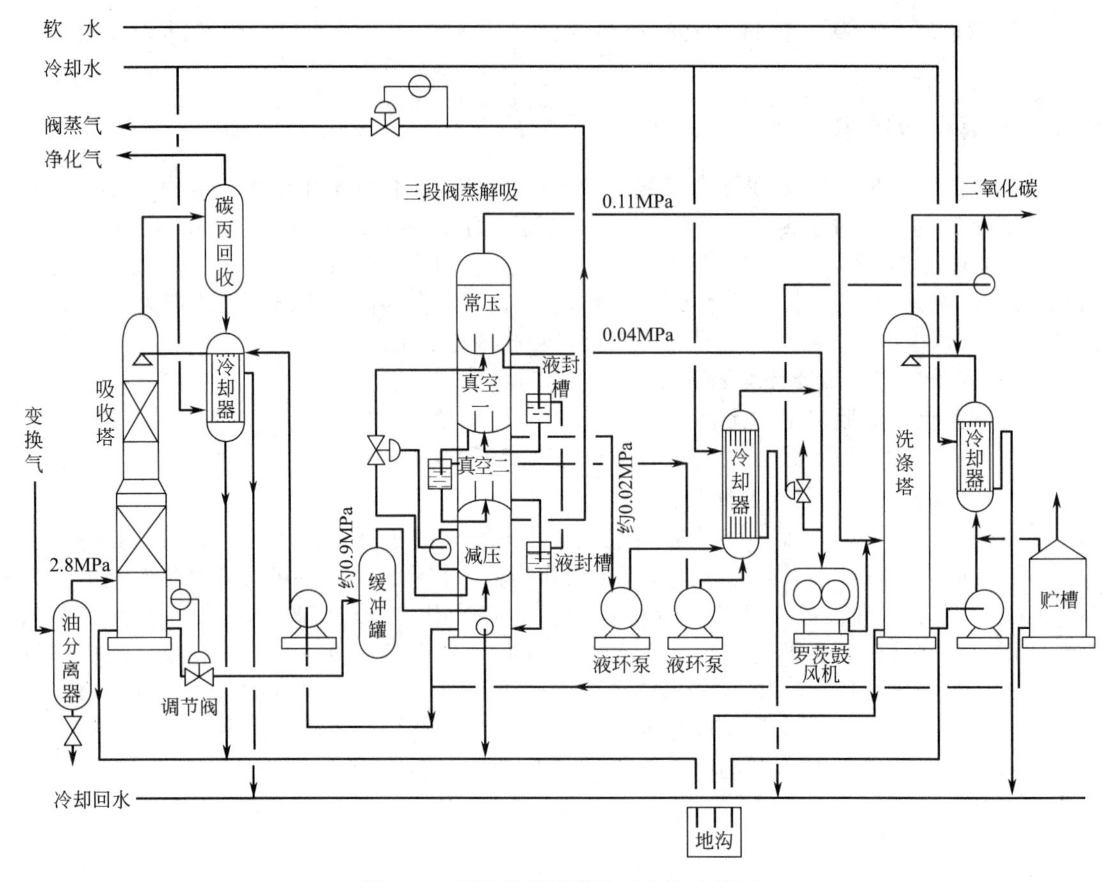

图 5-97　碳酸丙烯酯脱碳工艺流程简图

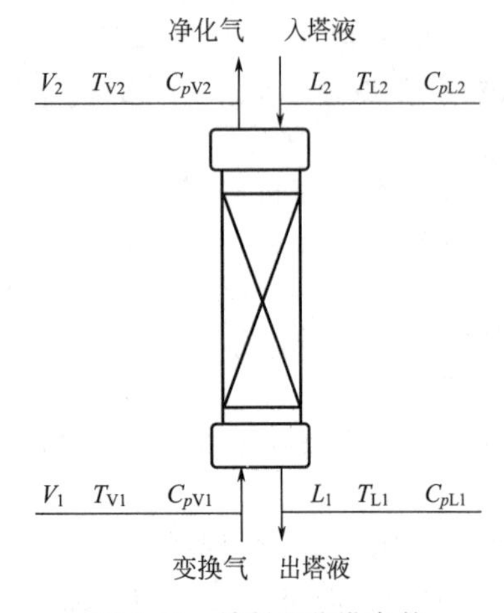

图 5-98　填料吸收塔参数

下段真空解吸气（真空二）和三个液封槽闪蒸气分别经两台液环泵抽吸至冷却器，冷却后与上段真空解吸气（真空一）会合后被罗茨鼓风机抽吸，再与常解气会合后一并进入 CO_2 洗涤塔，用循环碳丙液洗涤并回收 CO_2 气相中的碳丙后，CO_2 送往 CO_2 压缩机加压作甲醇、碳铵或尿素的原料。

洗涤塔回收 CO_2 气中的碳丙液经多次循环逐步提高浓度至10％～12％后被补充到解吸塔下部碳丙储槽中。

二、基础数据

取年开车时间为8000h/a。

合成氨：(40000t/a)/(8000h/a)＝5.0t/h

变换气：4278Nm^3 变换气/t 氨＝21390Nm^3/h。

变换气的组成及分压见表5-46。

表 5-46　变换气的组成及分压

进塔变换气	CO_2	CO	H_2	N_2	合计
体积分数/％	28.0	2.5	47.2	22.3	100
组分分压/MPa	0.78	0.07	1.32	0.62	2.80
组分分压/(kgf/cm^2)	7.99	0.71	13.48	6.37	28.55
组分分压/atm	7.74	0.69	13.05	6.16	27.64

注：1kgf/cm^2＝98.0665kPa。

1. CO_2 在 PC 中的溶解度关系

因为是高浓度气体吸收，故吸收塔内 CO_2 的溶解热应予考虑。现假设出塔气的温度与入塔液的温度相同，为 $T_{V2}=30°C$，出塔液的温度为 $T_{L1}=35°C$，并取吸收饱和度（定义为出塔溶液浓度对其平衡浓度的百分数）为 80%，然后利用物料衡算结合热量衡算验证上述温度假设的正确性。相关参数符号见图 5-98。

有人关联出了 CO_2 在 PC 中溶解的相平衡关系，因数据来源不同，关联式略有差异，如表 5-47 所示。

表 5-47　CO_2 在 PC 中溶解的相平衡关系

经验公式		物理量单位
$\lg X_{CO_2}=\lg p_{CO_2}+\frac{644.25}{T}-4.112$	(a)	X_{CO_2}—kmolCO_2/kmolPC，p_{CO_2}—kgf/cm^2，T—K
$\lg X_{CO_2}=\lg p_{CO_2}+\frac{701.16}{T}-4.267$	(b)	X_{CO_2}—kmolCO_2/kmolPC，p_{CO_2}—atm，T—K
$\lg X_{CO_2}=\lg p_{CO_2}+\frac{726.90}{T}-4.3848$	(c)	X_{CO_2}—摩尔分率，量纲为 1，p_{CO_2}—atm，T—K

此处采用表 5-47 中的关联式（a），计算出塔溶液中 CO_2 的浓度有

$$\lg X_{CO_2}=\lg 7.9928+\frac{644.25}{308.15}-4.112=-1.1186$$

$$X_{CO_2}=0.0761\text{kmolCO}_2/\text{kmolPC}=\frac{0.0761\times 22.4}{102.09/1187}=19.82\text{Nm}^3\text{CO}_2/\text{m}^3\text{PC}$$

式中，102.09 为 PC 的摩尔质量，kg/kmol；1187 为出塔液的密度（近似取纯 PC 的密度），kg/m^3。

2. PC 密度与温度的关系

PC 密度与温度的关系为：

$\rho=1223.3-1.032t$ 式中，t 为温度，℃；ρ 为密度，kg/m^3。

30℃：$\rho_{L1}=1192$kg/m^3；35℃：$\rho_{L2}=1187$kg/m^3。

3. PC 的蒸气压

查 PC 理化数据知，PC 蒸气压与操作总压及 CO_2 的气相分压相比均很小，故可认为 PC 不挥发。

4. PC 的黏度

$$\lg\mu_L=-0.822+\frac{185.5}{T-153.1}\text{mPa·s}$$

式中，T 为热力学温度，K。

5. 其他物性将在后续计算中相继给出。

三、物料衡算

1. 各组分在 PC 中的溶解量

查各组分在操作总压为 2.8MPa、操作温度为 35℃下在 PC 中的溶解度数据，并取其相对吸收饱和度均为 80%，将计算结果列于表 5-48：

表 5-48　组分溶解度与溶解气体组成的体积分数

组分	CO_2	CO	H_2	N_2	合计
组分分压/MPa	0.78	0.07	1.32	0.62	2.80
溶解度/(Nm^3/m^{3}PC)	19.82	0.0365	0.2408	0.4693	20.567
溶解量/(Nm^3/m^{3}PC)	15.856	0.0292	0.1926	0.3754	16.453
溶解气组成的百分数/%	96.37	0.18	1.17	2.28	100.0

因溶解气中 CO_2 占到了 96.37%，其他气体在 PC 中的溶解度很小，故也可将除 CO_2 以外的组分视为惰气而忽略不计，而只考虑 CO_2 的溶解吸收，即将多组分的吸收简化为单组分的吸收问题。

说明：进塔吸收液中 CO_2 的残值取 $0.2Nm^3/m^3PC$，故计算 CO_2 的实际溶解量时应将其扣除。其他组分本身溶解度就很小，经解吸后的残值被忽略。

CO_2 溶解量的计算如下。

前已算出 35℃时 CO_2 在 PC 中的平衡溶解度

$$X_{CO_2}=19.82Nm^3/m^3PC$$

PC 对 CO_2 的实际溶解能力为

$$19.82\times0.8-0.2=15.656Nm^3/m^3PC$$

2. 溶剂夹带量 Nm^3/m^3PC

以 $0.3Nm^3/m^3PC$ 计，各组分被夹带的量如下：

CO_2　$0.3\times0.28=0.084Nm^3/m^3PC$；　CO　$0.3\times0.025=0.0075Nm^3/m^3PC$

H_2　$0.3\times0.472=0.1416Nm^3/m^3PC$；　N_2　$0.3\times0.223=0.0669Nm^3/m^3PC$

3. 溶液带出的气量 Nm^3/m^3PC

为夹带量与溶解量之和

CO_2：$0.084+15.656=15.740Nm^3/m^3PC$	95.07%
CO：$0.0075+0.0292=0.0367Nm^3/m^3PC$	0.22%
H_2：$0.1416+0.1926=0.3342Nm^3/m^3PC$	2.02%
N_2：$0.0669+0.3754=0.4453Nm^3/m^3PC$	2.69%
$16.5562Nm^3/m^3PC$	100%

4. 出脱碳塔净化气量

以 V_1、V_2、V_3 分别代表进塔、出塔及溶液带出的总气量，以 y_1、y_2、y_3 分别代表 CO_2 相应的体积分数，对 CO_2 作物料衡算有

$$V_1=V_2+V_3$$

$$V_1y_1=V_2y_2+V_3y_3$$

联立两式解得

$$V_3=\frac{V_1\ (y_1-y_2)}{y_3-y_2}=\frac{4278\times5.0\times\ (0.28-0.005)}{0.9507-0.005}=6220Nm^3/h$$

$$V_2=V_1-V_3=21390-6220=15170Nm^3/h$$

5. 计算 PC 循环量

因每 $1m^3PC$ 带出 CO_2 为 $15.74Nm^3$，故有

$$L=\frac{V_3y_3}{15.74}=\frac{6220\times0.9507}{15.74}=375.7m^3/h=375.7\times1187=445956kg/h$$

操作的气液比为 $V_1/L=21390/375.7=56.93Nm^3/m^3$。

6. 带出气体的质量流量

夹带气量：$375.7\times0.3=112.7Nm^3/h$

夹带气的平均分子量：$\overline{M_1}=44\times0.28+28\times0.025+2\times0.472+28\times0.223=20.208kg/kmol$

夹带气的质量流量：$112.7\div22.4\times20.208=101.7kg/h$

溶解气量：$6220-112.7=6107.3Nm^3/h$

溶解气的平均分子量：$\overline{M_s}=44\times0.9637+28\times0.0018+2\times0.0117+28\times0.0228=43.12kg/kmol$

溶解气的质量流量：6107.3÷22.4×43.115=11755.2kg/h

带出气体的总质量流量：101.7+11755.2=11856.9kg/h

7. 验算吸收液中 CO_2 残量为 0.2Nm³/m³PC 时净化气中 CO_2 的含量

取脱碳塔阻力降为 0.5kgf/cm²，则塔顶压力为 28.55−0.5=28.05kgf/cm²，此时 CO_2 的分压为

$$p_{CO_2}=28.05\times0.005=0.1402\text{kgf/cm}^2$$

与此分压呈平衡的 CO_2 液相浓度为

$$\lg X_{CO_2}=\lg0.1402+(644.25/303.15)-4.112=-2.840$$

$$X_{CO_2}=0.001445\text{kmolCO}_2/\text{kmolPC}=(0.001445\times22.4)/(102.09/1192)$$

$$=0.378\text{Nm}^3\text{CO}_2/\text{m}^3\text{PC}>0.2\text{Nm}^3\text{CO}_2/\text{m}^3\text{PC}$$

式中，1192 为吸收液在塔顶 30℃时的密度，近似取纯 PC 液体的密度值。计算结果表明，要使得出塔净化气中 CO_2 的浓度不超过 0.5%，则入塔吸收液中 CO_2 的极限浓度可达 0.378Nm³/m³PC，本设计取值正好在其所要求的范围之内，故选取值满足要求。

8. 出塔气体的组成

出塔气体的体积流量应为入塔气体的体积流量与 PC 带走气体的体积流量之差。

CO_2：	21390×0.28−15.74×375.7=75.682Nm³/h	0.50%
CO：	21390×0.025−0.0367×375.7=520.962Nm³/h	3.43%
H_2：	21390×0.472−0.3342×375.7=9970.521Nm³/h	65.73%
N_2：	21390×0.223−0.4453×375.7=4602.671Nm³/h	30.34%
	15169.836Nm³/h	100.00%

出塔气的平均分子量：$\overline{M_2}=44\times0.005+28\times0.0343+2\times0.6573+28\times0.3034=$ 10.99kg/kmol

出塔气的质量流量：$L_{V2}=15169.8\div22.4\times10.99=7442.7$kg/h

四、热量衡算

在物料衡算中曾假设出塔液相的温度为 35℃，出塔气相的温度为 30℃，现通过热量衡算对出塔溶液的温度进行校核，看其是否为 35℃（出塔气相的温度本身变化不大，且其焓值相对较小，温升引起的焓变可不予考虑）。否则，应调整出塔液相的温度、溶剂吸收饱和度和溶剂循环量，以使热量衡算得到的结果与物料衡算所作的假设大致相等或完全一致。具体计算步骤如下。

1. 混合气体的定压比热容 C_{pV}

因难以查到真实气体的定压比热容，好在气体的压力并非很高，故可借助理想气体的定压比热容公式近似计算。理想气体的定压比热容：$C_{pi}=a_i+b_iT+c_iT^2+d_iT^3$，其温度系数见表 5-49。

表 5-49 各气体组分定压比热容公式中的温度系数

系数	a	b	c	d	C_{pi}(30℃)
CO_2	4.728	1.754×10^{-2}	-1.338×10^{-5}	4.097×10^{-9}	8.930/37.39
CO	7.373	-0.307×10^{-2}	6.662×10^{-6}	-3.037×10^{-9}	6.970/29.18
H_2	6.483	2.215×10^{-3}	-3.298×10^{-6}	1.826×10^{-9}	6.902/28.90
N_2	7.440	-0.324×10^{-2}	6.4×10^{-6}	-2.79×10^{-9}	6.968/29.18

表中 C_p 的单位为 kcal/(kmol·℃) 或 kJ/(kmol·℃)。

进出塔气体的摩尔比热容

$C_{pV1}=\sum C_{pi}y_i=37.39\times0.28+29.18\times0.025+28.90\times0.472+29.18\times0.223$
$=31.35\text{kJ/(kmol·℃)}$

$C_{pV2}=\sum C_{pi}y_i=37.39\times0.005+29.18\times0.0343+28.90\times0.6573+29.18\times0.3034$
$=29.04\text{kJ/(kmol·℃)}$

2. 液体的比热容 C_{pL}

溶解气体占溶液的质量分数：$\dfrac{(15.656\div22.4)\times43.12}{1187}=0.025$（1187 为 35℃纯 PC 的密度）

其量很少，因此可用纯 PC 的密度替代溶液的密度（其他物性亦如此）。

文献查得纯 PC 的定压比热容

$$C_{pL}=1.39+0.00181(t-10)\text{kJ/(kg·℃)}$$

据此算得：$C_{pL1}=1.435\text{kJ/(kg·℃)}$；$C_{pL2}=1.426\text{kJ/(kg·℃)}$

3. CO_2 的溶解热 Q_s

文献查得 $\Delta H_{CO_2}=14654\text{kJ/kmol}CO_2$（实验测定值），$CO_2$ 在 PC 中的溶解量为

$$15.656\times375.7=5882\text{Nm}^3\text{/h}=262.6\text{kmol/h}$$

故 $$Q_s=14654\times262.6=3847957\text{kJ/h}$$

4. 出塔溶液的温度 T_{L1}

全塔热量衡算有：带入的热量（$Q_{V1}+Q_{L2}$）+溶解热量（Q_s）=带出的热量（$Q_{V2}+Q_{L1}+Q_{V夹}$）

$$\begin{cases}Q_{V1}=V_1C_{pV1}(T_{V1}-T_0)=(21390/22.4)\times31.35\times30=898094\text{kJ/h}=0.898\times10^6\text{kJ/h}\\Q_{L2}=L_2C_{pL2}(T_{L2}-T_0)=(446956+147.6)\times1.426\times30=19084312\text{kJ/h}=19.08\times10^6\text{kJ/h}\\Q_s=3847957\text{kJ/h}=3.85\times10^6\text{kJ/h}\end{cases}$$

147.6 为入塔液 PC 中残留的 CO_2 量。

$$\begin{cases}Q_{V2}=V_2C_{pV2}(T_{V2}-T_0)=(15169.8/22.4)\times29.04\times30=589997\text{kJ/h}=0.590\times10^6\text{kJ/h}\\Q_{L1}=L_1C_{pL1}(T_{L1}-T_0)=457858.8\times1.435T_{L1}=657027.4T_{L1}\text{kJ/h}\\Q_{V夹}=(112.7/22.4)\times29.04(T_{L1}-T_0)=146.1T_{L1}\end{cases}$$

式中 $$L_1=445956+147.6+11755.2=457858.8\text{kJ/h}=0.458\times10^6\text{kJ/h}$$

热量平衡：

$$898094+19084312+3847957=589997+657027.4T_{L1}+146.1T_{L1}\Longrightarrow T_{L1}=35.36℃$$

$$Q_{V夹}=5166\text{kJ/h}$$

$$Q_{L1}=898094+19084312+3847957-589997-5166=23235200\text{kJ/h}$$

与假设接近，可以接受。若要使计算值与假设值完全相等，需重设出塔液温度 T_{L1}，重复上述物料衡算与热量衡算的步骤，直至满足要求为止，此项工作可在计算机上完成，此处不再继续试差计算。

5. 最终的衡算结果汇总（见表 5-50）

表 5-50 物热衡算结果汇总

输入项					输出项				
入塔气量及其组成(30℃)					出塔气量及其组成(约 30℃)				
$V_1=21390\text{Nm}^3\text{/h}=19296.8\text{kg/h}$ $Q_{V1}=898094\text{kJ/h}$ $\overline{M_1}=20.208$					$V_2=15169.8\text{Nm}^3\text{/h}=7442.7\text{kg/h}$ $Q_{V2}=589997\text{kJ/h}$ $\overline{M_2}=10.99$				
CO_2	CO	H_2	N_2	21390	CO_2	CO	H_2	N_2	15170
5989.2	534.75	10096.08	4769.97	$\text{Nm}^3\text{/h}$	75.85	520.96	9970.5	4602.7	$\text{Nm}^3\text{/h}$
28.0	2.5	47.2	22.3	100%	0.5	3.43	65.73	30.34	100%

续表

入塔液量及其组成(30℃)					出塔液量及溶解气组成(35℃)				
$L_2=445956+147.6=446103.6\text{kg/h}$ $Q_{L2}=19084312\text{kJ/h}$					$L_1=446103.6+11755.2=457858.8\text{kg/h}$ $Q_{L1}=23235200\text{kJ/h}$ $\overline{M_s}=43.115$				
CO_2	CO	H_2	N_2		CO_2	CO	H_2	N_2	6107.3
75.14				Nm^3/h	5885.6	11.0	71.5	139.2	Nm^3/h
					96.37	0.18	1.17	2.28	100%
CO_2的溶解热					出塔液夹带气量及组成(35℃)				
$V_{CO_2}=5882\text{Nm}^3/\text{h}=11553.8\text{kg/h}$ $Q_s=14654\times262.6=3847957$					$V_{夹}=112.7\text{Nm}^3/\text{h}=101.7\text{kg/h}$ $Q_{V夹}=5166\text{kJ/h}$ $\overline{M_{夹}}=20.208$				
					CO_2	CO	H_2	N_2	112.7
					31.56	2.82	53.2	25.1	Nm^3/h
					28.0	2.5	47.2	22.3	100%
$G_i=465400\text{kg/h}$ $Q_i=2.383\times10^7\text{kJ/h}$					$G_o=465403\text{kg/h}$ $Q_o=2.383\times10^7\text{kJ/h}$				

五、确定塔径及相关参数

计算公式：$D=\sqrt{\dfrac{4V_s}{\pi u}}$ $u=(0.6\sim0.8)u_F$

由物料衡算知，塔内气相负荷变化较大，故考虑采用变径塔。

塔底气液负荷最大，塔顶气液负荷最小，依塔顶、塔底气液负荷条件分别求取上、下两段塔径 D_2、D_1。

入塔气：$V_1=21390\text{Nm}^3/\text{h}=19296.8\text{kg/h}$，$\rho_{V1}=22.45\text{kg/m}^3$，$\overline{M_1}=20.208$（30℃）

出塔气：$V_2=15169.8\text{Nm}^3/\text{h}=7442.7\text{kg/h}$，$\rho_{V2}=11.99\text{kg/m}^3$，$\overline{M_2}=10.99$（30℃）

出塔液：$L_1=457859\text{kg/h}$，$\rho_{L1}=1187\text{kg/m}^3$，35℃，$p_{t1}=2.80\text{MPa}$

入塔液：$L_2=446104\text{kg/h}$，$\rho_{L2}=1192\text{kg/m}^3$，30℃，$p_{t2}=2.75\text{MPa}$

$$\mu_{L1}=2.368\text{mPa}\cdot\text{s}=8.525\text{kg/(m}\cdot\text{h)}$$

$$\mu_{L2}=2.596\text{mPa}\cdot\text{s}=9.3445\text{kg/(m}\cdot\text{h)}$$

选 $DN50\text{mm}$ 塑料鲍尔环（米字筋），其填料因子 $\Phi=120\text{m}^{-1}$，空隙率 $\varepsilon=0.90$，比表面积 $a_t=106.4\text{m}^2/\text{m}^3$，Bain-Hougen 关联式常数 $A=0.0942$，$K=1.75$。

泛点气速 u_F 可由 Eckert 通用关联图或 Bain-Hougen 关联式两种方法求取，现选用 Bain-Hougen 关联式求解 u_F。

$$\lg\left[\frac{u_F^2}{g}\left(\frac{a_t}{\varepsilon^3}\right)\left(\frac{\rho_V}{\rho_L}\right)\mu_L^{0.2}\right]=A-K\left(\frac{W_L}{W_V}\right)^{1/4}\left(\frac{\rho_V}{\rho_L}\right)^{1/8}$$

1. 对塔下段

（1）求取泛点气速 u_F，并确定操作气速 u

$$\lg\left[\frac{u_{F1}^2}{9.81}\left(\frac{106.4}{0.9^3}\right)\left(\frac{22.45}{1187}\right)\times2.368^{0.2}\right]=0.0942-1.75\times\left(\frac{457859}{19296.8}\right)^{1/4}\left(\frac{22.45}{1187}\right)^{1/8}$$

$u_{F1}=0.13\text{m/s}$，取 $u_1=0.8u_{F1}=0.10\text{m/s}$。

（2）求取塔径

$$V_{s1}=21390\left(\frac{0.1013}{2.8}\right)\left(\frac{303.15}{273.15}\right)=858.85\text{m}^3/\text{h}=0.2386\text{m}^3/\text{s}$$

$$D_1=\sqrt{\frac{4\times0.2386}{3.14\times0.10}}=1.743\text{m}$$

取 $D_1=1800\text{mm}$，此时塔的截面积 $\Omega_1=0.785D_1^2=2.5434\text{m}^2$。

（3）核算操作气速

$$u_1=\frac{4V_{s1}}{\pi D_1^2}=\frac{V_{s1}}{\Omega_1}=\frac{0.2386}{2.5434}=0.094\text{m/s}$$

（4）核算径比

$D_1/d=1800/50=36>10\sim15$（满足鲍尔环的径比要求）

（5）校核喷淋密度

$$U_{\min}=(L_W)_{\min}a_t=0.08\times106.4=8.512\text{m}^3/(\text{m}^2\cdot\text{h})$$

$$U_1=457859\text{kg/h}=\frac{457859/1187}{2.5434}=151.66>8.512\text{m}^3/(\text{m}^2\cdot\text{h})\text{（满足要求）}$$

2. 对塔上段

（1）求取泛点气速 u_F，并确定操作气速 u

$$\lg\left[\frac{u_{F2}^2}{9.81}\left(\frac{106.4}{0.9^3}\right)\left(\frac{11.99}{1192}\right)\times2.596^{0.2}\right]=0.0942-1.75\times\left(\frac{446104}{7442.7}\right)^{1/4}\left(\frac{11.99}{1192}\right)^{1/8}$$

$u_{F2}=0.11\text{m/s}$，取 $u_2=0.8u_{F2}=0.088\text{m/s}$。

（2）求取塔径

$$V_{s2}=15169.8\left(\frac{0.1013}{2.75}\right)\left(\frac{303.15}{273.15}\right)=620.17\text{m}^3/\text{h}=0.1723\text{m}^3/\text{s}$$

$$D_2=\sqrt{\frac{4\times0.1723}{3.14\times0.10}}=1.481\text{m}$$

取 $D_2=1600\text{mm}$，此时塔的截面积 $\Omega_2=0.785D_2^2=2.0096\text{m}^2$。

（3）核算操作气速

$$u_2=\frac{4V_{s2}}{\pi D_2^2}=\frac{V_{s2}}{\Omega_2}=\frac{0.1723}{2.0096}=0.086\text{m/s}$$

（4）核算径比

$D_2/d=1600/50=32>10\sim15$（满足鲍尔环的径比要求）

（5）校核喷淋密度

$$U_{\min}=(L_W)a_t=0.08\times106.4=8.512\text{m}^3/(\text{m}^2\cdot\text{h})$$

$$U_2=446104\text{kg/h}=\frac{446104/1192}{2.0089}=217.22>8.512\text{m}^3/(\text{m}^2\cdot\text{h})\text{（满足要求）}$$

故塔的直径分别为 $D_1=1800\text{mm}$，$D_2=1600\text{mm}$。

又考虑到粗细两段的喷淋密度均远远大于最小喷淋密度，且变径幅度较小，故在粗段不设侧线，也不考虑吸收液的部分再循环吸收问题。

六、计算填料层高度

因 PC 吸收 CO_2 为液膜控制，故选用 $H=\int_{x_2}^{x_1}\frac{L\text{d}x}{K_xa(1-x)(x^*-x)}$ 来计算填料层高度。

方法一：传质单元法

因塔顶、塔底的温度变化及压力变化范围较小，故采用近似的简化传质单元法计算，即

$$H=\int_{x_2}^{x_1}\frac{L\text{d}y}{K_xa(1-x)(x^*-x)}\approx\left[\frac{L}{K_xa(1-x)_m}\right]\left[\int_{x_2}^{x_1}\frac{\text{d}x}{x^*-x}+\frac{1}{2}\ln\left(\frac{1-x_2}{1-x_1}\right)\right]$$

$$H_{OL}=\left[\frac{L}{K_x a(1-x)_m}\right],\quad N_{OL}=\left[\int_{x_2}^{x_1}\frac{dx}{x^*-x}+\frac{1}{2}\ln\frac{1-x_2}{1-x_1}\right]$$

1. 传质单元高度的计算

传质单元高度 H_{OL} 的计算主要是吸收传质系数的计算。关于气体吸收传质系数的获取，最可靠的办法是在相应的操作工况下由实验测定，但在实验条件不具备的情况下，除了可查文献外，也可采用相应的经验关联式求取传质系数。目前应用较为普遍的要数恩田数关联式。无论采用那一种经验关联式，得到的传质系数均存在一定的误差。现采用专用公式计算 PC 吸收 CO_2 的传质系数（若采用恩田公式，其计算过程基本相同）。

PC 吸收 CO_2 的专用特征数关系式：

气相　$$k_G=1.195\left[\frac{d_p G}{\mu_G(1-\varepsilon)}\right]^{-0.36}\left(\frac{\mu_G}{\rho_G D_G}\right)^{-2/3}\left(\frac{G_M}{10p_{Bm}}\right)\quad \text{kmol/(m}^2\cdot\text{h}\cdot\text{atm)}$$

液相　$$k_L=0.015\left(\frac{L}{a_t\mu_L}\right)^{0.5}\left(\frac{\mu_L}{\rho_L D_L}\right)^{-0.5}\left(\frac{\mu_L g}{\rho_L}\right)^{1/3}(a_t d_p)^{0.4}\quad \text{m/h}$$

式中，G、L 为气、液两相的质量流率，kg/(m²·h)；G_M 为气相的摩尔流率，kmol/(m²·h)；d_p 为填料的当量直径，$d_p=4\varepsilon/a$，m；D_G、D_L 为气、液相扩散系数，m²/h；μ_G、μ_L 为气、液相黏度，kg/(m·h)；p_{Bm} 为气相中惰性气体分压的对数平均值，MPa；其余符号同前。

值得注意的是，经验公式中对于特征数项的计算只需采用同一单位制系统的单位即可。

总体积传质系数：$K_x a=C_t K_L a$，$\frac{1}{K_L}=\frac{H}{k_G}+\frac{1}{k_L}$，$a=a_w$，$H=C_t/E\approx\rho_S/M_S E$（稀溶液）

亨利系数：$E=1.6204t+39.594\text{atm}=(1.6204t+39.594)\times101.3\text{kPa}$

（1）CO_2 在两相中的扩散系数

① CO_2 在气相中的扩散系数 D_G　首先计算 CO_2 在各组分中的扩散系数，然后再计算其在混合气体中的扩散系数。计算公式如下

$$D_{CO_2-i}=\frac{1.013\times10^{-5}T^{1.75}\left(\frac{1}{M_A}+\frac{1}{M_B}\right)^{1/2}}{p_t[(\Sigma V_A)^{1/3}+(\Sigma V_B)^{1/3}]^2}\quad(p_t\text{的单位为 kPa})$$

$$D_G=\frac{1-y_{CO_2}}{\Sigma(y_i/D_{CO_2-i})}$$

查各组分的摩尔质量 M_i 和分子扩散体积 ΣV_i，计算参数为塔底：温度 30℃，压力为 2.8MPa；塔顶：温度 30℃，压力为 2.75MPa。并将 CO_2 在各组分中扩散系数按上式计算，其结果一并填入表 5-51 中。

表 5-51　CO_2 在各组分中的扩散系数

项　　目	CO_2	CO	H_2	N_2
摩尔质量 M_i	44	28	2	28
扩散体积 ΣV_i	26.9	18.9	7.07	17.9
塔底 $D_{CO_2-i,1}$		0.6013×10^{-6}	2.3842×10^{-6}	0.6116×10^{-6}
塔顶 $D_{CO_2-i,2}$		0.6122×10^{-6}	2.4275×10^{-6}	0.6227×10^{-6}
平均 $\overline{D_{CO_2-i}}$		0.6067×10^{-6}	2.4057×10^{-6}	0.6171×10^{-6}
$D_{G1}=1.1917\times10^{-6}\text{m}^2/\text{s}=0.0043\text{m}^2/\text{h}$，$D_{G2}=1.2223\times10^{-6}\text{m}^2/\text{s}=0.0044\text{m}^2/\text{h}$				

平均 D_{CO_2-i} 为平均温度 30℃及平均压力 2.775MPa 下的数值。

从 D_{G1}、D_{G2} 数值可以看出，塔顶、塔底的扩散系数并无明显差异，若差异太大，应在塔中插入若干分点后计算其平均值，这样做势必将增大物热衡算的工作量。

② CO_2 在液相中的扩散系数 D_L　关于 CO_2 在液相中的扩散系数，有下面的经验公式：

$D_{CO_2\text{-}PC}=9.0123069\times10^{-8}T/\mu_L \text{cm}^2/\text{s}$　　(μ_L 的单位为 mPa·s)

$D_{CO_2\text{-}PC}=7.78\times10^{-8}T/\mu_L \text{cm}^2/\text{s}$　　(μ_L 的单位为 mPa·s)

不知哪一个计算式较可靠，现取二者进行算术平均，即 $D_{CO_2-PC}=8.396\times10^{-8}T/\mu_L$ 计算，塔底温度为 35℃，塔顶温度为 30℃。故

$$D_{L1}=8.396\times10^{-8}(308.15/2.368)=1.0926\times10^{-5}\text{cm}^2/\text{s}=3.933\times10^{-6}\text{m}^2/\text{h}$$

$$D_{L2}=8.396\times10^{-8}(303.15/2.596)=0.9804\times10^{-5}\text{cm}^2/\text{s}=3.530\times10^{-6}\text{m}^2/\text{h}$$

2.368mPa·s 和 2.596mPa·s 分别为 PC 在 35℃和 30℃时的黏度。

（2）气液两相黏度

① 气相黏度 μ_G

$$\mu_G=\frac{\sum y_i\mu_{Gi}(M_i)^{0.5}}{\sum y_i(M_i)^{0.5}}\text{（气体混合物的黏度）}\qquad \mu_{Gi}=\mu_{Gi}^0\left(\frac{T}{273.15}\right)^m\text{（纯组分的黏度）}$$

μ_{Gi}^0 为 0℃、常压下纯气体组分的黏度，mPa·s。m 为关联指数（见表 5-52）。

表 5-52　常压下纯气体组分的黏度与关联指数

组分	μ_{Gi}^0/mPa·s	m	组分	μ_{Gi}^0/mPa·s	m
CO_2	1.34×10^{-2}	0.935	H_2	0.84×10^{-2}	0.771
CO	1.66×10^{-2}	0.758	N_2	1.66×10^{-2}	0.756

在常压及操作温度下，气相中单组分及混合物的黏度计算结果见表 5-53。

表 5-53　常压及操作温度下气相中单组分及混合物的黏度计算结果

项　目	部　位	CO_2	CO	H_2	N_2
μ_{Gi}/mPa·s	塔顶 30℃	1.4771×10^{-2}	1.7964×10^{-2}	0.9103×10^{-2}	1.7961×10^{-2}
	塔底 30℃	1.4771×10^{-2}	1.7964×10^{-2}	0.9103×10^{-2}	1.7961×10^{-2}
$\mu_{G1}=1.4876\times10^{-5}$Pa·s=0.05355kg/(m·h)					
$\mu_{G2}=1.4928\times10^{-5}$Pa·s=0.05374kg/(m·h)					

亦可利用对比态原理根据对比压力、对比温度和对比黏度的关系从图中查处各组分的黏度值，其值与利用公式所得到的结果基本相同。

② 液相黏度 μ_L　根据 $\lg\mu_L=-0.822+\dfrac{185.5}{T-153.1}$mPa·s 得

$\mu_{L1}=2.368$mPa·s=8.525kg/(m·h)，$\mu_{L2}=2.596$mPa·s=9.3445kg/(m·h)

（3）气液两相的密度

进出塔气体的平均摩尔质量：$M_{m1}=20.208$kg/kmol，$M_{m2}=10.99$kg/kmol。

气相密度：$\rho_{G1}=22.45\text{kg/m}^3$，同样可算出 $\rho_{G2}=11.99\text{kg/m}^3$

液相密度：$\rho_{L1}=1187\text{kg/m}^3$，$\rho_{L2}=1192\text{kg/m}^3$

（4）气液两相的 Sc 数

$$(Sc)_{G1}=\frac{\mu_{G1}}{\rho_{G1}D_{G1}}=\frac{1.4876\times10^{-5}}{22.45\times1.1917\times10^{-6}}=0.556$$

$$(Sc)_{G2}=\frac{\mu_{G2}}{\rho_{G2}D_{G2}}=\frac{1.4928\times10^{-5}}{11.99\times1.2223\times10^{-6}}=1.019$$

$$(Sc)_{L1}=\frac{\mu_{L1}}{\rho_{L1}D_{L1}}=\frac{2.368\times10^{-3}}{1187\times0.10926\times10^{-8}}=1826$$

$$(Sc)_{L2}=\frac{\mu_{L2}}{\rho_{L2}D_{L2}}=\frac{2.596\times10^{-3}}{1192\times0.09804\times10^{-8}}=2221$$

（5）吸收液与填料的表面张力

吸收液：$\sigma=43.617-0.114t$　　mN/m

$\sigma_1=39.627\text{mN/m}=513565\text{kg/h}^2$，$\sigma_2=40.197\text{mN/m}=520953\text{kg/h}^2$

填料：$\sigma_c=33\text{mN/m}=427680\text{kg/h}^2$（聚乙烯塑料）

（6）惰性气体的对数平均分压 p_{Bm}

塔底压力 $p_{t1}=2.8\text{MPa}$

塔顶压力：取塔内压降为 0.5kgf/cm^2（合 49044Pa），$p_{t2}=2.75\text{MPa}$。

$p_{B1}=p_{t1}(1-y_{CO_2 1})=2.8(1-0.28)=2.016\text{MPa}$；$p_{B2}=p_{t2}(1-y_{CO_2 2})=2.75(1-0.005)=2.736\text{MPa}$

$$p_{Bm}=\frac{p_{B2}-p_{B1}}{\ln(p_{B2}/p_{B1})}=\frac{2.736-2.016}{\ln(2.736/2.016)}=2.3577\text{MPa}$$

（7）气相的摩尔流率

$$G_{M1}=\frac{21390}{22.4\times2.5434}=375.4465\text{kmol/(m}^2\cdot\text{h)}$$

$$G_{M2}=\frac{15169.8}{22.4\times2.0096}=336.994\text{kmol/(m}^2\cdot\text{h)}$$

（8）填料的当量直径

$$d_p=4\varepsilon/a_t=4\times0.9/106.4=0.03383\text{m}$$

（9）气相质量流率 G

$$G_1=\frac{21390}{22.4\times2.5434}\times20.208=7587.02\text{kg/(m}^2\cdot\text{h)}$$

$$G_2=\frac{15169.8}{22.4\times2.0096}\times10.99=3703.56\text{kg/(m}^2\cdot\text{h)}$$

（10）气相传质系数

$$k_G=1.195\left[\frac{d_pG}{\mu_G(1-\varepsilon)}\right]^{-0.36}\left(\frac{\mu_G}{\rho_GD_G}\right)^{-2/3}\left(\frac{G_M}{10p_{Bm}}\right)$$

$$k_{G1}=1.195\times\left[\frac{0.03383\times7587.02}{0.05355(1-0.90)}\right]^{-0.36}\times0.556^{-2/3}\times\frac{375.4465}{10\times2.3577}$$

$$=1.195\times0.02065\times1.47894\times15.9243=0.5812\text{kmol/(m}^2\cdot\text{h}\cdot\text{atm)}$$

$$k_{G2}=1.195\times\left[\frac{0.03383\times3703.56}{0.05374(1-0.90)}\right]^{-0.36}\times1.019^{-2/3}\times\frac{336.994}{10\times2.3577}$$

$$=1.195\times0.02677\times0.9875\times14.2933=0.4515\text{kmol/(m}^2\cdot\text{h}\cdot\text{atm)}$$

（11）液相质量流率（喷淋密度）

$$L_1=\frac{457859}{2.5434}=180018.4\text{kg/(m}^2\cdot\text{h)}；L_2=\frac{446104}{2.0096}=221986.3\text{kg/(m}^2\cdot\text{h)}$$

（12）液相传质系数

$$k_L=0.015\left(\frac{L}{a_t\mu_L}\right)^{0.5}\left(\frac{\mu_L}{\rho_LD_L}\right)^{-0.5}\left(\frac{\mu_Lg}{\rho_L}\right)^{1/3}(a_td_p)^{0.4}$$

$$k_{L1}=0.015\times\left(\frac{180018.4}{106.4\times8.525}\right)^{0.5}\times1826^{-0.5}\times\left(\frac{8.525\times1.27\times10^8}{1187}\right)^{1/3}\times5.9^{0.4}$$

$$=0.015\times14.0877\times0.02340\times96.9801\times2.0340=0.9754\text{m/h}$$

$$k_{L2}=0.015\times\left(\frac{221986.3}{106.4\times9.3445}\right)^{0.5}\times2221^{-0.5}\times\left(\frac{9.3445\times1.27\times10^{8}}{1192}\right)^{1/3}\times5.9^{0.4}$$

$$=0.015\times14.9422\times0.02122\times99.8530\times2.0340=0.9660\text{m/h}$$

（13）总传质系数

$$\frac{1}{K_L}=\frac{H}{k_G}+\frac{1}{k_L}$$

溶解度系数 H，吸收后的溶液为稀溶液，且近似满足亨利定律（见传质单元数计算）。

$$H=c_t/E\approx\rho_S/M_SE,\ E=1.6204t+39.594\text{atm}$$

$$H_1=\frac{1187}{102.09\times(1.6204\times35+39.594)}=0.1207\text{kmol/(m}^3\cdot\text{atm)}$$

$$H_2=\frac{1192}{102.09\times(1.6204\times30+39.594)}=0.1324\text{kmol/(m}^3\cdot\text{atm)}$$

$$\frac{1}{K_{L1}}=\frac{0.1207}{0.5812}+\frac{1}{0.9754}=0.2077+1.0252\Rightarrow K_{L1}=0.811\ (\text{m/h})$$

$$\frac{1}{K_{L2}}=\frac{0.1324}{0.4515}+\frac{1}{0.9660}=0.2932+1.0352\Rightarrow K_{L2}=0.753\ (\text{m/h})$$

从计算结果得出，PC 吸收 CO_2 的过程为液膜控制，并且气膜阻力不可忽略（约占总阻力的 20%），液膜阻力与气膜阻力之比约为 4∶1。

因吸收 CO_2 后的溶液仍为稀溶液，固 $K_x\approx c_tK_L$，有

$$K_{x1}=\frac{1187}{102.09}\times0.811=9.429\text{kmol/(m}^2\cdot\text{h)},\ K_{x2}=\frac{1192}{102.09}\times0.753=8.792\text{kmol/(m}^2\cdot\text{h)}$$

（14）有效传质比表面积 a_w

$$\frac{a_w}{a_t}=1-\exp\left[-1.45\left(\frac{\sigma_c}{\sigma}\right)^{0.75}\left(\frac{L}{a_t\mu_L}\right)^{0.1}\left(\frac{L^2a_t}{\rho_L^2g}\right)^{-0.05}\left(\frac{L^2}{\rho_L\sigma a_t}\right)^{0.2}\right]$$

$$\frac{a_{w1}}{a_t}=1-\exp$$

$$\left[-1.45\left(\frac{33}{39.627}\right)^{0.75}\left(\frac{180018.4}{106.4\times8.525}\right)^{0.1}\left(\frac{180018.4^2\times106.4}{1187^2\times1.27\times10^8}\right)^{-0.05}\left(\frac{180018.4^2}{1187\times513565\times106.4}\right)^{0.2}\right]$$

$$=1-\exp(-1.45\times0.8718\times1.6973\times1.2183\times0.8704)=0.8972$$

$$a_{w1}=0.8972\times106.4=95.46\text{m}^2/\text{m}^3$$

$$\frac{a_{w2}}{a_t}=1-\exp$$

$$\left[-1.45\left(\frac{33}{40.197}\right)^{0.75}\left(\frac{221986.3}{106.4\times9.3445}\right)^{0.1}\left(\frac{221986.3^2\times106.4}{1192^2\times1.27\times10^8}\right)^{-0.05}\left(\frac{221986.3^2}{1192\times520953\times106.4}\right)^{0.2}\right]$$

$$=1-\exp(-1.45\times0.8625\times1.7174\times1.1935\times0.9430)=0.9108$$

$$a_{w2}=0.8786\times106.4=96.91\text{m}^2/\text{m}^3$$

（15）计算塔顶、塔底二截面处的 $(1-x)_m$

塔顶、塔底液相的平衡组成 x^* 与实际组成 x 塔底

$$x_1^*=\frac{19.82/22.4}{19.82/22.4+1187/102.09}=0.0707$$

因吸收饱和度为 80%，故 $x_1=0.8x_1^*=0.8\times0.0707=0.05656$

塔顶：塔顶压力为 2.75MPa，合 28.05kgf/cm²，于是出塔净化气中 CO_2 的分压为

$$p_{CO_2}=0.005\times28.05=0.14\text{kgf/cm}^2$$

$$\lg X_{CO_2}^{*}=\lg p_{CO_2}+\frac{644.25}{T}-4.112=\lg 0.14+\frac{644.25}{303.15}-4.112$$

$$X_{CO_2}^{*}=0.001443\text{kmolCO}_2/\text{kmolPC}$$

$$x_2^{*}=\frac{0.001443}{0.001443+1192/102.09}=0.000124$$

$$x_2=\frac{0.2/22.4}{0.2/22.4+1192/102.09}=0.000764$$

$$(1-x)_{m1}=\left[\frac{(1-x)-(1-x^{*})}{\ln[(1-x)/(1-x^{*})]}\right]_1=\frac{(1-0.05656)-(1-0.0707)}{\ln[(1-0.05656)/(1-0.0707)]}=0.936$$

$$(1-x)_{m2}=\left[\frac{(1-x)-(1-x^{*})}{\ln[(1-x)/(1-x^{*})]}\right]_2=\frac{(1-0.000764)-(1-0.000124)}{\ln[(1-0.000764)/(1-0.000124)]}=0.9996$$

（16）有效体积传质系数

$(K_x a)_1=9.429\times 95.46=900\text{kmol/(m}^3\cdot\text{h)}$，$(K_x a)_2=8.792\times 96.91=852\text{kmol/(m}^3\cdot\text{h)}$

（17）液相总传质单元高度

根据：$H_{OL}=\dfrac{L}{K_x a(1-x)_m}$

塔底：$H_{OL1}=\dfrac{L_1}{(K_x a)_1(1-x)_m}=\dfrac{180018.4/(102.09)}{900\times 0.936}=2.093\text{m}$

塔顶：$H_{OL2}=\dfrac{L_2}{(K_x a)_2(1-x)_m}=\dfrac{221986.3/(102.09)}{852\times 0.9996}=2.553\text{m}$

全塔：$H_{OL}=\dfrac{1}{2}(H_{OL1}+H_{OL2})=\dfrac{1}{2}(2.093+2.553)=2.323\text{m}$

实际上可将全塔按气相浓度分为两段（塔顶、塔底和塔中部）或更多，然后求取各段所对应的传质单元高度的平均值，这样的做法可能更为合理，但计算的工作量很大，此处未分段，一律按全塔计算。

2. 传质单元数的计算

（1）PC 吸收 CO_2 的操作线方程和相平衡方程

因其他气体的溶解度很小，故将其他气体看作是惰性气体并视作恒定不变，那么，惰性气体的摩尔流率 G'

$$G'=\frac{21390(1-0.28)}{22.4}/(3600\times 2.5434)=0.07509\text{kmol/(m}^2\cdot\text{s)}$$

又因为溶剂的蒸气压很低，忽略溶剂的蒸发与夹带损失，并视作恒定不变，那么有

$$L'=445956/(102.09\times 3600\times 2.5434)=0.47708\text{kmol/(m}^2\cdot\text{s)}$$

$$y_2=0.005,\quad x_2=\frac{0.2/22.4}{0.2/22.4+1192/102.09}=0.000764$$

吸收塔物料衡算的操作线方程为

$$G'\left(\frac{y}{1-y}-\frac{y_2}{1-y_2}\right)=L'\left(\frac{x}{1-x}-\frac{x_2}{1-x_2}\right)$$

因 G'/L' 与塔截面积无关，将已知数据代入上式，整理得塔粗细两段的操作线均为

$$x=\frac{0.1574\left(\dfrac{y}{1-y}-0.005025\right)+0.000765}{1.000765+0.1574\left(\dfrac{y}{1-y}-0.005025\right)}$$

吸收塔内的相平衡方程

将相平衡关系中的气相分压 p 和液相中的浓度 X 转化为气液两相均以摩尔分数表示的对应关系，即 $y=f(x)$，其转换过程如下

$$\lg X_{CO_2}=\lg p_{CO_2}+\frac{644.25}{T}-4.112 \qquad X_{CO_2}=\frac{x}{1-x} \qquad p_{CO_2}=yp_t$$

（2）利用两线方程求取传质推动力（x^*-x）

因塔内的压力分布和温度分布未知，现假定总压降与气相浓度差成正比（实际上与填料层高度成正比，因填料层高度待求），将气相浓度变化范围等分成10个小区间，可求得各分点处的压力。温度分布可利用各区间的热量衡算求出。

忽略气体因温升引起的焓变、溶剂挥发带走的热量及塔的热损失，则气体溶解所释放的热量完全被吸收液所吸收，对第 n 个小区间作热量衡算有

$$LC_{pL}(t_n-t_{n-1})=L(x_n-x_{n-1})\Delta H_s \Rightarrow t_n=t_{n-1}+(x_n-x_{n-1})\Delta H_s/C_{pL}$$

式中，L 为液相的摩尔流率；ΔH_s为第 n 区间内溶解气的平均微分摩尔溶解热，$\Delta H_s=14654\text{kJ/kmol}$；$C_{pL}$为第 n 区间液体的平均定压比热容，其表达式为

$$C_{pL}=[1.39+0.00181(\bar{t}-10)]\times 102.09\text{kJ/(kmol·°C)}；\bar{t}=(t_n+t_{n-1})/2\text{°C}。$$

因液相温度变化很小，故取平均温度32.5℃下的 C_{pL}值计算，避免试差的麻烦，于是有

$$t_n=t_{n-1}+100.32(x_n-x_{n-1})$$

依据上述假设在计算机上作出传质推动力及其倒数的计算结果，见表5-54。

表5-54 传质推动力及传质单元数的计算结果

项 目	0	1	2	3	4	5	6	7	8	9	10
$y\times10^2$	0.50	3.25	6.00	8.75	11.50	14.25	17.00	19.75	22.50	25.25	28.00
$x\times10^2$	0.0764	0.5233	0.9920	1.4843	2.0017	2.5465	3.1206	3.7268	4.3675	5.0460	5.7657
p_t/(kgf/cm²)	28.05	28.10	28.15	28.20	28.25	28.30	28.35	28.40	28.45	28.50	28.55
p_{CO_2}/(kgf/cm²)	0.140	0.913	1.689	2.467	3.248	4.032	4.819	5.608	6.400	7.195	7.993
T/K	303.15	303.60	304.07	304.56	305.08	305.63	306.20	306.81	307.45	308.14	308.86
$x^*\times10^2$	0.144	0.926	1.686	2.426	3.144	3.841	4.517	5.171	5.803	6.413	7.000
$f=1/(x^*-x)$	1472.8	248.48	144.05	106.22	87.54	77.23	71.62	69.24	69.66	73.16	81.02

用表中数据作图于图5-99。

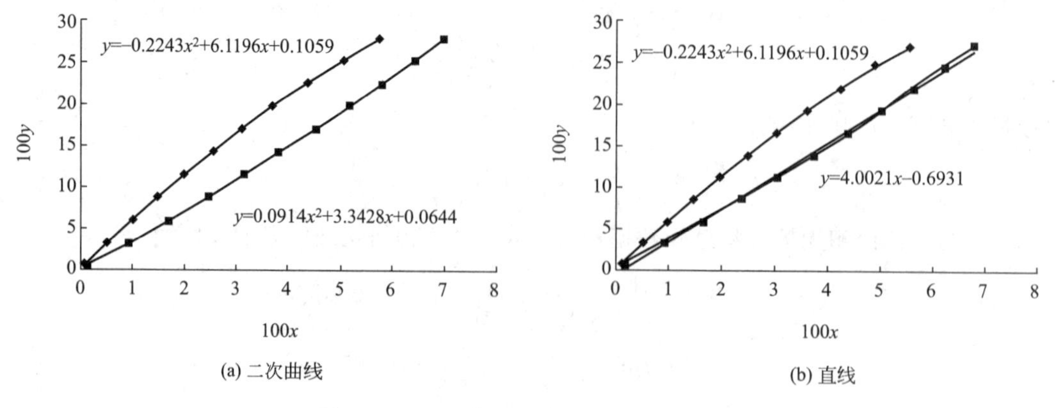

(a) 二次曲线　　(b) 直线

图5-99 PC吸收 CO_2 的操作线和平衡线

图 5-99 中下方散点线为平衡线，经关联得相平衡关系，可用一、二次曲线 $y=0.0914x^2+3.3428x+0.0644$ 逼近，亦可用一直线 $y=4.0021x-0.6931$ 逼近，即近似满足亨利定律。

值得注意的是，因压力和温度的变化范围均很小（2.8～2.75MPa，30～35℃），作相平衡关系的转换时近似取平均压力 2.775MPa 和平均温度 32.5℃下值，并视为常数计算，将使计算过程大为简化，其所致误差仍很小，工程上可以接受。

（3）求取传质单元数

方法一因每一小区间的宽度 Δx_i 并不等分，故不能用 Simpson 公式求取上述积分项，现采用中值矩形求和，即

$$\int_{x_2}^{x_1}\frac{dx}{(x^*-x)}=\sum\frac{1}{2}(f_{i-1}+f_i)(x_i-x_{i-1})$$

$$=0.5\times(1472.8+248.48)\times(0.005233-0.000764)+0.5\times(248.48+144.05)\times(0.009920-0.005233)+\cdots+0.5\times(73.16+81.02)\times(0.057657-0.05046)$$

$$=8.67$$

$$\frac{1}{2}\ln\frac{1-x_2}{1-x_1}=\frac{1}{2}\ln\left(\frac{1-0.000764}{1-0.057657}\right)=0.0293$$

$$N_{OL}=\int_{x_2}^{x_1}\frac{dx}{(x^*-x)}+\frac{1}{2}\ln\frac{1-x_2}{1-x_1}=8.67+0.0293=8.70$$

方法二：数值积分法

利用 $H=\int_{x_2}^{x_1}\frac{L\,dx}{K_xa(1-x)(x^*-x)}$ 作数值积分，结果见表 5-55。

（1）将气相浓度在操作范围内 10 等分，利用操作线方程求取各分点 y 所对应的 x，将计算结果列于表 5-55 中的 1、2 行。

（2）求取各分点对应的 G、L 值，用下式计算

$$G=\frac{G'}{1-y}\qquad L=\frac{L'}{1-x}$$

式中，G'、L'（0～5 分点为塔细段的摩尔流率值，6～10 分点为塔粗段的摩尔流率值）

在粗段：$G_1'=0.07509\text{kmol/(m}^2\cdot\text{s)}$，$L_1'=0.47708\text{kmol/(m}^2\cdot\text{s)}$（见传质系数的计算）。

在细段：$G_2'=0.07509\times2.5434/2.0096=0.0950\text{kmol/(m}^2\cdot\text{s)}$，$L_2'=0.6038\text{kmol/(m}^2\cdot\text{s)}$。

将计算结果列于表 5-55 中的 3、4 行。

（3）计算压力 p_t 和温度 T，压力按浓度分布，温度按 $t_n=t_{n-1}+100.32(x_n-x_{n-1})$ 计算，将计算结果列于表 5-55 中的 5、6 行。

表 5-55 数值积分结果汇总表

序号	项目	0	1	2	3	4	5	6	7	8	9	10
1	$y\times10^2$	0.50	3.25	6.00	8.75	11.50	14.25	17.00	19.75	22.50	25.25	28.00
2	$x\times10^2$	0.0764	0.5233	0.9920	1.4843	2.0017	2.5465	3.1206	3.7268	4.3675	5.0460	5.7657
3	G/[kmol/(m²·s)]	0.0955	0.0982	0.1011	0.1041	0.1073	0.1108	0.0905	0.0936	0.0969	0.1005	0.1043
4	L/[kmol/(m²·s)]	0.6043	0.6070	0.6099	0.6129	0.6161	0.6196	0.4924	0.4955	0.4989	0.5024	0.5063
5	p_t/(kgf/cm²)	28.05	28.10	28.15	28.20	28.25	28.30	28.35	28.40	28.45	28.50	28.55
6	T/K	303.15	303.60	304.07	304.56	305.08	305.63	306.20	306.81	307.45	308.14	308.86

续表

序号	项目	0	1	2	3	4	5	6	7	8	9	10
7	气相平均分子量	11.12	12.03	12.94	13.85	14.76	15.67	16.58	17.49	18.39	19.30	20.21
8	$\rho_G/(kg/m^3)$	12.13	13.14	14.13	15.13	16.12	17.12	18.11	19.09	20.08	21.06	22.04
9	p_{Bm}/MPa	2.75	2.70	2.63	2.56	2.49	2.42	2.34	2.27	2.20	2.13	2.05
10	$k_G/[kmol/(m^2\cdot h\cdot atm)]$	0.339	0.360	0.385	0.412	0.441	0.472	0.588	0.630	0.676	0.726	0.781
11	$\mu_L/mPa\cdot s$	2.596	2.574	2.551	2.528	2.503	2.478	2.452	2.426	2.398	2.369	2.339
12	$\rho_L/(kg/m^3)$	1192	1192	1191	1191	1190	1190	1189	1189	1188	1187	1186
13	$D_L\times10^6/(m^2/h)$	3.530	3.565	3.603	3.642	3.683	3.727	3.774	3.823	3.876	3.932	3.992
14	$k_L/(m/h)$	0.966	0.979	0.992	1.006	1.021	1.036	0.936	0.952	0.969	0.988	1.007
15	$H/[kmol/(m^3\cdot atm)]$	0.132	0.131	0.130	0.129	0.128	0.126	0.125	0.124	0.122	0.121	0.119
16	$K_L/(m/h)$	0.729	0.749	0.770	0.792	0.814	0.837	0.760	0.782	0.805	0.829	0.854
17	$\sigma/(kg/h^2)$	520953	520291	519596	518866	518099	517292	516441	515543	514593	513587	512521
18	$a_w/(m^2/m^3)$	96.92	97.01	97.10	97.20	97.30	97.40	95.29	95.43	95.57	95.71	95.87
19	$K_xa/[kmol/(m^3\cdot h)]$	825.6	848.0	872.5	897.5	923.2	949.7	843.7	868.9	895.2	922.8	951.9
20	$1-x$	0.9992	0.9948	0.9901	0.9852	0.9800	0.9745	0.9688	0.9627	0.9563	0.9495	0.9423
21	$p_{CO_2}/(kgf/cm^2)$	0.14	0.91	1.69	2.47	3.25	4.03	4.82	5.61	6.40	7.20	7.99
22	$x^*\times10^2$	0.144	0.926	1.687	2.426	3.145	3.842	4.518	5.172	5.804	6.414	7.001
23	$(x^*-x)\times10^2$	0.068	0.403	0.694	0.942	1.143	1.295	1.397	1.445	1.436	1.368	1.235
24	$\dfrac{L}{K_xa(1-x)(x^*-x)}$	3882.3	643.4	366.0	265.0	214.5	186.1	155.3	147.6	146.1	150.9	164.5

（4）计算 k_G 式中的各项参数，按下式计算

$$k_G=1.195\left[\frac{d_pG}{\mu_G(1-\varepsilon)}\right]^{-0.36}\left(\frac{\mu_G}{\rho_GD_G}\right)^{-2/3}\left(\frac{G_M}{10p_{Bm}}\right)\quad kmol/(m^2\cdot h\cdot atm)$$

取 $D_G=0.0044m^3/h$，$\mu_G=0.0536kg/(m\cdot h)$ 不变（前已算出塔顶、底变化很小）。

$$\frac{d_p}{\mu_G(1-\varepsilon)}=\frac{0.03383}{0.0536\times(1-0.90)}=6.31m^2\cdot h/kg$$

气相平均分子量$\overline{M}$

将变换气中CO、H_2、Ar在PC中的溶解量忽略，则入塔气扣除CO_2后剩余气体组分（惰气B）的组成为

$$y_{CO}=\frac{0.025}{1-0.28}=0.0347,\quad y_{H_2}=\frac{0.472}{0.72}=0.6556,\quad y_{N_2}=\frac{0.223}{0.72}=0.3097$$

于是

$$\overline{M}_B=28\times0.0347+2\times0.6556+28\times0.3097=10.96$$

$$\overline{M}=44y+10.96(1-y)$$

此式计算结果为入塔20.21，出塔11.12，物衡为入塔20.21，出塔10.99。

$$\rho_G\approx\frac{p_t\overline{M}}{RT}$$

此式计算结果为入塔 22.04，出塔 12.13，物衡为入塔 22.45，出塔 11.99。

$p_{Bm}=\dfrac{p_{B2}-p_{B1}}{\ln(p_{B2}/p_{B1})}$，为每一小区间的对数平均，在表 5-55 单元格（9 行，0 列）中的值应为空白，为便于后续参数的计算，以 2.75 填充。

以单元格（10 行，0 列）为例

$$k_G=1.195\left[\frac{d_pG}{\mu_G(1-\varepsilon)}\right]^{-0.36}\left(\frac{\mu_G}{\rho_GD_G}\right)^{-2/3}\left(\frac{G_M}{10p_{Bm}}\right)$$

$$=1.195\ (6.31\times3600\times11.12\times0.0755)^{-0.36}\left(\frac{0.0536}{12.13\times0.0044}\right)^{-2/3}\left(\frac{0.0755\times3600}{10\times2.75}\right)$$

$$=0.339$$

将计算结果列于表 5-55 中的 7～10 行。

（5）计算 k_L 值，按下式计算

$$k_L=0.015\left(\frac{L}{a_t\mu_L}\right)^{0.5}\left(\frac{\mu_L}{\rho_LD_L}\right)^{-0.5}\left(\frac{\mu_Lg}{\rho_L}\right)^{1/3}\quad(a_td_p)^{0.4}\qquad \text{m/h}$$

$$\lg\mu_L=-0.822+\frac{185.5}{T-153.1}\text{mPa·s}$$

$$\rho_L=1223.3-1.032t\ \text{kg/m}^3,\ D_L=\frac{8.396\times10^{-8}T}{\mu_L}\text{cm}^2/\text{s}$$

$a_td_p=106.4\times0.03383=3.6$，考虑到填料润湿后的比表面积和当量直径难以获取，本设计取 5.9［见谭天恩《化工原理》第三版（下册）P_{62}表 9-10］。

以单元格（14 行，0 列）为例

$$k_L=0.015\left(\frac{L}{a_t\mu_L}\right)^{0.5}\left(\frac{\mu_L}{\rho_LD_L}\right)^{-0.5}\left(\frac{\mu_Lg}{\rho_L}\right)^{1/3}(a_td_p)^{0.4}$$

$$=0.015\left(\frac{0.6043\times102.09\times3600}{106.4\times2.596\times3600/1000}\right)^{0.5}\left(\frac{2.596\times3.6}{1192\times3.530\times10^{-6}}\right)^{-0.5}\left(\frac{2.596\times3.6\times1.27\times10^8}{1192}\right)^{1/3}\times5.9^{0.4}$$

$$=0.966\text{m/h}$$

将计算结果列于表 5-55 中的 11～14 行。

（6）计算 K_L

$$H=c_t/E=\frac{\rho_L}{M_LE}=\frac{\rho_L}{M_L(1.6204t+39.594)}$$

$$\frac{1}{K_L}=\frac{H}{k_G}+\frac{1}{k_L}$$

将计算结果列于表 5-55 中的 15～16 行。

（7）计算 a_w

$$\frac{a_w}{a_t}=1-\exp\left[-1.45\left(\frac{\sigma_c}{\sigma}\right)^{0.75}\left(\frac{L}{a_t\mu_L}\right)^{0.1}\left(\frac{L^2a_t}{\rho_L^2g}\right)^{-0.05}\left(\frac{L^2}{\rho_L\sigma a_t}\right)^{0.2}\right]$$

$$\sigma=43.617-0.114t\quad \text{mN/m}$$

将计算结果列于表 5-55 中的 18 行。

（8）计算 K_xa

$$K_xa\approx c_tK_La=\frac{\rho_L}{102.09}K_La$$

将计算结果列于表 5-55 中的 19 行。

（9）计算$\dfrac{L}{K_x a\ (1-x)\ (x^*-x)}$

将计算结果列于表 5-55 中的 20～24 行。

（10）求取积分项

$$H=\int_{x_2}^{x_1}\frac{L\,\mathrm{d}x}{K_x a(1-x)(x^*-x)}=21.34\mathrm{m}$$

3. 填料层的有效传质高度及分段数

方法一的计算结果：$H=H_{\mathrm{OL}}N_{\mathrm{OL}}=2.323\times 8.70=20.21\mathrm{m}$

方法二的计算结果：$H=21.34\mathrm{m}$

考虑到公式的误差，取安全系数 1.2，得填料层总高 Z

$$Z=1.2H=1.2\times 21.34=25.6\mathrm{m}$$

实际取 25m，平均分成 5 段，其中粗塔段 2 层，细塔段 3 层，每段填料层高度为 5.0m。

七、计算填料层压降

近似以塔顶、塔底的数据采用 Eckert 通用关联图计算填料层压降。

横坐标

$$X=\frac{W_{\mathrm{L}}}{W_{\mathrm{V}}}\left(\frac{\rho_{\mathrm{V}}}{\rho_{\mathrm{L}}}\right)^{0.5}=\begin{cases}\dfrac{446104}{7442.7}\left(\dfrac{11.99}{1192}\right)^{0.5}=6.01\ （塔顶）\\ \dfrac{457859}{19296.8}\left(\dfrac{22.45}{1187}\right)^{0.5}=3.26\ （塔底）\end{cases}$$

查表 5-44 得 $\Phi_{\mathrm{p}}=125\mathrm{m}^{-1}$。

$$Y=\frac{u^2\Phi_{\mathrm{p}}\psi}{g}\left(\frac{\rho_{\mathrm{V}}}{\rho_{\mathrm{L}}}\right)\mu_{\mathrm{L}}^{0.2}=\begin{cases}\dfrac{0.086^2\times 125\times\ (995.7/1192)}{9.81}\left(\dfrac{11.99}{1192}\right)\times 2.596^{0.2}=0.001\ （塔顶）\\ \dfrac{0.094^2\times 125\times\ (994/1187)}{9.81}\left(\dfrac{22.45}{1187}\right)\times 2.368^{0.2}=0.002\ （塔底）\end{cases}$$

查图 5-89 知，塔下段的压降约为 15mm H_2O/m。塔上段压降约为 30mm H_2O/m。

全塔压降：$\Delta p\approx(15\times 10+30\times 15)\times 9.81=5886\mathrm{Pa}=5.9\mathrm{kPa}$

八、填料塔主要内件和附属设备选型

关于塔内件、塔附件和附属设备的设计，此处仅提出选型结果。

（1）初始液体分布器：溢流槽式分布器。

（2）液体再分布器：多梁型再分布器。

（3）填料支承板：分块梁式支承板。

（4）填料压板：栅板型压板。

（5）除雾沫器：ϕ450mm 金属丝网除雾器。

（6）气体入塔分布器：栅条型分布器。

（7）解吸塔：三段闪蒸解吸（减压、常压和真空），减压解吸段和常压解吸段，内装淋降塔板；真空解吸段，内装 ϕ50mm 的塑料鲍尔环填料。

（8）PC 溶剂回收罐，内装 ϕ50mm 塑料鲍尔环填料，罐体为不锈钢材质。

（9）贫液冷却器，立式列管水冷却器。

（10）气-液分离器，立式。

（11）罗茨抽风机，液环真空泵。

其余略。

九、填料吸收塔设计工艺条件图

PC 吸收 CO_2 填料吸收塔工艺条件见图 5-100。

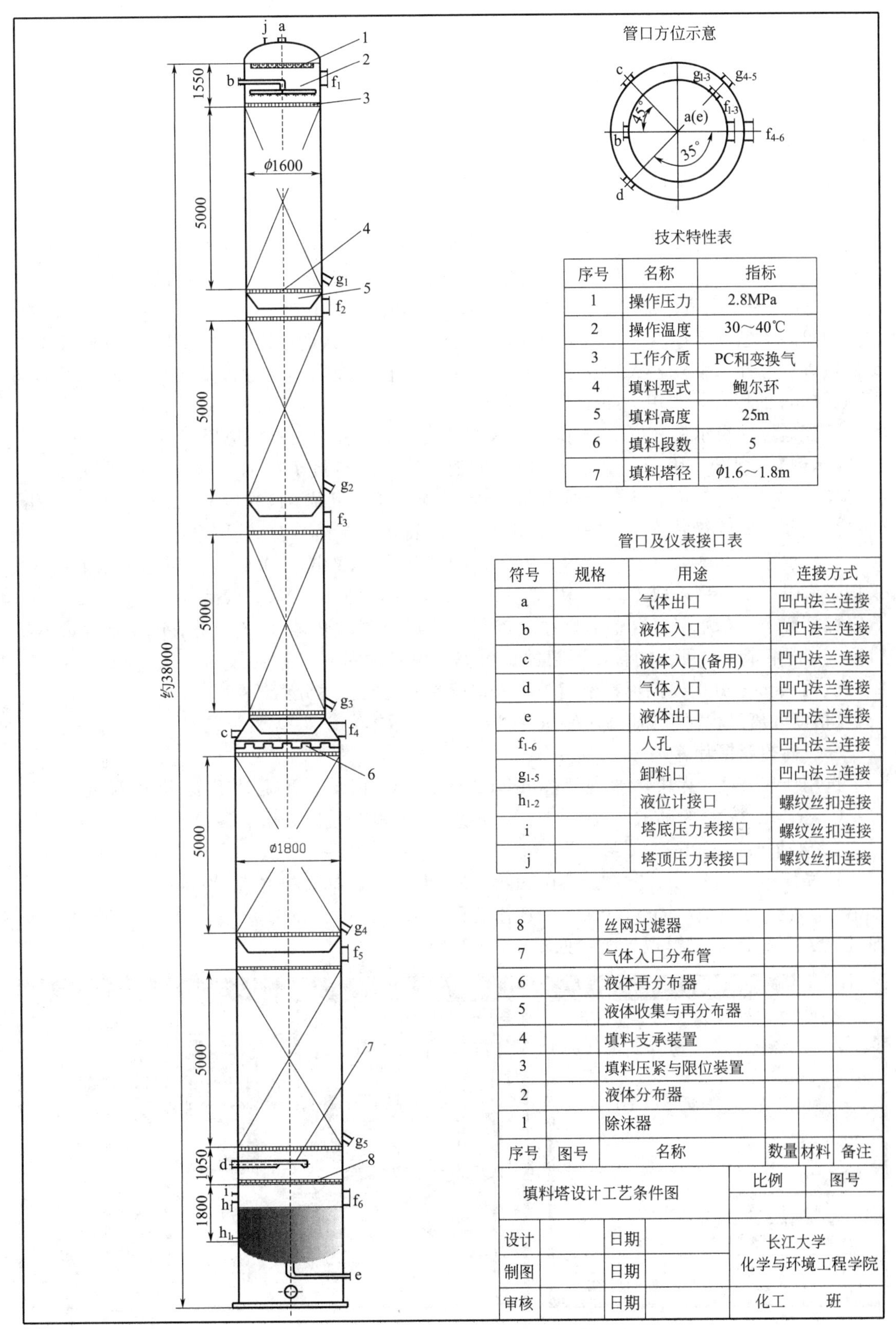

技术特性表

序号	名称	指标
1	操作压力	2.8MPa
2	操作温度	30～40℃
3	工作介质	PC和变换气
4	填料型式	鲍尔环
5	填料高度	25m
6	填料段数	5
7	填料塔径	ϕ1.6～1.8m

管口及仪表接口表

符号	规格	用途	连接方式
a		气体出口	凹凸法兰连接
b		液体入口	凹凸法兰连接
c		液体入口(备用)	凹凸法兰连接
d		气体入口	凹凸法兰连接
e		液体出口	凹凸法兰连接
$f_{1\text{-}6}$		人孔	凹凸法兰连接
$g_{1\text{-}5}$		卸料口	凹凸法兰连接
$h_{1\text{-}2}$		液位计接口	螺纹丝扣连接
i		塔底压力表接口	螺纹丝扣连接
j		塔顶压力表接口	螺纹丝扣连接

序号	图号	名称	数量	材料	备注
8		丝网过滤器			
7		气体入口分布管			
6		液体再分布器			
5		液体收集与再分布器			
4		填料支承装置			
3		填料压紧与限位装置			
2		液体分布器			
1		除沫器			

填料塔设计工艺条件图				比例	图号
设计		日期		长江大学 化学与环境工程学院	
制图		日期			
审核		日期		化工　　班	

图 5-100　PC 吸收 CO_2 填料吸收塔工艺条件

5.4 BTX精馏分离过程的Aspen模拟示例

“如果你不能对你的工艺进行建模，你就不能了解它；如果你不了解它，你就不能改进它；而且，如果你不能改进它，你在21世纪就不会具有竞争力。”——Aspen World 1997。

Aspen软件的研发始于1976年，由美国麻省理工学院主持、能源部支助、55所高校和公司参与组织的会战，该项目被称为“过程工程的先进系统”（Advanced System for Process Engineering，简称ASPEN），并于1981年年底完成。为了将其商品化，1982年成立了AspenTech公司，推出的产品称之为Aspen Plus。该软件经过30多年来的不断改进、扩充和提高，已先后推出了十多个版本，现已成为举世公认的标准大型流程模拟软件，应用案例数以百万计。全球各大化工、石化、炼油等过程工业制造企业及著名的工程公司都是Aspen Plus的用户，利用Aspen Plus可以设计、模拟、诊断和管理有效益的生产装置。

下面通过一个示例来展示Aspen Plus在精馏分离过程中的具体应用。

【示例】 含苯、甲苯、二甲苯和C_9的混合物，进料量$F=8155$kg/h，进料压力$p=0.3$MPa，温度$t=50$℃，进料组成如下：苯1272kg/h，甲苯3179kg/h，二甲苯3383kg/h，C_9 321kg/h。现用双塔精馏（塔顶0.15MPa，塔底0.20MPa）分离。

（1）要求：99.9%（质量分数，下同）的苯从塔顶馏出，99.98%的甲苯从塔底排出，采用全凝器。试分别求取R_{min}、N_{Tmin}、$R=1.2R_{min}$时的R、N_T、N_F。

（2）要求：苯中甲苯含量不超过0.05%（质量分数，下同），苯塔塔底产物苯含量不超过0.5%；甲苯中二甲苯的含量不超过0.05%，甲苯收率不低于98%。

试用Aspen分别模拟填料精馏塔和板式精馏塔完成上述分离任务。

【精馏分离过程模拟如下】（Aspen Plus V 7.2版本）

一、简捷精馏计算

选用DSTWU模块，通过Winn-Underwood-Gilliland简捷计算法快速确定R_{min}、N_{Tmin}、$R=1.2R_{min}$时的R、N_T、N_F等参数，为严格精馏计算作准备。

1. 启动Aspen Plus

选择模板“Template”，在“simulations”模式下选择公制单位“General with metric Units”，在运行类型“Run Type”下选择流程模拟“Flowsheet”形式，单击“确定”之后即进入Aspen Plus的模拟界面，见图5-101和图5-102。

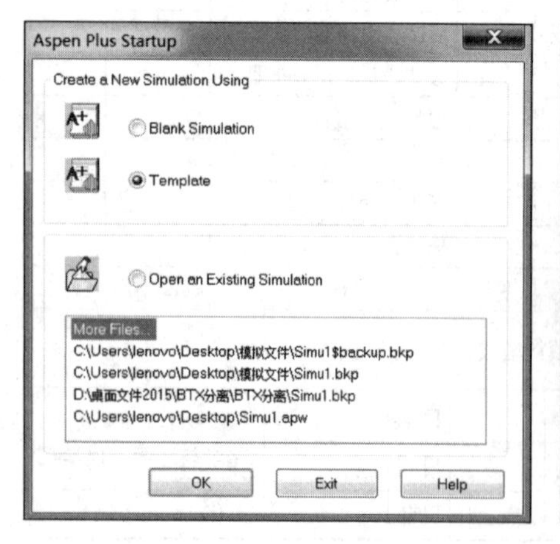

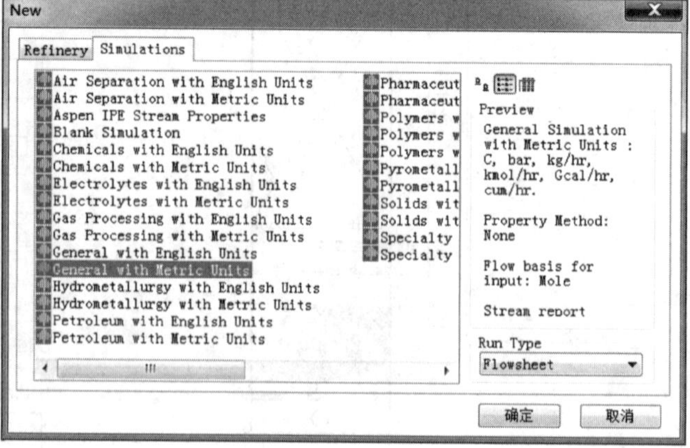

图5-101 Aspen Plus的启动界面

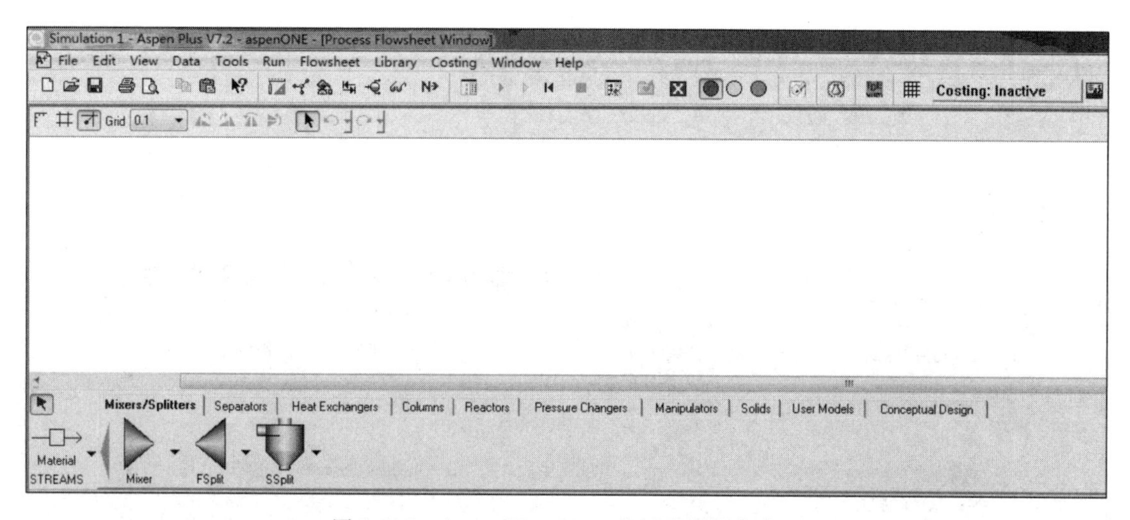

图 5-102　Aspen Plus V7.2 的用户界面主窗口

2. 创建模拟流程

在用户界面下方的单元操作模块库中单击塔设备“Columns”，在 Columns 菜单下将 DSTWU 模块集展开，选择其中的板式塔在用户界面主窗口中单击，再选择物料流“Material”连接流程，并给物流和模块重新命名以方便模拟，分别见图 5-103 和图 5-104。

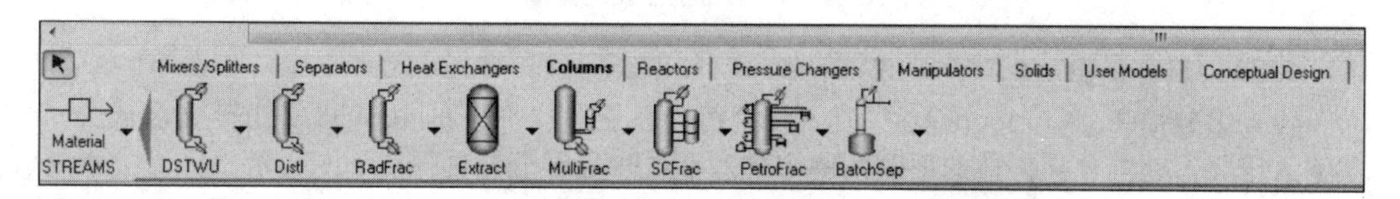

图 5-103　单元操作模块库中“Columns”模块

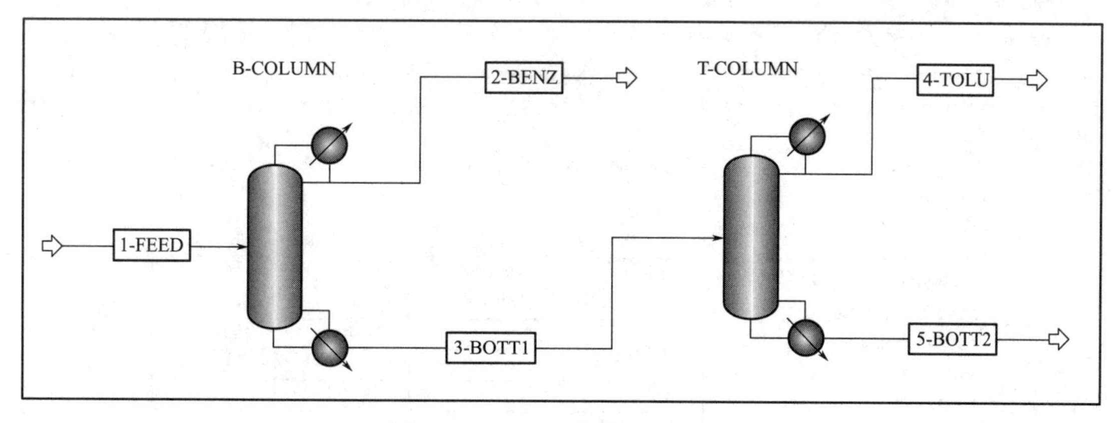

图 5-104　BTX 双塔精馏分离流程

3. 设定全局特性

①在全局设置“Global”的标题“Title”一栏中填写“BTX--DSTWU”；②在度量单位“Units of Measuerement”中创建一个单位制系统 US-1，选定各参数对应的单位并应用于全局，输入参数“Input Data”和输出结果“Output Results”会自动填写 US-1；③单击“N→”进入化学组分信息的输入“Components”，如图 5-105 所示。输入完成后，左边的设置窗口会呈现出蓝色的对勾。

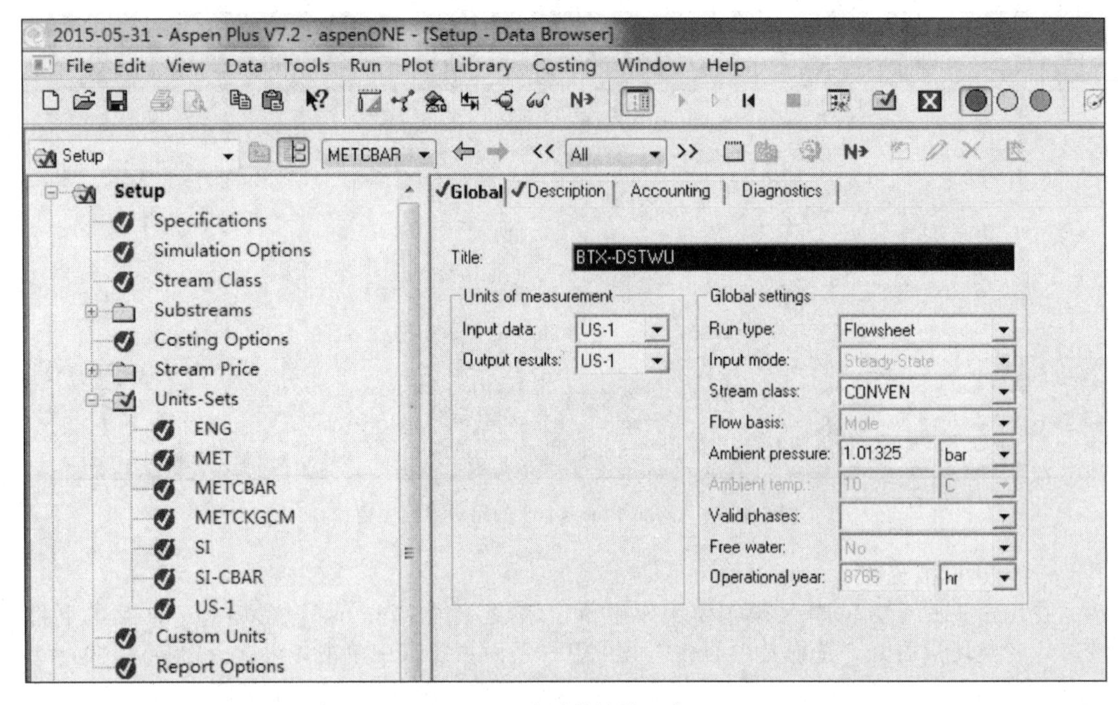

图 5-105　全局特性设置窗口

4. 输入组分信息

输入组分信息“Components”时，每个组分只能对应唯一的 ID，可采用英文名或分子式输入组分，有同分异构体的要利用弹出的对话框加以区分，如图 5-106 所示。

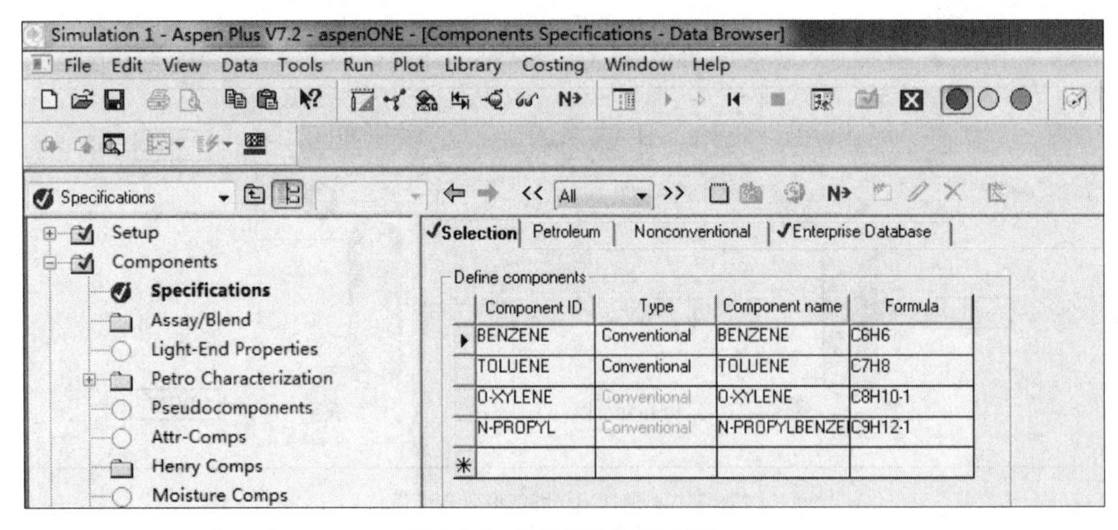

图 5-106　化学组分的 ID 信息

5. 选用物性方法

Aspen Plus 具有一套完整的基于状态方程和活度系数方法的物性模型共 105 个，本体系选用“CHAO-SEA”物性模型，如图 5-107 所示。

单击工具“Tools”，然后 Tools→Analysis→Property→Binary，在弹出的对话框选择相应参数，见图 5-108，单击“Go”得图 5-109 苯-甲苯二元体系的气液相平衡曲线。

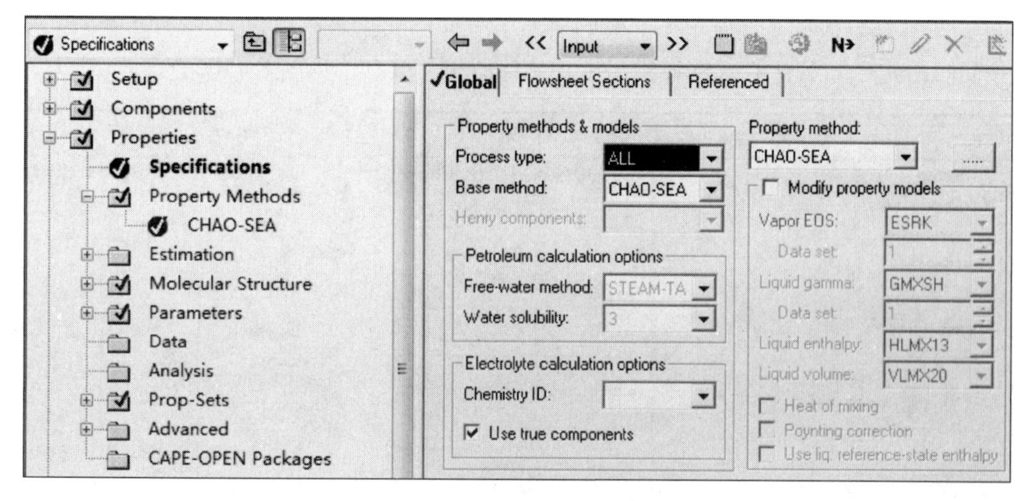

图 5-107　选用物性方法窗口

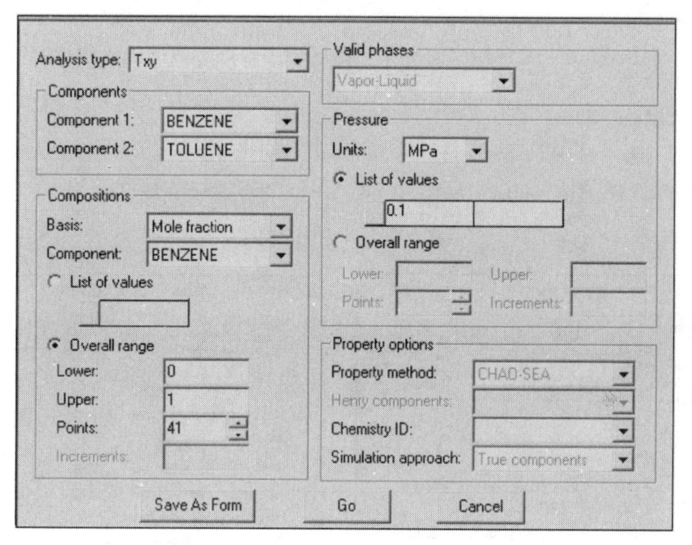

图 5-108　苯-甲苯的 T-$x(y)$ 气液相平衡关系设置窗口

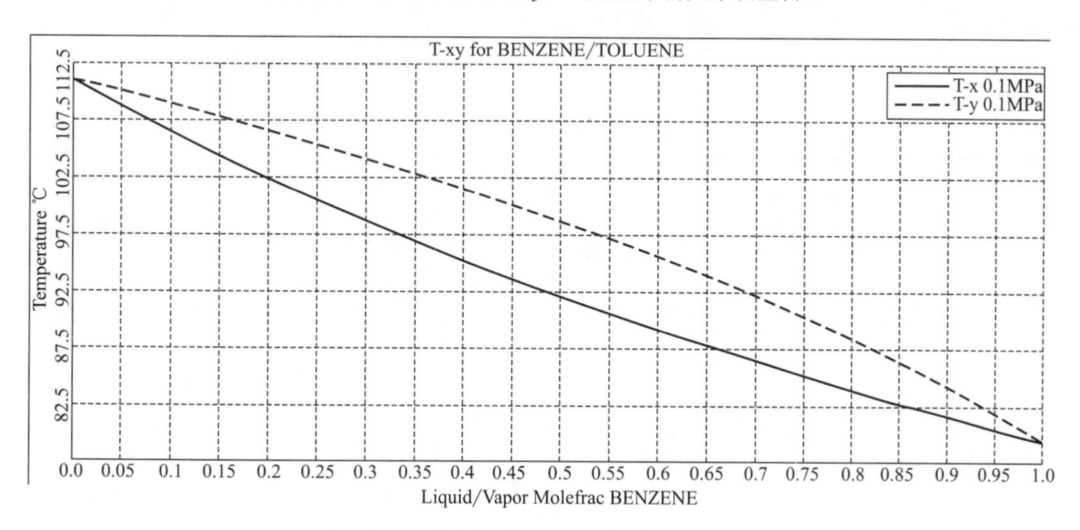

图 5-109　苯-甲苯的 t-$x(y)$ 气液相平衡曲线

6. 输入外部物流信息

按题目给定已知条件输入进料物流 1-FEED 的相关信息，见图 5-110。

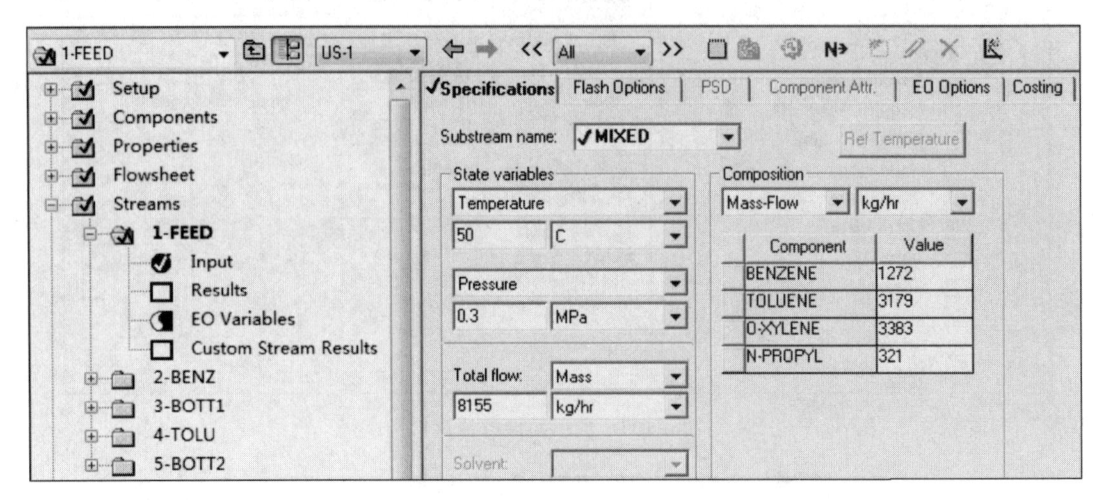

图 5-110 进料物流的组成、温度、压力等参数的输入窗口

7. 输入模块信息

单击“Blocks”或“N→”，分别输入 B-COLUMN 和 T-COLUMN 参数，并生成一个 $R \sim N_T$ 的关系表格，Reflux retio 一栏中的“－1.2”表示 $R/R_{min}=1.2$，见图 5-111 和图5-112。

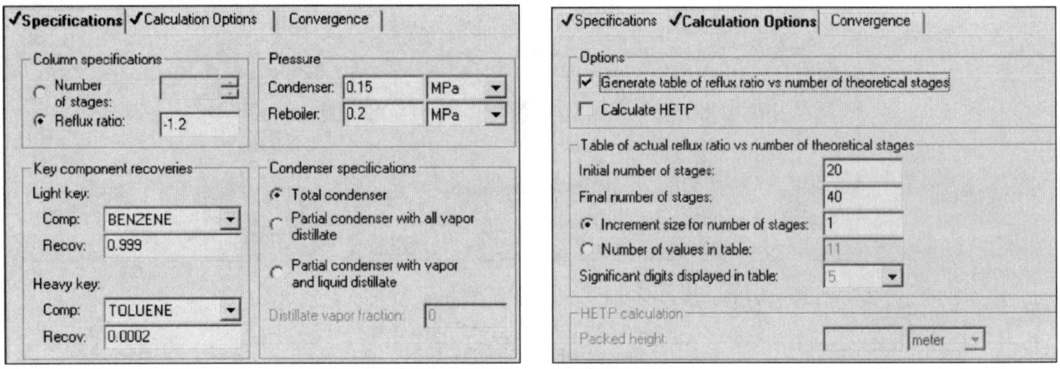

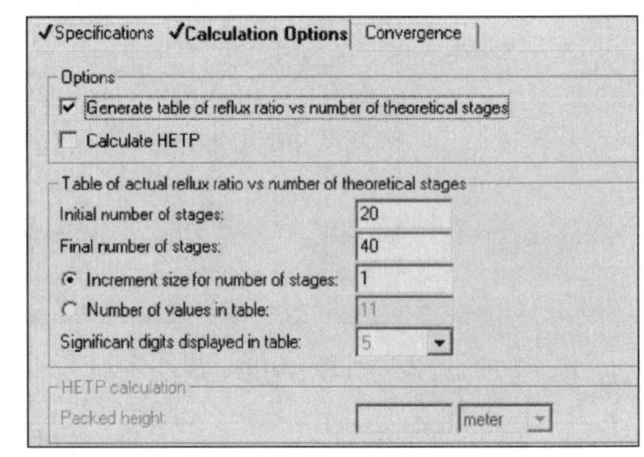

图 5-111 B-COLUMN 设计参数

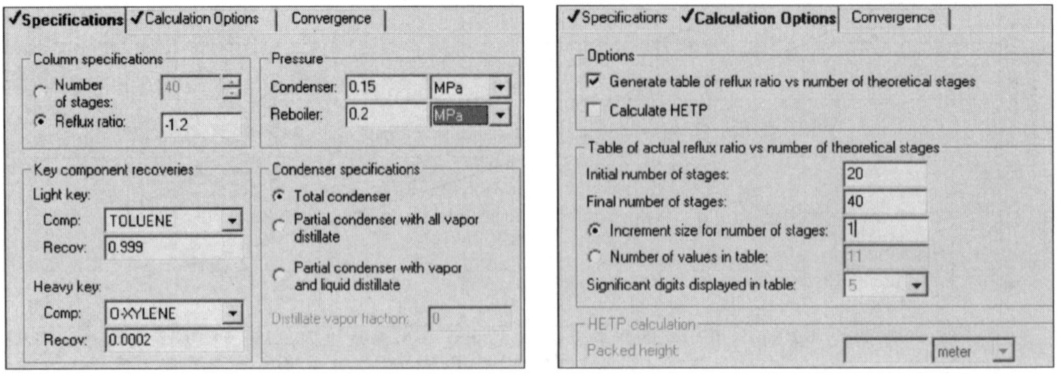

图 5-112 T-COLUMN 设计参数

8. 模拟运行给出结果

运行结果显示无错误和警告，结果可用。模拟结果见图 5-113。

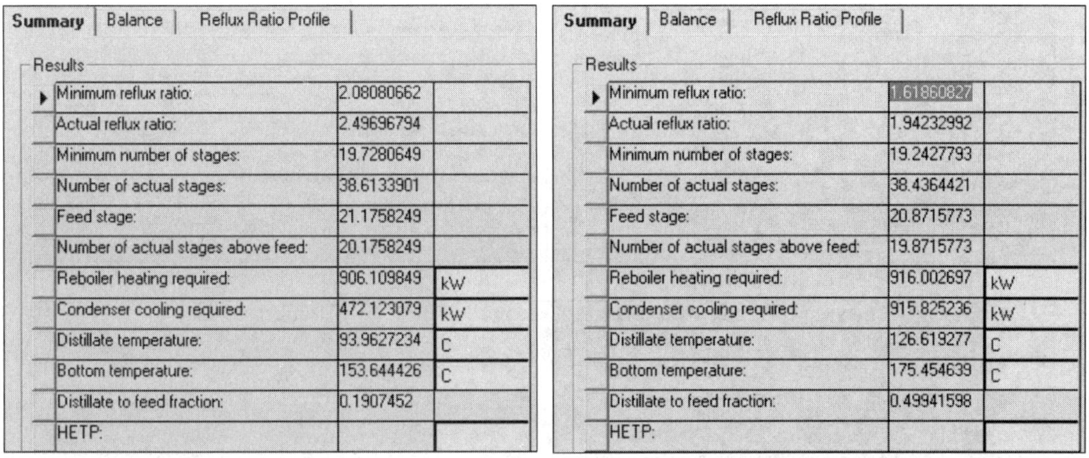

Summary | Balance | Reflux Ratio Profile

Results

Minimum reflux ratio:	2.08080662	
Actual reflux ratio:	2.49696794	
Minimum number of stages:	19.7280649	
Number of actual stages:	38.6133901	
Feed stage:	21.1758249	
Number of actual stages above feed:	20.1758249	
Reboiler heating required:	906.109849	kW
Condenser cooling required:	472.123079	kW
Distillate temperature:	93.9627234	C
Bottom temperature:	153.644426	C
Distillate to feed fraction:	0.1907452	
HETP:		

Summary | Balance | Reflux Ratio Profile

Results

Minimum reflux ratio:	1.61860827	
Actual reflux ratio:	1.94232992	
Minimum number of stages:	19.2427793	
Number of actual stages:	38.4364421	
Feed stage:	20.8715773	
Number of actual stages above feed:	19.8715773	
Reboiler heating required:	916.002697	kW
Condenser cooling required:	915.825236	kW
Distillate temperature:	126.619277	C
Bottom temperature:	175.454639	C
Distillate to feed fraction:	0.49941598	
HETP:		

图 5-113　苯塔和甲苯塔的 $R_{\min}$、R、N_{Tmin}、N_{T}、N_{F}、Q_{R}、Q_{C}、T_{D}、T_{W}及 η 等参数结果一览

保存文件 BTX-DSTWU，方便后面继续使用。

二、严格精馏计算

1. 选用 RadFrac 模块

打开文件 BTX-DSTWU，将其中的简捷计算模块用严格计算模块替换，连接物料流，然后另存为 BTX-RadFrac。模块替换后，原有的 Setup、Components、Properties、Flowsheet、Streams 信息在新的 RadFrac 环境下依然有效，不必重新输入，只需接着往下输入模块“Blocks”参数。如果没有上述文件，则启动 Aspen，选用 RadFrac 模块，重新设定和输入 Setup、Components、Properties、Flowsheet、Streams 等参数，设定和输入与 DSTWU 模块完全相同，操作步骤同简捷精馏计算步骤 1→7。

用 RadFrac 替换 DSTWU 模块后，连接物流要用到“Reconnect Source”和“Reconnect Destination”两个命令。

2. Blocks 的参数输入

根据 DSTWU 计算得出的结果，将相关数据按图 5-114 和图 5-115 输入。

3. 模拟运行给出结果

运行结果显示无错误和警告，结果可用。模拟结果见图 5-116 和图 5-117。

4. 设计规定的输入

在 Design Specs 下新建 1 个子目录，依题意，苯中甲苯含量不超过 0.0005，依次将设计变量类型、目标值、流股类型、目标组分、目标物流按图 5-118 输入。

苯塔塔底产物中苯的含量不超过 0.005，因此需再新建一个子目录，做出相应的设计规定，见图 5-119。

根据甲苯中二甲苯的含量不超过 0.0005，甲苯收率不低于 98%，按 B-COLUMN 设计参数输入的方法规定 T-COLUMN 的设计规定参数，此处略。

5. 调节变量的输入

以 B-COLUMN 为例，选 R 和 D/F 作为调节变量，参考 DSTWU 模拟的结果选定 R 和 D/F 的调节范围，用图 5-120 进行说明。

T-COLUMN 调节变量的输入方法同苯塔，不再重复。

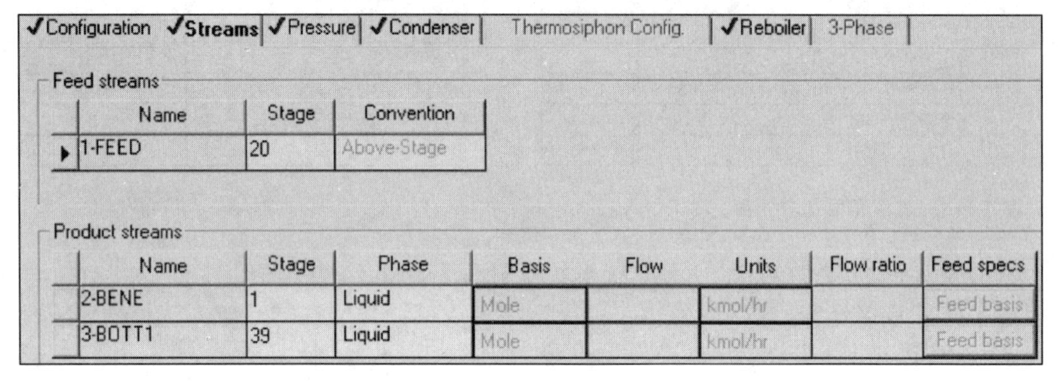

图 5-114　苯塔输入参数

图 5-115　甲苯塔输入参数

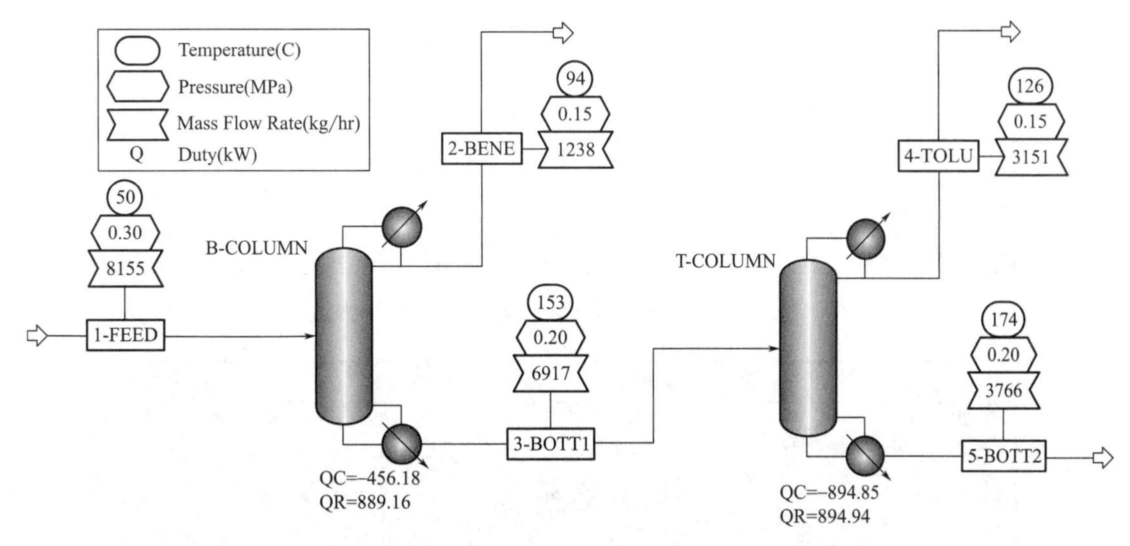

图 5-116　BTX 双塔 RadFrac 严格精馏物料流程

	1-FEED	2-BENE	3-BOTT1	4-TOLU	5-BOTT2	
Temperature C	50.0	94.0	153.1	126.0	174.5	
Pressure MPa	0.300	0.150	0.200	0.150	0.200	
Vapor Frac	0.000	0.000	0.000	0.000	0.000	
Mole Flow kmol/hr	85.321	15.848	69.473	34.263	35.211	
Mass Flow kg/hr	8155.000	1238.034	6916.966	3150.974	3765.991	
Volume Flow cum/hr	9.632	1.550	9.263	4.124	5.121	
Enthalpy Gcal/hr	0.163	0.224	0.312	0.247	0.065	
Mass Flow kg/hr						
BENZENE	1272.000	1237.415	34.585	34.585	TRACE	
TOLUENE	3179.000	0.619	3178.381	3114.814	63.567	
O-XYLENE	3383.000	TRACE	3383.000	1.576	3381.424	
N-PROPYL	321.000	TRACE	321.000	< 0.001	321.000	
Mass Frac						
BENZENE	0.156	1.000	0.005	0.011	TRACE	
TOLUENE	0.390	500 PPM	0.460	0.989	0.017	
O-XYLENE	0.415	TRACE	0.489	500 PPM	0.898	
N-PROPYL	0.039	TRACE	0.046	111 PPB	0.085	
Mole Flow kmol/hr						
BENZENE	16.284	15.841	0.443	0.443	TRACE	

图 5-117　BTX 双塔严格精馏物热衡算结果

1　US-1　All　N>
Properties
Flowsheet
Streams
Blocks
B-COLUMN
Setup
Rate-based Distillation S
Design Specs
1

Specifications | Components | Feed/Product Streams | Options | Results
Design specification
Type: Mass purity
Specification
Target: 0.0005
Stream type
Product　Internal　Decanter

图 5-118（a）　B-COLUMN 塔顶设计规定参数的输入 Ⅰ

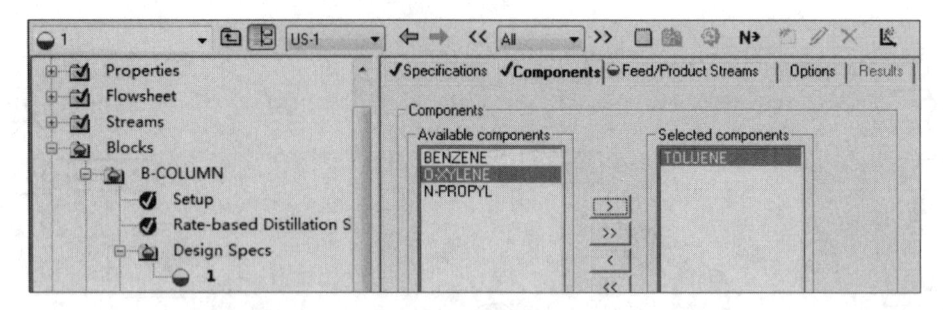

图 5-118（b） B-COLUMN 塔顶设计规定参数的输入Ⅱ

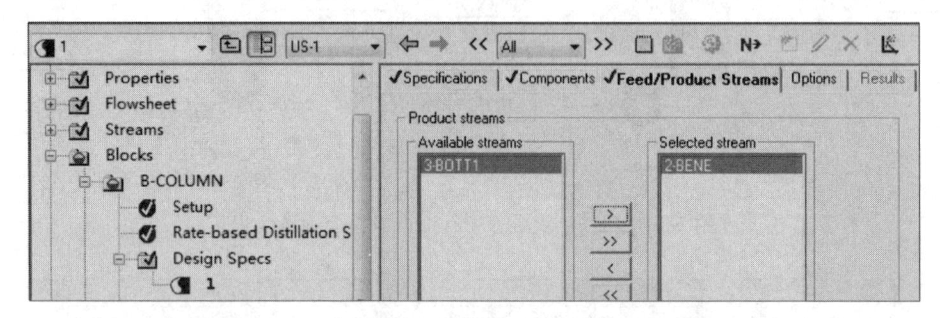

图 5-118（c） B-COLUMN 塔顶设计规定参数的输入Ⅲ

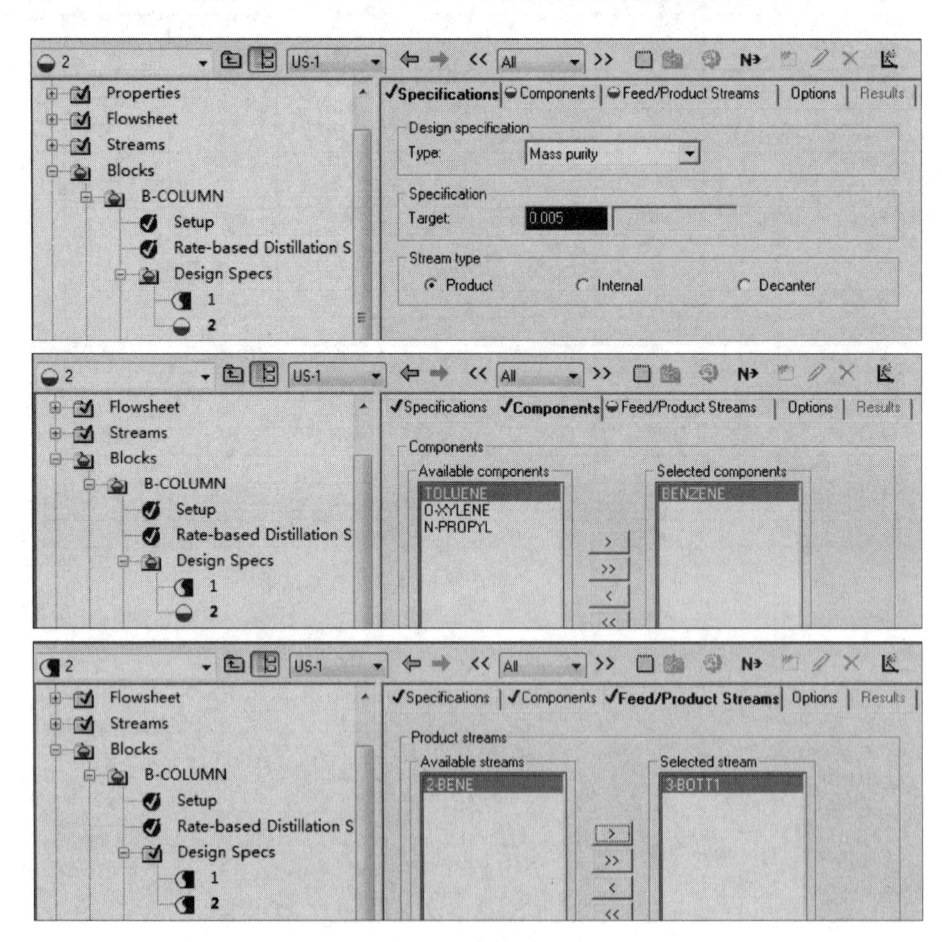

图 5-119 B-COLUMN 塔釜设计规定参数的输入

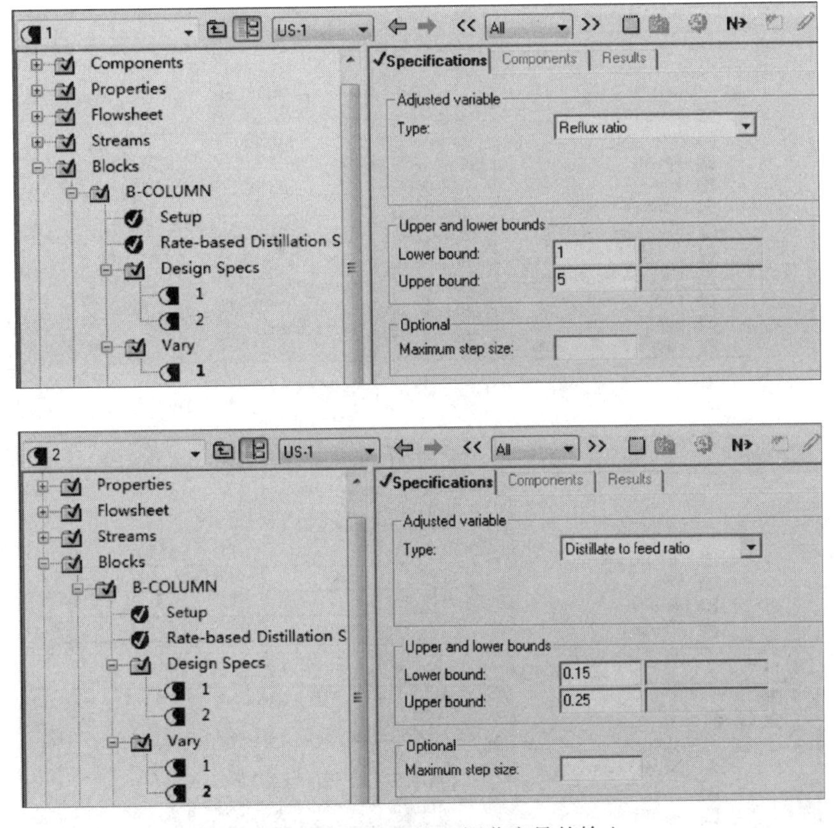

图 5-120　B-COLUMN 调节变量的输入

6. 运行模拟程序

运行结果显示无错误和警告，结果可用。模拟结果见图 5-121。

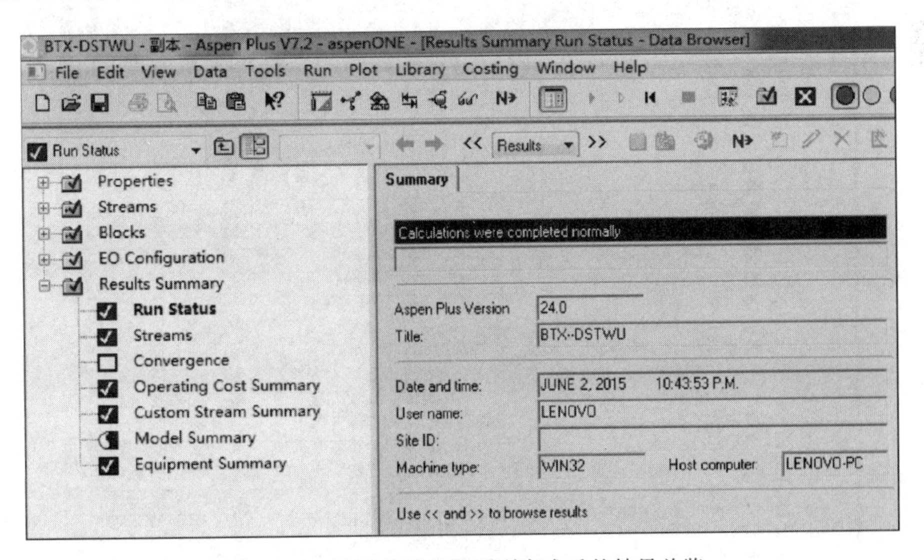

图 5-121　模拟计算过程顺利完成后的结果总览

以下是运行得出的结果，分别见图 5-122～图 5-125。

由此可看出，满足设计规定的回流比为 2.4854。

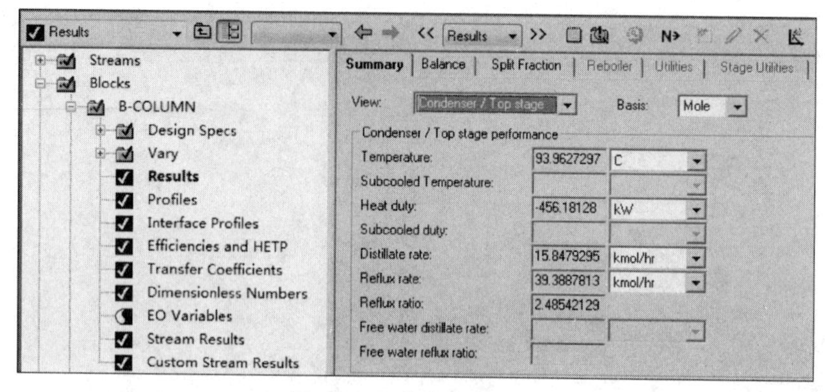

图 5-122　苯塔结果摘要

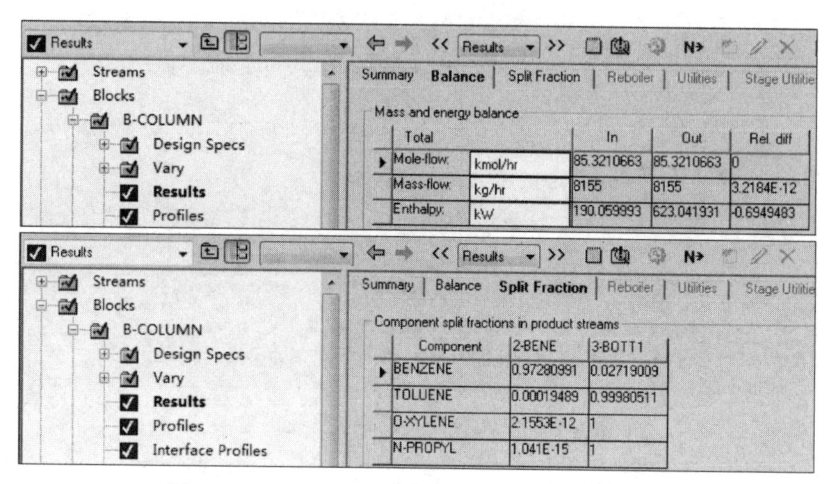

图 5-123　B-COLUMN 中的物热平衡和分流分率

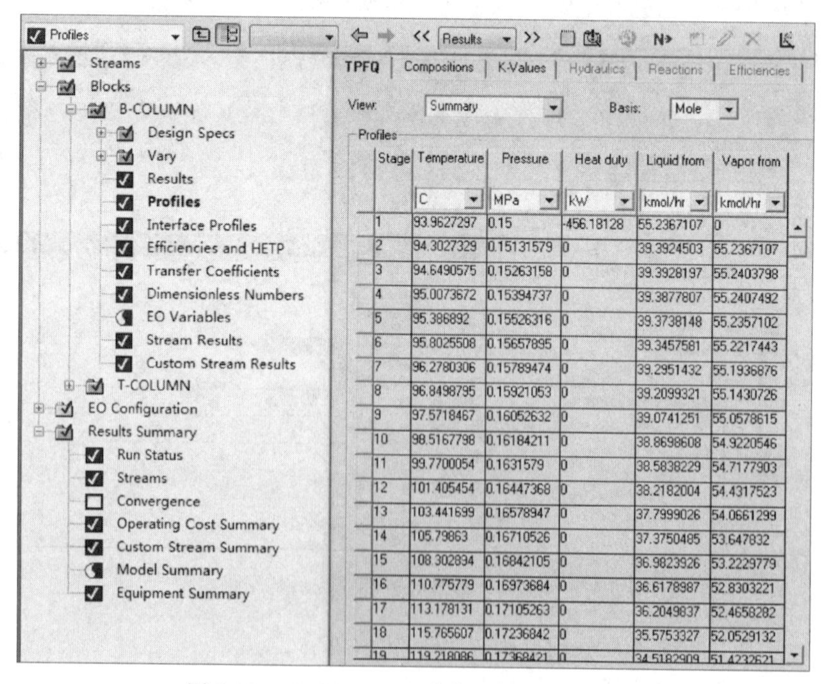

图 5-124　B-COLUMN 中的逐板 TPFQ 分布

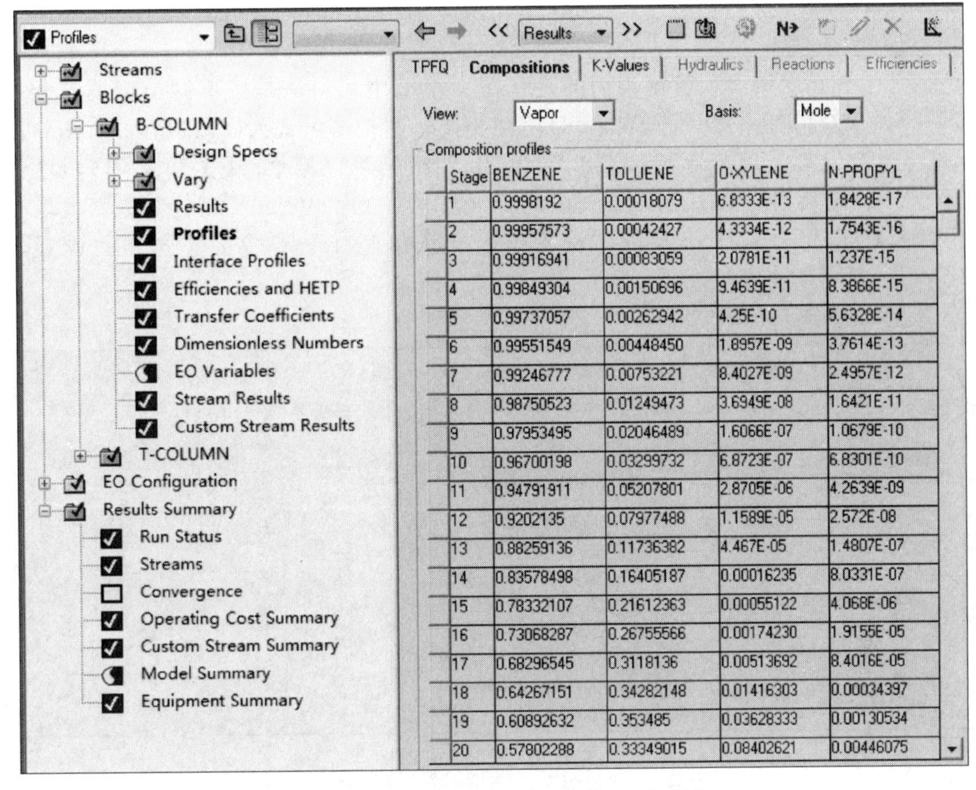

Stage	BENZENE	TOLUENE	O-XYLENE	N-PROPYL
1	0.9998192	0.00018079	6.8333E-13	1.8428E-17
2	0.99957573	0.00042427	4.3334E-12	1.7543E-16
3	0.99916941	0.00083059	2.0781E-11	1.237E-15
4	0.99849304	0.00150696	9.4639E-11	8.3866E-15
5	0.99737057	0.00262942	4.25E-10	5.6328E-14
6	0.99551549	0.00448450	1.8957E-09	3.7614E-13
7	0.99246777	0.00753221	8.4027E-09	2.4957E-12
8	0.98750523	0.01249473	3.6949E-08	1.6421E-11
9	0.97953495	0.02046489	1.6066E-07	1.0679E-10
10	0.96700198	0.03299732	6.8723E-07	6.8301E-10
11	0.94791911	0.05207801	2.8705E-06	4.2639E-09
12	0.9202135	0.07977488	1.1589E-05	2.572E-08
13	0.88259136	0.11736382	4.467E-05	1.4807E-07
14	0.83578498	0.16405187	0.00016235	8.0331E-07
15	0.78332107	0.21612363	0.00055122	4.068E-06
16	0.73068287	0.26755566	0.00174230	1.9155E-05
17	0.68296545	0.3118136	0.00513692	8.4016E-05
18	0.64267151	0.34282148	0.01416303	0.00034397
19	0.60892632	0.353485	0.03628333	0.00130534
20	0.57802288	0.33349015	0.08402621	0.00446075

图 5-125　B-COLUMN 中的逐板组成分布

另外，从图 5-126 中还可以看出苯塔最终的 R 和 D/F 值。

因此，满足本题要求的回流比为 $R_B=2.4854$，$R_T=1.9032$。又因本题塔径较小，塔板数相对较多，分离对象又是芳烃，故采用填料塔比较合适。

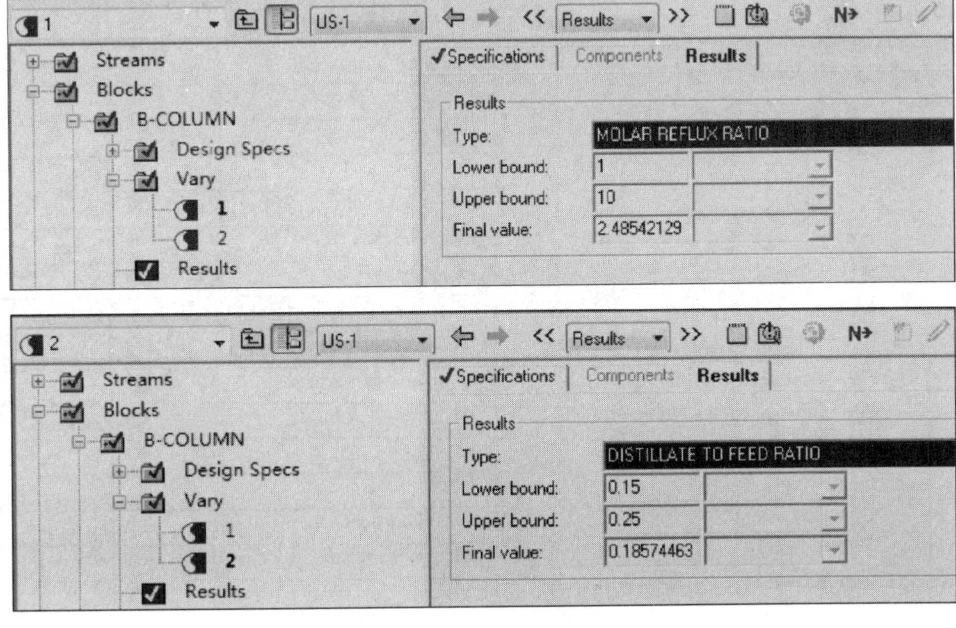

图 5-126　苯塔最终的 R 和 D/F 值

7. 选用填料塔精馏

（1）填料参数输入

进入 Pack Sizing 页面，值得说明的是：在 Aspen 中填料塔是按不同类型填料或不同塔径分段的，如果全塔都采用一种填料，且塔径相同，则全塔可视为一段填料。本填料段从第2块板开始（因为第1块板是冷凝器）到第38块板结束（第39块为再沸器），填料型号MELLAPAK，填料厂商SULZER，材料为标准材料，尺寸为250Y型，等板高度取0.5m，后面的参数（如 Design、Pdrop 等）设置选用默认值，对甲苯塔也作同样的设置，如图5-127所示。

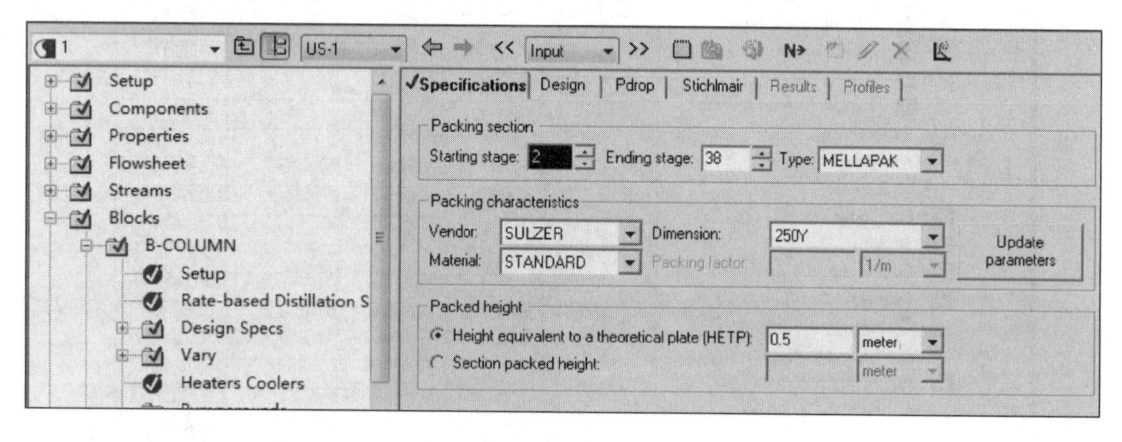

图 5-127　苯塔填料参数

（2）运行结果

一切正常，结果可用，如图5-128～图5-130所示。

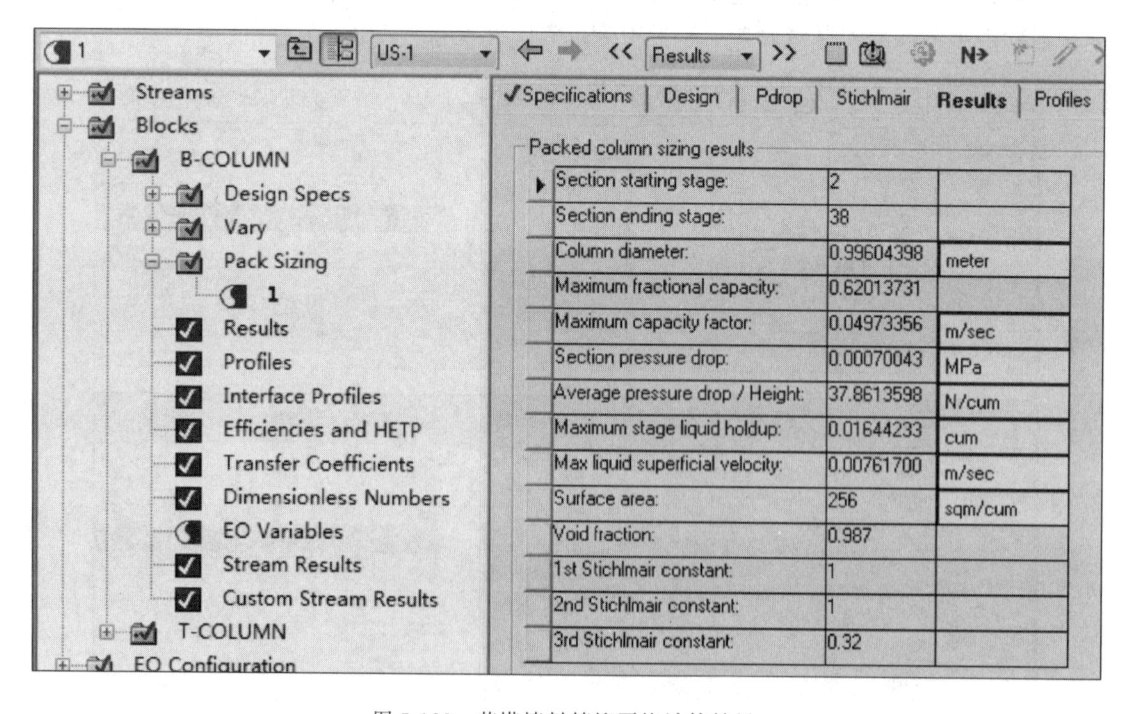

图 5-128　苯塔填料精馏严格计算结果

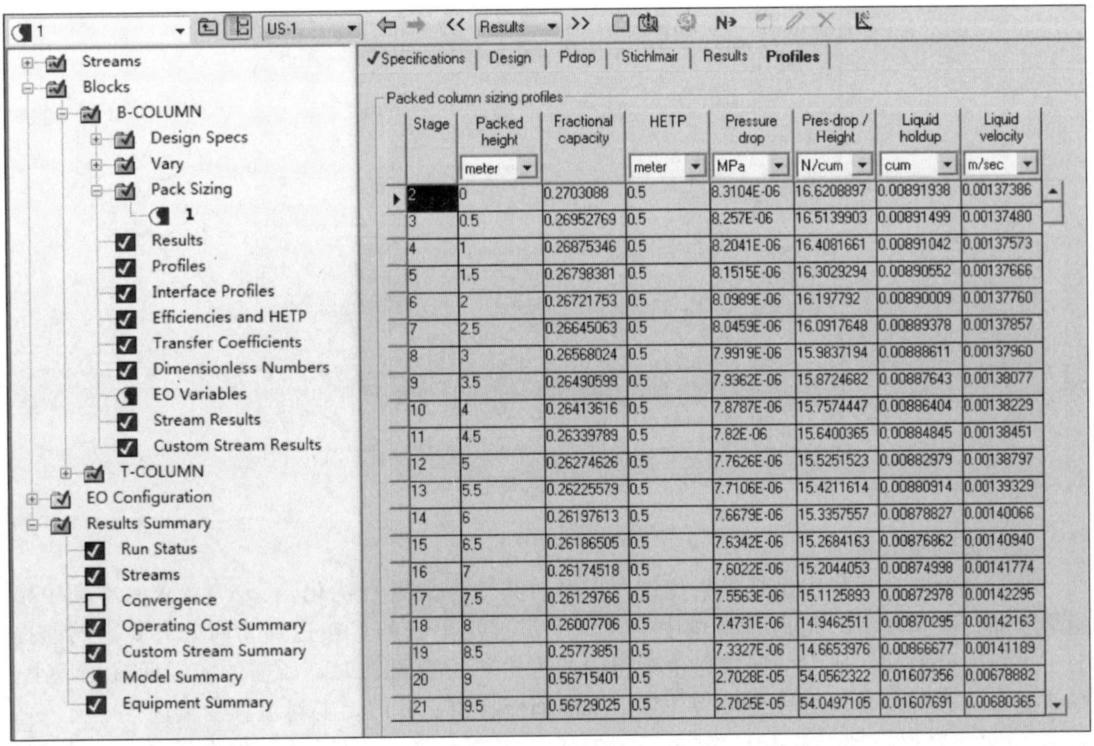

1 | US-1 | Results

- Streams
- Blocks
  - B-COLUMN
    - Design Specs
    - Vary
    - Pack Sizing
      - 1
        - Results
        - Profiles
        - Interface Profiles
        - Efficiencies and HETP
        - Transfer Coefficients
        - Dimensionless Numbers
        - EO Variables
        - Stream Results
        - Custom Stream Results
  - T-COLUMN
- EO Configuration
- Results Summary
  - Run Status
  - Streams
  - Convergence
  - Operating Cost Summary
  - Custom Stream Summary
  - Model Summary
  - Equipment Summary

✓Specifications | Design | Pdrop | Stichlmair | Results | **Profiles**

Packed column sizing profiles

Stage	Packed height	Fractional capacity	HETP	Pressure drop	Pres-drop / Height	Liquid holdup	Liquid velocity
	meter		meter	MPa	N/cum	cum	m/sec
2	0	0.2703088	0.5	8.3104E-06	16.6208897	0.00891938	0.00137386
3	0.5	0.26952769	0.5	8.257E-06	16.5139903	0.00891499	0.00137480
4	1	0.26875346	0.5	8.2041E-06	16.4081661	0.00891042	0.00137573
5	1.5	0.26798381	0.5	8.1515E-06	16.3029294	0.00890552	0.00137666
6	2	0.26721753	0.5	8.0989E-06	16.197792	0.00890009	0.00137760
7	2.5	0.26645063	0.5	8.0459E-06	16.0917648	0.00889378	0.00137857
8	3	0.26568024	0.5	7.9919E-06	15.9837194	0.00888611	0.00137960
9	3.5	0.26490599	0.5	7.9362E-06	15.8724682	0.00887643	0.00138077
10	4	0.26413616	0.5	7.8787E-06	15.7574447	0.00886404	0.00138229
11	4.5	0.26339789	0.5	7.82E-06	15.6400365	0.00884845	0.00138451
12	5	0.26274626	0.5	7.7626E-06	15.5251523	0.00882979	0.00138797
13	5.5	0.26225579	0.5	7.7106E-06	15.4211614	0.00880914	0.00139329
14	6	0.26197613	0.5	7.6679E-06	15.3357557	0.00878827	0.00140066
15	6.5	0.26186505	0.5	7.6342E-06	15.2684163	0.00876862	0.00140940
16	7	0.26174518	0.5	7.6022E-06	15.2044053	0.00874998	0.00141774
17	7.5	0.26129766	0.5	7.5563E-06	15.1125893	0.00872978	0.00142295
18	8	0.26007706	0.5	7.4731E-06	14.9462511	0.00870295	0.00142163
19	8.5	0.25773851	0.5	7.3327E-06	14.6653976	0.00866677	0.00141189
20	9	0.56715401	0.5	2.7028E-05	54.0562322	0.01607356	0.00678882
21	9.5	0.56729025	0.5	2.7025E-05	54.0497105	0.01607691	0.00680365

图 5-129　苯塔填料精馏剖形图

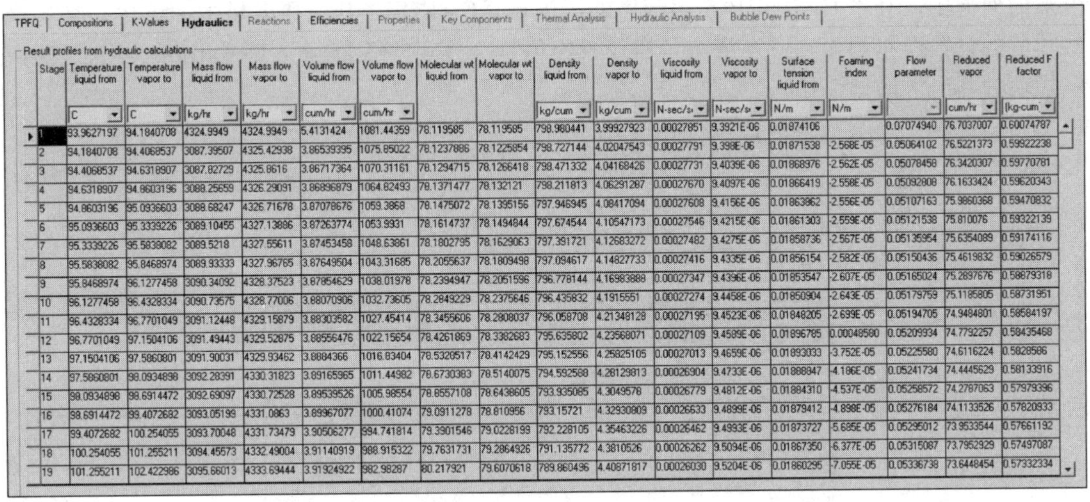

TPFQ | Compositions | K-Values | **Hydraulics** | Reactions | Efficiencies | Properties | Key Components | Thermal Analysis | Hydraulic Analysis | Bubble Dew Points

Result profiles from hydraulic calculations

Stage	Temperature liquid from	Temperature vapor to	Mass flow liquid from	Mass flow vapor to	Volume flow liquid from	Volume flow vapor to	Molecular wt liquid from	Molecular wt vapor to	Density liquid from	Density vapor to	Viscosity liquid from	Viscosity vapor to	Surface tension liquid from	Foaming index	Flow parameter	Reduced vapor	Reduced F factor
	C	C	kg/hr	kg/hr	cum/hr	cum/hr			kg/cum	kg/cum	N-sec/s	N-sec/s	N/m	N/m		cum/hr	(kg-cum
1	93.9627197	94.1840708	4324.9949	4324.9949	5.4131424	1081.44359	78.119585	78.119585	798.980441	3.99927923	0.00027851	9.3921E-06	0.01874106		0.07074940	76.7037007	0.60074787
2	94.1840708	94.4068537	3087.39507	4325.42938	3.86539395	1075.85022	78.1237886	78.1225854	798.727144	4.02047543	0.00027791	9.398E-06	0.01871538	-2.568E-05	0.05064102	76.5221373	0.59922238
3	94.4068537	94.6318907	3087.82729	4325.8616	3.86717364	1070.31161	78.1294715	78.1266418	798.471332	4.04168426	0.00027731	9.4039E-06	0.01868976	-2.562E-05	0.05078458	76.3420307	0.59770781
4	94.6318907	94.8603196	3088.25659	4326.29091	3.86896879	1064.82493	78.1371477	78.132121	798.211813	4.06291287	0.00027670	9.4097E-06	0.01866419	-2.558E-05	0.05092808	76.1633424	0.59620343
5	94.8603196	95.0936603	3088.68247	4326.71678	3.87078676	1059.3868	78.1475072	78.1395156	797.946945	4.08417094	0.00027608	9.4156E-06	0.01863862	-2.556E-05	0.05107163	75.9860368	0.59470832
6	95.0936603	95.3339226	3089.10455	4327.13886	3.87263774	1053.9931	78.1614737	78.1494844	797.674544	4.10547173	0.00027546	9.4215E-06	0.01861303	-2.559E-05	0.05121538	75.810076	0.59322139
7	95.3339226	95.5838082	3089.5218	4327.55611	3.87453458	1048.63861	78.1802795	78.1629063	797.391721	4.12683272	0.00027482	9.4275E-06	0.01858736	-2.567E-05	0.05135954	75.6354089	0.59174116
8	95.5838082	95.8468974	3089.93333	4327.96765	3.87649504	1043.31685	78.2055637	78.1809498	797.094617	4.14827733	0.00027416	9.4335E-06	0.01856154	-2.582E-05	0.05150436	75.4619832	0.59026579
9	95.8468974	96.1277458	3090.34092	4328.37523	3.87854629	1038.01978	78.2394947	78.2051596	796.778144	4.16983888	0.00027347	9.4396E-06	0.01853547	-2.607E-05	0.05165024	75.2897676	0.58879318
10	96.1277458	96.4328334	3090.73575	4328.77006	3.88070906	1032.73605	78.2849229	78.2375646	796.435832	4.1915551	0.00027274	9.4458E-06	0.01850904	-2.643E-05	0.05179759	75.1185805	0.58731951
11	96.4328334	96.7701049	3091.12448	4329.15879	3.88303582	1027.45414	78.3455606	78.2808037	796.058708	4.21348128	0.00027195	9.4523E-06	0.01848205	-2.699E-05	0.05194705	74.9484801	0.58584197
12	96.7701049	97.1504106	3091.49443	4329.52875	3.88556476	1022.15654	78.4261869	78.3382683	795.635802	4.23568071	0.00027109	9.4589E-06	0.01896785	0.00048580	0.05209934	74.7792257	0.58435468
13	97.1504106	97.5860801	3091.90031	4329.93462	3.8884366	1016.83404	78.5320517	78.4142429	795.152556	4.25825105	0.00027013	9.4659E-06	0.01893033	-3.752E-05	0.05225580	74.6116224	0.5828586
14	97.5860801	98.0934898	3092.28391	4330.31823	3.89165965	1011.44982	78.6730383	78.5140075	794.592588	4.28129813	0.00026904	9.4733E-06	0.01888847	-4.186E-05	0.05241734	74.4445629	0.58133916
15	98.0934898	98.6914472	3092.69097	4330.72528	3.89539526	1005.98554	78.8557108	78.6438605	793.935085	4.3049578	0.00026779	9.4812E-06	0.01884310	-4.537E-05	0.05258572	74.2787063	0.57979396
16	98.6914472	99.4072682	3093.05199	4331.0863	3.89967077	1000.41074	79.0911278	78.810956	793.15721	4.32930809	0.00026633	9.4899E-06	0.01879412	-4.898E-05	0.05276184	74.1133526	0.57820933
17	99.4072682	100.254055	3093.70048	4331.73479	3.90506277	994.741814	79.3901546	79.0228199	792.228105	4.35463226	0.00026462	9.4993E-06	0.01873727	-5.685E-05	0.05295012	73.9533544	0.57661192
18	100.254055	101.255211	3094.45573	4332.49004	3.91140919	988.915322	79.7631731	79.2864926	791.135772	4.3810526	0.00026262	9.5094E-06	0.01867350	-6.377E-05	0.05315087	73.7952929	0.57497087
19	101.255211	102.422986	3095.66013	4333.69444	3.91924922	982.98287	80.217921	79.6070618	789.860496	4.40871817	0.00026030	9.5204E-06	0.01860295	-7.055E-05	0.05336738	73.6448454	0.57332334

图 5-130　苯塔精馏水力学分布

8. 选用板式塔精馏

(1) 重置塔板数并设定板效率

假定塔板效率为 65%，再沸器效率为 90%，苯塔实际理论板数（扣除冷凝器和再沸器各 1 块）为 37 块。实际板数为 37/0.65≈57 块，进料板为 20/0.65≈31 块。在实际板数下计算此时最佳的进料位置、实际的回流比、馏出量与进料量之比。

重新设置塔板数 59 块和进料位置 31 块，塔顶馏出液位置 1 块和塔釜采出液位置 59 块自动生成。单击 Efficiencies/Options 页面并选中 Murphree 效率，如图 5-131 所示。

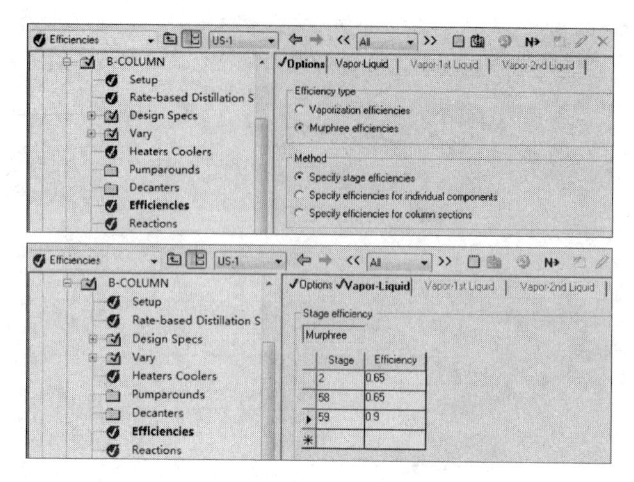

图 5-131　设定默弗里板效率

（2）灵敏度分析

通过灵敏度分析找出最佳进料位置（也可对其他参数进行优化）。分离要求（本题中指的是产品纯度和收率）是通过模块中的设计变量规定下来的，在达到相同分离要求的前提下，进料位置不同，所需的回流比也不相同，当进料位置最佳时，所需的实际回流比最小。调节变量为进料位置，流程变量为计算出来的回流比值。此时需要对流程变量进行定义。

① 定义流程变量　单击 Sensitivity→New，出现一个“S-1”子文件夹目录并弹出 S-1 的窗口，在流程变量“Flowsheet variable”一栏中键入 CALDR（作者以 CALDR 代表计算出来的回流比，其中 CALDRB 代表苯塔的回流比，CALDRT 代表甲苯塔的回流比，且只给出苯塔的设置操作画面，甲苯塔与苯塔设置类似），→Edit→Variable Definition→RR（模块中代表计算出来的回流比），见图 5-132。

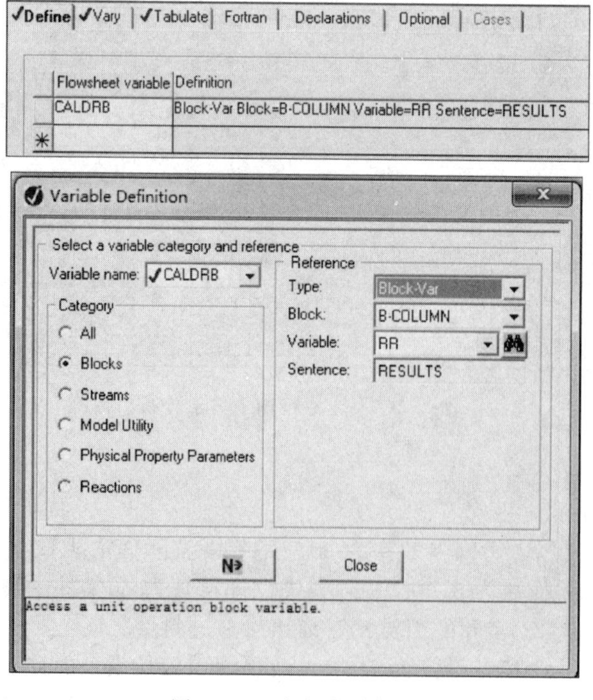

图 5-132　定义流程变量

② 定义操纵变量　按图 5-133 进行。

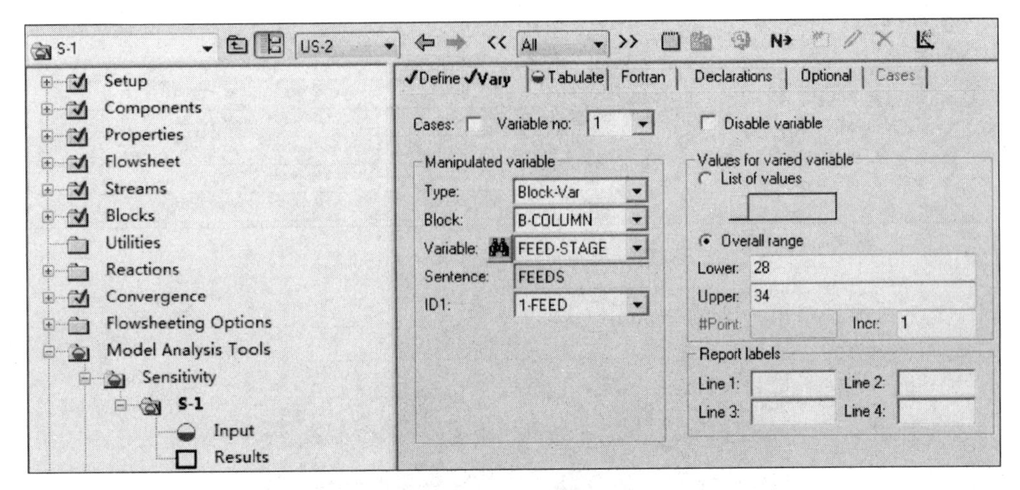

图 5-133　定义操纵变量

③ 定制表格　按图 5-134 进行，最后运行得图 5-135。

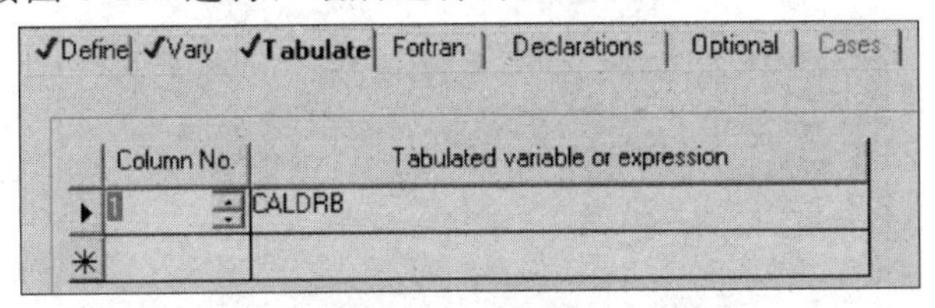

图 5-134　定制表格

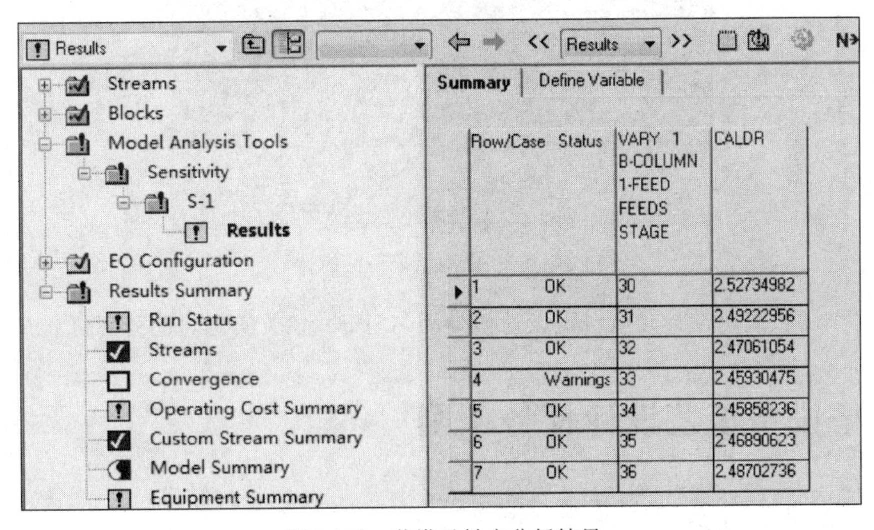

Row/Case	Status	VARY 1 B-COLUMN 1-FEED FEEDS STAGE	CALDR
1	OK	30	2.52734982
2	OK	31	2.49222956
3	OK	32	2.47061054
4	Warnings	33	2.45930475
5	OK	34	2.45858236
6	OK	35	2.46890623
7	OK	36	2.48702736

图 5-135　苯塔灵敏度分析结果

图 5-135 显示的是带有警告的有效结果，原因是苯塔中当进料位置处于第 33 块板时，中循环设计规定的迭代不收敛，但是获得了一个最佳的进料位置，为第 34 块，所对应的回流比最小，为 2.4586。对甲苯塔而言，最佳的进料位置为第 37 块，所对应的回流比最小，为 1.823。

Aspen 给出的模拟结果很多，分为①Streams；②Blocks；③Model Analysis Tools；④EO Configuration；⑤Results Summary 五大部分，可逐级依次展开查阅你想要的结果，非常直观和方便，如图 5-136 所示。

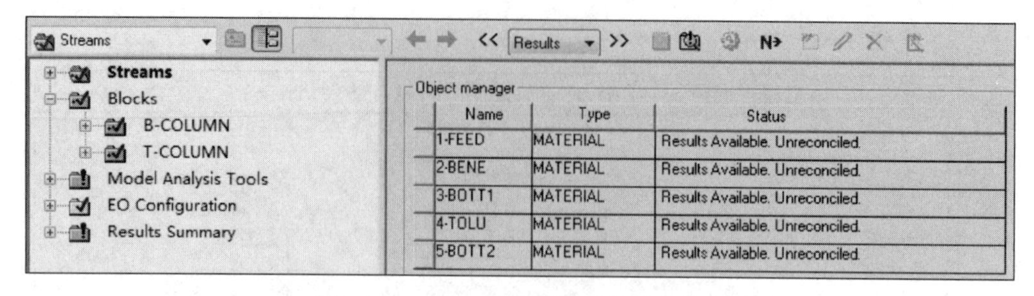

图 5-136　Aspen 计算模拟出的结果总览

图 5-137 是模型结果一览的一部分。

	B-COLUMN	T-COLUMN
Name	B-COLUMN	T-COLUMN
Group		
Property method	CHAO-SEA	CHAO-SEA
Henry's component list ID		
Electrolyte chemistry ID		
Use true species approach for electrolytes	YES	YES
Free-water phase properties method	STEAM-TA	STEAM-TA
Water solubility method	3	3
Number of stages	59.00	59.00
Condenser	TOTAL	TOTAL
Reboiler	KETTLE	KETTLE
Number of phases	2.00	2.00
Free-water	NO	NO
Top stage pressure [MPa]	0.15	0.15
Specified reflux ratio	2.49697	1.94233
Specified bottoms rate		
Specified boilup rate		
Specified distillate rate		
Calculated molar reflux ratio	2.49344	1.90596
Calculated bottoms rate [kmol/hr]	69.4731	35.2105
Calculated boilup rate [kmol/hr]	94.4559	92.4636
Calculated distillate rate [kmol/hr]	15.8479	34.2626
Condenser / top stage temperature [C]	93.9627	126.033
Condenser / top stage pressure [MPa]	0.15	0.15
Condenser / top stage heat duty [kW]	-457.058	-895.045

RadFrac

图 5-137　模型结果一览摘录

更为详细的板式塔设计和填料塔设计请参阅 ASPEN 相关实例，此处不再展开。

5.5　塔设备工艺设计任务十则

5.5.1　板式塔设计任务六则

[设计任务 1]　苯-甲苯混合液筛板（浮阀）精馏塔设计

一、设计任务

完成精馏塔工艺方案设计，运用最优化方法确定最佳操作参数，并在此基础上完成工艺设计计算；精馏设备工艺结构设计，有关附属设备的设计和选型，绘制带控制点工艺流程图、塔板结构简图和塔板负荷性能图，编制工艺设计说明书。

二、设计参数

（1）年处理量：25000t，30000t，35000t，40000t，45000t，50000t。
（2）料液初温：35℃。
（3）料液浓度：40%，45%，50%，55%，60%（苯质量分数）。
（4）塔顶产品浓度：98%，98.5%（苯质量分数）。
（5）塔底釜液含甲苯量不低于 98%（以质量计）。
（6）每年实际生产天数：330 天（一年中有一个月检修）。
（7）精馏塔塔顶压力：4kPa（表压）。
（8）冷却水温度：30℃。
（9）饱和水蒸气压力：2.5kgf/cm^2（表压）（1kgf=98.066kPa）。
（10）设备形式：筛板（浮阀）塔。

三、设计内容

（1）工艺设计；
（2）精馏塔设备设计；
（3）附属设备设计和选用；
（4）编写设计说明书；
（5）注意事项。

[设计任务 2]　乙醇-水混合液精馏塔设计

一、设计任务

完成精馏塔工艺优化设计、精馏塔结构优化设计以及有关附属设备的设计和选用，绘制带控制点工艺流程图、塔板结构简图及塔板负荷性能图，并编制工艺设计说明书。

完成精馏工艺设计，精馏塔设计和有关附属设备的设计及选用，编写设计说明书，绘制精馏塔带控制点工艺流程图、塔板工艺结构条件图。

二、设计参数

（1）年产量：6000t，7000t，8000t，9000t，10000t。
（2）料液初温：25～35℃。
（3）料液浓度：30%，35%，40%，45%，50%（含乙醇质量分数）。
（4）产品浓度：93%，93.5%，94%（含乙醇质量分数）。
（5）乙醇回收率：99%，99.5%，99.8%（以质量计）。
（6）每年实际生产天数：330 天（一年中有一个月检修）。
（7）精馏塔塔顶压力：4kPa（表压）。
（8）冷却水温度：30℃。
（9）饱和蒸汽压力：2.5kgf/cm^2（表压）（1kgf/cm^2=98.066kPa）。
（10）设备形式：浮阀塔（F1 型）或筛板塔。

三、设计内容

（1）工艺设计；
（2）精馏塔设备设计；
（3）附属设备设计和选用；
（4）编写设计说明书；
（5）注意事项；
（6）主要参考资料。

［设计任务3］ 苯-氯苯分离过程板式精馏塔设计

一、设计任务

试设计一座苯-氯苯连续精馏塔，要求年产纯度为99.8%（或99%、99.5%）的氯苯15000t（或10000t、20000t），塔顶馏出液中含氯苯不得高于2%，原料液中含氯苯38%（以上均为质量分数）。

二、操作条件

（1）塔顶压力4kPa（表压）；
（2）进料热状态自选；
（3）回流比自选；
（4）塔底加热蒸气压力0.5MPa（表压）；
（5）冷却水温度35℃；
（6）单板压降≤0.7kPa；
（7）塔板类型筛板或浮阀塔板（F1型）；
（8）工作日每年300天，每天24h连续运行。

三、设计内容

（1）设计方案的确定及工艺流程的说明；
（2）精馏塔的物料衡算；
（3）塔板数的确定；
（4）精馏塔的工艺条件及有关物性数据的计算；
（5）精馏塔的塔体工艺尺寸计算；
（6）塔板主要工艺尺寸的计算；
（7）塔板的流体力学验算；
（8）塔板负荷性能图；
（9）精馏塔接管尺寸计算；
（10）绘制生产工艺流程图；
（11）绘制精馏塔设计条件图；
（12）绘制塔板施工图（可根据实际情况选作）；
（13）对设计过程的评述和有关问题的讨论。

四、设计基础数据

参见筛板塔精馏设计示例5.2.9.1。

［设计任务4］ 乙烯-乙烷、丙烯-丙烷板式精馏塔设计

一、设计条件

（1）安装地点：自定。
（2）塔板类型：筛板或浮阀。
（3）塔板设计位置：塔顶或塔底。
（4）工艺条件1：丙烯-丙烷。
（5）饱和液体进料，进料丙烯含量$x_F=65\%$（摩尔分数）。
（6）塔顶丙烯含量$x_D=98\%$，釜液丙烯含量$x_W\leqslant 2\%$，总板效率为0.6。
（7）处理量（kmol/h）=50+学号最后两位。
（8）回流比R/R_{min}：1.2，1.4，1.6。

(9) 建议塔顶操作压力：1.62MPa（表压）。

(10) 工艺条件 2：乙烯-乙烷。

(11) 饱和液体进料，进料乙烯含量 $x_F=65\%$（摩尔分数）。

(12) 塔顶乙烯含量 $x_D=99\%$，釜液乙烯含量 $x_W\leqslant1\%$，总板效率为 0.6。

(13) 处理量（kmol/h）=100+2×学号最后两位。

(14) 回流比 R/R_{min}：1.3，1.5，1.7。

(15) 塔顶操作压力 2.5MPa（表压）。

二、设计要求

(1) 完成精馏塔的工艺设计计算，包括：塔高、塔径；溢流装置的设计；塔盘布置；塔盘流动性能的校核；负荷性能图。

(2) 完成塔底再沸器的设计计算。

(3) 其余辅助设备的计算及选型。

(4) 管路尺寸的确定、管路阻力计算及泵的选择。

(5) 控制仪表的选择参数。

(6) 用 A3 图纸绘制带控制点的工艺流程图及主要设备（精馏塔或再沸器）的工艺条件图各一张（注：塔板设计位置为塔顶的同学完成精馏塔的工艺条件图，塔板设计位置为塔底的同学完成再沸器的工艺条件图）。

(7) 编写设计说明书。

[设计任务 5]　甲醇-水溶液连续精馏塔设计

一、设计条件

(1) 年处理量（t/a）：15000、17500、20000。

(2) 料液组成（质量分数）：30%，35%，40%，45%，50%。

(3) 塔顶产品组成（质量分数）：98%，99%，99.5%。

(4) 塔顶易挥发组分回收率：99%，99.9%。

(5) 每年实际生产：时间为 7200h。

二、设计任务

完成精馏塔的工艺设计，有关附属设备的设计和选型，绘制精馏塔系统工艺流程图和精馏塔装配图，编写设计说明书。

(1) 精馏塔的物料衡算；

(2) 塔板数的确定；

(3) 精馏塔的工艺条件及有关物性数据的计算；

(4) 精馏塔的塔体工艺尺寸计算；

(5) 塔板主要工艺尺寸的计算；

(6) 塔板的流体力学验算；

(7) 塔板负荷性能图；

(8) 精馏塔接管尺寸计算；

(9) 绘制生产工艺流程图；

(10) 绘制精馏塔设计条件图；

(11) 绘制塔板施工图（可根据实际情况选作）；

(12) 对设计过程的评述和有关问题的讨论。

[设计任务6] 常压分离环己醇-苯酚连续操作筛板精馏塔的工艺设计

一、设计条件

（1）处理量（t/a）：5000，6000，7000，8000。

（2）料液组成（质量分数）：环己醇30%，30%，35%，40%。

（3）塔顶产品组成（质量分数）：98%，98.5%，99.0%。

（4）塔顶易挥发组分回收率：98%，98.5%，99.0%。

（5）每年实际生产时间：7200h。

（6）进料状态：泡点进料。

（7）塔顶压力：760mmHg(1mmHg=133.322Pa)。

（8）公用工程：循环冷却水进口温度为30℃。

（9）预热油温度：260℃。

二、设计任务

完成精馏塔的工艺设计，有关附属设备的设计和选型，绘制精馏塔系统工艺流程图和精馏塔装配图，编写设计说明书。

三、环己醇-苯酚的相平衡数据

调用Aspen Plus数据库，在t-x-y数据基础上计算每点温度下的相对挥发度，见表5-56。

说明：$\alpha_i=\dfrac{y_i(1-x_i)}{x_i(1-y_i)}$；平均相对挥发度：$\alpha_m=\dfrac{1}{39}\sum\alpha_i$。

表5-56 环己醇-苯酚的相平衡数据

t/℃	x	y	t/℃	x	y
181.9	0.000	0.000	141.6	0.525	0.864
179.1	0.025	0.099	140.4	0.550	0.877
176.4	0.050	0.186	139.2	0.575	0.888
173.8	0.075	0.263	138.0	0.600	0.899
171.3	0.100	0.333	136.9	0.625	0.909
169.6	0.125	0.396	135.8	0.650	0.918
166.7	0.150	0.451	134.7	0.675	0.927
164.5	0.175	0.501	133.7	0.700	0.935
162.4	0.200	0.546	132.7	0.725	0.943
160.4	0.225	0.587	131.7	0.750	0.950
158.5	0.250	0.623	130.7	0.775	0.956
156.7	0.275	0.656	129.8	0.800	0.963
154.9	0.300	0.687	129.0	0.825	0.968
153.2	0.325	0.714	128.1	0.850	0.974
151.7	0.350	0.739	127.2	0.875	0.979
150.0	0.375	0.762	126.4	0.900	0.984
148.5	0.400	0.783	125.6	0.925	0.988
147.0	0.425	0.802	124.8	0.950	0.992
145.6	0.450	0.819	124.0	0.975	0.996
144.2	0.475	0.835	123.3	1.000	1.000
142.9	0.500	0.850			

5.5.2 填料塔设计任务四则

[设计任务1] 甲醇-水分离过程填料精馏塔设计

一、设计题目

甲醇-水分离过程填料精馏塔设计。

在抗生素类药物生产过程中，需要用甲醇溶媒洗涤晶体，洗涤过滤后产生废甲醇溶媒，其组成为含甲醇 46%、水 54%（质量分数），另含有少量的药物固体微粒。为使废甲醇溶媒重复利用，拟建立一套填料精馏塔，以对废甲醇溶媒进行精馏，得到含水量≤0.3%（质量分数）的甲醇溶媒。设计要求废甲醇溶媒的处理量为__________ t/a，塔底废水中甲醇含量≤0.5%（质量分数）。

二、操作条件

（1）操作压力：常压。

（2）进料热状态：自选。

（3）回流比：自选。

（4）塔底加热蒸汽压力：0.3MPa（表压）。

（5）填料类型：因废甲醇溶媒中含有少量的药物固体微粒，应选用金属散装填料，以便于定期拆卸和清洗。填料类型和规格自选。

（6）工作日：每年 300 天，每天 24h 连续运行。

三、设计内容

（1）精馏塔的物料衡算；

（2）塔板数的确定；

（3）精馏塔的工艺条件及有关物性数据的计算；

（4）精馏塔的塔体工艺尺寸计算；

（5）填料层压降的计算；

（6）液体分布器简要设计；

（7）精馏塔接管尺寸计算；

（8）绘制生产工艺流程图；

（9）绘制精馏塔设计条件图；

（10）绘制液体分布器施工图（可根据实际情况选作）；

（11）对设计过程的评述和有关问题的讨论。

四、设计基础数据

物性数据可查有关手册。

[设计任务 2] 水吸收氨过程填料吸收塔设计

一、设计题目

试设计一座填料吸收塔，用于脱除混于空气中的氨气。混合气体的处理量为______ m^3/h，其中含氨为 5%（体积分数），要求塔顶排放气体中含氨低于 0.02%（体积分数）。采用清水进行吸收，吸收剂的用量为最小用量的 1.5 倍。

二、操作条件

（1）操作压力为常压，操作温度 20℃。

（2）填料类型选用聚丙烯阶梯环填料，填料规格自选。

（3）工作日取每年 300 天，每天 24h 连续运行。

三、设计内容

（1）吸收塔的物料衡算；

（2）吸收塔的工艺尺寸计算；

（3）填料层压降的计算；

（4）液体分布器简要设计；

（5）吸收塔接管尺寸计算；

（6）绘制生产工艺流程图；
（7）绘制吸收塔设计条件图；
（8）绘制液体分布器施工图（可根据实际情况选做）；
（9）对设计过程的评述和有关问题的讨论。

四、设计基础数据

20℃下氨在水中的溶解度系数为 $H=0.725\text{kmol}/(\text{m}^3\cdot\text{kPa})$。其他物性数据可查有关手册。

[设计任务3] 水吸收丙酮过程填料吸收塔设计

一、设计题目

丙酮填料吸收塔的设计。

二、设计条件

（1）入塔气体中空气含丙酮为______g/m³ 干空气（标态）。
（2）空气温度为25℃，压力为101.3kPa，相对湿度为70%。
（3）处理气体量600～1000m³/h，吸收剂为清水，温度为25℃。
（4）出塔气体中丙酮气流量分别为入塔丙酮流量的1/100、1/200、1/300和1/400（分4组）。

三、设计任务

（1）流程的选择：本流程选择逆流操作；
（2）丙酮浓度计算；
（3）丙酮出塔浓度计算；
（4）液体出塔温度变化；
（5）平衡线的获取；
（6）吸收剂量求取：最小吸收剂用量，吸收剂用量；
（7）操作线方程式；
（8）填料塔径求取：选择填料，液泛速度，空塔速度，塔径及圆整，最小润湿速度求取及润湿速度的选取，塔径的校正；
（9）单位填料层压降的求取；
（10）传质单元高度的求取；
（11）传质单元数求取；
（12）填料层高度；
（13）吸收塔高度计算；
（14）液体分布，再分布器及分布器的选型；
（15）风机选取；
（16）画填料塔的工艺设备图；
（17）编写设计说明书。

[设计任务4] 丙酮-水填料精馏塔设计

一、设计题目

抗生素类药物生产过程中，需要用丙酮溶媒洗涤晶体，洗涤过滤后产生废丙酮溶媒，其组成为含丙酮88%、水12%（质量分数）。为使废丙酮溶媒重复利用，拟建立一套填料精馏塔，以对废丙酮溶媒进行精馏，得到含水量≤0.5%（质量分数）的丙酮溶媒。设计要求废丙酮溶媒的处理量为1200t/a，塔底废水中丙酮含量≤0.5%（质量分数）。试设计该填料精馏塔。

二、设计方案提示

本设计采用二元连续精馏流程。设计中将原料液通过预热器加热至泡点后送入精馏塔内。丙酮常压下的沸点为 56.2℃，故可采用常压操作，用 30℃的循环水进行冷凝。塔顶上升蒸气采用全凝器冷凝，并在泡点下一部分回流至塔内，其余部分经产品冷却器冷却后送至贮槽。因所分离物系的重组分为水，故选用直接蒸汽加热方式，釜残液直接排放。设计中选用 500Y 金属孔板波纹填料。

【本章具体要求】

通过本章学习应能做到：

◇　全面了解塔设备的基本结构和组成，掌握板式塔和填料塔性能优劣对比的分析方法。

◇　确定设计方案，合理组织流程，绘制带控制点的工艺流程图。

◇　在流程图的基础上进行物热衡算，完成传质分离过程的物料衡算与热量平衡。

◇　正确选用塔板或填料类型，掌握板式塔（尤其是筛板塔和浮阀塔）和填料塔工艺结构设计计算的方法和程序。

◇　掌握再沸器与冷凝器以及其他辅助设备的工艺设计计算方法。

◇　绘制塔设备工艺设计条件图，大力提倡绘制塔设备总装图，但不作硬性要求。

◇　学会用工艺流程模拟软件（如 Aspen plus）模拟传质分离过程。

第6章

液-液萃取装置的工艺设计

【本章导读指引】

本章将主要介绍：

◇ 液-液萃取过程的特点，液-液萃取过程工艺设计方案的确定原则。

◇ 转盘萃取塔的工艺设计与结构设计。

6.1 概述

利用溶质在两种互不相溶或部分互溶的液相之间分配性质的差异来实现液体混合物的分离或提纯，这样的单元操作称为液-液萃取。液-液萃取有时也称为溶剂抽提或溶剂萃取，这一单元操作不仅遍及石油、化工、湿法冶金、原子能、医药等工业部门，而且在生物工程、新材料等高科技领域和环保领域中也获得了越来越广泛的应用。

（1）液-液萃取过程的特点

液-液萃取操作要求原料液与溶剂之间能充分接触和完全传质，同时萃取相与萃余相能彻底分离，并且溶剂易于回收。与精馏和吸收过程相比，液-液萃取过程具有以下特点。

① 萃取过程中相互接触传质的两相均为液相。原料液和溶剂充分混合接触，进行质量传递。之后，分散的液滴凝聚合并，形成萃取相和萃余相。两相具有一定的密度差，在重力或外界输入机械能的作用下分层，从而实现两相的分离。

② 液-液萃取过程与气-液传质过程对填料的要求不同；气-液过程的传质主要在填料表面完成，要求液相能很好地润湿填料表面，提供尽可能大的有效传质面积。而液-液萃取过程的传质是在分散相液滴与连续相之间进行的，它要求填料能很好地分散液滴，且填料表面不被分散相润湿，以防止液滴的聚并。

③ 与气-液传质过程相比，萃取过程中两相的密度差小，黏度和界面张力大，因此，轴向混合对传质过程的不利影响比在吸收和精馏中更为严重。有研究报道对于大型工业萃取塔，有时多达60%～80%的塔高是用来补偿轴向混合的不利影响的。故在不考虑轴向混合的模型小塔内测得的传质数据不能直接用于工业萃取塔的放大设计。

萃取过程的成本很大程度上取决于所选溶剂（萃取剂）的性质、溶剂回收等过程。通常，在考虑采用液-液萃取操作之前应对采用精馏操作的可能性进行仔细的评价，当精馏与萃取方法均可使用时，应依据成本核算而定。

（2）液-液萃取工艺设计方案的确定

一个液-液萃取过程设计方案的确定，通常包括以下几方面内容：①萃取剂的选择；②萃取操作参数的选择；③萃取流程的选择；④萃取剂回收方法的确定；⑤萃取设备的选择和设计。

6.1.1 萃取剂的选择

为保证萃取剂具有较大的处理能力和较高的传质效率，以降低过程的成本，通常溶剂的选择应考虑以下几点。

（1）萃取剂的选择性

萃取剂的选择首先应保证溶剂具有一定的选择性，选择性的大小或优劣用选择性系数（也称分离因素）β 来衡量。

$$\beta=\frac{y_A/y_B}{x_A/x_B}=\frac{y_A/x_A}{y_B/x_B}=\frac{k_A}{k_B}=\frac{y^\circ_A/y^\circ_B}{x^\circ_A/x^\circ_B} \tag{6-1}$$

式中，β 为溶剂选择性系数；y_A、y_B 为萃取相中溶质 A 及原溶剂 B 的质量分数；x_A、x_B 为萃余相中溶质 A 及原溶剂 B 的质量分数；k_A、k_B 为组分 A 和组分 B 的分配系数；y°_A、y°_B为萃取相脱除溶剂后溶质 A 及原溶剂 B 的质量分数；x°_A、x°_B为萃余相脱除溶剂后溶质 A 及原溶剂 B 的质量分数。

正如蒸馏中相对挥发度 α 反映两组分间挥发度的差异一样，萃取中的选择性系数 β 反映了萃取剂 S 对 A、B 两组分溶解能力的差异，当 $\beta=1$ 时则类似于蒸馏过程中出现了恒沸物（$\alpha=1$）一样，此时用此溶剂 S 萃取过程无法分离，故在所有的工业萃取操作物系中，β 值均大于 1，β 值越大，越有利于组分的分离。

（2）萃取剂的萃取容量

萃取剂的萃取容量指部分互溶物系的折点处或第二类物系溶解度最大时，萃取相中单位萃取剂可能达到的最大溶质负荷。萃取剂萃取容量的大小影响萃取剂的循环量，应选择具有较大萃取容量的溶剂作为萃取剂，使过程具有较适宜的循环量，降低过程的操作费用。

（3）萃取剂与原溶剂的互溶度

萃取剂与原溶剂的互溶度越小，两相区越大，萃取操作范围就越大，萃取剂的选择性就越高，对萃取过程就越有利。若萃取剂与原溶剂完全不互溶，则选择性系数 $\beta=\infty$，选择性最好。

（4）萃取剂的物性

萃取剂的物理、化学性质均会影响到萃取操作能否顺利、安全地进行。影响萃取过程的主要物理性质有液-液两相的密度差、界面张力、黏度和凝固点等。

① 黏度　萃取剂的黏度大，扩散速率慢，分散时要消耗较多的能量，故所选萃取剂的黏度要小。若萃取剂黏度太大，可在萃取剂中加些稀释剂以降低其黏度。

② 界面张力　萃取剂界面张力影响液体的分散，如界面张力小，内聚力小，液体通过筛板或填料时易于分散，但太小时，液体容易乳化，影响分离效果；如界面张力大，则为达到分散目的，进行搅拌或脉冲等所需的能量要相应增加。但液滴的聚合及两相的分离则比较容易进行，所以选择的萃取剂的界面张力要适中，以兼顾萃取剂的分散与分离。

③ 两相密度差　从操作角度讲，两相的密度差越大越好，这样有利于两相的澄清及分离，有利于提高设备的生产能力。

除以上要求外，还应使萃取剂具有较好的化学稳定性、热稳定性、抗氧化性，同时还要求其腐蚀性小、毒性低，具有较低的凝固点、蒸气压和比热容，并希望其资源充足，价格适宜，以满足生产需要。否则，尽管所选萃取剂具有其他良好性能，也往往不能在工业生产中选用。需要说明的是随着人类环保意识的提高，萃取剂的选择还要考虑其对环境的影响，要综合考虑到处理三废排放的经济费用。

（5）萃取剂的可回收性

萃取操作中，萃取剂回收的难易往往会直接影响到萃取的操作费用。一般回收萃取剂多用蒸馏方法，故萃取剂对溶质及原溶剂的相对挥发度应明显大于1或小于1。若被萃取的溶质是不挥发的，或挥发度很低，则可用蒸发或闪蒸的方法回收溶剂，此时希望溶剂具有低的蒸发潜热。有些情况下，也可通过降低物料的温度，使溶质结晶析出而与溶剂分离。此外，也有采用化学方法处理以达到萃取剂与溶质的分离。

总之，萃取剂的选择需要进行多方案比较，充分论证各种方案过程的经济性后，再确定一适宜的萃取剂。

6.1.2 萃取操作参数的选择

（1）操作温度

在三角形相图中，溶解度曲线的位置、形状、两相区的大小及连结线的斜率均受操作温度的影响。通常，两相区随温度升高而缩小。当温度高到一定程度时，甚至会使两相区消失，以致无法进行萃取操作。相反，操作温度降低，则两相区加大，扩大了萃取的操作范围，对萃取是有利的。但若温度过低会使萃取剂黏度过大，扩散系数减小，不利于传质，故要选择适宜的操作温度。

（2）操作压力

操作压力对萃取过程的影响很小，可以不予考虑。一般萃取操作都在常压或略大于常压下进行。

（3）分散相

在萃取过程中，要求两相能紧密接触，以扩大传质的表面积并强化传质，所以，要使一相分散成液滴的形式与另一相接触，前者称为分散相，后者则称为连续相。理论上说，两相中的任何一相都可作为分散相。但由于分散相的选择会影响到塔内传质效果及操作性能，所以，分散相的选择一般应注意以下几点。

① 若两相流量比相差较大，一般选择流量较大者作为分散相比较有利，因为这样可以增加相间接触面积。但流量比相差很大时，若选取的设备可能产生较严重的轴向混合，为减小轴向混合的不良影响，一般选流量小者作为分散相。

② 一般选黏度较大者作分散相，因连续相液体的黏度小，液滴在塔内沉降或浮升的速度大，这样可提高设备的生产能力，减小设备的直径。

③ 对填料塔、板式塔等萃取设备，一般以润湿性相对差的液体作为分散相。

④ 易燃、易爆和贵重原料作为分散相。

⑤ 如萃取物系是有机物相和水相，则常将有机物相作为分散相。

一般情况下，选择分散相应通过试验确定。

（4）溶剂比

萃取过程的溶剂比是萃取过程的重要操作参数，其值取决于萃取剂用量的大小，因而对萃取过程的经济性影响较大，一般取为最小萃取剂用量的1.5～2.0倍。对于不同的萃取过程，因萃取剂和原溶剂的互溶度不同，最小溶剂比的确定方法也不相同。

6.1.3 萃取流程的选择

液-液萃取有单级萃取和多级萃取流程，多级萃取又包括多级错流萃取和多级逆流萃取。各种流程均有自身的特点（见表6-1），可以根据需要选择合适的萃取流程。

表 6-1 各萃取流程的特点

萃取流程		特 点
单级萃取		单级萃取流程是原料液与萃取剂只进行一次接触的萃取流程,其最大分离效果仅有一个理论级。单级萃取可以间歇操作,也可以连续操作。连续操作时又有两种操作方式:一种是使原料液与萃取剂同时单独以一定速率送入混合器,在混合器和澄清器中停留一段时间后,萃取相与萃余相分别流出澄清器;另一种是令两相并流流入传质设备(如塔设备),在并流流动过程中两相接触传质,即所谓的并流接触操作。单级萃取流程因其流程简捷,故投资小,但其分离能力十分有限,只适用于溶质在萃取剂中的溶解度很大或对物系分离要求不高的情况下
多级萃取	多级错流萃取	多级错流萃取相当于多个单级萃取的组合,其基本特点是用同一种萃取剂对液相混合物进行多次萃取,因而可以使液相混合物得到较大程度的分离。与多级逆流萃取相比,萃取剂的利用不够合理,当分离要求较高时,溶剂的消耗量过高而导致过程的操作费增大,因而多级错流萃取一般只用于分离要求不高、所需级数较少的情况
	多级逆流萃取	多级逆流萃取的原料液与萃取液连续逆流通过萃取槽,萃取剂的利用比较合理,可以具有多个理论级,从而使原料液得到较大程度的分离。与多级错流萃取流程相比,在一定量的原料液及萃取剂且达到相同的分离要求时,多级逆流萃取所需的理论级数要少,从而可减少投资费用。多级逆流萃取操作有逐级逆流操作和连续逆流操作两种;对于逐级逆流萃取操作,若过程需要的萃取级数较多,必将导致设备的投资费用过高,因而,采用该萃取流程时,萃取级数一般也不能太多。而连续逆流萃取流程,多在塔设备中进行,两相在塔内连续地逆向流动,其组成沿着流动方向连续变化,在离开设备之前,两相也应较好地分离,这种流程特别适用于分离要求较高的情况

6.1.4 萃取设备的选择

(1) 液-液萃取设备的分类

液-液萃取设备按接触方式可大致分为逐级接触式和连续接触式两类。每类中根据设备结构的不同，又可分成若干类，具体分类见表 6-2。

表 6-2 液-液萃取设备的分类

搅拌形式	逐级接触萃取设备	连续接触萃取设备
无搅拌装置(两相靠密度差逆向流动)	筛板塔	喷洒塔,填料塔
有旋转式搅拌装置或靠离心力作用	单级混合澄清槽 多级混合澄清槽 离心萃取塔	转盘塔,偏心转盘塔,夏贝乐塔,库尼塔 POD 离心萃取塔,芦威离心萃取塔,复筛板塔
有产生脉动装置	脉冲混合澄清槽	脉冲填料塔,液体脉动筛板塔

(2) 液-液萃取设备的选型

影响萃取过程的因素较多，如体系的性质、操作条件及设备结构等，故针对某一体系，在一定条件下，选择一适宜的萃取设备以满足生产要求是十分必要的。萃取设备选择可从以下几个方面考虑。

① 稳定性及停留时间 有些体系的稳定性较差，要求物流停留时间尽可能短，则选择离心萃取器比较适宜。反之，在萃取过程中伴随较慢的化学反应需要有足够的停留时间，则选择混合澄清槽较为有利。

② 所需理论级数 对某些体系，达到一定分离要求所需的理论级数较少，如 2～3 级，则各种萃取设备均可满足，若所需理论级数为 4～5 级时，一般可选取转盘塔、脉

冲塔以及振动筛板塔。如果所需理论级更多一些，则可选择离心萃取器或多组混合澄清槽。

③ 体系的分散与凝聚性　液滴的大小及运动状态与体系的界面张力 σ 与两相密度差 $\Delta\rho$ 的比值有关。若比值较大，则可能 σ 较大，形成液滴较大，不易分散；或 $\Delta\rho$ 较小，则相对运动的速度较小，导致接触面积减少，湍动程度减缓，不利于传质。为此，该类萃取应选择外加能量输入设备。若体系易产生乳化，不易分相，则选择离心萃取器。反之，$\sigma/\Delta\rho$ 比值较小，或由于 σ 较小，或由于 $\Delta\rho$ 较大的原因，则可选择重力流动式设备。

④ 生产能力　若生产处理量较小或通量较小时，选择填料塔或脉冲塔；反之则可考虑选择筛板塔、转盘塔、混合澄清槽等。

⑤ 防腐蚀及防污染要求　有些物料有腐蚀性，可选择结构简单的填料塔，其填料可选用耐腐蚀的材料制作。对于有污染的物料，如有放射性的物料，为防止外泄污染环境，应选择屏蔽性较好的设备，如脉冲塔等。

⑥ 占地面积　从建筑场地考虑，若空间高度有限宜选择混合澄清槽，若占地面积有限，则应选择塔式萃取设备。

萃取设备种类繁多，但萃取设备的研究至今还不够成熟，目前尚不存在各种性能都比较优越的设备，因此设计时，慎重地选择适宜的设备尤为重要。表 6-3 列出了一些萃取设备选型的一般原则。若系统性质未知时，最好通过试验研究确定，然后进行放大设计。

表 6-3　萃取设备的选型

比较内容	喷洒塔	填料塔	脉冲填料塔	转盘塔	振动筛板塔	脉冲筛板塔	筛板塔	搅拌填料塔	不对称转盘塔	混合澄清器(水平)	混合澄清器(垂直)	离心式萃取器
通过能力 q_v/[L/(m^3·h)]												
＜0.25	3	3	3	3	3	3	3	3	3	1	1	0
0.25～2.5	3	3	3	3	3	3	3	3	3	3	3	1
2.5～25	3	3	3	3	3	3	3	3	3	3	3	3
25～250	3	3	3	3	1	1	3	1	1	3	1	0
＞250	1	1	1	1	0	1	1	0	0	5	1	0
理论级数 N												
≤1.0	5	3	3	3	3	3	3	3	3	3	3	3
1～5	1	3	3	3	3	3	3	3	3	3	3	0
5～10	0	3	3	3	3	3	3	3	3	3	3	0
10～15	0	1	3	1	3	3	1	3	1	3	1	0
＞15	0	1	1	1	1	1	1	1	1	3	1	0
物理性质/$(\sigma/\Delta\rho g)^{0.5}$												
＞0.60	1	1	3	3	3	3	1	3	3	3	3	5
密度差 $\Delta\rho$/(g/m^3) ≥0.03 ≤0.05	3	3	0	0	0	0	1	0	1	1	1	5
黏度 η_c 和 η_d/Pa·s												
＞0.02	1	1	1	1	1	1	1	1	1	1	1	1
两液相比 F_d/F_c												
＜0.2 或＞0.5	1	1	1	1	1	1	3	1	1	5	5	3
停留时间	长	长	较短	较短	较短	较短	长	长	长	长	长	短

续表

比较内容	喷洒塔	填料塔	脉冲填料塔	转盘塔	振动筛板塔	脉冲筛板塔	筛板塔	搅拌填料塔	不对称转盘塔	混合澄清器(水平)	混合澄清器(垂直)	离心式萃取器
处理含固体物料,料液含固体量(质量分数)												
<0.1%	3	1	1	3	3	3	1	1	1	3	3	1
0.1%~1%	1	1	1	3	3	3	0	0	0	1	1	1
>1%	1	0	0	1	1	1	0	0	0	1	1	1
乳化状况												
轻微	3	1	1	1	1	1	3	1	1	1	1	5
较严重	1	1	0	0	0	0	1	0	0	0	0	3
设备材质												
金属	5	5	5	3	3	3	3	3	3	3	3	5
非金属	5	5	1	0	0	1	1	0	0	5	1	0
设备清洗	容易	不易	不易	较易	较易	较易	不易	不易	较易	较易	较易	较易
运行周期	长	长	较长	较长	较长	较长	长	较长	较长	较长	较长	较短

注：0—不适用；1—可能适用；3—适用；5—最合适。

考虑到萃取设备的多样性、复杂性和设计应用的成熟程度，限于篇幅，本章仅就转盘萃取塔的工艺设计进行系统介绍。

6.2 转盘萃取塔的工艺设计

6.2.1 转盘萃取塔的基本结构

转盘萃取塔的结构如图6-1所示。在圆柱形塔体的内壁上按一定间距水平安装一系列中心开孔的圆板（固定环），它将塔的萃取段分隔成许多小室。在每个小室的中央有一可旋转的平滑圆盘（转盘），它被安装在塔中心的转轴上，转轴由装在塔顶的电机驱动。固定环内孔和转盘外周之间留有一定的自由空间，以方便转盘的装入。塔的顶部和底部是澄清段。澄清段保留有足够的高度和体积，使两相有足够的停留时间，以保证两相获得良好的分离。澄清段与萃取段之间以格栅挡板作镇流件，以消除流体在萃取段中获得的旋转动能，改善上、下澄清段的分离效果。

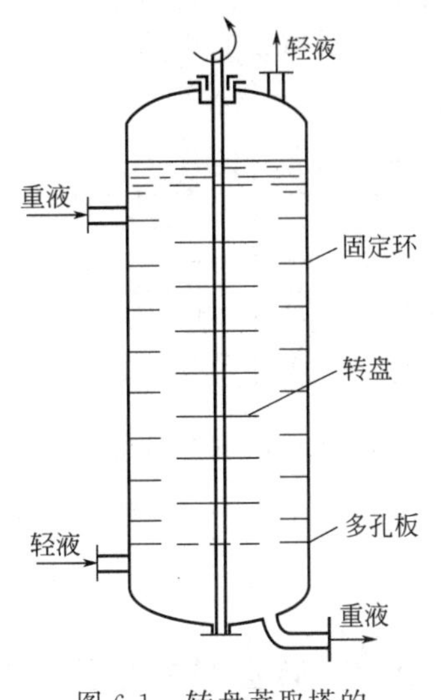

图6-1 转盘萃取塔的结构示意

转盘萃取塔既能连续也可间歇操作，既能逆流也能并流操作。无论是间歇还是连续，逆流操作时，重相均由塔的上部进入，轻相由塔的下部进入；而并流操作时，轻、重两相从塔的同一端进，同一端出，借助输入能量在塔内流动。

由于转盘塔结构简单、造价低廉、维修方便、操作弹性及通量较大，在石油化学工业方面得到了较为广泛的应用。该塔还可作为化学反应器，由于操作中很少堵塞，因此也适用于处理含有固体物料的场合。

6.2.2 转盘塔内的流体流动

当转盘以较高速度转动时，转盘带动附近的液体一起旋转，使液体内部形成速度梯度而产生剪应力。在剪应力的作用下，连续相产生涡流处于湍动状态，引起分散相液滴变形，以致破裂或合并，增加了传质面积，促进了表面更新。定环将旋涡运动限制在定环分割的若干小空间内，抑制其轴向返混。由于转盘及定环均较薄且光滑，不至于使局部剪应力过高，避免了乳化现象，促进两相的分离。所以转盘塔传质效率较高，其效率与转盘的转速、转盘与定环的距离、转盘直径及两相的流量比等有关。由于转盘是水平安装在旋转的中心轴上的，旋转时不产生轴向力，两相在垂直方向上的流动仍然依靠密度差。

逆流操作的转盘塔，轻相从塔的底部进入，重相从塔的顶部加入。先加入的并充满全塔的液相作为连续相，后加入的就分散到先加入的液体中，成为分散相。无论重相还是轻相，皆可作为连续相。

在转盘塔中，液体有如下三种运动：

① 两相的逆流流动。由于转盘是水平安装的，旋转时不产生轴向力，液滴在垂直方向上的流动仍靠密度差推动，重相和轻相作相反方向的运动。

② 旋转运动。因转盘的旋转，带动液体一起作旋转运动。

③ 径向环流。旋转所产生的离心力，使液体沿着转盘的半径方向作离心移动。当流至塔壁后，就沿着塔壁作轴向移动，在受到固定环阻挡处，再折回沿着固定环的半径方向作向心移动，返回到塔的中心部位，于是形成了封闭的径向坏流，如图 6-2(a) 所示。

当转盘转速较低时，对液滴没有明显的分散作用，此时转盘塔处于层流操作阶段［见图 6-2(b) ］；只有当转速增大到一定程度，使产生的湍流动压头达到克服界面张力的临界值时，液滴才会有进一步的分散，此时转盘塔将转入湍流操作阶段［见图 6-2(c) ］。由层流转入湍流所对应的转换点的转速，称为临界转速。低于此转速时为层流操作，此阶段内转速的增加对液滴尺寸和**分散相滞留率**（即分散相在塔内液体中所占的体积分数）无多大影响，液滴在固定环与转盘间曲折流过，甚至还有液滴附着在转盘和固定环的表面上，此阶段的通量大，但传质效率低。高于临界转速时为湍流操作，此阶段内随着转速的提高，径向环流增强，液滴变小，滞留率增加。液滴大多作螺旋形上升运动，部分液滴随着环流运动。转速提高使局部传质得到强化，但同时使通过能力下降，返混程度增加。在更高转速下，就会出现分散相滞留率的突然增加，于是发生液泛，这是转盘塔的操作极限。

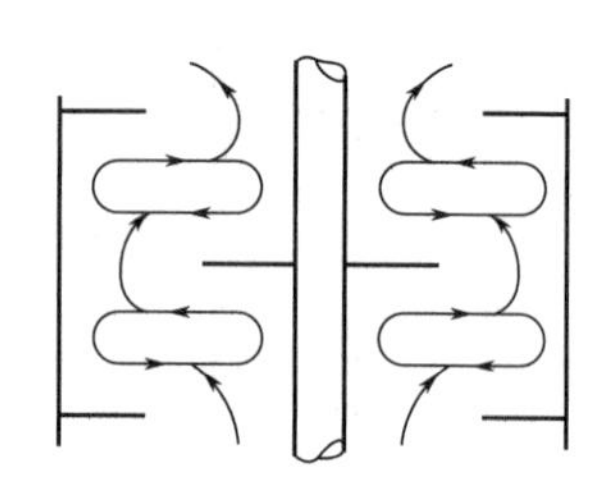

(a) 流动模型，由Reman提出

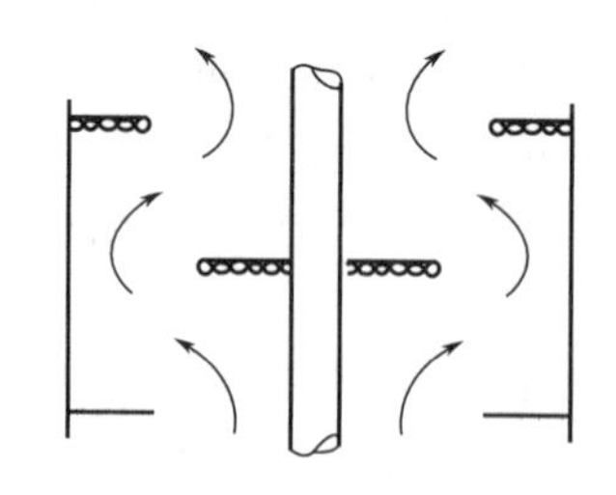

(b) 实验观察到的流动模型，转盘周边速度<90m/min

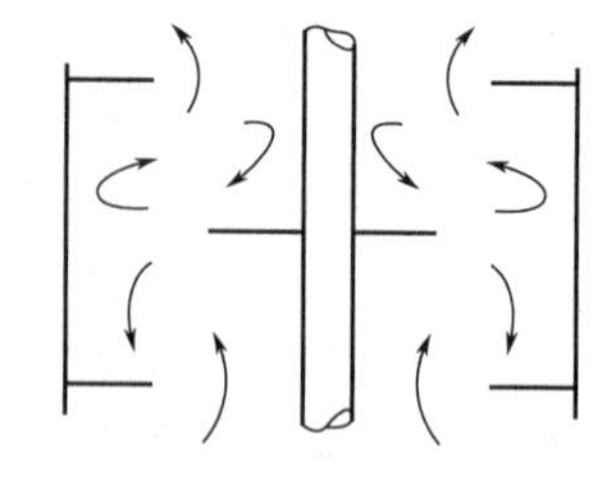

(c) 实验观察到的流动模型，转盘周边速度>90m/min

图 6-2　流体流动模型

6.2.3 转盘塔的主要结构参数

转盘塔的主要结构参数有：塔内径 D_T、转盘直径 D_R、固定环孔径 D_S 及隔室高度 H_T

(见图 6-3)。转盘和固定环的相对尺寸对塔的性能有重要影响。在确定转盘塔的结构尺寸时，应考虑下述因素：

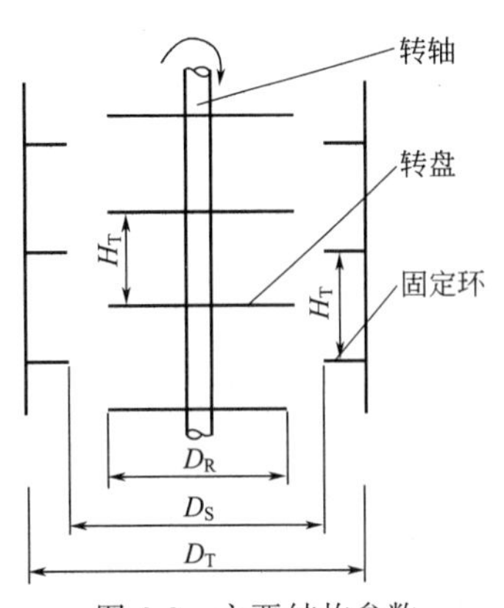

图 6-3　主要结构参数

① 在固定环和转盘之间形成的环流［见图 6-2(a)］将有利于两相的混合和传质。为了稳定这种环流，应当使转盘和固定环也起到折流挡板的作用。因此固定环孔径和转盘直径的尺寸应有适当比例。同时，隔室高度 H_T 也很重要。H_T/D_T 过大，使环流的轴向路径过长，稳定性变差，流体短路进入相邻隔室的概率增加，结果使环流迅速衰减，在塔壁附近形成死区，降低传质效率。

② 应保证两相沿垂直方向的逆流有足够大的自由截面积，此自由截面积影响转盘塔的处理能力。显然，自由截面分数 $(1-D_R^2/D_T^2)$ 和 D_S^2/D_T^2 应该比较接近，以保证均衡的流动通道。

③ 在转盘和固定环之间应保持足够的间隙，以便于转盘和转轴的吊装。

基于大量的实验观察和生产经验，一些研究者认为转盘塔的结构尺寸应在下列范围内选取

$$1.5\leqslant\frac{D_T}{D_R}\leqslant3,\quad 2\leqslant\frac{D_T}{H_T}\leqslant8,\quad \frac{2}{3}\leqslant\frac{D_S}{D_T}\leqslant\frac{3}{4} \tag{6-2}$$

以上结构尺寸的选取，应考虑到物系性质、操作条件、机械强度和转盘转速等因素。Misek 建议用下列公式计算转盘塔的结构尺寸：

$$H_T=0.142D_T^{0.68},\quad D_R=0.50D_T,\quad D_S=0.67D_T \tag{6-3}$$

式中，各结构尺寸的单位为 m。按式(6-3) 计算，随着塔径的增加，固定环间距和塔径的比值 H_T/D_T 减小。

为了提高通量和效率，转盘塔的结构尺寸是可以变化的，改变转盘塔的一些参数时，其对通量和效率的影响，如表 6-4 所示。表中 N_R 为操作转速，u_D、u_C 分别为分散相和连续相的表观流速。

表 6-4　转盘塔参数对通量与效率的影响

项　目	操作转速 N_R	转盘直径 D_R	定环孔径 D_S	定环间距 H_T	转盘塔径 D_T	u_D/u_C
通量	减小	减小	增加	增加	0	增加
效率	增加	增加	减小	减小	0	增加

6.2.4 转盘塔的流体力学特征与塔径的计算

转盘塔的主要技术性能之一是塔的允许通过能力，即两相的极限通过能力。此能力通常用两相表观流速之和来表示，它决定塔的直径。对于给定的物系，在一定的操作条件下，超过这一极限，就会发生液泛。本节先讨论两相极限速度，然后再讨论塔径的计算。

6.2.4.1 特性速度

设重相为连续相，从塔顶进入，轻相为分散相，从塔底进入，两相逆流流动。若连续相的表观速度（空塔速度）为 u_C，分散相的表观速度（空塔速度）为 u_D，分散相滞留率 φ_D，则塔内两相的相对速度 u_S 为

$$u_S=\frac{u_D}{\varphi_D}+\frac{u_C}{1-\varphi_D} \tag{6-4}$$

根据斯托克斯定律，单个液滴在混合液中的自由沉降速度 u_t 为

$$u_t=\frac{gd_p^2(\rho_D-\rho_m)}{18\mu_C} \tag{6-5}$$

式(6-5) 中混合液密度 $\rho_m=\varphi_D\rho_D+(1-\varphi_D)\rho_C$，联立式(6-4) 和式(6-5) 解得分散相单液滴在连续相中的自由沉降速度为

$$u_t=\frac{u_D}{\varphi_D(1-\varphi_D)}+\frac{u_C}{(1-\varphi_D)^2} \tag{6-6}$$

对于某些类型的萃取设备，由于液滴的受力和运动情况比较复杂，式(6-6) 并不是严格成立，因此引入特性速度 u_K 代替 u_t，并令

$$u_K=\frac{u_D}{\varphi_D(1-\varphi_D)}+\frac{u_C}{(1-\varphi_D)^2} \tag{6-7}$$

所以，特性速度 u_K 具有自由沉降速度的性质，取决于萃取物系的物性和设备特性。对于不同的设备类型，特性速度的计算也不同，如喷洒萃取塔，其特性速度即其自由沉降速度 u_t。而对于转盘塔，许多学者认为特性速度 u_K 和两相表观流速 u_D、u_C 以及分散相滞留分率 φ_D 之间存在下列关系

$$\frac{u_D}{\varphi_D}+\frac{u_C}{(1-\varphi_D)}K=u_K(1-\varphi_D) \tag{6-8}$$

式中的系数 K 为：

当 $(D_S-D_R)/D_T>\frac{1}{24}$时，$K=1.0$；当 $(D_S-D_R)/D_T\leqslant\frac{1}{24}$时，$K=2.1$。

针对转盘萃取塔，洛盖斯达尔（Logisdail）等提出并经肯（Kung）等修正的特性速度的关联式为

$$\frac{u_K\mu_C}{\sigma}=\beta\left(\frac{\Delta\rho}{\rho_C}\right)^{0.9}\left(\frac{D_S}{D_R}\right)^{2.3}\left(\frac{H_T}{D_R}\right)^{0.9}\left(\frac{D_R}{D_T}\right)^{2.7}\left(\frac{g}{D_RN_R^2}\right)^{1.0} \tag{6-9}$$

式中的系数 β 为

当 $(D_S-D_R)/D_T>\frac{1}{24}$时，$\beta=0.012$；当 $(D_S-D_R)/D_T\leqslant\frac{1}{24}$时，$\beta=0.0225$。

式中，u_K 为特性速度，m/s；μ_C 为连续相液体黏度，Pa·s；σ 为两相界面张力，N/m；ρ_C 为连续相液体密度，kg/m³；$\Delta\rho$ 为两相液体密度差，kg/m³；D_R 为转盘直径，m；D_S 为固定环内径，m；H_T 为隔室高度，m；D_T 为塔径，m；g 为重力加速度，m/s²；N_R 为转速，1/s。

Laddha 等提出的计算公式，在湍流操作下

无传质时
$$\frac{u_K}{\left(\frac{\sigma\Delta\rho g}{\rho_C^2}\right)^{0.25}}=0.01\left(\frac{\Delta\rho}{\rho_C}\right)^{0.5}\left(\frac{\sigma^3\rho_C}{\mu_C^4 g}\right)^{0.25}\left(\frac{H_T}{D_R}\right)^{0.9}\left(\frac{D_S}{D_R}\right)^{2.1}\left(\frac{D_R}{D_T}\right)^{2.4}\left(\frac{g}{D_RN_R^2}\right)^{1.0} \tag{6-10}$$

有传质时
$$\frac{u_K}{\left(\frac{\sigma\Delta\rho g}{\rho_C^2}\right)^{0.25}}=\beta\left(\frac{\Delta\rho}{\rho_C}\right)^{0.3}\left(\frac{\sigma^3\rho_C}{\mu_C^4 g}\right)^{0.125}\left(\frac{H_T}{D_R}\right)^{0.9}\left(\frac{D_S}{D_R}\right)^{2.1}\left(\frac{D_R}{D_T}\right)^{2.4}\left(\frac{g}{D_RN_R^2}\right)^{1.0} \tag{6-11}$$

式(6-11) 中的系数 β 取决于传质方向：溶质从分散相向连续相传递时，$\beta=0.11$；溶质从连续相向分散相传递时，$\beta=0.077$；其余符号与式(6-9) 相同。

6.2.4.2 临界转速

前已述及，转盘塔的操作存在一临界转速。当转速低于此临界值时，转盘的搅拌作用较弱，液滴没有得到明显的破碎，分散相滞留率和特性速度几乎和转盘转速无关。当转速超过临界值时，液滴平均直径随转速的提高而相应减小，因而特性速度也随之下降。Laddha 等对影响临界转速的因素进行了系统的研究，提出了估算临界转速的定量关系式。

无传质时 $$\frac{g}{D_R N_{RC}^2}=180\left(\frac{\sigma^3\rho_C}{\mu_C^4 g}\right)^{-0.25}\left(\frac{\Delta\rho}{\rho_C}\right)^{-0.6} \tag{6-12}$$

有传质时 $$\frac{g}{D_R N_{RC}^2}=\alpha\left(\frac{\sigma^3\rho_C}{\mu_C^4 g}\right)^{-0.125}\left(\frac{\Delta\rho}{\rho_C}\right)^{-0.3} \tag{6-13}$$

式中，N_{RC}为临界转速，1/s；α 为系数，取决于传质方向：溶质从分散相向连续相传递时，$\alpha=16$；溶质从连续相向分散相传递时，$\alpha=25$；其余符号与式(6-9) 相同。

转盘塔的操作转速，宜大于临界转速。有人认为，转盘的周边速度一般应大于1.5m/s。

6.2.4.3 泛点速度

在转盘塔的操作中，不论增大分散相流速 u_D 还是连续相流速 u_C，滞留率将随之上升，但有一极限值，称为液泛滞留率 φ_{DF}。进一步提高流速，将使部分分散相液体被连续相带走，这种情况称为液泛。发生液泛时的两相表观速度称为极限速度（或泛点速度）。当然，固定 u_C、u_D，逐步增大转盘转速，也会因 u_K 的下降而使塔发生液泛。

两相极限速度可对式(6-7) 求导并令$\frac{\partial u_D}{\partial \varphi_D}=0$ 或$\frac{\partial u_C}{\partial \varphi_D}=0$ 求得，即

对分散相 $$u_{DF}=2u_K\varphi_{DF}^2(1-\varphi_{DF}) \tag{6-14}$$

对连续相 $$u_{CF}=u_K(1-2\varphi_{DF})(1-\varphi_{DF})^2 \tag{6-15}$$

此两式表达了液泛滞留率 φ_{DF}与两相极限速度 u_{CF}、u_{DF}的关系。由以上两式消去 u_K，可求得液泛滞留率

$$\varphi_{DF}=\frac{2}{3+\sqrt{1+8/L_R}}=\frac{(L_R^2+8L_R)^{0.5}-3L_R}{4(1-L_R)} \qquad L_R=\frac{u_D}{u_C}=\frac{V_D}{V_C} \tag{6-16}$$

式中，L_R 为两相表观速度之比，又称流比；V_D、V_C 分别为分散相与连续相的体积流量。此式不含有特性速度 u_K，表明液泛滞留率 φ_{DF}与体系物性、液滴尺寸、结构型式等无关，而仅由两相流比所决定。

6.2.4.4 功率消耗

转盘塔内分散相液滴的大小，与转盘对单位体积液体所施加的能量有关。在转盘塔中，每块转盘所需的功率为

$$P=K_N\rho N_R^3 D_R^5 \tag{6-17}$$

式中，P 为每块转盘所需的功率，W；K_N 为搅拌功率特征数，它与搅拌雷诺数 Re_m（$Re_m=N_R D_R^2\rho/\mu$）的关系示于图6-4。实验研究表明，在雷诺数足够大的情况下（$Re_m>10^5$），$K_N=0.03$。对有 n 块转盘的塔，则全塔的功率为 nP。

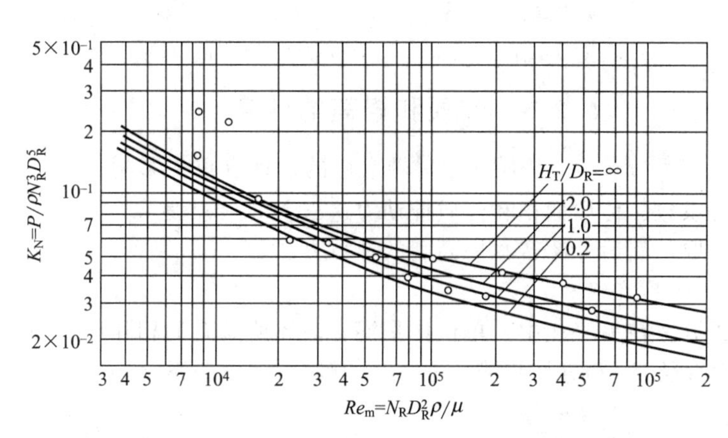

图6-4 转盘塔中搅拌功率数与雷诺数的关系

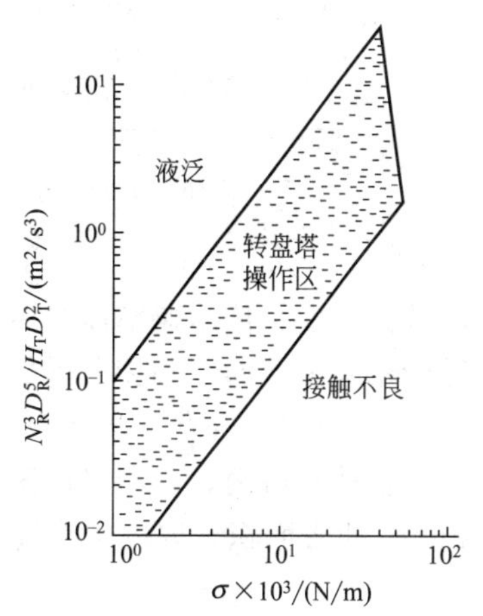

图6-5 转盘塔的操作区间

单位体积的液体所获得的功率 P_V 为

$$P_V = KN'_P = K\frac{N_R^3 D_R^5}{H_T D_T^2} \tag{6-18}$$

$$N'_P = N_R^3 D_R^5 / H_T D_T^2$$

式中，K 为比例系数；N'_P为功率因子（或功耗因子）。

体系物性对转盘塔的操作性能有明显的影响，特别是界面张力的影响很大。界面张力大的体系难以分散，单位体积液体所需输入的能量要大。对于这类体系，通常处理能力较大，但传质效率较低。界面张力小的体系容易分散，正常操作所需输入的能量低。对于这类体系，通常处理能力较小，但传质效率较高。图 6-5 为界面张力不同的体系，正常操作时单位体积液体所需输入的能量，用功率因子 $N_R^3 D_R^5/H_T D_T^2$表示，可供设计参考。

6.5.4.5 塔径的确定

塔径可由泛点速度和功耗因子两种方法计算确定。

(1) 由泛点速度计算塔径

若两相流比 L_R 已知，可由式(6-16) 求出液泛滞留率 φ_{DF}，然后代入式 (6-14) 和式 (6-15)，分别计算两相极限表观速度 u_{CF}、u_{DF}。转盘塔的塔径按下式计算

$$D_T = \sqrt{\frac{4V_D}{\pi u_D}} = \sqrt{\frac{4V_C}{\pi u_C}} = \sqrt{\frac{4(V_D+V_C)}{\pi(u_D+u_C)}} \tag{6-19}$$

式中，V_C 为连续相液体的体积流量，m^3/s；V_D 为分散相液体的体积流量，m^3/s；u_D、u_C 为分散相与连续相表观速度（空塔速度），可取对应泛点速度的 0.5～0.7 倍，m/s。

(2) 由功耗因子计算塔径

由功耗因子 $N'_P = N_R^3 D_R^5/H_T D_T^2$得

$$D_T = \sqrt{\frac{N_R^3 D_R^5}{H_T N'_P}} \tag{6-20}$$

设计时，首先由实验设备测定出设计物系液泛时的总通量（$u_{DF}+u_{CF}$）与功耗因子 N'_P 的关系曲线，然后根据转盘塔放大过程中功耗因子 N'_P之值不变的原则，从实验所得的关系图中，查得设计液泛时的总通量（$u_{DF}+u_{CF}$）下对应的功耗因子 N'_P的值，再由式(6-20) 计算出塔径。图 6-6 所示为一转盘塔液泛的总通量（$u_{DF}+u_{CF}$）与功耗因子 N'_P的关系。

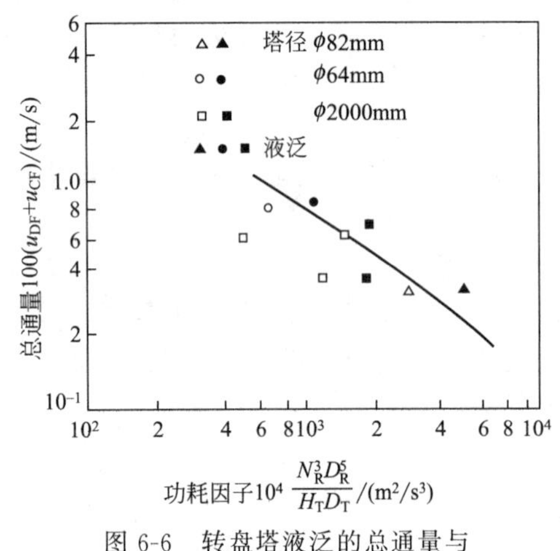

图 6-6 转盘塔液泛的总通量与功耗因子的关系

6.2.5 传质和塔高的计算

传质速率对转盘塔的设计有重要影响，它决定塔的高度。传质速率通常用传质系数、传质面积和传质推动力这三者的乘积表示。本节先讨论相际传质面积和传质系数的求取，然后介绍转盘塔高度的计算方法。

6.2.5.1 相际传质面积和液滴平均直径

在转盘塔内，一相以液滴形式分散在另一相中。单位体积混合液体所具有的相际传质面积 a（比表面积）取决于液滴平均直径 d_p 和分散相滞留率 φ_D，其间有如下关系

$$a = \frac{6\varphi_D}{d_p} \tag{6-21}$$

塔径和操作条件确定之后，操作条件下的分散相滞留率 φ_D 由式(6-8) 试差求取。

液滴平均直径通常用“体积-表面积”直径表示，其定义为

$$d_p = \sum d_{pi}^3 / \sum d_{pi}^2 \tag{6-22}$$

比表面积 a 与 d_p 成反比，液滴尺寸愈小，相际接触面积愈大，传质速率愈高。此外，当两相表观速度给定时，分散相滞留率也与液滴尺寸有关。d_p 愈小，特性速度愈小，滞留率 φ_D 愈大。由此可见液滴尺寸对传质速率的重要影响。针对这一重要参数许多学者进行了大量研究并关联出了一些相应的计算式。但对设计计算比较实用的方法还有的是从液滴的自由沉降速度来计算相应的液滴平均直径。

Kleet 和 Treybat 的研究表明：液滴的自由沉降速度随液滴直径的变化可分为两个区域。在区域Ⅰ，沉降速度随液滴直径的增大而增大；在区域Ⅱ，随着液滴直径的增大，沉降速度基本不变。两个区域对应的计算式为

$$u_{t\mathrm{I}} = 3.04\rho_C^{-0.45}\Delta\rho^{0.58}\mu_C^{-0.11}d_p^{0.70} \tag{6-23}$$

$$u_{t\mathrm{II}} = 4.96\rho_C^{-0.55}\Delta\rho^{0.28}\mu_C^{0.10}\sigma^{0.18} \tag{6-24}$$

从上面两式中消去沉降速度 u_t，可得临界液滴平均直径 d_{pc}

$$d_{pc} = 2.01\rho_C^{-0.14}\Delta\rho^{-0.43}\mu_C^{0.30}\sigma^{0.26} \tag{6-25}$$

上述三式中，u_t 为沉降速度，m/s；ρ_C 为连续相液体密度，kg/m^3；$\Delta\rho$ 为两相液体密度差，kg/m^3；μ_C 为连续相液体黏度，Pa·s；σ 为界面张力，N/m；d_p 为液滴直径，m。

在转塔盘内，考虑到垂直方向流动截面的收缩，通常认为最小截面处的液滴运动速度相当于沉降速度。截面收缩系数为

$$C_R = (D_S/D_T)^2 \tag{6-26}$$

液滴的沉降速度为

$$u_t = \frac{u_S}{C_R} \tag{6-27}$$

式中，u_S 为两相相对速度，m/s。

利用 Kleet-Treybal 方法从 u_t 计算 d_p，应先判断液滴直径是否大于临界值。当 $u_t < u_{t\mathrm{II}}$ 时，液滴平均直径小于临界值，可用式(6-23) 计算 d_p。

6.2.5.2 传质系数

(1) 滴内传质分系数

① 停滞液滴的传质　液滴在连续相中运动，当直径很小、速度很低时 ($Re = d_p u_S \rho_C / \mu_C < 10$)，液滴内部处于停滞状态，犹如刚性球一般，滴内的传质全靠分子扩散。这种情况的传质可以看作和其他条件作比较时的极限情况。传质分系数 k_D 可按下式计算

$$k_D = \frac{2\pi^2 D_D}{3d_p} \tag{6-28}$$

式中，k_D 为滴内传质分系数，m/s；D_D 为滴内分子扩散系数，m^2/s；d_p 为液滴直径，m。

② 滞流内循环液滴的传质　当液滴较大时 ($Re = d_p u_S \rho_C / \mu_C > 10$)，液滴在连续相中运动，界面上的摩擦力会诱导出如图 6-7(a) 所示的滴内环流。滞流内循环液滴的传质分系数，可用下式近似计算

$$k_D = \frac{17.9 D_D}{d_p} \tag{6-29}$$

式中符号与式(6-28) 相同。

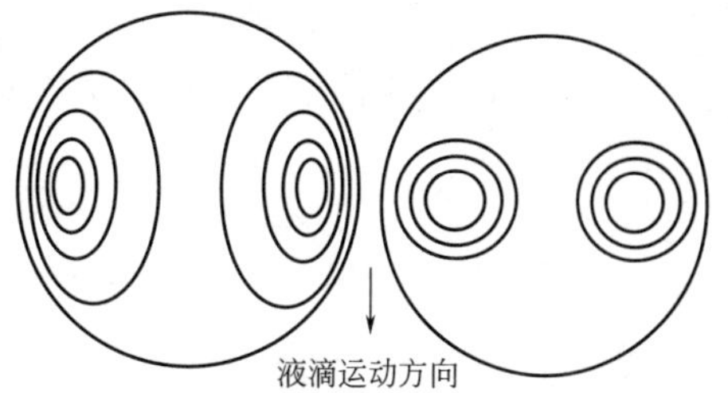

图 6-7　液滴内循环的流型

③ 湍流内循环液滴的传质　湍流内循环的流型如图 6-7(b) 所示。当运动速度大时(有人建议 $Re>80$)，液滴内不仅有切向作用力，还有径向作用力。后者使液滴变形产生摆动，即在圆球形与椭圆球形之间来回变化。由于液滴摆动所引起的界面拉伸和内部循环混合的联合作用，使得液滴的传质速率增高。在连续相阻力可以忽略时，滴内传质分系数可用下式计算

$$k_D=\frac{0.00375u_S}{1+\mu_D/\mu_C} \tag{6-30}$$

式中，u_S 为两相相对速度，m/s；μ_D、μ_C 分别为分散相和连续相的黏度。

人们已对内循环液滴提出了多种模型，但由于问题复杂，研究还有待于深入。

（2）滴外传质分系数

① 停滞液滴外侧的传质　对于停滞液滴，Treybal 提出的计算滴外传质分系数 k_C 的近似式为：

$$k_C=0.001u_S \tag{6-31}$$

式中，u_S 为两相相对速度，m/s；k_C 为滴外传质分系数，m/s。

Calderbank 等建议用下式计算

$$\frac{k_C d_p}{D_C}=0.42\left(\frac{\mu_C}{\rho_C D_C}\right)^{1/3}\left(\frac{g d_p^3 \Delta\rho\rho_C}{\mu_C^2}\right)^{1/3} \tag{6-32}$$

式中，D_C 为滴外分子扩散系数；g 为重力加速度。也有人认为此式也适用于循环液滴外侧的传质。

② 内循环液滴外侧的传质　液滴内循环可减少液滴外侧边界层的厚度，因而使传质系数增大，通常可采用下式估算内循环液滴外侧的传质分系数

$$k_C=\sqrt{\frac{4D_C u_S}{\pi d_p}} \tag{6-33}$$

此式在计算黏度较大的液滴时误差较大，因此有人建议将上式修正为

$$k_C=0.6\sqrt{\frac{D_C u_S}{d_p}} \tag{6-34}$$

Calderbank 和 Moo-Young 提出，在有搅拌的情况下滴外传质分系数可用下式计算

$$k_C=0.13\left(\frac{P_V\mu_C}{\rho_C^2}\right)^{1/4}\left(\frac{\rho_C D_C}{\mu_C}\right)^{2/3} \tag{6-35}$$

式中，P_V 为单位体积液体的功耗，W。

（3）总传质系数

设萃取相（溶剂）为分散相，萃余相（料液）为连续相，溶质在两相中的平衡关系为

$$y=mx \tag{6-36}$$

式中，x 为萃余相浓度，kmol/m³；y 为萃取相浓度，kmol/m³；m 为溶质在两相间的分配系数。

按双膜理论，总传质系数可表示成如下两式

$$K_{ox}=\frac{1}{\dfrac{1}{k_C}+\dfrac{1}{mk_D}} \tag{6-37}$$

$$K_{oy}=\frac{1}{\dfrac{m}{k_C}+\dfrac{1}{k_D}} \tag{6-38}$$

式中，K_{ox} 为以萃余相浓度差为推动力的总传质系数，m/s；K_{oy} 为以萃取相浓度差为推动

力的总传质系数，m/s。

各种情况下的 k_D 和 k_C 可按式(6-28)～式(6-35) 计算，然后根据式(6-37) 或式(6-38) 估算总传质系数。

当界面被少量杂质污染或存在表面活性物质时，界面扰动减弱，液滴内循环衰减甚至停止，因而使传质速率显著降低。这种现象在工程上是很重要的，设计时应予以考虑。必要时，应以实际物料进行中间试验。

Strand 等曾对转盘塔的传质特性进行了研究和分析，他们考虑了返混的影响后，对于停滞液滴：k_C 用式(6-31) 计算，k_D 用式(6-28) 计算；对于内循环液滴：k_C 用式(6-33) 计算，k_D 用下式计算

$$k_D=\frac{0.00375u_S}{1+\mu_D/\mu_C}+\frac{2\pi^2 D_D}{3d_p} \tag{6-39}$$

得到了真实的总传质系数的测量值，然后与从停滞液滴和湍流内循环液滴传质分系数求出的总传质系数进行了比较，并将实验结果和计算结果示于图 6-8。

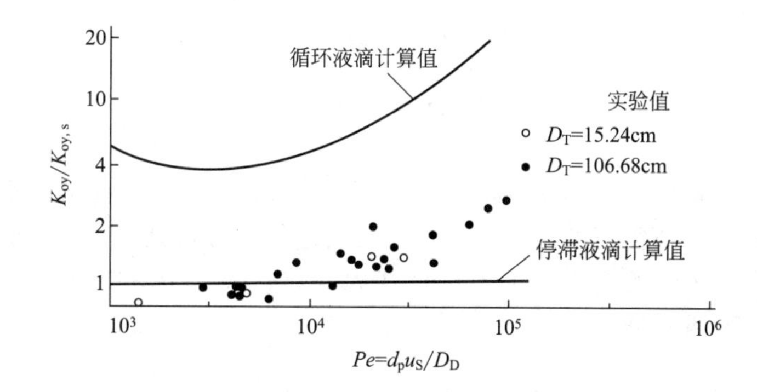

图 6-8　转盘塔的传质性能——测量值与计算值的比较

对于甲苯（分散相)-丙酮-水体系，当丙酮由分散相向连续相传质时，不同直径的转盘塔的实验数据处于停滞液滴和内循环液滴的计算值之间。其他的实验还表明，体系、传质方向和微量界面污物的存在都会影响实验结果。但是，塔径对结果并没有影响。因此，从小型实验塔求得的传质实验数据，按这种方式处理后，可以用来预测大型转盘塔的传质性能。

苏元复等也对转盘塔的传质性能进行了系统研究。根据实验测定的返混和传质数据，求出真实总传质系数。把此值与按停滞液滴理论模型的预测值之比 $K_{oy}/K_{oy,s}$ 看作是液滴 Peclet 数（$Pe_{dr}=d_pu_S/D_D$）的函数，经过回归分析，得出如下关联式

$$\frac{K_{oy}}{K_{oy,s}}=0.941+0.231(Pe_{dr}\times10^{-4})+0.0132(Pe_{dr}\times10^{-4})^2 \tag{6-40}$$

在进行转盘塔放大设计时，只要算出给定条件下的 $K_{oy,s}$ 和 Pe_{dr}，就可以从上式求出塔内真实的总传质系数 K_{oy}。

6.2.5.3 用活塞流模型计算塔高

(1) 传质单元数和传质单元高度

传质推动力直接影响传质速率，因此在转盘塔中一般采用逆流流程，料液和萃取剂逆流流动，并在连续逆流过程中进行传质。设萃余相的流量为 R（m^3/s），萃取相的流量为 E（m^3/s），萃余相和萃取相的浓度分别为 x 和 y（$kmol/m^3$）。

活塞流模型假定两相在塔内作活塞流流动，即每一相在塔内同一截面上，各处的流速都

相等，就像活塞一样，平行有规则地向前推进。并假定溶质在两相间的传递仅发生在水平方向上，而在垂直方向上，每一相内都不发生传质。

设塔内任意高度 Z 处的两相浓度分别为 x 和 y，仿效吸收过程填料层高度的推导方法计算塔高 L。根据物料衡算有

$$dN=R\,dx=E\,dy \tag{6-41}$$

根据传质速率方程式又可以得

$$dN=K_{ox}aA(x-x_e)dZ=K_{oy}aA(y_e-y)dZ \tag{6-42}$$

式中，a 为传质比表面，m^2/m^3；A 为塔的横截面积，m^2；x_e 为与萃取相浓度 y 平衡的萃余相浓度；y_e 为与萃余相浓度 x 平衡的萃取相浓度。

对于定态传质过程，两相在塔内任意点的浓度保持恒定，因此从式(6-41) 和式(6-42) 可得

$$R\,dx=K_{ox}aA(x-x_e)dZ \tag{6-43a}$$

$$E\,dy=K_{oy}aA(y_e-y)dZ \tag{6-43b}$$

$$dZ=\frac{R}{K_{ox}aA}\frac{dx}{(x-x_e)} \tag{6-44}$$

$$dZ=\frac{E}{K_{oy}aA}\frac{dy}{(y_e-y)} \tag{6-45}$$

若萃余相的进口和出口浓度分别为 x_0 和 x_1，萃取相的进口和出口浓度分别为 y_1 和 y_0。为完成此分离任务所需要的塔高可以对上两式进行积分得到。

对于两相互不相溶的稀溶液，R 和 E 可视为常数。假定全塔中 $K_{ox}a$ 和 $K_{oy}a$ 为常数，则塔高可分别用下列两式进行计算

$$L=\frac{R}{K_{ox}aA}\int_{x_1}^{x_0}\frac{dx}{(x-x_e)} \tag{6-46}$$

$$L=\frac{R}{K_{oy}aA}\int_{x_1}^{x_0}\frac{dy}{(y_e-y)} \tag{6-47}$$

若令

$$(NTU)_{ox}=\int_{x_1}^{x_0}\frac{dx}{(x-x_e)} \tag{6-48}$$

$$(NTU)_{oy}=\int_{x_1}^{x_0}\frac{dy}{(y_e-y)} \tag{6-49}$$

$$(HTU)_{ox}=\frac{R}{K_{ox}aA} \tag{6-50}$$

$$(HTU)_{oy}=\frac{R}{K_{oy}aA} \tag{6-51}$$

则塔高可表示为

$$L=(HTU)_{ox}(NTU)_{ox} \tag{6-52}$$

$$L=(HTU)_{oy}(NTU)_{oy} \tag{6-53}$$

以上各式中的 L 为塔高，$(HTU)_{ox}$和 $(HTU)_{oy}$称传质单元高度，是转盘塔分离效能高低的反映，具体数值须由实验测定；$(NTU)_{ox}$和 $(NTU)_{oy}$称传质单元数，反映了分离任务的难易。以下介绍传质单元数的计算方法。

(2) 传质单元数的计算

在两相互不相溶或萃取过程中每一相体积流量无明显变化的情况下，R、E 可视为常数。此时 NTU 值的计算较为简单。

① 平衡线为直线的情况　这是最简单的情况，根据平衡关系可写成

$$x_{e}=\frac{y}{m} \tag{6-54}$$

根据物料衡量，可导出任一塔截面上两相浓度之间的关系，即操作线方程为

$$y=\frac{R}{E}x-\left(\frac{R}{E}x_{0}-y_{0}\right) \tag{6-55}$$

将上面两式代入式(6-48)，变换代数式并积分后可得

$$(NTU)_{ox}=\frac{1}{1-R/mE}\ln\frac{x_{0}-y_{0}/m}{x_{1}-y_{1}/m}=\frac{1}{1-R/mE}\ln\frac{x_{0}-x_{0e}}{x_{1}-x_{1e}} \tag{6-56}$$

考虑到$\frac{R}{E}=\frac{y_{0}-y_{1}}{x_{0}-x_{1}}$及$\frac{1}{m}=\frac{x_{0e}-x_{1e}}{y_{0}-y_{1}}$，可得

$$\frac{1}{1-R/mE}=\frac{1}{1-(x_{0e}-x_{1e})/(x_{0}-x_{1})}=\frac{x_{0}-x_{1}}{(x_{0}-x_{0e})-(x_{1}-x_{1e})} \tag{6-57}$$

因此可得出

$$(NTU)_{ox}=\frac{x_{0}-x_{1}}{\Delta x_{m}} \tag{6-58}$$

式中

$$\Delta x_{m}=\frac{(x_{0}-x_{0e})-(x_{1}-x_{1e})}{\ln[(x_{0}-x_{0e})/(x_{1}-x_{1e})]} \tag{6-59}$$

称为对数平均浓度差，也就是转盘塔进、出口传质推动力的对数平均值。

对于萃取相，同样可以得到

$$(NTU)_{oy}=\frac{y_{0}-y_{1}}{\Delta y_{m}} \tag{6-60}$$

式中

$$\Delta y_{m}=\frac{(y_{0e}-y_{0})-(y_{1e}-y_{1})}{\ln[(y_{0e}-y_{0})/(y_{1e}-y_{1})]} \tag{6-61}$$

② 平衡线为曲线的情况　在一般情况下，平衡线为曲线，$(x-x_{e})$ 随萃余相浓度 x 变化的规律比较复杂。通常可以采用数值积分法或图解积分法求传质单元数。

在两相部分互溶时，两相流量沿着塔高显著地发生变化。当料液浓度很高而萃取率也很高时，在萃取过程中萃取相流量也有较大变化。在这些情况下，需要对传质单元数的计算方法进行修正。

(3) 理论级和理论级当量高度　工程上也常采用理论级和理论级当量高度的方法来估算萃取塔的高度。转盘塔的高度 L 可以表示为

$$L=N_{T}H_{e} \tag{6-62}$$

式中，N_{T} 为萃取过程所需的理论级数；H_{e} 为理论级当量高度，即 $HETS$，m。

N_{T} 的求解与精馏过程类似，可以用图解法或逐级计算法求得。H_{e} 的数值与塔结构、物系性质及操作条件有关，需经实验测定。但是，由于连续逆流传质过程和逐级接触萃取过程有本质上的差别，因此采用理论级和理论级当量高度的方法，往往很难进行可靠的放大设计。

6.2.5.4 用扩散模型计算塔高

活塞流模型为微分逆流萃取过程的设计提供了一种最简单的算法，长期以来在工程设计中得到广泛应用。但是这种模型对塔内两相流动的描述是近似的，计算结果往往与实际情况偏差很大。因此有必要对萃取塔内两相的流体力学和传质过程作进一步的分析研究，以便得出更为可靠的设计方法。

(1) 转盘塔内的轴向混合

在转盘塔内，如果重相为连续相，轻相为分散相，轻相分散成液滴自下而上地与重相逆流流动。两相的实际流动状况与活塞流的假设有很大差别。例如：

① 连续相在垂直流动方向上的速度分布不均匀；

② 连续相内存在涡流，局部速度过大处，可能夹带分散液滴，造成分散相的返混；

③ 分散相液滴大小不均匀，因而它们上升的速度不相同，上升速度较大的那部分液滴造成分散相的前混；

④ 当分散相液滴的运动速度较大时，也会引起对周围连续相的夹带，造成返混；

⑤ 搅拌也会造成连续相的返混。

通常，把导致两相流动非理想性，并使两相流动形态偏离活塞流的各种现象，统称为轴向混合，它包含返混、前混等各种现象。转盘塔是机械搅拌萃取塔，外界输入能量固然有破碎液滴和强化传质的作用，但当搅拌过度时，也会使轴向混合加剧，效能下降。

由于轴向混合，两相在入口处将发生浓度突跃。返混又使塔内的轴向浓度梯度减小，从而大大降低了塔内的传质推动力。图 6-9(a) 分别示出了作理想的活塞流动及存在轴向混合时塔内浓度分布曲线；图 6-9(b) 则表达了这两种情况下操作线的差异。通常把活塞流动下的传质推动力称为表观推动力。由图可见，存在轴向混合时的“真实”推动力要比表观推动力小得多。

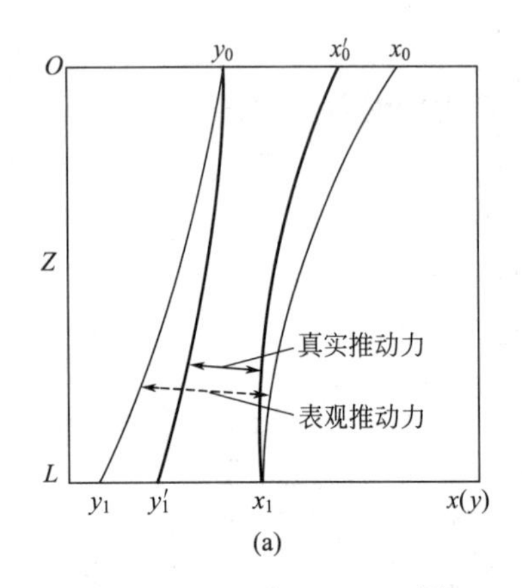

(a)

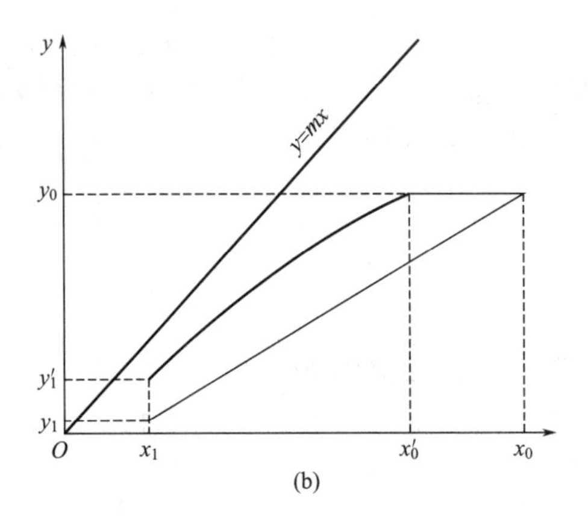

(b)

图 6-9 转盘塔内的轴向混合

粗线为存在轴向混合时的浓度分布和操作线，细线为理想活塞流动时的浓度分布和操作线

此外，轴向混合还会降低萃取塔的处理能力。

轴向混合对萃取塔的传质性能产生不利影响。据报道，大型工业萃取塔，多达 90%的塔高是用来补偿轴向混合的不利影响的。如果不考虑轴向混合，则在实验塔内测得的传质数据和生产装置中的实际情况将差别很大，就不能可靠地进行萃取塔的放大设计。

近 20 余年来，人们对萃取塔内的轴向混合进行了大量的研究工作，发展了多种描述萃取塔的数学模型，如级模型、扩散模型、返流模型以及有前混的组合模型等。其中对扩散模型的研究更为成熟。据报道，考虑轴向混合的影响以后，已能使从直径为 50mm 的模型转盘塔测得的传质数据，与直径 2m 工业转盘塔的数据相符合，这样就能比较可靠地进行放大设计。

（2）扩散模型的近似解法

轴向混合只影响推动力的大小，严格来说，只能改变传质单元数的数值。而在实用上，往往仍按理想的活塞流模型计算传质单元数，而将轴向混合的影响归入传质单元高度中，即在其他条件相同时，轴向混合愈严重，传质单元高度愈大。

Miyauchi 和 Vermeulen 发展了一种扩散模型的近似解法。他们把按活塞流模型计算得到的传质单元数称表观传质单元数，用 $(NTU)_{oxp}$ 表示，把实际塔高除以表观传质单元数得到的传质单元高度称为表观传质单元高度，用 $(HTU)_{oxp}$ 表示，把扣除轴向混合影响计算得到的传质单元高度称为真实传质单元高度，用 $(HTU)_{ox}$ 表示，它可根据传质系数计算，即 $(HTU)_{ox}=u_x/(K_{ox}a)$，把由于轴向混合而增加的传质单元高度称为分散单元高度，用 $(HTU)_{oxD}$ 表示。上述各量之间有如下关系

$$(HTU)_{oxp}=(HTU)_{ox}+(HTU)_{oxD} \tag{6-63}$$

$$L=(HTU)_{oxp}(NTU)_{oxp} \tag{6-64}$$

这样，先测定或计算扣除轴向混合影响的真实传质单元高度 $(HTU)_{ox}$，然后计算由于轴向混合所增加的分散单元高度 $(HTU)_{oxD}$，两者相加就可得到表观传质单元高度 $(HTU)_{oxp}$。乘以按活塞流模型计算的传质单元数 $(NTU)_{oxp}$，就可得到所需要的塔高。这就有可能比较可靠地解决转盘塔的放大设计问题。

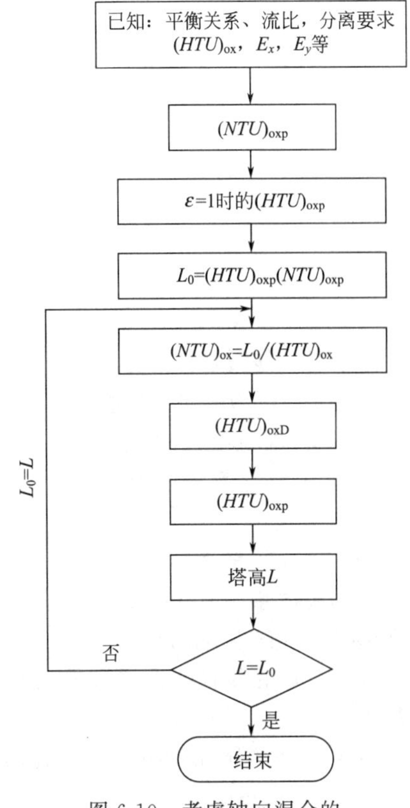

图 6-10　考虑轴向混合的塔高计算框图

上述近似解法的计算顺序见图 6-10。有关步骤说明如下：

设计计算的原始数据除了两相进出口浓度 x_0、x_1、y_1、y_0，两相流速 u_x、u_y 和平衡关系 $y=mx$ 外，还需要有实验测定或关联式计算的轴向扩散系数 E_x、E_y 以及真实传质单元高度 $(HTU)_{ox}=u_x/(K_{ox}a)$。

根据活塞流模型，用式(6-58) 和式(6-59) 可计算表观传质单元数 $(NTU)_{oxp}$。

分析表明：当萃取因子 $\varepsilon=mE/R=1$ 时，真实传质单元高度和表观传质单元高度之间存在以下简单关系

$$(HTU)_{oxp}=(HTU)_{ox}+\frac{E_x}{u_x}+\frac{E_y}{u_y} \tag{6-65}$$

根据已知条件，可以估算出 $\varepsilon=1$ 时的表观传质单元高度的初值，并进而计算出萃取塔高的初值。

$$L_0=(HTU)_{oxp}(NTU)_{oxp} \tag{6-66}$$

真实的传质单元数，根据已知的真实传质单元高度和塔高求得

$$(NTU)_{ox}=\frac{L_0}{(HTU)_{ox}} \tag{6-67}$$

分散单元高度可用下式求得

$$(HTU)_{oxD}=\frac{L_0}{(Pe)_0+\dfrac{\varphi\ln\varepsilon}{1-1/\varepsilon}} \tag{6-68}$$

式中，$(Pe)_0$ 为综合考虑两相轴向混合程度的 Peclet 数，它与各相 Peclet 数之间的关系为

$$\frac{1}{(Pe)_0}=\frac{1}{f_xPe_x\varepsilon}+\frac{1}{f_yPe_y} \tag{6-69}$$

式中，Pe_x 为萃余相的 Peclet 数，$Pe_x=u_xL/E_x$；Pe_y 为萃取相的 Peclet 数，$Pe_y=u_y$

L/E_y。

而系数 f_x、f_y 与 φ 可分别按下列经验式计算

$$f_x=\frac{(NTU)_{ox}+6.8\varepsilon^{0.5}}{(NTU)_{ox}+6.8\varepsilon^{1.5}} \tag{6-70a}$$

$$f_y=\frac{(NTU)_{ox}+6.8\varepsilon^{0.5}}{(NTU)_{ox}+6.8\varepsilon^{-0.5}} \tag{6-70b}$$

$$\varphi=1-\frac{0.05\varepsilon^{0.5}}{(NTU)_{ox}^{0.5}(Pe)_0^{0.25}} \tag{6-71}$$

计算出 $(HTU)_{oxD}$以后，根据式(6-63) 可以求出 $(HTU)_{oxp}$的第一次试算值，再由式(6-64) 可求得塔高的第一次试算值。与塔高的初值 L_0 比较，若两者相等，则计算结束，塔高的第一次试算值 L 即为所求的塔高；若两者相差较大，则令 $L_0=L$，再回到式(6-67)，重复以上的计算，直到 L 的计算值与初值 L_0 的误差在允许范围之内为止。

（3）轴向扩散系数

轴向扩散系数常用示踪法测定。人们对转盘塔的轴向混合已作了大量的研究工作，得出了许多计算连续相轴向扩散系数的关联式，可供设计时选用。然而，由于实验技术方面的困难，计算分散相轴向扩散系数的关联式相对较少。下面介绍几种在转盘塔设计中常用的扩散系数关联式。

Strand 等的研究表明，两相流动时的轴向扩散系数可分别用下面的公式计算

$$\frac{E_C(1-\varphi_D)}{u_C H_T}=0.5+0.09(1-\varphi_D)\left(\frac{D_R N_R}{u_C}\right)\left(\frac{D_R}{D_T}\right)^2\left[\left(\frac{D_S}{D_T}\right)^2-\left(\frac{D_R}{D_T}\right)^2\right] \tag{6-72}$$

$$\frac{E_D\varphi_D}{u_D H_T}=0.5+0.09\varphi_D\left(\frac{D_R N_R}{u_C}\right)\left(\frac{D_R}{D_T}\right)^2\left[\left(\frac{D_S}{D_T}\right)^2-\left(\frac{D_R}{D_T}\right)^2\right] \tag{6-73}$$

Stemerding 等对转盘塔的轴向扩散系数进行了广泛研究。他们所用的实验塔的塔径范围很宽（0.064～2.18m），因而数据较为可靠。根据实验数据关联得到

$$\frac{E_C}{u_C H_T}=0.5+0.012\left(\frac{D_R N_R}{u_C}\right)\left(\frac{D_S}{D_T}\right)^2 \tag{6-74}$$

$$E_D=(1\sim3)E_C \tag{6-75}$$

苏元复等的研究表明，连续相的轴向扩散还受到分散相流速的影响。他们给出的关联式

$$\frac{E_C}{u_C H_T}=0.5+0.0204\left(\frac{D_S}{D_T}\right)^{1.75}\left(\frac{D_T}{H_T}\right)^{0.5}\left(\frac{D_R N_R}{u_C}\right)^{0.74}\left(\frac{u_C+u_D}{u_C}\right)^{0.52} \tag{6-76}$$

他们认为分散相轴向扩散问题只是部分得到解决，要获得精确的数据须开发更好的实验技术。

6.2.5.5 澄清段高度的计算

为使两相分离，萃取塔须设澄清段。连续相的澄清段是为了分离被连续相夹带的微小液滴。分散相的澄清段是为了使液滴在离开设备前能够凝聚分层。凝聚所需要的时间可按下式计算

$$\tau=1.32\times10^5\frac{\mu_C d_p}{\sigma}\left(\frac{L}{d_p}\right)^{0.18}\left(\frac{\Delta\rho g d_p^2}{\sigma}\right)^{0.32} \tag{6-77}$$

式中，L 为液滴在进入凝聚相界面之前的沉降高度，即萃取塔高度。用此式计算的凝聚时间

τ 只是近似的。在转盘塔内，考虑到搅拌作用引起的液滴强烈运动，设计时凝聚时间的取值应较上式的计算值为大。

对于分散相澄清段的计算，应考虑到澄清段体积的近一半已为凝聚了的液滴所占据，则澄清段的体积 V_S 为

$$V_S=\frac{2V_D\tau}{\varphi_D} \tag{6-78}$$

相对来说，转盘塔操作时的相分散程度不是很高。因此澄清段直径一般不需扩大，其高度 H_S 可按下式计算

$$H_S=\frac{4V_S}{\pi D_T^2} \tag{6-79}$$

连续相澄清段的高度一般取与分散相相同。

6.2.6　转盘塔的工艺设计步骤

在转盘塔的设计过程中，对于一定物系，通常要求根据给定的处理量和分离要求来计算转盘塔的直径和高度。相对而言，转盘塔直径的计算方法比较成熟些，转盘塔高度的计算比较困难。除了根据指定的分离要求确定所需的传质单元数或理论级数外，还必须确定传质单元高度或理论级当量高度。萃取设备中液滴群的行为相当复杂。体系物理性质、设备结构和操作条件等都对液滴平均直径和传质系数有明显的影响。特别是大型转盘塔内，轴向混合相当严重，因此使设计计算更加麻烦。由于真实的传质系数和轴向扩散系数等重要参数的实验数据仍比较缺，计算方法不够完善，往往给设计计算带来困难。因此实验在转盘塔设计中仍占有相当的地位。

6.2.6.1　实验在转盘塔设计中的作用

由于转盘塔两相流体力学和传质过程的复杂性，在进行一个新体系的大型转盘塔设计时，往往需要进行小型实验或中间实验。

工艺要求确定以后，根据已有的资料对如下三个方面进行评价、实验或计算：

① 液泛流速和分散相滞留率的测定或计算；

② 传质速率，即传质总系数或真实传质单元高度的测定或计算；

③ 轴向混合特性的测定或计算。

如果有关的实验数据、生产数据和计算方法比较齐全，可以直接进行设计计算。如果资料不全或生产规模太大，则必须进行小型实验或中间工厂实验。在取得足够的实验数据之后，再进行设计计算。

6.2.6.2　转盘塔的工艺设计步骤

转盘塔的工艺设计计算方法大致可分为两类。一类是半经验的方法。当中间实验数据比较充分，或已有足够的同一体系的工业转盘塔的运行经验时，可参照中间试验或生产装置的经验来确定转盘塔的结构和操作条件，再根据操作条件来确定该转盘塔的液泛流速的传质效率。然后再根据要求的处理能力和分离要求来计算所需的塔径和塔高。这种设计方法比较直接简单，但是局限性较大。

第二类方法是综合应用萃取热力学、动力学、流体力学和传质特性等方面的基本原理和基础研究结果来进行萃取塔的设计计算。这类设计计算方法比较复杂，涉及的基本概念和计算公式较多，计算工作量较大。但是所需要的实验数据比较小，中间试验的规模可以缩小，周期可以缩短，并且有可能逐步实现计算机辅助设计，这类方法称为按基本原理设计萃取塔的方法，其设计流程大致如图 6-11 所示。

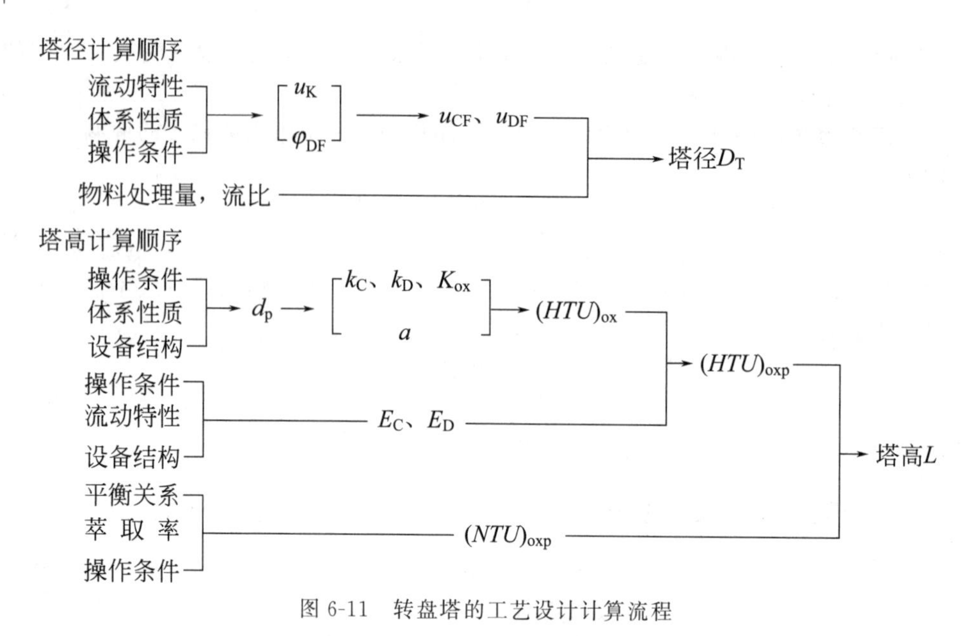

图 6-11 转盘塔的工艺设计计算流程

6.3 转盘塔的结构设计

转盘塔由塔体、内件、附件和传动装置等组成。塔的内件有固定环、转盘、转轴、轴承及镇流件等。塔的附件是人孔、视孔、接管、支座等。

6.3.1 塔体

转盘塔的塔体，包括筒体和两端的封头。塔体上设置有人孔、视镜、工艺管道及仪表的接管和轴封。塔体的底部支承在裙式支座上，顶部设有传动装置的支座。

转盘塔操作时的相分散程度不很高，澄清段直径不需扩大，因而塔体是一个等直径的圆筒。在这圆筒的中部装以固定环并插入转盘，成为塔的萃取段，它的两端是澄清段。转盘塔封头型式，按受压情况选取。筒体与封头的连接，取决于塔径、内件的结构和安装方式。如果固定环是整体的可拆结构，就必须在塔体顶部设置法兰，以便固定环可在开盖时装入或取出。如果固定环采用不可拆结构，则可在顶盖配以直径较小的法兰，只要能取出转盘即可。如果固定环不需拆卸或可分块，而转盘可拆卸成小件时，可用整体焊接的塔体，但必须设置一些人孔，供安装和卸运内件时应用。塔体装有底轴承、中间轴承和联轴器的部位，也必须设置人孔，以便安装检修。

6.3.2 内件

（1）固定环

固定环的结构分为可拆与不可拆（见图 6-12）两类。不可拆卸的固定环，结构很简单，可将固定环直接焊在塔壁上，也可先在塔壁上焊以角钢圈或扁钢圈，再焊上固定环。对于直径小于 600mm 或有特殊要求的小塔，可采用组装的可拆结构。它是在固定环外侧钻几个均布的孔，穿上相间地套有定距管的拉杆，拉杆的两端用螺母锁紧，于是将固定环组合成串。成串的固定环固定在塔内的方式有两种：在较小的塔中，常用加大最上面一个固定环的外径，使之与法兰支承面相等或另加一个支承环，用以夹持在法兰中。在较大的塔中，则在塔体底部内壁焊上几个耳架，用以支撑成串的固定环，拉杆用螺母固定在耳架上。当塔内有防腐蚀的金属衬里

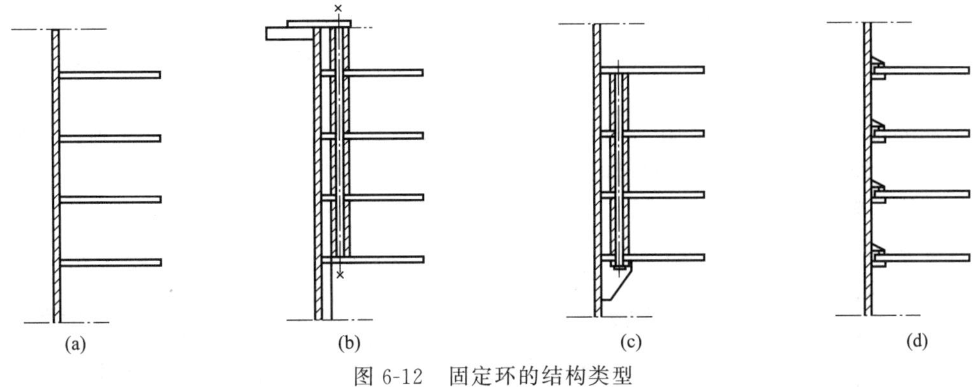

图 6-12　固定环的结构类型

或塑料涂层时，须用可拆结构，可用螺栓将固定环固定在塔圈上或采用卡子固定。

固定环的厚度通常为 4～8mm，随着塔径的增大，取用较厚的固定环。小塔的固定环用整块钢板割制，大塔则由几块拼焊而成。固定环的板面必须平整，开孔边缘必须清除毛刺。组装固定环用 3～8 根拉杆，塔径较大，环板较薄时，须用较多的拉杆。拉杆为 ϕ10～20mm，定距管选用相应规格的管子。

可拆式固定环结构的示例尺寸，如图 6-13 所示。

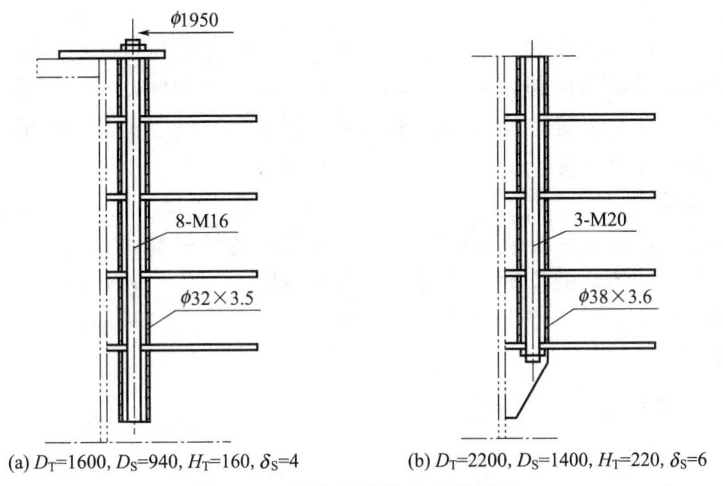

图 6-13　固定环结构的示例尺寸

(2) 转盘

转盘以固定与可拆方式连接于转轴上（见图 6-14），只有小直径的转盘有时直接焊在无

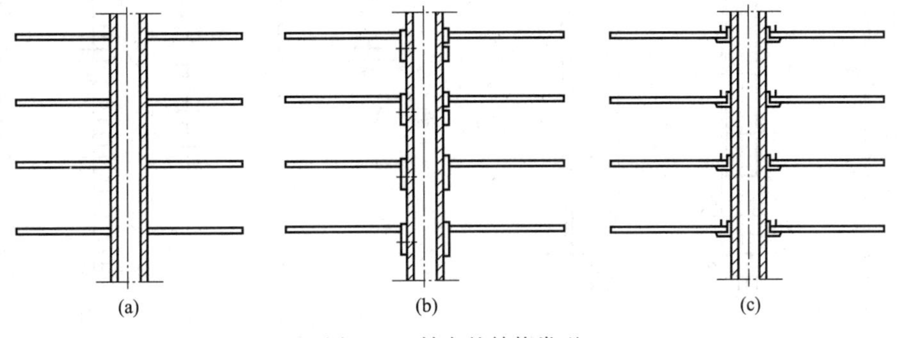

图 6-14　转盘的结构类型

缝钢管制的空心轴上。一般的结构是转盘焊在毂上，毂套在轴上，然后用毂上的紧定螺钉固定在正确位置上，也有用毂的长度来保证转盘间距的。大型的转盘，可制成分块式，用螺栓固定在毂上，并相互连接。

转盘用钢板制成，板厚常用4～6mm。板面必须平整，外缘要光洁，无毛刺。组装完毕的转盘与轴，须经静平衡校正，以改善转轴的工作条件。

转盘可拆连接的结构及其示例尺寸，如图6-15所示。

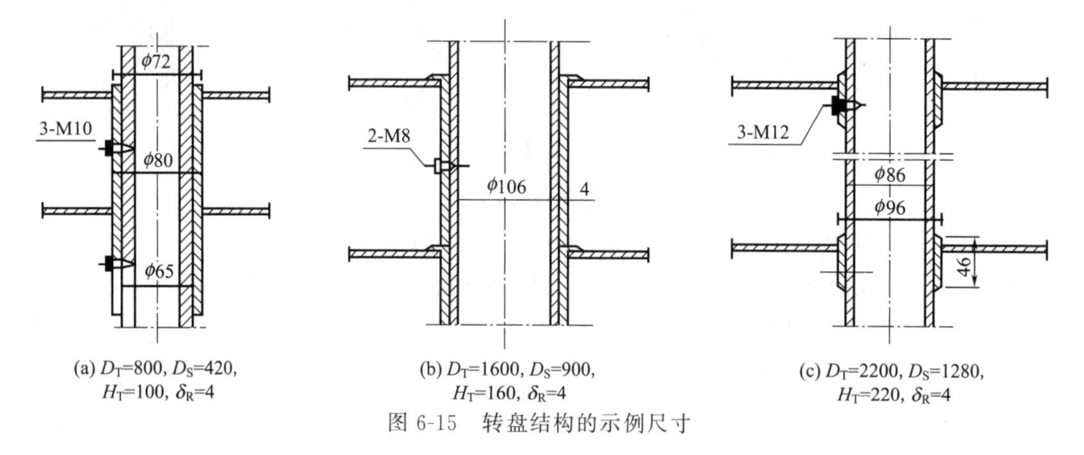

图6-15　转盘结构的示例尺寸

转盘须位于固定环分隔成的小室中心。因此，不仅要保证各固定环之间、各转盘之间的距离正确，还要保证转盘与相邻固定环之间的距离。固定环的间距可由正确画线或定距管长度来保证，转轴间距靠轴上定位孔或毂长来保证，固定环与转盘的相关位置，则需用轴的结构尺寸、轴承位置的调节来保证。

（3）转轴与轴承

全塔所有的转盘，都安装在直立的转轴上，转盘塔的轴很长，在加工条件许可时，转轴最好不分段，对于必须分段的长轴，宜用刚性联轴器联成一体。转轴很长，要求刚性好、密度小，因此转轴的中段常用厚壁无缝钢管，仅在两端焊上实心的轴段，以便在此加工成轴颈或装配联轴节（见图6-16）。

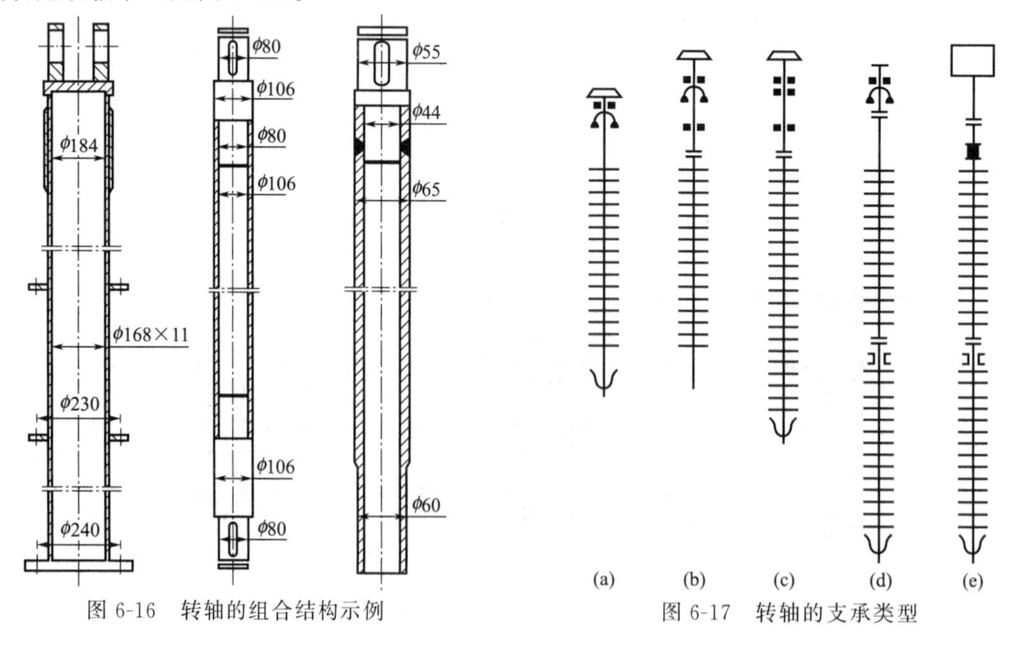

图6-16　转轴的组合结构示例

图6-17　转轴的支承类型

在转轴的支承方式中，最简单的是两端支承［见图 6-17(a)］。这时上轴承安置在位于顶盖上的轴承座中，并兼作止推轴承，承受转轴和转盘的重力，以及传动件传来的轴向力；下轴承则位于塔内底部，浸没在液体中。悬挂式支承［见图 6-17(b)］是将一对轴承都安置在顶盖上的轴承座中，转轴悬挂在下方，为避免轴端晃动，常在塔底加一轴承［见图 6-17(c)］。对于分段的长轴［见图 6-17(d)、(e)］，通常在分段附近加装中间轴承。

安装在塔顶的轴承座，与安装在搅拌反应器盖上的搅拌器轴承座，结构型式相同。安装在塔内的轴承，浸没于液体中，不能加润滑油，且受到料液的侵蚀。因此液下轴承都用滑动轴承，而且仅在塔内液体无腐蚀性并有润滑作用时，才可采用普通的轴承材料，其余都应采用耐腐蚀且具有自润滑作用的材料，例如氟塑料或尼龙等。在结构上，底轴承（见图 6-18）须能允许转轴的轴向移动，而中间轴承（见图 6-19）还要求能自位，因此宜用具有球面座的轴承，轴承座用 3～4 条支杆撑在塔壁上，支杆的长度应在安装时作仔细调整。

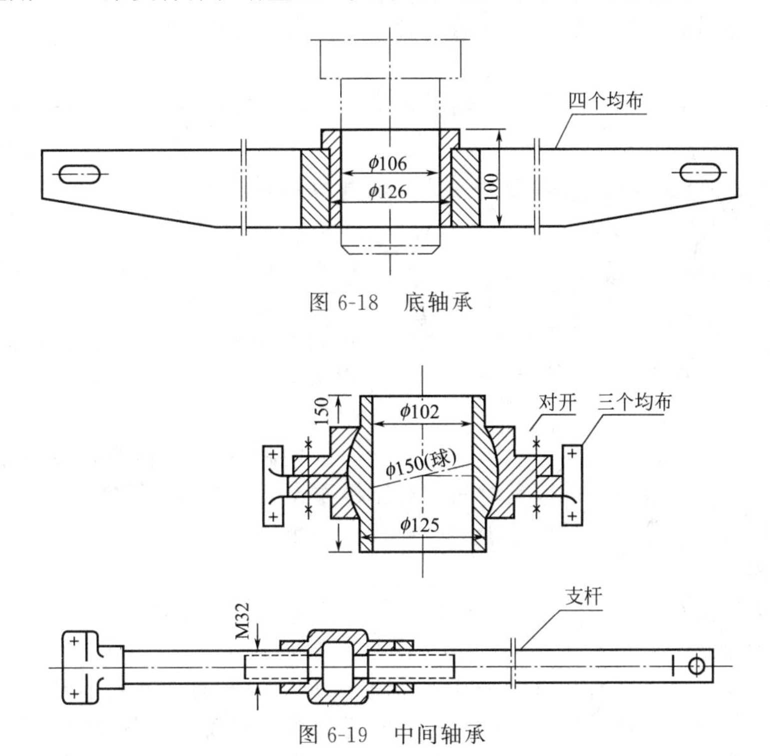

图 6-18　底轴承

图 6-19　中间轴承

(4) 轴封

转盘塔大都用机械传动，转轴穿过塔顶封头伸进塔内。如果是加压萃取，则封头上必须有轴封装置，以阻止塔内物料的外漏。当塔的操作压力不是很高时，可用填料函密封；当操作压力较高或气密性要求较严时，须用机械密封。轴封的位置应尽量靠近某个主轴承，使轴封处轴的挠度最小，从而改善密封面的工作条件。

当加压萃取的萃取剂是液化了的气体时，若采用单级密封结构，可能从轴封处漏出汽化了的萃取剂，污染环境，引起危险，因此必须采用双级密封结构。密封工作液在稍高于塔内操作压力下送进轴封处，于是轴封处向塔内与塔外泄漏的只能是工作液，从而阻止了萃取剂的外漏。工作液的选择根据塔内的料液而定，可用料液、清水或油品等。

(5) 镇流件

在转盘塔的萃取段与两端的澄清段之间，各安装一镇流件。当液流通过镇流件进入澄清段时，可消除它在萃取段中获得的旋转动能，以利液滴在澄清段中的沉降分离或凝聚分层。

常用作镇流件的有金属筛网、蜂窝板、大孔格栅或条栅。格栅的高度一般在 50mm 以上，用薄扁钢焊成 50mm×50mm 的方格。它的结构和安装方式，如同填料塔的支承板。

6.3.3 附件

（1）人孔

人孔是安装或检修人员进出塔的唯一通道。人孔的设置应便于人员进入塔的任一隔室。但由于设置人孔处的隔室高度增大，且人孔设置过多会使制造时塔体的弯曲度难以达到要求，所以一般每隔 5～10m 塔段才设置一个人孔。但在料液进出口等须经常维修清理的部位，应增设人孔。塔径小于 800 mm 时，不在塔体上开设人孔。在设置人孔处，隔室高度至少应比人孔尺寸大 150mm，且不得小于 600mm。

人孔的选择应考虑设计压力、试验条件、设计温度、物料特性及安装环境等因素。

人孔可按标准选择，超出标准范围或有特殊要求时，可自行设计。

（2）接管

转盘塔的两相进料一般都不用分布器。进液管直接连接到萃取段两端的塔壁上，即重相进口接管位于最高一层固定环的上方，轻相进口接管位于最低一层固定环的下方。为避免进塔液流对萃取段内旋转液流的干扰，进料不宜径向加入，而应采用切向或斜向加入（见图 6-20），且使液流的方向与转盘的旋转方向一致。在较大的塔内，采用两个或更多的切向或斜向进口，使液流尽量分布得均匀。

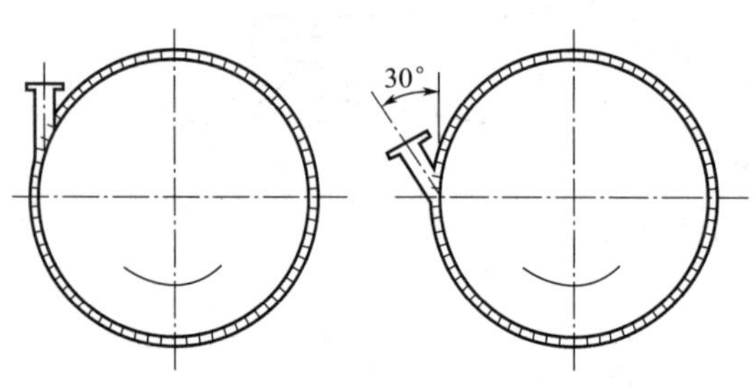

图 6-20　切向进口管与斜向进口管

两相的出塔接管，安装在塔的两端，以保证液体在澄清段中有充分的停留时间。对于操作中会产生界面污物的物系，在澄清段上还须设置排污接管，其位置在界面附近的原连续相一侧。

（3）裙座

塔体常用裙座支承。因为裙座的结构性能好，连接处产生的局部应力也最小，所以它是塔体的常用支承型式。

由于裙座与料液不直接接触，也不承受容器内介质的压力，因此不受压力容器用材所限，可以选用较经济的碳素结构钢。裙座选材时还应考虑到载荷、塔的操作条件，以及塔体封头的材料等因素，对于室外操作的塔，还得考虑环境温度。

裙座往往有保温或防火层，这时裙座的选材应考虑到保温或防火层敷设的情况。

为方便检修，裙座上必须开设人孔。塔在运行中可能有挥发的气体逸出，会积聚在裙座与塔底封头之间的死区中；它们或者是可燃的，或者是腐蚀性的，并会危及进入裙座的检修人员，因此必须在裙座上部设置排气管或排气孔。

6.3.4 传动装置

转盘塔有机械传动和水力驱动两种传动方式。

机械传动是由电机经减速装置带动转轴旋转。它和搅拌反应器的传动装置无甚差别，因此可直接选用适宜的型号。传动轴可从塔的顶部、底部或侧面伸入塔内。从顶部伸入时，传动装置位于塔顶，虽然安装不便，塔的机械负荷增大，但当轴封失效时引入的损失较小，所以，仍为普遍采用的传动方式。在某些设计中，转盘适宜的操作转速应根据工艺条件的改变来选择。这时传动装置中需采用调速电机或无级变速机械传动。

水力驱动是利用塔液体的能量，推动装在转轴上的水力涡轮，带动转盘旋转。水力涡轮是在一转盘外缘装以水斗或叶片，高压液体通过喷嘴高速流出，冲击叶片，使涡轮旋转。采用水力驱动，无须转轴穿过封头，可避免采用轴封，更不会有轴封的泄漏。然而水力涡轮所引起的液流强烈扰动，会影响转盘塔的操作，并且因转盘塔的转速与进塔液量直接有关，故使转盘塔的操作控制复杂化。

6.4　转盘塔工艺设计示例

某丙酮-水溶液中含丙酮 8%（质量分数），拟用甲苯萃取回收其中的丙酮，要求丙酮回收率不小于 90%，丙酮-水溶液处理量为 2×10^4 kg/h。由于萃取剂循环使用，甲苯中含丙酮 0.3%（质量分数）。小型萃取实验时，甲苯溶液为分散相，确定的物性及有关数据见表 6-5。

表 6-5　设计示例相关物性及有关数据

项　　目	密度/(kg/m³)	黏度/Pa·s	扩散系数/(m²/s)	界面张力/(N/m)
连续相——水溶液	997	1.0×10^{-3}	0.96×10^{-9}	0.03
分散相——甲苯溶液	860	0.59×10^{-3}	2.68×10^{-9}	
相平衡关系	当浓度单位为 kmol/m³ 时，分配系数 $m=y/x=0.72$			

常温常压操作。试设计一转盘萃取塔完成上述任务。

[转盘萃取塔工艺设计计算如下]

一、设计方案及工艺流程

以 A 代表丙酮，B 代表水，S 代表甲苯。考虑到需对 S 进行回收并循环使用，同时由于 S 基本上不溶于水，故采用如图 6-21 所示的萃取流程。原料液（A+B）送入萃取塔，经过萃取后，萃取相含有大量的萃取剂 S 和一定量的溶质 A 组分，将该股物流送入精馏塔，经精馏脱除 S，使 S 和 A 组分得以分离，分离后的萃取剂返回萃取塔循环使用，精馏塔塔顶得到溶质 A 作为产品，萃取塔塔底得到的萃余相中含有大量的水和少量的溶质 A，根据情况可送入下一道工序作进一步的处理。

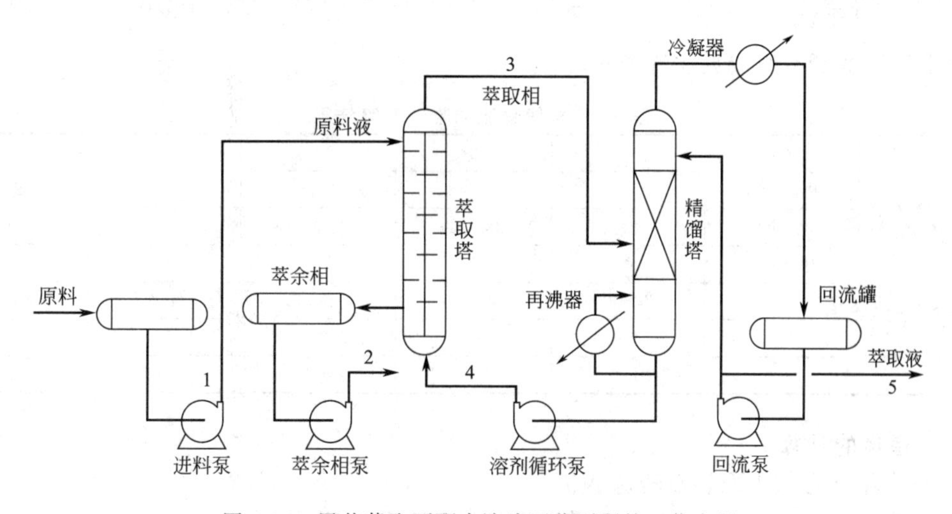

图 6-21　甲苯萃取丙酮水溶液回收丙酮的工艺流程

二、物料衡算确定溶剂循环量及各股物流量

从本题所给参数及按分散相选择原则知，甲苯为分散相，丙酮水溶液为连续相。由于原料液中溶质的浓度较低，且甲苯与水的互溶度亦很低，故在萃取过程中，可近似认为萃取相和萃余相的流量基本不变，即 $q_{VF}=q_{VR}=V_C$，$q_{VS}=q_{VE}=V_D$。所以可依全塔物料衡算方程及相平衡方程计算过程的溶剂用量。物料衡算如图 6-22 所示。

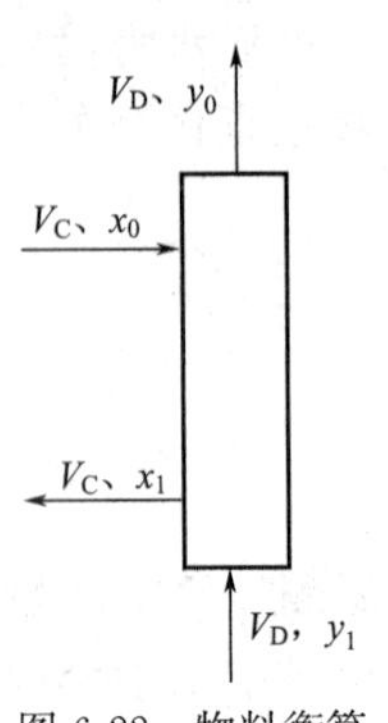

图 6-22 物料衡算

因为是稀溶液，由已知条件得

$$x_0=\frac{8/M}{100/\rho_C}=\frac{8/58}{100/997}=1.375\text{kmol/m}^3$$

$$x_1=1.375\times(1-0.90)=0.138\text{kmol/m}^3$$

$$y_1=\frac{0.3/M}{100/\rho_D}=\frac{0.3/58}{100/860}=0.0445\text{kmol/m}^3$$

$$y_{0e}=mx_0=0.72\times1.375=0.99\text{kmol/m}^3$$

若萃取剂用量 V_D 不断减少，则排出的萃取相中溶质 A 的浓度 y_0 不断升高，当 y_0 上升到与原料液中溶质 A 的浓度 x_0 呈平衡（即 y_{0e}）时，萃取剂用量达到最小。此时的最小溶剂比为

$$\left(\frac{V_D}{V_C}\right)_{\min}=\frac{x_0-x_1}{y_{0e}-y_1}=\frac{x_0-x_1}{mx_0-y_1}=\frac{1.375-0.138}{0.72\times1.375-0.0445}=1.31$$

取实际溶剂比为最小溶剂比的 1.53 倍；则两相流比

$$L_R=\left(\frac{V_D}{V_C}\right)=1.53\times\left(\frac{V_D}{V_C}\right)_{\min}=1.53\times1.31=2.0$$

操作条件下萃取剂的循环量 V_D

$$V_C=\frac{20000}{3600\times997}=5.57\times10^{-3}\text{m}^3/\text{s}，V_D=L_RV_C=2\times5.57\times10^{-3}=11.14\times10^{-3}\text{m}^3/\text{s}$$

出口萃取相的实际操作浓度 y_0 可由全塔物料衡算算出

$$y_0=\frac{V_C}{V_D}(x_0-x_1)+y_1=\frac{1}{2}\times(1.375-0.138)+0.0445=0.663\text{kmol/m}^3$$

萃取塔的操作线方程

$$y=\frac{V_C}{V_D}(x-x_1)+y_1=\frac{1}{2}\times(x-0.138)+0.0445=0.5x+0.0245$$

各股物流的量及组成见物流表 6-6。

表 6-6 各股物流的物料衡算结果

	流股	1	2	3	4	5
组分质量分数/%	丙酮(A)	8	0.86	4.48	0.3	99.5
	水(B)	92	99.14	0	0	0
	甲苯(S)	0	0	95.52	99.7	0.5
流量/(kg/h)		20000	18560	36033	34490	1447
温度/℃		25	25	25	25	25
压力/MPa		0.1	0.25	0.1	0.15	0.15

三、塔径的计算

1. 选定结构参数求取转盘转速 N_R

假设塔径 $D_T=1.8\text{m}$，根据转盘萃取塔结构尺寸的比例关系

$H_T=0.142D_T^{0.68}=0.142\times1.8^{0.68}=0.21\text{m}$，　$D_R=0.50D_T=0.50\times1.8=0.90\text{m}$

$D_S=0.67D_T=0.67\times1.8=1.20\text{m}$

取 $H_T=0.22\text{m}$，$D_R=0.90\text{m}$，$D_S=1.20\text{m}$。

根据体系界面张力，$\sigma=0.030\text{N/m}$，参考图 6-5，取功率因子为

$$N_R^3D_R^5/H_TD_T^2=1.2$$

则转盘转速

$$N_R=\sqrt[3]{\frac{1.2H_TD_T^2}{D_R^5}}=\sqrt[3]{\frac{1.2\times0.22\times1.8^2}{0.9^5}}=1.131\text{r/s}$$

2. 特性速度

$$u_K=\beta\frac{\sigma}{\mu_C}\left(\frac{\Delta\rho}{\rho_C}\right)^{0.9}\left(\frac{D_S}{D_R}\right)^{2.3}\left(\frac{H_T}{D_R}\right)^{0.9}\left(\frac{D_R}{D_T}\right)^{2.7}\left(\frac{g}{D_RN_R^2}\right)^{1.0}$$

$$=0.012\times\frac{0.03}{1.0\times10^{-3}}\times\left(\frac{997-860}{997}\right)^{0.9}\times\left(\frac{1.2}{0.9}\right)^{2.3}\times\left(\frac{0.22}{0.9}\right)^{0.9}\times\left(\frac{0.9}{1.8}\right)^{2.7}\times\left(\frac{9.81}{1.0\times1.131^2}\right)^{1.0}$$

$$=0.0388\text{m/s}$$

注意：当 $(D_S-D_R)/D_T=(1.2-0.9)/1.8=1/6>1/24$ 时，$\beta=0.012$。

3. 泛点速度

$$\varphi_{DF}=\frac{2}{3+\sqrt{1+8/L_R}}=\frac{2}{3+\sqrt{1+8/2}}=0.382$$

$$u_{DF}=2u_K\varphi_{DF}^2(1-\varphi_{DF})=2\times0.0388\times0.382^2\times(1-0.382)=7.00\times10^{-3}\text{m/s}$$

$$u_{CF}=u_K(1-2\varphi_{DF})(1-\varphi_{DF})^2=0.0388\times(1-2\times0.382)\times(1-0.382)^2=3.50\times10^{-3}\text{m/s}$$

4. 两相体积流量

物料衡算已算出：$V_C=5.57\times10^{-3}\text{m}^3/\text{s}$；$V_D=11.14\times10^{-3}\text{m}^3/\text{s}$。

5. 估算塔径

取泛点因子为 0.6，有

$$D_T=\sqrt{\frac{4(V_C+V_D)}{\pi f(u_{CF}+u_{DF})}}=\sqrt{\frac{(5.57+11.14)}{0.785\times0.6\times(3.50+7.00)}}=1.84\text{m}$$

D_T 经圆整后与假设基本相符，故取 $D_T=1.80\text{m}$，$H_T=0.22\text{m}$；$D_R=0.90\text{m}$；$D_S=1.20\text{m}$ 作为转盘塔结构参数的设计值。

四、塔高的计算

塔高可表示为表观传质单元高度与表观传质单元数的乘积，即

$$L=(HTU)_{\text{oxp}}(NTU)_{\text{oxp}}$$

1. 表观传质单元数的计算

因操作线和平衡线均为直线，故可采用对数平均推动力的公式计算传质单元数

$$\Delta x_m=\frac{(x_0-x_{0e})-(x_1-x_{1e})}{\ln[(x_0-x_{0e})/(x_1-x_{1e})]}=\frac{(x_0-y_0/m)-(x_1-y_1/m)}{\ln[(x_0-y_0/m)/(x_1-y_1/m)]}$$

$$=\frac{(1.375-0.663/0.72)-(0.138-0.0445/0.72)}{\ln[(1.375-0.663/0.72)/(0.138-0.0445/0.72)]}=0.212$$

$$(NTU)_{\text{oxp}}=\frac{x_0-x_1}{\Delta x_m}=\frac{1.375-0.138}{0.212}=5.83$$

2. 操作条件下分散相滞留率的计算

$$u_D=\frac{4V_D}{\pi D_T^2}=\frac{11.14\times10^{-3}}{0.785\times1.8^2}=4.38\times10^{-3}\text{m/s},\quad u_C=\frac{4V_C}{\pi D_T^2}=\frac{5.57\times10^{-3}}{0.785\times1.8^2}=2.19\times10^{-3}\text{m/s}$$

将 $u_D=4.38\times10^{-3}\text{m/s}$，$u_C=2.19\times10^{-3}\text{m/s}$ 和 $u_K=0.0388\text{m/s}$ 一并代入式(6-8) 得

$$\frac{u_D}{\varphi_D}+\frac{u_C}{(1-\varphi_D)}K=u_K(1-\varphi_D)$$

$$\frac{4.38\times10^{-3}}{\varphi_D(1-\varphi_D)}+\frac{2.19\times10^{-3}}{(1-\varphi_D)^2}\times1=0.0388$$

试差解得 $\varphi_D=0.143$。

3. 液滴平均直径和传质比表面积的计算

$$u_S=\frac{u_D}{\varphi_D}+\frac{u_C}{1-\varphi_D}=\frac{4.38\times10^{-3}}{0.143}+\frac{2.19\times10^{-3}}{1-0.143}=3.32\times10^{-2}\text{m/s}$$

由式(6-26）和式(6-27）得截面收缩系数和最小截面处的液滴运动速度（相当于沉降速度）分别为

$$C_R=(D_S/D_T)^2=(1.2/1.8)^2=0.444$$

$$u_t=u_S/C_R=\frac{3.32\times10^{-2}}{0.444}=7.47\times10^{-2}\text{m/s}$$

利用 Kleet-Treybal 方法从 u_t 计算液滴平均直径 d_p，应先判断液滴直径是否大于临界值。

当 $d_p>d_{pc}$时，由式(6-24）得

$$u_{tII}=4.96\rho_C^{-0.55}\Delta\rho^{0.28}\mu_C^{0.10}\sigma^{0.18}=4.96\times997^{-0.55}\times(997-860)^{0.28}\times(1.0\times10^{-3})^{0.10}\times0.030^{0.18}$$
$$=0.118\text{m/s}>0.0747\text{m/s}$$

因转盘塔在操作条件下的 $u_t<u_{tII}$，即 $d_p<d_{pc}$，故由式(6-23）计算 d_p

$$u_{tI}=3.04\rho_C^{-0.45}\Delta\rho^{0.58}\mu_C^{-0.11}d_p^{0.70}$$

$$d_p=\left(\frac{\rho_C^{0.45}\mu_C^{0.11}u_{tI}}{3.04\Delta\rho^{0.58}}\right)^{1/0.70}=\left(\frac{997^{0.45}\times0.001^{0.11}\times0.0747}{3.04\times(997-860)^{0.58}}\right)^{1/0.70}=2.435\times10^{-3}\text{m}$$

传质比表面积 a
$$a=\frac{6\varphi_D}{d_p}=\frac{6\times0.143}{2.435\times10^{-3}}=352\text{m}^2/\text{m}^3$$

4. 传质系数和真实传质单元高度的计算

首先按停滞液滴的传质系数公式计算，然后再修正。

$$k_D=\frac{2\pi^2D_D}{3d_p}=\frac{2\times3.14^2\times2.68\times10^{-9}}{3\times2.435\times10^{-3}}=7.23\times10^{-6}\text{m/s}$$

$$k_C=0.001u_S=0.001\times3.32\times10^{-2}=3.32\times10^{-5}\text{m/s}$$

$$K_{oy,s}=\left(\frac{m}{k_C}+\frac{1}{k_D}\right)^{-1}=\left(\frac{0.72}{3.32\times10^{-5}}+\frac{1}{7.23\times10^{-6}}\right)^{-1}=6.25\times10^{-6}\text{m/s}$$

参考图 6-9，正常操作条件下转盘塔内液滴群的 Peclet 数为

$$Pe=\frac{d_pu_S}{D_D}=\frac{2.435\times10^{-3}\times3.32\times10^{-2}}{2.68\times10^{-9}}=3.02\times10^4$$

忽略传质方向的影响，对于正常操作的转盘塔从图 6-8 中查得

$$\frac{K_{oy}}{K_{oy,s}}=1.5$$

因此，实际操作条件下的总传质系数

$$K_{oy}=1.5K_{oy,s}=1.5\times6.25\times10^{-6}=9.38\times10^{-6}\text{m/s}$$

萃取相真实传质单元高度

$$(HTU)_{oy}=\frac{u_D}{K_{oy}a}=\frac{4.38\times10^{-3}}{9.38\times10^{-6}\times352}=1.33\text{m}$$

萃取因子
$$\varepsilon=\frac{mu_D}{u_C}=\frac{0.72\times4.38\times10^{-3}}{2.19\times10^{-3}}=1.44$$

萃余相真实传质单元高度　　$(HTU)_{ox}=\frac{1}{\varepsilon}(HTU)_{oy}=\frac{1.33}{1.44}=0.92\text{m}$

5. 轴向扩散系数的计算

考虑到 Stemerding 的计算公式是根据各种塔径的实验数据关联出来的，故采用式(6-74) 和式(6-75) 计算轴向扩散系数。

$$E_C=u_C H_T\left[0.5+0.012\left(\frac{D_R N_R}{u_C}\right)\left(\frac{D_S}{D_T}\right)^2\right]$$

$$=2.19\times10^{-3}\times0.22\times\left[0.5+0.012\times\left(\frac{0.90\times1.131}{2.19\times10^{-3}}\right)\left(\frac{1.2}{1.8}\right)^2\right]$$

$$=1.44\times10^{-3}$$

$$E_D=3E_C=3\times1.44\times10^{-3}=4.31\times10^{-3}$$

6. 萃取段高度的计算

因为萃余相为连续相，萃取相为分散相，所以 $u_C=u_x$，$u_D=u_y$，$E_C=E_x$，$E_D=E_y$。先估算 $\varepsilon=1$ 时 $(HTU)_{oxp}$的近似值。

$$(HTU)_{oxp}=(HTU)_{ox}+\frac{E_x}{u_x}+\frac{E_y}{u_y}=0.92+\frac{1.44\times10^{-3}}{2.19\times10^{-3}}+\frac{4.31\times10^{-3}}{4.38\times10^{-3}}=2.56\text{m}$$

由式(6-66) 得初值　　$L_0=(HTU)_{oxp}(NTU)_{oxp}=2.56\times5.83=14.92\text{m}$

真实传质单元数　　$(NTU)_{ox}=\frac{L_0}{(HTU)_{ox}}=\frac{14.92}{0.92}=16.22$

为计算分散单元高度，先计算有关中间变量

$$f_x=\frac{(NTU)_{ox}+6.8\varepsilon^{0.5}}{(NTU)_{ox}+6.8\varepsilon^{1.5}}=\frac{16.22+6.8\times1.44^{0.5}}{16.22+6.8\times1.44^{1.5}}=0.872$$

$$f_y=\frac{(NTU)_{ox}+6.8\varepsilon^{0.5}}{(NTU)_{ox}+6.8\varepsilon^{-0.5}}=\frac{16.22+6.8\times1.44^{0.5}}{16.22+6.8\times1.44^{-0.5}}=1.114$$

$$Pe_x=\frac{u_x L_0}{E_x}=\frac{2.19\times10^{-3}\times14.92}{1.44\times10^{-3}}=22.69,\ Pe_y=\frac{u_y L_0}{E_y}=\frac{4.38\times10^{-3}\times14.92}{4.31\times10^{-3}}=15.16$$

$$(Pe)_0=\left(\frac{1}{f_x Pe_x\varepsilon}+\frac{1}{f_y Pe_y}\right)^{-1}=\left(\frac{1}{0.872\times22.69\times1.44}+\frac{1}{1.114\times15.16}\right)^{-1}=10.60$$

$$\varphi=1-\frac{0.05\varepsilon^{0.5}}{(NTU)_{ox}^{0.5}(Pe)_0^{0.25}}=1-\frac{0.05\times1.44^{0.5}}{16.22^{0.5}\times10.60^{0.25}}=0.992$$

分散单元高度

$$(HTU)_{oxD}=\frac{L_0}{(Pe)_0+\frac{\varphi\ln\varepsilon}{1-1/\varepsilon}}=\frac{14.92}{10.60+0.992\times\ln1.44/(1-1/1.44)}=1.266$$

表观传质单元高度

$$(HTU)_{oxp}=(HTU)_{ox}+(HTU)_{oxD}=0.92+1.266=2.19$$

第一次的试算值　　$L=(HTU)_{oxp}(NTU)_{oxp}=2.19\times5.83=12.74\text{m}$

此值与 L_0 偏差较大，重设 $L=12.74\text{m}$ 重复返回计算，四次迭代结果见表 6-7。

表 6-7　转盘塔萃取段高度迭代计算结果

初赋值	14.92	12.744	12.604	12.594	12.593
计算值	12.744	12.604	12.594	12.593	12.593

为使隔室成整数，取 $L=12.76\text{m}$ 作为设计结果。

7. 澄清段高度的估算

凝聚时间

$$\tau=1.32\times10^5\frac{\mu_C d_p}{\sigma}\left(\frac{L}{d_p}\right)^{0.18}\left(\frac{\Delta\rho g d_p^2}{\sigma}\right)^{0.32}$$

$$=1.32\times10^5\times\frac{1.0\times10^{-3}\times2.435\times10^{-3}}{0.03}\left(\frac{12.76}{2.435\times10^{-3}}\right)^{0.18}\left(\frac{137\times9.81\times(2.435\times10^{-3})^2}{0.03}\right)^{0.32}$$

$$=32.75\text{s}$$

考虑到转盘的搅拌作用，取实际凝聚时间为 40s。

分散相澄清段体积 $$V_S=\frac{2V_D\tau}{\varphi_D}=\frac{2\times11.14\times10^{-3}\times40}{0.143}=6.23\text{m}^2$$

分散相澄清段高度 $$H_S=\frac{4V_S}{\pi D_T^2}=\frac{6.23}{0.785\times1.8^2}=2.45\text{m}$$

连续相澄清段的高度一般取与分散相相同。

转盘塔总高 $$H=L+2H_S=12.76+2\times2.45=17.66\text{m}$$

圆整取 $H=17.80\text{m}$。

五、计算结果汇总表

转盘塔主要工艺参数汇总见表 6-8。

表 6-8 转盘塔主要工艺参数汇总

转盘塔直径/m	1.8	塔澄清段高度/m	2×2.45
转盘直径/m	0.9	转盘间距/m	0.22
固定环直径/m	1.2	转盘转速/(r/s)	1.13
塔萃取段有效高度/m	12.76		

6.5 转盘萃取塔设计任务一则

一、设计任务

某丙酮-水溶液中含丙酮 6%（质量分数），拟用甲苯萃取回收其中的丙酮，要求丙酮回收率不小于 90%，丙酮-水溶液处理量为 $2.5\times10^4\text{kg/h}$。由于萃取剂循环使用，甲苯中含丙酮 0.5%（质量分数）。常温常压下操作。试设计一转盘萃取塔完成上述任务。

二、设计参数

小型萃取实验时，甲苯溶液为分散相，确定的物性及有关数据见表 6-9。

表 6-9 设计示例相关物性及有关数据

项　目	密度/(kg/m³)	黏度/Pa·s	扩散系数/(m²/s)	界面张力/(N/m)
连续相——水溶液	997	1.0×10^{-3}	0.96×10^{-9}	0.03
分散相——甲苯溶液	860	0.59×10^{-3}	2.68×10^{-9}	
相平衡关系	当浓度单位为 kmol/m³ 时，分配系数 $m=y/x=0.72$			

三、设计内容

(1) 选择分散相，确定萃取工艺方案；
(2) 完成转盘萃取塔的工艺设计计算；
(3) 完成转盘塔的结构设计计算；
(4) 绘制萃取塔设计工艺条件图；
(5) 对本设计的评述；
(6) 编写设计说明书。

【本章具体要求】

通过本章学习应能做到：

◇　大致了解液-液萃取过程的特点，合理选用萃取剂、制定工艺方案、确定萃取设备的结构形式、合理组织液-液萃取工艺流程。

◇　熟练掌握转盘萃取塔的工艺结构设计计算的方法与步骤，进行塔内流体力学特征计算。

◇　绘制萃取工艺流程图、转盘萃取塔工艺设计条件图以及转盘塔总装图。

第7章 干燥装置的工艺设计

【本章导读指引】

本章将主要介绍：

◇ 干燥器的种类和干燥器的选型原则。

◇ 喷雾干燥器的工艺设计。

◇ 流化床干燥器的工艺设计。

◇ 喷雾干燥器与流化床干燥器工艺设计示例。

7.1 概述

借助热能，对湿物料进行加热，使其中的湿分汽化并被惰性气体带走，从而得到干物料的单元操作，此过程称为“干燥”。在化学工业中，许多原料、产品或半成品，为了便于加工、运输、贮藏或使用等，往往都需进行干燥。而完成干燥单元操作的设备则称为“干燥装置或干燥器”。

(1) 干燥装置的分类

工业上使用的干燥器种类不下百种，要想简单地将其分成几类是困难的。主要原因在于干燥过程中处理的物料种类繁多，物料特性千差万别，为了适应不同物料的干燥特性，干燥设备就必然具有多样性。由于干燥装置组成单元的差异、供热方式的差异、干燥器内干燥介质与物料运动状态的差异等，又决定了干燥设备结构的复杂性，因此到目前为止，干燥器还没有统一的分类方法。

将干燥器进行分类的目的在于：①便于根据物料特性选择干燥器类型；②根据干燥器类型，便于进行干燥器的工艺计算和结构设计；③从分类中还可以看到，干燥同一种物料，可用不同的几种干燥器来完成，据此可以进行方案比较和优化，选择最佳的干燥方式。

常见的分类方法有：①按干燥操作压力可分为常压型和真空型干燥器；②按操作方式可分为连续式和间歇式干燥器；③按物料进入干燥器的状态可分为液体、泥浆（悬浮物）、糊状物（膏状物）、预成型物、块状、颗粒状、纤维状、片状物料干燥器；④按被干燥产品的附加特性可分为危险性物料、敏感性物料、特殊形状产品干燥器；⑤按热能提供方式可分为热传导、热对流、热辐射（红外线）、介电加热干燥器（详见图 7-1）。

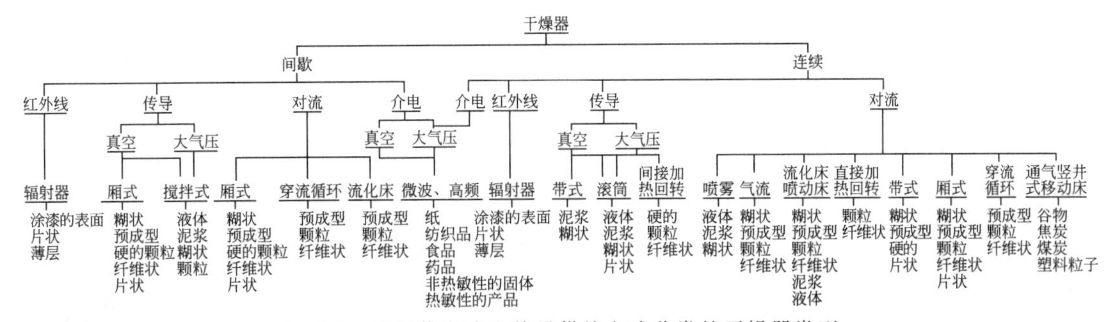

图 7-1 按操作方式和热量供给方式分类的干燥器类型

(2) 干燥装置的选型原则

对于干燥操作来说，干燥器的选择是困难而又复杂的问题。因被干燥物料的特性、供热方式和物料-干燥介质系统的流体动力学等必须全盘考虑。由于被干燥物料种类繁多，要求各异，决定了不可能有一个万能的干燥器，只能选用最佳的干燥方法和干燥器形式。

在选择干燥器形式时，要考虑下列因素：

① 要能保证干燥产品的质量。这需要了解被干燥物料的性质，如耐温性（允许最高干燥温度）、热敏性（允许最大干燥速率）、黏附性、吸湿性、初始和最终湿含量、毒性、可燃性、磨损性、粒度分布、颜色、光泽、味道等。

② 要求设备的生产能力尽可能高，或者说物料达到指定干燥程度所需时间尽可能短。这需要了解被干燥物料所含湿分的结构，尽可能使物料分散以降低物料临界含水率，设法提高降速阶段的干燥速率。

③ 要求干燥器具有较高的热效率，采用价格低廉的热源。

④ 劳动强度、操作难易、安全环保（粉尘或溶剂回收）、占地面积及高度等其他方面的考虑。

(3) 干燥装置的选型流程

干燥器选择的起始点是确定或测定被干燥物料的特性，进行干燥实验，确定干燥动力学和传递特性，确定干燥设备的工艺尺寸，进行干燥成本核算，最后确定干燥器形式。若几种干燥器同时适用时，要同时进行干燥实验，核算成本及方案比较，最后选择其中最佳者。其选型步骤见图 7-2。

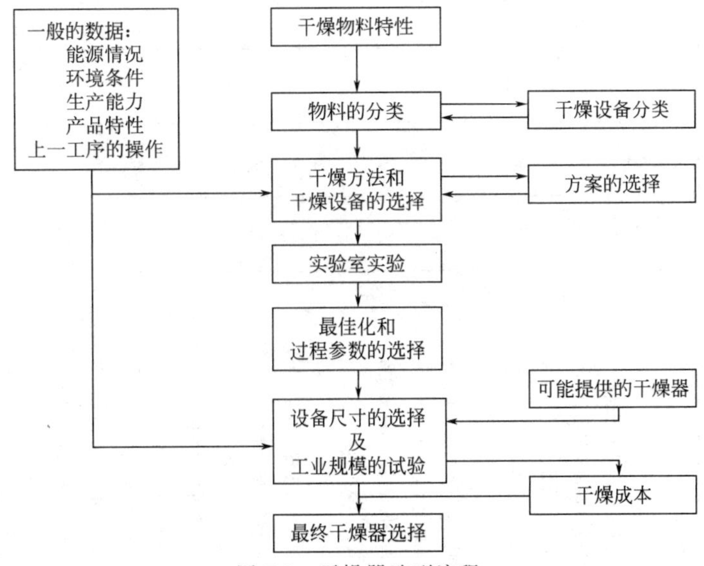

图 7-2 干燥器选型流程

表 7-1　干燥器选型参考

干燥器形式	产品规模/(kg/h)			物料集聚状态					物料的性质											干燥时间					
	小规模（20～50）	中规模（50～1000）	大规模（>1000）	d_p<75mm	d_p=0.5～5mm	粉尘	糊状物	液体	热敏性 t<50℃	热敏性 t<100℃	热敏性 t>100℃	附着性	非附着性	产生内聚力	磨损性	可燃性	可爆炸性	有毒性	有机溶剂	0.5～3s	3～30s	0.5～2min	2～20	10～60min	超过1h
圆盘干燥器	△	×	×	△	△	△	△	×	○	△	△	○	△	△	○	×	×	×	×	×	×	×	○	△	△
真空圆盘干燥器	△	×	×	△	△	△	△	○	△	△	○	○①	△	△	△	△	△	△	△	×	×	×	○	△	△
旋转(盘式)喷雾干燥器	△	△	△	×	×	×	○	△	△	△	△	○	△	△	△	△	△	○	○	△	△	×	×	×	×
压力式喷雾干燥器	△	△	○	×	×	×	△	△	△	△	△	○	△	△	△	△	△	○	○	△	△	×	×	×	×
滚筒干燥器	△	○	○	×	×	×	○	△	○	○	△	○	○	△	△	×	×	×	×	×	△	○	×	×	×
回转干燥器	×	○	△	△	△	○	○②	×	△③	△③	△④	○	△	○	○	○	○	×	×	×	×	×	○	△	△
回转真空干燥器	△	△	×	○	△	○	×	×	△	△	△	×	△	×	○	△	△	△	△	×	×	×	○	△	△
具有蒸汽管的回转干燥器	×	△	○	×	△	△	×	×	×	○	△	×	△	×	△	△	○	○	○	×	×	×	○	△	△
回转内加热的干燥器	△	△	×	×	△	△	○	×	×	○	△	×	△	×	△	△	△	△	○	×	×	○	△	△	×
回转内加热的真空干燥器	△	△	×	×	△	△	△	○	△	△	△	○	△	△	△	△	△	△	△	×	×	×	○	△	△
搅拌间歇干燥器	△	△	○	△	△	△	×	×	○	△	△	○	△	△	△	×	△	△	△	×	×	○	△	○	×
带式干燥器	△	△	○	△	△	×	×	×	△	△	△	○	△	△	○	○	×	○	×	×	×	×	○	△	×
具有预成型辊子的带式干燥机	△	△	○	×	×	×	△	×	×	△	△	△	△	○	○	△	△	×	×	×	×	△	△	△	×
振动流化床干燥机	△	△	×	×	△	△	×	×	○	△	△	△	△	○	○	△	△	×	×	×	×	△	△	△	×
流化床干燥器	△	△	△	○	△	○	×	×	○	△	△	×	△	×	○	○	○	○	△	×	×	○	△	△	×
具有惰性体的流化床干燥器	△	○	×	△	×	×	△	△	○	△	△	○	△	×	△	○	△	△	△	○	△	△	×	×	×
间歇流化床干燥器	△	×	×	○	△	△	○	×	○	△	△	×	△	×	○	△	○	△	△	×	×	×	○	△	△
喷动床干燥器	△	△	×	×	△	△	×	×	○	△	△	×	△	×	○	△	△	○	△	×	×	×	○	△	×
旋风干燥器和喷动床干燥器的组合	△	△	×	×	△	△	×	×	○	△	△	×	△	×	×	△	△	△	△	○	○	△	×	×	×
带粉碎机的旋涡干燥器	△	△	×	△	×	×	×	×	○	△	△	×	△	△	○	△	△	△	△	△	△	△	×	×	×
气流干燥器	×	△	△	×	△	△	×	×	△	○	△	△	×	△	△	○	△	△	△	○	△	×	×	×	×
旋转快速干燥器	△	△	×	×	△	△	×	×	○	△	△	×	△	○	○	△	△	△	△	○	△	×	×	×	×
螺旋干燥器	○	△	×	×	△	△	×	×	○	△	△	×	△	×	○	△	△	△	△	△	△	×	×	×	×
撞击干燥器	△	○	○	×	○	△	△	×	○	△	△	△	△	△	△	△	△	△	△	△	○	×	×	×	×
旋转撞击干燥器	△	△	△	×	×	△	×	×	○	△	△	×	△	×	△	△	△	○	○	△	○	×	×	×	×

①有搅拌装置；②再循环；③并流；④逆流。

注：△—推荐的；○—可能适用；×—不推荐。d_p 表示颗粒直径。

（4）干燥装置选型参考表

表7-1所示为根据统计分析许多工业干燥器、干燥化学制品、药物制品和微生物制品而提出的干燥器选型参考。表中的符号（×、○、△）是根据操作条件、流体流动学参数、吸附结构特点、干燥动力学和生产规模制定的，以供设计时参考。

本章主要讨论喷雾干燥器和流化床干燥器的工艺设计。

7.2 喷雾干燥器的工艺设计

7.2.1 喷雾干燥的原理和特点

（1）喷雾干燥的原理

将溶液、乳浊液、悬浮液或浆料在热风中喷雾成细小的液滴，在它下落的过程中，液滴中的水分被蒸发而形成粉末或颗粒状产品，这样的过程称为喷雾干燥。

喷雾干燥的原理如图7-3所示。在干燥塔顶部导入热风，同时用泵将料液送至塔顶，经过雾化器喷成雾状的液滴，这些液滴群的表面积很大，与高温热风接触后其中的水分蒸发，在极短的时间内便成为干燥产品，从干燥塔底部排出。热风与液滴接触后温度显著降低，湿度增大，它作为废气由排风机抽出。废气中夹带的微粉用分离装置回收。

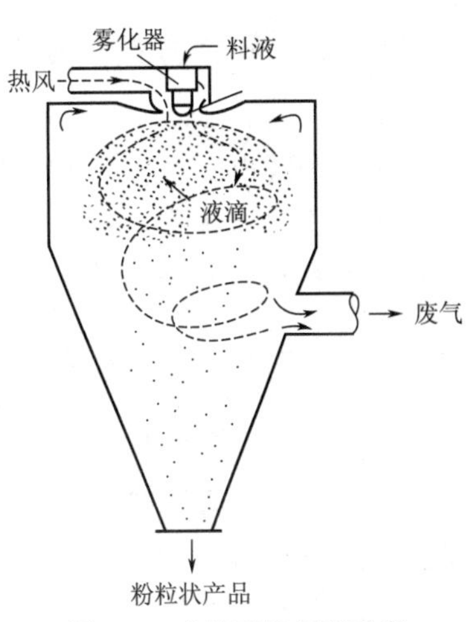

图7-3　喷雾干燥原理示意

物料干燥分等速阶段和降速阶段两个部分进行。在等速阶段，水分通过颗粒的扩散速度大于蒸发速度。水分蒸发是在液滴表面发生，蒸发速度由蒸气通过周围热风的扩散速度所控制。主要的推动力是周围热风和液滴的温度差，温差越大蒸发速度越快。当水分通过颗粒的扩散速度开始减慢时，干燥便进入减速阶段。此时物料温度开始上升，干燥结束时物料的温度接近于周围空气的温度。

（2）喷雾干燥的特点

喷雾干燥具有许多优点，主要体现在以下几个方面。

① 干燥速度快。由于料液经喷雾后被雾化成几十微米大小的液滴，所以单位体积液滴具有的表面积很大，每升料液经喷雾后表面积可达300m^{2}左右，因此传质、传热迅速，水分蒸发极快，干燥时间一般仅5～40s。

② 干燥过程中液滴的温度较低。喷雾干燥可以采用较高温度的载热体，但是干燥塔内的温度一般不会很高。在干燥初期，物料温度不超过周围热空气的湿球温度，干燥产品质量好，适合于热敏性物料的干燥。

③ 产品具有良好的分散性和溶解性。根据工艺要求，选用适当的雾化器，可将料液喷成球状液滴，由于干燥过程是在空气中完成的，所得到的粉粒能保持与液滴相近似的球状，因此具有良好的疏松性、流动性、分散性和溶解性。

④ 生产过程简化，操作控制方便。即使是含水量高达90%的料液，不经浓缩，同样能一次获得均匀的产品。大部分产品干燥后不需粉碎和筛选，从而简化了生产工艺流程。对于产品粒径大小、松密度、含水量等质量指标，可通过改变操作条件进行调整，控制管理都很方便。

⑤ 产品纯度高，生产环境好。由于干燥是在密闭的容器内进行的，杂质不会混入产品，保证了产品纯度。对于含有毒气和臭气的物料，可采用闭路循环的喷雾干燥流程，防止污染，改善环境。

⑥ 适宜于连续化大规模生产。干燥后的产品经连续排料，在后处理上结合冷却器和风力输送，组成连续生产作业线，实现自动化大规模生产。

基于上述优点，喷雾干燥自 20 世纪 40 年代用于工业生产以来，已在化学工业、食品工业、医药、农药、陶瓷、水泥及冶金行业中获得了广泛的应用。

喷雾干燥也具有以下几个缺点：

① 当热风温度较低（低于 150℃）时，传质速率较低，需要的设备体积大，且低温操作时空气消耗量大，因而动力消耗随之增大；

② 从废气中回收粉尘的分离设备要求高，附属装置结构复杂，费用较高；

③ 对一些糊状物料，干燥时需加水稀释，增加了干燥设备的负荷。

但是这些缺点并不影响它的广泛应用，尤其是在大规模生产中，喷雾干燥的经济性极为突出。

7.2.2 喷雾干燥方案的确定

7.2.2.1 喷雾干燥系统的基本工艺流程

喷雾干燥获得的产品多达数百种，因此，喷雾干燥的流程也是多种多样。图 7-4～图 7-7 是常见的四类基本流程。在实际干燥过程中，干燥设备可能有增有减，干燥流程千变万化，但一般离不开这些基本类型。

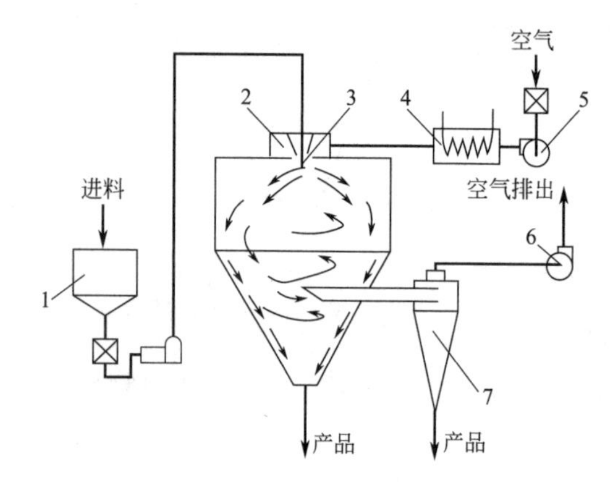

图 7-4 开式喷雾干燥系统流程
1—料仓；2—干燥塔；3—雾化器；4—换热器；
5,6—风机；7—除尘器

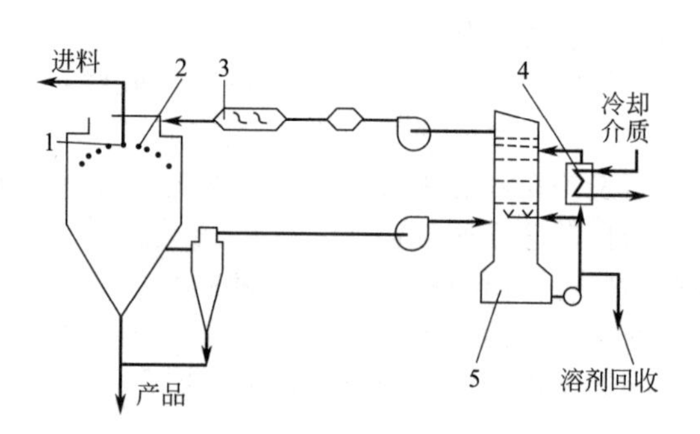

图 7-5 封闭循环式喷雾干燥系统流程
1—雾化器；2—干燥室；3—间接加热器；
4—热交换器；5—涤气器/冷凝器

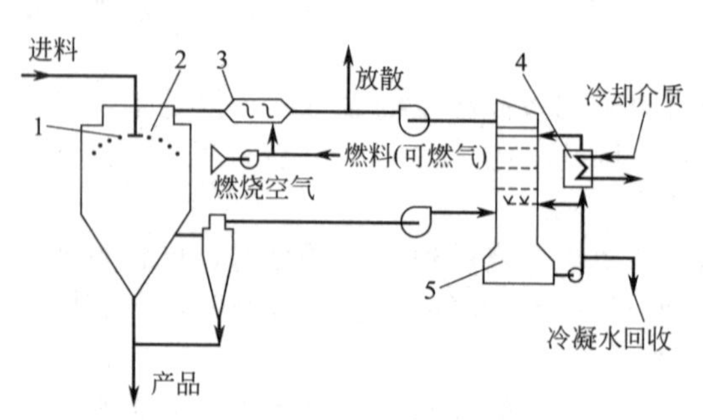

图 7-6 半封闭式喷雾干燥系统流程
1—雾化器；2—干燥室；3—加热器；
4—热交换器；5—涤气器/冷凝器

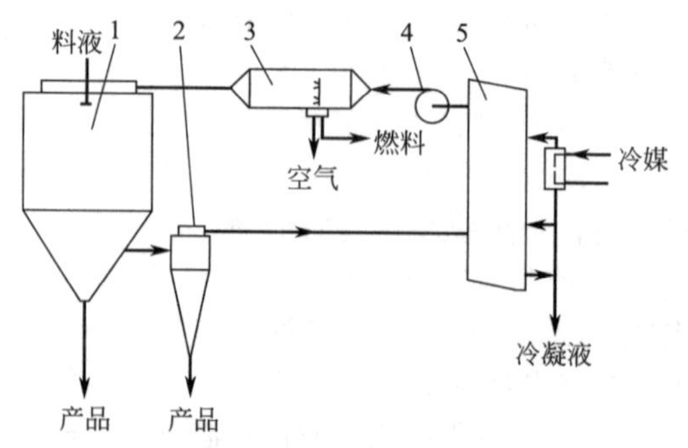

图 7-7 自惰式喷雾干燥系统流程
1—干燥塔；2—旋风除尘器；3—燃烧器；
4—旁通出口；5—冷凝器

① 开放式喷雾干燥流程　该系统的特征是喷雾的料液全部是水溶液，干燥介质是来自大气的空气，空气通过干燥器及除尘系统后，再排放到大气中，不再循环使用，这是一种标准的流程，在工业生产中最为常见的就是这种流程。

② 闭路循环式喷雾干燥流程　是基于干燥介质为惰性气体（例如氮气）的再循环和再利用流程。当然，特殊情况下也可以用空气（如空气-四氯化碳系统）。干燥系统部件间连接处要保证气密性密封，干燥室在低压 0.196MPa(200mmH_2O) 下操作。

③ 半闭路循环式喷雾干燥流程　此系统用空气作为干燥介质，系统部件之间的连接是非气密性的，由系统排放到大气中的空气量，相当于漏入干燥系统的空气量。干燥器在微真空下操作，压力在$-30\sim-10$mmH_2O。

④ 自惰化式喷雾干燥流程　它是一个半闭路循环流程。如图 7-7 所示，加热器采用直接燃烧供热方式，允许采用高的干燥空气入口温度，可以提高干燥器的热效率。排放的气体量等于在燃烧室燃烧产生的气体体积（大约为总气体量的 10%～15%）。如果排出的气体有臭味，还可以将此部分气体通入燃烧室进行燃烧，并回收这部分热量。

7.2.2.2 喷雾干燥器的基本结构型式

在喷雾干燥塔内，气体和雾滴的运动方向和混合情况，直接影响到干燥产品的性质和干燥时间。气体和雾滴的运动方向，取决于空气入口和雾化器的相对位置，显然这又和喷雾干燥器的结构形式有关。据此可将喷雾干燥器分为并流型、逆流型和混流型三大类。

① 并流型喷雾干燥器　在干燥室内，雾滴与热风呈同方向流动。这类干燥器的特点是被干燥物料容许在低温情况下进行干燥。由于热风进入干燥器内立即与雾滴接触，室内温度急降，不会使干燥物料受热过度，因此适用于热敏性物料的干燥。排出产品的温度取决于排风温度。

并流型喷雾干燥器是工业上常用的基本型式，如图 7-8 所示。图中的（a）、（b）为垂直下降并流型，这种型式塔壁粘粉较少，但由于喷嘴安装在塔顶部，检修和更换不方便。图中的（c）为垂直上升并流型，这种型式要求干燥塔截面风速大于干燥物料的沉降速度，以保证干燥物料能被带走。由于细颗粒干燥时间短，粗颗粒干燥时间长，过大的颗粒或粘壁成块，或落入塔底（定期排出，一般另作处理，不作产品）。故产品干燥均匀，且喷嘴维修方便，但动力消耗较大。图中的（d）为水平并流型，热风在干燥室内运动的轨迹呈螺旋状，干燥产品绝大部分从空气中分离出来，落至室底，间歇或连续排出，小部分被气流夹带的产品经气固分离器加以回收。这种干燥器的优点是设备高度低，对厂房要求低。缺点是气流与雾滴混合效果较差，大颗粒可能未得到干燥即落入底面，从而影响产品质量。

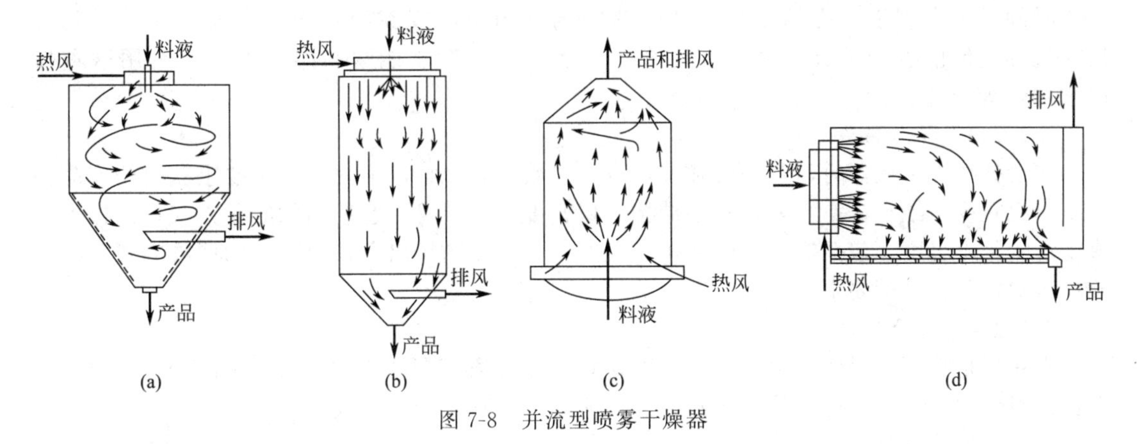

图 7-8　并流型喷雾干燥器

② 逆流型喷雾干燥器　在干燥室内，雾滴与热风呈反向流动。这类干燥器的特点是高温热风进入干燥室内首先与将要完成干燥的粒子接触，能最大限度地除掉产品中的水分，过

程的传质传热推动力大，热利用率高。物料在干燥室内停留时间长，适用于含水量较高物料的干燥。因产品与高温气体相接触，故对于热敏性物料一般不选用。设计时应注意塔内气流速度应小于成品粉粒的沉降速度，以免产品的夹带。逆流型常用于有压力喷嘴的场合，如图7-9所示。

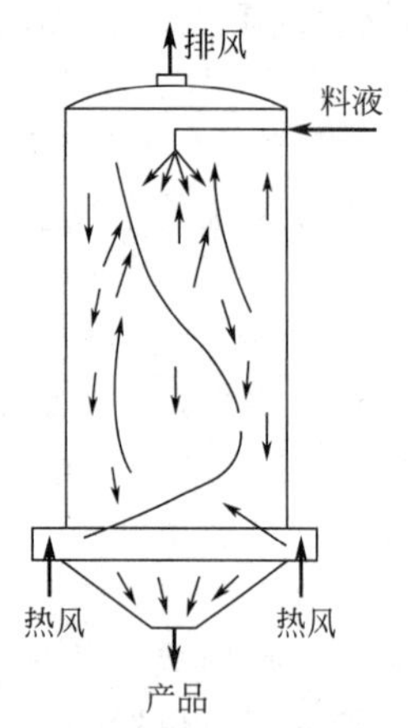

图 7-9 逆流型喷雾干燥器

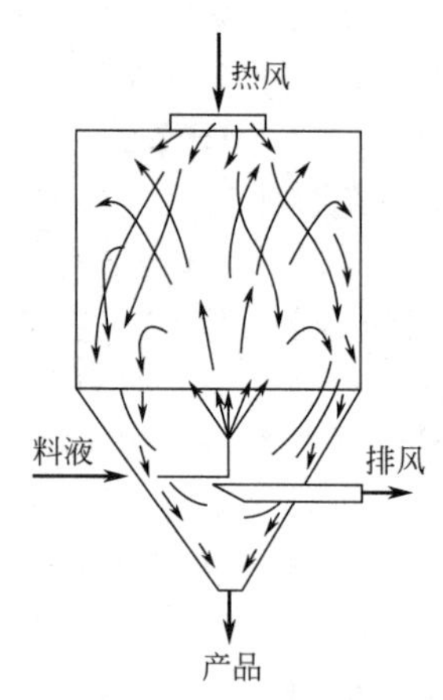

图 7-10 混流型喷雾干燥器

③ 混流型喷雾干燥器 在喷雾干燥室内，雾滴与热风呈混合交错地流动，如图 7-10 所示。其干燥性能介于并流和逆流之间，特点是雾滴运动轨迹较长，适用于不易干燥的物料。但若设计不当，则会造成气流分布不均匀，内壁局部粘粉严重等弊病。

雾滴和热风的接触方式不同，对干燥室内的温度分布、雾滴（或颗粒）的运动轨迹、物料在干燥室中的停留时间以及产品质量都有很大影响。对于并流式，最热的热风与湿含量最大的雾滴接触，因而湿分迅速蒸发，雾滴表面温度接近于空气的湿球温度，同时热空气温度也显著降低，因此从雾滴到干燥成品的整个过程中，物料的温度不高，这对于热敏性物料的干燥特别有利。由于湿分的迅速蒸发，雾滴膨胀甚至破裂，因此并流式所得的干燥产品常为非球形的多孔颗粒，具有较低的松密度。对于逆流型，塔顶喷出的雾滴与塔底上来的较湿空气相接触，因此湿分蒸发速率较并流型为慢。塔顶最热的干空气与最干的颗粒相接触，所以对于能经受高温、要求湿含量较低和松密度较高的非热敏性物料，采用逆流型最合适。此外，在逆流操作过程中，全过程的平均温度差和分压差较大，物料停留时间长，有利于过程的传热传质，热能的利用率也较高。对于混合流操作，实际上是并流和逆流两者的结合，其特性也介于两者之间。对于能耐高温的物料，采用这种操作方式最为合适。

7.2.2.3 操作条件

在设计喷雾干燥器时，首先必须确定设计参数，它包括以下内容：①要求获得的产品的性质，粗粒或是细粒，空心或是实心结构，松密度的高低等；②选用的雾化方式；③进料的浓度；④干燥温度，包括进气温度和排气温度；⑤产品的排出方式及粉尘的回收方式；⑥热源；⑦对设备材料的要求。

7.2.2.4 雾化器型式

雾化器是喷雾干燥装置中的关键部件，它的设计直接影响到产品质量的技术经济指标。根据能量使用的不同，通常将雾化器分成气流式、旋转式及压力式三种。

（1）气流式雾化器

也称气流式喷嘴，是利用蒸汽或压缩空气的高速运动，使料液在离喷嘴出口的不远处迅即产生或滴状分裂、或丝状分裂、或膜状分裂，并因料液速度不大（一般低于 2m/

s)，而气流速度很高（一般为 200～340m/s），在二流体之间存在着很大的相对速度，从而产生相当大的摩擦力，继而使料液迅速雾化。喷雾用压缩气体的压力一般为 0.3～0.7MPa。典型气流式雾化器的结构见图 7-11。

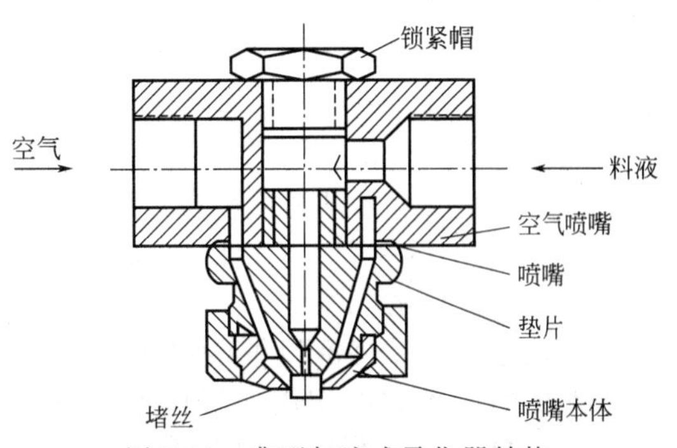

图 7-11 典型气流式雾化器结构

根据流体通道的多少可将气流式喷嘴分为二流式、三流式、四流式几种。

① 二流式喷嘴 亦称二流体喷嘴，系指具有一个气体通道和一个液体通道的喷嘴，根据其混合形式又可分为内混合型、外混合型及外混合冲击型等，其结构型式见图 7-12。在二流式喷嘴中，内混合型比外混合型节省能量，冲击型可获得微小而均匀的雾滴。

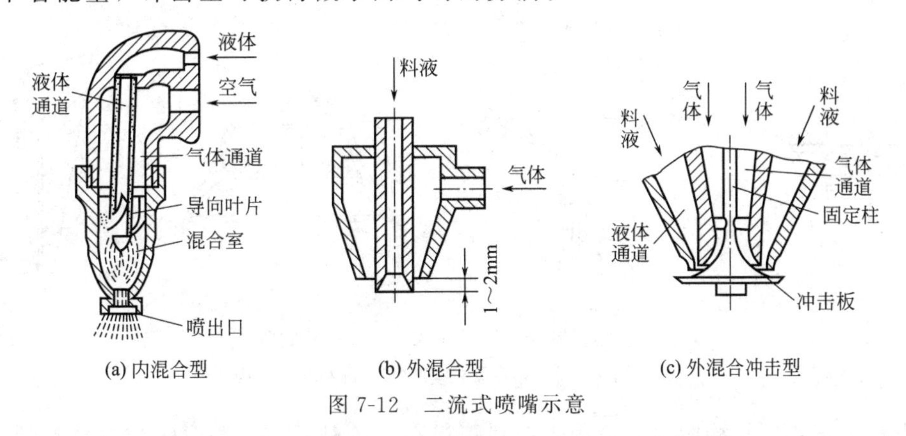

(a) 内混合型　(b) 外混合型　(c) 外混合冲击型

图 7-12 二流式喷嘴示意

② 三流式喷嘴 系指具有三个流体通道的喷嘴，结构如图 7-13(a) 所示。其中一个为液体通道，两个为气体通道，液体被夹在两股气体之间，被两股气体雾化。三流式喷嘴的雾化效果优于二流式喷嘴，主要用于难以雾化的料液或滤饼（不加水直接雾化）的喷雾干燥。三流式喷嘴的结构形式也很多，主要有内混型、外混型、先内混后外混型等。

③ 四流式喷嘴 系指具有四个流体通道的喷嘴，如图 7-13(b) 所示。这种结构的喷嘴

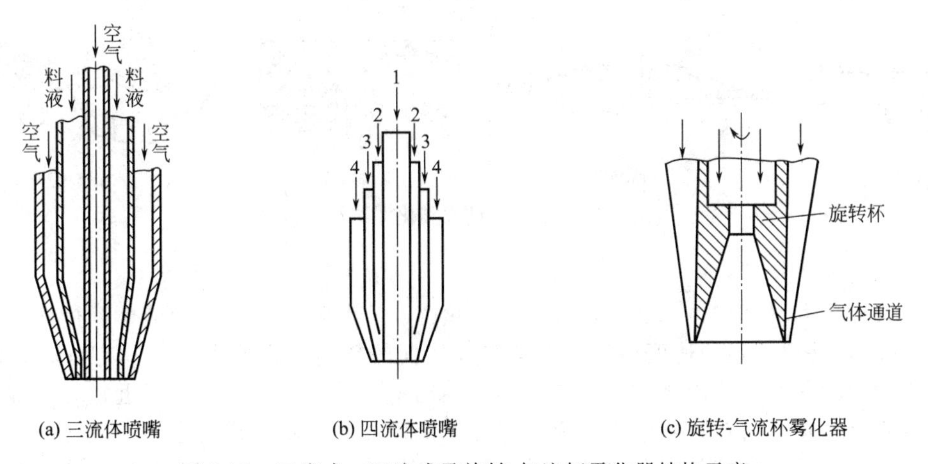

(a) 三流体喷嘴　(b) 四流体喷嘴　(c) 旋转-气流杯雾化器

图 7-13 三流式、四流式及旋转-气流杯雾化器结构示意

1—干燥用热风；2,4—空气；3—料液

既有利于雾化，又有利于干燥，适用于高黏度物料的直接雾化。

④ 旋转-气流杯雾化器　料液先进入电机带动的旋转杯内预膜化，然后再被喷出的气流雾化，如图 7-13(c) 所示。它实际上是旋转式雾化和气流式雾化两者的结合，可以得到较细的雾滴，适用于料液黏度高、处理量大的场合。

气流式喷嘴的特点是适用范围广，操作弹性大，结构简单，维修方便，但动力消耗大（主要是雾化用的压缩空气动力消耗大），大约是压力式喷嘴或旋转式雾化器的 5～8 倍。

（2）旋转式雾化器

旋转式雾化器是将溶液供给到高速旋转的离心盘上，由于受到离心力及气液间的相对速度而产生的摩擦力的作用，液体被拉成薄膜，并以不断增长的速度从盘的边缘甩出而形成雾滴。根据离心圆盘结构的不同，旋转式雾化器又可分为光滑盘式和非光滑盘式两种形式。

① 光滑盘式雾化器　系指流体通道表面是光滑的平面或锥面，有平板形、盘形、碗形和杯形等，如图 7-14 所示。

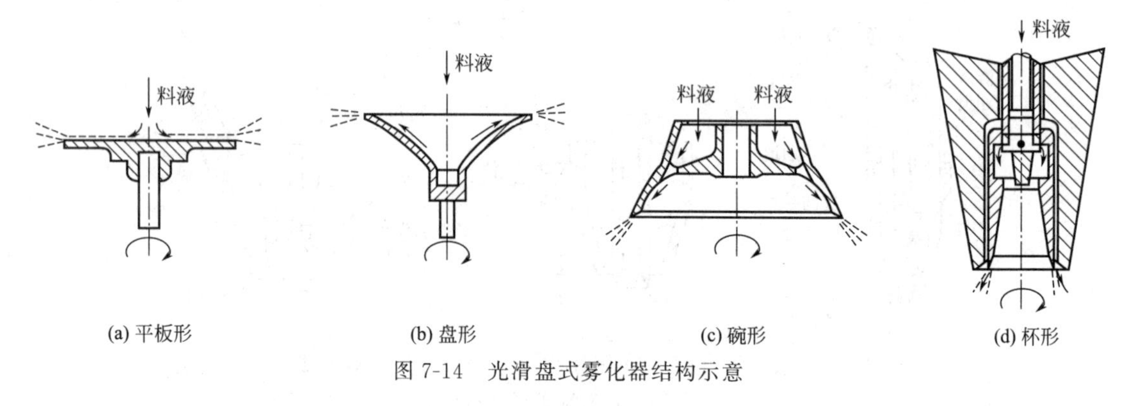

图 7-14　光滑盘式雾化器结构示意

光滑盘式雾化器结构简单，适用于得到较粗雾滴的悬浮液、高黏度或膏状料液的喷雾，但生产能力低。由于光滑盘式雾化器存在严重的液体滑动，影响雾滴离开盘时的速度，亦即影响雾化效果。为此，就出现了限制流体滑动的非光滑盘。

② 非光滑盘式雾化器　也称雾化轮，其结构形式很多，如叶片形、喷嘴形、多排喷嘴形和沟槽形等，如图 7-15 所示。在这些盘上，可以完全防止液体沿其表面滑动，有利于提高液膜离开盘的速度。可以认为液膜的圆周速度就等于盘的圆周速度。

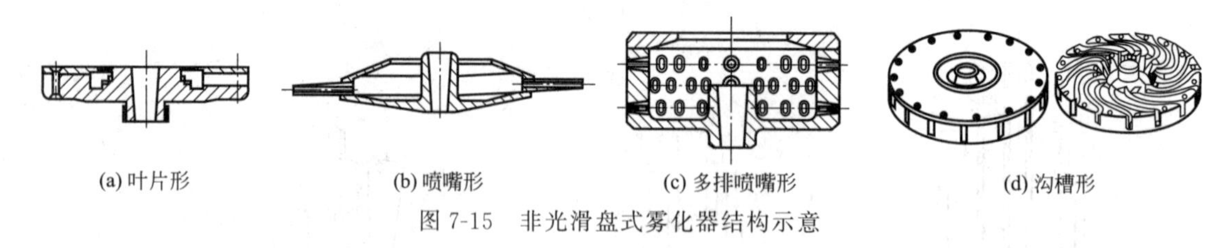

图 7-15　非光滑盘式雾化器结构示意

（3）压力式雾化器

压力式雾化器又称机械式雾化器或压力式喷嘴。它是利用高压泵使液体获得很高的压力（2～20MPa），并以一定的速度沿切线方向进入喷嘴的旋转室，或者通过具有旋转槽的喷嘴芯进入喷嘴的旋转室，使液体形成旋转运动，根据角动量守恒定律，愈靠近轴心，旋转速度愈大，其静压力愈小，在喷嘴中央形成一股空气流，而液体则形成绕空气心旋转的环形薄膜从喷嘴喷出，然后液膜伸长变薄并拉成丝，最后分裂成小雾滴，其工作原理见图 7-16。

压力式雾化器可分旋转型和离心型两类。

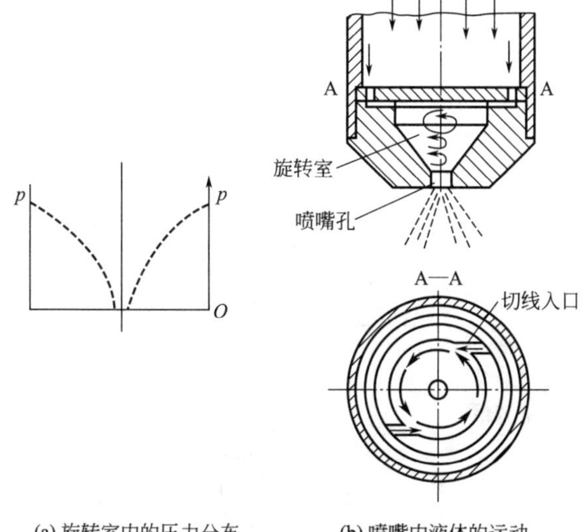

(a) 旋转室内的压力分布　　(b) 喷嘴内液体的运动

图 7-16　压力式雾化器的工作原理示意

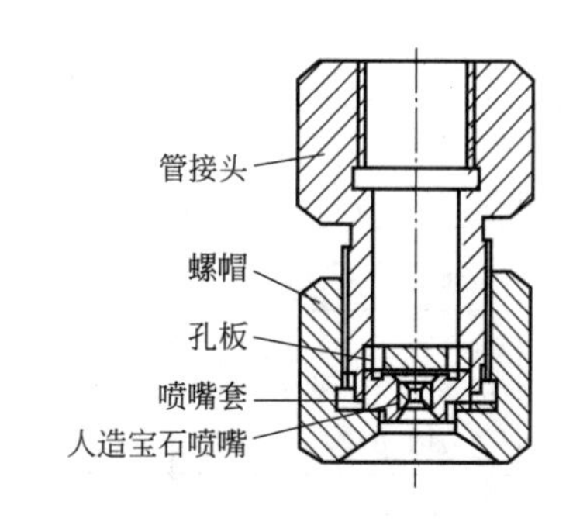

图 7-17　工业用旋转型压力式喷嘴的结构示意

① 旋转型压力式喷嘴　这种压力式喷嘴在结构上有两个特点：一是有一个液体旋转室；二是有一个（或多个）液体进入旋转室的切线入口。工业用的旋转型压力式喷嘴如图 7-17 所示。考虑到材料的磨蚀问题，喷嘴可采用人造宝石、碳化钨等耐磨材料。

② 离心型压力式喷嘴　其结构特点是喷嘴内安装一喷嘴芯，如图 7-18 所示，喷嘴芯的作用是使液体获得旋转运动，相应的喷嘴结构如图 7-19 所示。

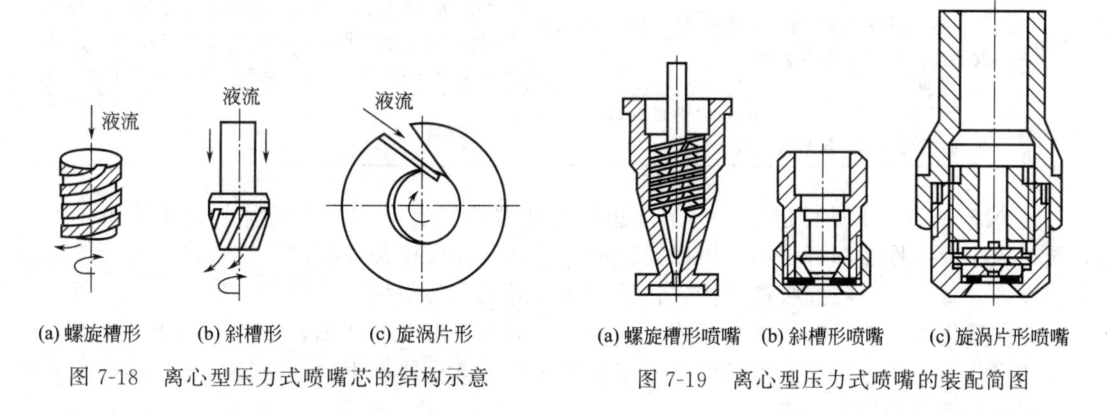

(a) 螺旋槽形　(b) 斜槽形　(c) 旋涡片形

图 7-18　离心型压力式喷嘴芯的结构示意

(a) 螺旋槽形喷嘴　(b) 斜槽形喷嘴　(c) 旋涡片形喷嘴

图 7-19　离心型压力式喷嘴的装配简图

压力式喷嘴的优点为：与气流式喷嘴相比，大大节省动力；结构简单，成本低；操作简便，更换和检修方便。

压力式喷嘴的缺点为：由于喷嘴孔很小，极易堵塞。因此，进入喷嘴的料液必须严格过滤，过滤器至喷嘴的料液管道宜用不锈钢管，以防铁锈堵塞喷嘴；喷嘴磨损大，因此，喷嘴一般采用耐磨材料制造；高黏度物料不易雾化；要采用高压泵。

(4) 雾化器的比较和选择

① 雾化器的比较　压力式、旋转式和气流式三种雾化器的比较见表 7-2，其优缺点见表 7-3 所示。

② 雾化器的选择　对雾化器的基本要求都是产生尽可能均匀的雾滴，如果有几种不同的雾化器可供选择时，就应考虑哪一种能经济地生产出性能最佳的雾滴。

表 7-2 三种雾化器的比较

比较的条件		气流式	压力式	旋转式
料液条件	一般溶液	可以	可以	可以
	悬浮液	可以	可以	可以
	膏糊状料液	可以	不可以	不可以
	处理量	调节范围较大	调节范围最窄	调节范围广，处理最大
加料方式	压力	低压～0.3MPa	高压 1.0～20.0MPa	低压～0.3MPa
	泵	离心泵	多用柱塞泵	离心泵或其他
	泵的维修	容易	困难	容易
	泵的价格	低	高	低
雾化器	价格	低	低	高
	维修	最容易	容易	不容易
	动力消耗	最大	较小	最小
产品	颗粒粒度	较细	粗大	微细
	颗粒的均匀性	不均匀	均匀	均匀
	最终含水量	最低	较高	较低
塔	塔径	小	小	最大
	塔高	较低	最高	最低

表 7-3 三种雾化器的优缺点

型式	优点	缺点
旋转式	操作简单，对物料适应性强，操作弹性大；可以同时雾化两种以上的料液；操作压力低；不易堵塞，腐蚀性小；产品粒度分布均匀	不适于逆流操作；雾化器及动力机械的造价高；不适于卧式干燥器，制备粗大颗粒时，设计上有上限
压力式	大型干燥塔可以用几个雾化器；适于逆流操作；雾化器造价便宜；产品颗粒粗大	料液物性及处理量改变时，操作弹性变化小；喷嘴易磨损，磨损后引起雾化性能变化；要有高压泵，对于腐蚀性物料要用特殊材料；要生产微细颗粒时，设计上有下限
气流式	适于小型生产或实验设备；可以得到 20μm 以下的雾滴；能处理黏度较高的物料	动力消耗大

a. 根据基本要求进行选择。一个理想的雾化器应具有下列基本特征：结构简单；维修方便；大小型干燥器都可采用；可以通过调整雾化器的操作条件控制雾滴直径分布；可用泵输送设备、重力供料或虹吸进料操作；处理物料时无内部磨损。

有些雾化器虽然具有上述部分或全部特点，但由于出现下列不希望产生的情况也不应选用，如雾化器操作方法与所需的供料系统不相匹配；雾化器产生的液滴特征与干燥室的结构不相适应；雾化器的安装空间不够。

b. 根据雾滴要求进行选择。在适当的操作条件下，三种雾化器可以产生出粒度分布类似的料雾。在工业进料速率情况下，如果要求产生粗液滴时，一般都采用压力式喷嘴；如果要产生细液滴时，则采用旋转式雾化器。

c. 选择的依据。若已确定某种物料适用于喷雾干燥法进行干燥，那么，接着要解决的问题是选择雾化器。在选择时，应考虑下列几个方面。

• 在雾化器进料范围内，能达到完全雾化。旋转式或喷嘴式雾化器（包括压力式和气流式）在低、中、高速的供料范围内，都能满足各种生产能力的要求。在高处理量情况下，尽管多喷嘴雾化器可以满足要求，但采用旋转式雾化器更有利。

• 料液完全雾化时，雾化器所需的功率（雾化器效率）问题。对于大多数喷雾干燥来说，各种雾化器所需的功率大致为同一数量级。在选择雾化器时，很少把所需功率作为一个重要问题来考虑。实际上，输入雾化器的能量远远超过理论上用于分裂液体为雾滴所需的能量，因此，其效率相当低。通常只要在额定容量下能够满足所要求的喷雾特性就可以了，而不考虑效率这一问题。例如三流体喷嘴的效率特别低，然而只有用这种雾化器才能使某种高黏度料液雾化时，效率问题也就无关紧要了。

• 在相同进料速率条件下，滴径的分布情况。在低等和中等进料速率时，旋转式和喷嘴式雾化器得到的雾滴直径分布可以具有相同的特征。在高进料速率时，旋转式雾化器所产生的雾滴一般具有较高的均匀性。

• 最大和最小滴径（雾滴的均匀性）的要求。最大、最小或平均滴径通常有一个范围，这个范围是产品特性所要求的。叶片式雾化轮、二流体喷嘴或旋转气流杯雾化器，有利于要产生细雾滴的情况。叶片式雾化轮或压力式喷嘴一般用于生产中等滴径的情况，而光滑盘雾化轮或压力式喷嘴适用于粗雾滴的生产。

• 操作弹性问题。从运行的观点出发，旋转式雾化器比喷嘴式雾化器的操作弹性要大。旋转式雾化器可以在较宽的进料速率下操作，而不至于使产品粒度有明显的变化，干燥器的操作条件也不需改变雾化轮的转速。

对于给定的喷嘴来说，要增加进料速率，就需增加雾化压力，同时滴径分布也就改变了。如果对雾滴特性有严格的要求，就需采用多个相同的喷嘴。如果雾化压力受到限制，而对雾滴特性的要求也不是很高时，只需改变喷嘴孔径就可以满足要求。

• 干燥室的结构要适应于雾化器的操作。选择各种雾化器时，干燥室的结构起着重要作用。从这一观点出发，喷嘴型雾化器的适应性很强。喷嘴喷雾的狭长性质，能够使其被置于并流、逆流和混流操作的干燥室中，热风分布器产生旋转的或平行的气流都可以，而旋转式雾化器一般需要配置旋转的热风流动方式。

• 物料的性质要适应于雾化器的操作。对于低黏度、非腐蚀性、非磨蚀性的物料，旋转式和喷嘴式雾化器都适用，具有相同的功效。

雾化轮还适用于处理腐蚀性和磨蚀性的泥浆及各种粉末状物料，在高压下用泵输送有问题的产品，通常首先选用雾化轮（尽管气流式喷嘴也能处理这样的物料）。

气流式喷嘴是处理长分子链结构的料液（通常是高黏度及非牛顿型流体）的最好雾化设备。对于许多高黏度非牛顿型料液还可先预热以最大限度地降低黏度，然后再用旋转型或喷嘴型雾化器进行雾化。

每一种雾化器都可能有一些它不能适用的情况。例如含纤维质的料液不宜用压力式喷嘴进行雾化。如果料液不能经受撞击，或虽然能够满足喷料量的要求，但需要的雾化空气量太大，则气流式喷嘴不适合。如果料液是含有长链分子的聚合物，用叶轮式雾化器只能得到丝状产物而不是颗粒产品。

• 有关该产品的雾化器实际运行经验。对于一套新的喷雾干燥装置，一般要根据该产品喷雾干燥的已有经验来选择雾化器。对于一个新产品，必须经过实验室试验及中间试验，然后根据试验结果选择最合适的雾化器。

7.2.3 喷雾干燥过程的工艺计算

7.2.3.1 物料衡算

喷雾干燥的工艺过程如图7-20所示。

根据物料衡算可得

$$G_c(X_1-X_2)=V(H_2-H_1)=V(H_2-H_0)=W \tag{7-1}$$

常压下温度为t_0(℃)、湿度为H_0（kg水/kg干气）的湿空气的比容

$$v_H=(2.83\times10^{-3}+4.56\times10^{-3}H_0)(t_0+273)\ (\mathrm{m^3/kg}\text{干气}) \tag{7-2}$$

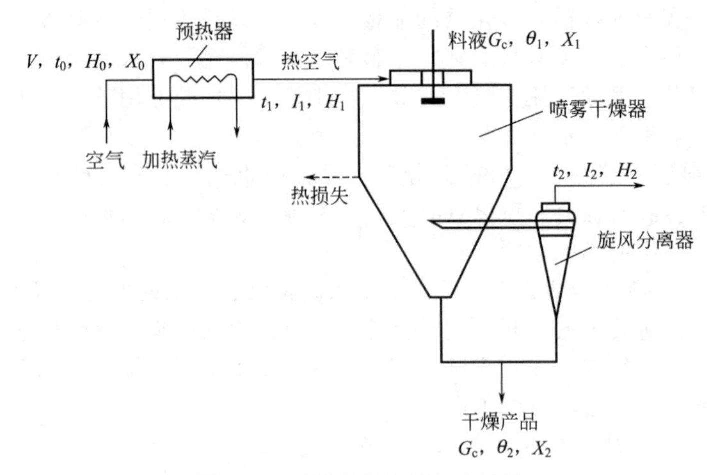

图 7-20 喷雾干燥过程工艺计算

所需空气的体积
$$V'=V\upsilon_{H}\ (m^3/h) \tag{7-3}$$

上述诸式中 V 为绝对干空气用量，kg/h；X_1、X_2 为物料进出干燥塔的自由含水量，kg 水/kg 干料；H_0、H_1、H_2 为空气在预热前后和离开系统时的湿度，kg 水/kg 干气；I_0、I_1、I_2 为空气在预热前后和离开系统时的热焓，kJ/kg 干气；t_0、t_1、t_2 为空气在预热前后和离开系统时的温度，℃；θ_1、θ_2 为物料进出干燥塔的温度，℃；W 为水分蒸发量，kg/h；G_c 为以绝对干物料计的处理量，kg/h。

7.2.3.2 热量衡算

（1）加热蒸汽消耗量

对空气预热器作热量衡算得
$$Q=V(I_1-I_0)=V(C_{pg}+C_{pv}H_1)(t_1-t_0) \tag{7-4}$$

故蒸汽耗用量
$$D=\frac{Q}{r}\ (kg/h) \tag{7-5}$$

式中，r 为蒸汽压力下水的汽化热，kJ/kg；C_{pg}、C_{pv} 为干气与水蒸气的比热容，kJ/(kg·℃)。

（2）干燥器的热量衡算

若以 Q_1 表示水分由进口状态加热汽化成废气出口状态的蒸汽所消耗的热量，Q_2 表示物料升温所带走的热量，Q_3 表示废气带走的热量，Q_L 为热损失，则根据热量衡算有
$$Q=Q_1+Q_2+Q_3+Q_L \tag{7-6}$$

式中
$$Q_1=V(H_2-H_1)(r_0+C_{pv}t_2-C_{pL}\theta_1)$$
$$Q_2=G_c(\theta_2-\theta_1)C_{pm2}$$
$$Q_3=V(C_{pg}+C_{pv}H_1)(t_2-t_0)$$

式中，C_{pm2} 为物料在干燥器出口处的比热容［kJ/(kg 干料·℃)］，可由绝对干料的比热容 C_{ps} 及液体比热容 C_{pL} 按加和原则计算，即 $C_{pm2}=C_{ps}+C_{pL}X_2$

式中，Q_L 一般可以 10%Q_1 计。

此外，干燥器的热量衡算还可以在 I-H 图中用图解法进行（见图 7-21）。

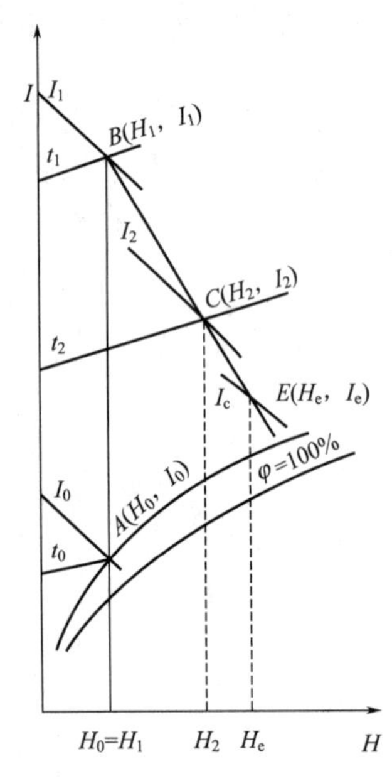

图 7-21 I-H 图解法

根据热量衡算可以得出如下计算式：

$$\frac{I_2-I_1}{H_2-H_1}=-(q_m+q_L-\theta_1 C_{pL}) \tag{7-7}$$

式中，$q_m=\dfrac{G_c C_{pm2}(\theta_2-\theta_1)}{W}$表示使物料升温所需热量，kJ/kg 水；$W$ 为水分蒸发量；kg/h；q_L 为每汽化 1kg 水的热损失，kJ/kg 水。

其他符号含义同前。

由式(7-7) 可见，空气进干燥塔前的状态（H_1，I_1）和出口状态（H_2，I_2）之间的关系为一直线，其斜率为$-(q_m+q_L-\theta_1 C_{pL})$。如图 7-21 所示，为计算出口状态点，只需任取一湿度 H_e 值代入直线方程，求出 I_e，得到某状态点 $E(H_e, I_e)$，连接 E 与进口状态点 B 的直线即表示空气进出干燥塔的状态变化关系，根据规定的等温线 t_2，即可得到交点 C，C 点即为出口状态点。

通过热量衡算能确定干燥塔出口条件是否符合设计要求，并及时加以调整。

7.2.4 喷雾干燥塔工艺结构尺寸的设计计算

7.2.4.1 雾化器主要尺寸的计算

气流式雾化器的动力消耗较大，故一般不适用于大规模生产的需要，旋转式雾化器的型式虽然多样，但计算较为简单，在此着重讨论旋转型压力式雾化器的结构计算。

如图 7-22 所示，液体以切线方向进入喷嘴旋转室，形成厚度为 δ 的环形液膜绕半径为 r_c 的空气心旋转而喷出，形成一个空心锥喷雾，其喷雾角为 θ。液膜以 θ 角喷出，其平均速度 u_0（系指液体体积流量被厚度为 δ 的环形截面积除所得的速度）可分解为水平分速度 u_x 和轴向分速度 u_y，在确定干燥塔直径和高度时，有时要知道 u_x 和 u_y，因此，在喷嘴尺寸确定之后，要估算出 u_x 和 u_y。

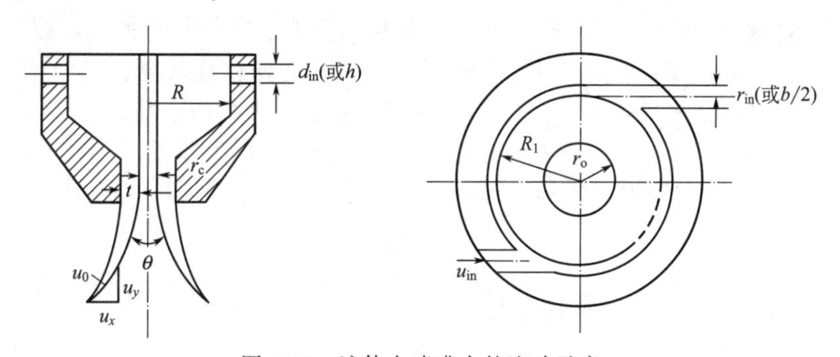

图 7-22 液体在喷嘴内的流动示意

推导流体在喷嘴内的流动方程式时，利用三个基本方程，即角动量守恒方程、柏努利方程及连续性方程。

按照角动量守恒方程式

$$u_{in}R=u_T r \tag{7-8}$$

式中，u_{in}为切线入口速度，m/s；R 为旋转室半径，m；u_T 为任意一点液体的切线速度，m/s；r 为任意一点液体的旋转半径，m。

由式(7-8) 可见，愈靠近轴心 r 愈小，旋转速度愈大，其静压亦愈小，直至等于空气心的压力（大气压）。

按照柏努利方程式

$$H=\frac{p}{\rho g}+\frac{u_T^2}{2g}+\frac{u_y^2}{2g} \tag{7-9}$$

式中，H 为液体总压头，m；g 为重力加速度，m/s^2；p 为液体静压力，Pa；u_T 为液体的切向速度分量，m/s；u_y 为液体的轴向速度分量，m/s；ρ 为液体的密度，kg/m^3。

按照连续性方程式

$$V=\pi(r_o^2-r_c^2)u_o=\pi r_{in}^2 u_{in} \tag{7-10}$$

（排出流量）（流入流量）

式中，V 为液体的体积流量，m^3/s；r_o 为喷嘴孔半径，m；r_c 为空气芯半径，m；$\pi(r_o^2-r_c^2)$＝环形液流通道截面积，m^2；u_o 为喷嘴处的平均液流速度，m/s。

联立式(7-8)～式(7-10) 可解得

$$V=\sqrt{\frac{1}{\dfrac{R^2r_o^4}{r_{in}^4r_c^2}+\dfrac{r_o^4}{(r_o^2-r_c^2)^2}}}\sqrt{2gH}\,\pi r_o^2 \tag{7-11}$$

设

$$a=1-\frac{r_c^2}{r_o^2} \tag{7-12}$$

$$A=\frac{Rr_o}{r_{in}^2} \tag{7-13}$$

则式(7-11) 可以整理为

$$V=\frac{a\sqrt{1-a}}{\sqrt{1-a+a^2A^2}}\pi r_o^2\sqrt{2gH} \tag{7-14}$$

令

$$C_D=\frac{a\sqrt{1-a}}{\sqrt{1-a+a^2A^2}} \tag{7-15}$$

则

$$V=C_D\pi r_o^2\sqrt{2gH}=C_DA_o\sqrt{2gH} \tag{7-16}$$

式中，C_D 为流量系数；A_o 为喷嘴孔截面积；H 为喷嘴孔处的压头，$H=\Delta p/\rho g$；$a=1-r_c^2/r_o^2$，表示液流截面积占整个孔截面积的分数，反映了空气芯的大小，称为有效截面系数；$A=Rr_o/r_{in}^2$，表示喷嘴主要尺寸之间的关系，称为几何特性系数。

式(7-16) 为离心压力喷嘴的流量方程式，用来确定喷嘴孔的直径。

上述的推导，都是以一个圆形入口通道（其半径为 r_{in}）为基准的。在实际生产中，一般采用两个或两个以上的圆形或矩形通道，这时 A 值要按下式计算

$$A=\frac{\pi r_oR}{A_1} \tag{7-17}$$

式中，A_1 为全部入口通道的总横截面积。

当旋转室只有一个圆形入口，其半径为 r_{in}时，则 $A_1=\pi r_{in}^2$，此时 $A=\dfrac{\pi r_oR}{\pi r_{in}^2}=\dfrac{r_oR}{r_{in}^2}$。

当旋转室有两个圆形入口，其半径为 r_{in}时，则 $A_1=2\pi r_{in}^2$，此时 $A=\dfrac{\pi r_oR}{2\pi r_{in}^2}=\dfrac{r_oR}{2r_{in}^2}$。

当旋转室入口为两个矩形通道，其宽度和高度分别为 b 和 h 时，则 $A_1=2bh$，此时 $A=\dfrac{\pi r_oR}{2bh}$。

由式(7-11)～式(7-15) 可见，流量系数 C_D、空气芯半径 r_c 都与喷嘴尺寸有关。

考虑到喷嘴表面与液体层之间摩擦阻力的影响，将几何特性系数 A 值乘上一个校正系数$\sqrt{r_o/R_1}$，得

$$A'=A\sqrt{r_o/R_1} \tag{7-18}$$

式中，$R_1=R-r_{in}$，对矩形通道，$R_1=R-b/2$。

如果按式(7-15)，以 A'对 C_D 作图，可以得到图 7-23。只要已知结构参数 A'，即可由

此图查出流量系数 C_D。

为了计算液体从喷嘴喷出的平均速度 u_o，就需先求得空气芯半径 r_c。如已知 a 和 r_o 值，即可由式(7-12) 求得 r_c。而 a 值也是与结构有关的参数，也可以作出 A 和 a 的关联图，如图 7-24 所示。利用图 7-24，可由 A 查出对应的 a，再由 $a=1-r_c^2/r_o^2$ 求得 r_c。

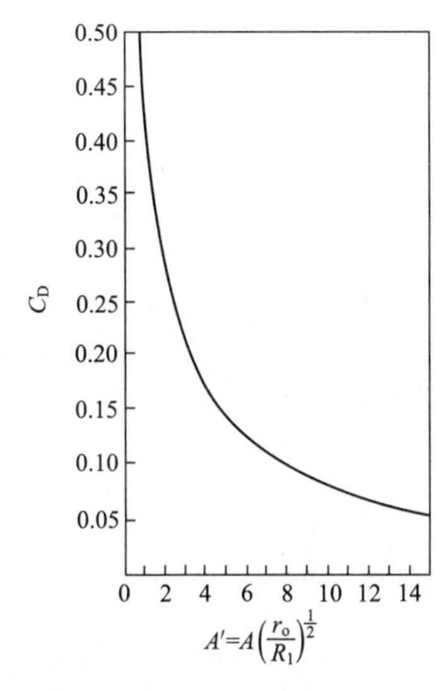

图 7-23　C_D 与 A' 的关联图

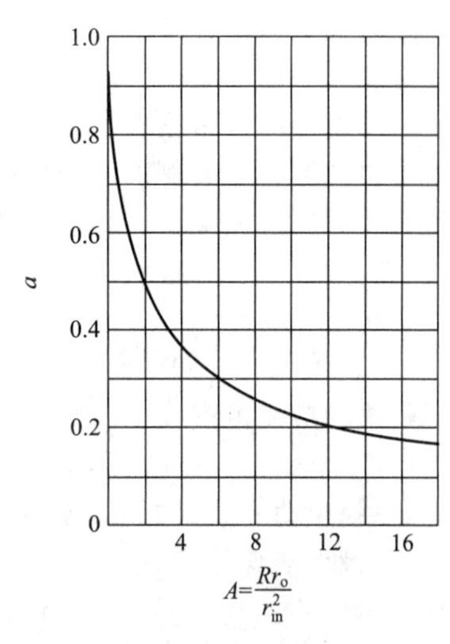

图 7-24　A 与 a 的关联图

至于雾化角 θ 可由雾滴在喷嘴孔处的切向速度 u_x 和轴向速度 u_y 之比来确定，即

$$\tan\frac{\theta}{2}=\frac{u_x}{u_y} \tag{7-19}$$

但切向速度和轴向速度也是喷嘴结构参数的函数，也有一些理论公式和经验式可用来计算雾化角。下面介绍一个半经验式，即

$$\theta=43.5\lg\left[14\left(\frac{Rr_o}{r_{in}^2}\right)\left(\frac{r_o}{R_1}\right)^{1/2}\right]=43.5\lg(14A') \tag{7-20}$$

将此式作图，可得到 A' 与 θ 的关联图，如图 7-25 所示。

根据上述基本关系即可进行喷嘴的计算，其步骤如下：

① 根据经验，选定雾化角 θ 及喷嘴切向入口断面形状；

② 利用图 7-25，由 θ 求得喷嘴结构参数 A'；

③ 利用图 7-23，由 A' 得到流量系数 C_D，并由此求出喷嘴孔径 d_o，并加以圆整；

④ 喷嘴旋转室尺寸的确定。对于矩形入口，一般 $h/b=1.3\sim3.0$，$2R/b=6\sim30$，对于圆形入口一般 $2R/d_o=6\sim30$，由 $A'=\left(\frac{\pi r_o R}{A_1}\right)\left(\frac{r_o}{R_1}\right)^{1/2}$ 求出 A' 值，若为两个矩形入口，$A_1=2bh$，b 值选定，则可求出 h，然后圆整；

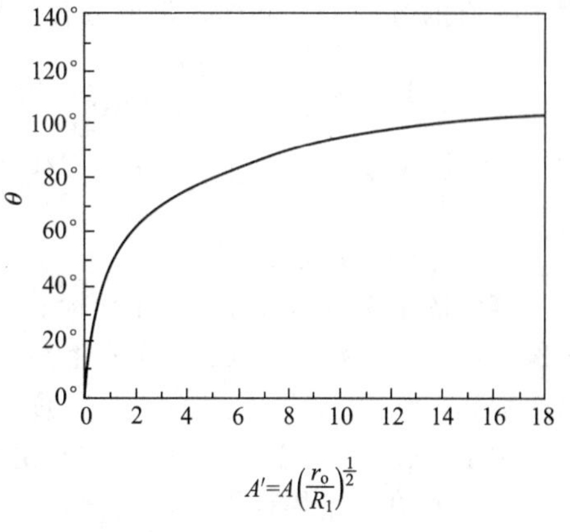

图 7-25　A' 与 θ 的关联图

⑤ 圆整 d_o、h 之后，核算生产能力，如不满足要求则重新调整；

⑥ 计算 r_c 值；

⑦ 计算液膜平均速度 u_o 及其分速度 u_x、u_y。

7.2.4.2 雾滴干燥时间的计算

为了完成满足产品指标要求的干燥操作，有足够的停留时间是十分重要的。热量衡算及物料衡算可提供关于需要多少热空气量通过干燥塔的资料，而停留时间则确定所需的干燥室尺寸。为保证使雾滴干燥成含水量符合要求的产品，应使雾滴在塔内的停留时间大于干燥过程所需要的时间。以下介绍干燥时间的计算过程。

（1）雾滴大小的估算

影响雾滴直径的因素很多，也很复杂，不同类型的雾化器用来估算的经验式也都不同，在此仅以压力式雾化器为例加以介绍。

对于旋转型压力喷嘴，比较通用的关联式如下

$$D_{vs}=1.014(d_o^{1.589})(\sigma^{0.549})(\mu_L^{0.220})(V^{-0.537}) \tag{7-21}$$

对于离心型压力喷嘴有

$$D_{vs}=0.7926(d_o^{1.52})(\sigma^{0.71})(\mu_L^{0.16})(V^{-0.44}) \tag{7-22}$$

以上两式的应用范围为：

D_{vs}——雾滴直径，μm；

d_o——喷嘴直径，1.4～2.03mm；

σ——液体表面张力，26～34mN/m；

V——进料量，0.004～0.12m³/s；

μ_L——液体黏度，0.9～2.03mPa·s。

（2）雾滴直径在干燥过程中的变化

在水分蒸发过程中，雾滴直径的变化可根据溶质的质量平衡关系求出，若设初始雾滴的平均直径为 D_w，液体密度为 ρ_w，溶液每千克干固体的含湿量为 X_1，干产品的平均直径为 D_D，干产品的密度为 ρ_D，干产品每千克固体的含湿量为 X_2，则

$$每一初始雾滴的固含量=\frac{1}{6}\pi D_w^3\rho_w\left(\frac{1}{1+X_1}\right)$$

$$每一干颗粒产品的固含量=\frac{1}{6}\pi D_D^3\rho_D\left(\frac{1}{1+X_2}\right)$$

假定所有的雾滴均含同样比例的固体，则

$$\frac{1}{6}\pi D_w^3\rho_w\left(\frac{1}{1+X_1}\right)=\frac{1}{6}\pi D_D^3\rho_D\left(\frac{1}{1+X_2}\right)$$

$$\frac{D_D}{D_w}=\left[\frac{\rho_w(1+X_2)}{\rho_D(1+X_1)}\right]^{1/3} \tag{7-23}$$

（3）干燥时间的计算

雾滴的干燥过程可分成两个阶段，即恒速干燥阶段和降速干燥阶段。在恒速阶段，蒸发速度保持不变。雾滴中大部分水分在此阶段蒸发掉，水分由雾滴内部很快补充到雾滴表面，保持表面饱和，雾滴温度为空气的湿球温度。当物料含湿量降至临界含湿量时，水分移向表面的速度开始小于表面汽化速度，表面不再保持湿润，干燥速度不断下降，直到完成干燥为止。

作雾滴喷雾干燥计算时，通常要作如下假定：

① 热风的运动速度很小，可忽略不计；

② 雾滴（或颗粒）为球形；

③ 雾滴在恒速干燥阶段缩小的体积等于蒸发掉的水分体积，在降速干燥阶段，雾滴（或颗粒）直径的变化可以忽略不计；

④ 雾滴群的干燥特性可以用单个雾滴的干燥行为来描述。

在恒速干燥阶段，根据热量衡算，热空气以对流方式传递给雾滴的显热等于雾滴汽化所需的潜热，即

$$\frac{dQ}{d\tau}=\alpha A\Delta t_{m}=-\gamma\left(\frac{dW}{d\tau}\right) \tag{7-24}$$

式中，Q 为传热量，kJ；τ 为传热时间，s；α 为对流传热系数，kW/(m²·℃)；A 为传热面积，m^2；Δt_m 为雾滴表面和周围空气之间在蒸发开始和终了时的对数平均温度差，℃；W 为水分蒸发量，kg；γ 为水的汽化潜热，kJ/kg。

对于球形雾滴，$A=\pi D^2$（D 为雾滴直径，m），$W=\frac{\pi}{6}D^3\rho_L$（ρ_L 为雾滴密度，kg/m^3）。根据实验结果，$Nu=2.0$ [$Nu=\frac{\alpha D}{\lambda}$，$Nu$ 为 Nusselt 数，λ 为干燥介质的平均热导率，kW/(m·℃)]，即 $\alpha=\frac{2\lambda}{D}$。因此，式(7-24) 变成

$$d\tau=-\frac{\gamma\rho_L D}{4\lambda\Delta t_m}dD \tag{7-25}$$

在雾滴蒸发过程中，雾滴直径由 D_o 变化到 D_c 所需的时间 τ_1 可通过对上式进行积分得到，即

$$\tau_1=\frac{\gamma\rho_L(D_o^2-D_c^2)}{8\lambda\Delta t_{m1}} \tag{7-26}$$

当雾滴含湿量降到临界含湿量时，在雾滴表面开始形成固相，于是进入第二阶段即降速干燥阶段。降速阶段的平均蒸发速率 $(dW/d\tau)_2$ 可按下式计算

$$(dW/d\tau)_2=(dW'/d\tau)\times\text{干燥固体质量} \tag{7-27}$$

式中，$dW'/d\tau=-\frac{12\lambda\Delta t_m}{\gamma D_c^2\rho_D}$，kg 水/(kg 干固体·h)；$D_c$ 为在临界湿含量状态下的雾滴直径；ρ_D 为干燥物料的密度。

负号表示在降速阶段蒸发量随时间增加而降低。

将上述微分式积分可得到降速干燥阶段所需的时间，τ_2 为

$$\tau_2=\frac{\gamma\rho_D D_c^2(X_c-X_2)}{12\lambda\Delta t_{m2}} \tag{7-28}$$

雾滴干燥成产品所需的总时间 τ 为

$$\tau=\tau_1+\tau_2=\frac{\gamma\rho_L(D_0^2-D_c^2)}{8\lambda\Delta t_{m1}}+\frac{\gamma\rho_D D_c^2(X_c-X_2)}{12\lambda\Delta t_{m2}} \tag{7-29}$$

式中，ρ_L、ρ_D 为料液及干燥产品的密度，kg/m^3；D_0、D_c 为雾滴的初始及临界直径，m；X_c、X_2 为料液的临界及干燥产品的干基湿含量，质量分数；Δt_{m1}、Δt_{m2} 为恒速及降速干燥阶段介质与雾滴之间的对数平均温度差，℃。

在应用上述方程时，气体热导率按蒸发雾滴周围的平均气膜温度计算，气膜温度可取排出的干燥空气温度和雾滴表面温度的平均值。恒速阶段的 Δt_m 可取进口空气温度和料液温度差与临界点处空气温度和雾滴表面温差的对数平均值。降速阶段的 Δt_m 可取空气出口温度和产品温度之差与临界点处空气温度和雾滴表面温差的对数平均值。

临界点处的雾滴直径 D_c 通常是未知的，理论上能从雾滴悬浮液的蒸发特性得到雾滴粒度改变的数据，若缺乏这些数据，可按上述降速阶段的内容加以计算。雾滴在降速阶段的粒径变化可忽略不计，即临界雾滴直径 D_c 近似等于产品粒径 D_D。

7.2.4.3 喷雾干燥塔径的计算

在喷雾干燥塔的设计中，塔径的设计应使湿雾滴不黏附到塔壁上。

由雾化器产生的雾滴以很高的速度从喷嘴喷出，雾滴受重力的影响可以忽略。对旋转式雾化器，雾滴仅有水平速度，而对于压力式和气流式喷嘴，雾滴以某一锥角喷出，其速度可分解为水平速度 u_x 与垂直速度 u_y（见图 7-26）。雾滴的运动时间与其速度的关系均可以用下式描述

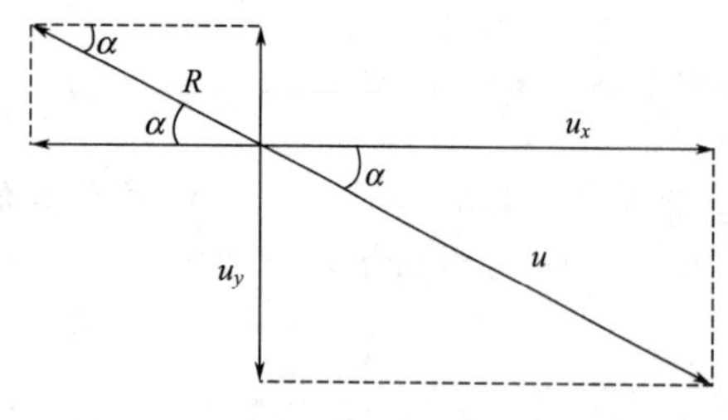

图 7-26 雾滴在重力场中的运动分析

$$\frac{\mathrm{d}u_x}{\mathrm{d}\tau}=-\left(\frac{3\rho}{4\rho_{\mathrm{p}}D_{\mathrm{p}}}\right)\zeta_x u_x^2 \tag{7-30}$$

$$\frac{\mathrm{d}u_y}{\mathrm{d}\tau}=g\left(\frac{\rho_{\mathrm{p}}-\rho}{\rho_{\mathrm{p}}}\right)-\left(\frac{3\rho}{4\rho_{\mathrm{p}}D_{\mathrm{p}}}\right)\zeta_y u_y^2 \tag{7-31}$$

式中，u_x、u_y 为雾滴速度 u 在水平及垂直方向上的分量；ρ_{p}、ρ 为雾滴和空气的密度；τ 为雾滴运动的时间；D_{p} 为雾滴直径（设为球形）；ζ 为阻力系数。

阻力系数 ζ 为雷诺数 Re 的函数，如图 7-27 所示。

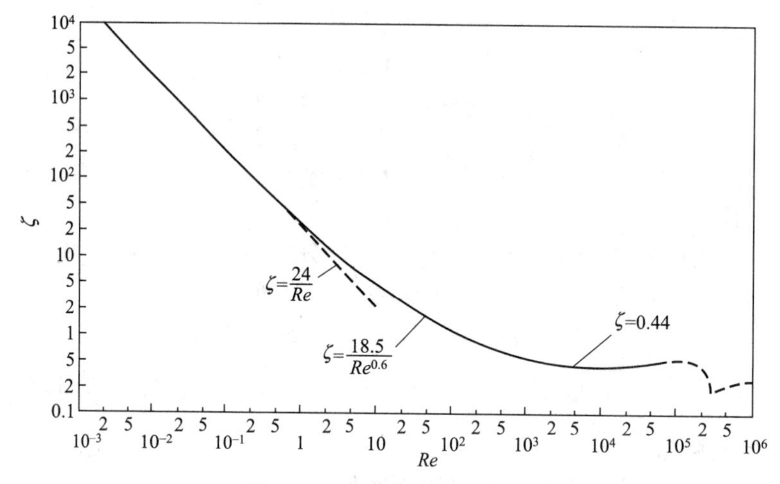

图 7-27 Re 和 ζ 的关系曲线

由图 7-27 得到 Re 和 ζ 的近似关系如下：

层流 $Re<0.1$，$\zeta=\frac{24}{Re}$

过渡流 $0.1<Re<500$，$\zeta=\frac{18.5}{Re^{0.6}}$

湍流 $500<Re<2\times10^5$，$\zeta\approx0.44$

当雾化器产生的雾滴，以高速水平方向喷射时，重力作用的影响可以忽略，这时 $u_x=u$，由此水平速度，可近似地计算雾滴水平运动的距离。用式(7-30) 求速度与时间的关系，即

$$\frac{\mathrm{d}u}{\mathrm{d}\tau}=-\left(\frac{3\rho}{4\rho_{\mathrm{p}}D_{\mathrm{p}}}\right)\zeta u^2 \tag{7-32}$$

因 $Re=\frac{D_{\mathrm{p}}u\rho}{\mu}$，故 $u=\frac{Re\mu}{D_{\mathrm{p}}\rho}$，代入式(7-32) 得，$\frac{\mathrm{d}Re}{\mathrm{d}\tau}=-\frac{3\mu}{4D_{\mathrm{p}}^2\rho_{\mathrm{p}}}\zeta Re^2$，将此式积分得

$$\frac{3\mu}{4D_{\mathrm{p}}^2\rho_{\mathrm{p}}}\tau=-\int_{Re_0}^{Re}\frac{\mathrm{d}Re}{\zeta Re^2}=\int_{Re}^{Re_0}\frac{\mathrm{d}Re}{\zeta Re^2}=\int_{Re}^{2\times10^5}\frac{\mathrm{d}Re}{\zeta Re^2}-\int_{Re_0}^{2\times10^5}\frac{\mathrm{d}Re}{\zeta Re^2} \tag{7-33}$$

式中，Re_0 为在时间 $\tau=0$ 时，由雾滴初始速度 u_0 算出的雷诺数；Re 为经过时间 τ 雾滴速度为 u 时的雷诺数。

当流动状态为层流时，以 $\zeta Re=24$ 代入式(7-33) 积分后得

$$\tau=\frac{\rho_p D_p^2}{18\mu}\ln\frac{u_0}{u} \tag{7-34}$$

式中，u_0 为雾滴的初始速度；u 为经过时间 τ 的雾滴速度。

当流动状态为湍流时，以 $\zeta=0.44$ 代入式(7-33)，积分后得

$$\tau=\frac{3.03\rho_p D_p}{\rho}\left(\frac{1}{u}-\frac{1}{u_0}\right) \tag{7-35}$$

当流动情况为过渡流时，可按下式计算

$$\tau=\frac{4\rho_p D_p^2}{3\mu}\left[\int_{Re}^{2\times10^5}\frac{dRe}{\zeta Re^2}-\int_{Re_0}^{2\times10^5}\frac{dRe}{\zeta Re^2}\right] \tag{7-36}$$

因 ζ 为 Re 的函数，故 ζRe^2、$B=\int_{Re}^{2\times10^5}\frac{dRe}{\zeta Re^2}$、$B_0=\int_{Re_0}^{2\times10^5}\frac{dRe}{\zeta Re^2}$ 也均为 Re 的函数。为方便于应用，将上述关系作成列线图 7-28 或表 7-4，这样就可以很方便地计算出雾滴或颗粒的运动时间 τ。

表 7-4　球形颗粒的曳力系数及其函数

Re	ζ	ζRe^2	ζ/Re	B	Ar
0.1	244	2.44	2440	0.2185	1.83
0.2	124	4.96	620	0.1900	3.72
0.3	83.3	7.54	279	0.1727	5.66
0.5	51.5	12.9	103	0.1517	9.66
0.7	37.6	18.4	53.8	0.1387	13.8
1.0	27.2	27.2	27.2	0.1250	20.4
2	14.8	59.0	7.38	0.1000	44.4
3	10.5	94.7	3.51	0.8670	70.9
5	7.03	176	1.41	0.0708	132
7	5.48	268	0.782	0.0616	201
10	4.26	426	0.426	0.0524	320
20	2.72	1.09×10^3	136×10^{-3}	3.70×10^{-2}	0.816×10^3
30	2.12	1.91×10^3	70.7×10^{-3}	2.98×10^{-2}	1.43×10^3
50	1.57	3.94×10^3	31.5×10^{-3}	2.21×10^{-2}	2.94×10^3
70	1.31	6.42×10^3	18.7×10^{-3}	1.81×10^{-2}	4.81×10^3
100	1.09	10.9×10^3	10.9×10^{-3}	1.44×10^{-2}	8.18×10^3
200	0.776	31.0×10^3	3.88×10^{-3}	0.888×10^{-2}	23.3×10^3
300	0.653	58.7×10^3	2.18×10^{-3}	0.662×10^{-2}	44.1×10^3
500	0.555	139×10^3	1.11×10^{-3}	0.440×10^{-2}	104×10^3
700	0.508	249×10^3	0.726×10^{-3}	0.327×10^{-2}	187×10^3
1000	0.471	471×10^3	0.471×10^{-3}	0.239×10^{-2}	353×10^3
2000	0.421	1.68×10^6	21.1×10^{-5}	12.2×10^{-4}	1.26×10^6
3000	0.400	3.60×10^6	13.3×10^{-5}	8.14×10^{-4}	2.70×10^6
5000	0.387	9.68×10^6	7.75×10^{-5}	4.71×10^{-4}	7.26×10^6
7000	0.390	19.1×10^6	5.57×10^{-5}	3.23×10^{-4}	14.3×10^6
10000	0.405	40.5×10^6	4.05×10^{-5}	2.15×10^{-4}	30.4×10^6
20000	0.442	177×10^6	2.21×10^{-5}	0.942×10^{-4}	133×10^6
30000	0.456	410×10^6	1.52×10^{-5}	0.582×10^{-4}	308×10^6
50000	0.474	1.19×10^9	9.48×10^{-6}	3.18×10^{-5}	8.89×10^8
70000	0.491	2.41×10^9	7.02×10^{-6}	2.04×10^{-5}	18.0×10^8
100000	0.502	5.02×10^9	5.02×10^{-6}	1.09×10^{-5}	37.7×10^8
200000	0.498	19.9×10^9	2.49×10^{-6}	0	149×10^8

将雾滴自很高的初速度降至很低值（如当 $Re=0.5$ 时）的过程中不同的时刻 τ 与其速度 u_x 的关系作图，用图解积分或数值积分求出雾滴沿半径方向的飞行距离，即 $s_x=\int u_x d\tau$。所设计的喷雾干燥塔的直径 D 应大于 $2s_x$。

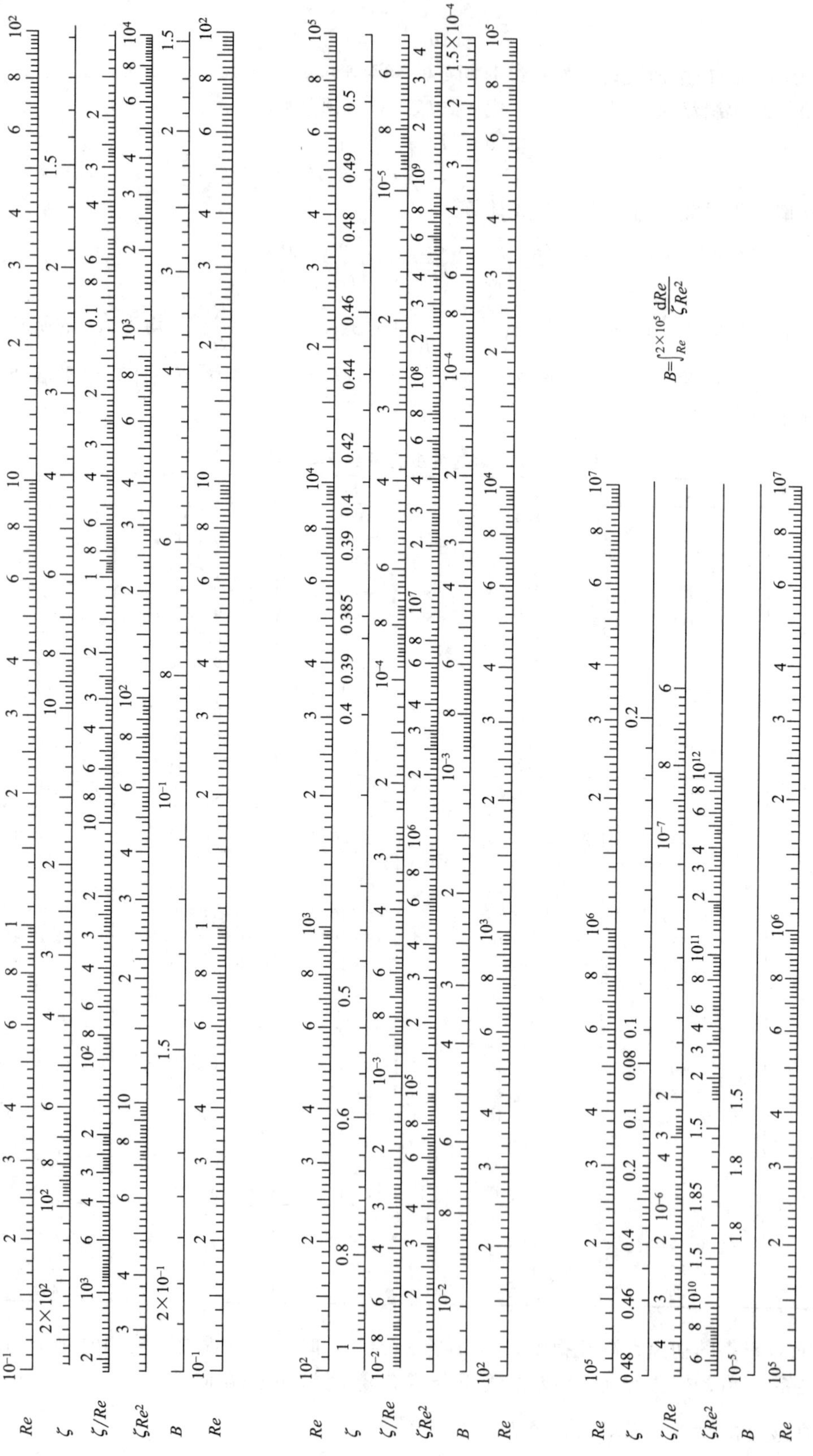

Re 10⁻¹ 2 3 4 6 8 1 2 3 4 6 8 10 2 3 4 6 8 10²
ζ 2×10² 10² 8 6 4 3 2 10 8 6 4 3 2 1.5
ζ/Re 2 10³ 6 4 3 2 10² 8 6 4 3 2 10 8 6 4 3 2 1 8 6 4 3 2 0.1 8 6 4 3 2
ζRe² 3 4 6 8 10 2 3 4 6 8 10² 2 3 4 6 8 10³ 2 3 4 6 8 10⁴
B 2×10⁻¹ 1.5 10⁻¹ 8 6 4 3 2 1.5
Re 10⁻¹ 2 3 4 6 8 1 2 3 4 6 8 10 2 3 4 6 8 10²

Re 10² 2 3 4 6 8 10³ 2 3 4 6 8 10⁴ 2 3 4 6 8 10⁵
ζ 1 0.8 0.6 0.5 0.4 0.39 0.385 0.39 0.4 0.42 0.44 0.46 0.48 0.49 0.5
ζ/Re 10⁻² 8 6 4 3 2 10⁻³ 8 6 4 3 2 10⁻⁴ 8 6 4 3 2 10⁻⁵ 8 6
ζRe² 2 3 4 6 8 10⁵ 2 3 4 6 8 10⁶ 2 3 4 6 8 10⁷ 2 3 4 6 8 10⁸ 2 3 4 6 8 10⁹ 2 3 4
B 10⁻² 8 6 4 3 2 10⁻³ 8 6 4 3 2 10⁻⁴ 8 6 4 3 2 1.5×10⁻⁴
Re 10² 2 3 4 6 8 10³ 2 3 4 6 8 10⁴ 2 3 4 6 8 10⁵

Re 10⁵ 2 3 4 6 8 10⁶ 2 3 4 6 8 10⁷
ζ 0.48 0.46 0.4 0.2 0.1 0.08 0.1 0.2
ζ/Re 4 3 2 10⁻⁶ 4 3 2 10⁻⁷ 8 6
ζRe² 6 8 10¹⁰ 1.5 1.85 1.5 2 3 4 6 8 10¹¹ 2 3 4 6 8 10¹²
B 10⁻⁵ 1.8 1.8 1.5
Re 10⁵ 2 3 4 6 8 10⁶ 2 3 4 6 8 10⁷

$$B=\int_{Re}^{2\times10^5}\frac{\mathrm{d}Re}{\zeta Re^2}$$

图 7-28　Re与ζ、ζRe^2、ζ/Re、$\int_{Re}^{2\times10^5}\frac{\mathrm{d}Re}{\zeta Re^2}$的列线图

7.2.4.4 喷雾干燥塔高的计算

喷雾干燥塔塔高的设计应使颗粒在塔内的停留时间大于传热所需时间，以保证产品的含水率达到要求。

在垂直方向的运动中，雾滴先以某一初速度喷出，由于阻力的作用，逐渐减速，该阶段称减速阶段，当颗粒的重力与所受阻力相等时，颗粒由减速运动变为等速向下运动，直至产品出口。颗粒在塔内的停留时间为减速运动与等速运动的时间之和。

(1) 等速沉降阶段

当重力等于阻力时，颗粒变为等速运动，此时式(7-31) 左端等于零，即 $du/d\tau=0$。设等速运动时的沉降速度为 u_t，由式(7-31) 可得

$$\left(\frac{3\rho}{4\rho_p D_p}\right)\zeta_t u_t^2=g\left(\frac{\rho_p-\rho}{\rho_p}\right)$$

故

$$u_t=\sqrt{\frac{4gD_p(\rho_p-\rho)}{3\rho\zeta_t}} \tag{7-37}$$

式中，u_t 为颗粒的沉降速度，m/s；ζ_t 为等速沉降时的阻力系数。

在层流区，$Re<0.1$，以 $\zeta_t=\frac{24}{Re_p}$ 代入式(7-37)，得

$$u_t=\frac{gD_p^2(\rho_p-\rho)}{18\mu} \tag{7-38}$$

在湍流区，$500<Re_p<2\times10^5$，$\zeta\approx0.44$，代入式(7-37)，得

$$u_t=1.74\sqrt{\frac{gD_p(\rho_p-\rho)}{\rho}} \tag{7-39}$$

在过渡区，$0.1<Re_p<500$，$\zeta=\frac{18.5}{Re_p^{0.6}}$

$$u_t=0.153\left(\frac{gD_p^{1.6}(\rho_p-\rho)}{\rho^{0.4}\mu^{0.6}}\right)^{0.714}=0.781\left(\frac{D_p^{1.6}(\rho_p-\rho)}{\rho^{0.4}\mu^{0.6}}\right)^{0.714} \tag{7-40}$$

一般情况下，将式(7-37) 改写后消除 u_t 得

$$\zeta_t Re_t^2=\frac{4gD_p^3\rho(\rho_p-\rho)}{3\mu^2} \tag{7-41}$$

将式(7-37) 改写后消除 D_p 得

$$\zeta_t/Re_t=\frac{4g\mu(\rho_p-\rho)}{3\rho^2u_t^3} \tag{7-42}$$

同样，将 ζRe^2、ζ/Re 作为 Re 的函数，标绘成列线图（如图 7-28 所示），利用式(7-41) 及式(7-42)，借助于列线图 7-28 或表 7-4，计算沉降速度 u_t 或颗粒直径 D_p 是很方便的。

由式(7-41) 计算沉降速度的步骤如下：先用式(7-41) 算出 ζRe^2 值；其次用图 7-28 的列线图或表 7-4，查出与 ζRe^2 相应的 Re_t 值；最后由 $u_t=Re_t\frac{\mu}{D_p\rho}$ 算出沉降速度。

若已知干燥所需时间 τ' 和降速沉降时间 τ，则可由沉降速度 u_t 求出在等速沉降阶段颗粒的飞翔距离 $s_y=(\tau'-\tau)u_t$。

(2) 降速沉降阶段

颗粒减速运动到沉降速度前的时间，可应用式(7-31) 推导其计算公式。由于不等速运动的时间很短，一般用接近于到达沉降速度的时间作为不等速运动的时间，其误差影响不大。

将 $u=Re\frac{\mu}{D_p\rho}$ 代入式(7-31)，整理后得

$$\frac{3\mu}{4D_{\mathrm{p}}^{2}\rho_{\mathrm{p}}}\mathrm{d}\tau=\frac{\mathrm{d}Re}{\phi-\zeta Re^{2}} \tag{7-43}$$

式中
$$\phi=\frac{4D_{\mathrm{p}}^{2}g\rho(\rho_{\mathrm{p}}-\rho)}{3\mu^{2}}=\zeta_{\mathrm{t}}Re_{\mathrm{t}}^{2}$$

积分式(7-43) 得

$$\tau=\frac{4D_{\mathrm{p}}^{2}\rho_{\mathrm{p}}}{3\mu}\int_{Re_0}^{Re}\frac{\mathrm{d}Re}{\phi-\zeta Re^{2}}=\frac{4D_{\mathrm{p}}^{2}\rho_{\mathrm{p}}}{3\mu}\int_{Re}^{Re_0}\frac{\mathrm{d}Re}{\zeta Re^{2}-\phi} \tag{7-44}$$

在层流区，$\zeta=\frac{24}{Re}$，代入式(7-44) 积分得

$$\tau=\frac{4D_{\mathrm{p}}^{2}\rho_{\mathrm{p}}}{3\mu}\int_{Re}^{Re_0}\frac{\mathrm{d}Re}{24Re-\phi}=\frac{D_{\mathrm{p}}^{2}\rho_{\mathrm{p}}}{18\mu}\ln\frac{24Re_0-\phi}{24Re-\phi}\quad(\text{层流时，}\phi=24Re_{\mathrm{t}})=\frac{D_{\mathrm{p}}^{2}\rho_{\mathrm{p}}}{18\mu}\ln\frac{u_0-u_{\mathrm{t}}}{u-u_{\mathrm{t}}}$$

在湍流区，阻力系数 $\zeta=0.44$，代入式(7-44) 积分，得

$$\tau=\frac{4D_{\mathrm{p}}^{2}\rho_{\mathrm{p}}}{3\mu}\times\frac{1}{\sqrt{0.44\phi}}\ln\left[\frac{(\sqrt{0.44}Re_0-\sqrt{\phi})(\sqrt{0.44}Re+\sqrt{\phi})}{(\sqrt{0.44}Re_0+\sqrt{\phi})(\sqrt{0.44}Re-\sqrt{\phi})}\right]$$
$$=\frac{D_{\mathrm{p}}^{2}\rho_{\mathrm{p}}}{\mu\sqrt{\phi}}\ln\left[\frac{(0.664Re_0-\sqrt{\phi})(0.664Re+\sqrt{\phi})}{(0.664Re_0+\sqrt{\phi})(0.664Re-\sqrt{\phi})}\right]$$

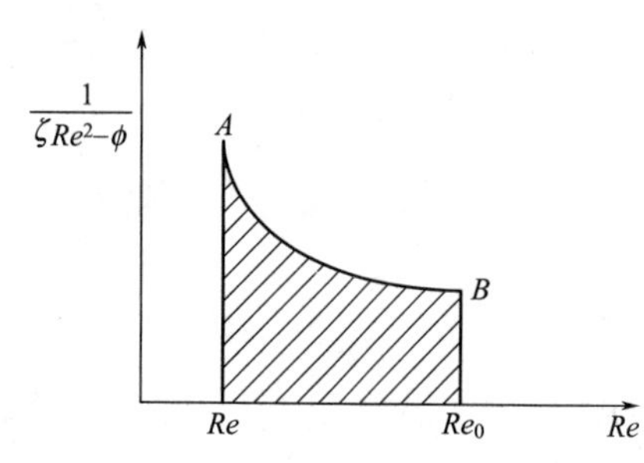

图 7-29　式(7-44) 的图解积分示意

在过渡区，按式(7-44) 用图解积分法求取停留时间 τ。即以 $\frac{1}{\zeta Re^{2}-\phi}$ 为纵坐标，以 Re 为横坐标，描绘曲线 AB，如图 7-29 所示。在 Re_0 与 Re 之间，曲线 AB 所包围的面积乘以 $\frac{4D_{\mathrm{p}}^{2}\rho_{\mathrm{p}}}{3\mu}$ 就是时间 τ。

利用图解积分或近似计算便可求出颗粒从雷诺数 Re_0 开始下降至不同 Re 值所需要的时间，最后由图解积分便可求出在降速阶段颗粒的飞翔距离 $s'_y=\int u_y\mathrm{d}\tau$。

喷雾干燥塔塔高为颗粒在降速阶段和等速阶段飞翔距离之和，即 $H=s_y+s'_y$。必须指出，以上经图解积分计算得到的塔径与塔高值必须结合工厂现有的实际经验与中间试验的数据加以修正后方能作为设计依据使用，以减少误差。

7.2.4.5　干燥器容积的估算

（1）用干燥强度法计算干燥器容积

干燥强度定义为单位干燥器容积单位时间内的蒸发能力，用 q_{A} 表示。于是干燥器的容积可用下式计算

$$V=\frac{W_{\mathrm{A}}}{q_{\mathrm{A}}} \tag{7-45}$$

式中，V 为干燥器容积，$\mathrm{m^3}$；W_{A} 为水分蒸发量，kg/h；q_{A} 为干燥强度，$\mathrm{kg/(m^2\cdot h)}$。

q_{A} 是经验数据。在无数据时，可参考表 7-5 进行选用。

表 7-5(a)　q_{A} 值与进、出口温度关系　　单位：$\mathrm{kg/(m^2\cdot h)}$

出口温度/℃	进口温度/℃					
	150	200	250	300	350	400
70	3.58	5.72	7.63	9.49	11.20	12.74
80	3.03	5.18	7.07	8.93		
100	1.92	4.09	5.96	7.80	9.33	11.11

表 7-5(b)　q_A 值与热风入口温度关系

热风入口温度/℃	q_A/[kg/(m²·h)]
130～150	2～4
300～400	6～12
500～700	15～25

例如对于牛奶，入口温度为 130～150℃时，q_A：2～4kg/(m²·h)。

V 值求出以后，先选定直径，然后求出圆柱体高度（直径和高度要符合比例关系）。干燥强度经常作为干燥器干燥能力的比较数据，故此值愈大愈好。

（2）用体积传热系数法估算干燥器容积

按照传热方程式

$$Q=\alpha_V V\Delta t_m \tag{7-46}$$

式中，Q 为干燥所需的热量，W；α_V 为体积传热系数，W/(m²·℃)，喷雾干燥时，$\alpha_V=10$（大粒）～30（微粉）W/(m²·℃)；Δt_m 为对数平均温度差，℃。

求得干燥器容积后，可由圆柱体高度 H 和干燥器直径 D 的比值的经验数据（见表 7-6）确定塔径和塔高。

表 7-6　雾化器类型与流向组合和 $H:D$ 关系

雾化器的类型及热风流向的组合	$H:D$ 的范围	雾化器的类型及热风流向的组合	$H:D$ 的范围
旋转雾化器，并流	(0.6∶1)～(1∶1)	喷嘴雾化器，混合流（喷泉式）	(1∶1)～(1.5∶1)
喷嘴雾化器，并流	(3∶1)～(4∶1)	喷嘴雾化器，混合流（内置流化床）	(0.15∶1)～(0.4∶1)
喷嘴雾化器，逆流	(3∶1)～(5∶1)		

7.2.5　附属设备的设计和选型

在喷雾干燥系统中，主要的附属设备有空气加热器、风机、气固分离设备、热风进口分布装置及排料装置，以下分别加以简要介绍。

7.2.5.1　空气加热器

适用于喷雾干燥的空气加热器有五种类型：①蒸汽间接加热器；②燃油或煤气间接加热器；③燃油或煤气直接加热器；④电加热器；⑤液相加热器。

允许被喷雾干燥的物料与燃烧产物接触时用空气直接加热器，不允许接触时用间接加热器。

在热空气温度要求不高的情况下（低于 160℃），蒸汽间接加热器受到广泛应用。它具有卫生条件好，能保证产品质量的优点，且以翅片式换热器的应用为最多。当空气速度为 5m/s 时，传热系数约为 55.6W/(m²·℃)。当温度要求较高时，可采用其他型式的加热器。

7.2.5.2　风机

喷雾干燥系统中采用的风机一般均为离心式通风机，其风压一般为 1000～15000Pa。风机在干燥系统中主要有两种布置方式：即单台引风机和双台鼓-引风机结合方式。如图 7-30 所示，单台引风机放置在粉尘回收装置之后，使干燥器处于负压操作。这种系统的优点是粉尘及有害气体不会泄漏至大气环境中，但由于干燥器内的负压较高，风机频繁启动和停止会引起器内局部失稳以及外部空气漏入塔内。因此，单台引风方式仅适用于小型喷雾干燥系统。对于大型喷雾干燥系统，主要采用两台风机，一台作为鼓风机，另一台作为引风机。这种系统具有很大的灵活性，可以通过调节管路压力分布，改善干燥器的操作条件，使之处于接近大气压的微负压下操作。这不仅兼顾了负压操作的优点，又避免了由于大的负压操作，使空气漏入系统中，造成干燥效率降低的缺点，同时，微负压操作又可保证粉尘回收装置具有最高的回收率。

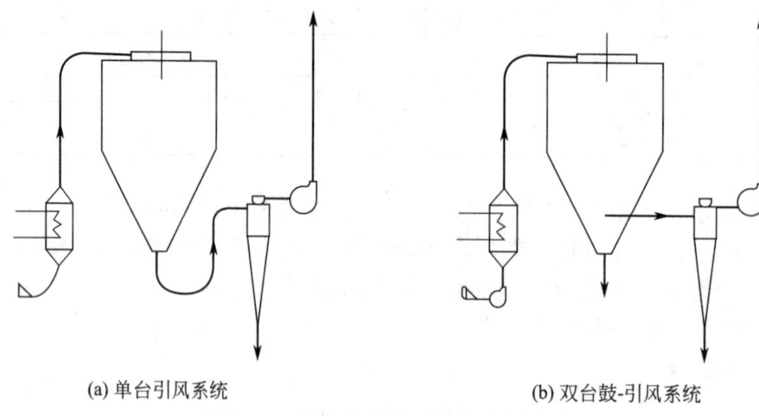

(a) 单台引风系统　　(b) 双台鼓-引风系统

图 7-30　风机在干燥系统的布置方式

在选择通风机时应注意以下几点：

① 首先应根据排、送空气的不同性质，如清洁空气，含有易燃、易爆、易腐蚀性气体及含尘或高温气体，选择不同类型的通风机；

② 根据计算所需的风量、风压及已确定采用的风机类型，由通风机产品样本的性能曲线或性能选择表，选取风机型号；

③ 由于系统难以保证绝对密封，故对计算的空气量，应考虑必要的安全系数，一般取附加量为 10%～15%；

④ 为保证干燥塔内处于一定的负压（一般为 100～300Pa），设计时分别用进风和排风两台风机串联使用，排风机风量和风压都要大于进风机。

7.2.5.3　气固分离器

料液经喷雾干燥之后，大部分颗粒较大的产品落到干燥室底部排出，还有一部分细颗粒产品需由气固分离装置加以回收，通常采用分离器、袋滤器及湿式除尘器。电除尘器虽具有效率高、占地面积小、操作自动化等优点，但需用很高的电压，设备费用高，喷雾干燥过程中一般不用。

分离装置的选择，应按喷雾干燥的不同操作条件、卸料方法、物料性质等进行合理的选择。通常在喷雾干燥过程中，采用二级净制回收系统，如先经过旋风分离器再经过袋滤器，或先通过旋风分离器再用湿法洗涤器作为二级净制。

表 7-7 列出了常用分离装置的性能比较。

表 7-7　喷雾干燥常用分离装置性能比较

型式	名称	分离力	容量/(m^3/min)	风速/(m/s)	压力损失/Pa	最佳含尘量/(g/m^3)	近似效率(质量分数)/%			耐热耐蚀性	备注
							<1μm	1～5μm	5～10μm		
干式	旋风分离器	离心力	1～300	10～20	150～200	1～30	<10	<10	40～99	可能	多台并联气流分布不均
干式	袋滤器	惯性	20～150	0.02～0.2	500～2000	0.7～70	90～99	95～99	95～99 以上	由材质确定<150	分离效率可靠
湿式	喷淋洗涤	碰撞	10～300	1～3	20～50	<2	<10	10～20	20～60	可能、耐蚀冷却	要处理回收液
湿式	旋风器	碰撞、离心	10～150	10～20	300～1500	2～20	<20	10～60	60～99	可能、耐蚀冷却	要处理回收液
湿式	文丘里管	扩散、碰撞	10～150	60～100	2000～4000	<2	80～99	99	99 以上	可能、耐蚀冷却	要处理回收液

(1) 旋风分离器

旋风分离器是利用含尘气体在器内旋转时产生的离心力使尘粒向壁移动，从而达到气固分离的要求。旋风分离器的种类繁多，分类也各有不同，但其技术性能均可以处理量、压力损失和除尘效率三个指标加以衡量。

各种旋风分离器的压降 Δp_f 可以下式进行计算

$$\Delta p_f = \zeta \frac{u_i^2}{2} \rho \tag{7-47}$$

式中，ζ 为阻力系数，不同型式的旋风分离器 ζ 值不同，可查相关文献获得；ρ 为气体密度，kg/m^3；u_i 为含尘气体在旋风分离器进口的速度，m/s，通常为 10～25m/s。

旋风分离的总效率 η，可根据粒径为 x 的颗粒质量分数 f 与操作条件下该颗粒的分离效率 η_x，按下式进行计算

$$\eta = \sum_{x=\min}^{x=\max} \eta_x f \tag{7-48}$$

$$\eta_x = 1 - \exp[-2(C\psi)^{1/(2n+2)}]$$

式中，C 为旋风分离器的尺寸函数；ψ 为修正的惯性参数；n 为速度分布指数。

C、ψ、n 的计算可参阅有关文献。

表 7-8 列出了各种工业用旋风分离器的尺寸比例，以供计算选择。

表 7-8 各种型式旋风分离器的尺寸比例

序号	旋风分离器型式	含尘气体进口型式	圆柱体直径 D	圆柱体高度 L_1	圆锥体高度 L_2	进口宽度 b	进口高度 a	排气管		排尘管直径 d'	备注
								直径 d	深度 1		
1	应用于喷雾干燥的旋风分离器	标准切线进口	D	D	$1.8D$	$0.2D$	$0.4D$	$0.3D$	$0.8D$	$0.1D$	中等、高处理量
2		蜗卷式进口	a、D b、D	$0.8D$ $0.9D$	$1.85 \sim 2.25D$ $2.5D$	$0.225D$ $0.235D$	$0.3D$ $0.23D$	$0.35D$ $0.35D$	$0.7D$ $0.7D$	$0.2 \sim 0.35D$ $0.07 \sim 0.1D$	中等、高处理量
3	CLT 型	切线进口	D	$2.26D$	$2.0D$	$0.26D$	$0.65D$	$0.6D$	$1.5D$	$0.3D$	
4	长锥体旋风分离器	下倾式螺旋顶盖	D	$0.33D$	$2.5D$	$(0.25 \sim 0.255)D$	$a=(2.0 \sim 2.1)b$	$0.55D$	$0.43D$	$(0.265 \sim 0.275)D$	
5	LIH-15 型	进气管和螺旋面的倾斜角 15°	D	$2.26D$	$2.0D$	$0.26D$	$0.65D$	$0.6D$	$1.34D$	$(0.3 \sim 0.4)D$	НИОГ-А3 型中的 I 型
6	V 形①	切线进口	$3d$	$3d$	$5.5d$	$0.71d$	d②		$1.5d$	$0.7d$	
7	Perry 型	标准切线进口	D	$2.0D$	$2.0D$	$0.25D$	$0.5D$	$0.5D$	$0.625D$	$0.25D$	第四版 Perry 化工手册，处理风量大
8	标准设计型	标准切线进口	a、D	$1.5D$	$2.5D$	$0.2D$	$0.5D$	$0.5D$	$0.5D$	$0.375D$	处理风量大
		蜗卷式进口	b、D	$1.5D$	$2.5D$	$0.375D$	$0.75D$	$0.75D$	$0.875D$	$0.375D$	

① 据报道，V 形分离最小粒径为 1.27～3.51μm，且处理风量大。

② 圆形进口管，处理风量为 15～$1000m^3/min$。

(2) 袋滤器

袋滤器也是一种有效的分离装置，颗粒的回收率较高。它主要是由许多个细长的滤袋垂直安装于外壳内组成，滤袋是由天然纤维或合成纤维为原料的纺织品制成的。附有机械振动

和空气倒吹装置的袋滤器能进行连续操作。

袋滤器的设计可按如下原则进行。

① 负荷的选择。在颗粒浓度为 $4g/m^3$ 以下时，过滤负荷选取范围为 $10\sim45m^3/(h\cdot m^2)$。对一般棉布、绒布取 $10\sim20m^3/(h\cdot m^2)$，毛呢布可取 $20\sim45m^3/(h\cdot m^2)$。

② 过滤面积的确定。可按下式进行计算

$$S=\frac{V}{q} \tag{7-49}$$

式中，S 为过滤面积，m^2；q 为负荷，每小时平方米滤布处理的气体量，$m^3/(h\cdot m^2)$；V 为处理气体量，m^3。

③ 滤袋数目的确定。可按下式进行计算

$$n=\frac{S}{\pi DL} \tag{7-50}$$

式中，n 为滤袋个数；S 为过滤面积，m^2；D 为单个滤袋直径，m，常用的为 0.2～0.3m；L 为单个滤袋长度，m，一般取 3～5m。

④ 滤袋的排列和间距。滤袋的排列有三角形和正方形排列，为检修方便和空气通畅，一般采用正方形排列。

⑤ 气体分配室的确定。为保证气体均匀地分配给各个滤袋，气体分配室应有足够的空间，净空高度应不小于 1000～1200mm。其截面积可按下式计算

$$A=\frac{V}{3600u} \tag{7-51}$$

式中，A 为气体分配室截面积，m^2；V 为气体处理量，m^3/h；u 为气体分配室进口速度，一般取 1.5～2.0m/s。

⑥ 排气管直径和灰斗高度应根据粉尘性质，选取合适的灰斗倾角加以确定。

7.2.5.4 湿法除尘

湿法除尘是用水或产品的稀溶液从含尘空气中除去粉尘的。粉尘与液体之间的接触有三种方式，即：①含尘气体通过雾状的液滴区而将其夹带的粉尘湿润，被液滴带走（喷雾型）；②含尘气体通过一块筛板或填料层，其上面保持一定高度的液体层，将粉尘拦截下来（撞击型）；③含尘气体通过一个文丘里管，洗涤液从文丘里管的喉部以切线方式喷射进入，与气体一起上升，并在管子内壁形成液膜，与含尘气体充分接触，而将粉尘湿润捕集下来（文丘里型）。

在喷雾干燥系统中，湿法除尘器总是作为二次回收粉尘的装置，以回收经初级回收装置（旋风分离器）所没有除尽的少量粉尘。因此，安装湿式除尘器的主要目的在于净化含尘气体，以免产品排至大气中使大气污染，同时也回收了产品。

湿法除尘器一般有三种形式，即喷雾型、撞击型和文丘里型。

7.2.5.5 热风进口分布装置

喷雾干燥设备热空气分布器设计的好坏，将直接影响到产品的质量。为使热风分布均匀地送入干燥塔内与雾滴混合接触，防止气流在塔内造成涡流，导致粘壁焦化现象，各种型式的喷雾装置都设有其特殊的热风分布器。

喷嘴雾化器的干燥器的热风分布器可概括地分为三大类，即垂直向下型、旋转型及垂直-旋转组合型。

（1）垂直向下型

这种结构的主要目的是控制空气流垂直向下流动，防止雾滴飞行到壁上，产生粘壁现象。

图 7-31 所示为多孔板型和垂直叶片型空气分布器。

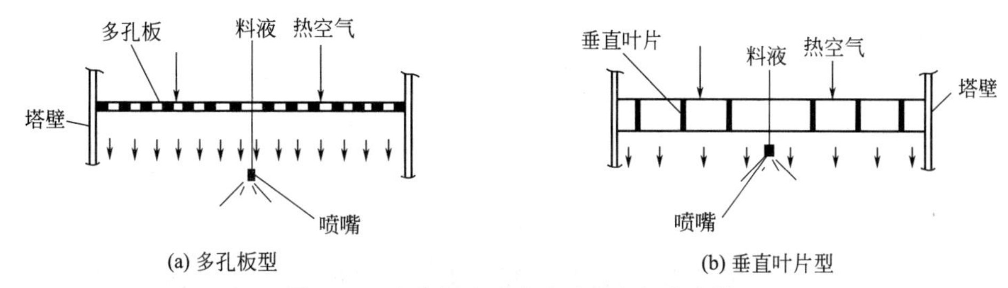

图 7-31　多孔板和垂直叶片型空气分布器

图 7-32 所示为由四块多孔板组成的空气分布器，保持空气流垂直向下流动。

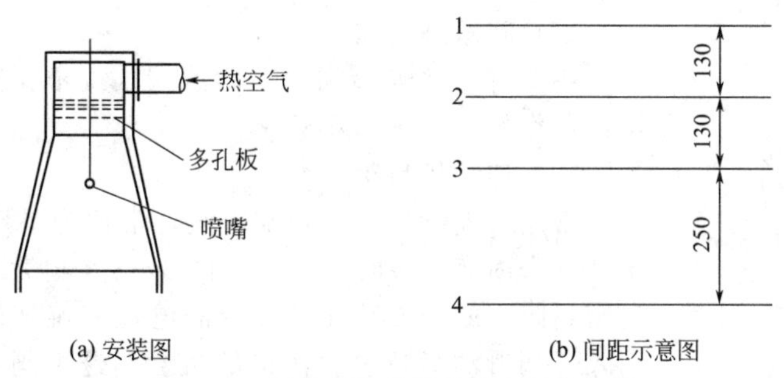

图 7-32　四块多孔板组成的空气分布器

多孔板厚 2mm，孔径 ϕ2mm，孔间距 4mm，正三角形排列，开孔率为 22.6%。压力损失为每块板 150Pa。四块板的间距见图 7-32(b)。

(2) 气流旋转型

此型的特点是热空气旋转地进入干燥室，热空气和雾滴在旋转流中进行热量和质量交换，效果较好。雾滴在塔中的停留时间较长（和并流垂直向下比较）。图 7-33 所示为导向叶片型空气分布器，图 7-34 所示为以切线或螺旋线方式通过室壁进入干燥器中。应注意旋转直径大小的选择，不要产生严重的半湿物料粘壁现象。

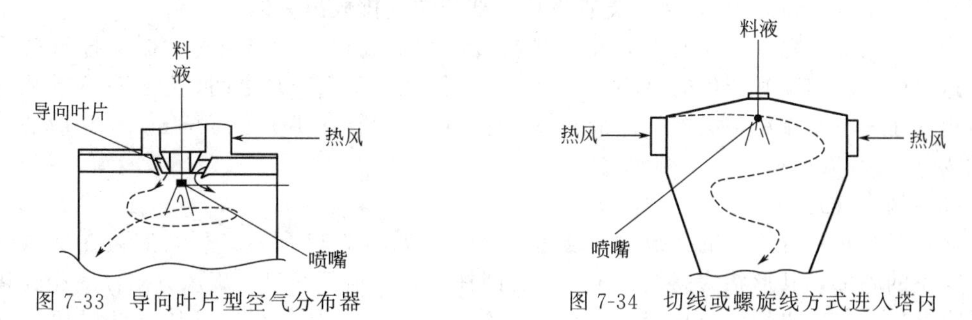

图 7-33　导向叶片型空气分布器　　图 7-34　切线或螺旋线方式进入塔内

(3) 垂直向下和旋转气流结合型

这是较好的一种设计，既考虑到气流旋转，延长颗粒在器内的停留时间，又采用了垂直流，防止粘壁。图 7-35 所示为中心热风垂直向下流动与环隙热风旋转运动的组合方式。中心热风也可以采用高温瞬间干燥，以减少粘壁现象。

7.2.5.6　排料装置

喷雾干燥器的产品通常由室底部排出，一部分细粉则在旋风分离器排料口处排出。干燥室和旋风分离器一般在负压下操作，排料入库或包装在常压下进行。因此，排料装置应该尽

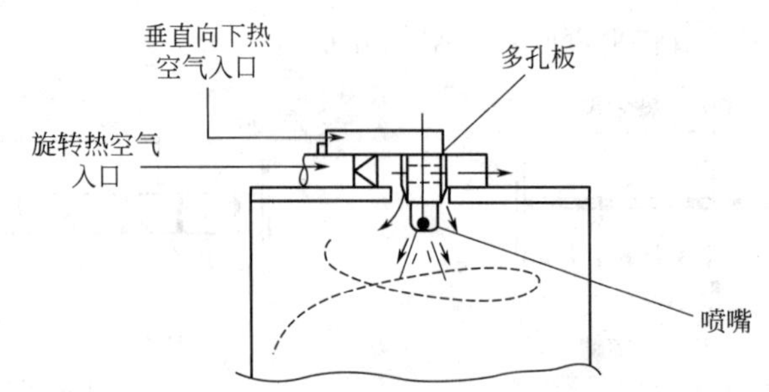

图 7-35　中心热风垂直向下流动及环隙热风旋转运动的组合方式

可能地避免空气漏入干燥室和旋风分离器中，否则将会严重影响干燥效率和旋风分离器的分离效率。下面介绍几种常见的排料装置。

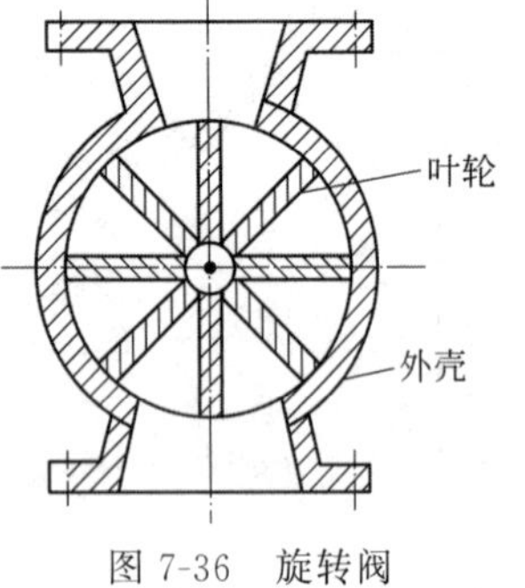

图 7-36　旋转阀

（1）间歇排料阀

主要有手动蝶形阀、手动滑阀（或推拉阀）、自动衡重阀、机械操作的单板阀和双板阀。

（2）连续排料阀

常用的连续排料阀是旋转阀，常称为星形阀，如图 7-36 所示。外壳内有一旋转的叶轮，由 6～8 个叶片组成，轴和轴承都是密封防尘的，带动叶轮旋转的电机在旋转阀体的外面，因而消除了润滑油脂被粉尘污染的机会。这种阀可以处理很多喷雾干燥产品，如产品有黏性，可在阀的上方装设电锤，即可振落成品，顺利进行操作。在转动的叶轮和固定的外壳之间应保持很小的间隙，以保证较好的气密性，一般不应超过 0.05mm。为了防止漏气，也有在每个叶片端部装有聚四氟乙烯板或橡胶板，使叶轮与外壳保持接触，因而使漏气量减少到最低程度。由于聚四氟乙烯的摩擦系数小，橡胶具有弹性，所以叶轮工作时与外壳保持擦动状态，而不过分增大功率消耗。这种结构适合于旋转阀的进出口端压差大的场合。

此外，当叶轮转动时，每两片叶轮之间的空气也会在进料口处泄漏到旋风分离器底部，这部分冷空气会引起水蒸气在金属面上冷凝，使产品变湿而粘着在叶轮上。为此，可在外壳上开孔（位于进料口之前），接一支管将这一部分空气排放出去。

当旋转阀的叶轮转速不高时，排料量与转速大致成正比。转速过大时，排料量反而降低。这是由于转速高时产生的离心力，使供料不能充分落入叶片之间，已经落入叶片之间的物料也往往来不及排尽，又被叶片带上去。通常叶轮的转速不大于 30r/min，相应的圆周速度约为 0.3～0.6m/s。

（3）涡旋气封

涡旋气封是一种连续的气流输送装置，其结构如图 7-37 所示。气封安装在旋风分离器或干燥室的底部，其形状为高度较小的空心圆柱体，其顶部开口与旋风分离器底相连接，底面没有开口。空气以切线方向进入气封圆柱体的上部，又从气封圆柱体下部以切线方向排出，因与旋风分离器中的旋流以相同的方向作涡旋旋转，所以在涡旋中心所产生的真空度与旋风分离器底的真空度相同，于是粉末借助于重力连续地从旋风分离器底流入气封中，含粉末的气体就由气封圆柱体的下部以切线方向排出去。这种装置结构简单，制造方便，适用于可以气流输送的喷雾干燥产品。只要调节好进风速率，使在气封内达到所需的真空度，则采用气封是十分有效的。图 7-37(b) 是一个旋风分离器连接一个气封单独操作，图 7-37(c) 是两个旋风分离器连接两个气封并联操作，调节气速以达到正常操作都是很简便的。但对于串联操作系统［如图 7-37(d) 所示］要达到正常操作却是困难的，这是由于干燥室和旋风分

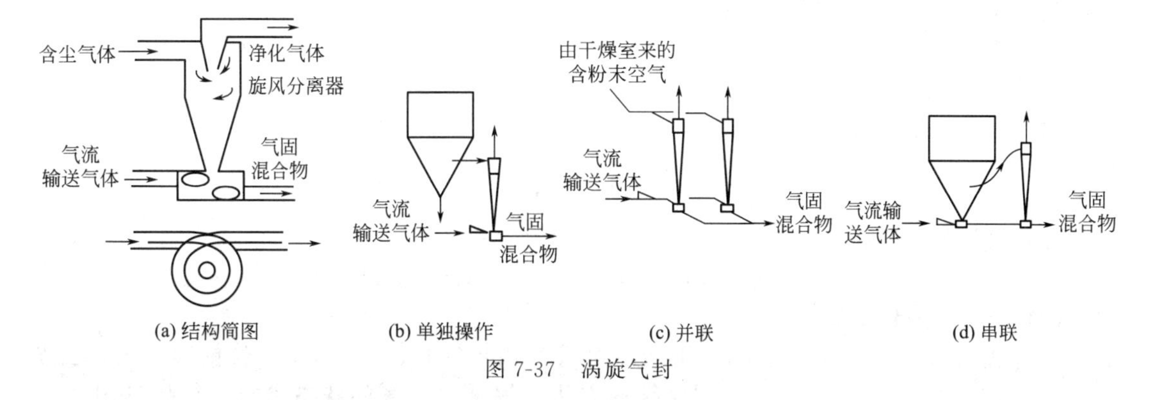

图 7-37　涡旋气封

离器底部的压力条件不同而产生的困难，不如分别使用较易调节。

为了使气封有效地操作，需要精密地调节进风速率，以平衡所需压力，这成为这一系统的主要缺点。气封操作波动时，就有大量的粉末从旋风分离器逸出。

7.2.6　喷雾干燥塔的设计计算示例

采用旋转压力式喷嘴喷雾干燥某水溶液，溶液处理量为 400kg/h，溶液密度$\rho=1100\text{kg/m}^3$，雾化压力为 3.924MPa（表压）。湿料含水 80%，产品含水 2%（均为质量分数，湿基）。并已知平均雾滴直径 $D_w=200\mu\text{m}$，产品的平均比热容为 2.5kJ/(kg·℃)，产品密度 $\rho_D=900\text{kg/m}^3$。空气入塔温度为 300℃，出塔温度为 100℃。选用热风-雾滴（或颗粒）并流向下的操作方式，空气湿度 $H_0=0.02$kg 水/kg 干空气，试作出此喷雾干燥塔的工艺设计。

［喷雾干燥塔设计计算如下］

一、设计方案及工艺流程

为防止料液堵塞喷嘴，设置料液过滤器，为防止空气中的杂质污染产品，设置空气过滤

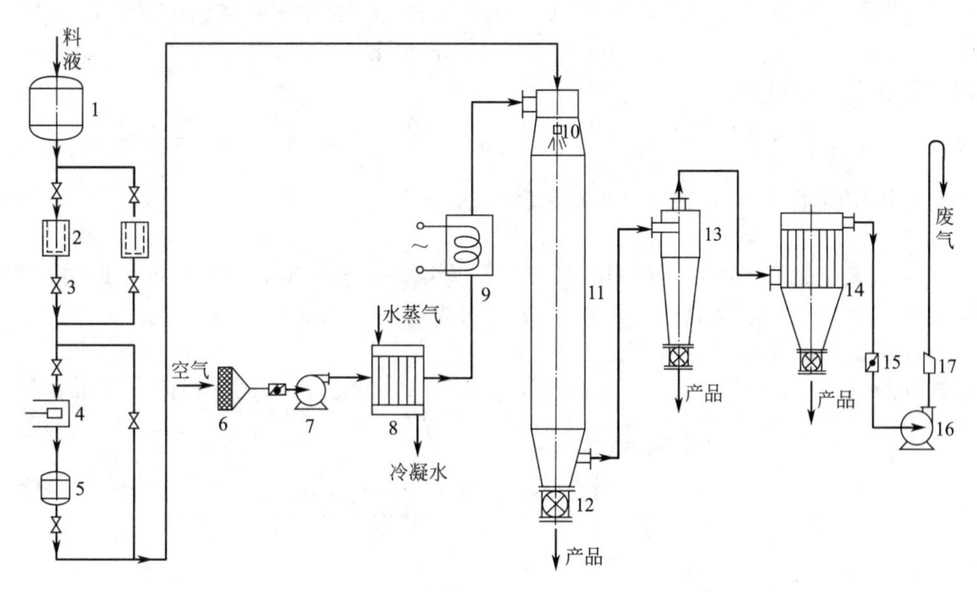

图 7-38　喷雾干燥装置设计示例的工艺流程

1—料液贮罐；2—料液过滤器；3—截止阀；4—隔膜泵；5—稳压罐；6—空气过滤器；7—鼓风机；8—翅片加热器；9—电加热器；10—雾化器；11—干燥塔；12—星形卸料阀；13—旋风分离器；14—布袋过滤器；15—蝶阀；16—引风机；17—消声器

器，为保证雾化效果，设置压力缓冲稳压罐，具体流程见图 7-38。

二、工艺计算

1. 干燥空气用量的计算

（1）干燥产品量 G_2

$$G_2=G_1\frac{100-\bar{\omega}_1}{100-\bar{\omega}_2}=400\times\frac{100-80}{100-2}=81.6\text{kg/h}$$

（2）水分蒸发量 W

$$W=G_1-G_2=400-81.6=318.4\text{kg/h}$$

（3）干空气用量 V

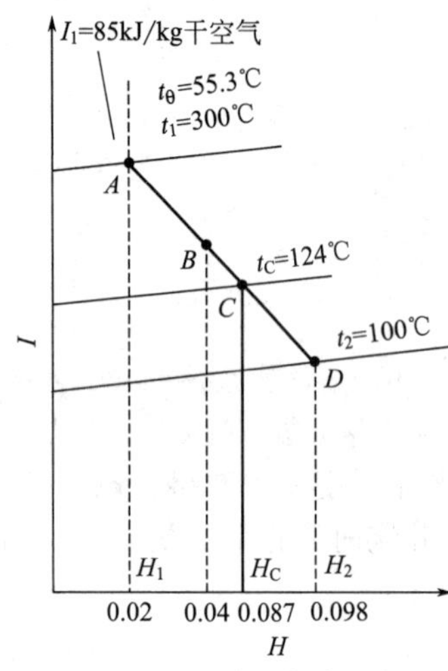

图 7-39 设计示例求空气状态的 I-H 图

取 $\theta_2=90$℃，$\theta_1=20$℃，$t_0=20$℃，按前述 7.2.3.2 节热量衡算的方法图解求取空气的状态参数，结果见图 7-39 所示。

$$Q=V(C_{pg}+C_{pv}H_1)(t_1-t_0)$$
$$=V(1.01+1.88\times0.02)\times(300-20)=293.3V\ (\text{W})$$
$$Q_1=V(H_2-H_1)(r_0+C_{pv}t_2-C_{pL}\theta_1)$$
$$=W(r_0+C_{pv}t_2-C_{pL}\theta_1)$$
$$=318.4\times(2500+1.88\times100-4.18\times20)$$
$$=8.29\times10^5\ (\text{W})$$
$$Q_2=G_c(\theta_2-\theta_1)C_{pm2}$$
$$=400\times(1-0.8)\times(90-20)\times2.5=14000\ (\text{W})$$
$$Q_3=V(C_{pg}+C_{pv}H_1)(t_2-t_0)$$
$$=V(1.01+1.88\times0.02)\times(100-20)=83.8V\ (\text{W})$$

将上述结果代入 $Q=Q_1+Q_2+Q_3+Q_L=Q_1+Q_2+Q_3+0.1Q_1$ 得

$$293.3V=8.29\times10^5+14000+83.8V+0.1\times8.29\times10^5$$
$$V=4419.6\text{kg 干气/h}$$

（4）干燥空气用量 V_h

湿空气比容 $\upsilon_H=\left(\frac{1}{29}\times22.4+\frac{0.098}{18}\times22.4\right)\times\frac{100+273}{273}=1.22$（$m^3$ 湿空气/kg 干空气）

湿空气体积流量 $V_h=4419.6\times1.22=5391.9m^3$ 湿空气/h。

2. 临界点处几个参数的计算

在计算雾滴完成干燥所需时间时，需已知干燥第一阶段物料表面的温度，即空气的绝热饱和温度，亦即空气的湿球温度 t_θ，在 I-H 图可查得 $t_\theta=55.3$℃。

（1）计算物料的临界湿含量 X_c

已知 $\rho_w=1100\text{kg/m}^3$，$\rho_D=900\text{kg/m}^3$，$\rho_{H_2O}=1000\text{kg/m}^3$，则物料的干基湿含量为：

$$X_1=\frac{80}{20}=4\text{kg 水/kg 干料},\quad X_2=\frac{2}{98}=0.0204\text{kg 水/kg 干料}$$

故
$$\frac{D_D}{D_w}=\left[\frac{\rho_w(1+X_2)}{\rho_D(1+X_1)}\right]^{1/3}=\left[\frac{1100}{900}\times\frac{1+0.0204}{1+4}\right]^{1/3}=0.63$$

即雾滴尺寸收缩了 37%。

由于收缩而减小的体积值 $=\frac{\pi}{6}[D^3-(0.63D)^3]=0.75\frac{\pi D^3}{6}$

除去的水分 $=0.75\frac{\pi D^3}{6}\rho_{H_2O}$

临界湿含量 $X_c=\dfrac{(\pi D^3/6)(0.8\rho_w-0.75\rho_{H_2O})}{(\pi D^3/6)(0.2\rho_w)}=4-\dfrac{0.75\rho_{H_2O}}{0.2\rho_w}$

$=4-\dfrac{0.75\times1000}{0.2\times1100}=0.59$kg 水/kg 干料

换算成湿基为 $\bar{\omega}_c=\dfrac{0.59}{1+0.59}=0.371$，即含水为 37.1%。

（2）计算临界点处空气的温度 t_c

干燥第一阶段水分蒸发量

$$W_1=400\times0.2\times\left(\frac{80}{20}-0.59\right)=273\text{kg/h}$$

此时空气的湿含量　$H_c=H_1+\dfrac{W_1}{V}=0.02+\dfrac{273}{4419.6}=0.082$kg 水/kg 干气

在 I-H 图中，过 H_c 作垂线，与 AD 交于 C 点，查得 $t_c=124$℃。

3. 干燥时间的计算

（1）雾滴周围气膜的平均热导率 λ

气膜温度取出塔空气温度和干燥第一阶段物料表面温度的平均值，即 $0.5\times(100+55.3)=77.6$℃，根据手册查得该温度下空气的热导率 $\lambda=0.109$kJ/(m·h·℃)

（2）雾滴干燥前后的尺寸变化

已知平均雾滴直径 $D_w=200\mu$m，$D_D/D_w=0.63$，所以 $D_D=200\times0.63=126\mu$m。可以认为临界液滴直径 D_c 近似等于产品颗粒直径 D_D，故 $D_c=D_D=126\mu$m。

（3）干燥第一阶段所需时间 τ_1

第一阶段平均推动力 Δt_{m1}，空气温度 300℃→124℃，雾滴温度 20℃→55.3℃，则

$$\Delta t_{m1}=\frac{(300-20)-(124-55.3)}{\ln[(300-20)/(124-55.3)]}=150.4℃$$

水的汽化潜热 $\gamma=2257$kJ/kg，故

$$\tau_1=\frac{\gamma\rho_w(D_w^2-D_c^2)}{8\lambda\Delta t_{m1}}=\frac{2257\times1100\times[(2\times10^{-4})^2-(1.26\times10^{-4})^2]}{8\times0.109\times150.4}=4.59\times10^{-4}\text{h}$$

即 1.65s。

（4）干燥第二阶段所需时间 τ_2

已知物料临界含湿量 $X_c=0.59$kg 水/kg 干料，该阶段，空气从 124℃→100℃，物料从 55.3℃→90℃，故

$$\Delta t_{m2}=\frac{(124-55.3)-(100-90)}{\ln[(124-55.3)/(100-90)]}=30.5℃$$

$$\tau_2=\frac{\gamma\rho_D D_c^2(X_c-X_2)}{12\lambda\Delta t_{m2}}=\frac{2257\times900\times(1.26\times10^{-4})^2\times(0.59-0.0204)}{12\times0.109\times30.5}=4.62\times10^{-4}\text{h}$$

即 1.66s。

（5）雾滴干燥所需时间

$$\tau=\tau_1+\tau_2=1.65+1.66=3.31\text{s}$$

三、设备结构尺寸的工艺计算

1. 旋转压力式喷嘴尺寸的确定

（1）喷孔直径 d_0

已知喷嘴进料量 400kg/h，密度 $\rho=1100$kg/m³，喷嘴压差 $\Delta p=3.924$MPa。为了使塔径不致过大，根据经验，选用喷雾角 $\theta=49°$。当 $\theta=49°$时，查图 7-25，可得 $A'=1.0$。

利用图 7-23，由 $A'=1.0$，查得 $C_D=0.45$。根据流量系数 C_D 值，可计算出口喷孔直径 d_o。

流量用式(7-16) 计算。因 $V=C_D A_o\sqrt{2gH}=C_D A_o\sqrt{2\Delta p/\rho}$，故

$$A_o=\frac{V}{C_D\sqrt{\dfrac{2\Delta p}{\rho}}}=\frac{400/1100\times3600}{0.45\times\sqrt{\dfrac{2\times3.924\times10^6}{1100}}}=2.66\times10^{-6}\text{m}^2$$

又 $A_o=\dfrac{\pi}{4}d_o^2$，所以 $d_o=\sqrt{\dfrac{2.66\times10^{-6}\times4}{\pi}}=1.84\times10^{-3}\text{m}$，圆整取 $d_o=2\text{mm}$。

(2) 喷嘴旋转室尺寸的确定

$A'=(\pi r_o R/A_1)(r_o/R_1)^{1/2}=1.0$，其中 $r_o=1\text{mm}$，选用矩形切向通道，选切向通道宽度 $b=1.2\text{mm}$，旋转室直径为 10mm，即 $R=5\text{mm}$，则

$$R_1=R-b/2=5-0.6=4.4\text{mm}$$

$$A_1=2bh$$

而 $A'=\left(\dfrac{\pi r_o R}{A_1}\right)\left(\dfrac{r_o}{R_1}\right)^{1/2}=\left(\dfrac{\pi r_o R}{2bh}\right)\left(\dfrac{r_o}{R_1}\right)^{1/2}$，由此可解得

$$h=\left(\frac{\pi r_o R}{2bA'}\right)\left(\frac{r_o}{R_1}\right)^{1/2}=\left(\frac{\pi\times1\times5}{2\times1.2\times1}\right)\left(\frac{1}{4.4}\right)^{1/2}=6.55\times0.478=3.13\text{mm}$$

取 $h=3.0\text{mm}$。

(3) 校核该喷嘴的生产能力

因 d_o 和 h 经圆整后，影响 C_D 的主要因素 A'要发生变化，进而影响到流量。圆整后

$$A'=\left(\frac{\pi r_o R}{2bh}\right)\left(\frac{r_o}{R_1}\right)^{1/2}=\left(\frac{\pi\times1\times5}{2\times1.2\times3.0}\right)\left(\frac{1}{4.4}\right)^{1/2}=1.04$$

与原 $A'=1$ 很接近，不必复算，能满足设计要求。

(4) 空气芯半径 r_c

已知 $A=\dfrac{\pi r_o R}{2bh}=\dfrac{\pi\times1\times5}{2\times1.2\times3.0}=2.18$，由图 7-24 查得 $a=0.47$，于是由 $a=1-\dfrac{r_c^2}{r_o^2}$，可得：

$$r_c=r_o\sqrt{1-a}=1\times\sqrt{1-0.47}=0.728\text{mm}$$

(5) 在喷嘴处的液膜平均速度 u_o 及其分速度 u_x、u_y

已知 $r_o=1\text{mm}$，$r_c=0.728\text{mm}$，则

$$u_o=\frac{V}{\pi(r_o^2-r_c^2)}=\frac{400/3600\times1100}{3.14\times(0.001^2-0.000728^2)}=68.5\text{m/s}$$

液膜是与轴线成 $\theta/2$ 角喷出，因此 u_o 可分解成径向速度 u_x 和轴向速度 u_y。

$$u_x=u_o\sin(\theta/2)=68.5\times\sin(49°/2)=28.4\text{m/s}$$

$$u_y=u_o\cos(\theta/2)=68.5\times\sin(49°/2)=62.3\text{m/s}$$

2. 喷雾干燥塔径的计算

已知雾滴初始水平分速度 $u_x=28.4\text{m/s}$。塔内平均空气温度 $t=0.5\times(300+100)=200℃$，压力按常压计。查得空气黏度 $\mu=0.026\text{mPa·s}$，

$$\rho=\frac{29}{22.4}\times\frac{273}{473}=0.75\text{kg/m}^3$$

由 $u_x=28.4\text{m/s}$，得

$$Re=\frac{D_w u_x\rho}{\mu}=\frac{2\times10^{-4}\times28.4\times0.75}{0.026\times10^{-3}}=164$$

根据 $\tau=\frac{4\rho_{w}D_{w}^{2}}{3\mu}\left[\int_{Re}^{2\times10^{5}}\frac{dRe}{\zeta Re^{2}}-\int_{Re_0}^{2\times10^{5}}\frac{dRe}{\zeta Re^{2}}\right]$ 计算停留时间。

$Re=Re_0$ 时，$u_x=28.4\text{m/s}$，$Re_0=164$，$\tau=0$。取一系列 Re，求出相应的停留时间 τ 和雾滴水平飞行速度 u_x，从而得到 τ-u_x 关系曲线，$s_x=\int_0^{\tau}u_x d\tau$ 即为雾滴水平飞行距离，从而可确定塔径。

取 $Re=100$，查图 7-28 得

$$\int_{100}^{2\times10^{5}}\frac{dRe}{\zeta Re^{2}}-\int_{164}^{2\times10^{5}}\frac{dRe}{\zeta Re^{2}}=1.45\times10^{-2}-1.00\times10^{-2}=0.45\times10^{-2}$$

$$\tau=\frac{4\rho_{w}D_{w}^{2}}{3\mu}\left[\int_{Re}^{2\times10^{5}}\frac{dRe}{\zeta Re^{2}}-\int_{Re_0}^{2\times10^{5}}\frac{dRe}{\zeta Re^{2}}\right]=\frac{4\times1100\times(2\times10^{-4})^{2}}{3\times0.026\times10^{-3}}\times0.45\times10^{-2}$$
$$=1.02\times10^{-2}\text{s}$$

与 $Re=100$ 对应的雾滴水平飞行速度

$$u_x=Re\frac{\mu}{D_{w}\rho}=Re\times\frac{0.026\times10^{-3}}{2\times10^{-4}\times0.75}=0.173Re=17.3\text{m/s}$$

依此类推，将其计算值列于表 7-9。

表 7-9　停留时间 τ 与雾滴水平速度 u_x 的关系

Re	$\int_{Re}^{2\times10^{5}}\frac{dRe}{\zeta Re^{2}}-\int_{Re_0}^{2\times10^{5}}\frac{dRe}{\zeta Re^{2}}$	τ/s	$u_x=Re\frac{\mu}{D_{w}\rho}=0.173Re$/(m/s)
164	$(1.00\sim1.00)\times10^{-2}=0$	0	28.4
100	$(1.45\sim1.00)\times10^{-2}=0.45\times10^{-2}$	0.0102	17.3
50	$(2.22\sim1.00)\times10^{-2}=1.22\times10^{-2}$	0.0276	8.65
25	$(3.24\sim1.00)\times10^{-2}=2.24\times10^{-2}$	0.0506	4.33
15	$(4.35\sim1.00)\times10^{-2}=3.35\times10^{-2}$	0.0757	2.60
10	$(5.25\sim1.00)\times10^{-2}=4.25\times10^{-2}$	0.0961	1.73
8	$(5.76\sim1.00)\times10^{-2}=4.76\times10^{-2}$	0.108	1.38
6	$(6.57\sim1.00)\times10^{-2}=5.57\times10^{-2}$	0.126	1.04
4	$(7.70\sim1.00)\times10^{-2}=6.70\times10^{-2}$	0.151	0.692
2	$(10.2\sim1.00)\times10^{-2}=9.20\times10^{-2}$	0.208	0.346
1	$(12.4\sim1.00)\times10^{-2}=11.4\times10^{-2}$	0.258	0.173
0.5	$(15.2\sim1.00)\times10^{-2}=14.2\times10^{-2}$	0.321	0.0865

以 τ 为横坐标，u_x 为纵坐标作 τ-u_x 图，用图解积分（或用数值积分）可得

$$s_x=\int_0^{0.321}u_x d\tau=0.862\text{m}$$

即雾滴由塔中线沿径向运动的半径距离为 0.862m，因而塔直径 $D=2\times0.862=1.724\text{m}$，圆整后取 $D=1.8\text{m}$。

3. 喷雾干燥塔高的计算

(1) 雾滴沉降速度的计算

$$\zeta_t Re_t^2=\frac{4gD_{w}^{3}\rho(\rho_{w}-\rho)}{3\mu^{2}}=\frac{4\times9.81\times(2\times10^{-4})^{3}\times0.75\times(1100-0.75)}{3\times(0.026\times10^{-3})^{2}}=127.6$$

查图 7-28 得 $Re_t=3.9$，则　$u_t=Re_t\frac{\mu}{D_{w}\rho}=3.9\times\frac{0.026\times10^{-3}}{(2\times10^{-4})\times0.75}=0.676\text{m/s}$

（2）雾滴减速运动所需时间

已知 $u_y=62.3\mathrm{m/s}$，则

$$Re_0=\frac{D_w u_y \rho}{\mu}=\frac{2\times10^{-4}\times62.3\times0.75}{0.026\times10^{-3}}=359$$

$$\phi=\frac{4D_w^2 g\rho(\rho_w-\rho)}{3\mu^2}=\zeta_t Re_t^2=127.6$$

利用 $\tau=\frac{4D_w^2\rho_w}{3\mu}\int_{Re}^{Re_0}\frac{\mathrm{d}Re}{\zeta Re^2-\phi}$ 计算时间。同样取一系列 Re 值，查得相应 ζRe^2，以 Re 为横轴，以 $1/(\zeta Re^2-\phi)$ 为纵轴作图，用图解积分法求 $\int_{Re}^{Re_0}\frac{\mathrm{d}Re}{\zeta Re^2-\phi}$ 值，或用近似解法计算，结果见表 7-10。可见雾滴减速运动所需时间为 0.527s。

（3）计算减速运动时间内雾滴下降的距离

由表 7-9 中的数据，作 u_y-τ 曲线，按 $s_y=\int_0^{0.527}u_x\mathrm{d}\tau$ 用图解积分法可得到雾滴减速下降的距离为 1.21m。

表 7-10　Re 与 $1/(\zeta Re^2-\phi)$ 的关系（$\phi=127.6$）

Re	ζRe^2	$1/(\zeta Re^2-\phi)$	$u_y=Re\frac{\mu}{D_w\rho}=0.173Re/(\mathrm{m/s})$	τ/s
359	7.80×10^4	0.0128×10^{-3}	62.3	0
300	5.85×10^4	0.0175×10^{-3}	51.9	2.02×10^{-3}
200	3.08×10^4	0.0326×10^{-3}	34.6	7.67×10^{-3}
100	1.07×10^4	0.0944×10^{-3}	17.3	2.21×10^{-2}
50	3.75×10^3	0.276×10^{-3}	8.65	4.30×10^{-2}
20	1.02×10^3	1.12×10^{-3}	3.46	9.03×10^{-2}
10	4.10×10^2	3.55×10^{-3}	1.73	1.43×10^{-1}
5	1.73×10^2	22.1×10^{-3}	0.865	2.88×10^{-1}
4	1.33×10^2	189×10^{-3}	0.692	0.527
3.9	1.27×10^2	∞	0.676	—

因干燥所需时间为 3.31s，扣除减速运动所需时间 0.527s，即为等速下降所需时间 3.31～0.527=2.78s，考虑安全系数，取等速下降时间为 5s。已知 $u_f=0.676\mathrm{m/s}$，故等速下降距离 0.676×5=3.38m，加上降速运动距离 1.21m，喷雾干燥塔的有效高度 $H=3.38+1.21=4.59\mathrm{m}$，实际塔高尚需考虑塔内其他装置所需高度。

4. 喷雾干燥塔热风进出口接管直径的计算

（1）热风进口接管

$$v_{H1}=(0.773+1.244H_1)\times\frac{273+t_1}{273}=(0.773+1.244\times0.02)\times\frac{273+300}{273}$$
$$=1.675\mathrm{m^3/kg}\text{ 干气}$$

$$V_{s1}=Vv_{H1}=(4419.6/3600)\times1.675=2.056\mathrm{m^3/s}$$

取气体流速 25m/s，则 $d_1=\sqrt{\frac{4V_{s1}}{\pi u_1}}=\sqrt{\frac{2.056}{0.785\times25}}=0.323\mathrm{m}$

圆整取 $DN300$（ϕ325mm×8mm）无缝钢管作进口接管。

（2）热风出口接管

$$v_{H2}=(0.773+1.244H_2)\times\frac{273+t_1}{273}=(0.773+1.244\times0.098)\times\frac{273+100}{273}$$

$$=1.222m^3/kg\ 干气$$

$$V_{s2}=Vv_{H2}=(4419.6/3600)\times1.222=1.501m^3/s$$

取气体流速 25m/s，则 $d_2=\sqrt{\frac{4V_{s2}}{\pi u_2}}=\sqrt{\frac{2.056}{0.785\times25}}=0.276m$

圆整取 $DN250$（ϕ273mm×8mm）无缝钢管作出口接管。

四、主要附属设备的设计和选型

1. 空气加热器与电加热器

环境空气先用翅片式加热器从环境温度 20℃加热到 130℃，再用电加热器从 130℃加热至 300℃。

（1）翅片式加热器

将湿空气由 20℃加热到 130℃所需的热量为：

$$Q_1=4419.6(1.01+1.88\times0.02)(130-20)=509297kJ/h$$

拟定用 0.4MPa 的饱和蒸汽（温度 151℃，汽化潜热 2115kJ/kg）作为加热热源，冷凝水的排出温度为 151℃，则蒸汽耗量为：

$$G_v=\frac{509297}{2115}=204.8kg/h$$

传热温度差 $$\Delta t_{m1}=\frac{130-20}{\ln[(151-20)/(151-130)]}=60.09℃$$

若选用 SRZ10×5D 翅片式换热器，每片换热面积为 19.92m²，通风净截面积为 0.302m²，则质量流速为：

$$\frac{4419.6(1+0.02)}{0.302\times3600}=4.15kg/(m^2\cdot s)$$

据此查得总传热系数 $K_1=100kJ/(m^2\cdot h\cdot ℃)$，故所需传热面积为：

$$A_1=\frac{Q_1}{K_1\Delta t_{m1}}=\frac{509297}{100\times60.09}=84.76m^2$$

所需换热片数 84.76/19.92=4.3 片，取 5 片，实际换热面积 99.6m²。由此，可选沈阳冷暖风机厂（选别的厂家也可以）生产的 SRZ10×5D 翅片式散热器共 5 片。

（2）电加热器

将湿空气由 130℃加热到 300℃所需的热量为：

$$Q_2=4419.6\times(1.01+1.88\times0.02)\times(300-130)=787095kJ/h=218.6kW$$

即电加热器的功率为 218.6kW。

2. 旋风分离器

进入旋风分离器的含尘气体近似按空气处理，取温度为 95℃，则

$$v_{H3}=(0.773+1.244\times0.098)\times\frac{273+95}{273}=1.21m^3/kg\ 干气$$

$$V_3=Vv_{H3}=4419.6\times1.21=5348m^3/h=1.49m^3/s$$

选蜗壳式入口的旋风分离器，取入口风速为 25m/s，则

$$0.225D\times0.3D\times25=1.49\Rightarrow D=0.938m$$

圆整后取 $D=1000mm$。其余部分尺寸如图 7-40 所示。

$L_1=0.8D=800mm$，$L_2=2D=2000mm$，$b=0.225D=225mm$，$a=0.3D=300mm$，

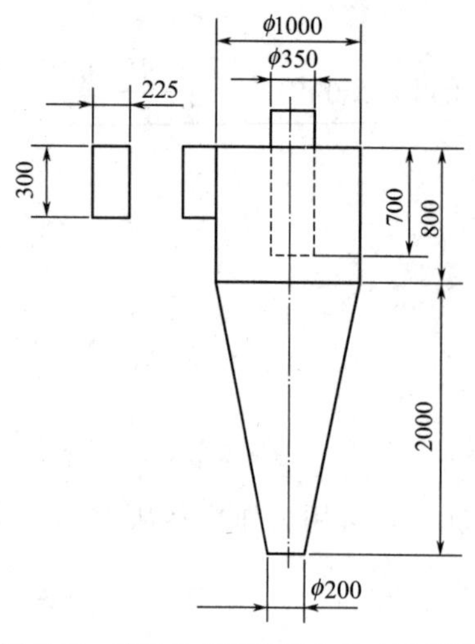

图 7-40 旋风分离器各部分尺寸示意图

$d=0.35D=350\text{mm}$，$l=0.7D=700\text{mm}$，$d'=0.2D=200\text{mm}$

3. 布袋过滤器

取进入布袋过滤器的气体温度为 90℃，则

$$\upsilon_{H4}=(0.773+1.244\times0.098)\times\frac{273+90}{273}=1.19\text{m}^3/\text{kg 干气}$$

$$V_4=V\upsilon_{H4}=4419.6\times1.19=5259\text{m}^3/\text{h}$$

取过滤气速为 1.5m/min，则所需过滤面积为 5259/(60×1.5)=58.4m^2。因此可选大连华东除尘设备厂（选别的厂家类似的产品也可以）生产的 MDC-36-Ⅱ脉冲布袋除尘器，其过滤面积为 60m^2，过滤风量为 3700～7400m^3/h，阻力为 1176～1470Pa。

4. 风机的选择

喷雾干燥塔的操作压力一般为 0～100Pa（表压），因此系统需要 2 台风机，即干燥塔前安装 1 台鼓风机，干燥塔后安装 1 台引风机。阻力也以干燥塔为基准分前段（从空气过滤器至干燥塔之间的设备和管道）阻力和后段（干燥塔后的设备和管道）阻力。在操作条件下，空气流经系统各设备和管道的阻力如表 7-11 所示。

(1) 鼓风机的选型

鼓风机入口处的空气温度为 20℃，湿含量为 0.02，则

$$\upsilon_{H0}=(0.773+1.244\times0.02)\times\frac{273+20}{273}=0.856\text{m}^3/\text{kg 干气}$$

$$V_4=V\upsilon_{H4}=4419.6\times0.856=3784\text{m}^3/\text{h}$$

表 7-11 系统阻力估算

设　备	压降/Pa	设　备	压降/Pa
空气过滤器	200	旋风分离器	1500
翅片式加热器	300	脉冲布袋除尘器	1500
电加热器	200	干燥塔	100
(塔)热风分布器	200	消声器	400
管道、阀门、弯头等	600	管道、阀门、弯头等	800
合　计	1500	合　计	4300

系统前段压降为 1500Pa，前段平均风温以 150℃计，空气密度为 0.83kg/m^3，则所需风压（规定状态下）为 1500×(1.2/0.83)=2169Pa。故选用 4-72-11No.4.5A 离心通风机，风量为 5730m^3/h，风压为 2530Pa。

(2) 引风机的选型

系统后段平均风温以 90℃计，密度为 0.97kg/m^3，后段压降 4300Pa，则引风机所需风压（规定状态下）为 4300×(1.2/0.97)=5320Pa。取引风机入口处的风温为 85℃，湿含量 $H_2=0.098$，则

$$\upsilon_{H5}=(0.773+1.244\times0.098)\times\frac{273+85}{273}=1.17\text{m}^3/\text{kg 干气}$$

$$V_5 = V\upsilon_{H4} = 4419.6 \times 1.17 = 5186\text{m}^3/\text{h}$$

故选用 9-26No.5A 离心通风机，风量为 $5903\text{m}^3/\text{h}$，风压为 5750Pa。

五、工艺设计计算结果汇总

喷雾干燥塔设计示例计算结果汇总见表 7-12。

表 7-12　喷雾干燥塔设计示例计算结果汇总一览表

设　备	压降/Pa	设　备	压降/Pa
物料处理量/(kg/h)	400	翅片式加热器传热面积/m^2	99.6
蒸发水量/(kg/h)	318.4	电加热器耗电量/kW	218.6
产品产量/(kg/h)	81.6	布袋过滤器过滤面积/m^2	60
空气用量/(kg 干空气/h)	4419.6	布袋过滤器型号	MDC-36-Ⅱ
雾化器孔径/mm	2	旋风分离器直径/mm	1000
干燥塔直径/mm	1800	鼓风机型号	4-72-11No.4.5A
干燥塔有效高度/m	4.59	引风机型号	9-26No.5A
合计	1500	合计	4300

六、喷雾干燥塔的工艺条件图

喷雾干燥塔的工艺条件如图 7-41 所示。

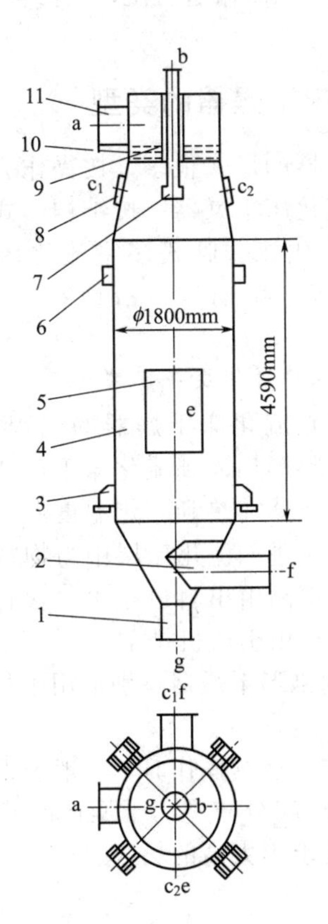

技术特性表

真空度/Pa	800
操作温度/℃	300
物料名称	染料悬浮液
干燥介质	空　气
设备主要材料	不锈钢

管口表

符号	公称尺寸/mm	名称或用途
a	300	热风入口
b		物料入口
c_1, c_2	150	视镜
e	1200×600	门
f	250	热风出口
g	219	物料出口

图 7-41　喷雾干燥塔的工艺条件

1—物料出口接管；2—热风出口接管；3—支座；4—干燥室；5—门；6—滑动支座；7—喷嘴；8—视镜；9—料液管；10—热风分布器；11—热风入口接管

7.3 流化床干燥器的设计

将大量固体颗粒悬浮于运动着的流体之中，从而使颗粒具有类似于流体的某些表观特性，这种流固接触状态称为固体的流态化。流化床干燥器就是将流态化技术应用于固体颗粒干燥的一种工业设备，目前在化工、轻工、医药、食品以及建材工业中都得到了广泛的应用。

7.3.1 流态化干燥的特征

流态化干燥的特征有如下几个方面：

① 颗粒与热干燥介质在湍流喷射状态下进行充分的混合和分散，故气固相间传热、传质系数及相应的表面积均较大；

② 由于气固相间激烈的混合、分散以及两者间快速的传热，使物料床层温度均一且易于调节，为得到干燥均一的产品提供了良好的外部条件；

③ 物料在床层内的停留时间一般在数分钟至数小时之间，可任意调节，故对难干燥或要求干燥产品湿含量低的过程特别适用；

④ 由于体积传热系数大，故在小装置中可处理大量的物料；

⑤ 结构简单，造价低廉，可动部分少，物料由于流化而输送简便，维修费用较低；

⑥ 不适用于易黏结或结块的物料。

7.3.2 流化床干燥器的类型

流态化干燥器的形式很多，按操作方式可分为间歇式和连续式流化床干燥器；按结构形式可分为单层流化床、多层流化床、卧式多室流化床、振动流化床、离心流化床、喷动床、惰性粒子流化床干燥器等。

7.3.2.1 单层流化床干燥器

单层（连续）流化床干燥器的流程如图 7-42 所示。湿物料由加料器加入到流化床干燥器内，空气经鼓风机和空气加热器加热到一定温度后，由干燥器底部经筛板均布，再进入流化床层中与物料进行接触干燥，合格的干燥产品由出料口排出，含有细粉的废气通过旋风分离器后由引风机排空。

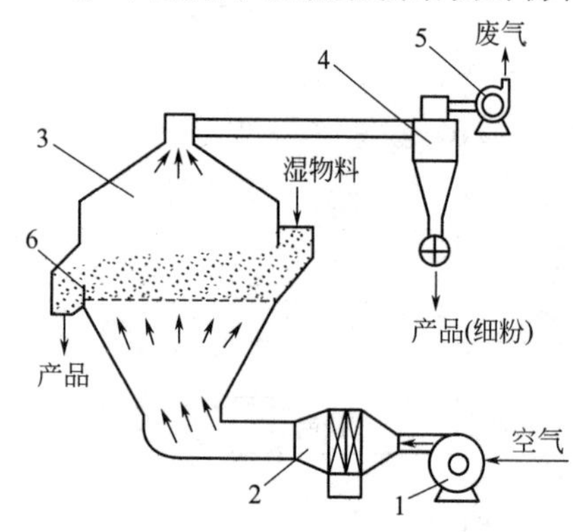

图 7-42 单层（连续）流化床干燥器的流程示意

1—鼓风机；2—空气加热器；3—干燥器；4—旋风分离器；5—引风机；6—堰板

这种干燥器壳体的形状有圆形、矩形或圆锥形。圆锥形干燥器特别适用于粒度分布较宽的物料，它使大小颗粒都能处于流化状态。

单层流化床干燥器可以间歇操作，也可以连续操作。连续操作时，一般要设置隔板，以防出现短路问题。这种干燥器的主要缺点是物料停留时间分布宽、干燥产品残余水分不均匀。所以通常用于除去物料表面附着水分及干燥程度要求不太高的场合。

7.3.2.2 连续多层流化床干燥器

为克服单层流化床干燥器存在的物料停留时间分布宽、干燥产品残余水分不均匀等问题，就出现了多层流化床干燥器。多层流化床干燥器系采用多层气体分布板，将被干燥物料划分为若干层，气-固逆流操作，增加了过程的推动力，使物料的停留时间分布和干燥程度都比较均匀，提高了传热传质效率。多层流化床干燥器的结构类似于气-液传质设备中的板式塔，其形式有很多种。按固体溢流方式可分为溢流管式和穿流板（多孔筛板）式两大类。

（1）溢流管式多层流化床干燥器

溢流管式多层流化床干燥器的关键是溢流管的设计和操作。如果设计不当，或操作不妥，很容易造成物料堵塞或气体穿孔，从而使下料不稳定，破坏流化状态。故一般溢流管下面均装有调节装置，采用人工或自动调控。

溢流管的形式很多，常见的有直管型、孔板型、单锥堵头型、多锥堵头型、带气动双锥堵头型、旋转阀型、锥型、带双锥体的机械型、气控型、分布板型等。

溢流管式多层流化床干燥器有内溢流管式和外溢流管式两种溢流方式。直管型内溢流管式多层流化床干燥器（见图 7-43），每一床层都装有溢流管，固体物料由上一层筛板的溢流管流向下一层筛板。利用溢流管内固体料柱高度来密封气体。热风的流向有两种形式，一种是从干燥器底部进入，逐层穿过各个床层，再从顶部出去；一种是热风进出干燥器在每一层进行。由于固体物料有规则地从上到下移动，所以其停留时间分布均匀，干燥程度也比较均匀。

外溢流管式多层流化床干燥器（见图 7-44），溢流管设置在干燥器主体的外侧。其干燥室是一个矩形截面（2500mm×1250mm×3800mm），一共有三层，上两层为干燥，下面一层为冷却。筛板与水平面成 2°～3°的倾斜角。筛孔直径为 1.4mm。湿物料由顶部进入，逐渐下移，并与热风接触而被干燥。当其到达冷却段时，被从底部送入的冷空气所冷却，最后由卸料管排出。利用这种干燥器已成功地干燥了发酵粉、硫酸铵以及许多聚合物。

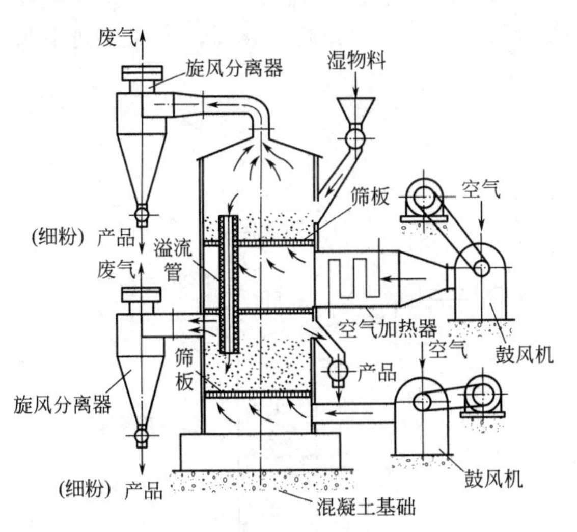

图 7-43　直管型内溢流管式多层流化床干燥器

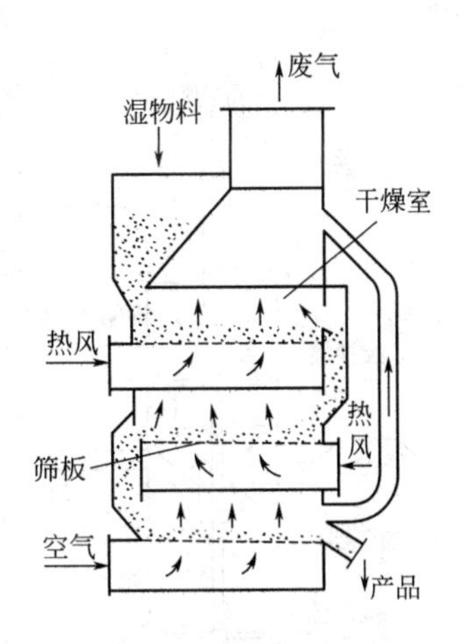

图 7-44　外溢流管式多层流化床干燥器

旋转阀型溢流管式多层流化床干燥器带有旋转阀这种溢流管结构，不仅可以密封气体，还可定量排出颗粒物料，其可靠性也较好。根据溢流管的位置不同，这种干燥器可分为内旋转阀型溢流管式（见图 7-45）和外旋转阀型溢流管式（见图 7-46）两种。

带搅拌器的溢流管式多层流化床干燥器，如图 7-47 所示。搅拌器可以保证均匀的流态化，对于含水量很高的物料或很细的散状物料也能够流化并完全干燥。

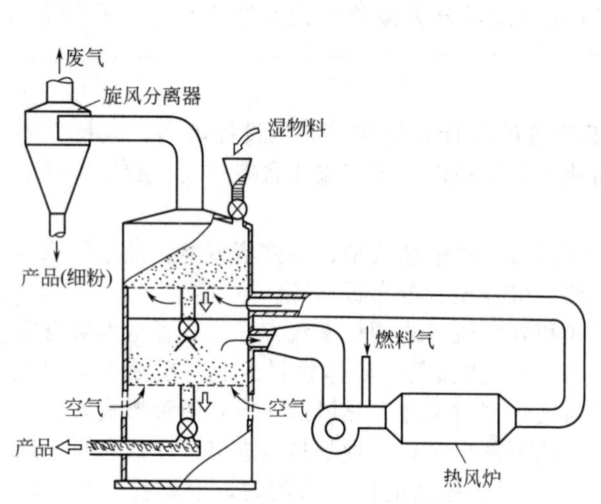

图 7-45　内旋转阀型溢流管式多层流化床干燥器

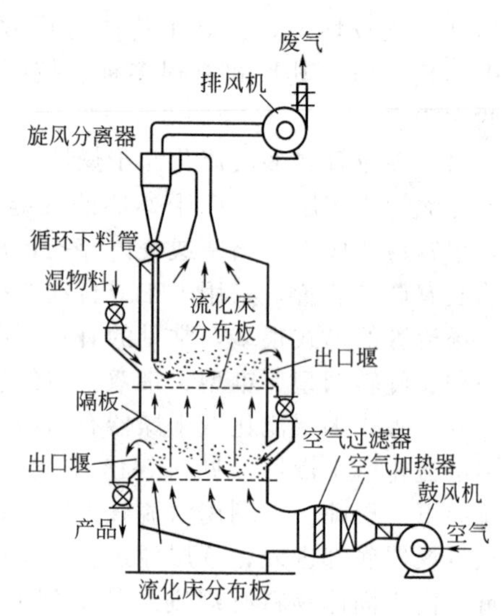

图 7-46　外旋转阀型溢流管式多层流化床干燥器

（2）穿流板式多层流化床干燥器

溢流管式多层流化床干燥器的结构比较复杂，特别是溢流管的设计和操作不易掌握。为了简化结构，出现了穿流筛板式多层流化床干燥器。图 7-48 为多孔筛板式连续多层流化床干燥器。湿物料由上向下流动，气体则经过同一筛孔自下而上逆向流动，在每层筛板上形成流化床层，物料在干燥器底部排出，废气由顶部出去。一般情况下，气体的空塔气速与颗粒的带出速度之比为 1.15～1.30，但不超过 2。颗粒粒径为 0.5～5mm。筛板孔径比颗粒直径大 5～30 倍，通常为 10～20mm。筛板开孔率为 30%～45%，多孔板间距为 150～400mm。

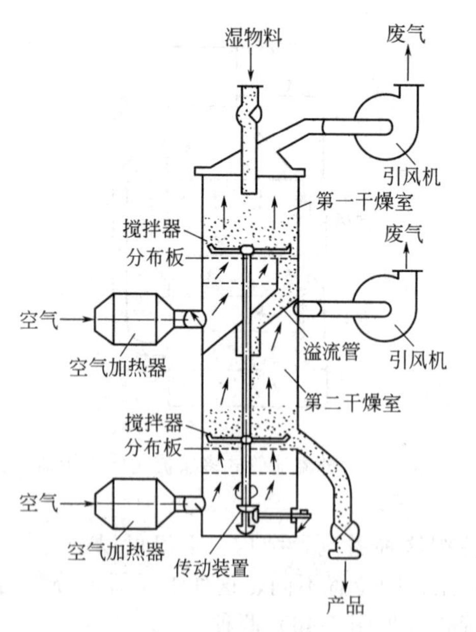

图 7-47　带搅拌器的溢流管式多层流化床干燥器

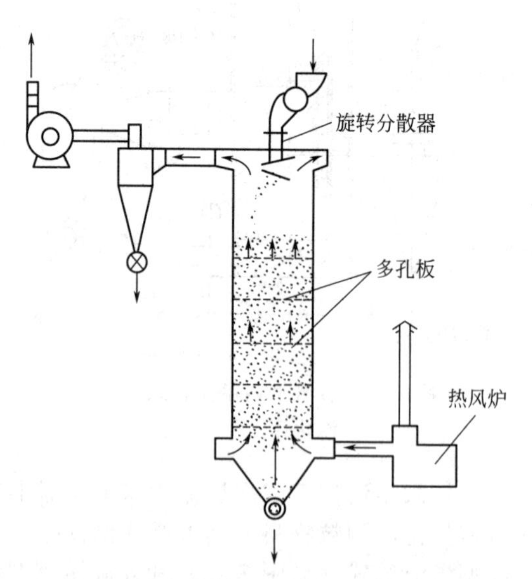

图 7-48　穿流筛板式多层流化床干燥器

7.3.2.3　卧式多室流化床干燥器

为了克服多层流化床干燥器的结构复杂、床层阻力大、操作不易控制等缺点，以及保证干燥后产品的质量，后来又开发出一种卧式多室流化床干燥器。这种设备结构简单、操作方便，适用于干燥各种难于干燥的粒状物料和热敏性物料，并逐渐推广到粉状、片状等物料的干燥领域。图7-49所示为用于干燥多种药物的卧式多室流化床干燥器。

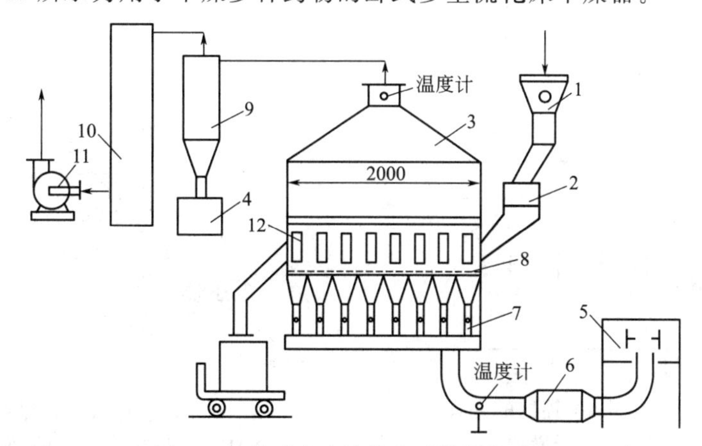

图7-49　卧式多室流化床干燥流程示意

1—摇摆颗粒机；2—加料斗；3—流化干燥室；4—干品贮槽；5—空气过滤器；6—翅片加热器；7—进气支管；8—多孔板；9—旋风分离器；10—袋式过滤器；11—抽风机；12—视镜

此干燥器为一矩形箱式流化床，底部为多孔筛板，其开孔率一般为4%～13%，孔径一般为1.5～2.0mm。筛板上方有竖向挡板，将流化床分隔成8个小室。每块挡板均可上下移动，以调节其与筛板之间的距离。每一小室下部有一进气支管，支管上有调节气体流量的阀门。湿料由摇摆颗粒机连续加入干燥器的第一室，由于物料处于流化状态，所以可自由地由第1室移向第8室，干燥后的物料则由第8室的卸料口卸出。

空气经过滤器5，经加热器6加热后，由8个支管分别送入8个室的底部，通过多孔筛板进入干燥室，使多孔板上的物料进行流化干燥，废气由干燥室顶部出来，经旋风分离器9、袋式过滤器10后，由抽风机11排出。

卧式多室流化床干燥器还有很多种结构形式，图7-50～图7-53是常见的几种类型。

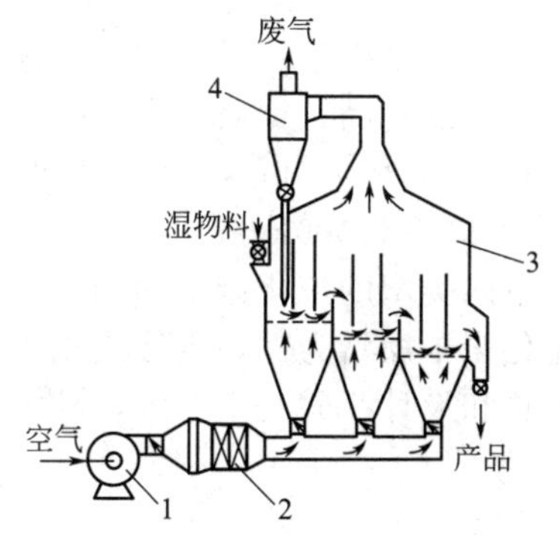

图7-50　阶梯式卧式多室流化床干燥器

1—鼓风机；2—空气加热器；3—干燥器；4—旋风分离器

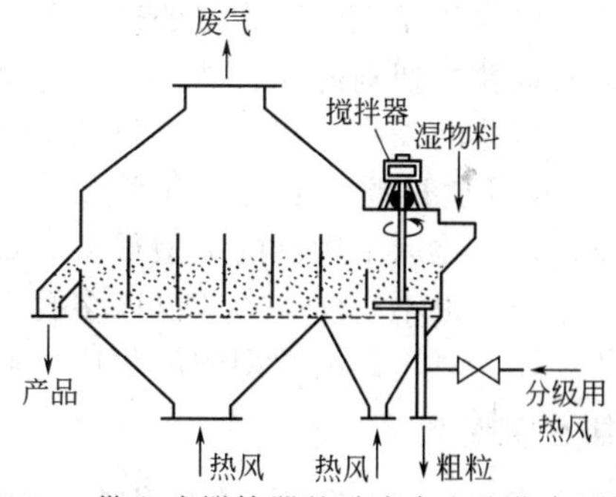

图7-51　带立式搅拌器的卧式多室流化床干燥器

7.3.2.4　喷气层流化床干燥器

图7-54所示为喷气层流化床干燥器，此床的特点是采用了一连串空气喷嘴把热空气导向无孔带式输送机器的表面，或振动的硬板上。热空气由加压气室通过一连串喷嘴进入振动输送机的面上，因此在颗粒群的下面和四周形成了“空气床”。当散粒状物料经过干燥器时，空气射流也就缓慢地流化悬浮在“反射”空气床上的颗粒，空气流垂直地从输送机喷嘴周围

升起并且携带物料进入旋风分离器，在这里悬浮于空气中的颗粒被分离。对整个空气流速的适当控制，使得在干燥器任何区段均可建立起良好的流化状态，因此确保了全部颗粒都能均匀地“暴露”在干燥介质中。干燥器也可分隔成许多不同空气温度的区域以作为过程控制。喷气层流化床干燥器的主要优点是：①可均匀控制干燥过程；②良好的清洁度；③较少的运动部件；④可快速更换产品。

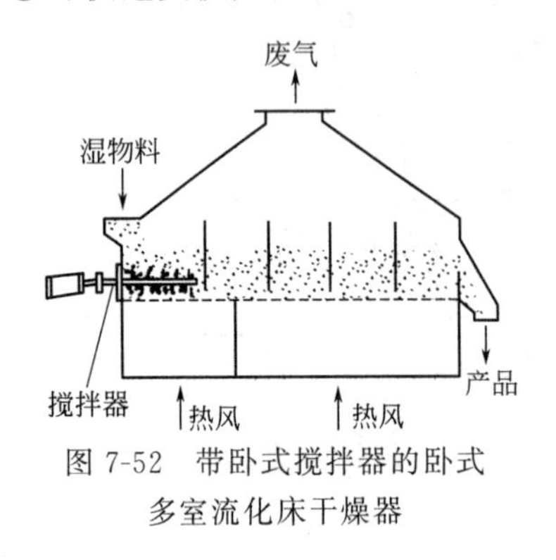

图 7-52 带卧式搅拌器的卧式多室流化床干燥器

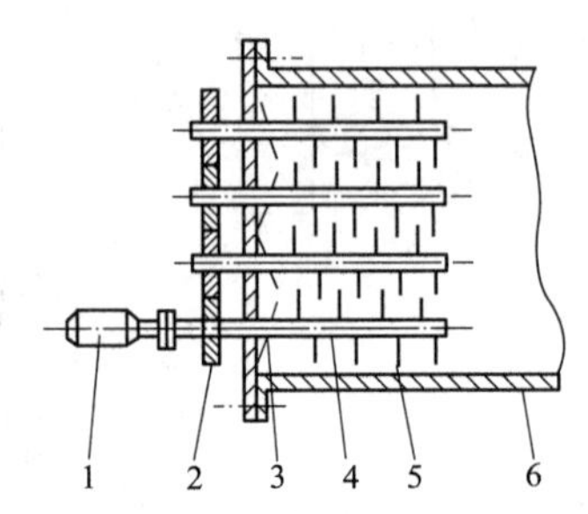

图 7-53 卧式搅拌器示意图

1—电机；2—齿轮组；3—单片推料螺旋叶片；4—搅拌轴；5—搅拌棒；6—流化床箱体

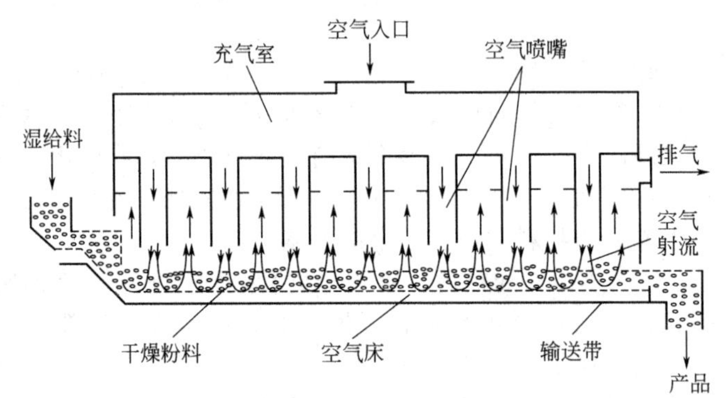

图 7-54 喷气层流化床干燥器（由美国马萨诸塞沃尔弗莱茵公司开发）

喷气层流化床干燥器能够处理一些颗粒尺寸、形状以及密度很不一样的物料，这些物料包括磨料颗粒、切割薄片、硅藻土、纤维质食品和做成丸状的食品、锯屑、小食品、小木片等。此干燥器的操作范围为：温度极限为 400℃，输送机速度为 0.3m/s，空气喷射速度为 70m/s，空气通过颗粒床层的速度为 2m/s，单机生产量为 90～41000kg/h。

总之，流化床干燥器的类型很多，难以一一叙述。不同类型的流化床干燥器，其特点不同，适用场合也不一样。本节仅以多孔板式连续多层流化床干燥器为例，进行流化床干燥器的工艺设计。对于其他类型的流化床干燥器，其设计思路和设计步骤基本一致，具体方法可参阅有关文献。

7.3.3 多层流化床干燥过程的数学描述

7.3.3.1 计算模型

对应于图 7-48 所示的穿流筛板式连续多层流化床干燥器，其计算模型如图 7-55 所示。

粒状物料在多层流化床干燥过程中经历四个阶段，即可将设备分成四个区：分级区（Ⅳ）、预热区（Ⅲ）、干燥区（Ⅱ）和升温区（Ⅰ）。最上层为分级区，加入分级区（Ⅳ）的绝对干物料量为 G_c^0，在上升空气的分级下，粗大颗粒 G_c 直接加到多孔板上，细小颗粒 G_c' 则被气体带入旋风分离器。

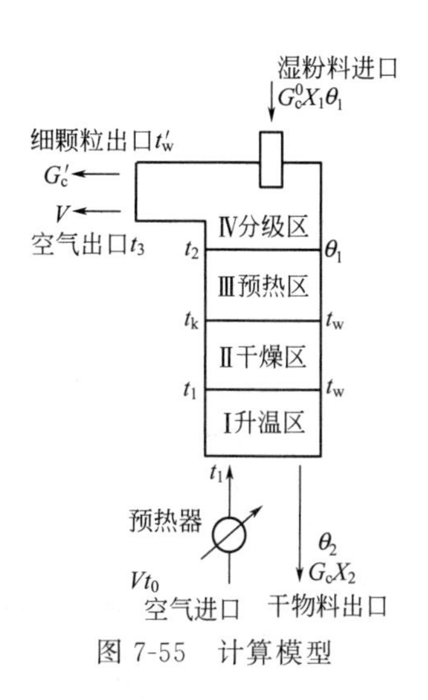

图 7-55 计算模型

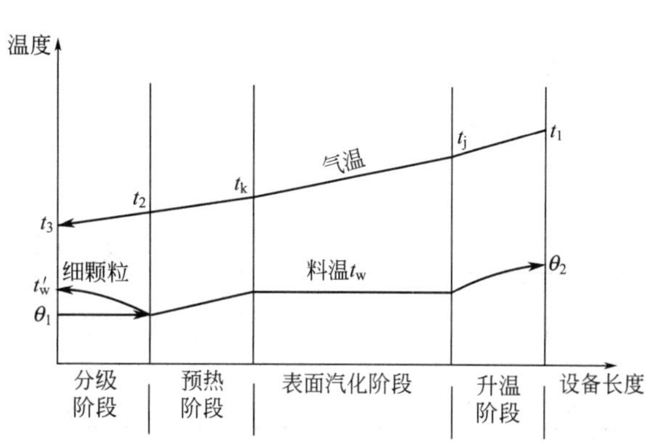

图 7-56 干燥器内气-固两相的温度变化

在分级区（Ⅳ）中，小颗粒 G'_c被加热到气体的湿球温度 t'_w，大颗粒 G_c 则不被加热；在预热区（Ⅲ）中，大颗粒 G_c 从进口温度 θ_1 被预热到气体的湿球温度 t_w；在干燥区（Ⅱ）中，物料处于表面湿分的汽化阶段，物料温度维持 t_w不变，可认为高于临界含湿量的湿分都是在表面汽化阶段被除去；在升温区（Ⅰ）中，大颗粒 G_c 从 t_w被加热到出口温度 θ_2，同时继续从临界含湿量干燥至出口含湿量。干燥器内气-固两相温度的变化如图 7-56 所示。

7.3.3.2 颗粒群的平均直径与带出速度

在任何颗粒群中，各单颗粒的尺寸都不可能完全一样，从而形成一定的粒度分布；同时，不同粒度的颗粒在一定的空气条件下其沉降速度也不相同。在分级区中，气速的大小决定着被气体带入旋风分离器中小颗粒的量 G'_c与直接加到多孔板上大颗粒的量 G_c 的比例。这是一个重要的设计参数。

（1）颗粒群的调和平均直径

尽管颗粒群具有某种粒度分布，但为简便起见，在许多情况下希望用某个平均值或当量值来代替。颗粒群的调和平均直径定义为

$$\frac{1}{d_m}=\sum_{i=1}^{n}\frac{x_i}{d_{pi}} \tag{7-52}$$

式中，x_i 为直径从 d_{pi-1}至 d_{pi}的颗粒占全部颗粒的质量分数，若 d_{pi-1}与 d_{pi}相差不大，可以把这一范围内的颗粒视为具有相同直径的均匀颗粒，取

$$d_{pi}=\frac{1}{2}(d_{pi-1}+d_{pi}) \tag{7-53}$$

（2）颗粒的带出速度

当流化床的表观气速达到颗粒的沉降速度时，颗粒被气流带出器外，故流化床的带出速度即为单个颗粒的沉降速度 u_t。

$$u_t=\sqrt{\frac{4g(\rho_p-\rho)d_p^2}{3\rho\zeta}} \tag{7-54}$$

$$\zeta=\Phi\left(\frac{d_pu_t\rho}{\mu}\right) \tag{7-55}$$

计算沉降速度 u_t 时，可将曳力系数写成如下的一般形式

$$\zeta=\frac{b}{Re_p^n} \tag{7-56}$$

将式(7-56) 代入式(7-54) 整理后得

$$u_t=\left[\frac{4gd_p^{1+n}(\rho_p-\rho)}{3b\mu^n\rho^{1-n}}\right]^{\frac{1}{2-n}} \tag{7-57}$$

不同 Re_p 范围的常数 b 和 n 的值列于表 7-13 中。由于方程组的非线性，此方程组原则上需要用试差法求解。使用以下的量纲为 1 判据 K 可以避免试差

$$K=d_p\left[\frac{g\rho(\rho_p-\rho)}{\mu^2}\right]^{1/3} \tag{7-58}$$

表 7-13　常数 *b* 和 *n* 的值

区　　域	Re_p	K	b	n
斯托克斯区	<2	<3.3	24	1
阿仑区	2～500	3.3～43.6	18.5	0.6
牛顿区	$500\sim2\times10^5$	>43.6	0.44	0

7.3.3.3　物料衡算和热量衡算

多层流化床干燥器中，真正实施流态化干燥的区域是指由预热区、干燥区和升温区所组成的实体部分，其物料衡算与热量衡算的方法与 7.2.3 相同。

(1) 物料衡算

如图 7-55 所示，以预热、干燥、升温三个区为控制体，对湿分作物料衡算可得

$$W=G_c(X_1-X_2)=V(H_2-H_1) \tag{7-59}$$

式中，W 为在干燥过程中被除掉的湿分，kg/s；G_c 为以绝对干物料计的处理量，kg 干料/s；V 为以绝对干空气计的空气流量，kg 干气/s；X_1、X_2 为物料进、出干燥器的干基湿含量，kg 湿分/kg 干料；H_1、H_2 为空气进、出控制体的湿度，kg 湿分/kg 干气。

(2) 热量衡算

① 以图 7-55 中的预热器为控制体作热量衡算可得

$$Q=V(I_1-I_0)=V(C_{pg}+C_{pv}H_1)(t_1-t_0) \tag{7-60}$$

式中，Q 为空气在预热器中所获得的热量，J/s；I_0、I_1 为空气进、出预热器的焓，J/kg干气；t_0、t_1 为空气进、出预热器的温度，℃；C_{pg} 为干气比热容，空气为 1.01×10^3 J/(kg·℃)；C_{pv}为湿分蒸气的比热容，水蒸气为 1.88×10^3 J/(kg·℃)。

② 对图 7-55 中预热、干燥、升温三个区组成的控制体作热量衡算可得

$$VI_1=VI_2-WC_{pL}\theta_1+G_cC_{pm2}(\theta_2-\theta_1)+Q_L \tag{7-61}$$

或

$$V(C_{pg}+C_{pv}H_1)(t_1-t_2)=V(H_2-H_1)(r_0+C_{pv}t_2-C_{pL}\theta_1)+G_cC_{pm2}(\theta_2-\theta_1)+Q_L \tag{7-62}$$

式中，I_2 为空气在控制体出口处的热焓，J/kg 干气；θ_1、θ_2 为物料进、出干燥器的温度，℃；Q_L 为控制体的热损失，J/s；r_0 为 0℃时湿分的汽化热，J/kg；C_{pm2}为物料在干燥器出口处的比热容 [J/(kg 干料·℃)]，可由绝对干物料的比热容 C_{ps}及液体比热容 C_{pL} [水为 4.187×10^3 J/(kg·℃)] 按加和原则计算，即 $C_{pm2}=C_{ps}+C_{pL}X_2$。

(3) 物料的出口温度 θ_2

不论干燥器内发生怎样的变化，干燥过程的最终结果必须使物料衡算式(7-59) 与热量衡算式(7-62) 同时得到满足。

在实际干燥过程中，对于松散、悬浮或薄层的细颗粒物料，则 θ_2 可由桐荣良三等按定态空气条件推导出来的公式计算

$$t_1-\theta_2=(t_1-t_{w1})\frac{r_wX_2-C_{pm}(t_1-t_{w1})\left(\dfrac{X_2}{X_c}\right)^{\frac{X_cr_w}{C_{pm}(t_1-t_{w1})}}}{r_wX_c-C_{pm}(t_1-t_{w1})} \tag{7-63}$$

当考虑 X^* 时，也可按下式计算 θ_2

$$t_1-\theta_2=(t_1-t_{w1})\frac{r_w(X_2-X^*)-C_{pm}(t_1-t_{w1})\left(\frac{X_2-X^*}{X_c-X^*}\right)^{\frac{(X_c-X^*)r_w}{C_{pm}(t_1-t_{w1})}}}{r_w(X_c-X^*)-C_{pm}(t_1-t_{w1})} \tag{7-63a}$$

式中，t_{w1} 为干燥器进口气体的湿球温度，其中湿分的汽化热 r_w 可取 t_{w1} 下的值，物料比热容 C_{pm} 也可取绝对干物料的比热容。

7.3.3.4 物料床的压降

气体通过流化床的压降 Δp 由分布板压降 Δp_D 和床层压降 Δp_B 两部分组成，即

$$\Delta p=\Delta p_D+\Delta p_B \tag{7-64}$$

床层压降 Δp_B 等于单位截面床内固体的表观质量，它与气速无关而始终保持定值，而气体通过分布板的压降 Δp_D 则与气速的平方成正比，即流速的较小变化要引起 Δp_D 的较大变化。因此，对气流分布的均匀性而言，分布板压降是一个有利因素。如果分布板的阻力系数很大，即分布板压降 Δp_D 远大于床层压降 Δp_B，则由床层空穴造成的床层压降 Δp_B 的局部变化对于气流分布的影响就小。也就是说，分布板阻力越大，抑制床层内不稳定性的能力就越大，气流分布也就越均匀。

分布板的压降主要取决于开孔率。大开孔率、低压降的分布板流化稳定性差，而低开孔率、高压降的分布板有利于建立良好的流化条件，但动力消耗大。因此必须使开孔率大小适当，既满足流化质量的要求，又较经济合理。

多孔板式多层流化床干燥器的物料层压降 Δp 可根据下列各式计算

$$\Delta p=\rho_s d_p\sqrt{64\cos^2\phi+\frac{841(u_o-u_t)^2}{u_t^2\tan^2\phi}} \tag{7-65}$$

$$\phi=\frac{30-\eta}{60}\pi \tag{7-66}$$

$$\left(\frac{d_p}{d_o\varphi_m}\right)<0.18,\ 1.0<\frac{u_o}{u_t}<2.0\ \text{时},\ \eta=470\left(\frac{d_p}{d_o}\right)^{0.6}\left(\frac{G_{cg}}{\varphi_m\rho_s\sqrt{gd_o}}\right)^{0.6} \tag{7-67}$$

$$\left(\frac{d_p}{d_o\varphi_m}\right)<0.18,\ 0<\frac{u_o}{u_t}<1.4\ \text{时},\ \eta=(1.15\times10^{18})(e^{-4.9}\varphi_m d_p^6/d_o^2)\left(-\frac{G_{cg}}{\varphi_m\rho_s\sqrt{gd_o}}\right)^{1.8} \tag{7-68}$$

式中，Δp 为物料床层的压降，mH_2O；ρ_s 为绝对干物料密度，kg/m^3；d_p 为颗粒直径，m（上式适用的粒径范围为 $0.6\times10^{-3}m<d_p<1.4\times10^{-3}m$）；$u_o$ 为通过孔的气流速度，m/s；u_t 为颗粒的沉降速度，m/s；d_o 为多孔板孔径，m；φ_m 为多孔板开孔率；G_{cg} 为以干物料计的物料供给质量流速，kg 干料/$(m^2\cdot s)$。

7.3.3.5 热容量系数与流化床的层数

(1) 热容量系数

在干燥过程的计算中，采用传热或传质速率积分式均可以求出所需的设备容积，然而，考虑到传热系数比传质系数更容易获得，而且精度也更高，故往往采用传热速率式进行计算。多层流化床中的传热速率式可写为

$$Q=KA\Delta t_m \tag{7-69}$$

式中，Q 为传热速率，W；A 为流化床截面积，m^2；Δt_m 为物料与气体之间的对数平均温差，℃；K 为流体与颗粒间的传热系数，$W/(m^2\cdot ℃)$。

在流化床计算中，K 一般表示为以流化床颗粒质量为基准的传热系数，称为热容量系数，并可表示为

$$K=\alpha a h_0 \tag{7-70}$$

式中，α 为流体与颗粒间的传热系数，$W/(m^2 \cdot ℃)$；a 为单位质量颗粒的有效传热面积，m^2/kg；h_0 为多层流化床物料存留量，kg/m^2 床截面。

在求取热容量系数的过程中，对于流化床中流体与颗粒间的传热机理，曾提出了各种不同的模型来加以说明，如 Zabrod-sky 的微隙模型、Kunii Levenspiel 的鼓泡床模型以及 Kato 和 Wen 提出的气泡汇合模型等。这些模型都有一定的局限性。实际上，流化床中流体与颗粒间的传热是很复杂的，特别是如果还伴有内部热阻、化学反应，或存在着对床的辐射热流时，情况更为复杂，所以难以给出过程的数学描述。为此，许多研究者大抵应用下列两种方法之一。

① 往往用量纲为 1 的数群来整理实验结果而不将其归结到任一特定的物理模型。

② 确定模型，并由此整理实验结果。这种选择的准确性决定于实验条件下模型本身的真实程度。

对于砂子、矾土、炭粉和矿渣等物料，用多孔板多层流化床进行表面蒸发期间的干燥实验所获得的热容量系数经验式可表示为

$$\alpha a h_0=557.87\left(\frac{\Delta p}{\rho_s d_p}\right)^{0.75}\left(\frac{u_o}{u_t}\right)^{1.5} \tag{7-71}$$

上式适用范围为：$0.6mm<d_p<1.4mm$，$1.0<u_o/u_t<2.2$，$\left(\frac{\Delta p}{\rho_s d_p}\right)<70$。

需要指出的是，不同研究者所得出的传热系数间的差别是很大的，即使对于同一个 Re 数值，也可能有数十倍之差。因此，应该特别注意，某一关联式往往只对同一种型式的设备才是适用的。

（2）流化床层数

① 干燥区间　在此期间物料温度等于与之接触的热风的湿球温度 t_w，且为一定值。在略去热损失的条件下，热风所给出的热量全部用于物料水分在湿球温度下的蒸发。

如图 7-57 所示。设干燥区间有 n 层，进 n 层的热风温度为 t_n，进 $n-1$ 层的热风温度为 t_{n-1}，则第 n 层的传热量 Q_n 为

$$Q_n=VC_{pH}(t_n-t_{n-1}) \tag{7-72}$$

式中，C_{pH} 为湿空气的比热容，$C_{pH}=C_{pg}+C_{pv}H$。

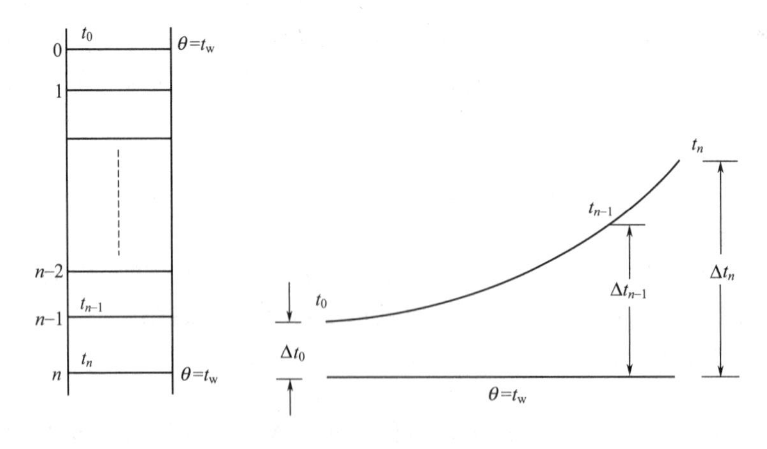

图 7-57　干燥区间温度分布

其传热速率式为

$$Q_n = \alpha a h_0 A \Delta t_{m,n} = \alpha a h_0 A \frac{t_n - t_{n-1}}{\ln[(t_n - t_w)/(t_{n-1} - t_w)]} \tag{7-73}$$

合并式(7-72)、式(7-73) 得

$$\frac{t_n - t_w}{t_{n-1} - t_w} = \exp\left(\frac{\alpha a h_0 A}{V C_{pH}}\right) \tag{7-74}$$

令 $t_n - t_w = \Delta t_n$，$t_{n-1} - t_w = \Delta t_{n-1}$，由于在一定的操作条件下，$\alpha$、$a$、$h_0$、$A$、$V$、$C_{pH}$均为定值，即

$$\exp\left(\frac{\alpha a h_0 A}{V C_{pH}}\right) = K_1 \tag{7-75}$$

则式(7-74) 可写成 $\Delta t_n / \Delta t_{n-1} = K_1$

同理，对 $n-1$ 层作热平衡及传热速率关联，可得

$$\Delta t_{n-1} / \Delta t_{n-2} = K_1$$

以此类推，最后一层 $\Delta t_1 / \Delta t_0 = K_1$

将上述各关系式的左右两边数值各自相乘可得

$$\Delta t_n / \Delta t_0 = K_1^n \tag{7-76}$$

将式(7-75) 代回式(7-76) 并将式两边各取对数，得

$$\ln \frac{t_n - t_w}{t_0 - t_w} = n \frac{\alpha a h_0 A}{V C_{pH}} \tag{7-77}$$

整理得

$$n = \frac{V C_{pH}}{\alpha a h_0 A} \ln \frac{t_n - t_w}{t_0 - t_w} \tag{7-78}$$

由上式可根据热容量系数求得干燥区间所需要的流化床层数。

② 物料预热或升温区间　在预热阶段，热风所提供的热量，是用于对物料加热，使之由进口温度 θ_1 预热至 t_w。

而在升温阶段，考虑到物料分散悬浮时其临界湿含量 X_c 一般均较小，因此忽略水分在升温阶段的蒸发潜热，同样可认为热风所提供的热量完全用于使物料由 t_w 升温到物料的出口温度 θ_2。

如图 7-58 所示，对第 n 层作热量衡算

$$Q_n = V C_{pH}(t_n - t_{n-1}) = G_c C_{pm}(\theta_n - \theta_{n-1}) \tag{7-79}$$

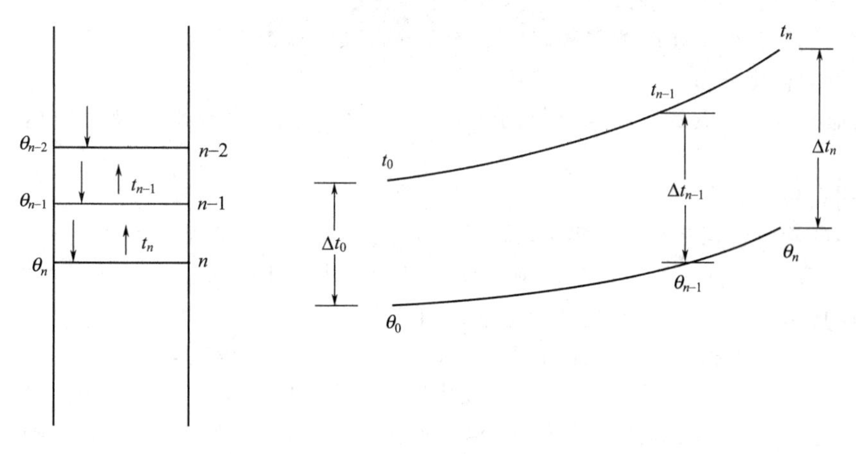

图 7-58　物料预热或升温区间的温度分布

其传热速率式为

$$Q_n=\alpha a h_0 A \Delta t_{m,n}=\alpha a h_0 A \frac{(t_n-\theta_n)-(t_{n-1}-\theta_{n-1})}{\ln[(t_n-\theta_n)/(t_{n-1}-\theta_{n-1})]} \tag{7-80}$$

令 $t_n-\theta_n=\Delta t_n$，$t_{n-1}-\theta_{n-1}=\Delta t_{n-1}$，合并式(7-79)、式(7-80) 可得

$$\frac{\alpha a h_0 A}{VC_{pH}}=\frac{t_n-t_{n-1}}{\Delta t_{m,n}} \tag{7-81}$$

$$\frac{\alpha a h_0 A}{G_c C_{pm}}=\frac{\theta_n-\theta_{n-1}}{\Delta t_{m,n}} \tag{7-82}$$

将式(7-81)、式(7-82) 等号两边相减

$$\frac{\alpha a h_0 A}{VC_{pH}}-\frac{\alpha a h_0 A}{G_c C_{pm}}=\frac{(t_n-\theta_n)-(t_{n-1}-\theta_{n-1})}{\Delta t_{m,n}}=\ln\frac{t_n-\theta_n}{t_{n-1}-\theta_{n-1}} \tag{7-83}$$

所以

$$\frac{\Delta t_n}{\Delta t_{n-1}}=\exp\left(\frac{\alpha a h_0 A}{VC_{pH}}-\frac{\alpha a h_0 A}{G_c C_{pm}}\right) \tag{7-84}$$

令

$$\exp\left(\frac{\alpha a h_0 A}{VC_{pH}}-\frac{\alpha a h_0 A}{G_c C_{pm}}\right)=K_2 \tag{7-85}$$

则 $\Delta t_n/\Delta t_{n-1}=K_2$，$\Delta t_{n-1}/\Delta t_{n-2}=K_2$，…，$\Delta t_1/\Delta t_0=K_2$

将上述关系式的左右两边各项各自相乘可得

$$\Delta t_n/\Delta t_0=K_2^n \tag{7-86}$$

将式(7-85) 的 K_2 值代回式(7-86) 并各取对数得

$$n=\frac{\ln\dfrac{t_n-\theta_n}{t_0-\theta_0}}{\dfrac{\alpha a h_0 A}{VC_{pH}}\left(1-\dfrac{VC_{pH}}{G_c C_{pm}}\right)} \tag{7-87}$$

由式(7-87) 可根据热容量系数求得物料预热或升温区间所需要的流化床层数。

7.3.4 流化床干燥器的设计计算

7.3.4.1 干燥器的工艺设计

(1) 设计条件

① 被干燥物料的处理量，干燥前、后物料的含水量；

② 干物料的比热容数据以及干、湿物料的密度数据；

③ 同一空气条件下实验测得物料的平衡含水量和临界含水量；

④ 物料的粒度分布；

⑤ 其他与设计有关的空气或物料的性质，如是否为热敏性物料以及对加热空气的特殊要求等。

(2) 多孔板的确定

多孔板的确定包括多孔板孔径 d_o 与开孔率 φ_m 的选择。

在一般情况下，无论是潮湿物料或干燥物料，多孔板开孔率 φ_m 为 40%左右是适宜的。实际开孔率可从 30%～45%的范围内选取。可以认为，预热区（Ⅲ）及干燥区（Ⅱ）中的物料是潮湿的，易于黏附成团，而升温区（Ⅰ）中的物料是干燥的，因此各区多孔板的孔径应有所不同。若选取开孔率 $\varphi_m=0.40$ 的多孔板，则升温区（Ⅰ）采用的多孔板孔径可取为物料累积质量为 50%时的颗粒直径的 15 倍，而预热区（Ⅲ）和干燥区（Ⅱ）则采用比升温区（Ⅰ）数量稍少而直径较大的孔。

(3) 塔顶空气速度的确定

在确定塔内空气速度时，要以塔顶的空气速度为基准。

① 以物料累积质量 50%时的颗粒的沉降速度，取该沉降速度的 0.04～0.50 作为塔顶分级区（Ⅳ）的空气速度 u_{Air}，相应多孔板小孔中的孔速 u_o 为

$$u_o=\frac{u_{Air}}{\varphi_m} \tag{7-88}$$

② 在塔顶空气速度 u_{Air}下，分别计算被空气流带走的小颗粒量 G_c'以及进入多孔板的物料量 G_c。

③ 计算 G_c 物料的调和平均直径 d_m 并计算该粒径的颗粒沉降速度 u_{tm}，若满足

$$\frac{u_o}{u_{tm}}=1.15\sim1.30 \tag{7-89}$$

则可获得良好的流态化床层，否则应适当改变 u_{Air}或 φ_m 值，再重复上述计算，直至最终满足式(7-89)。

④ 分级区（Ⅳ）中直接被空气带走的小颗粒 G_c'进入与之串联的气流干燥管。若适当选择气流干燥管的废气出口温度 t_{wa}，则离开流化床干燥器预热段的空气温度 t_2 可相应确定

$$\frac{t_2-t_{wa}}{t_1-t_{wa}}=\text{被空气带出分级区的小颗粒百分数}=\frac{G_c'}{G_c} \tag{7-90}$$

须注意，废气出口温度 t_{wa}不能过低，否则气流干燥管的出口气流会因散热而析出水滴。通常为安全起见，废气出口温度须比进干燥器气体的湿球温度高出 20～50℃。

7.3.4.2 干燥器的结构设计

(1) 塔径的计算

根据设计条件（参见 7.3.4.1 节），首先由式(7-63) 计算物料的出口温度 θ_2，再由物料与热量衡算式即式(7-59) 及式(7-62) 计算干燥过程中被除掉的水分量 W 以及所需空气的体积流量 V_{Air}，考虑到装置的散热损失，增加 10%的空气量作补偿。根据 V_{Air}及塔顶空气速度 u_{Air}，干燥塔的直径可按下式计算。

$$D_T=\sqrt{\frac{V_{Air}}{0.785u_{Air}}} \tag{7-91}$$

(2) 物料层压降校核

利用式(7-65) 进行物料层压降校核时，应根据预热、干燥、升温各区的平均温度计算 u_o/u_t。

① 温度分布　分别列出各区的热量衡算式，有

分级区：$$V(C_{pg}+C_{pv}H_2)(t_2-t_3)=G_c'(C_{ps}+C_{pL}X_1)(t_w'-\theta_1) \tag{7-92}$$

预热区：$$V(C_{pg}+C_{pv}H_2)(t_k-t_2)=G_c(C_{ps}+C_{pL}X_1)(t_w-\theta_1) \tag{7-93}$$

干燥区：$$I_j=I_k \tag{7-94}$$

升温区：$$V(H_j-H_1)=G_c(X_c-X_2) \tag{7-95a}$$

$$I_1=I_j-G_c(X_c-X_2)C_{pL}t_w+G_cC_{pm2}(\theta_2-t_w) \tag{7-95b}$$

联立求解式(7-92)～式(7-95)，即可作出如图 7-56 所示的温度分布。

② 压降限定值　由式(7-65) 计算的压降 Δp 值对升温区（Ⅰ）是适用的，然而对预热区（Ⅲ）和干燥区（Ⅱ），由于物料是潮湿的，故实际压降应取为计算值的两倍。各区的压降值应在 30～100Pa 范围内，否则应重新确定多孔板。

(3) 塔高的计算

由式(7-71) 计算热容量系数 αah_0 后，分别代入式(7-78) 和式(7-87)，计算预热、干燥、升温区间所需的层数（n_{ph}，n_d，n_{rt}）。分级区一般取一层。

总流床层数 N 为

$$N=1+(n_{ph}+2)+(n_d+2)+n_{rt} \tag{7-96}$$

其中，预热区和干燥区由于物料的潮湿均考虑2层的裕量。塔高 H 等于总层数乘以板间距 H_T

$$H = NH_T \tag{7-97}$$

其中，板间距为0.15～0.40m，一般可采用0.20m或0.25m。

（4）气体分布板的计算

对于多孔板式连续多层流化床干燥器，就其主体结构而言，主要是气体分布板的设计。

分布板主要有以下作用：①支承固体颗粒物料；②使气体通过分布板时能得到均匀分布；③分散气流，在分布板上方产生较小的气泡。

图7-59所示是几种工业上采用的直流型多孔板，它是一种普通的多孔筛板，结构简单，制造方便。因为多孔板作为气体分布装置是保证流化床具有良好而稳定的流化状态的重要构件，特别是对于气-固流化床，由于其固有的不均匀性和不稳定性，故合理设计分布板显得尤为重要。

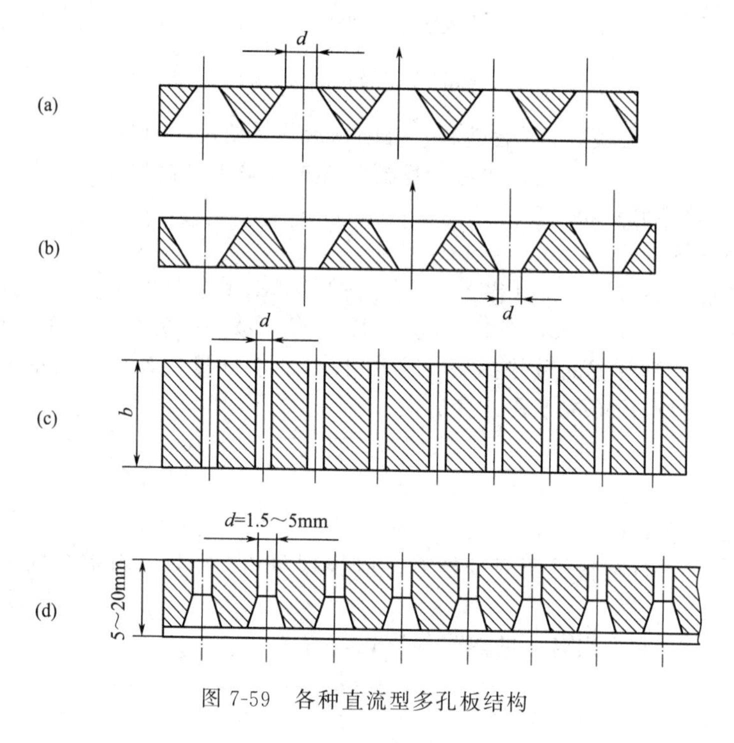

图7-59 各种直流型多孔板结构

气体分布板与许多并联的管路相当，要使气流分布均匀，就必须使各孔道两端压降一样，但实际生产中有许多因素使它们不相等，主要是：

① 入口流体的动压头在分布板下面各处不同，正对气体入口处流速较高，所以产生动压头较大，因而分布板中央部分的孔速较高；

② 床层的剧烈波动，使分布板上各点的静压头也不一样。

因此，必须使流体通过孔道的压降大大超过上述诸因素所引起的偏差，使后者可以忽略，从而使各孔道的流速基本一致，即气流的分布均匀。流体通过孔道的阻力，取决于孔道与容器的截面之比和孔内气体流速，而这些又取决于分布板孔道面积与分布板总面积之比，即开孔率 φ_m。前已述及，对于一般流化床干燥器，开孔率愈大，其流化质量愈差，减小开孔率，会改善流化质量，但开孔率过小时，将使设备阻力过大，消耗动力过多。分布板开孔率的计算，目前还没有可靠的通用公式，尤其对多孔板多层流化床干燥器，既要考虑气体的均匀分布，又要使颗粒从板上顺利通过，因此到目前为止主要依靠经验。对多层流化床干燥器，φ_m 一般取 30%～50%，多孔板厚度一般为 10～20mm。

分布板开孔率一旦确定，根据小孔排列的几何关系，其他参数均可算出。若小孔呈三角形排列（如图 7-60 所示），令小孔直径为 d_o，流化床塔径为 D_T，小孔个数为 N_h，分布板开孔率为 φ_m，则有

$$\varphi_m = N_h\left(\frac{d_o}{D_T}\right)^2 \tag{7-98}$$

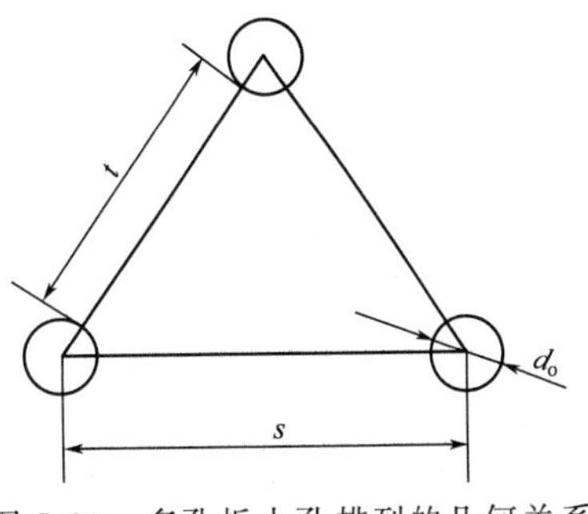

图 7-60 多孔板小孔排列的几何关系

根据图 7-60 的几何关系可导得

$$\varphi_m = \frac{三角形内小孔面积}{三角形面积} = \frac{3\times\frac{1}{6}\times\frac{\pi}{4}d_o^2}{\frac{1}{2}\times s\times\frac{\sqrt{3}}{2}\times s} = 0.907\left(\frac{d_o}{s}\right)^2 \tag{7-99}$$

$$s = 0.952\frac{d_o}{\sqrt{\varphi_m}} \tag{7-100}$$

小孔间有效距离为 t，则

$$t = s - d_o \tag{7-101}$$

因此

$$d_o = \frac{t\sqrt{\varphi_m}}{0.952-\sqrt{\varphi_m}} \tag{7-102}$$

将式(7-102) 代入式(7-98) 有

$$N_h = \left[\left(0.952-\sqrt{\varphi_m}\right)\frac{D_T}{t}\right]^2 \tag{7-103}$$

7.3.4.3 辅助设备的计算与选型

(1) 物料供给器

供料器有各种不同类型，从机理上可分为重力作用式、机械力作用式、往复式及振动式、气压式及流态化式。其中重力作用式可分为闸板、旋转式供料器、锁气料斗式供料器、圆盘加料器、立式螺旋供料器；机械力作用式包括带式供料器、板式供料器、链式供料器、螺旋加料器、斗式供料器；往复式及振动式又分为柱塞式供料器、往复板式供料器、振动供料器等；气压式及流态化式分为喷射器和空气槽两种。各式供料器中，以重力作用式中的旋转式供料器应用最为广泛。旋转式供料器大致可分为旋转叶轮式［见图 7-61(a)］和旋转转子式［见图 7-61(b)］两种，旋转叶轮式供料器又称星形加料器，其结构如图 7-62 所示。带有若干叶片的转子在机壳内旋转，物料从上部料斗或容器下落到叶片之间，然后随叶片旋转至下端，便将物料排出。它一般具有以下特点：

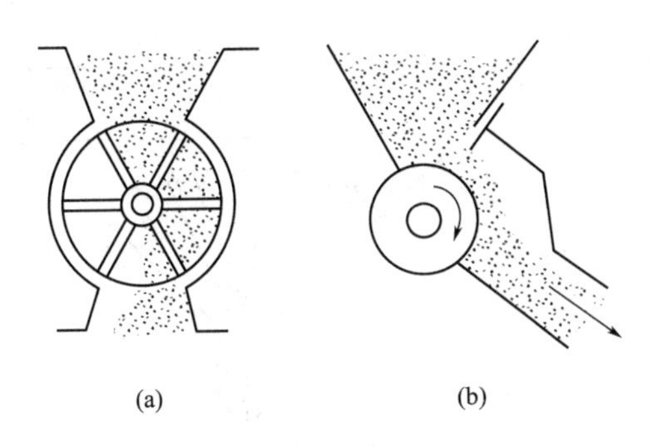

图 7-61 旋转式供料器的型式

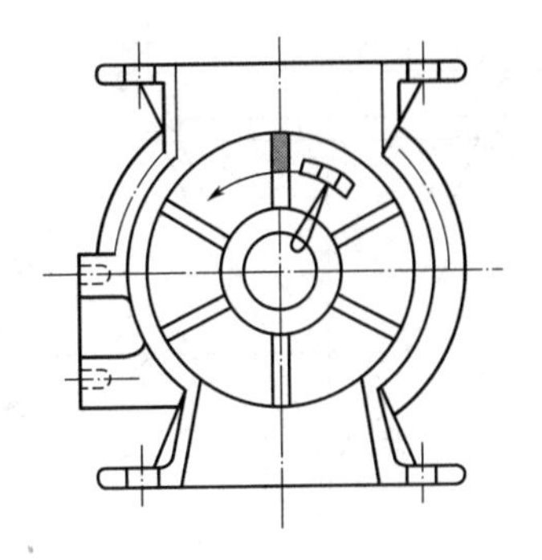
图 7-62 星形加料器

① 结构简单，运转、维修方便；

② 尺寸小，在狭窄处或低矮处也都可以安装使用；

③ 基本上能定量地供料；

④ 即使上部料斗或容器中物料的数量有变化，供料量变化也不大；

⑤ 靠改变转速就能很容易地调节供料量；

⑥ 在一定的转速范围内，供料量与转速大致成正比；

⑦ 具有一定程度的气密性；

⑧ 颗粒几乎不产生破碎；

⑨ 除膏糊状物料外，几乎可以应用于所有粉体、颗粒状物料在干燥过程中的进、出料；

⑩ 对温度高达300℃左右的高温物料也能适用。

在设计加料器时应注意以下几个方面。

① 星形加料器的供料量，一般在低转速时与转速大致成正比。但超过某一转速时，供料量反而下降，并出现不稳定。这是由于圆周速度过高时，叶片在物料进口处将物料飞溅开，使物料不能充分落入叶片之间；而在物料出口处，未等物料全部排尽又被叶片甩上的缘故。设计时，叶轮圆周速度取0.3～0.6m/s为宜，转速一般不大于30r/min。

② 星形加料器在排送高温物料时，为防止因结露现象导致物料结块，应在外壳保温或加热。

③ 星形加料器在排送粉状物料时，为防止物料黏附在叶轮上造成堵塞，叶轮直径不宜过小，同时在结构上应减少死角，使叶片之间的料槽轴向宽而径向浅。

旋转供料器的供料量 G（m^3/h）可按下式计算：

$$G=60qn\eta_v \tag{7-104}$$

式中，q 为转子旋转一周排出的几何容积，m^3/r；n 为转子的转速，r/min；η_v 为容积效率。

供料器的容积效率，即实际供料的物料容积与旋转叶片之间的几何容积之比，随物料的物理性质、旋转供料器上下的压力差以及转速等的不同有显著的变化，但在一定条件下，只是转速的函数。转速与容积效率 η_v 关系可通过实验求得，考虑留有一定的裕量，一般可取 $\eta_v=0.75\sim0.85$。

（2）气体预分布器

为使气体更均匀地进入分布板，一般在流化床干燥器内加设气体预分布器，将气体先分布一次，这样可避免气流直冲分布板而造成局部流速过高，可使分布板在较低阻力下达到均匀布气的作用，对于大型设备（床径大于1.5m）更是如此。各种型式的气体预分布器分别见图7-63～图7-66。

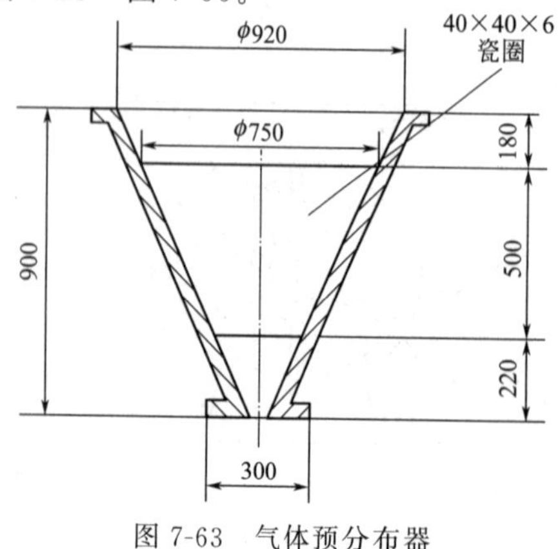

图7-63　气体预分布器

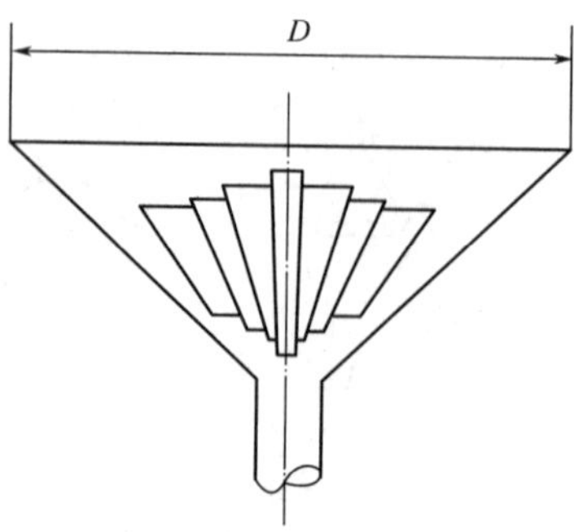

D

图7-64　同心圆锥壳型预分布器

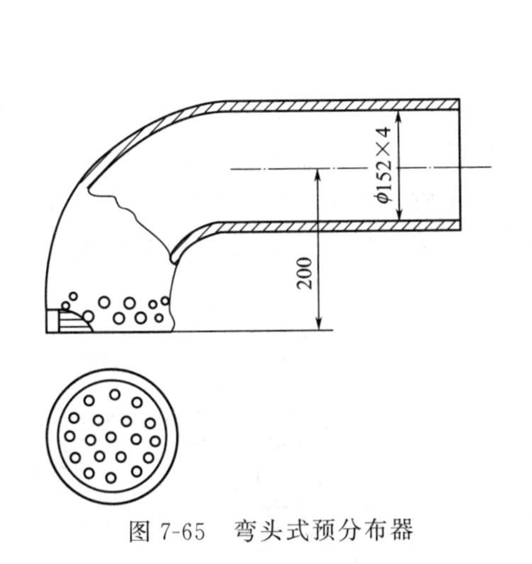

图 7-65　弯头式预分布器

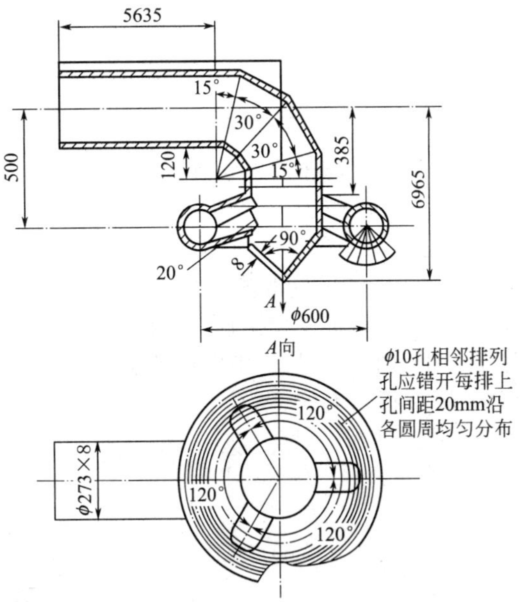

图 7-66　预分布器原理示意

（3）空气预热器

由式(7-60) 计算空气预热器每小时需提供的热量。考虑设备的热损失，以计算值增加 15%作为空气预热器的最大供热量，并可反算最大供气量。

（4）旋风分离器

由于对旋风分离器内气流运动的规律还没有充分的认识，关于它的设计，目前还是根据生产数据进行选用。首先根据使用时的允许压降确定进口气速，若没有提供允许的压降数据，一般取进口气速 15～25m/s；再根据处理气量决定进口面积 A 和入口宽度 b 及入口高度 h。最后，根据选定的旋风分离器的各部分几何比例关系确定各部分尺寸，可参见 7.2.6 节设计示例。

（5）排风机

整个系统在负压下运行。对整个系统的压力损失作估算，然后由排风温度和排风量选择排风机，并考虑 25%的排风余量。

7.3.5　多层流化床干燥器的设计示例

拟设计一多孔板式多层流化床干燥器，采用热空气直接加热干燥沉淀微粉炭，要求日处理量 60t（吨）湿物料，干燥后物料的含水量不高于 0.5%（质量分数）。

设计条件：

（1）微粉炭的着火温度为 220℃，故进干燥器的空气温度取为 200℃；

（2）室温 20℃，空气的湿度为 0.02kg 水/kg 干气；

（3）同一条件下测得物料的平衡含水量和临界含水量分别为 0.001kg 水/kg 干料和 0.02kg 水/kg 干料；

（4）湿物料的进口含水量为 12%（质量分数）；

（5）湿物料的密度为 $1360kg/m^3$，干物料的密度为 $1600kg/m^3$，干物料的比热容为 $1.26\times10^3J/(kg\cdot℃)$；

（6）粒度分布见表 7-14。

表 7-14 多层流化床干燥器设计示例中的粒度分布

粒径 d_p/mm	>0.8	0.8～0.5	0.5～0.3	0.3～0.15	0.15～0.08	<0.08	合计
x_i/质量分数%	0	12.6	32.2	36	8.5	10.7	100

［多层流化床干燥器设计计算如下］

一、干燥工艺方案及流程

本题干燥工艺流程见图 7-67 所示。空气经空气过滤器 1 过滤后用空气鼓风机 3 送至空气预热器 4，其风量由蝶阀 2 调节。空气预热至 200℃后进入多层流化床干燥器 9 与来自加料斗 11 的湿物料逆流接触，并将湿物料流化干燥。干燥后的产品经星形卸料器 6 输出。被热空气带出的粉尘从干燥床顶部溢出，经旋风除尘器 12 除尘后将固体粉末收集，废气则由引风机 13 排入大气。

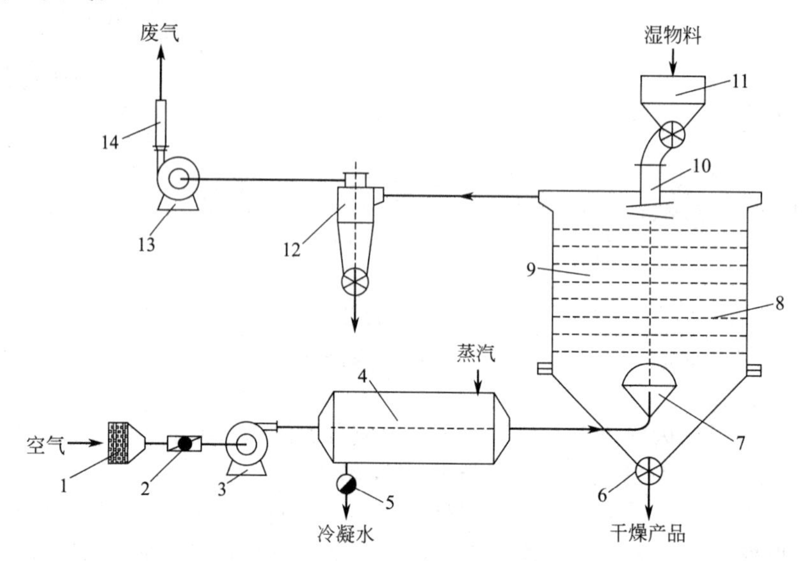

图 7-67 干燥工艺流程示意图

1—空气过滤器；2—蝶阀；3—空气鼓风机；4—空气预热器；5—疏水阀；6—星形输料阀；7—气体预分布器；8—多孔筛板；9—多孔板式多层流化床干燥器；10—旋转分散器；11—加料斗；12—旋风分离器；13—引风机；14—消声器

考虑到沉淀微粉炭的粘连和结块作用，在干燥器顶部加装旋转分散器以确保湿物料的高度分散。又因干燥器直径较大，因此在器底设置了气体预分布器。

二、干燥器主体设计

1. 物料的粒度分布与多孔板参数的选择

在全部颗粒中，令直径在 $d_{pi} \sim d_{pi+1}$ 范围内的颗粒质量分数（筛余分率）为 x_i；直径小于该粒径范围的所有颗粒的质量分数（分布函数）为 F_i。显然各粒径下的 x_i、F_i 的关系可由物料衡算求得（见表 7-15）。

表 7-15 粒径分布、筛余分率与分布函数

粒径 d_{pi}/mm	筛余分率 x_i	分布函数 F_i	粒径 d_{pi}/mm	筛余分率 x_i	分布函数 F_i
0.80	0	1.000	0.15	0.360	0.192
0.50	0.126	0.874	0.08	0.085	0.107
0.30	0.322	0.522	<0.08	0.107	0

若以 d_{pi} 为横坐标，F_i 为纵坐标作 F_i-d_{pi} 图，可获得当颗粒累积质量为 50%（$F_i=0.5$）时，其对应的颗粒直径 d_{50} 为 0.29mm（见图 7-68）。

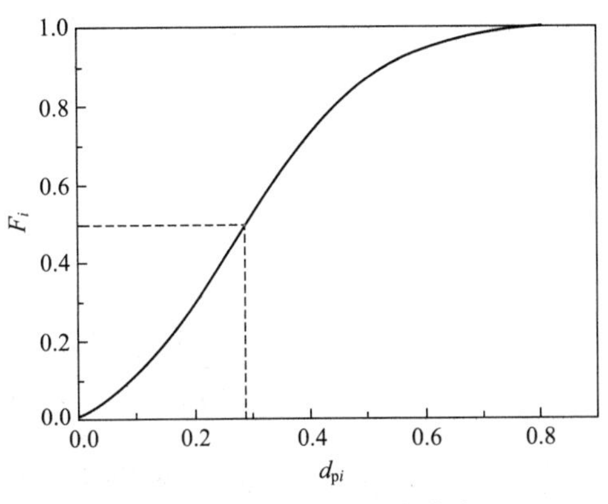

图 7-68　颗粒粒度分布曲线

取升温区的多孔板孔径 d_o 为

$$d_o=15d_{50}=15\times0.29=4.35\text{mm}$$

圆整取 $d_o=5$mm。

在预热区和干燥区，湿物料易于黏附成团，故均取 $d_o=10$mm。各区的开孔率均取为 $\varphi_m=0.39$。

2. 颗粒带出顶部风速的确定

以室温 20℃为基准计算颗粒的带出速度。查得 20℃下，空气的密度 $\rho=1.205\text{kg/m}^3$，黏度 $\mu=1.81\times10^{-5}$ Pa·s。由于物料累积质量为 50%时的粒径为 0.29mm，故根据式(7-58) 有

$$K=d_p\left[\frac{g\rho(\rho_p-\rho)}{\mu^2}\right]^{1/3}=0.29\times10^{-3}\left[\frac{9.81\times1.205\times(1360-1.205)}{(1.81\times10^{-5})^2}\right]^{1/3}=10.614$$

对照表 7-13，沉降在阿仑区，查得 $b=18.5$，$n=0.6$，代入式(7-57) 得：

$$u_t=\left[\frac{4gd_p^{1+n}(\rho_p-\rho)}{3b\mu^n\rho^{1-n}}\right]^{\frac{1}{2-n}}=\left[\frac{4\times9.81\times(0.29\times10^{-3})^{1+0.6}(1360-1.205)}{3\times18.5\times(1.81\times10^{-5})^{0.6}(1.205)^{1-0.6}}\right]^{\frac{1}{2-0.6}}=1.249\text{m/s}$$

故 20℃下，粒径为 0.29mm 的颗粒其带出速度为 1.249m/s，若取 $u_t/2$ 作为风速，则为 0.625m/s。重复上述计算，可知对应 $u_t=0.625$m/s 的粒径 d_p 为 0.16mm，从 F_i-d_{pi} 图中可以查得 $d_p\leqslant0.16$mm 的颗粒的累积质量为 21%。这表明若气速（颗粒带出速度）采用 0.625m/s，则在塔顶进料时将有 21%的 $d_p\leqslant0.16$mm 的颗粒直接被气体带走。被带走的颗粒进入与塔顶串联的气流干燥管进行干燥。选择气流干燥管出口废气温度为 70℃，则离开多层床预热区的热风温度 t_2 可由式(7-90) 求得

$$t_2=\varphi_{\text{带出}}(t_1-t_{wa})+t_{wa}=0.21\times(200-70)+70=97.3℃$$

因 t_2 与试算 u_t 时的温度（20℃）不相等，则应验证带出速度 u_t。

查得 97.3℃下，空气的密度 $\rho'=0.953\text{kg/m}^3$，黏度 $\mu'=2.18\times10^{-5}$ Pa·s，计算 K'，有

$$K'=d_p\left[\frac{g\rho'(\rho_p-\rho')}{\mu^2}\right]^{1/3}=0.16\times10^{-3}\times\left[\frac{9.81\times0.953\times(1360-0.953)}{(2.18\times10^{-5})^2}\right]^{1/3}=4.78$$

故沉降仍在阿仑区。由式(7-57) 计算 u_t'，有

$$u_t'=\left[\frac{4gd_p^{1+n}(\rho_p-\rho')}{3b(\mu')^n(\rho')^{1-n}}\right]^{\frac{1}{2-n}}=\left[\frac{4\times9.81\times(0.16\times10^{-3})^{1.6}(1360-0.953)}{3\times18.5\times(2.18\times10^{-5})^{0.6}(0.953)^{0.4}}\right]^{\frac{1}{1.4}}=0.625\text{m/s}$$

这说明带出速度 u_t 不需要进行修正，因为温度对气体密度与黏度的影响近似于相互抵消，又由 1/3 次方的关系，更使 $u_t'=u_t$。

塔顶的空气速度 u_{Air} 即颗粒带出速度为 0.625m/s，相应多孔板小孔中的孔速

$$u_0=u_{Air}/\varphi_m=0.625/0.39=1.603\text{m/s}$$

在被气流带走了 21%的 $d_p\leqslant0.16$mm 的小颗粒物料之后，剩下的这部分 $d_p>0.16$mm 的颗粒可以一直流到塔底出口，其调和平均直径 d_m 计算如下：

以颗粒试样 100g 为计算基准，由于有 21%的颗粒被带走，故剩下颗粒的质量为 79g，重新计算其粒度分布，并令 $\overline{d}_{pi}=\dfrac{d_{pi}+d_{pi+1}}{2}$，计算结果列于表 7-16。

表 7-16 程度分布的重新计算

粒径 d_p/mm	筛余量/g	筛余量质量分率 x_i	平均粒径$\overline{d}_{pi}$/mm
0.80	0	0	
0.50	12.6	0.159	0.65
0.30	32.2	0.408	0.40
0.16	34.2	0.433	0.23

故
$$d_m=\frac{1}{\sum(x_i/\overline{d}_{pi})}=\frac{1}{\frac{0.159}{0.65}+\frac{0.408}{0.40}+\frac{0.433}{0.23}}=0.32\text{mm}$$

重新计算 $d_m=0.32$mm 颗粒的带出速度 $u_{tm}=1.381$m/s。故塔顶实际孔速 u_0 与向下流动颗粒的带出速度 u_{tm}之比为

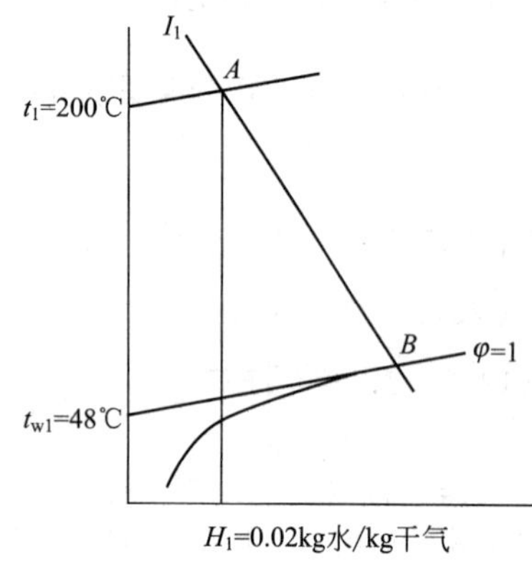

图 7-69 t_{w1}的查取

$$\frac{u_0}{u_{tm}}=\frac{1.603}{1.381}=1.16$$

根据式(7-89)，这一比值可以保证使颗粒流化良好。

3. 物料出口温度与塔径的计算

根据设计条件，进干燥器的空气温度为 $t_1=200$℃，湿度为 $H_1=0.02$kg 水/kg 干气，其状态对应点为 A（见图7-69），过 A 点的等焓线 I_1 与 $\varphi=1$ 的相对湿度线相交于 B 点，通过 B 点的等温线所对应的温度即为相应的湿球温度，为 $t_{w1}=48$℃，相应 t_{w1} 下水的汽化热 $\gamma_{w1}=2387$kJ/kg。

物料进、出口及临界自由含水量为

$$X_1=X_{t1}-X_e=\frac{12}{88}-0.001=0.135\text{kg 水/kg 干料}$$

$$X_2=X_{t2}-X_e=\frac{0.5}{95.5}-0.001=0.004\text{kg 水/kg 干料}$$

$$X_c=0.02-0.001\text{kg 水/kg 干料}$$

代入式(7-63) 即可求得 θ_2，其中 $C_{pm}\approx C_{ps}=1.26\times10^3$J/(kg·℃)

$$\theta_2=t_1-(t_1-t_{w1})\frac{\gamma_{w1}X_2-C_{pm}(t_1-t_{w1})\left(\frac{X_2}{X_c}\right)^{\frac{X_c\gamma_{w1}}{C_{pm}(t_1-t_{w1})}}}{\gamma_{w1}X_c-C_{pm}(t_1-t_{w1})}$$

$$\theta_2=200-(200-48)\times\frac{2387\times10^3\times0.004-1.26\times10^3\times(200-48)\times(0.004/0.019)}{2387\times10^3\times0.019-1.26\times10^3\times(200-48)}=72.22℃$$

进入流化床的干物料量 G_c 为

$$G_c=G_c^{\circ}(1-\varphi_{带出})=\frac{60\times10^3\times(1-0.12)}{24\times3600}\times(1-0.21)=0.483\text{kg 干料/s}$$

干燥过程中去除的水分量 W 由式(7-59) 计算

$$W=G_c(X_1-X_2)=0.483\times(0.135-0.004)=0.063\text{kg 水/s}$$

干燥过程所需的空气量 V 由式(7-62) 计算

$$V=\frac{W(\gamma_0+C_{pv}t_2-C_{pL}\theta_1)+G_c(C_{ps}+C_{pL}X_2)(\theta_2-\theta_1)}{(C_{pg}+C_{pv}H_1)(t_1-t_2)}$$

$$=\frac{0.063\times(2500\times10^3+1.88\times10^3\times97.3-4.19\times10^3\times20)}{(1.01\times10^3+1.88\times10^3\times0.02)\times(200-97.3)}$$

$$+\frac{0.483\times(1.26\times10^3+4.19\times10^3\times0.004)\times(72.22-20)}{(1.01\times10^3+1.88\times10^3\times0.02)\times(200-97.3)}$$

$$=1.821\text{kg 干气/s}$$

考虑到装置的散热损失，增加10%的空气量作补偿

$$V=1.821\times(1+0.1)=2.003\text{kg 干气/s}$$

由式(7-59) 可求得出口空气湿含量 H_2

$$H_2=H_1+\frac{W}{V}=0.02+\frac{0.063}{2.003}=0.051\text{kg 水/kg 干气}$$

塔顶出口气体的体积流量 $V_{空}$ 为

$$V_{空}=V\upsilon_H=V(2.83\times10^{-3}+4.56\times10^{-3}H_2)\times(t_2+273.15)$$

$$=2.003(2.83\times10^{-3}+4.56\times10^{-3}\times0.051)\times(97.3+273.15)=2.272\text{m}^3/\text{s}$$

式中，υ_H 为每千克干气所具有的湿空气体积。

于是塔径 $$D_T'=\sqrt{\frac{4V_{空}}{\pi u_{Air}}}=\sqrt{\frac{2.272}{0.785\times0.625}}=2.15\text{m}$$

圆整取 $D_T=2.2\text{m}$。

4. 各区温度分布与压降的校核

设在分级区出口空气的湿球温度 $t_w'=38$℃，则由式(7-92) 得

$$t_3=t_2-\frac{G_c'(C_{ps}+C_{pL}X_1)(t_w'-\theta_1)}{V(C_{pg}+C_{pv}H_2)}$$

$$=97.3-\frac{0.611\times0.21\times(1.26\times10^3+4.19\times10^3\times0.135)\times(38-20)}{2.003\times(1.01\times10^3+1.88\times10^3\times0.051)}=95.4℃$$

由 I-H 图查得该状态下的湿球温度 $t_w'=38.04$℃，假设正确。

预热、干燥、升温区的温度分布计算如下：

对预热区，由式(7-93)

$$V(C_{pg}+C_{pv}H_2)(t_k-t_2)=G_c(C_{ps}+C_{pL}X_1)(t_w-\theta_1)$$

有 $$2.003\times(1.01\times10^3+1.88\times10^3\times0.051)(t_k-97.3)$$

$$=0.483\times(1.26\times10^3+4.19\times10^3\times0.135)(t_w-20)$$

$$t_k=0.398t_w+89.341$$

设 $t_w=46.8$℃，由上式求得 $t_k=108$℃。由 I-H 图查得在 $H_2=0.051$ 下，$t_k=108$℃，此值与计算结果吻合，假设正确。

对升温区，由式(7-95a) 有

$$H_j=\frac{G_c(X_c-X_2)}{V}+H_1=\frac{0.483\times(0.019-0.004)}{2.003}+0.02=0.024\text{kg 水/kg 干气}$$

在 I-H 图上用作图法确定温度分布。在 I-H 图上，由 H_2、t_k 确定 k 点，由 k 点沿等 I（焓）线与 $H_j=0.024$kg 水/kg 干气相交于 j 点，可知 $t_j=178$℃（其做法可参考图7-69）。

各区压降校核如下。

(1) 预热区间

平均温度 $$t_{av}=\frac{t_2+t_k}{2}=\frac{97.3+108.0}{2}=102.7℃$$

$$H_k=H_2=0.051\text{kg 水/kg 干气}$$

比容 $\upsilon_H=(2.83\times10^{-3}+4.56\times10^{-3}H_2)(t_{av}+273.15)$

$$=(2.83\times10^{-3}+4.56\times10^{-3}\times0.051)\times(102.7+273.15)=1.151\text{m}^3/\text{kg 干气}$$

湿空气体积流量 $V_空=Vv_H=2.003\times1.151=2.306\text{m}^3/\text{s}$

空塔气速 $u=V_空/\frac{\pi}{4}D_T^2=\frac{2.306}{0.785\times2.15^2}=0.64\text{m/s}$

小孔气速 $u_o=u/\varphi_m=0.64/0.39=1.641\text{m/s}$

干物料质量流速 $G_{cg}=G_c/\frac{\pi}{4}D_T^2=\frac{0.483}{0.785\times2.15^2}=0.133\text{kg 干料/(m}^2\cdot\text{s)}$

由于

$$u_o/u_{tm}=\frac{1.601}{1.381}=1.16<2$$

$$\frac{d_p}{d_o\varphi_m}=\frac{0.32\times10^{-3}}{0.01\times0.39}=0.08<0.18$$

因而采用式(7-67)，有

$$\eta=470\left(\frac{d_p}{d_o}\right)^{0.6}\left(\frac{G_{cg}}{\varphi_m\rho_s\sqrt{gd_o}}\right)^{0.6}=470\times\left(\frac{0.32}{10}\right)^{0.6}\left(\frac{0.133}{0.39\times1600\times\sqrt{9.81\times0.01}}\right)^{0.6}=0.750$$

代入式(7-66) $\phi=\frac{30-\eta}{60}\pi=\frac{30-0.750}{60}\times3.14=1.531$

再代入式(7-65)，得

$$\Delta p=\rho_s d_p\sqrt{64\cos^2\phi+\frac{841(u_o-u_t)^2}{u_t^2\tan^2\phi}}$$

$$=1600\times0.32\times10^{-3}\times\sqrt{64\times1.602\times10^{-3}+\frac{841\times(1.641-1.381)^2}{1.381^2\times623.4}}=0.199\text{mH}_2\text{O}$$

考虑到物料是湿的，故实际压降

$$\Delta p_{预热}=0.199\times2=0.398\text{mH}_2\text{O}$$

(2) 干燥区间

平均温度 $t_{av}=\frac{t_k+t_j}{2}=\frac{108+178}{2}=143℃$

平均湿含量 $H_{av}=\frac{H_2+H_j}{2}=\frac{0.051+0.024}{2}=0.038\text{kg 水/kg 干气}$

比容 $v_H=(2.83\times10^{-3}+4.56\times10^{-3}H_{av})(t_{av}+273.15)$

$$=(2.83\times10^{-3}+4.56\times10^{-3}\times0.038)(143+273.15)=1.250\text{m}^3/\text{kg 干气}$$

湿空气体积流量 $V_空=Vv_H=2.003\times1.250=2.504\text{m}^3/\text{s}$

空塔气速 $u=V_空/\frac{\pi}{4}D_T^2=\frac{2.504}{0.785\times2.15^2}=0.69\text{m/s}$

小孔气速 $u_o=u/\varphi_m=\frac{0.69}{0.39}=1.77\text{m/s}$

由于

$$u_o/u_{tm}=\frac{1.77}{1.381}=1.28<2$$

$$\frac{d_p}{d_o\varphi_m}=\frac{0.32\times10^{-3}}{0.01\times0.39}=0.08<0.18$$

与预热区相同，即 $\eta=0.750$，$\phi=1.531$，代入式(7-65) 得

$$\Delta p=\rho_s d_p\sqrt{64\cos^2\phi+\frac{841(u_o-u_{tm})^2}{u_{tm}^2\tan^2\phi}}$$

$$=1600\times0.32\times10^{-3}\times\sqrt{64\times1.602\times10^{-3}+\frac{841\times(1.77-1.381)^2}{1.381^2\times623.4}}=0.234\text{mH}_2\text{O}$$

同样，实际压降 $\Delta p_{干燥}=0.234\times2=0.468\text{mH}_2\text{O}$

(3) 升温区间

平均温度 $t_{av}=\frac{t_1+t_j}{2}=\frac{178+200}{2}=189℃$

平均湿含量 $H_{av}=\frac{H_1+H_j}{2}=\frac{0.02+0.024}{2}=0.022\text{kg 水/kg 干气}$

比容 $\upsilon_H=(2.83\times10^{-3}+4.56\times10^{-3}H_{av})(t_{av}+273.15)$

$=(2.83\times10^{-3}+4.56\times10^{-3}\times0.022)(189+273.15)=1.354\text{m}^3\text{/kg 干气}$

湿空气体积流量 $V_{空}=V\upsilon_H=2.003\times1.354=2.712\text{m}^3/\text{s}$

空塔气速 $u=V_{空}/\frac{\pi}{4}D_T^2=\frac{2.712}{0.785\times2.15^2}=0.748\text{m/s}$

小孔气速 $u_o=u/\varphi_m=0.748/0.39=1.917\text{m/s}$

由于 $u_o/u_{tm}=1.917/1.381=1.388<2$

孔径 $d_o=5\text{mm}$，$\varphi_m=0.39$

$$\frac{d_p}{d_o\varphi_m}=\frac{0.32\times10^{-3}}{5\times0.39}=0.16<0.18$$

因此，由式(7-67) 和式(7-66) 得 $\eta=1.40$，$\phi=1.497$，再代入式(7-65) 得：

$$\Delta p_{升温}=\rho_s d_p\sqrt{64\cos^2\phi+\frac{841(u_o-u_{tm})^2}{u_{tm}^2\tan^2\phi}}$$

$$=1600\times0.32\times10^{-3}\times\sqrt{64\times5.68\times10^{-3}+\frac{841\times(1.917-1.381)^2}{1.381^2\times181.9}}$$

$$=0.524\text{mH}_2\text{O}$$

5. 多孔板层数与塔高的计算

多孔板面积 $A=\frac{\pi}{4}D_T^2=0.785\times2.15^2=3.629\text{m}^2$

(1) 预热区间

由式(7-71) 计算热容量系数，即

$$\alpha ah_0=557.87\left(\frac{\Delta p}{\rho_s d_p}\right)^{0.75}\left(\frac{u_o}{u_t}\right)^{1.5}=557.87\times\left(\frac{0.398}{1600\times0.32\times10^{-3}}\right)^{0.75}(1.19)^{1.5}$$

$$=598.40\text{W/(m}^2\cdot℃)$$

$$C_{pH}=C_{pg}+C_{pv}H_2=1.01\times10^3+1.88\times10^3\times0.051=1.1059\times10^3\text{J/(kg}\cdot℃)$$

$$C_{pm}=C_{ps}+C_{pL}X_1=1.26\times10^3+4.19\times10^3\times0.135=1.826\times10^3\text{J/(kg}\cdot℃)$$

代入式(7-87) 得

$$n_{ph}=\frac{\ln\frac{t_n-\theta_n}{t_0-\theta_0}}{\frac{\alpha ah_0A}{VC_{pH}}\left(1-\frac{VC_{pH}}{G_cC_{pm}}\right)}=\frac{\ln\frac{108-46.8}{97.3-20}}{\frac{598.4\times3.629}{2.003\times1.1059\times10^3}\times\left(1-\frac{2.003\times1.1059\times10^3}{0.483\times1.826\times10^3}\right)}$$

$=0.16$ 层

取 $n_{ph}=1$。

(2) 干燥区间

同样由式(7-71) 计算热容量系数，即

$$\alpha a h_0=557.87\left(\frac{\Delta p}{\rho_s \cdot d_p}\right)^{0.75}\left(\frac{u_o}{u_t}\right)^{1.5}=557.87\times\left(\frac{0.468}{1600\times0.32\times10^{-3}}\right)^{0.75}(1.28)^{1.5}$$
$$=756.44\mathrm{W/(m^2 \cdot ^\circ C)}$$

$$C_{pH}=C_{pg}+C_{pv}H_{av}=1.01\times10^3+1.88\times10^3\times0.038=1.08\times10^3\mathrm{J/(kg \cdot ^\circ C)}$$

代入式(7-78) 得

$$n_d=\frac{VC_{pH}}{\alpha a h_0 A}\ln\frac{t_n-t_w}{t_0-t_w}=\frac{2.003\times1.08\times10^3}{756.44\times3.629}\ln\left(\frac{178-46.8}{108-46.8}\right)=0.60\text{ 层}$$

取 $n_d=1$。

(3) 升温区间

同样由式(7-71) 计算热容量系数，即

$$\alpha a h_0=557.87\left(\frac{\Delta p}{\rho_s \cdot d_p}\right)^{0.75}\left(\frac{u_o}{u_t}\right)^{1.5}=557.87\times\left(\frac{0.524}{1600\times0.32\times10^{-3}}\right)^{0.75}(1.338)^{1.5}$$
$$=928.25\mathrm{W/(m^2 \cdot ^\circ C)}$$

$$C_{pH}=C_{pg}+C_{pv}H_{av}=1.01\times10^3+1.88\times10^3\times0.022=1.051\times10^3\mathrm{J/(kg \cdot ^\circ C)}$$

$$C_{pm}=C_{ps}+C_{pL}X_2=1.26\times10^3+4.19\times10^3\times0.004=1.277\times10^3\mathrm{J/(kg \cdot ^\circ C)}$$

$$n_{rt}=\frac{\ln\frac{t_n-\theta_n}{t_0-\theta_0}}{\frac{\alpha a h_0 A}{VC_{pH}}\left(1-\frac{VC_{pH}}{G_c C_{pm}}\right)}=\frac{\ln\frac{200-72.22}{179-46.8}}{\frac{928.25\times3.629}{2.003\times1.051\times10^3}\left(1-\frac{2.003\times1.051\times10^3}{0.483\times1.277\times10^3}\right)}$$
$$=0.007\text{ 层}$$

取 $n_{rt}=1$。

总流化床层数　$N=1+(n_{ph}+2)+(n_d+2)+n_{rt}=8$ 层

层间距　$H_T=0.25\mathrm{m}$

则塔高　$H=NH_T=8\times0.25=2\mathrm{m}$

三、干燥器多孔板结构

采用如图 7-59(c) 型式的多孔板。小孔采用正三角形排列，如图 7-60 所示。对预热区多孔板，由式(7-90) 可得孔间距 s 为：

$$s=0.952d_o/\sqrt{\varphi_m}=0.952\times0.01/\sqrt{0.39}=0.015\mathrm{m}$$

有效孔间距 t 为：

$$t=s-d_o=0.015-0.01=0.005\mathrm{m}=5\mathrm{mm}$$

代入式(7-103) 可得预热区多孔板孔数 N_h 为：

$$N_h=\left[(0.952-\sqrt{\varphi_m})\frac{D_T}{t}\right]^2=\left[(0.952-\sqrt{0.39})\times\frac{2.15}{0.005}\right]^2=19832\text{ 个}$$

干燥区多孔板结构与预热区完全相同。

对升温区多孔板，同样有

$$s=0.952d_o/\sqrt{\varphi_m}=\frac{0.952\times0.005}{\sqrt{0.39}}=0.008\mathrm{m}$$

$$t=s-d_o=0.008-0.005=0.003\mathrm{m}=3\mathrm{mm}$$

$$N_h=\left[(0.952-\sqrt{\varphi_m})\frac{D_T}{t}\right]^2=\left[(0.952-\sqrt{0.39})\frac{2.15}{0.003}\right]^2=55088\text{ 个}$$

多孔板厚度均取为 0.015m。

多孔板结构参数汇总见表 7-17。

表 7-17 多孔板结构参数汇总

分　区	孔间距 s/mm	有效孔间距 t/mm	开孔数 N_h/个	筛孔板厚度 δ/mm	孔排列
预热区	15	5	19832	15	正三角形
干燥区	15	5	19832	15	正三角形
升温区	8	3	55088	15	正三角形

四、辅助设备

1. 物料供给器

选择如图 7-62 所示的星形加料器。转子直径 $D=0.125$m，厚 $B=0.1$m，容积效率 η_v 取 0.75，湿料的质量流量为 G_0，则

$$供料量\ G=\frac{G_0}{\rho_{物料}}=\frac{60\times10^3}{24\times1360}=1.84\text{m}^3/\text{h}$$

$$q=\frac{\pi}{4}D^2B=0.785\times0.125^2\times0.1=1.23\times10^{-3}\text{m}^3/\text{r}$$

则由式(7-104) 可计算供料器转子转速 $n_{供}$ 为

$$n_{供}=\frac{G}{60q\eta_v}=\frac{1.84}{60\times1.23\times10^{-3}\times0.75}=33\text{r/min}$$

卸料器也选用旋转式，尺寸与供料器相同。

$$卸料量\ G=\frac{G_c(1+X_2)}{\rho_{干料}}=\frac{0.483\times(1+0.004)\times3600}{1600}=1.09\text{m}^3/\text{h}$$

则卸料器转子转速，$n_{卸}$ 为

$$n_{卸}=\frac{G}{60q\eta_v}=\frac{1.09}{60\times1.23\times10^{-3}\times0.75}=20\text{r/min}$$

2. 空气预热器

由式(7-60) 可求得预热器所须提供热量 Q 为

$$Q=V(C_{pg}+C_{pv}H_1)(t_1-t_0)=2.003(1.01\times10^3+1.88\times10^3\times0.02)\times(200-20)$$
$$=3.78\times10^5\text{W}$$

考虑设备的操作弹性，以计算值加 15%作为空气预热器的最大供热量

$$V_{max}=\frac{Q_{max}}{(C_{pg}+C_{pv}H_1)(t_1-t_0)}=\frac{3.78\times10^5\times1.15}{(1.01\times10^3+1.88\times10^3\times0.02)\times(200-20)}$$
$$=2.3\text{kg 干气/s}$$

3. 旋风分离器

选择 CLP/B 型旋风分离器。旋风分离器进口气量 $V_{旋}$ 为

$$V_{旋}=V(2.83\times10^{-3}+4.56\times10^{-3}H_2)(t_2+273.15)$$
$$=2.003(2.83\times10^{-3}+4.56\times10^{-3}\times0.051)(95.4+273.15)=2.26\text{m}^3/\text{s}$$

采用 4 台 CLP/B 型旋风分离器，取分离器进口气速 $u=20$m/s，则旋风分离器入口面积 A 为

$$A=\frac{V}{4u}=\frac{2.26}{4\times20}=0.028\text{m}^2$$

入口矩形通道尺寸

$$宽度\ b=\sqrt{\frac{A}{2}}=\sqrt{\frac{0.028}{2}}=0.119\text{m}\quad 长度\ h=\sqrt{2A}=\sqrt{2\times0.028}=0.238\text{m}$$

旋风分离器筒体尺寸

直径 $D=3.33b=3.33\times0.119=0.40$m　长 $L=4D=4\times0.40=1.6$m

分离器其他尺寸可由有关文献介绍确定。

4. 排风机

排风温度为70℃，排风量为2.26m^3/s，当考虑25%的排风余量时为2.83m^3/s。

整个系统在负压下运行，估计整个系统压力损失约为4400Pa。

辅助设备选型参数汇总见表7-18。

表7-18 辅助设备选型参数汇总

辅助设备名称	选型参数	参考型号规格	台套数量
鼓风机	风量6470m^3/h;风压100mmH_2O	8-18-101 No8低压离心通风机	1
引风机	风量10200m^3/h;风压450mmH_2O	8-18-101 No8中高压离心通风机	1
星形加料器	直径125mm;转速33r/min	匹配电机1kW	1
星形卸料器	直径125mm;转速20r/min	匹配电机1kW	5
空气预热器	换热量435kW;	板翅式换热器	1
旋风分离器	直径400mm;长度1600mm	CLP/B型旋风分离器	4
空气过滤器	直径400mm;滤网厚度300mm	丝网过滤器	1
消声器	直径350mm;长度760mm		1

7.4 干燥装置设计任务两则

[设计任务1] 喷雾干燥装置工艺设计

一、设计任务

采用旋转型压力式喷嘴的喷雾干燥装置来干燥某悬浮液，干燥介质为空气，热源为蒸汽和电，选用热风-雾滴（或颗粒）并流向下的操作方式完成下述任务。

二、设计条件

(1) 料液处理量 200kg/h、300kg/h、400kg/h、500kg/h、600kg/h

(2) 料液含水量 80%(湿基,质量分数)

(3) 产品含水量 2%(湿基,质量分数)

(4) 料液密度 1100kg/m^3

(5) 产品密度 900kg/m^3

(6) 热风入塔温度 300℃

(7) 热风出塔温度 100℃

(8) 料液入塔温度 20℃

(9) 产品出塔温度 90℃

(10) 产品平均粒径 125μm

(11) 干物料比热容 2.5kJ/(kg·℃)

(12) 加热蒸汽压力 0.4MPa(表压)

(13) 料液雾化压力 4MPa(表压)

(14) 年平均空气温度 15℃

(15) 年平均空气相对湿度 80%

三、设计内容

(1) 根据设计要求绘制工艺流程图并作简要说明；

(2) 完成干燥过程的工艺计算（物料衡算与热量衡算）；

(3) 作出压力式雾化器的工艺结构设计；

(4) 完成喷雾干燥塔的结构设计计算；

(5) 完成附属设备的设计和选型计算；

(6) 提交喷雾干燥设计结果一览表；

(7) 绘制喷雾干燥器的工艺条件图；

(8) 编写工艺设计说明书；

(9) 对本设计的评述。

[设计任务2]　流化干燥装置的工艺设计

一、设计任务

试设计一台卧式多室连续流化床干燥器，用于干燥颗粒状肥料，将其含水量从0.04干燥至0.004（干基），生产能力（以干燥产品计）为（2.0、2.5、3.0、3.5、4.0）$\times 10^3$kg/h。已知：

物料参数：颗粒平均粒径 $d_p=0.14$mm；固相密度 $\rho_p=1730$kg/m^3；堆积密度 $\rho_b=800$kg/m^3，临界湿含量 $X_c=0.013$（干基）；干物料比热容 $C_s=1.47$kJ/(kg·℃)；

物料静床层高度 $Z_0=0.15$m；

干燥装置热损失为有效传热量的15%。

二、操作条件

（1）干燥介质为热空气。初始湿度 H_0 根据建厂地区气象条件来选取；预热器入口温度 t_0 自定；离开预热器温度 t_1 为80℃。

（2）物料入口温度 θ_1 为30℃。

（3）加热介质为饱和蒸汽，加热饱和蒸汽压力自定。

（4）操作压强为常压。

（5）设备工作日每年330天，每天24h连续运行。

（6）厂址根据需要选定。

三、设计内容

（1）干燥流程的确定及说明；

（2）干燥器主体工艺尺寸计算及结构设计；

（3）辅助设备的选型及核算（气固分离设备、空气加热器、供风装置、供料器）。

【本章具体要求】

通过本章学习应能做到：

◇　了解各类干燥器的结构形式和工艺特点。

◇　掌握喷雾干燥器和流化床干燥器的工艺设计方法和步骤。

◇　正确绘制干燥器操作的工艺流程图、干燥器工艺设计条件图和干燥器总装图。

附　　录

附录1　输送流体用无缝钢管规格

公称直径 DN/mm	外径/mm	壁厚/mm														
		1.0	2.0	2.5	3.0	3.5	4.0	4.5	5.0	6.0	8.0	10	12	15	18	20
		钢管理论质量/(kg/m)														
	10	0.222	0.395	0.462	0.518	0.561										
10	14	0.321	0.592	0.709	0.814	0.906	0.986									
15	18	0.419	0.789	0.956	1.11	1.25	1.38	1.50	1.60							
	19	0.444	0.838	1.02	1.18	1.34	1.48	1.61	1.73	1.92						
	20	0.469	0.888	1.08	1.26	1.42	1.58	1.72	1.97	2.07						
20	25	0.592	1.13	1.39	1.63	1.86	2.07	2.28	2.47	2.81						
25	32	0.715	1.48	1.82	2.15	2.46	2.76	3.05	3.33	3.85	4.74					
32	38	0.912	1.78	2.19	2.59	2.98	3.35	3.72	4.07	4.74	5.92					
	42	1.01	1.97	2.44	2.89	3.32	3.75	4.16	4.56	5.33	6.71					
40	45	1.09	2.12	2.62	3.11	3.58	4.04	4.49	4.93	5.77	7.30	8.63				
	50			2.93	3.48	4.01	4.54	5.05	5.55	6.51	8.29	9.86				
50	57			3.36	4.00	4.62	5.23	5.82	6.41	7.55	9.67	11.59	13.32			
	70				4.96	5.74	6.51	7.27	8.01	9.47	12.231	14.82	17.16	20.35		
65	76				5.40	6.26	7.10	7.93	8.75	10.36	13.42	16.28	18.94	22.57	25.75	
80	89				6.36	7.38	8.38	9.38	10.36	12.28	15.981	19.48	22.79	27.37	31.52	34.03
100	108				7.77	9.02	10.26	11.49	12.70	15.09	19.73	24.17	28.41	34.40	39.95	43.40
	127						12.13	13.59	15.04	17.09	23.48	28.85	34.03	41.43	48.39	52.78
125	133				9.62	11.18	12.73	14.26	15.78	18.79	24.66	30.33	35.81	43.65	51.05	55.73
150	159					13.51	15.39	17.15	18.99	22.64	29.79	36.75	43.50	53.27	62.59	68.56
175	194								23.31	27.82	136.70	45.38	53.86	66.22	78.13	85.28
200	219									31.52	141.63	51.54	61.26	75.46	89.23	98.15
225	245										146.76	57.95	68.95	83.08	100.8	111.0
250	273										152.28	64.86	77.24	95.44	113.2	124.8
300	325										162.54	77.68	92.63	114.7	136.3	150.4
350	377											90.51	108.0	133.9	159.4	176.1
400	426											102.6	112.5	152.1	181.1	200.3
	450											108.5	130.6	160.9	191.8	212.1
450	480											115.9	139.5	172.0	205.1	226.9
	500											120.8	145.4	179.4	214.0	236.7
500	530											128.2	154.3	190.5	227.3	251.5

附录 2　泵与风机的性能参数

一、IS 型单级单吸离心泵性能表（摘录）

型　号	转速/(r/min)	流量		扬程 H/m	效率 η/%	功率/kW		必需汽蚀余量 $(NPSH)_r$/m	质量(泵/底座)/kg
		m^3/h	L/s			轴功率	电机功率		
IS50-32-125	2900	7.5	2.08	22	47	0.96	2.2	2.0	32/46
		12.5	3.47	20	60	1.13		2.0	
		15	4.17	18.5	60	1.26		2.5	
	1450	3.75	1.04	5.4	43	0.13	0.55	2.0	32/38
		6.3	1.74	5	54	0.16		2.0	
		7.5	2.08	4.6	55	0.17		2.5	
IS50-32-160	2900	7.5	2.08	34.3	44	1.59	3	2.0	50/46
		12.5	3.47	32	54	2.02		2.0	
		15	4.17	29.6	56	2.16		2.5	
	1450	3.75	1.04	8.5	35	0.25	0.55	2.0	50/38
		6.3	1.74	8	4.8	0.29		2.0	
		7.5	2.08	7.5	49	0.31		2.5	
IS50-32-200	2900	7.5	2.08	52.5	38	2.82	5.5	2.0	52/66
		12.5	3.47	50	48	3.54		2.0	
		15	4.17	48	51	3.95		2.5	
	1450	3.75	1.04	13.1	33	0.41	0.75	2.0	52/38
		6.3	1.74	12.5	42	0.51		2.0	
		7.5	2.08	12	44	0.56		2.5	
IS50-32-250	2900	7.5	2.08	82	23.5	5.87	11	2.0	88/110
		12.5	3.47	80	38	7.16		2.0	
		15	4.17	78.5	41	7.83		2.5	
	1450	3.75	1.04	20.5	23	0.91	1.5	2.0	88/64
		6.3	1.74	20	32	1.07		2.0	
		7.5	2.08	19.5	35	1.14		3.0	
IS65-50-125	2900	15	4.17	21.8	58	1.54	3	2.0	50/41
		25	6.94	20	69	1.97		2.5	
		30	8.33	18.5	68	2.22		3.0	
	1450	7.5	2.08	5.35	53	0.21	0.55	2.0	50/38
		12.5	3.47	5	64	0.27		2.0	
		15	4.17	4.7	65	0.30		2.5	
IS65-50-160	2900	15	4.17	35	54	2.65	5.5	2.0	51/66
		25	6.94	32	65	3.35		2.0	
		30	8.33	30	66	3.71		2.5	
	1450	7.5	2.08	8.8	50	0.36	0.75	2.0	51/38
		12.5	3.47	8.0	60	0.45		2.0	
		15	4.17	7.2	60	0.49		2.5	
IS65-40-200	2900	15	4.17	53	49	4.42	7.5	2.0	62/66
		25	6.94	50	60	5.67		2.0	
		30	8.33	47	61	6.29		2.5	

续表

型　　号	转速/(r/min)	流量		扬程 H/m	效率 η/%	功率/kW		必需汽蚀余量 $(NPSH)_r$/m	质量(泵/底座)/kg
		m^3/h	L/s			轴功率	电机功率		
IS65-40-200	1450	7.5 12.5 15	2.08 3.47 4.17	13.2 12.5 11.8	43 55 57	0.63 0.77 0.85	1.1	2.0 2.0 2.5	62/46
IS65-40-250	2900	15 25 30	4.17 6.94 8.33	82 80 78	37 50 53	9.05 10.89 12.02	15	2.0 2.0 2.5	82/110
	1450	7.5 12.5 15	2.08 3.47 4.17	21 20 19.4	35 46 48	1.23 1.48 1.65	2.2	2.0 2.0 2.5	82/67
IS65-40-315	2900	15 25 30	4.17 6.94 8.33	127 125 123	28 40 44	18.5 21.3 22.8	30	2.5 2.5 3.0	152/110
	1450	7.5 12.5 15	2.08 3.47 4.17	32.2 32.0 31.7	25 37 41	6.63 2.94 3.16	4	2.5 2.5 3.0	152/67
IS80-65-125	2900	30 50 60	8.33 13.9 16.7	22.5 20 18	64 75 74	2.87 3.63 3.98	5.5	3.0 3.0 3.5	44/46
	1450	15 25 30	4.17 6.94 8.33	5.6 5 4.5	55 71 72	0.42 0.48 0.51	0.75	2.5 2.5 3.0	44/38
IS80-65-160	2900	30 50 60	8.33 13.9 16.7	36 32 29	61 73 72	4.82 5.97 6.59	7.5	2.5 2.5 3.0	48/66
	1450	15 25 30	4.17 6.94 8.33	9 8 7.2	55 69 68	0.67 0.79 0.86	1.5	2.5 2.5 3.0	48/46
IS80-50-200	2900	30 50 60	8.33 13.9 16.7	53 50 47	55 69 71	7.87 9.87 10.8	15	2.5 2.5 3.0	64/124
	1450	15 25 30	4.17 6.94 8.33	13.2 12.5 11.8	51 65 67	1.06 1.31 1.44	2.2	2.5 2.5 3.0	64/46
IS80-50-250	2900	30 50 60	8.33 13.9 16.7	84 80 75	52 63 64	13.2 17.3 19.2	22	2.5 2.5 3.0	90/110
	1450	15 25 30	4.17 6.94 8.33	21 20 18.8	49 60 61	1.75 2.27 2.52	3	2.5 2.5 3.0	90/64
IS80-50-315	2900	30 50 60	8.33 13.9 16.7	128 125 123	41 54 57	25.5 31.5 35.3	37	2.5 2.5 3.0	125/160
	1450	15 25 30	4.17 6.94 8.33	32.5 32 31.5	39 52 56	3.4 4.19 4.6	5.5	2.5 2.5 3.0	125/66

续表

型　号	转速/(r/min)	流量 m³/h	流量 L/s	扬程 H/m	效率 η/%	功率/kW 轴功率	功率/kW 电机功率	必需汽蚀余量 $(NPSH)_r$/m	质量(泵/底座)/kg
IS100-80-125	2900	60	16.7	24	67	5.86	11	4.0	49/64
		100	27.8	20	78	7.00		4.5	
		120	33.3	16.5	74	7.28		5.0	
	1450	30	8.33	6	64	0.77	1	2.5	49/46
		50	13.9	5	75	0.91		2.5	
		60	16.7	4	71	0.92		3.0	
IS100-80-160	2900	60	16.7	36	70	8.42	15	3.5	69/110
		100	27.8	32	78	11.2		4.0	
		120	33.3	28	75	12.2		5.0	
	1450	30	8.33	9.2	67	1.12	2.2	2.0	69/64
		50	13.9	8.0	75	1.45		2.5	
		60	16.7	6.8	71	1.57		3.5	
IS100-65-200	2900	60	16.7	54	65	13.6	22	3.0	81/110
		100	27.8	50	76	17.9		3.6	
		120	33.3	47	77	19.9		4.8	
	1450	30	8.33	13.5	60	1.84	4	2.0	81/64
		50	13.9	12.5	73	2.33		2.0	
		60	16.7	11.8	74	2.61		2.5	
IS100-65-250	2900	60	16.7	87	61	23.4	37	3.5	90/160
		100	27.8	80	72	30.0		3.8	
		120	33.3	74.5	73	33.3		4.8	
	1450	30	8.33	21.3	55	3.16	5.5	2.0	90/66
		50	13.9	20	68	4.00		2.0	
		60	16.7	19	70	4.44		2.5	
IS100-65-315	2900	60	16.7	133	55	39.6	75	3.0	180/295
		100	27.8	125	66	51.6		3.6	
		120	33.3	118	67	57.5		4.2	
	1450	30	8.33	34	51	5.44	11	2.0	180/112
		50	13.9	32	63	6.92		2.0	
		60	16.7	30	64	7.67		2.5	
IS125-100-200	2900	120	33.3	57.5	67	28.0	45	4.5	108/160
		200	55.6	50	81	33.6		4.5	
		240	66.7	44.5	80	36.4		5.0	
	1450	60	16.7	1405	62	3.83	7.5	2.5	108/66
		100	27.8	12.5	76	4.48		2.5	
		120	33.3	11.0	75	4.79		3.0	
IS125-100-250	2900	120	33.3	87	66	43.0	75	3.8	166/295
		200	55.6	80	78	55.9		4.2	
		240	66.7	72	75	62.8		5.0	
	1450	60	16.7	21.5	63	5.59	11	2.5	166/112
		100	27.8	20	76	7.17		2.5	
		120	33.3	18.5	77	7.84		3.0	

续表

型号	转速 /(r/min)	流量		扬程 H /m	效率 η /%	功率/kW		必需汽蚀余量 $(NPSH)_r$/m	质量(泵/底座) /kg
		m^3/h	L/s			轴功率	电机功率		
IS125-100-315	2900	120 200 240	33.3 55.6 66.7	132.5 125 120	60 75 77	72.1 90.8 101.9	110	4.0 4.5 5.0	189/330
	1450	60 100 120	16.7 27.8 33.3	33.5 32 30.5	58 73 74	9.4 11.9 13.5	15	2.5 2.5 3.0	189/160
IS125-100-400	1450	60 100 120	16.7 27.8 33.3	52 50 48.5	53 65 67	16.1 21.0 23.6	30	2.5 2.5 3.0	205/233
IS150-125-250	1450	120 200 240	33.3 55.6 66.7	22.5 20 17.5	71 81 78	10.4 13.5 14.7	18.5	3.0 3.0 3.5	758/158
IS150-125-315	1450	120 200 240	33.3 55.6 66.7	34 32 29	70 79 80	15.9 22.1 23.7	30	2.5 2.5 3.0	192/233
IS150-125-400	1450	120 200 240	33.3 55.6 66.7	53 50 46	62 75 74	27.9 36.3 40.6	45	2.0 2.8 3.5	223/233
IS200-150-250	1450	240 400 460	66.7 111.1 127.8	20	82	26.6	37		203/233
IS200-150-315	1450	240 400 460	66.7 111.1 127.8	37 32 28.5	70 82 80	34.6 42.5 44.6	55	3.0 3.5 4.0	262/295
IS200-150-400	1450	240 400 460	66.7 111.1 127.8	55 50 48	74 81 76	48.6 67.2 74.2	90	3.0 3.8 4.5	295/298

二、8-18 型和 9-27 型离心通风机综合特性曲线图

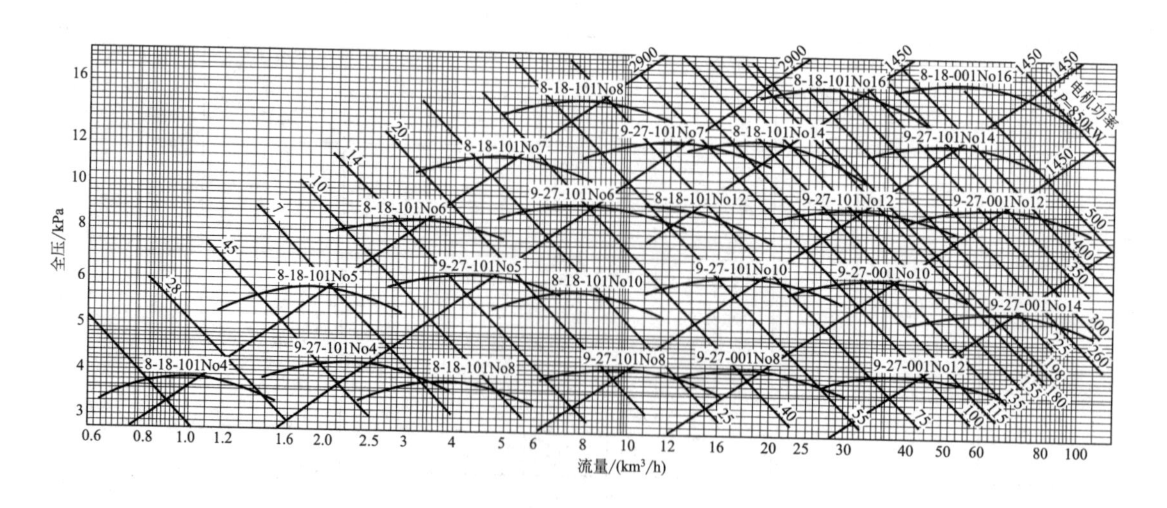

附录3　换热器系列标准

管壳式热交换器系列标准（摘自JB/T 4714—92，JB/T 4715—92）

1. 固定管板式

（1）换热管为ϕ19mm的换热器基本参数（管心距25mm）

公称直径 DN/mm	公称压力 PN/MPa	管程数 N	管子根数 n	中心排管数	管程流通面积/m²	计算换热面积/m² 换热管长度 L/mm					
						1500	2000	3000	4500	6000	9000
159	1.60	1	15	5	0.0027	1.3	1.7	2.6	—	—	—
219			33	7	0.0058	2.8	3.7	5.7	—	—	—
213	2.50	1	65	9	0.0115	5.4	7.4	11.3	17.1	22.9	—
	4.00	2	56	8	0.0049	4.7	6.4	9.7	14.7	19.7	—
325		1	99	11	0.0175	8.3	11.2	17.1	26.0	34.9	—
	6.40	2	88	10	0.0078	7.4	10.0	15.2	23.1	31.0	—
		4	68	11	0.0030	5.7	7.7	11.8	17.9	23.9	—
400		1	174	14	0.0307	14.5	19.7	30.1	45.7	61.3	—
		2	164	15	0.0145	13.7	18.6	28.4	43.1	57.8	—
	0.60	4	146	14	0.0065	12.2	16.6	25.3	38.3	51.4	—
450		1	237	17	0.0419	19.8	26.9	41.0	62.2	83.5	—
		2	220	16	0.0194	18.4	25.0	38.1	57.8	77.5	—
	1.00	4	200	16	0.0088	16.7	22.7	34.6	52.5	70.4	—
500		1	275	19	0.0486	—	31.2	47.6	72.2	96.8	—
		2	256	18	0.0226	—	29.0	44.3	67.2	90.2	—
	1.60	4	222	18	0.0098	—	25.2	38.4	58.3	78.2	—
600		1	430	22	0.0760	—	48.8	74.4	112.9	151.4	—
		2	416	23	0.0368	—	47.2	72.0	109.3	146.5	—
	2.50	4	370	22	0.0163	—	42.0	64.0	97.2	130.3	—
		6	360	20	0.0106	—	40.8	62.3	94.5	126.8	—
700		1	607	27	0.1073	—	—	105.1	159.4	213.8	—
	4.00	2	574	27	0.0507	—	—	99.4	150.8	202.1	—
		4	542	27	0.0239	—	—	93.8	142.3	190.9	—
		6	518	24	0.0153	—	—	89.7	136.0	182.4	—
800	0.60 1.00 1.60 2.50 4.00	1	797	31	0.1408	—	—	138.0	209.3	280.7	—
		2	776	31	0.0686	—	—	134.3	203.8	273.3	—
		4	722	31	0.0319	—	—	125.0	189.8	254.3	—
		6	710	30	0.0209	—	—	122.9	186.5	250.0	—
900		1	1009	35	0.1783	—	—	174.7	265.0	355.3	536.0
	0.60	2	988	35	0.0873	—	—	171.0	259.5	347.9	524.9
		4	938	35	0.0414	—	—	162.4	246.4	330.3	498.3
	1.00	6	914	34	0.0269	—	—	158.2	240.0	321.9	485.6
1000		1	1267	39	0.2239	—	—	219.3	332.8	446.2	673.1
	1.60	2	1234	39	0.1090	—	—	213.6	324.1	434.6	655.6
		4	1186	39	0.0524	—	—	205.3	311.5	417.7	630.1
	2.50	6	1148	38	0.0338	—	—	198.7	301.5	404.3	609.9
(1100)		1	1501	43	0.2652	—	—	—	394.2	528.6	797.4
		2	1470	43	0.1299	—	—	—	386.1	517.7	780.9
	4.00	4	1450	43	0.0641	—	—	—	380.8	510.6	770.3
		6	1380	42	0.0406	—	—	—	362.4	486.0	733.1

注：表中的管程流通面积为各程平均值。括号内公称直径不推荐使用。管子为正三角形排列。

（2）换热管为 ϕ25mm 的换热器基本参数（管心距 32mm）

公称直径 DN/mm	公称压力 PN/MPa	管程数 N	管子根数 n	中心排管数	管程流通面积/m²		计算换热面积/m² 换热管长度 L/mm					
					ϕ25×2	ϕ25×2.5	1500	2000	3000	4500	6000	9000
159	1.60	1	11	3	0.0038	0.0035	1.2	1.6	2.5	—	—	—
219			25	5	0.0087	0.0079	2.7	3.7	5.7	—	—	—
213	2.50	1	38	6	0.0132	0.0119	4.2	5.7	8.7	13.1	17.6	—
		2	32	7	0.0055	0.0050	3.5	4.8	7.3	11.1	14.8	—
325	4.00	1	57	9	0.0197	0.0179	6.3	8.5	13.0	19.7	26.4	—
		2	56	9	0.0097	0.0088	6.2	8.4	12.7	19.3	25.9	—
	6.40	4	40	9	0.0035	0.0031	4.4	6.0	9.1	13.8	18.5	—
400	0.60	1	98	12	0.0339	0.0308	10.8	14.6	22.3	33.8	45.4	—
	1.00	2	94	11	0.0163	0.0148	10.3	14.0	21.4	32.5	43.5	—
	1.60	4	76	11	0.0066	0.0060	8.4	11.3	17.3	26.3	35.2	—
450	2.50	1	135	13	0.0468	0.0424	14.8	20.1	30.7	46.6	62.5	—
	4.00	2	126	12	0.0218	0.0198	13.9	18.8	28.7	43.5	58.4	—
		4	106	13	0.0092	0.0083	11.7	15.8	24.1	36.6	49.1	—
500	0.60	1	174	14	0.0603	0.0546	—	26.0	39.6	60.1	80.6	—
		2	164	15	0.0284	0.0257	—	24.5	37.3	56.6	76.0	—
		4	144	15	0.0125	0.0113	—	21.4	32.8	49.7	66.7	—
600	1.00	1	245	17	0.0849	0.0769	—	36.5	55.8	84.6	113.5	—
		2	232	16	0.0402	0.0364	—	34.6	52.8	80.1	107.5	—
		4	322	17	0.0192	0.0174	—	33.1	50.5	76.7	102.8	—
	1.60	6	216	16	0.0125	0.0113	—	32.2	49.2	74.6	100.0	—
700		1	355	21	0.1230	0.0115	—	—	80.0	122.6	164.4	—
	2.50	2	342	21	0.0592	0.0537	—	—	77.9	118.1	158.4	—
		4	322	21	0.0279	0.0253	—	—	73.3	111.2	149.1	—
	4.00	6	304	20	0.0175	0.0159	—	—	69.2	105.0	140.8	—
800	0.60	1	467	23	0.1618	0.1466	—	—	106.3	161.3	216.3	—
		2	450	23	0.0779	0.0707	—	—	102.4	155.4	208.5	—
		4	442	23	0.0383	0.0347	—	—	100.6	152.7	204.7	—
		6	430	24	0.0248	0.0225	—	—	97.9	148.5	119.2	—
900	1.60	1	605	27	0.2095	0.1900	—	—	137.8	209.0	280.2	422.7
		2	588	27	0.1018	0.0923	—	—	133.9	203.1	272.3	410.8
		4	554	27	0.0480	0.0435	—	—	126.1	191.4	256.6	387.1
		6	538	26	0.0311	0.0282	—	—	122.5	185.8	249.2	375.9
1000	2.50	1	749	30	0.2594	0.2352	—	—	170.5	258.7	346.9	523.3
		2	742	29	0.1285	0.1165	—	—	168.9	256.3	343.7	518.4
		4	710	29	0.0615	0.0557	—	—	161.6	245.2	328.8	496.0
		6	698	30	0.0403	0.0365	—	—	158.9	241.1	323.3	487.7
（1100）	4.00	1	931	33	0.3225	0.2923	—	—	—	321.6	431.2	650.4
		2	894	33	0.1548	0.1404	—	—	—	308.8	414.1	624.6
		4	848	33	0.0734	0.0666	—	—	—	292.9	392.8	592.5
		6	830	32	0.0479	0.0434	—	—	—	286.7	384.4	579.9

注：表中的管程流通面积为各程平均值。括号内公称直径不推荐使用。管子为正三角形排列。

2. 浮头式（内导流）换热器的主要参数

DN /mm	N	n①		中心排管数		管程流通面积/m²			A②/m²							
		d				$d\times\delta_r$			$L=3$m		$L=4.5$m		$L=6$m		$L=9$m	
		19	25	19	25	19×2	25×2	25×2.5	19	25	19	25	19	25	19	25
325	2	60	32	7	5	0.0053	0.0055	0.0050	10.5	7.4	15.8	11.1	—	—	—	—
	4	50	28	6	4	0.0023	0.0024	0.0022	9.1	6.4	13.7	9.7	—	—	—	—
426	2	120	74	8	7	0.0106	0.0126	0.0116	20.9	16.9	31.6	25.6	42.3	34.4	—	—
400	4	108	68	9	6	0.0048	0.0059	0.0053	18.8	15.6	28.4	23.6	38.1	31.6	—	—
500	2	206	124	11	8	0.0182	0.0215	0.0194	35.7	28.3	54.1	42.8	72.5	57.4	—	—
	4	192	116	10	9	0.0085	0.0100	0.0091	33.2	26.4	50.4	40.1	67.6	53.7	—	—
600	2	324	198	14	11	0.0286	0.0343	0.0311	35.8	44.9	84.8	68.2	113.9	91.5	—	—
	4	308	188	14	10	0.0136	0.0163	0.0148	53.1	42.6	80.7	64.8	108.2	86.9	—	—
	6	284	158	14	10	0.0083	0.0091	0.0083	48.9	35.8	74.4	54.4	99.8	73.1	—	—
700	2	468	268	16	13	0.0414	0.0464	0.0421	80.4	60.6	122.4	92.1	164.1	123.7	—	—
	4	448	256	17	12	0.0198	0.0222	0.0201	76.9	57.8	117.0	87.9	157.1	118.1	—	—
	6	382	224	15	10	0.0112	0.0129	0.0116	65.6	50.6	99.8	76.9	133.9	103.4	—	—
800	2	610	366	19	15	0.0539	0.0634	0.0575	—	—	158.9	125.4	213.5	168.5	—	—
	4	588	352	18	14	0.0260	0.0305	0.0276	—	—	153.2	120.6	205.8	162.1	—	—
	6	518	316	16	14	0.0152	0.0182	0.0165	—	—	134.9	108.3	181.3	145.5	—	—
900	2	800	472	22	17	0.0707	0.0817	0.0741	—	—	207.6	161.2	279.2	216.8	—	—
	4	776	456	21	16	0.0343	0.0395	0.0353	—	—	201.4	155.7	270.8	209.4	—	—
	6	720	426	21	16	0.0212	0.0246	0.0223	—	—	186.9	145.5	251.3	195.6	—	—
1000	2	1006	606	24	19	0.0890	0.105	0.0952	—	—	260.6	206.6	350.6	277.9	—	—
	4	980	588	23	18	0.0433	0.0509	0.0462	—	—	253.9	200.4	341.6	269.7	—	—
	6	890	564	21	18	0.0262	0.0326	0.0295	—	—	231.1	192.2	311.0	2587	—	—
1100	2	1240	736	27	21	0.1100	0.1270	0.1160	—	—	320.3	250.2	431.3	336.8	—	—
	4	1212	716	26	20	0.0536	0.0620	0.0562	—	—	313.1	243.4	421.6	327.7	—	—
	6	1120	692	24	20	0.0329	0.0399	0.0362	—	—	289.3	235.2	389.6	316.7	—	—
1200	2	1452	880	28	22	0.1290	0.1520	0.1380	—	—	374.4	298.6	504.3	402.2	764.2	609.4
	4	1424	860	28	22	0.0629	0.0745	0.0675	—	—	367.2	291.8	494.6	393.1	749.5	595.6
	6	1348	828	27	21	0.0396	0.0478	0.0434	—	—	347.6	280.9	468.2	378.4	709.5	573.4
1300	4	1700	1024	31	24	0.0751	0.0887	0.0804	—	—	—	—	589.3	467.1	—	—
	6	1616	972	29	24	0.0476	0.0560	0.0509	—	—	—	—	560.2	443.3	—	—

① 排管数按正方形旋转45°排列计算。

② 计算换热面积按光管及公称压力2.5MPa的管板厚度确定。

附录4 管 法 兰

表1 密封面尺寸（突面、凹凸面、榫槽面） 单位：mm

公称直径 DN	d						f_1	f_2	f_3	W	X	Y	Z
	PN/MPa(bar)												
	0.25(25)	0.6(6)	1.0(10)	1.6(16)	2.5(25)	≥4.0(40)							
10	33	33	41	41	41	41	2	4	3	24	34	35	23
15	38	38	46	46	46	46				29	39	40	28
20	48	48	56	56	56	56				36	50	51	30
25	58	58	65	65	65	65				43	57	58	42
32	69	69	76	76	76	76				51	65	66	50
40	78	78	84	84	84	84				61	75	76	60
50	88	88	99	99	99	99				73	87	88	72
65	108	108	118	118	118	118				95	109	110	94
80	124	124	132	132	132	132				106	120	121	105
100	144	144	156	156	156	156		4.5	3.5	129	149	150	128
125	174	174	184	184	184	184				155	175	176	154
150	199	199	211	211	211	211				183	203	204	182
200	254	254	266	266	174	284				239	259	260	238
250	309	309	319	319	330	345				292	312	313	291
300	363	363	370	370	389	409				343	363	364	342
350	413	413	429	429	448	465		5	4	395	421	422	394
400	463	363	480	480	503	535				447	473	474	446
450	518	518	530	548	548	560				497	523	524	496
500	568	568	582	609	609	615				549	575	576	548

注：凹凸面和榫槽面适用于 PN1.0～16.0MPa 的法兰，表中尺寸见附录图 1。

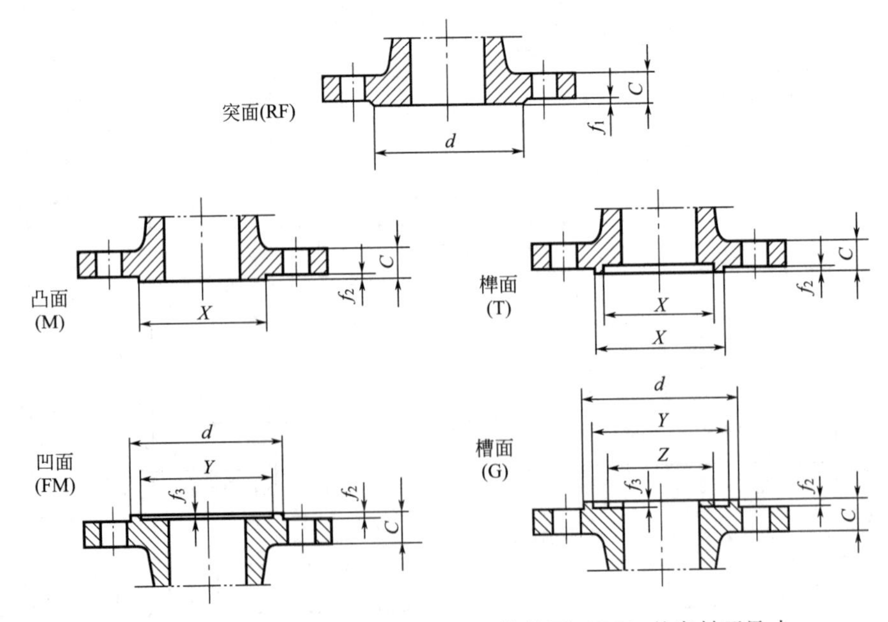

图1 突面（RF）、凹凸面（MFM）、榫槽面（TG）的密封面尺寸

表 2 板式平焊钢制管法兰（摘自 HG/T 20593—2009） 单位：mm

公称直径 DN	管子直径 A_1		连接尺寸					法兰厚度 C	法兰内径 B_1		坡口宽度 b	法兰理论质量 /kg
	A	B	法兰外径 D	螺栓孔中心圆直径 K	螺栓孔直径 L	螺栓孔数量 n	螺纹 T_h		A	B		
						PN 0.6MPa						
15	21.3	18	80	55	11	4	M10	12	22	19		0.41
20	26.9	25	90	65	11	4	M10	14	27.5	26		0.60
25	33.7	32	100	75	11	4	M10	14	34.5	33		0.73
32	42.4	38	120	90	14	4	M12	16	43.5	39		1.19
40	48.3	45	130	100	14	4	M12	16	49.5	46		1.38
50	60.3	57	140	110	14	4	M12	16	61.5	59		1.51
65	76.1	76	160	130	14	4	M12	16	77.5	78		1.85
80	88.9	89	190	150	18	4	M16	18	90.5	91		2.94
100	114.3	108	210	170	18	4	M16	18	116	110		3.41
125	139.7	133	240	200	18	8	M16	18	141.5	135		4.08
150	168.3	159	265	225	18	8	M16	20	170.5	161		5.14
200	219.1	219	320	280	18	8	M16	22	221.5	222		6.85
250	273.0	273	375	335	18	12	M16	24	276.5	276		8.96
300	323.9	325	440	395	22	12	M20	24	327.5	328		11.9
350	355.6	377	490	445	22	12	M20	26	359.5	381		14.3
400	406.4	426	540	495	22	16	M20	28	411.0	430		17.1
450	457	480	595	550	22	16	M20	30	462.0	485		20.5
500	508	530	645	600	22	20	M20	32	513.5	535		23.7
						PN 1.0MPa						
15	21.3	18	95	65	14	4	M12	14	99	19		0.68
20	26.9	25	105	75	14	4	M12	16	27.5	26		0.94
25	33.7	32	115	85	14	4	M12	16	34.5	33		1.12
32	42.4	38	140	100	18	4	M16	18	43.5	39		1.86
40	48.3	45	150	110	18	4	M16	18	49.5	46		2.21
50	60.3	57	165	125	18	4	M16	20	61.5	59		2.77
65	76.1	76	185	145	18	4	M16	20	77.5	78		3.31
80	88.9	89	200	160	18	8	M16	20	90.5	91		3.59
100	114.3	108	220	180	18	8	M16	22	116	110		4.57
125	139.7	133	250	210	18	8	M16	22	141.5	135		5.65
150	168.3	159	285	240	22	8	M20	24	170.5	161		7.61
200	219.1	219	340	295	22	8	M20	24	221.5	222		9.24
250	273	273	395	350	22	12	M20	26	276.5	276		11.9
300	323.9	325	445	400	22	12	M20	28	327.5	328		14.6
350	355.6	377	505	460	22	16	M20	30	359.5	381		18.9
400	406.4	426	565	515	26	16	M24	32	411	430		24.4
450	457	480	615	565	26	20	M24	35	462	485		27.9
500	508	530	670	620	26	20	M24	38	513.5	535		34.9
						PN 1.6MPa						
15	21.3	18	95	65	14	4	M12	14	22	19	4	0.68
20	26.9	25	105	75	14	4	M12	16	27.5	26	4	0.94
25	33.7	32	115	85	14	4	M12	16	34.5	33	5	1.12
32	42.4	38	140	100	18	4	M16	18	43.5	39	5	1.86
40	48.3	45	150	110	18	4	M16	18	49.5	46	5	2.21
50	60.3	57	165	125	18	4	M16	20	61.5	59	5	2.77
65	76.1	76	185	145	18	4	M16	20	77.5	78	6	3.31
80	88.9	89	200	160	18	8	M16	20	90.5	91	6	3.59
100	114.3	108	220	180	18	8	M16	22	116	110	6	4.57
125	139.7	133	250	210	18	8	M16	22	141.5	135	6	5.65
150	168.3	159	285	240	22	8	M20	24	170.5	161	6	7.61
200	219.1	219	340	295	22	12	M20	26	221.5	222	8	9.6;
250	273	273	405	355	26	12	M24	28	276.5	276	10	13.8
300	323.9	325	460	410	26	12	M24	32	327.5	328	11	18.9
350	355.6	377	520	470	26	16	M24	35	359.5	381	12	24.7
400	406.4	426	580	525	30	16	M27	38	411	430	12	32.1
450	457	480	640	585	30	20	M27	42	462	485	12	40.5
500	508	530	715	650	33	20	M30×2	46	513.5	535	12	57.6

续表

公称直径 DN	管子直径 A_1		连接尺寸					法兰厚度 C	法兰内径 B_1		坡口宽度 b	法兰理论质量 /kg
	A	B	法兰外径 D	螺栓孔中心圆直径 K	螺栓孔直径 L	螺栓孔数量 n	螺纹 T_h		A	B		
PN 2.5MPa												
15	21.3	18	95	65	14	4	M12	14	22	19	4	0.68
20	26.9	25	105	75	14	4	M12	16	27.5	26	4	0.94
25	33.7	32	115	85	14	4	M12	16	34.5	33	5	1.12
32	42.4	38	140	100	18	4	M16	18	43.5	39	5	1.86
40	48.3	45	150	110	18	4	M16	18	49.5	46	5	2.12
50	60.3	57	165	125	18	4	M16	20	61.5	59	5	2.77
65	76.1	76	185	145	18	8	M16	22	77.5	78	6	3.46
80	88.9	89	200	160	18	8	M16	24	90.5	91	6	4.31
100	114.3	108	235	190	22	8	M20	26	116	110	6	6.29
125	139.7	133	270	220	26	8	M24	28	141.5	135	6	8.50
150	168.3	159	300	250	26	8	M24	30	170.5	161	6	10.8
200	219.1	219	360	310	26	12	M24	32	221.5	222	8	14.2
250	273	273	425	370	30	12	M27	35	276.5	276	10	20.2
300	323.9	325	485	430	30	16	M27	38	327.5	328	11	26.5
350	355.6	377	555	490	33	16	M30×2	42	359.5	381	12	37.6
400	406.4	426	620	550	36	16	M33×2	46	411	430	12	50.7
450	457	480	670	600	36	20	M33×2	50	462	485	12	57.8
500	508	530	730	660	36	20	M33×2	56	513.5	535	12	76.2

注：表中 A——英制管；B——公制管。附录图 2 所示为板式平焊钢制管法兰（PL）。

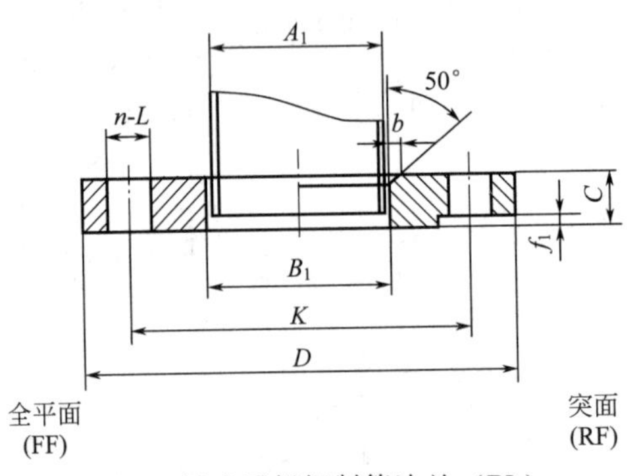

图 2 板式平焊钢制管法兰（PL）

表 3 带颈平焊钢制管法兰（摘自 HG/T 20594—2009） 单位：mm

公称直径 DN	钢管直径 A_1		连接尺寸					法兰厚度 C	法兰内径 B_1		法兰颈			法兰高度 H	坡口宽度 b	法兰理论质量 /kg
			法兰外径 D	螺栓孔中心圆直径 K	螺栓孔直径 L	螺栓孔数量 n	螺纹 T_h				N		R			
	A	B							A	B	A	B				
PN 1.0MPa																
15	21.3	18	95	65	14	4	M12	14	22	19	35	35	3	22		0.72
20	26.9	25	105	75	14	4	M12	16	27.5	26	45	45	4	26		1.03
25	33.7	32	115	85	14	4	M12	16	34.5	33	52	52	4	28		1.24
32	42.4	38	140	100	18	4	M16	18	43.5	39	60	60	5	30		2.02
40	48.3	45	150	110	18	4	M16	18	49.5	46	70	70	5	32		2.36
50	60.3	57	165	125	18	4	M16	20	61.5	59	84	84	5	32		3.08
65	76.1	76	185	145	18	4	M16	20	77.5	78	104	104	6	34		3.66
80	88.9	89	200	160	18	8	M16	20	90.5	91	118	118	6	34		4.08
100	114.3	108	220	180	18	8	M16	22	116	110	140	140	6	40		5.40
125	139.7	133	250	210	18	8	M16	22	141.5	135	168	168	6	44		7.01
150	168.3	159	285	240	22	8	M20	24	170.5	161	195	195	8	44		9.10
200	219.1	219	340	295	22	8	M20	24	221.5	222	246	246	8	44		10.6
250	273	273	395	350	22	12	M20	26	276.5	276	298	298	10	46		13.4
300	323.9	325	445	400	22	12	M20	26	327.5	328	350	350	10	46		15.4
350	355.6	377	505	460	22	16	M20	26	359.5	381	400	412	10	53		20.5
400	406.4	426	565	515	26	16	M24	26	411	430	456	475	10	57		27.6

续表

公称直径 DN	钢管直径 A_1		连接尺寸					法兰厚度 C	法兰内径 B_1		法兰颈			法兰高度 H	坡口宽度 b	法兰理论质量 /kg
											N		R			
	A	B	法兰外径 D	螺栓孔中心圆直径 K	螺栓孔直径 L	螺栓孔数量 n	螺纹 T_h		A	B	A	B				
PN 1.6MPa																
15	21.3	18	95	65	14	4	M12	14	22	19	35	35	3	22	4	0.72
20	26.9	25	105	75	14	4	M12	16	27.5	26	45	45	4	26	4	1.03
25	33.7	32	115	85	14	4	M12	16	34.5	33	52	52	4	28	5	1.24
32	42.4	38	140	100	18	4	M16	18	43.5	39	60	60	5	30	5	2.02
40	48.3	45	150	110	18	4	M16	18	49.5	46	70	70	5	32	5	2.36
50	60.3	57	165	125	18	4	M16	20	61.5	59	84	84	5	32	5	3.08
65	76.1	76	185	145	18	4	M16	20	77.5	78	104	104	6	31	6	3.66
80	88.9	89	200	160	18	8	M16	20	90.5	91	118	118	6	31	6	4.08
100	114.3	108	220	180	18	8	M16	22	116	110	140	140	6	40	6	5.40
125	139.7	133	250	210	18	8	M16	22	141.5	135	168	168	6	44	6	7.01
150	168.3	159	285	240	22	8	M20	24	170.5	161	195	195	8	44	6	9.10
200	219.1	219	340	295	22	12	M20	24	221.5	222	246	246	8	44	8	10.3
250	273	273	405	355	26	12	M24	26	276.5	276	298	298	10	46	10	14.3
300	323.9	325	460	410	26	12	M24	28	327.5	328	350	350	10	53	11	18.8
350	355.6	377	520	470	26	16	M24	30	359.5	381	400	412	10	57	12	25.2
400	406.4	426	580	525	30	16	M27	32	411	430	456	475	10	63	12	34.8
PN 2.5MPa																
15	21.3	18	95	65	14	4	M12	14	22	19	35	35	3	79	4	0.71
20	26.9	25	105	75	14	4	M12	16	27.5	26	45	45	4	26	4	1.03
25	33.7	32	115	85	14	4	M12	16	34.5	33	52	52	4	23	5	1.24
32	42.4	38	140	100	18	4	M16	18	43.5	39	60	60	5	30	5	2.01
40	48.3	45	150	110	18	4	M16	18	49.5	46	70	70	5	32	5	2.36
50	60.3	57	165	125	18	4	M16	20	61.5	59	84	84	5	34	5	3.08
65	76.1	76	185	145	18	8	M16	22	77.5	78	104	104	6	33	6	3.93
80	88.9	89	200	160	18	8	M16	24	90.5	91	118	118	6	40	6	4.86
100	114.3	108	235	190	22	8	M20	24	116	110	145	145	6	44	6	6.91
125	139.7	133	270	220	26	8	M24	26	141.5	135	170	170	6	48	6	9.34
150	168.3	159	300	250	26	8	M24	28	170.5	161	200	200	8	52	6	12.2
200	219.1	219	360	310	26	12	M24	30	221.5	222	256	256	8	52	8	15.6
250	273	273	425	370	30	12	M27	32	276.5	276	310	310	10	60	10	21.9
300	323.9	325	485	430	30	16	M27	34	327.5	328	364	364	10	67	11	28.8
350	355.6	377	555	490	33	16	M30×2	38	359.5	381	418	430	10	72	12	42.4
400	406.4	426	620	550	36	16	M30×2	40	411	430	472	492	10	78	12	57.4
PN 4.0MPa																
15	21.3	18	95	65	14	4	M12	14	22	19	35	35	3	22	4	0.72
20	26.9	25	105	75	14	4	M12	16	27.5	26	45	45	4	26	4	1.03
25	33.7	32	115	85	14	4	M12	16	34.5	33	52	52	4	28	5	1.24
32	42.4	38	140	100	18	4	M16	18	43.5	39	60	60	5	30	5	2.02
40	48.3	45	150	110	18	4	M16	18	49.5	46	70	70	5	32	5	2.36
50	60.3	57	165	125	18	4	M16	20	61.5	59	84	84	5	34	5	3.08
65	76.1	76	185	145	18	8	M16	22	77.5	78	104	104	6	38	6	3.93
80	88.9	89	200	160	18	8	M16	24	90.5	91	118	118	6	40	6	4.86
100	114.3	108	235	190	22	8	M20	24	116	110	145	145	6	44	6	6.91
125	139.7	133	270	220	26	8	M24	26	141.5	135	170	170	6	48	7	9.34
150	168.3	159	300	250	26	8	M24	28	170.5	161	200	200	8	52	8	12.2
200	219.1	219	375	320	30	12	M27	34	221.5	222	260	260	8	56	10	19.4
250	273	273	450	385	33	12	M30×2	38	276.5	276	318	318	10	64	11	30.5
300	323.9	325	515	450	30	16	M30×2	42	327.5	328	380	380	10	71	12	42.9

注：表中 A——英制管；B——公制管。附录图 3 所示为带颈平焊钢制管法兰（SO）。

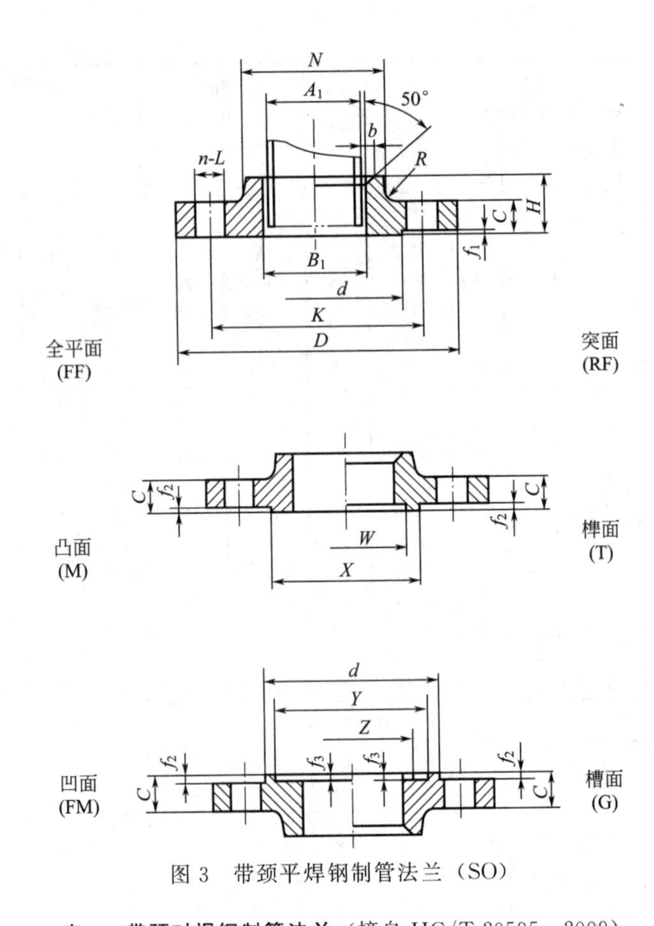

图 3　带颈平焊钢制管法兰（SO）

表 4　带颈对焊钢制管法兰（摘自 HG/T 20595—2009）　　单位：mm

公称直径 DN	钢管直径 A_1 A	钢管直径 A_1 B	连接尺寸 法兰外径 D	连接尺寸 螺栓孔中心圆直径 K	连接尺寸 螺栓孔直径 L	连接尺寸 螺栓孔数量 n	连接尺寸 螺纹 T_h	法兰厚度 C	法兰颈 N A	法兰颈 N B	法兰颈 S	法兰颈 H_1 (≈)	法兰颈 R	法兰高度 H	法兰理论质量 /kg
PN 1.6MPa															
15	21.3	18	95	65	14	4	M12	14	32	32	2	6	3	38	0.75
20	26.9	25	105	75	14	4	M12	16	40	40	2.3	6	4	40	1.05
25	33.7	32	115	85	14	4	M12	16	46	46	2.6	6	4	40	1.26
32	42.4	38	140	100	18	4	M16	18	56	56	2.6	6	5	42	2.05
40	48.3	45	150	110	18	4	M16	18	64	64	2.6	7	5	45	2.37
50	60.3	57	165	125	18	4	M16	20	74	74	2.9	8	5	48	3.11
65	76.1	76	185	150	18	4	M16	20	92	92	2.9	10	6	48	3.74
80	88.9	89	200	160	18	8	M16	20	110	110	3.2	10	6	50	41.22
100	114.3	108	220	180	18	8	M16	22	130	130	3.6	12	6	52	5.39
125	139.7	133	250	210	18	8	M16	22	158	158	4	12	6	55	6.88
150	168.3	159	285	240	22	8	M20	24	184	184	4.5	12	8	55	9.13
200	219.1	219	340	295	22	12	M20	24	234	234	6.3	16	8	62	11.5
250	273	273	405	355	26	12	M24	26	288	288	6.3	16	10	70	16.7
300	323.9	325	460	410	26	12	M24	28	342	342	7.1	16	10	78	22.4
350	355.6	377	520	470	26	16	M24	30	390	410	8	16	10	82	30.5
400	406.4	426	580	525	30	16	M27	32	444	464	8.8	16	10	85	38.5
450	457	480	640	585	30	20	M27	34	490	512	10	16	12	87	50.8

续表

公称直径 DN	钢管直径 A_1		连接尺寸					法兰厚度 C	法兰颈					法兰高度 H	法兰理论质量/kg
	A	B	法兰外径 D	螺栓孔中心圆直径 K	螺栓孔直径 L	螺栓孔数量 n	螺纹 T_h		N A	N B	S	H_1 (≈)	R		
PN 2.5MPa															
15	21.3	18	95	65	14	4	M12	14	32	32	3.2	6	3	38	0.7
20	26.9	25	105	75	14	4	M12	16	40	40	3.2	6	4	40	1.05
25	33.7	32	115	85	14	4	M12	16	46	46	3.2	6	4	40	1.26
32	42.4	38	140	100	18	4	M16	18	56	56	3.6	6	5	42	2.05
40	48.3	45	150	110	18	4	M16	18	64	64	3.6	7	5	45	2.37
50	60.3	57	165	125	18	4	M16	20	74	74	4	8	5	48	3.11
65	76.1	76	185	145	18	8	M16	22	92	92	5	10	6	52	3.94
80	88.9	89	200	160	18	8	M16	24	110	110	5.6	12	6	58	5.03
100	114.3	108	235	190	22	8	M20	24	134	134	6.3	12	6	65	7.01
125	139.7	133	270	220	26	8	M24	26	162	162	6.3	12	6	68	9.61
150	168.3	159	300	250	26	8	M24	28	190	190	6.3	12	8	75	12.7
200	219.1	219	360	310	26	12	M24	30	244	244	6.3	16	8	80	17.4
250	273	273	425	370	30	12	M27	32	296	296	6.3	18	10	85	24.4
300	323.9	325	485	430	30	16	M27	34	350	350	7.1	18	10	92	31.9
350	355.6	377	555	490	33	16	M30×2	38	398	420	8	20	10	100	48.5
400	406.4	426	620	550	36	16	M30×2	40	452	472	8.8	20	10	110	61.1
450	457	480	670	600	36	20	M30×2	42	500	522	10	20	12	110	71.5
PN 4.0MPa															
15	213	18	95	65	14	4	M12	14	32	32	3.2	6	3	38	0.7
20	26.9	25	105	75	14	4	M12	16	40	40	3.2	6	4	40	1.05
25	33.7	32	115	85	14	4	M12	16	46	46	3.2	6	4	40	1.26
32	42.4	38	140	100	18	4	M16	18	56	56	3.6	6	5	42	2.05
40	48.3	45	150	110	18	4	M16	18	64	64	3.6	7	5	45	2.37
50	60.3	57	165	125	18	4	M16	20	74	74	4	8	5	48	3.11
65	76.1	76	185	145	18	8	M16	22	92	92	5	10	6	52	3.94
80	88.9	89	200	160	18	8	M16	24	110	110	5.6	12	6	58	5.03
100	114.3	108	235	190	22	8	M20	24	134	134	6.3	12	6	65	7.01
125	139.7	133	270	220	26	8	M24	26	162	162	6.3	12	6	68	9.61
150	168.3	159	300	250	26	8	M24	28	190	190	7.1	12	8	75	12.7
200	219.1	219	375	320	30	12	M27	34	244	244	8	16	8	88	21.4
250	273	273	450	385	33	12	M30×2	38	306	306	10	18	10	105	34.6
300	323.9	325	515	450	33	16	M30×2	42	362	362	10	18	10	115	48.2
350	355.6	377	580	510	36	16	M33×2	46	408	430	11	20	10	125	66.8
400	406.4	426	660	585	39	16	M36×3	50	462	482	12.5	20	10	135	96.0
450	457	480	685	610	39	20	M36×3	57	500	522	14.2	20	12	135	100.1
PN 6.3MPa															
15	21.3	18	105	75	14	4	M12	20	34	34	3.2	6	3	45	1.30
20	26.9	25	130	90	18	4	M16	20	42	42	3.6	6	4	52	2.00
25	33.7	32	140	100	18	4	M16	24	52	52	3.6	8	4	58	2.79
32	42.4	38	155	110	22	4	M20	24	60	60	3.6	8	5	60	3.38
40	48.3	45	170	125	22	4	M20	26	70	70	4	10	5	62	4.40
50	60.3	57	180	135	22	4	M20	26	82	82	5	10	5	62	4.86
65	76.1	76	205	160	22	8	M20	26	98	98	6	12	6	68	5.92
80	88.9	89	215	170	22	8	M20	28	112	112	6	12	6	72	6.93
100	114.3	108	250	200	26	8	M24	30	138	138	7	12	6	78	9.98
125	139.7	133	295	240	30	8	M27	34	168	168	7.5	12	6	88	15.6
150	168.3	159	345	280	33	8	M30×2	36	202	202	8.5	12	8	95	23.0
200	219.1	219	415	345	36	12	M33×2	42	256	256	10.5	16	8	110	35.0
250	273	273	470	400	36	12	M33×2	46	316	316	13.5	18	10	125	48.9
300	323.9	325	530	460	36	16	M33×2	52	372	372	15.5	18	10	140	68.3
350	355.6	377	600	525	39	16	M36×3	56	420	442	17.5	20	10	150	95.4

注：表中 A——英制管；B——公制管。附录图 4 所示为带颈对焊钢制管法兰（WN）。

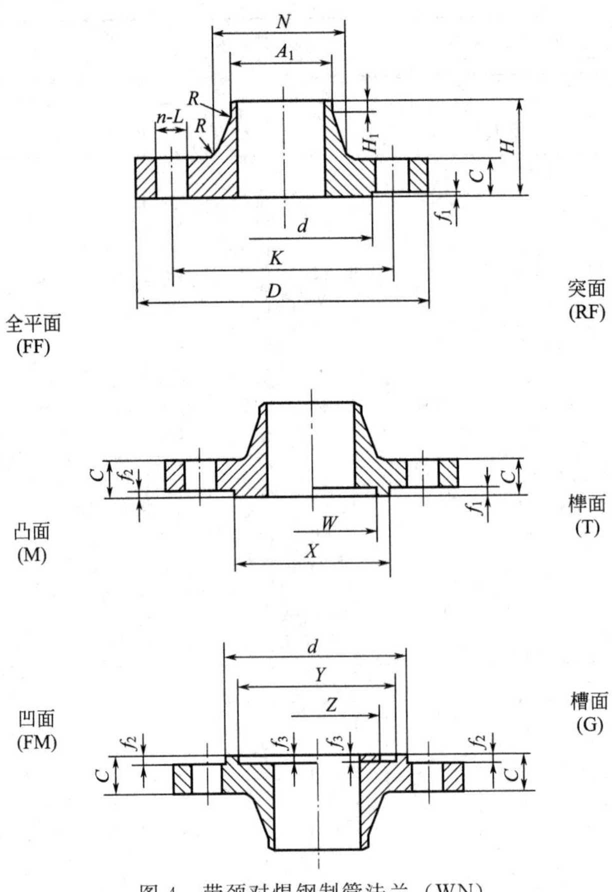

图 4　带颈对焊钢制管法兰（WN）

附录 5　椭圆形封头

（摘自 JB/T 4746—2002）

公称直径 DN/mm	曲面高度 h_1/mm	直边高度 h_2/mm	厚度 δ/mm		内表面积 A /m²	容积 V /m³	质量 m /kg
			碳素钢、低合金钢、复合钢板	高合金钢板			
500	125	25	4	4	0.3103	0.0123	9.62
			6	6			14.57
			8	8			19.61
		40	10	10	0.3338	0.0242	26.62
			12	12			32.23
			14	14			37.92
			16	16			43.02
			18	18			49.61
		50	20	20	0.3495	0.0262	58.16

续表

公称直径 DN/mm	曲面高度 h_1/mm	直边高度 h_2/mm	厚度 δ/mm		内表面积 A /m^2	容积 V /m^3	质量 m /kg
			碳素钢、低合金钢、复合钢板	高合金钢板			
600	150	25	4	4	0.4374	0.0353	13.52
			6	6			20.44
			8	8			27.47
		40	10	10	0.4565	0.0396	36.86
			12	12			44.56
			14	14			52.37
			16	16			60.29
			18	18			68.33
		50	20	20	0.4845	0.0424	79.54
			22	22			88.12
			24	24			96.82
650	162	25	4	4	0.5090	0.0442	15.72
			6	6			23.75
			8	8			31.89
		40	10	10	0.5397	0.0492	42.59
			12	12			51.46
			14	14			60.45
			16	16			69.56
			18	18			78.80
		50	20	20	0.5601	0.0525	91.46
			22	22			101.27
			24	24			111.22
700	175	25	4	4	0.5861	0.0545	18.07
			6	6			27.30
			8	8			36.64
		40	10	10	0.6191	0.0603	48.73
			12	12			58.86
			14	14			69.11
			16	16			79.49
			18	18			90.01
		50	20	20	0.6411	0.0641	104.20
			22	22			115.34
			24	24			126.61

续表

公称直径 DN/mm	曲面高度 h_1/mm	直边高度 h_2/mm	厚度 δ/mm		内表面积 A /m^2	容积 V /m^3	质量 m /kg
			碳素钢、低合金钢、复合钢板	高合金钢板			
800	200	25	4	4	0.7566	0.0796	23.29
			6	6			35.14
			8	8			47.13
		40	10	10	0.7943	0.0871	62.26
			12	12			75.14
			14	14			88.16
			16	16			101.33
			18	18			114.64
		50	20	20	0.8194	0.0922	132.15
			22	22			146.17
			24	24			106.34
900	225	25	4	4	0.9487	0.1113	29.16
			6	6			43.97
			8	8			58.93
		40	10	10	0.9911	0.1209	77.42
			12	12			93.39
			14	14			109.51
			16	16			125.79
			18	18			142.24
		50	20	20	1.0194	0.1272	163.39
			22	22			180.62
			24	24			198.03
1000	250	25	4	4	1.1625	0.1505	35.68
			6	6			53.78
			8	8			72.05
		40	10	10	1.2096	0.1623	94.24
			12	12			113.61
			14	14			133.16
			16	16			152.89
			18	18			172.79
		50	20	20	1.2411	0.1702	197.91
			22	22			218.69
			24	24			239.66
			26	—			260.80

续表

公称直径 DN/mm	曲面高度 h_1/mm	直边高度 h_2/mm	厚度 δ/mm		内表面积 A /m^2	容积 V /m^3	质量 m /kg
			碳素钢、低合金钢、复合钢板	高合金钢板			
1200	300	25	—	5	1.6652	0.2545	63.52
			6	6			76.37
			8	8			102.24
		40	10	10	1.7117	0.2714	132.79
			12	12			159.97
			14	14			187.37
			16	16			214.97
			18	18			242.78
		50	20	20	1.7494	0.2827	276.83
			22	22			305.68
			24	24			334.75
			26	—			364.04
1400	350	25	6	6	2.2346	0.3977	102.91
			8	8			137.69
		40	10	10	2.3005	0.4202	177.92
			12	12			214.23
			14	14			250.78
			16	16			287.57
			18	18			321.61
		50	20	20	2.3445	0.4362	368.90
			22	22			407.14
			24	24			445.63
			26	—			484.37
1600	400	25	6	6	2.9007	0.5884	133.39
			8	8			178.40
		40	10	10	2.9761	0.6166	229.63
			12	12			276.37
			14	14			323.40
			16	16			370.70
			18	18			418.27
		50	20	20	3.0263	0.6367	474.12
			22	22			523.06
			24	24			572.29
			26	—			621.80

续表

公称直径 DN/mm	曲面高度 h_1/mm	直边高度 h_2/mm	厚度 δ/mm		内表面积 A /m^2	容积 V /m^3	质量 m /kg
			碳素钢、低合金钢、复合钢板	高合金钢板			
1800	450	25	8	8	3.6535	0.8270	224.36
		40	10	10	3.7383	0.8652	287.91
			12	12			346.41
			14	14			405.22
			16	16			464.35
			18	18			523.78
		50	20	20	3.7949	0.8906	592.50
			22	22			653.46
			24	24			714.74
			26	—			838.24
2000	500	25	8	8	4.4930	1.1257	275.9
		40	10	10	4.5873	1.1729	352.77
			12	12			424.34
			14	14			496.26
			16	16			568.12
			18	18			641.12
		50	20	20	4.6501	1.2043	724.02
			22	22			798.32
			24	24			872.96
			26	—			947.96
			30	—			1098.99
2200	500	25	8	8	5.4193	1.4889	332.09
			9	9			374.01
		40	10	10	5.5229	1.5459	424.21
			12	12			510.17
			14	14			596.50
			16	16			683.21
			18	18			770.29
		50	20	20	5.5921	1.5839	868.70
			22	22			975.65
			24	24			1046.98
			26	—			1136.68
			30	—			1317.24

续表

公称直径 DN/mm	曲面高度 h_1/mm	直边高度 h_2/mm	厚度 δ/mm		内表面积 A /m^2	容积 V /m^3	质量 m /kg
			碳素钢、低合金钢、复合钢板	高合金钢板			
			—	10			543.69
			12	12			653.70
		40	14	14	7.0748	2.2548	764.12
			16	16			874.97
2500	625		18	18			986.26
			20	20			1110.39
			22	22			1223.77
		50	24	24	7.1548	2.3047	1337.59
			26	—			1451.83
			30	—			1681.61
			12	12			814.98
		40	14	14	8.8503	3.1198	952.46
			16	16			1090.42
			18	18			1228.85
2800	700		20	20			1381.66
			22	22			1522.45
		50	24	24	8.9383	3.1814	1663.71
			26	—			1805.45
			28	—			1947.67
			30	—			

参考文献

[1] 时钧，汪家鼎，余国琮，陈敏恒．化学工程手册（上册）. 第2版．北京：化学工业出版社，1996.
[2] 中国石化集团上海工程有限公司．化工工艺设计手册．第3版．北京：化学工业出版社，2003.
[3] 陈敏恒，丛德滋，方图南等．化工原理（上、下册）. 第4版．北京：化学工业出版社，2015.
[4] 谭天恩，窦梅等．化工原理（上、下册）. 第4版．北京：化学工业出版社，2013.
[5] 贾绍义，柴诚敬．化工原理课程设计．天津：天津大学出版社，2002.
[6] 陈英南，刘玉兰．常用化工单元设备的设计．上海：华东理工大学出版社，2005.
[7] 柴诚敬，刘国维，李阿娜．化工原理课程设计．天津：天津科学技术出版社，2000.
[8] 大连理工大学化工原理教研室．化工原理课程设计．大连：大连理工大学出版社，1996.
[9] 匡国柱，史启才．化工单元过程及设备课程设计．第2版．北京：化学工业出版社，2008.
[10] 于才渊，王宝和，王喜忠．干燥装置设计手册．北京：化学工业出版社，2005.
[11] 华南理工大学化工原理教研室．化工过程设备及设计．广州：华南理工大学出版社，2005.
[12] 李功祥，陈兰英，崔英德．常用化工单元设备设计．广州：华南理工大学出版社，2006.
[13] 潘家祯．过程原理与装备．北京：化学工业出版社，2008.
[14] 蔡建国，周永传．轻化工设备及设计．北京：化学工业出版社，2007.
[15] 马江权，冷一欣．化工原理课程设计．北京：中国石化出版社，2009.
[16] 申迎华，郝晓刚．化工原理课程设计．北京：化学工业出版社，2009.
[17] 熊洁羽．化工制图．北京：化学工业出版社，2007.
[18] 戚世岳．化工制图习题集．第3版．北京：化学工业出版社，2005.
[19] 李多民，俞惠敏．化工过程设备机械基础．北京：中国石化出版社，2007.